JPL深空通信与导航丛书

深空通信

Deep Space Communications

[美] 吉姆 · 泰勒 (Jim Taylor)　主编
李赞　程承　译

清華大學出版社
北　京

北京市版权局著作权合同登记号　图字：01-2016-9909

Title：*Deep Space Communications* by Jim Taylor，ISBN：978-1-119-16902-4

图书在版编目(CIP)数据

深空通信/(美)吉姆·泰勒主编；李赞，程承译. —北京：清华大学出版社，2023. 3
(JPL 深空通信与导航丛书)
书名原文：Deep Space Communications
ISBN 978-7-302-62817-0

Ⅰ. ①深…　Ⅱ. ①吉…　②李…　③程…　Ⅲ. ①航天通信　Ⅳ. ①TN927

中国国家版本馆 CIP 数据核字(2023)第 032149 号

责任编辑：戚　亚
封面设计：傅瑞学
责任校对：欧　洋
责任印制：沈　露

出版发行：清华大学出版社
网　　址：http://www. tup. com. cn，http://www. wqbook. com
地　　址：北京清华大学学研大厦 A 座　　**邮　　编**：100084
社 总 机：010-83470000　　**邮　　购**：010-62786544
投稿与读者服务：010-62776969，c-service@tup. tsinghua. edu. cn
质量反馈：010-62772015，zhiliang@tup. tsinghua. edu. cn
印 装 者：三河市人民印务有限公司
经　　销：全国新华书店
开　　本：170mm×240mm　　**印　张**：30　　**字　　数**：601 千字
版　　次：2023 年 4 月第 1 版　　**印　　次**：2023 年 4 月第1 次印刷
定　　价：198. 00 元　　**审 图 号**：GS 京(2022)1491 号

产品编号：067997-01

JPL 深空通信与导航丛书

编译委员会

主任 凌绪强

委员 孙 威 李海涛 李 赞 崔吉祥

丛书译序

进入21世纪以来，全球又掀起了新一轮月球和深空探测的高潮，各航天大国纷纷制定了月球和深空探测的远景目标与规划，深空已成为世界航天领域关注的焦点和科技竞争的新高地。2020年12月17日凌晨，携带月壤的“嫦娥五号”返回舱成功着陆在内蒙古四子王旗预定着陆区，标志着我国自2004年开始实施的探月工程“绕、落、回”三步走圆满收官。2021年5月15日7时18分，“天问一号”探测器成功着陆于火星乌托邦平原南部预选着陆区，我国首次火星探测任务着陆火星取得圆满成功，一步实现“绕、落、巡”目标。未来我国还将在月球南极附近建立月球科研站、实施小行星采样返回探测、开展火星采样返回和木星探测等深空探测任务，探测的距离将越来越远，任务的复杂程度也会越来越高，对深空测控通信能力也提出了更高的要求。

“JPL深空通信与导航丛书”是美国国家航空航天局(NASA)喷气推进实验室(JPL)编著的一套关于深空探测器测控通信技术的系列专著，该套丛书是美国近60年来深空测控通信工程技术经验的系统总结，是了解和掌握深空测控通信技术、借鉴深空测控通信任务经验不可多得的技术参考。北京跟踪与通信技术研究所作为我国深空测控通信领域的技术总体单位，长期跟踪和研究国内外深空测控通信领域技术发展方向，积极推动新技术、新方法的工程应用，取得了良好的实践效果。为此，我们组织专家对该丛书进行了翻译，期待这套丛书能够对我国深空测控通信系统的发展和技术研究起到推动和促进作用。

北京跟踪与通信技术研究所

2023年3月

译 者 序

2021年5月15日，中国第一辆火星车“祝融号”成功在火星表面着陆，“天问一号”环绕器在环绕火星轨道上为其提供中继通信服务，并持续对火星开展遥感探测，中国在深空探测领域迈开了具有历史意义的重要一步。2021年12月，小行星采样返回探测工程“天问二号”任务正式立项，同时火星采样返回、木星和太阳系边际探测也在加紧开展方案论证和关键技术攻关，如何实现超远距离探测器的上、下行通信和高精度测量是所有深空探测任务必须要解决的关键难题。美国自20世纪60年代发射第一个深空探测器“先驱者5号”以来，先后实现了对太阳系内各大行星的探测，特别是“旅行者号”探测器。“旅行者号”已飞出太阳系，正向银河系中心进发，并成为目前距离地球最远的探测器。经过大量任务实践，美国在深空通信方面积累了大量工程经验和宝贵数据，对后续的深空探测任务实施奠定了坚实的基础。

美国国家航空航天局（NASA）喷气推进实验室（JPL）主编的《深空通信》（*Deep Space Communications*）一书，由深空探测任务的负责人和直接参与者共同完成，总结了几十年间深空通信的基本原则和应用经验，对系统原理、方案设计、通信性能、运行操作等进行了详细总结，同时对获得的成功经验与失败教训进行了系统描述。本书在介绍深空通信基本原理和深空测控网概况的基础上，以“旅行者号”“伽利略号”“深空1号”“火星勘察轨道器”“火星探测巡视器”“火星科学实验室”等六个极具代表性的深空探测任务为例，详细描述了通信系统组成与功能、器地协同工作性能、操作方案和经验教训等，涵盖了通信系统从设计到实现、从准备到实施、从经验到教训等各个环节。书中提供了探测器飞行过程中获取的大量与链路性能、任务操作等相关的实测数据，并与发射前的设计状态进行了全面比对和分析，定量地再现了任务实施期间探测器的飞行状态，是不可多得的珍贵资料，对从事深空测控通信相关设计和实施的专业技术人员深入了解深空任务特点、改进系统设计、优化任务操作等都具有极高的参考价值。

感谢我的同事张波对全书译稿进行了认真的校对，同时感谢闫春生、彭利文、汪晗、黄薇、季刚等同事对翻译工作做出的大量工作，在此一并表示衷心的感谢。

由于译者水平有限，加之时间有限，翻译中难免存在不妥和疏漏之处，恳请读者批评指正。

译 者

2022年10月

丛 书 序

1998年,美国国家航空航天局(NASA)在加州理工学院的喷气推进实验室(JPL)成立了深空通信与导航系统卓越中心(DESCANSO)。DESCANSO负责管理和促进能够满足未来深空探测对通信和导航技术需求的创新和改革。

DESCANSO的目标是实现在任何时间、任何地点的连续通信和精确导航。为了支持这一目标,DESCANSO努力探寻和提倡新概念、新系统和新技术;培养关键的技术人才;主办报告会、专题讨论会和论坛,来实现互动和思想交流。

"JPL深空通信与导航丛书"由在各自领域有多年经验的科学家和工程师撰写,通过交流关键技术领域的最新技术知识为创新奠定基础。该丛书归纳了JPL在几十年的深空探测研究过程中获得的基本原理和实践经验,同时还介绍了值得赞美的成果和应该吸取的教训。该丛书将作为新一代从事本领域研究的科学家和工程师的指南。

约瑟夫·H.袁(Joseph H. Yuen)

DESCANSO负责人

前　言

本书介绍了由深空网(DSN)和喷气推进实验室(JPL)负责的行星际探测通信系统设计。本书对六个具有代表性的行星际任务的设计和性能进行了描述，阐述了这些任务的系统设计和通信链路性能。这六个案例按照时间顺序，展现了从20世纪70年代至当前最新任务中，DSN、星载软硬件技术、能力和性能的进步。

第1章概要描述了过去五十年的深空通信能力，介绍了链路设计过程和DSN的当前能力。第2章概要描述了DSN。

第3章到第8章描述了从20世纪70年代的"旅行者号"到21世纪初的火星科学实验室任务，这六个任务是所有直接利用深空网测控通信的代表。其中的两个任务还可以通过火星轨道器中继实现火星表面探测器与地球之间的通信。

"旅行者号"任务原计划为木星和土星的飞越任务，其X频段通信系统是为了获取这些行星探测的科学数据量身定做的。随着深空网的发展，两个"旅行者号"航天器在完成原有任务的基础上，还能从飞越海王星和天王星甚至更远距离的拓展任务中传回数据。

"伽利略号"任务原计划是在其环绕的木星轨道上，利用X频段高增益天线向地面发送其获取的大部分科学数据。在飞往木星的巡航段早期，X频段高增益天线发生故障无法完全展开，故而JPL将主要精力放在了改变航天器软件和地面站遥测系统上，使其能够通过S频段低增益天线获取足够的科学数据。

"深空1号"任务的目的是作为在轨飞行平台对新技术进行验证，同时附带开展了一些科学探测。该航天器携带了首套小型深空应答机(SDST)，自从在"深空1号"上使用以来，SDST已成为许多任务中航天器与DSN通信的主要手段。它还携带了一套Ka频段固态放大器，利用其对Ka频段深空通信性能进行了测试。值得关注的是，在航天器姿态控制系统出现故障后，通过航天器和地面站的联合控制，在数据接收期间成功实现了航天器天线的指向控制，完成了数据接收。

火星勘察轨道器除了其自身的科学探测任务之外，也作为火星表面着陆器和巡视器的通信中继终端。为了实现直接对地通信，火星勘察轨道器除了使用SDST外，还配备了100W的X频段行波管放大器和一个大口径固定式高增益天线。对于火星表面的UHF中继通信，它使用了无线电导航系统(Electra)收发信机和Proximity-1通信协议。

两个火星探测巡视器——"勇气号"和"机遇号"，为了完成火星表面操作任务，都配备了SDST和两套互为备份的X频段固态放大器用于直接对地通信，UHF收发信机用于与火星轨道器间的中继通信。原计划它们在火星表面着陆后的探测周期为 90 天，但两个巡视器都超期服役，其中“机遇号”目前仍在探测中。

火星科学实验室展现了首次用于“深空 1 号”、火星勘察轨道器和火星探测巡视器上通信系统的成熟度。2012 年 8 月，火星科学实验室在火星着陆后，一直通过与火星探测巡视器类似的 X 频段设备实现对地通信，并通过与火星勘察轨道器相同版本的 Electra 收发信机实现中继通信。

吉姆·泰勒(Jim Taylor)

帕萨迪纳，加利福尼亚

2016 年 1 月

致　谢

本书在美国国家航空航天局的框架下，介绍了加州理工学院喷气推进实验室的研究成果。

作为本书的编辑和作者，我们感谢深空通信与导航(DESCANSO)丛书的主编 Joseph H. Yuen 对我们持续不断的建议、帮助和鼓励。David J. Bell 对本书做了全面审查，极大地改善了航天器相关章节的清晰度和完整性。除此之外，还感谢 JPL 的编辑 Roger V. Carlson 一直以来对我们的帮助和建议。

第 1 章，通信链路分析，列举了设计控制表、"链路预算"准则和数学统计模型，设计控制表大部分沿用 20 世纪 70 年代由 Joseph H. Yuen 创建的格式。我们保留了 1982 年 Yuen 博士所著的《深空通信系统工程》一书中第 1 章中的描述，基本未作改动。

第 2 章，深空网，与其他章节一样，本章大量引用深空网(DSN)通信链路设计手册(810-005)的内容。随着 DSN 的发展，许多人创建和更新了该手册中的模型。本章我们要特别感谢该手册几十年以来的主要作者和编辑 Robert Sniffin。810-005 中一些模型的名称就是用其主要作者命名的。此外，许多人在行星际网络(IPN)领域的报告也增进了该领域的发展。这些技术已用于地面站和控制中心、软硬件开发、新系统或更新软件的系统测试，以及任务实施过程中的网络操作，后续章节中也将有所体现。

以下每章都分别描述了一个深空探测航天器上的通信系统。每个子系统都工作在一到三个频段，通常包含多副天线和相应的元器件、一个或多个应答机或独立接收机和发射机，以及指令接收和遥测生成单元。每个子系统在技术研发、功能设计及软硬件开发等方面都投入了团队大量的努力和时间。其他人将子系统集成到整个航天器中，并在集成前、后进行测试。每章的参考文献都是本书合著者和编辑直接使用的工程文档、论文、会议论文集和网站。

第 3 章，"旅行者号"，许多通信设计内容都来自最初的"旅行者号"主任务设计文件：通信链路设计控制文件、通信系统功能描述、调制解调子系统硬件设计需求。许多任务和操作信息来自"旅行者号"操作手册和"旅行者号"海王星旅行指南。感谢 Dave Bell、Kar-Ming Cheung 和 Ed Massey 提供的"旅行者号"背景和研发的相关信息。

第 4 章，"伽利略号"，感谢 JPL 行星际网络局和通信科学与工程部(33)的许多同事，他们为"伽利略"任务的成功做出了贡献。除了参考文献中引用的论文，

Richard Brace、Vic Albrecht、Rick Nybakken 和 Gordon Wood 作为航天器通信硬件主管工程师，负责应答机、调制解调子系统、天线和超稳晶振的开发和测试。中国香港大学的 Wai-Kuen Cham 教授提出了整数余弦变换(ICT)，并协助改进 ICT 算法作为高增益天线(HGA)展开失败后大部分图像数据有损压缩的一种格式。该压缩减小了数据量，适合通过低增益天线对地回传。在 NASA 艾姆斯研究中心工作的 Andrew Watson 和 Sherry Chuang 博士设计了 ICT 量化矩阵，并与"伽利略号"科学家共同进行了专项测试，测定了 ICT 有损压缩的保真度。特别感谢 Eilene Theilig 的项目系统展望和 Steve Townes 对后续项目的组织建议。

第 5 章，"深空 1 号"(DS1)，星载通信硬件开发和测试由主管工程师 Sam Valas 督导实施，天线由 Joe Vacchione 督导实施。DS1 携带的首个小型深空应答机，由作为技术带头人的 Keith Siemsen 与摩托罗拉公司共同研发。Marc Rayman 作为 DS1 的系统工程师，明确了 DESCANSO 论文中的大量技术状态，如任务的成功等。由 Dan Eldred 带领的 DS1 软件小组协助自主导航小组首次涉足深空飞行软件领域。最后，应该感谢由 Sima Lisman 带领的姿态控制系统(ACS)小组，包括 Tony Vanelli 和 Steve Collins，除了保持航天器的正确指向，当恒星参考单元在轨出现故障后，ACS 在通信团队的 Jim Taylor 开发的指向解决方案中发挥了重要作用。

第 6 章，火星勘察轨道器(MRO)，与书中其他两个火星巡视器任务(火星探测巡视器[MER]和火星科学实验室[MSL])相同，Chad Edwards 是火星项目办公室的发起人，Edgar Satorius 是中继链路信号处理负责人。Tom Jedrey 是 Electra 中继无线电项目研发中技术和管理成功的关键。Eric Schwartzbaum 是 Electra 项目的管理者，Ann Devereaux 负责基带信号处理，Ken Peters 负责软件开发，Todd Ely 负责无线电测量。MRO 任务中首次使用 Electra，并在 MSL 任务中首次用于火星表面遥操作。作为 MRO 通信系统的负责人，Stan Butman 对本章提供了一些建议和插图。Ricardo Mendoza 构思和开发了数据量能力文件，该文件是所有火星中继任务和项目内部协调返回科学数据的基础。感谢 David Bell、Tom Jedrey 和 Ramona Tung 提供的 Electra 收发机描述信息及用于火星表面着陆器之间的中继信息。也感谢 Charles Lee 对火星表面通信时机的仿真，James Border 提供了双差分单向测距(delta-DOR)信息，还有与 David Morabito 进行的 MRO 太阳会合期间太阳会合对通信和试验计划影响的相关讨论。

第 7 章，火星探测巡视器，Brian Cook 和 Peter Ilott 分别对 X 频段和 UHF 子系统在继承性、性能和测试方面提供了大量信息，在此表示感谢。感谢洛克希德·马丁公司的 Bill Adams，他是"奥德赛"和 MGS 飞行团队的通信负责人。还要感谢 Jan Ludwinski，其完美的任务计划成为本章的组成部分。感谢 Monika Danos 提供了源于多年在 MER 主任务和扩展任务中飞行操作一致的数据总结脚本。Ramona Tung 和 Ricardo Mendoza 开发了无缝中继链路预测方法，涉及火星表面巡视器与多个中继轨道器之间错综复杂的几何关系。最后，非常感激 Ed Satorius、Sue Finley、Christine Chang、Doug Johnston、Dave Fort 和 Sami Asmar 为探测器进入、下降和着陆(EDL)阶段(EDA)系统分析、开发、测试和操作所做的贡献(在信号电平和频率快速变化的情况下，使一系列错综复杂的信号能够传回地面)。

第 8 章，火星科学实验室，非常感谢 MSL 航天器开发、测试和飞行操作团队成员提供了获取各种信息和文件的方法。其中很多人的能力在 MRO 和 MER 任务中得到认可，并参与了 MSL 任务。Peter Ilott 是通信主管工程师，他为本章提供了许多“精美艺术”的图片。Melissa Soriano、Sue Finley 和 Polly Estabrook 开发了 EDA 架构，用于 EDL 期间接收 X 频段信号。Melissa Soriano、Sue Finley、Kamal Oudrhiri 和 Daniel Kahan 在 EDL 期间测试、操作 EDA 和射电科学接收机。Mazen Shihabi 和 David Bell 改进了最初由 Brad Arnold 和 Tom Jedrey 开发的遥测分析工具，使其在着陆后最初的一个月内能够快速处理和分析中继链路，这一工作成功“微调”了 MRO Electra 无线电收发机，使其克服了 MRO 科学仪器的电磁干扰，该干扰会使 MSL 中继链路性能恶化。首次用于 MSL/MRO 返向链路的自适应数据速率新模式也调整到最大的返回数据量。由 Marie-Ann Carroll 管理的工程文档共享文库中包含了大量有关航天器配置、科学载荷和除通信子系统之外其他子系统的信息。我们特别使用了 Bobak Ferdowsi 和 John Gilbert 为 2009 年任务准备的相关任务计划。Brian Schratz 作为 EDL 任务段的负责人，提供了最终着陆火星表面的“恐怖七秒”期间接收 X 频段和 UHF 信号的数据分析说明。

2016 年 1 月

贡 献 者

安娜·Ⅰ.博利亚·阿拉马纳克(Ana I. Bolea-Alamañac)于1995年获得中央高级政治学院(西班牙萨拉戈萨)和里尔中央高等专科学校(法国里尔)联合授予的电信工程学士学位。2001年,她在国际空间大学(法国斯特拉斯堡)获得了空间研究硕士学位,2004年,她在法国图卢兹的国立航空航天学院(SUPARO)获得了博士学位。她的工作重点是将衰减缓解技术应用于卫星通信系统。

1996—2000年,博利亚·阿拉马纳克博士在西班牙电信担任技术工程师和管理工程师,主要从事国际网络规划和运营工作。2001年,按照硕士学位要求,她在喷气推进实验室进行了深空通信实习,主要参与"深空1号"任务,特别是信标监视操作试验(BMOX)及其在深空网信标监测系统的应用。获得博士学位后,她继续在法国图卢兹泰勒斯阿莱尼亚空间研究与开发部从事数字通信技术领域的工作。2005年,她加入了位于荷兰诺德韦克的欧洲航天局(ESA)研究和技术中心(ESTEC),担任通信系统工程师。

安德里亚·巴比里(Andrea Barbieri)于1995年从意大利帕多瓦大学获得电气工程学位。巴比里于1997年加入JPL。他曾担任2001年"火星奥德赛"轨道器和2003年火星探测巡视器UHF子系统的负责人,并曾担任多项深空科学项目的通信系统工程师。作为JPL通信系统和飞行控制组的高级工程师,他2004年担任了火星科学实验室项目的通信系统工程师。

自2007年以来,巴比里一直在英国的空中客车公司国防与航天部工作。他是前四颗"伽利略"导航卫星有效载荷验证团队的负责人,目前是通信有效载荷的测试经理。

张家明(Kar-Ming Cheung)于1984年在安娜堡密歇根大学获得学士学位;分别于1985年和1987年在加州理工学院(帕萨迪纳)获得硕士和博士学位。1987年,他加入JPL的通信系统和研究部。在JPL职业生涯的早期,他致力于美国宇航局深空网络(DSN)通信系统的纠错编码、数据和图像压缩、同步和系统分析的研究和开发。

20世纪90年代中期,当"伽利略"探测器高增益天线故障时,张博士开发了一个低复杂度的数据压缩软件方案,将"伽利略"的数据返回量增加了10倍。他还主导了纠错编码方案的开发,这是进一步增加"伽利略"数据返回地面增强工作的一部分。他因为对"伽利略"计划的贡献而获得美国宇航局杰出成就奖章。

张博士目前是通信系统和通信架构研究组的首席工程师和技术组主管。他继续支持多任务测控通信链路分析工具的开发，并领导一个团队进行多中心架构和系统工程研究，以支持NASA的空间通信和导航(SCaN)办公室。

波利·埃斯塔布鲁克(Polly Estabrook)1975年毕业于加利福尼亚大学伯克利校区，获工程物理学学士学位与经济学学士学位。她分别于1981年和1989年在斯坦福大学(加利福尼亚州帕洛阿托)获得电气工程硕士和博士学位。

埃斯塔布鲁克博士是通信架构和研究部的副部长。她的研究重点在于关键事件期间的信号检测、深空通信系统设计以及新通信技术在太空探索中的应用。

埃斯塔布鲁克博士于1987年加入JPL，担任技术人员，从事卫星通信工作。她是火星探测巡视器(MER)项目的通信系统负责人，负责火星进入、下降和着陆通信系统的性能，以及直接对地和中继通信系统的总体设计。火星探测巡视器着陆后，她为美国国家航空航天局(NASA)支持人类探索月球和火星的太空探索计划愿景(Vision for Space Exploration Program)设计了通信系统。1992—2004年，她是JPL通信系统和研究部门高级通信系统概念组的主管。她的团队为"卡西尼号""火星探路者号""深空1号""深空2号""空间技术3号""ST-4号""2001火星奥德赛号"、火星样本返回和火星探测巡视器提供了通信系统工程师。

彼得·伊洛特(Peter Ilott)分别在1980年和1988年于魁北克麦吉尔大学获得物理学学士学位和电气工程博士学位，1982年在蒙特利尔大学获得等离子体物理学硕士学位。

伊洛特博士于2000年来到JPL。他是JPL火星科学实验室(2011年发射)的通信系统主管，负责包括进入、下降和着陆任务设计(EDL)。在"凤凰号"火星着陆器中，他作为通信系统设计顾问，并参与了EDL操作控制。在MER任务中，他作为UHF中继工程师，负责EDL和地面操作控制。

在JPL，伊洛特博士还参与了"奥德赛号"、火星勘察轨道器(MRO)、"深度撞击号"和云卫星的工作。在加入JPL之前，他曾在SPAR航空航天公司(现在是MDA的一部分)和休斯空间通信公司(现在属于波音公司)工作了12年，负责研究MSAT、ICO和Thuraya等商用移动通信航天器的测控通信系统，以及RadarSat等遥感航天器。

丹尼斯·K.李(Dennis K. Lee)1997年在俄亥俄州克利夫兰凯斯西储大学获得学士学位，1998年在伦斯勒理工学院获得电机工程硕士学位。

他于1999年加入JPL，担任数字信号处理研究小组的技术人员。他曾为多个JPL任务包括重力恢复和气候实验卫星(GRACE)、"黎明号"、火星勘察轨道器(MRO)、"开普勒号"、"凤凰号"和土壤湿度主动-被动任务(SMAP)从事通信系统开发工作。他目前担任美国宇航局空间数据系统咨询委员会(CCSDS)无线电频率和调制工作组的报告员，也是深空网宽带集成天线阵组合和遥测接收研发任务的主要研究员。他的研究方向包括带宽效率和多载波调制、阵列信号处理和超高速通信系统。他目前是通信体系结构和研究部的高级工程师。

罗杰·路德维格(Roger Ludwig)1981年在奥克兰大学(密歇根州罗切斯特)获得管理学学士学位,1996年在波莫纳加利福尼亚州州立理工大学获得金融学MBA学位。1981年,他在马绍尔群岛夸贾林导弹靶场的Altair雷达公司开始了他的航空航天生涯。在那里,他作为作战总监,指挥北美航空航天防御司令部空间探测和跟踪系统,对地球轨道物体进行雷达"皮肤"跟踪。

1985年,路德维格加入JPL,担任主动磁层粒子跟踪探索者(地球轨道器)任务的航天器任务控制员。1989年,他首次为"旅行者号"与海王星相遇进行了通信分析,随后是"麦哲伦号"(金星)、"伽利略号"(木星)、"火星观察者号"、国防支持计划和"卡西尼号"(土星)。2000年,他回到"旅行者号"项目,承担系统级职责。2004年,他在"旅行者号"的专业组中增加了遥控序列集成工程师。

安德烈·马科夫斯基(Andre Makovsky)在伦斯勒理工学院(纽约特洛伊)获得电气工程学士学位(1984年)和硕士学位(1985年)。他于1986年1月加入JPL,曾在"伽利略号"、"卡西尼号"、"深空1号"(DS1)、"火星奥德赛号"、火星探测巡视器(MER)、"深度撞击号"和火星科学实验室(MSL)从事通信系统研发工作。对于每个项目,他都开发了在项目前、发射前和飞行中使用的通信链路性能工具。2014年退休前,他是通信系统和飞行控制组的高级工程师。

马科夫斯基在JPL通信发展实验室和深空网兼容性测试设施中进行发射前系统性能拓展测试,测试地点在航天器承包商现场和佛罗里达州肯尼迪角东部试验场的移动兼容性测试拖车中。他为小型深空应答机进行了拓展测试,包括在亚利桑那州凤凰城的承包商(通用动力公司,前身为摩托罗拉)的测试,以及JPL"深空1号"、"火星奥德赛"、空间红外望远镜设施、MER和MSL的测试。

米歇尔·穆尼奥斯·费尔南德斯(Michela Muñoz Fernández)于2001年和2005年分别获得了加州理工学院(帕萨迪纳)的电气工程硕士和博士学位。她曾在国际空间大学(法国)获得空间研究硕士学位,在马德里(西班牙)以优异成绩获得电气工程和电信工程硕士学位和两个理学学士学位。她的博士学位论文研究了用于深空测控通信的大气湍流下脉冲位置调制信号的相干光学阵列接收器。

自1998年以来,穆尼奥斯·费尔南德斯博士一直致力于NASA和ESA任务(猎户座、朱诺、SIM、"深空1号"、罗塞塔)的飞行、有效载荷、仪器操作、通信和地面系统工程等工作。她是美国宇航局总部朱诺任务建模工作的首席研究员,JPL信息体系结构标准领域的任务经理,还从事与深空网相关的研究,主要是链路复杂性和射频/光通信。她是光电仪器工程师协会(SPIE)自由空间激光通信项目委员会成员,曾担任自由空间链路性能会议的主席。

她于2008年入选欧洲航天局宇航员项目的第一轮。她分别在2002年和2004年获得两项阿米莉亚·埃尔哈特奖,以及欧洲航天局和美国宇航局的其他奖项。

徐冬爱(Dongae Seo)1991年在韩国大田市忠南国立大学获得物理学学士学位,2002年在国际空间大学(法国斯特拉斯堡)获得空间研究硕士学位。

1992年，她加入韩国电信公司担任工程师，从事包括光缆在内的固定电话线运营。她于1994年调任卫星业务中心，从事卫星网络之间的干扰分析和技术协调、通信卫星网络(包括气象卫星)的设计以及卫星和地面控制系统(韩国卫星)的管理。2002年，为了完成硕士学位要求，她在JPL的测控通信系统和飞行测控通信系统研究组完成了实习。实习期间，她与他人合著了《伽利略测控通信》一文，主要描述了"伽利略"任务和"伽利略"测控通信链路分析。她还研究了彗星环境对深空测控通信的传播影响，并将其应用于"深空1号"任务。

谢尔文·沙姆巴亚蒂(Shervin Shambayati)于1989年在加利福尼亚州立大学北岭校区获得应用数学和工程学士学位，并在1991年、1993年和2002年于加利福尼亚大学洛杉矶校区获得工程学士学位、理学硕士学位和电气工程博士学位。沙姆巴亚蒂博士于1993年加入JPL深空测控通信集团。与该团队一起，他参加了深空网"伽利略"遥测接收机(DGT)和34m天线阵任务。

1997年，沙姆巴亚蒂博士调整到JPL的信息处理小组工作。与该团队一起，他参加了火星全球勘测者Ka波段链路试验Ⅱ(MGS/KaBLE Ⅱ)和"深空1号"飞行中Ka波段测试。沙姆巴亚蒂博士也是火星勘察轨道器Ka波段演示验证的负责人。后来，沙姆巴亚蒂博士成为JPL测控通信架构组的成员，他的研究领域包括评估天气对深空测控链路端到端性能的影响、Ka波段上行的端到端链路设计和航天器下行链路操作，以及光通信链路的端到端性能。

2012年，沙姆巴亚蒂博士在加利福尼亚州帕洛阿托加入了SSL。目前，他是SSL数字通信工程部的系统高级工程师。他目前负责商用和非商用航天器遥测、遥控和测距系统的分析和设计，以及商用卫星上有效载荷和测控通信系统的分析与设计。

吉姆·泰勒(Jim Taylor)1961年以优异成绩获得斯坦福大学(加利福尼亚州帕洛阿托)电气工程学士学位，1962年获得硕士学位，他一直从事航天器测控通信领域的工作。自1970年以来，他一直在JPL负责行星际航天器与深空网之间的测控通信链路设计与分析工作。他致力于研究太阳干扰对行星际航天器及其支持地面站之间无线电测控通信的影响，从1971年的"火星水手号"开始，直到最近的火星科学实验室(MSL)。2003年，在火星探测巡视器项目中，泰勒将测控通信窗口的概念推向成熟。(现在火星科学实验室上，测控通信窗口是飞行接收机、发射机和天线通过器载表格中的飞行软件计算实际可见的窗口，而不是通过命令选择窗口。)

泰勒现在是JPL的首席工程师，从事深空和地球轨道项目的测控通信分析、地面系统飞行控制实施等相关工作。他是JPL航天重大事件组的创始成员之一，该组现在被称为"经验教训"组。2000年，他因创新性地使用"深空1号"测控通信系统获得了美国宇航局杰出成就奖章；2006年，他因"深度撞击号"的操作开发和支持工作获得了美国宇航局杰出服务奖章。

A. 盖尔·托马斯（A. Gail Thomas）于1981年在洛杉矶加利福尼亚大学（加利福尼亚）获得音乐学士学位。1984年，她在JPL的零件可靠性部门开始了她的职业生涯，但很快就转到了航天器测控通信设备部门，即现在的飞行测控通信系统部。

她从事“卡西尼号”遥测控制单元的地面支持设备（GSE）硬件和软件相关工作。最近，她为火星探测巡视器（MER）和火星科学实验室（MSL）测控通信子系统开发了GSE软件。

托马斯女士在火星探测巡视器主任务期间开始在火星探测巡视器飞控操作部门工作，担任“数据挖掘师”工作，在2004年火星探测巡视器第一次拓展任务期间转职为测控通信分析师，最近成为“卡西尼号”的测控通信分析师。她还曾在2007年之前的后续火星探测巡视器拓展任务中担任测控通信主管。

雷蒙娜·董（Ramona Tung）分别于1992年和1994年在麻省理工学院获得电气工程学士学位和硕士学位。在JPL的地面测控通信系统部，她对支持Block Ⅴ接收器和Block Ⅲ最大似然卷积解码器（B3MCD）的开发进行了模拟和分析，这两种设备都是三个深空网站点的标准设备。在测控通信系统和研究部，她开展了高级测控通信系统分析，并领导了测控通信预测器（TFP）多任务测控通信分析工具的开发。测控通信预测器支持了许多JPL深空项目，包括火星勘察轨道器、火星探测巡视器、火星科学实验室和“深空1号”。

在MER测控通信操作控制团队中，董女士是在主要任务期间为探测器提供大部分测控通信支持的两名测控通信分析师之一，包括解决Sol 18异常问题。她与JPL和洛克希德·马丁公司的测控通信系统工程师密切合作。在火星勘察轨道器方面，她是Electra的任务操作系统/地面数据系统负责人，Electra是用于火星勘察轨道器与火星探测巡视器和火星科学实验室巡视器之间测控通信的下一代UHF近距离无线电。董女士目前在任务系统和运行部门，她是2015年发射的土壤湿度主动-被动（SMAP）地球轨道飞行器的飞行操作控制团队负责人。

约瑟夫·H. 袁（Joseph H. Yuen）在南加利福尼亚大学（洛杉矶）获得电气工程博士学位。他是测控通信、跟踪和雷达部门的首席技术专家，也是JPL深空测控通信与导航系统卓越中心的领导者。他是两个热门图书系列的编辑：《JPL深空通信与导航》和《JPL空间科学与技术》，出版商是约翰·威利父子出版公司。他们出版了一本名为《深空通信系统工程》的书，1982年由华盛顿特区的NASA出版，1983年由纽约的Plenum发行。

目　录

第1章
深空通信：简介

约瑟夫·H. 袁(Joseph H. Yuen)

1.1 引言和概述

通信系统对空间飞行任务的成功而言是必不可少的，也是至关重要的。从航天器发射时刻开始，通信系统就是航天器和地面之间联系的唯一手段。该系统将航天器数据回传地面，跟踪航天器并控制它完成其无法自动执行的所有操作。

从1957年的人造地球卫星和1958年的"探索者1号"开始，为了实现更远大的科学目标，空间任务在越来越远的地方开展，对返回数据量的要求越来越高，尤其对深空-月球或更远的探测器需求更为强烈。20世纪60—70年代的行星飞越任务，通常仅有短暂的观测期。20世纪80—90年代，发展到行星轨道器，科学观测时间通常可持续数年。进入21世纪，发展到能够在行星表面移动并开展科学探测的着陆巡视器。2012年，MSL在火星着陆，将持续开展数年的科学探测。

喷气推进实验室(JPL)为美国国家航空航天局(NASA)和NASA深空网(DSN)[①]开发了很多深空通信技术，用于JPL曾执行过的深空任务，为克服通信距离遥远、航天器质量和空间可利用能源有限的困难做出了重要贡献。图1-1总结了自1958年NASA发射第一颗航天器以来深空通信能力和性能的演变过程，以及未来希望实现的目标。人们从中可以看到多年来取得的巨大进步。为了满足对深空通信系统性能日益增长的需求，JPL未来每10年需要将系统能力提升10倍。

本书汇集了不同类型的一些能够代表典型设计的JPL空间任务；即20世纪70年代的"旅行者号"飞越任务、20世纪80年代的"伽利略"轨道器、20世纪90年

---

① NASA通过近地网络(NEN)或空间网络(SN)完成地球低轨卫星任务通信，两者均由NASA戈达德空间飞行中心(GSFC)管理。SN拥有多颗地球静止轨道上的跟踪与数据中继卫星(TDRS)。除此之外，欧洲航天局(ESA)管理着许多地面站，用于在卫星发射后数小时内跟踪NASA深空任务。而且，一些商业公司也管理着多个能够与NASA任务通信的地面站。本书其余章节主要介绍了由JPL为NASA管理的深空网的通信性能(由于其特定位置，其他网络有时在NASA深空任务的发射和早期段提供关键时刻的跟踪支持)。

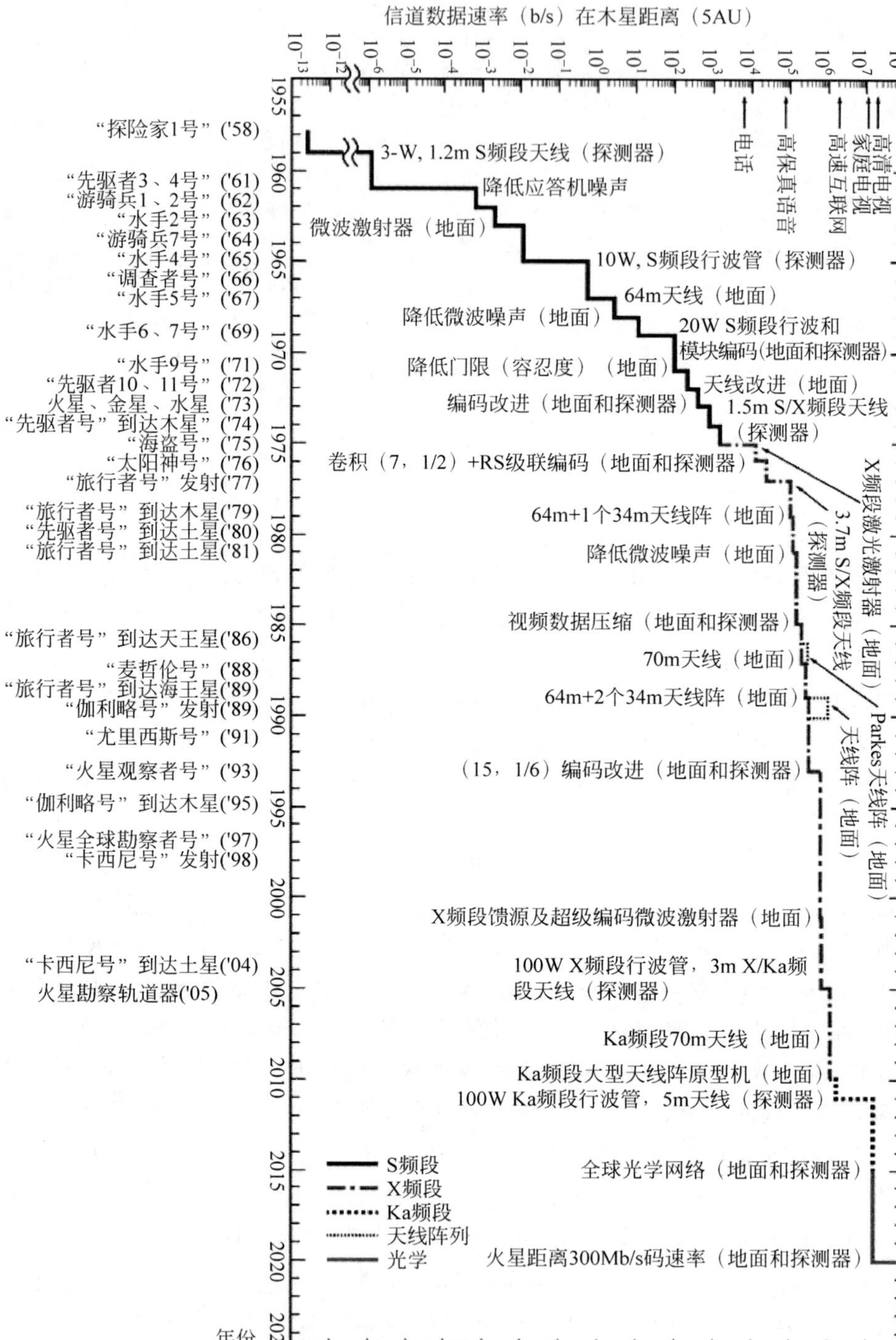

图 1-1 深空通信下行链路数据速率演化

代的“深空 1 号”、21 世纪的行星际轨道火星勘察轨道器（MRO）和行星际火星探测巡视器（MER），以及 2010 年的 MSL 巡视器。我们所选案例都来自《JPL 设计与性能总结系列丛书》，该丛书由深空通信与导航系统卓越中心（DESCANSO）[1] 出版。正如该系列丛书推出时 DESCANSO 负责人 Joseph H. Yuen 在序言中所提到的那样，本书的案例展示了每个任务中的系统设计和性能发展。案例为读者提供了大量任务系统概要描述。除了系统设计之外，案例中还给出了各系统实际飞行任务性能的详细资料。

我们仅对部分内容进行了必要的修订，并更新了任务的最新进展。在书中我们尽可能不做大的改动以保留原作者的内容。

本章分别总结了通信链路分析和通信设计控制的理论背景[2]，更多详细内容请参见参考文献的相关章节。

1.2　通信链路分析

通信系统性能由众多链路参数决定。调制技术、编码方式、新型天线、发射机和其他先进技术都能通过各种途径提高通信效率。通信工程师将所有部件和子系统组合并确定其性能，以形成一个完整的通信系统。本节中给出了描述信号性能的指标，如信噪谱密度比。此外，还定义了增强或削弱链路性能的部分链路参数。

1.2.1　接收功率

链路性能的计算一般是从发射和接收系统间传输介质的基本方程得到的[3]。链路分析的第一步是计算接收信号功率。接收功率 P_R 由以下方程计算得到。

$$P_R = P_T L_T G_T L_{TP} L_S L_A L_P L_{RP} G_R L_R \tag{1.2-1}$$

其中：P_R 为接收机或前置放大器输入端的接收信号功率，P_T 为发射天线终端的总发射功率，L_T 为发射天线终端与无线电机箱之间由于布线引起的发射环路损耗，G_T 为发射天线增益，L_{TP} 为发射天线指向损耗，L_S 为空间损耗，L_A 为大气损耗，L_P 为发射与接收天线之间由于极化失配造成的极化损耗，L_{RP} 为接收天线指向损耗，G_R 为接收天线增益，L_R 为接收天线和接收机之间由于布线引起的接收馈线损耗。方程（1.2-1）以乘积形式包含了大量参数。不同类型的通信链路有不同的参数，但方程（1.2-1）的形式保持不变。

空间损耗，或两副天线之间接收功率与发射功率的数值比由下式给出：

$$L_S = \left(\frac{\lambda}{4\pi r}\right)^2 \tag{1.2-2}$$

其中：λ 为无线电信号波长，r 为航天器与地面天线之间的距离。

发射天线增益 G_T 与天线的有效口径 A_T 有关：

$$G_{\mathrm{T}}=\frac{4\pi A_{\mathrm{T}}}{\lambda^{2}} \tag{1.2-3}$$

其中：λ 为无线电信号波长。天线有效口径 A_{T} 与真实口径 A_{t} 有关，两者之间关系如下：

$$A_{\mathrm{T}}=\mu A_{\mathrm{t}} \tag{1.2-4}$$

其中：μ 为天线效率因子。接收天线增益的定义与发射天线增益类似(详见参考文献[2]第 8 章)。

方程(1.2-1)中的一些参数并非在所有工程中都有着相同的定义。如发射馈线损耗 L_{T} 有时通过减少发射天线有效增益和/或减少有效发射功率来计算，从而避免使用 L_{T}。另外，大气损耗(对于晴天，干燥天气)通常在地面天线增益中统一考虑。无论具体的定义是什么，通信链路都需要考虑影响链路性能的全部参数。

接收功率以接收环路中某个点为参考。当然，参考点的选择会对 L_{R} 产生影响。上行链路(从地面到航天器)的参考点通常为航天器应答机输入端，下行链路(从航天器到地面)的参考点为脉泽放大器输入端。无论参考点在哪里，为了正确计算信噪比(SNR)，接收系统等效噪声温度必须折算到所选择的参考点上。

1.2.2 噪声谱密度

上行链路的噪声主要是热噪声，来自航天器接收机前端放大器内部。对于下行链路，通过氦基冷却低噪声放大器(LNA)，使 LNA 的热噪声最小。整个接收系统的大部分噪声来自 LNA 外部，尤其是大气、天线视场内的热天体、2.7K 的宇宙背景辐射和天线旁瓣朝向地面部分所产生的噪声。

假设接收系统噪声在包含信号的频带内具有均匀的谱密度，单边噪声谱密度 N_0(单位为 W/Hz)定义为

$$N_0=kT \tag{1.2-5}$$

其中：k 为玻尔兹曼常数，值为 1.380×10^{-23} J/K，$\tilde{k}=10\lg k=-198.6$，分贝数以 dBm/(Hz · K)表示，T 为系统等效噪声温度。假定均匀谱密度和方程(1.2-5)适用于目前深空通信使用的微波频率信号。对于其他频段内的信号，如可见光频率，则使用其他不同的表达式[3]。

1.2.3 载波性能余量

载波相位跟踪性能由载波跟踪环的 SNR 决定。对于上行或下行链路，带宽 $2B_{\mathrm{LO}}$ 内载波 SNR 表示为 M_c：

$$M_c=\frac{P_c}{2B_{\mathrm{LO}}N_0} \tag{1.2-6}$$

其中：P_c 为接收功率中残留载波所占的部分功率，B_{LO} 为单边门限环路噪声带宽。此处，P_c 通过链路调制度由 P_R 计算得到，并且由使用的调制类型决定（见参考文献[2]第 5 章）。

之所以采用上式定义载波余量，是由于当 P_c 小于 $2B_{LO}N_0$ 瓦特（W）时，锁相环接收机将失锁（见参考文献[2]第 3 章）。因此，$P_c=2B_{LO}N_0$ 定义为载波门限。$\widetilde{M}_c$ 由下式计算得到：

$$\widetilde{M}_c=\widetilde{P}_c-\widetilde{2B}_{LO}-\widetilde{N}_0 \tag{1.2-7}$$

以分贝数表示的接收残留载波功率就是上述载波门限。M_c 的另一个常用名称是 $2B_{LO}$ 带宽内的载波 SNR。然而，由于 $B_{LO}N_0$ 才是门限环路中的噪声功率，而不是 $2B_{LO}N_0$。因此 $2B_{LO}$ 带宽内的 SNR 等于门限环路内载波 SNR 的一半。

一般来说，最小可接受的载波余量并不是 0dB。为了上行链路的扫描捕获，最小的可用 P_c 在 $2B_{LO}N_0$（W）附近，也就是说，最小的可用载波余量约为 10dB。对于下行链路，DSN 建议的载波余量至少为 10dB，而对于双向多普勒测量，载波余量要大于 10dB，具体数值由所要求的测量精度决定。

1.2.4　遥测和遥控性能余量

对于遥测和遥控链路：

$$\text{接收机的 } ST/N_0=\frac{S}{RN_0} \tag{1.2-8}$$

其中：S 为接收功率中数据调制边带的功率部分，R 为数据速率。S 利用链路调制度由 P_R 计算得到。接收机 ST/N_0 参数有时通过 E_b/N_0 来表示，E_b/N_0 为比特信号能量与噪声谱密度比，且

$$\text{输出的 } ST/N_0=[\text{接收机的 } ST/N_0]L_{\text{system}} \tag{1.2-9}$$

其中：L_{system} 为系统损耗。门限 ST/N_0 定义为链路要求的误比特率。遥测或遥控链路分析的底线是性能余量，以分贝数（dB）表示。

$$\text{性能余量}=\text{输出的 } ST/N_0-\text{门限 } ST/N_0 \tag{1.2-10}$$

1.2.5　测距性能余量

测距通道包括 DSN 向航天器发送的测距调制音或编码信号，调制的测距信号与接收机噪声信号共同调制下行信号，并向 DSN 发送（参考文献[2]第 4 章）。航天器测距 SNR 为

$$\text{测距输入 SNR}=\frac{P_{R(u/l)}}{B_R N_{0(u/l)}} \tag{1.2-11}$$

其中：$P_{R(u/l)}$ 为接收上行功率中测距调制边带所占的功率部分，$N_{0(u/l)}$ 为上行链路

噪声(航天器接收机的单边噪声谱密度),B_{R} 为应答机测距通道的单边噪声带宽。此处,$P_{\mathrm{R}(u/l)}$ 利用上行链路 P_{R} 由上行调制度计算得到。转发至DSN的测距信噪谱密度比为

$$\text{接收 SNR} = \frac{P_{\mathrm{R}(d/l)}}{N_{0(d/l)}} \tag{1.2-12}$$

其中:$P_{\mathrm{R}(d/l)}$ 为接收下行链路功率中测距调制边带所占功率,$N_{0(d/l)}$ 为下行链路单边噪声谱密度。此处,$P_{\mathrm{R}(d/l)}$ 不仅与下行链路的 P_{R} 和下行调制度有关,而且与测距输入SNR有关。这是因为测距是一个转发通道,有些下行链路的调制边带中包含了转发噪声边带。

$$\text{输出 SNR} = [\text{接收 SNR}]L_{\text{radio}} \tag{1.2-13}$$

其中:L_{radio} 为测距系统的无线电损耗。要求的SNR值由所需测量精度和积分时间决定(详见参考文献[2]第4章)。

测距链路分析的底线是性能余量,以dB表示。

$$\text{测距性能余量} = \text{输出 SNR} - \text{要求 SNR} \tag{1.2-14}$$

1.3 通信系统设计控制

一个好的链路设计与不好的链路设计之间的区别通常仅有少量的分贝数差别。为此,必须高度重视深空通信系统的系统性能预测。

若所有链路参数均为常数,并且通信工程师对其精确已知,只需对链路参数进行简单的核算就能够预测性能。然而,现实世界并非一成不变。一些链路参数会随航天器所处环境、地面站参数和通信信道条件发生变化。有些参数与链路器件的自身特性有关,在一定的区间内变化。

空间探测初期,工程师们获取的数据很少,同时在深空通信系统设计方面相对缺乏经验。因此,他们往往非常保守,使用确定性最差条件,即采用最恶劣参数进行计算[4-6],以此来确保有足够的链路余量,防范不确定性。多次月球和行星际飞行任务的经验表明,从工程和管理的角度看,该方法是切实可行的[6-8]。但确定性最差条件准则的主要缺点是它无法提供关于相关参数的详细信息及分布。因此,也就不能定量地进行成本核算和风险评估。

多年来,设计者们在深空通信系统设计中积累了大量经验。他们研发了用于通信性能统计分析的新技术[8-9],在保留其优势的同时消除了确定性方法的主要缺点。自1975年以来,这种统计方法一直用在深空通信系统设计中,本章将对其进行描述。

1.3.1 设计控制表

通信链路余量使用以下方程进行计算:

$$y = y_1 y_2 \cdots y_k \tag{1.3-1}$$

其中：$y_i(i=1,2,\cdots,k)$为通信链路参数，如等式(1.2-1)和等式(1.2-6)所示。该等式以通用形式表示，没有细节部分。不同类型的通信链路具有不同的组成部分，但该等式的形式保持不变。

完整的通信系统包括大量参数，它们以乘积形式表示。因此，以 dB 形式可将这些参数表示为和的形式。

$$x = x_1 + x_2 + \cdots + x_k \tag{1.3-2}$$

其中：

$$x = 10\lg y \tag{1.3-3}$$

以及

$$x_i = 10\lg y_i, \quad i = 1,2,\cdots,k \tag{1.3-4}$$

在系统设计中，最便捷的方法是将这些参数和条目以表格的形式表示，该表称为"设计控制表"或 DCT。所有影响系统链路性能的因素都按信号在系统中的流向顺序排列于表中。遥测、遥控和测距链路的 DTC 示例都可以在第 2～7 章中找到，用于对 6 个案例的研究。

DCT 中的每个参数都有设计值，以及有利容差和不利容差(参数的最小值和最大值)。这些容差不作为每个参数隐含的安全余量，而是反映了参数的不确定性，包括测量容差、制造容差、环境容差、器件漂移、器件老化、参数建模误差和其他误差。控制表很容易表示具有最大容差的参数，它的最大好处就是能够体现更多认知和进行硬件的改进。

以下小节介绍了深空通信链路的设计过程和性能准则的选择。

1.3.2　设计过程和性能准则选择

深空通信系统设计和性能估计采用趋于保守的准则。地面站天线与航天器之间信号变化主要是由天气状况决定的。"天气"既是指地球的大气状况(湿度、降雨和风)，也指从大气顶部到航天器的空间路径中存在的带电粒子。

1.3.2.1　天气影响

天气影响需要特别考虑。对于 X 频段或高于 X 频段的载波频率，天气引起的链路随机变化是产生影响的主要因素。有两种技术将天气影响纳入通信设计中。在此将介绍其中一种较为简单的百分比气象技术，它是气象对链路性能影响的一种合理估计，一般情况下该估计能够满足系统的初步设计和性能评估要求。百分比气象技术因其简单而备受关注。反之，详细设计和链路性能监测就需要开展更精确的评估。

百分比气象技术应用于通信设计控制时，需要准备两个设计控制表。第一个设计控制表中，假定深空站(DSS)处于干燥大气和晴朗天空条件下；第二个设计控制表中，假定处于“x%”恶劣气象条件下。所谓“x%”气象是指，在x%概率条件下，人们对天气影响做出了最悲观的假设；同时，最乐观的假设发生的概率为$(100-x)$%。如百分之九十五表示在95%的时间内由于天气影响造成的衰减量小于预测值，同时5%的时间内天气衰减量大于预测值。

1.3.2.2 设计过程

本节介绍链路的设计过程。该过程按顺序分为6个步骤，设计过程体现了通信设计控制的基本理念。以下内容详见参考文献[8]和文献[9]。

第1步，为大多数链路参数指定三个值：设计值、有利容差和不利容差。三个值均以分贝数表示。对于不用指定有利容差和不利容差的参数，给出设计值(分贝)。数据速率、空间损耗和信噪比门限(或要求)作为确定值且只有设计值。与天气相关的参数包括大气衰减和下行链路上由于云引起的噪声温度增量，仅指定设计值(噪声温度以开尔文表示，不以分贝数表示)。实际上，与天气相关参数的设计值应基于晴朗、干燥天气的假设。随后，如前所述，根据天气情况的概率分布，对不同天气情况下的相关参数进行再次设计，它们是基于百分比为x的恶劣天气指定的设计值。以下定义可作为将值指定给链路参数的指南：

- 设计值＝一种先验的参数估计值；
- 有利容差＝最优参数值与设计值之差；
- 不利容差＝最差参数值与设计值之差。

噪声温度、噪声谱密度和噪声带宽的有利容差为负值，不利容差为正值；对于有些其他链路参数则相反，不利容差为负值，有利容差为正值。容差反映以下多种情况之一：极限环，与链路硬件相关的制造容差，对航天器所处环境的依赖性和其他不确定因素。

第2步，以垂直列表形式编排链路参数，并确定其中的独立分组。

第3步，在每个独立分组中，添加设计值、有利容差和不利容差，使每个分组仅有一个设计值及与其相关的有利容差和不利容差。

第4步，为每个独立分组分配一个概率密度函数(pdf)。通常使用的概率密度函数有均匀分布、三角分布、高斯分布和狄拉克δ分布(对于那些无容差的分组)。参考文献[2]第10章中给出了由通信预测和分析程序(TPAP)所给出的分布。若概率密度函数在整个实数轴上非零，如高斯密度函数，则使用6σ(6倍标准差)作为有利容差和不利容差的值。

第5步，计算每个独立分组(随机变量)的均值和方差。当然，根据设计值和容差(均以分贝数表示)计算得到的平均值也以分贝为单位。

第6步，通过代数求和计算平均值，并将步骤5中获得的方差相加，计算所需性能或载波余量的均值和方差。所谓“代数求和”的意思是：有些计算意味着减去噪声谱密度、噪声带宽、数据速率和门限(或要求)SNR,而非相加。

当然,通过对 K 个独立随机变量的 pdf 求卷积,可以得到整个链路余量的精确 pdf。然而,整个链路由上述步骤 2 中形成的 K 个独立随机变量组成,因此利用中心极限定理,链路余量的分布能够利用高斯分布进行很好地近似。这简化了计算的复杂度,使得更加便于进行手工计算。此外,K 个独立随机变量的 pdf 仅为估计量,尽管这种近似令人满意,但使用烦琐的卷积来获得基于不精确信息的精确解也是很困难的。一个更值得努力的方向是获得 K 个独立随机变量 pdf 的更精确估计。

重复以上过程,并根据 x 百分比恶劣天气为相关参数指定设计值。天气百分比不仅因地点而异,还可按月或季度确定。最终考虑利用以下 4 种规则来预测性能或载波余量：

(1) 晴朗、干燥天气时的平均余量；

(2) x%天气时的平均余量；

(3) 晴朗、干燥天气时的 n-σ 余量；

(4) x%天气时的 n-σ 余量。

这里“n-σ 余量”等于平均余量减去 n 倍标准方差。对于遥控链路,n 通常取 3；对于传输遥测或提供辐射数据的链路,n 通常取 2。

1.3.2.3　性能标准选择

为了确保航天器操作和预防链路不足情况,我们必须提供足够的链路余量。基于前面所述设计过程,可选择 3σ(3 倍标准差),概率为 0.99 作为链路性能指标。3σ 值包含了链路的不确定性。根据可接受的风险,我们可以选择任意数量的 σ 值。因此,一个实用的链路设计准则是：链路 SNR 平均值必须在数值上大于或等于 n-σ 所需的 SNR。或者,可以选择一个可接受的任务成功的概率标准,然后使用所需的 SNR。

参考文献

[1] DESCANSO: *Deep Space Communications and Navigation Systems*, *http://descanso.jpl.nasa.gov/*(website), Jet Propulsion Laboratory, California Institute of Technology, Pasadena, California, includes *Design and Performance Summary Series*. http://descanso.jpl.nasa.gov/DPSummary/summary.html(accessed October 30, 2014).

[2] J. H. Yuen, editor, *Deep Space Telecommunications System Engineering*, National Aeronautics and Space Administration, Washington, District of Columbia, July 1982. (Also reprinted by Plenum Press, New York, 1983.)

[3] J. R. Pierce and E. C. Posner, *Introduction to Communication Science and Systems*, Plenum Press, New York, 1980.

[4] R. E. Edelson, B. D. Madsen, E. K. Davis, and G. W. Garrison, "Voyager Telecommunications: The Broadcast from Jupiter", Science, vol. 204, no. 4396, pp. 913-921, June 1, 1979.

[5] R. E. Edelson, editor, *Telecommunications Systems Design Techniques Handbook*, Technical Memorandum 33-571, Jet Propulsion Laboratory, Pasadena, California, July 15, 1972.

[6] M. F. Easterling, "From 8-1/3 Bits per Second to 100000 Bits per Second in Ten Years", *Conference Proceedings*, ITC'74, Los Angeles, California, 1974.

[7] V. L. Evanchuk, "117. 6kb/s Telemetry from Mercury In-Flight System Analysis", *Conference Proceedings*, ITC'74, Los Angeles, California, 1974.

[8] J. H. Yuen, *A Practical Statistical Model for Telecommunications Performance Uncertainty*, Technical Memorandum 33-732, Jet Propulsion Laboratory, California Institute of Technology, Pasadena, California, June 15, 1975.

[9] J. H. Yuen, "A Statistical Model for Telecommunication Link Design", *Proceedings, National Telecommunications Conference*, New Orleans, Louisiana, A77-15115 04-32, Institute of Electrical and Electronics Engineers, New York, pp. 25-17 to 25-21, December 1976.

第2章
深空网：功能性描述

吉姆·泰勒(Jim Taylor)

所有深空任务——定义为工作在月球轨道或比月球轨道更远的，需要地面特殊通信网络向探测器发送和接收数据的那些任务。而深空网(DSN)是其中一个规模最大和最复杂的通信网络。

NASA在近地轨道上的任务通过近地网(NEN)或空间网(SN)进行通信，均由NASA戈达德空间飞行中心(GSFC)进行管理。SN拥有数颗位于地球同步轨道的跟踪与数据中继卫星(TDRS)。而且，欧洲航天局管理的部分地面站也可用于NASA深空任务发射后数小时内的跟踪。此外，一些商业公司管理的地面站也可与NASA的任务保持通信。下文仅描述由JPL为NASA管理的深空网。

DSN所采用的技术和经验教训与其他地面网有很多相似之处。本书后续章节描述的任务经验教训可以广泛应用到所有深空通信系统中。包括所使用的DSN以外的地面站。

本章中有关DSN的描述和性能总结出自DSN通信链路设计手册，在NASA内部被称为810-5文件[1]。这本模块化手册已获DSN项目办公室批准，并适时更新以代表DSN的最新性能，它是DSN所有深空飞行项目使用的一个在线信息资源。以下内容来自810-5，它提供的技术信息适用于当前的深空网技术状态，包括载波跟踪、无线电测量数据、遥控发送和遥测接收等。

DSN是一个全球布设的地面站网络(包括天线、发射机、接收机和相关系统)，1960—1970年，工作频段集中在S频段，随后在1980—1990年提升至X频段，2000年后更是提升至Ka频段。DSN支持行星际航天器飞行任务，并为探索太阳系及以远的飞行任务提供无线电和雷达天文观测支持。DSN由三个深空通信综合设施(DSCC)组成，约以120°间隔分布于世界各地，分别位于加利福尼亚莫哈韦沙漠的戈尔德斯通、西班牙马德里和澳大利亚堪培拉附近。

DSN软硬件系统及其互连设备已经发展了几十年。本章介绍了深空网的现状，后续章节描述单次任务的探测器设计。每章都对当时地面系统的特点进行了描述。

每次任务都是独一无二的，通信系统同样也是唯一的。接下来的章节描述了每次任务的探测器设计，但这些章节将仅描述地面系统在当时支持该任务的历史或特点。

本章包括了DSCC中DSN系统的简要介绍和功能模块图，它可为深空任务提供载波跟踪、无线电测量数据（多普勒和测距）接收、上行遥控和遥测接收与解码等，这些都是定义在月球或以远距离上的。

DSN中每个天线（或深空站，DSS）都具备同一时刻向一个探测器发送遥控指令的能力。每个DSCC包含一个70m口径天线和2～5个34m口径天线。34m天线有两种类型，第一类称为"高效天线"（HEF），它包括馈源、低噪声放大器，以及位于天线倾斜结构上的发射机，这些天线是在之前DSN所使用的一种效率相对较低的34m天线时命名的，该名称一直沿用至今，目前DSN所有的34m天线效率几乎相同。第二类34m天线是包括馈源和低噪声放大器的波束波导（BWG）天线，发射机位于天线结构下方的房间里，射频能量通过一系列装在保护管中的反射镜在天线表面来回传输。

每个天线视微波频段、安装和接收设备的不同，其性能也略有不同。

2.1 上行和下行载波操作

DSN地面站按照天线口径（26m、34m、70m）划分，34m天线又分为BWG和HEF两类。DSN通信链路设计手册[1]中包含了各种口径和类型天线在探测器和地面站之间链路性能的描述。

2.1.1 34m BWG地面站

34m口径BWG（波束波导）和HSB（高跟踪角速度波束波导）天线是DSN建成使用的最新一代天线。其中位于堪培拉的35号深空站（DSS-35）是最新的，按计划在2014年10月投入使用。作为34m地面站的代表，本节描述了戈尔德斯通正在使用的34m BWG测站，即深空站25（DSS-25）的系统功能。

总的来说，每个天线在其支持的每个频段上都配有一个LNA。然而，对于那些能够同时支持右旋圆极化（RCP）和左旋圆极化（LCP）的天线来说，每种极化方式各配有一台LNA。此外，支持Ka频段的天线包含额外的LNA，以保证在使用右旋圆极化时的单脉冲跟踪。每个天线至少配备了一台发射机，配有多台发射机的天线同时只能有一台发射机工作。

DSS-25是一个例外，其Ka频段发射机和X频段发射机能够同时工作。如图2-1所示，20kW的X频段发射机的射频信号先经过X频段双工器，再经过正交模连接

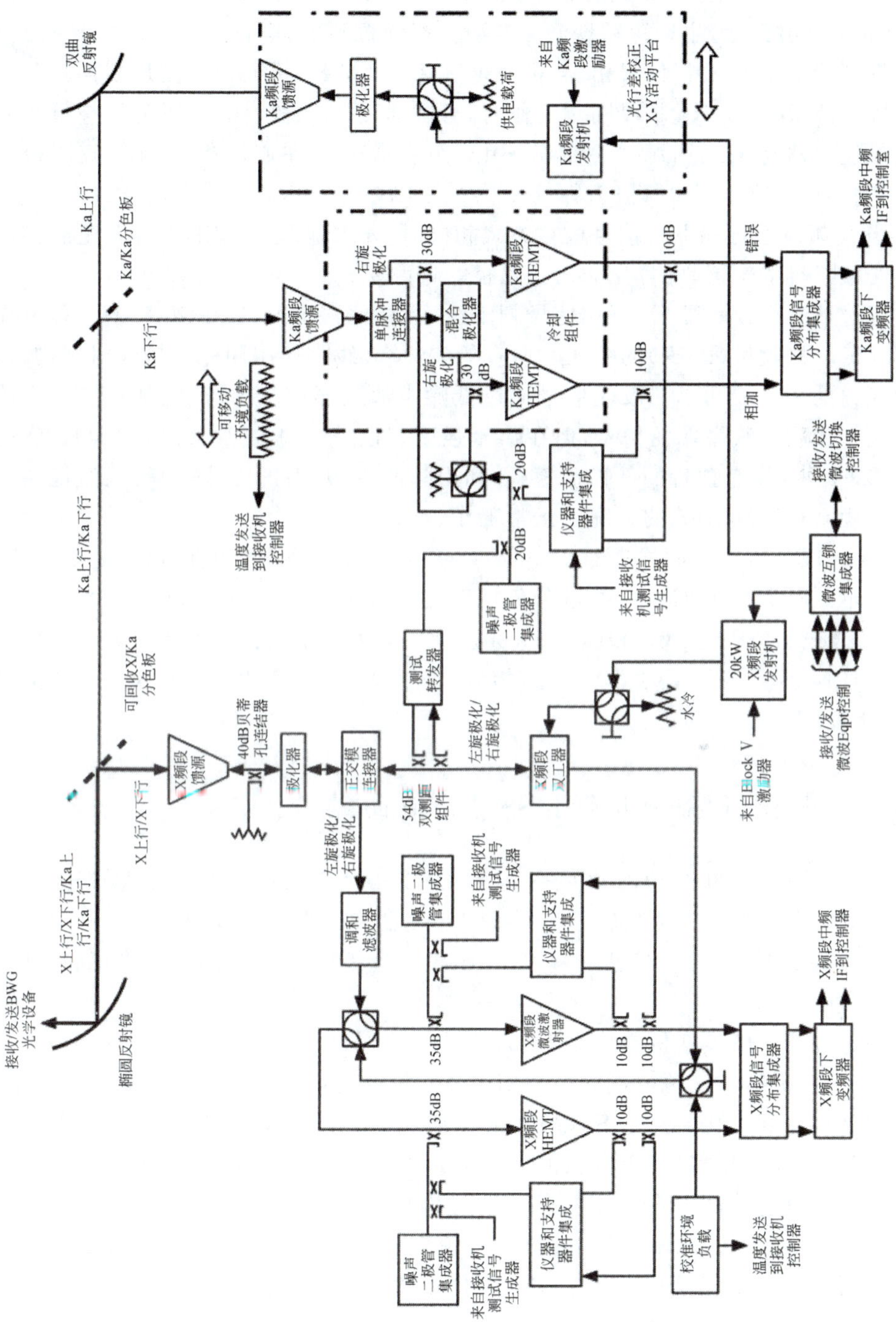

图 2-1 DSS-25 微波和发射机功能框图

器和极化器到达X频段馈源。如果需要与Ka频段同时工作，则X频段上行信号通过X频段/Ka频段分色板进而到达副反射面。X频段上行信号从副反射面聚焦到34m主反射面上，主动跟踪期间主反射面指向探测器方向。

探测器X频段下行信号由34m天线主反射面接收，进而通过副反射面聚焦到X频段馈源(探测器Ka频段同时工作时，再次通过X频段/Ka频段分色板分离)。正交模连接器是天线馈源的一部分，用于组合或分离左旋圆极化与右旋圆极化(LCP和RCP)信号。X频段射频信号从X频段馈源到达微波激射前置放大器。

当X频段上行和下行信号极化方式相同时，要求地面站使用波导双工器，接收信号必须经过双工器，并且比非双工路径的噪声要大。

经过低噪声放大器后，下行信号频率经下变频至300MHz中频(IF)信号，并作为Block Ⅴ接收机(BVR)的输入。所有的DSN天线都使用同一种接收机架构，将接收频谱的一个或两个圆极化信号通过低噪声放大器(LNA)下变频至IF。天线设计用于接收极其微弱的信号，但在信号强度超过－90dBm时会出现饱和。支持26GHz的天线具有独特的低增益模式，利用降低G/T值的方式，使得天线能够在信号强度高达－50dBm的情况下正常工作。

Ka频段下行信号同样通过34m天线主反射面收集并聚焦到副反射面接收。在到达Ka频段馈源的途中，通过分色板将其与X频段信号路径分开。DSS-25配置了Ka频段RCP或LCP设备。Ka频段前置放大器是一种高电子迁移场效应晶体管(HEMT)。与X频段下行链路相似，Ka频段下行信号经过低噪声前置放大器后，下变频进入BVR。

2.1.2 70m(DSS-14和DSS-43)地面站

图2-2展示了70m地面站DSS-14和DSS-43的天线微波和发射机部分。

20kW的X频段发射机输出信号经过极化器和双工器连接到X频段馈源。从那里到达副反射器途中，穿过S频段/X频段分色板，并在发送上行信号到探测器途中经过70m主反射器。

通过20kW的发射机或400kW的发射机(仅在DSS-43)可以发送S频段上行载波，必要时上行载波可以调制遥控副载波。发射机输出信号通过S频段双工器、正交模连接器和极化器到达S频段馈源。如图2-2中所示，从S频段馈源处，S频段上行信号路径要通过三个小反射器和70m主反射器后向探测器发送信号。

来自主反射面的X频段下行信号通过副反射面聚焦，并通过分色板将其与S频段信号路径分开。从双工器连接点，X频段下行信号通过极化器选择(匹配)探测器发射的下行左旋或右旋极化信号。X频段HEMT前置放大器的X频段下行信号经下变频进入BVR。

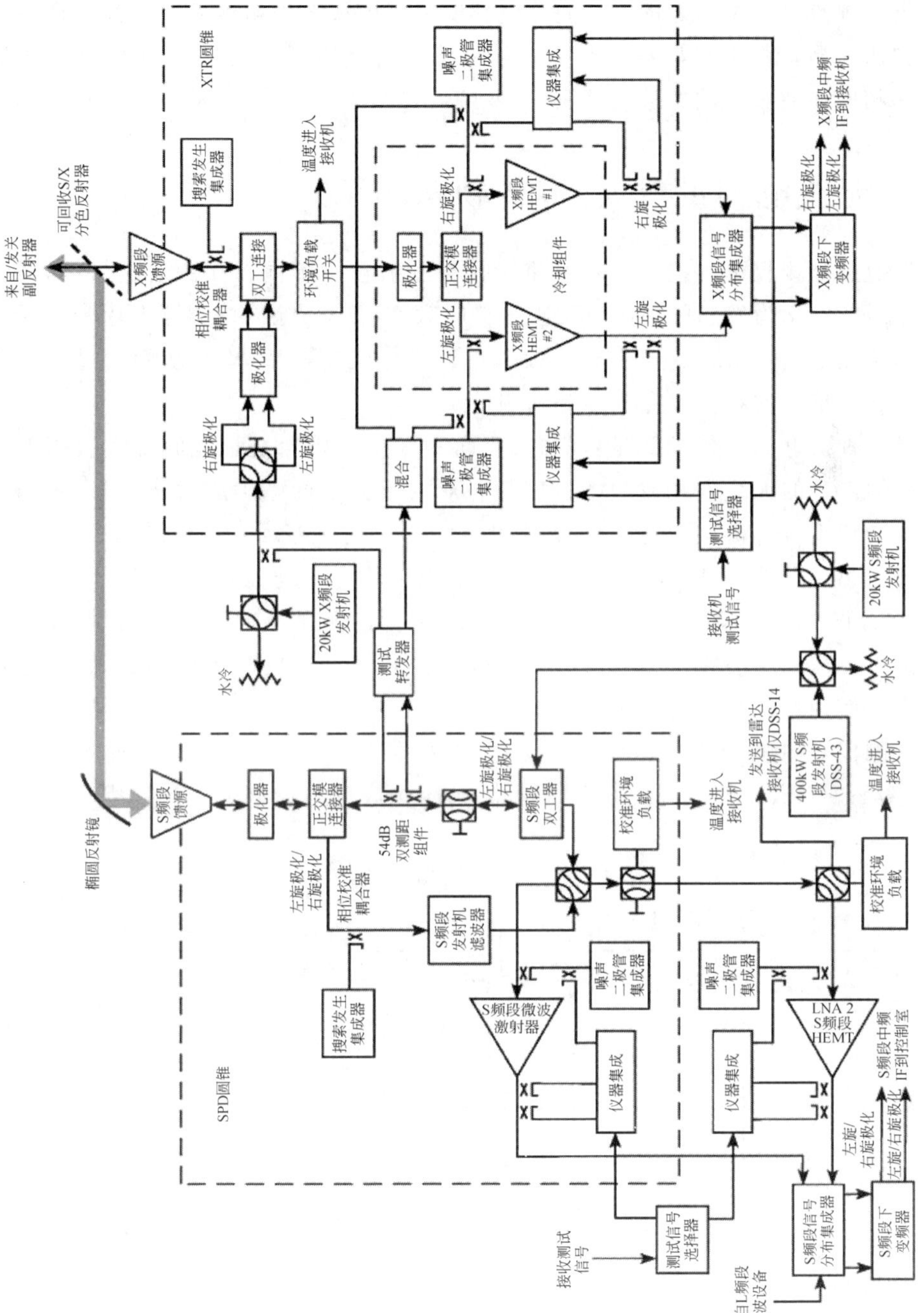

图 2-2　70m 地面站微波和发射机功能框图

S频段下行信号从70m主反射面直接经副反射器到达S/X频段分色板。分色板表面能够反射一个频段信号而透过另一个频段信号,因而可从X频段信号中分离出S频段信号单独处理。二向分色性反映了模块图中粗线显示的X频段下行信号到达S频段馈源的路径。与上行信号路径恰好相反,下行信号直接从双工器到达S频段微波激射前置放大器,经下变频后进入BVR。

2.2 无线电测量数据(多普勒和测距)

发射机和接收机的相对运动致使接收与发射频率不同。在深空通信中,通常把"多普勒"定义为发送频率(上行)减去接收频率(下行)除以探测器上用于生成下行频率的比值(转发比)。因为载波频率与载波相位变化率等价,从而通过提取下行信道载波信号的相位以完成多普勒测量。

有三种类型的多普勒测量:单向、双向和三向。单向是指地面站接收探测器上振荡器产生的无线电载波频率(射频)。双向是指地面站生成载波信号,发送至探测器的相干应答机,应答机相干转发后,由发射上行信号的地面站接收。除了下行载波由第二个地面站接收外,三向和双向相同,第二个地面站既可以位于同一个DSN综合设施中,也可以位于其他综合设施中。在上述三种情况下,测量并记录累计的下行信号载波相位。因为地面站振荡器频率稳定度高于探测器,因此深空导航中应使用双向和三向多普勒测量。

探测器双向下行信号由地面站天线馈源/低噪声放大器(LNA)进入下行信道,如图2-3所示。若下行信号是单向的,则图中底部上行部分不起作用。在天线

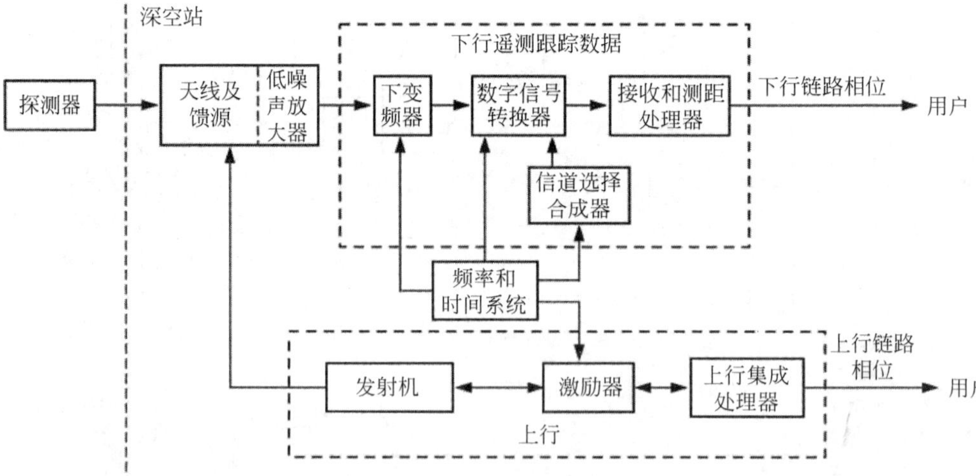

图2-3 双向或三向多普勒测量

的 RF 到中频下变频器(RID)中，频率和时间系统(FTS)的高稳参考频率经倍频生成本地振荡器频率，接收的下行信号与该本地振荡器频率进行混频，产生的中频(IF)信号发送至信号处理中心(SPC)。

双向或三向多普勒数据点包括上行和下行频率的相位计数(单向多普勒测量时仅对下行相位计数)。下行相位计数间隔为 0.1s。上行集成处理器(UPA)的相位计数间隔为 1s。

多普勒测量确定了探测器和地面站间相对速度与时间之间的关系，并与预期或建模的速度进行比较。该速度包括了惯性空间中地球自转引起的地面站运动速度。

DSN 测距系统测量从 DSS 上行链路发送到航天器、再返回到 DSS 下行链路的测距信号的往返相位延迟。在最常见配置中，双向测距的上行与下行地面站相同，并且测量得到的双向相位延迟可以用于确定 DSS 与探测器之间的双程光行时(RTLT)。

测距可以通过恒定的上行载波频率或随时间变化的上行载波频率来实现。对于某些任务，需要预测上行多普勒效应并发送变化的上行载波频率，使到达探测器时的上行载波频率与信道中心频率偏差最小。这一过程称为"上行多普勒补偿"，具有减少探测器接收机载波跟踪环路压力的优点。DSN 测距系统能够适应随时间变化或固定上行频率两种工作模式。

DSN 测距系统结构如图 2-4 所示。该系统由前端部分、上行子系统(UPL)、下行遥测与跟踪子系统(DTT)组成。前端部分包括微波组件，其中有低噪声放大器(LNA)、发射机和天线。UPL 包括上行测距组件(URA)、激励器和控制器，简称"上行处理器组件"(UPA)。DTT 包括位于天线上的下变频器(RID)、中频数字信号转换器(IDC)、接收和测距处理器(RRP)、下行信道控制器(DCC)。

URA 的上行测距功能由 UPA 控制。RRP 的下行测距功能由 DCC 控制。每种方法都测量测距信号相位，并将测量结果通过可靠网络服务(RNS)发送到跟踪数据分发子系统(TDDS)。URA 生成上行测距信号，在传送给激励器之前测量其相位。通过激励器将信号调相到载波上，并通过发射机将信号放大到合适的水平后发送至探测器。探测器相干转发信号，并发回 DSN 接收机。

经天线放大的下行信号经过 RID(位于天线上)下变频，传送到控制室的中频(IF)分配组件上。该 IF 信号按要求传送到一个或更多下行信道处理单元(DCPC)中。每个 DCPC 对应一个单独的信道，每个信道都单独配置了 IDC 和 RRP。对于需要在多路下行链路上(如 S 频段、X 频段)进行测距的探测器，该天线将分配多个 DCPC。

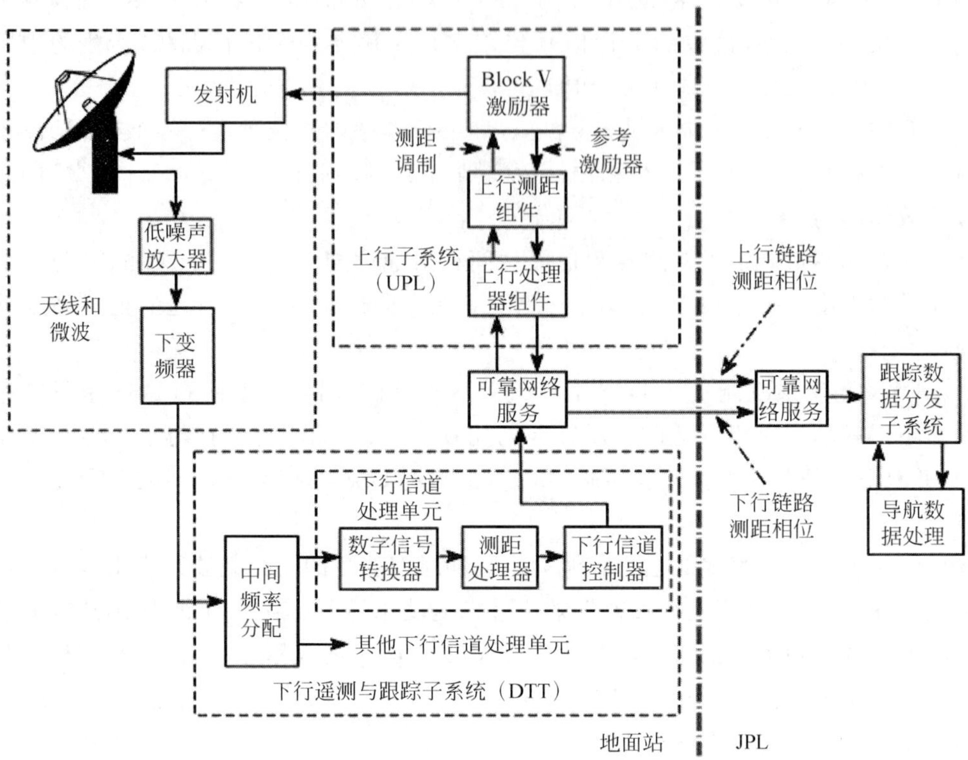

图 2-4 DSN 测距系统结构框图

三向测距基本上与双向测距相同，差别在于它要使用两个地面站。其中一个 DSS 的 UPL、发射机和天线用于发送调制了测距信号的上行载波，并记录上行测距信号相位，第二个 DSS 的天线、LNA 和 DTT 接收探测器下行信号，并记录下行测距信号相位。

序列测距信号是一系列的周期信号。这些周期信号相互之间是相关的，并调制到上行载波。这些周期性测距信号的基础是一个明确定义的测距部件表，每个部件设置一个数值。数值越大表示部件的频率越小（但周期更长）。测距中使用的部件从 4～24 分配数值，并按部件数值排序。部件 4 的频率大约为 1MHz，通常称为“1MHz 部件”，用作“时钟”。部件 5～24 的频率刚好是其前一部件频率的一半。

在 JPL，无线电测量数据调节组是多任务导航的一部分，其任务是处理多普勒和测距数据，并发送给项目导航组。无线电导航数据集还用于生成向 DSN 发回的预测文件（P 文件），用于生成后续跟踪弧段中使用的频率信息并预测天线指向。频率预报送入 BVR，以协助接收机锁定到单向、双向和三向数据的预期周期。指向预测用于对地面站跟踪弧段内天线方位角和俯仰角的引导。指向预测由测站类型、地理位置和探测器倾斜等几个表格加以完善。这些表格包括作为俯仰角和方位角函数的大气折射修正，以及作为俯仰角函数的天线结构变形（导致波束指向变化）。

2.3 双差分单向测距

双差分单向测距（delta-DOR）是一项甚长基线干涉无线电跟踪技术，它利用位于不同综合设施的两个深空站进行一次测量。利用差分单向测距技术能够提供目标探测器相对于参考方向的角位置信息，其中参考方向定义为无线电波从遥远的已知射电源到达测站的方向（例如类星体），其方向已知并进行了分类编目。

Delta-DOR 通过几何关系直接确定探测器的角位置，从而特别适用于在视线方向测量量（多普勒和测距）不足的情况，例如，当探测器飞行至 0°赤纬附近，此时航天器运动受到较小、未精确建模动力学外力影响。与典型的多普勒和测距需要数小时跟踪相比，delta-DOR 的另外一个优势是测量时间相对较短（约 1h）。

可利用戈尔德斯通-马德里基线或戈尔德斯通-堪培拉基线进行测量，因需要两条基线的正交分量来测量目标角位置的赤经和赤纬坐标。戈尔德斯通-马德里基线是东西向的，对接近黄道面附近探测器的赤经最为敏感；戈尔德斯通-堪培拉基线是倾斜的，对赤经和赤纬轴向分量均较为敏感。

34m 和 70m 天线能够支持差分单向测距，相关设备包括信号处理中心（SPC）的 VLBI 科学接收机（VSRs）、地面通信基础设施和 JPL 的 DOR 相关器。图 2-5 显示了 DSN 使用的设备。

VLBI 观测纲要包括地面站观测计划和合适的参考射电源。探测器提供用于 delta-DOR 测量的一组连续波测音信号，并将其调制到单向下行载波上。在小型深空应答机（SDST）中的“双差分 DOR 模块”生成频率约为 19.1MHz 的测音。

在很多工程中，导航要求遥测副载波（最好无遥测符号）调制在下行载波上，提供第二个 delta-DOR“音”。首选 375kHz 范围内的副载波频率，一些工程提供的副载波频率在 25kHz 范围内。副载波调制度为 30°时能够使 delta-DOR 音和副载波“音”间达到良好的功率平衡。

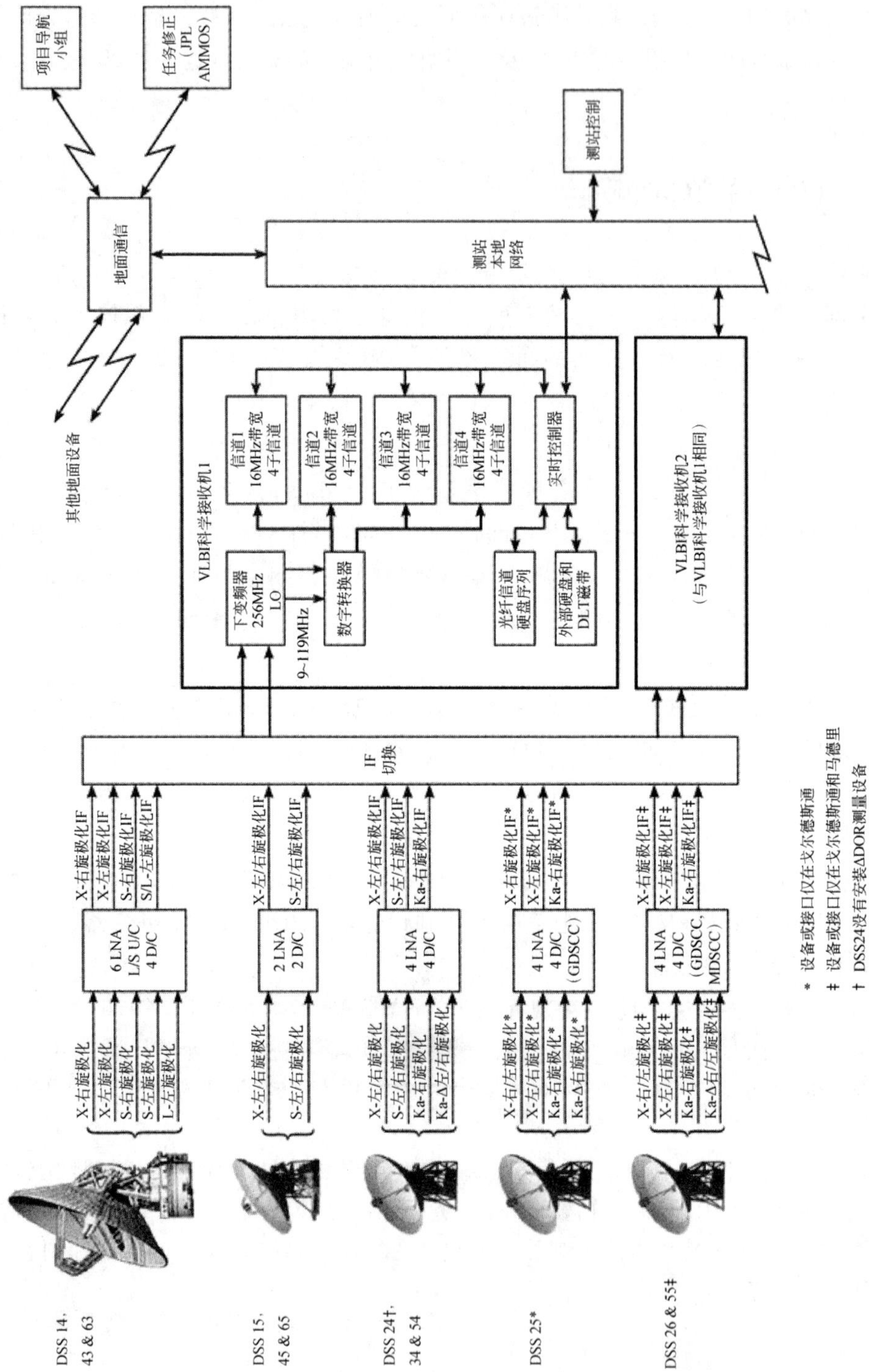

图 2-5　支持 delta-DOR 的 DSN 设备

2.4　遥控处理和发送

上行数据通过三种方式发送给 DSN，分别为使用数据流方式发送、文件方式发送和指令传递方式。

数据流遥控发送方式利用空间链路拓展（SLE）协议的前向服务，采用国际空间数据系统咨询委员会（CCSDS）的 912.1 号建议，SLE 遥控链路传输单元（CLTU）服务[2]在 DSN820-013 号文件通信模块 0163[3]中描述，它是 JPL 的一份内部文件。SLE 前向服务仅提供联机服务，其服务用户（各飞行任务）提供要发送给探测器的命令符号和注入路由等辅助信息，确保地球段通信链路的完整性，并对遥控过程进行有限的控制。

文件方式遥控发送是通过 DSN 文件存储系统，获取项目支持区的 CLTU 文件，在 DSN 文件存储系统中将各个 CLTU 解压并传送到地面站，将其调制到上行载波后发送给探测器。CLTU 文件称为"航天器遥控信息文件"（SCMF），相关流程可见图 2-6 的"文件模式"数据流。该项服务是一项联机或脱机存储的前向服务，可管理多个存储的遥控文件。

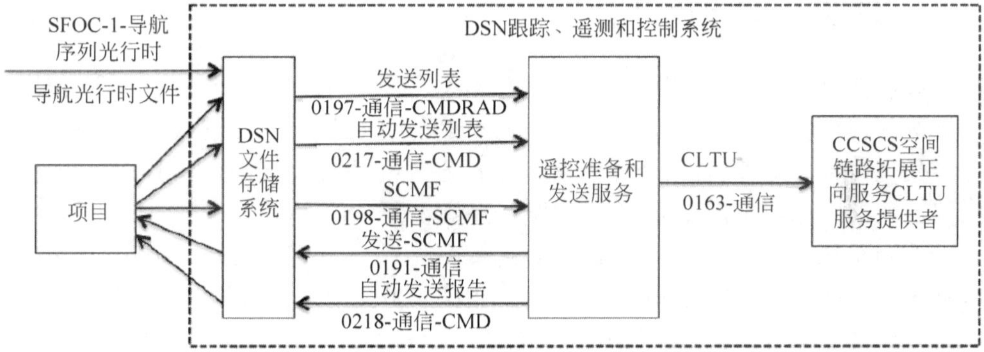

图 2-6　"文件模式"的遥控发送服务数据流

遥控指令传输服务方式利用 CCSDS 文件传输协议（CFDP），可用于使用该协议的探测器，详见参考文献[4]。该服务要通过 DSN 文件存储系统从 MSA 获取文件，并在 DSN 文件存储系统中将其转换为 CLTU，然后把 CLTU 文件发送到地面站，进而调制到上行载波并发送给探测器。如图 2-7 所示，测站的唯一操作是从传递格式中解压出遥控指令，并将数据转换为探测器能够接收的 RF 信号。

在任务支持区，项目 ACE（实时任务呼叫控制器）管理着工作站的多任务遥控系统。正常情况下，ACE 能够在 2s 内完成激活遥控指令传输。为了开始和结束一个遥控进程，ACE 要求地面分别打开或关闭遥控调制。

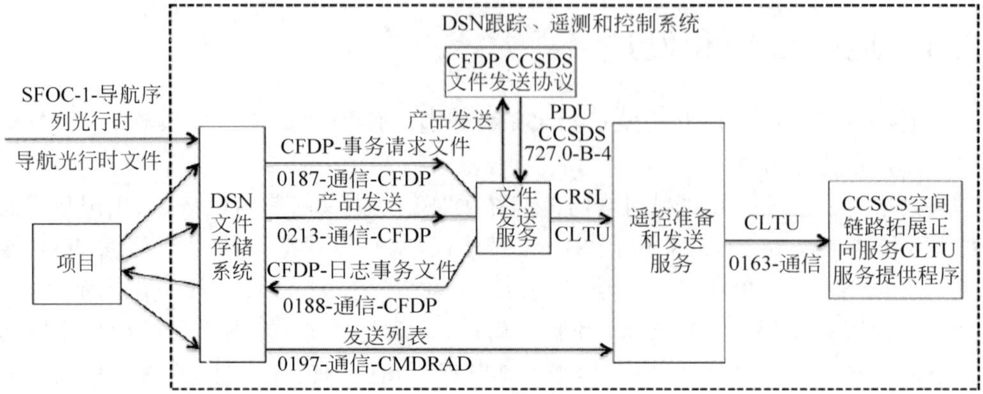

图 2-7 遥控发送服务(CFDP)数据流(见参考文献[4],727.0-B-4)

RNS将遥控文件分段发送给地面站,同时ACE定向发送不同段的遥控指令。在地面站,遥控处理器组件(也是"服务提供程序"的一部分)进行数字化处理,从遥控文件和激活信号中创建遥控比特流。

2.5 遥测解调和解码

一般情况下,提供遥测服务需要一个天线,至少一台接收机和对应每个探测器的遥测处理设备。对于具有多个下行链路或冗余的探测器,可以增加额外的接收机和处理设备。此外,若两个探测器都在预定天线的波束范围内,则DSN的每个天线就能够跟踪两个探测器(单天线跟踪多航天器,MSPA)。

遥测系统具有三个主要功能:数据采集、数据预处理并传输、遥测系统验证。数据采集包括接收和跟踪下行载波和副载波(如果使用),检测并同步遥测符号,解码符号流并生成遥测帧。详见图2-8和图2-9所示的"下行信道"框图。

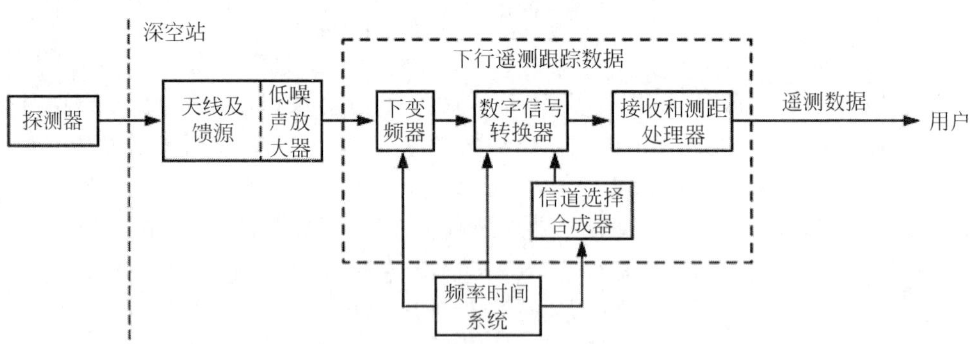

图 2-8 下行遥测接收机结构

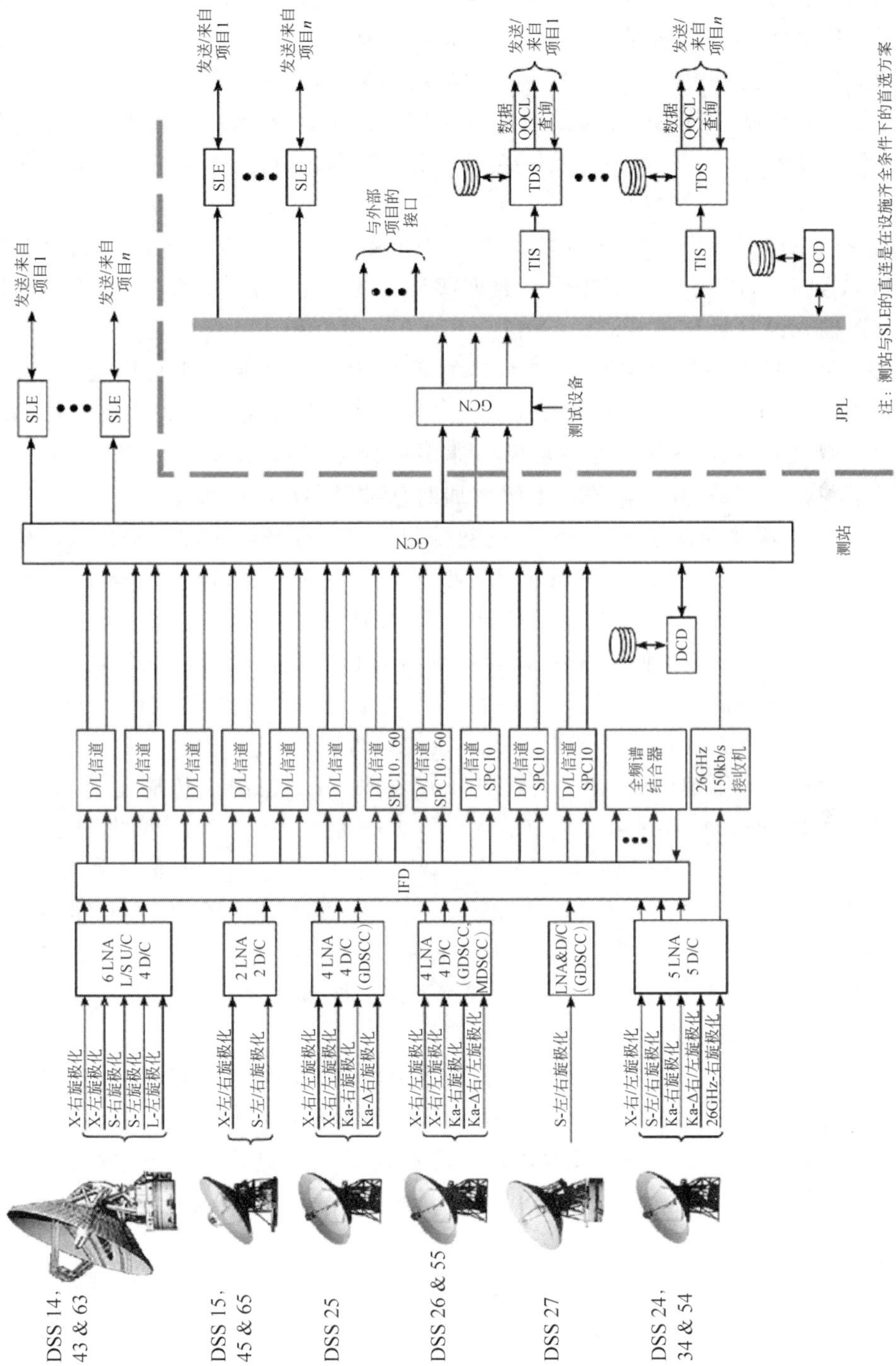

图 2-9　支持探测器的 DSN 遥测设备

正如下行载波跟踪所述，下行信号从天线馈源和 LNA 进入下行信道。经过下变频为 IF 信号后进入 SPC，中频数字转换器(IDC)通过向上和向下变换组合将中频信号变换为约 200MHz 的模拟频率，进而进行模拟-数字变换。下变频的最终模拟阶段利用信道选择合成器(CSS)提供的本地振荡器，它也是下行信道的一部分。

信道选择合成器(CSS)在跟踪弧段开始前将频率调整到下行信号接收相应的频率；跟踪过程中，CSS 频率保持不变。CCS 的频率(实际上，所有的本地振荡器都在下行变换的模拟信号链中)在下行链路信道中根据频率和时间系统(FTS)提供的高稳频率进行合成。接收和测距处理器(RRP)接收数字信号并完成载波、副载波和符号同步，以及多普勒补偿和数据解调。为了遥测解调，RRP 的输出为适合解码器输入的软量化符号流。

几乎所有的探测器都采用前向纠错编码(FEC)来更有效地利用通信信道。FEC 码在发送的数据流上额外增加了符号，用于解码器提高对编码比特流的估计性能。FEC 使用的例外情况可能是极高速率的数据传输，此时信号功率足够，无须通过编码获取增益，并且无法为编码增加的符号提供足够的带宽。

DSN 支持两种卷积编码：国际空间数据系统咨询委员会(CCSDS)建议的标准 RS 编码和 Turbo 码。使用卷积码能够获得显著的编码增益，且编码器简单、可靠性高，解码器复杂度适中。它们还提供低延迟，并且在有条件阻止接收数据块时很有用。RS 编码在高信噪比环境中，以最小的带宽扩展提供了优异的编码性能，常作为外码与卷积内码组合使用，但也可在适当的信号条件下单独使用。Turbo 码以合理的编译码复杂度提供了接近香农极限的纠错性能。

在处理任何分组编码(如 RS 编码或 Turbo 码)或数据组成传输之前，必须建立帧同步。帧同步是通过在每个码块或传输帧前附加固定长度的同步标记(ASM)来实现的。这种已知的位模式能够被识别，以确定码块或传输帧的开始。它也可以用来解决二进制相移键控(BPSK)或正交相移键控(QPSK)或偏移正交相移键控(SQPSK 或 OQPSK)调制的相位模糊问题。DSN 含有两种帧同步器，第一种工作在比特位域，用于卷积编码、RS 编码或其他无编码数据；第二种工作在符号域，用于 Turbo 编码数据。

地面通信网(GCN)使用 NASA 综合服务网(NISN)提供的通信线路连接地面站与 JPL 中心及其他相关用户。DSN 直接从地面站或通过 JPL 的 DSN 中心提供的 CCSDS 标准 SLE 服务进行数据传输。所有地面站都能够提供数据存储、预防线路中断的缓存、访问、取回、查询等功能。DSN 中心设备完成遥测数据解包和 CFDP 文件处理等其他遥测工作。

高级多任务操作系统(AMMOS)通过准实时(延迟至多 1min)和非实时(尽可能完整地记录数据，但确保在跟踪后 2h 内完成数据传输)两种模式处理遥测数据。非实时模式包括地面站和 JPL 间丢失数据的重传和必要时数据记录中心(CDR)的数据重放。

JPL 的 AMMOS 系统遥测处理包括对收到数据包的“信道分类”、编排已实时传输或探测器存储的遥测数据、为数据添加地面接收时(ERT)或探测器事件时(SCET)的时间标签。从 2011 年开始，MSL 项目首先使用任务数据处理和控制子系统(MPCS)代替 AMMOS 进行遥测数据存储、显示和查询。

2.6　DSN 性能

本节总结了工作在 DSN 频段地面站上行和下行链路的主要性能。表中数值对应戈尔德斯通的 34m BWG 地面站、DSS-24(S 频段)和 DSS-25(X 频段和 Ka 频段)以及 70m 站 DSS-14。其他测站和更多参数请参阅 810-5[1] 中详表。

2.6.1　天线增益

捕获引导天线仅工作在 X 频段和下行链路(表 2-1)。

表 2-1　34m 和 70m 天线的增益和波束宽度

测　站	参　数	单　位	数　值	备　注
34m BWG	上行增益	dBi	56.3	S 频段
			67.1	X 频段
			79.5	Ka 频段
70m	上行增益	dBi	63.0	S 频段
			73.2	X 频段
34m BWG	上行 3dB 波束宽度	(°)	0.200	S 频段，DSS-24
			0.077	X 频段
			0.016	Ka 频段，DSS-25
70m	上行 3dB 波束宽度	(°)	0.128	S 频段
			0.038	X 频段
34m BWG	下行增益	dBi	56.84	S 频段，DSS-24
			68.2	X-频段主用
			38.0	捕获引导
			78.9	Ka 频段，DSS-25
70m	下行增益	dBi	63.6	S 频段
			74.6	X 频段
34m BWG	下行 3dB 波束宽度	(°)	0.242	S 频段，DSS-24
			0.066	X 频段主用
			2.1	捕获引导
			0.017	Ka 频段，DSS-25
70m	下行 3dB 波束宽度	(°)	0.118	S 频段

2.6.2 发射功率

S频段和X频段20kW发射机(表2-2)可工作在200W到满负荷的20kW之间。

表2-2 34m和70m天线的发射机功率、EIRP和频段

测站	参数	单位	数值	备注
34m BWG	输出功率	kW	20.0	S频段
			20.0	X频段
			0.8	Ka频段
70m	输出功率	kW	20.0	S频段主用
			400.0	高功率
			20.0	X频段
34m BWG	EIRP	dBm	128.7	S频段
			139.6	X频段
			138.2	Ka频段
70m	EIRP	dBm	135.6	S频段主用
			148.7	高功率
			145.8	X频段
34m BWG	频段	MHz	2110～2118	S频段,DSS-24
			7149～7188	X频段
			34315～34415	Ka频段,DSS-25

仅DSS-43具有400kW S频段发射机。DSS-25的Ka频段发射机工作范围为50～800W。

2.6.3 系统噪声温度

特定的S频段数值(表2-3适用于DSS-24)。X频段和Ka频段数值适用于DSS-25。

表2-3 34m和70m天线下行系统噪声温度和极化

测站	参数	单位	数值	备注
34m BWG	系统噪声温度(LNA1)	K	26.1 非双工	S频段
			33.5 双工	DSS-24
			20.2 非双工	X频段主用

续表

测　站	参　数	单　位	数　值	备　注
			29.2 双工	
			280	应急捕获
			27.9 仅 Ka	Ka 频段
			31.4 X/Ka 频段	DSS-25
70m	系统噪声温度(LNA1)	K	10.5 非双工	S 频段
			15.0 双工	DSS-14
			20.2 非双工	X 频段
			29.2 双工	
34m BWG	接收极化		RCP 或 LCP	S 频段
			RCP 或 LCP	X 频段主用
			RCP	应急捕获
			RCP 或 LCP	Ka 频段
70m	接收极化		RCP 或 LCP	S 频段
			RCP 或 LCP	X 频段
34m BWG	频段	MHz	2200～2300	S 频段，DSS-24
			8400～8500	X 频段
			31800～32300	Ka 频段，DSS-25

注：LCP 为左旋圆极化；LNA1 为低噪声放大器 1；RCP 为右旋圆极化。

2.6.4　门限和极限值

下行载波捕获和跟踪门限取决于接收机带宽。跟踪带宽建议不小于 1Hz，这相当于最小下行载波功率约为－172dBm。

建议地面站低噪声放大器的最大接收总功率为－90dBm。

最大上行测距载波抑制为－6dB。最小下行测距 P_r/N_0 为－8dB-Hz。

建议 20kW 发射机正常工作的最小发射功率为 2kW。对于初始捕获段，经常使用 200W。

参 考 文 献

[1] *DSN Telecommunications Link Design Handbook*, 810-005, Jet Propulsion Laboratory, California Institute of Technology, Pasadena, California, periodically update. http://deepsapce.jpl.nasa.gov/dsndocs/810-005/(accessed October 30, 2014).

[2] *Space link Extension-Forward CLTU Service Specification*, *CCSDS*, 912.1-B-1, Blue Book, Consultative Committee for Space Data Systems, April 2002. http://public.ccsdc.org/publications/archive/912x1b3.pdf(Accessed November 14, 2013).

[3] "Space Link Extension Forward Link Service and Return Link Service", Document, 820-013-Telecom Rev. E (internal document, also D-76496), Jet Propulsion Laboratory, California Institute of Technology, Pasadena, California, October 20, 2015. http//jaguar.jpl.nasa.gov/SW_detail.php?modid=2203 (accessed January 25, 2016).

[4] *CCSDS File Delivery Protocol (CFDP) Recommended Standard*, CCSDS 727.0-B-4, Blue Book, issue 4, January 2007. http://public.ccsds.org/publications/archive/727x0b4.pdf (accessed May 2, 2014).

第3章 “旅行者号”通信

罗杰·路德维格,吉姆·泰勒(Roger Ludwig,Jim Taylor)

本章描述了两个“旅行者号”探测器和DSN之间的数据发送和接收方式,提供了一个合理、完整的关于“旅行者号”探测器无线电通信细节的介绍。

本章的目的是阐明“旅行者号”任务独特的任务需求和约束,它们决定了20世纪70年代“旅行者号”探测器通信系统设计以及后续20世纪80年代飞行软件和地面通信系统的升级改造。本章重点描述这套端到端通信系统如何持续为“旅行者号”星际任务(VIM)提供服务,该任务开始于20世纪90年代,一直持续到2010年以后[1-3]。

位于加利福尼亚州帕萨迪纳的JPL设计和制造了“旅行者号”探测器。而“旅行者号”的飞行控制团队规模在其发射后的30多年里已大为减小。

3.1 “旅行者号”星际任务描述

两个“旅行者号”探测器正在执行一项长期(1977—2025年)的探测任务。它们在探索了木星、土星、天王星、海王星等外行星后,到达了太阳系边缘,并飞向其最终目的地:星际空间。它们现在正在人类从未到达过的空间中飞行,不断书写NASA最成功、最富创造性的星际探测传奇[1]。

“旅行者1号”和“旅行者2号”于1977年发射,当时地球、木星、土星、天王星和海王星排列成一条直线(每176年出现一次,一次为期3年),为这次“大巡游”提供了绝佳的机会。两个探测器均与木星和土星近距离交会。“旅行者1号”(第二个发射)首先到达土星,成功对科学上感兴趣的、优先级高的土星卫星——“泰坦”进行了飞越探测,然后从土星“下面”飞过并偏转,以约35°从黄道面北部上方掠过。这样“旅行者2号”(首先发射)无须再对泰坦卫星进行探测,而将天王星和海王星作为探测目标。“旅行者2号”朝南约48°的方向离开海王星和黄道面。图3-1显示了“旅行者号”的飞行路径。

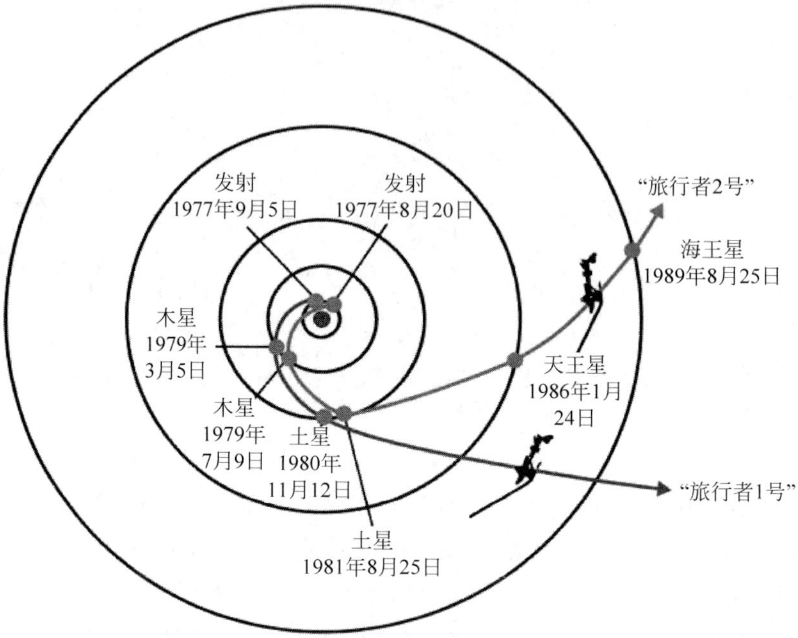

图 3-1 "旅行者号"飞行路径

本章的剩余小节主要集中在"旅行者号"星际任务(VIM)描述,即目前的任务阶段,[①]开始于 1990 年 1 月。VIM 任务对实现最近 NASA 在"空间科学计划"之"2000 年战略规划"[②]中制定的目标极为关键。自 2000 年战略规划以来,其中的一个目的是"了解太阳变化及其对太阳系的影响"。十几年之后,"旅行者号"是唯一能够持续探测外日光层的探测器。"旅行者号"探测器在轨飞行,帮助我们了解了太阳最远范围(从星际介质中切割出来的巨大区域)内及其以外发生的事件。

2000 年战略规划的另一个目的是"了解星系、恒星和行星的形成、相互作用以及演化",并"利用太阳系内的奇异空间环境作为自然科学实验室,跨越太阳系的外部边界,探索我们星系附近的环境"。"旅行者号"是唯一在这些星际环境探测的飞行器。"旅行者号"的长寿命使它们成为研究太阳风长期变化的理想平台,它们和太阳之间的距离使它们成为研究太阳风、爆发和宇宙射线的理想探测器。由于能够将其数据与地球轨道航天器(IMP8、WIND、ACE、SAMPEX 和 IBEX)以及穿越

① 早期任务阶段包括发射和地球到木星间的巡航以及行星(与木星、土星、天王星和海王星交会)任务段。这些阶段的完成情况请参阅参考文献[1],http://voyager.jpl.nasa.gov/news/index.html#。

② NASA 战略计划可以在以下网站获取:http://science.nasa.gov/about-us/science-strategy/。本章中的 2000 年战略计划已经不再对公众开放,给出的是 2011 年计划的链接:http://www.nasa.gov/pdf/516579main_NASA2011StrategicPlan.pdf。

黄道南北远端的“尤利西斯号”数据进行对比，从而大大增强了我们对“旅行者号”数据的认识。

“旅行者号”以及比其早 4～5 年发射的“先驱者 10 号”和“先驱者 11 号”，是 4 个最早逃离太阳系引力范围，飞往银河系的探测器。由于具备更好的发射日期和速度优势，“旅行者号”现在已经超过了“先驱者”，从而首先实现了具有里程碑意义的成就。“旅行者 1 号”于 1988 年在“先驱者 10 号”之前穿越冥王星轨道，此时其距离地球约为 29 个天文单位(AU)，此时冥王星位于海王星的内侧。尽管在“旅行者 2 号”1986 年穿越冥王星轨道之前，“先驱者 11 号”已穿过天王星轨道，但“旅行者 2 号”于 1989 年(“先驱者 11 号”之前)穿越了海王星轨道。

如图 3-2 所示，每个“旅行者号”探测器都安装了以下设备①：

- 等离子光谱仪(PLS)：测量等离子区离子的速度、密度和压力；
- 低能带电粒子(LECP)试验：测量几十千电子伏特到兆电子伏特范围内的电子、质子和重离子；
- 宇宙射线系统(CRS)：测量 3～30MeV 范围内宇宙射线的电子和原子核能量；
- 三轴磁通门磁强计(MAG)：测量行星和星际磁场强度；
- 等离子波系统(PWS)：测量低频电子密度分布图和等离子波-粒间相互作用；
- 行星射电天文学(PRA)试验：研究来自木星和土星的无线电辐射信号；
- 紫外线分光计(UVS)：测量紫外线光谱中的大气特性；
- 成像科学系统(ISS)：包括一个窄角度、长焦距的相机和一个广角、短焦距相机；
- 偏振光测量仪系统(PPS)：采集辐射强度数据，包括一个偏振器和一个滤波器，滤波器用于 220～730nm 光谱范围内 8 个谱带中的 1 个；
- 红外干涉分光计(IRIS)和辐射计：测量行星、卫星及其环的局部、全局能量平衡和垂直温度分布。

在航天器到达终止激波(termination shock)和太阳风层顶(heliopause)之前，其设备总体上都处在良好的工作状态，灵敏度满足连续观测要求。但在到达这两个区域前后，部分设备出现了故障。“旅行者 1 号”上的 PLS 已不再返回有用的数据。“旅行者 2 号”受到其他设备噪声的影响，它的 MAG 试验持续出现问题，难以进行可靠性分析。但在 2001 年和 2013 年接近太阳峰年时，磁场强度的增强使这一问题变得易于处理。

---

① 图 3-2 显示了在探测器上的设备分布情况。关于设备的更多信息和试验请查阅[4]：http://nssdc.gsfc.nasa.gov/nmc/spacecraftDisplay.do?id=1977-084A。

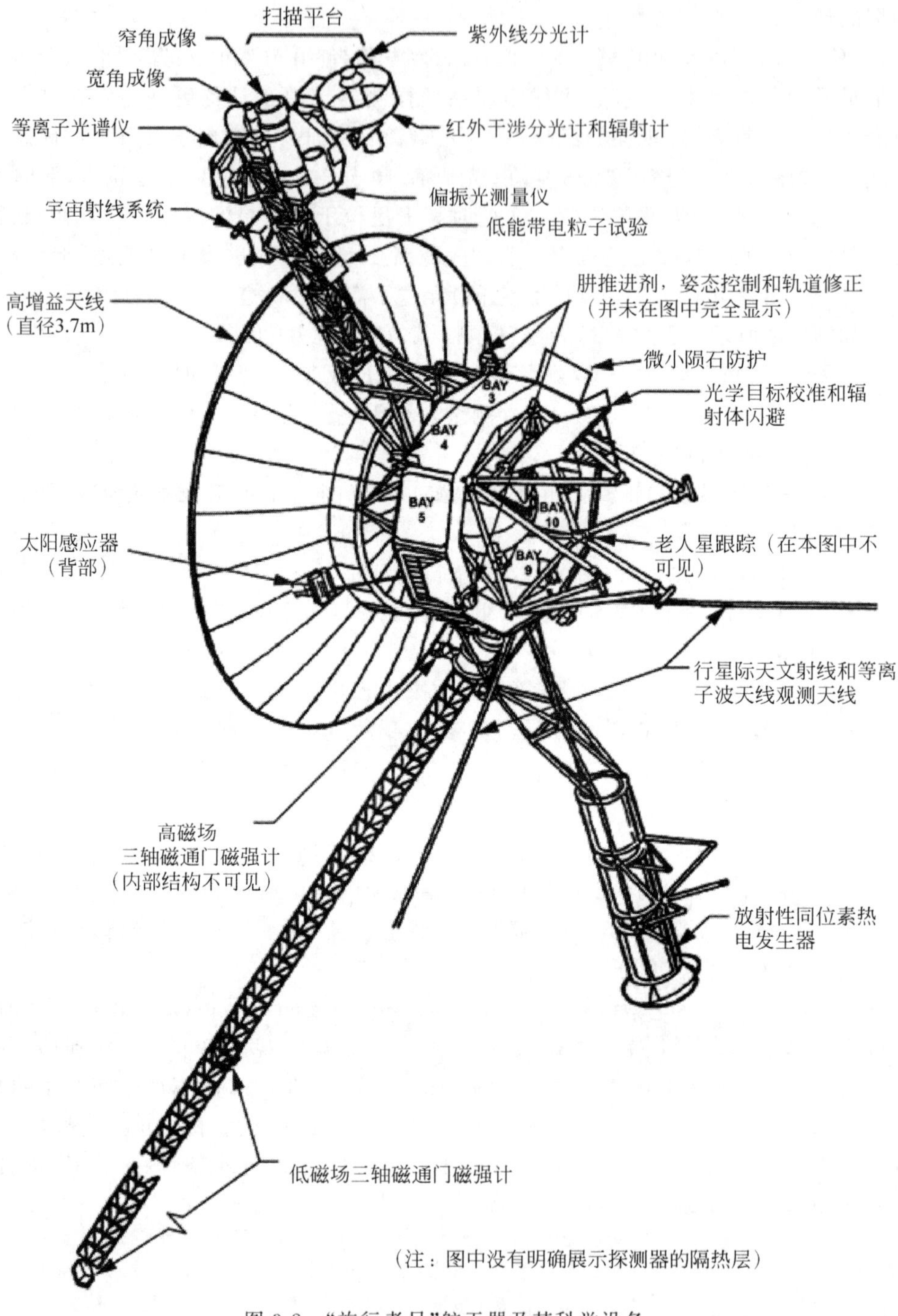

图 3-2 “旅行者号”航天器及其科学设备

VIM 包括三个不同阶段：终止激波、日鞘(heliosheath)探测和星际探测。两个"旅行者号"一开始所处的宇宙环境是由太阳磁场控制下超音速太阳风所包含的等离子主导形成的,这也是终止激波的典型特征。在离开太阳一定距离后,超音速太阳风被其他向外扩展的宇宙风阻挡,航天器所遇到的第一个特殊环境就是由星际风和太阳风交互影响形成的终止激波。此处,太阳风速度由超音速下降为亚音速,并大幅改变等离子和磁场的方向。

穿过终止激波后,随之而来的是日鞘探测阶段。"旅行者 1 号"在 2004 年 12 月约 94AU 处穿过终止激波,"旅行者 2 号"在 2007 年 8 月约 84AU 处穿过终止激波。穿过终止激波后,探测器开始探测日鞘,它依然是由太阳磁场和太阳风粒子主导,但日鞘厚度尚不清楚,估计可达到几十天文单位厚,需要飞行几年的时间。

日鞘探测随着经过太阳风层顶后结束,即太阳磁场和太阳风的最外层,"旅行者 1 号"已经完成太阳风层顶[5]的飞越,开始进入星际风主导的环境中,星际探测也是"旅行者号"任务的最终目标。

"旅行者 1 号"以每年 3.6AU 的速度飞离太阳系,与黄道面呈 35°向北飞行,大致朝太阳顶点方向(通过太阳相对于附近恒星的运动确定)。"旅行者 2 号"以每年 3.3AU 的速度飞离太阳系,与黄道面呈 48°向南。

两个"旅行者号"航天器到达终止激波后,预期需要 10～20 年飞越太阳风层顶。"旅行者 1 号"飞越的时间为 2012 年,而"旅行者 2 号"飞越的时间会在 2017—2027 年。2013 年后期,"旅行者 1 号"成为第一个到达星际空间的人造航天器[6]。"我们相信这是人类进入星际空间的历史性跨越",Ed Stone 如是说,Ed Stone 是加利福尼亚州帕萨迪纳技术研究所"旅行者号"项目的科学家。"旅行者号"团队需要时间分析这些观测数据并明确其意义,但是现在已经能够回答一直困扰我们的问题——我们到达星际空间了吗?"是的,我们到了。"

虽然"旅行者 1 号"已经离开了太阳系,但太阳对它的某些影响仍很明显。图 3-3 示意性地给出了"旅行者 1 号"进入星际空间时,VIM 的探测区域或外部环境。①

"旅行者号"有足够的电力和推进燃料支持其工作至 2025 年。届时,"旅行者 1 号"将距离太阳 155 亿英里(249 亿千米),"旅行者 2 号"将距离太阳 130 亿英里(209 亿千米)。最终,"旅行者号"将会飞越其他恒星。约 40000 年以后,"旅行者 1 号"将会飞至距离地球约 1.6 光年(9.3 万亿英里)的 AC+793888 恒星处,它是鹿豹座的恒星之一。在约 296000 年以后,"旅行者 2 号"将会飞越 4.3 光年(25 万亿

① "太阳泡沫"(日球层)的边界和图 3-3 定义的区域见 http://www.jpl.nasa.gov/news/news.php?feature=3838。在 2004 年,"旅行者 1 号"飞越了终止激波进入了"减速"区域,它第一次探测到了星际空间对日球层压力的增加。在 2010 年,它飞越了"停滞区域"即向外的太阳风速度减小到 0 并偶尔地反转方向。在图 3-3 中,减速和停滞区域存在从日球层急剧跳跃的低能量带电离子,由点表示。在 2012 年 8 月 25 日,"旅行者 1 号"进入了损耗区域,在那里磁场会使得日光层内的能量离子逃逸到外部,星际空间的宇宙射线也会被放大。外部区域由于其对离子和宇宙射线的效应同时也被称作"磁场公路"。详细的资料请参见参考文献[1],它同时也是 2013 年中科学报告的参考。

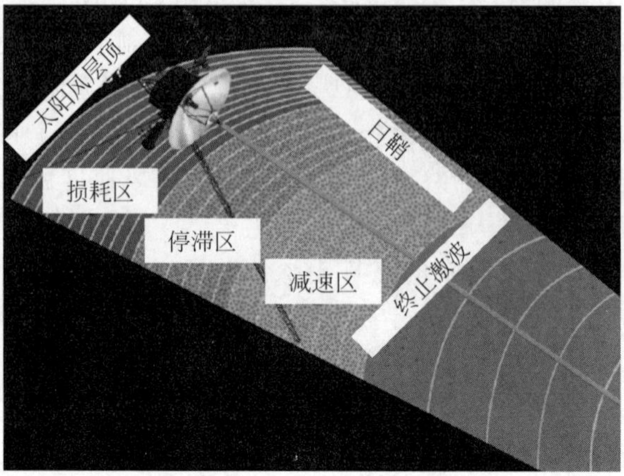

图 3-3 “旅行者号”于 2013 年对太阳泡沫外部区域的探索

英里)外的天狼星，即天空中最明亮的恒星。“旅行者号”最终可能将永远在银河系中游荡。

两个“旅行者号”是第一次到达日鞘顶，并从此区域返回科学探测数据的航天器。VIM 的持续时间主要受不断减少的探测器电源(来自两个放射性同位素热电产生器(RTG))和遥测链路性能的限制。表 3-1 给出了电源、通信和燃料肼(用于姿态控制)的估计寿命。

表 3-1 航天器寿命估计

项 目	“旅行者 1 号”	“旅行者 2 号”
电源	2023 年	2023 年
遥测链路能力		
7200b/s(70/34m HEF 天线阵列)	1994 年	1998 年
1400b/s(70m 天线)	2007 年	2011 年
160b/s(34m HEF 天线)	2024 年	2029 年
40b/s(34m HEF 天线)	2050 年	2057 年
用于姿态控制的肼	2040 年	2048 年

注：HEF 为高效率。

三个深空站全都能够跟踪“旅行者 1 号”。由于“旅行者 2 号”位于黄道遥远的南方，北半球的深空站不可见，其只能与堪培拉站建立通信链路。表 3-1 显示了加利福尼亚戈尔德斯通站两种不同尺寸的天线对“旅行者 1 号”的遥测数据速率，以及澳大利亚堪培拉站对“旅行者 2 号”遥测数据速率。西班牙马德里站对“旅行者 1 号”遥测数据速率与戈尔德斯通站类似。

“旅行者号”项目不断总结、更新和固化程序，以提高效率和提高公共投资的回报率。在 VIM 期间，“旅行者号”飞行团队人员编制减少了 97%，从 1989 年的约 300 人减到 2002 年的 10 人。人员配置的减少限制了 VIM 非日常活动的计划、实施和分析以及对异常情况的处置。

VIM 遥测速率对各种类型数据的分配如下（不同数据类型交替使用 160b/s 和 600b/s）：

- 7200b/s 和 1400b/s——磁带记录数据回放；
- 160b/s——实时磁场、粒子和波，UVS 子设备，工程数据；
- 40b/s——实时工程数据。

3.2 通信功能性能概述

本节介绍发射段的通信系统性能。探测器和 DSN 通信系统功能如图 3-4 所示。其中诸如 S 频段下行链路和航天器低增益天线（LGA）等功能目前已不再使用。3.7 节“旅行者号”星际任务（VIM）中介绍了 VIM 期间使用的功能组合。

3.2.1 上行链路

3.2.1.1 上行载波

每个深空站（DSS）向“旅行者 1 号”发射 1 个频率为 2114.676697MHz 的上行载波，向“旅行者 2 号”发射另 1 个频率为 2113.312500MHz 的上行载波。[①] 载波可能未经调制，也可能调制有遥控（CMD）或测距（RNG）数据或者两者均有，以便为上行载波的相位锁定提供信号。当应答机[②]接收机（RCVR）锁定相位时，其压控振荡器（VCO）向激励器提供一个频率参考，使其产生一个与上行载波双向相干的下行载波。

3.2.1.2 测距调制

“旅行者号”使用标准的 DSN 往返序列测距音调制。“往返”的含义是调制在上行载波的测距信号通过航天器的接收机解调后重新调制在下行链路上。“序列”表示一个接一个地发送一系列的测距码，以便解模糊和获得足够精度的测距值（DSN 测距调制见 DSN 通信链路设计手册中模块 203：序列测距[7]）。

---

① 分别是 DSN 的信道 18 和信道 14 频率。信道中心频率为特定值。DSN 信道定义见 DSN 通信链路设计手册模块 201：频率和信道分配[7]。

② 应答机包括一个接收机和一个激励器。激励器是无线电发射机的一部分，产生下行载波频率。

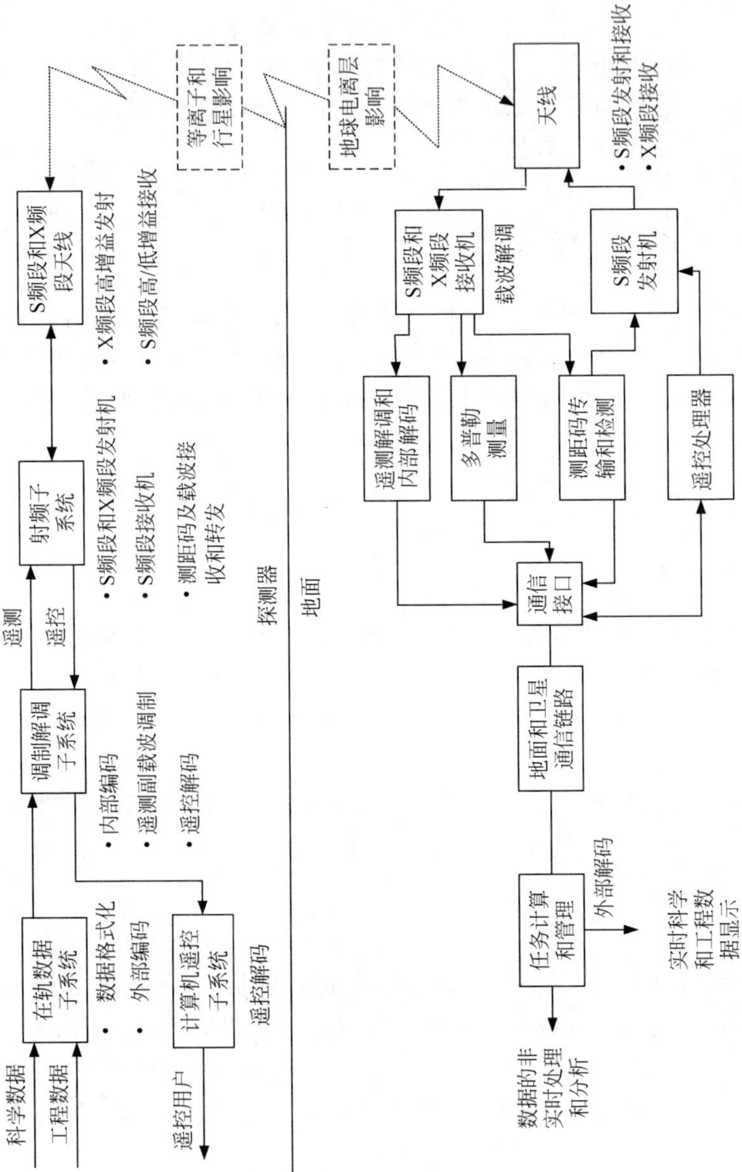

图 3-4 "旅行者号"航天器及地面通信功能框图

航天器应答机从上行载波中解调出距离信息，然后调制在 S 频段、X 频段①下行载波上，或同时调制到两个载波上。应答机必须设置成双向相关工作状态时，距离捕获才有效。

3.2.1.3 遥控调制

“旅行者号”接收上行载波并解调遥控信号（DSN 遥控调制见 DSN 通信链路设计手册模块 205：34m 和 70m 遥控[7]）。信号中包含 16b/s 的曼彻斯特编码遥控指令，其以双相形式调制在 512Hz 的方波副载波上。

3.2.2 下行链路

3.2.2.1 下行载波

当应答机被设置为双向相干跟踪模式并锁住上行载波时，可利用接收到的载波信号生成频率和相位与之相干的下行载波信号。S 频段下行载波与上行载波之间的转发比为 240/221，X 频段为 880/221。

应答机也可以设置为仅锁定上行载波，但下行载波与上行载波不相干。② 该模式下，在接收机未锁定上行载波时，由航天器上的频率源产生下行载波频率。

3.2.2.2 发射频率

表 3-2 给出了下行载波频率，以及与之对应的“旅行者 1 号”和“旅行者 2 号”以相干和非相干模式工作时的 DSN 信道编号。

表 3-2 “旅行者 1 号”和“旅行者 2 号”下行频率和通道

航天器	相干下行频率/MHz	通道	非相干下行频率/MHz	通道
“旅行者 1 号”	2296.481481	18	2295.000000	14
“旅行者 2 号”	2295.000000	14	2296.481481	18
“旅行者 1 号”	8420.432097	18	8415.000000	14
“旅行者 2 号”	8415.000000	14	8420.432097	18

① 深空航天器的 S 频段上行频率约为 2115MHz，下行频率约为 2295MHz。X 频段下行频率约为 8415MHz。

② 描述的模式是“双向非相干-开”或“TWNC-开”。“旅行者号”是 JPL 具有两种应答机工作模式即“TWNC-开”和“TWNC-关”的多个深空任务之一（从 20 世纪 90 年代末期开始，“TWNC-开”被名词“相干失效”代替，“TWNC-关”被名词“启用相干”代替）。TWNC 的发音是“twink”。“TWNC-开”模式意味着下行频率不能与上行频率相干，“TWNC-关”模式意味着当应答机接收锁定时下行频率同上行频率是相干的。

3.2.2.3 下行极化

表 3-3 给出了 S 频段(来自每个功放)和 X 频段(来自可选的行波管放大器(TWTA))下行极化的方式。

表 3-3 S 频段和 X 频段下行极化

链　路	极化方式
S 频段	右旋圆极化
X 频段 TWTA-1	左旋圆极化
X 频段 TWTA-2	右旋圆极化

3.2.2.4 遥测调制

遥测到达遥测调制单元(TMU),分为低速通道和高速通道。低速通道码速率仅为 40b/s,仅能以非编码比特流通过 TMU 发送。高速通道速率在 10b/s~115.2kb/s,下行传送编码符号。TMU 对高速数据流进行卷积编码,约束长度为 7,符号速率等于比特速率($k=7,r=1/2$)的 2 倍。

每个调制器都可以将遥测符号以双相位调制的方式将信息调制到频率为 22.5kHz 或 360kHz 的副载波上。副载波为对称方波信号,由 TMU 晶体振荡器产生,晶体振荡器的标准频率是 2.88MHz。使用 360kHz 副载波时的遥测比特速率要大于 7.2kb/s。TMU 有一个 S 频段下行链路调制器,一个 X 频段下行链路调制器。调制的副载波进入 S 频段或 X 频段激励器。①

3.3 探测器通信系统设计

3.3.1 探测器通信系统概述

通信系统包括三个子系统,如表 3-4 所示,该表同时显示了子系统的缩略语名称。

表 3-4 "旅行者号"探测器通信子系统及其组成

子系统/组成	数量
射频子系统(RFS)	
S 频段接收机(S-RCVR)	2
S 频段激励器(S-EXC)	2

① DSN 遥测数据比特、符号以及副载波波形要求定义于 DSN 通信链路设计手册[7]模块 207,34m 和 70m 遥测接收。

续表

子系统/组成	数量
X 频段激励器(X-EXC)	2
S 频段行波管放大器(S-TWTA)	1
S 频段固态放大器(SSA)	1
X 频段行波管放大器(X-TWTA)	2
超稳振荡器(USO)	1
调制解调子系统(MDS)	
遥控检测单元(CDU)	2
遥测调制单元(TMU)	
S/X 频段天线子系统(SXA)	
高增益天线(HGA)	1
低增益天线(LGA)	1

注：成对的配件如 S-RCVR，两者完全一样，提供功能上的冗余备份。有备份情况下，同一时刻有且仅有一个器件工作(加电)。

图 3-5 为“旅行者号”通信系统功能框图①。通信系统安装在航天器平台的第 1、9 号和第 10 号舱内。平台是一个十边形结构，10 个面中每一个面都形成设备舱的一个外表面，如图 3-2 所示。

射频子系统在设计上包括一个遥控指令接收机、一个相位相干测距应答机和一个遥测发射机。具有冗余的行波管放大器提供 X 频段最终放大，行波管放大器或固态放大器提供 S 频段最终放大，并互为备份。微波器件完成射频滤波和开关切换，并将发射机和接收机连接至低增益或高增益天线。

调制解调子系统包括遥控检测单元(冗余设计)和遥测调制单元。

S/X 频段天线子系统包括一个低增益天线和一个高增益天线，天线子系统从深空网接收并向其发送 S 频段和 X 频段信号。

通信系统从计算机遥控子系统(CCS)和飞行数据子系统(FDS)接收控制指令以选择其工作模式。主要工作模式包括：

- S 频段 TWTA/SSA 高功率；
- S 频段 TWTA/SSA 低功率；
- S 频段测距开；
- S 频段测距关；
- X 频段 TWTA 高功率；
- X 频段 TWTA 低功率；
- X 频段测距开；

① 框图中带编号的三角形标志表明 VIM 中不再具备该项能力，包括那些由于硬件故障或其他因素而损失的能力。“旅行者 2 号”接收机故障(标记为 3 和 4)仍旧需要特殊的处理，如 3.7 节所描述的一样。

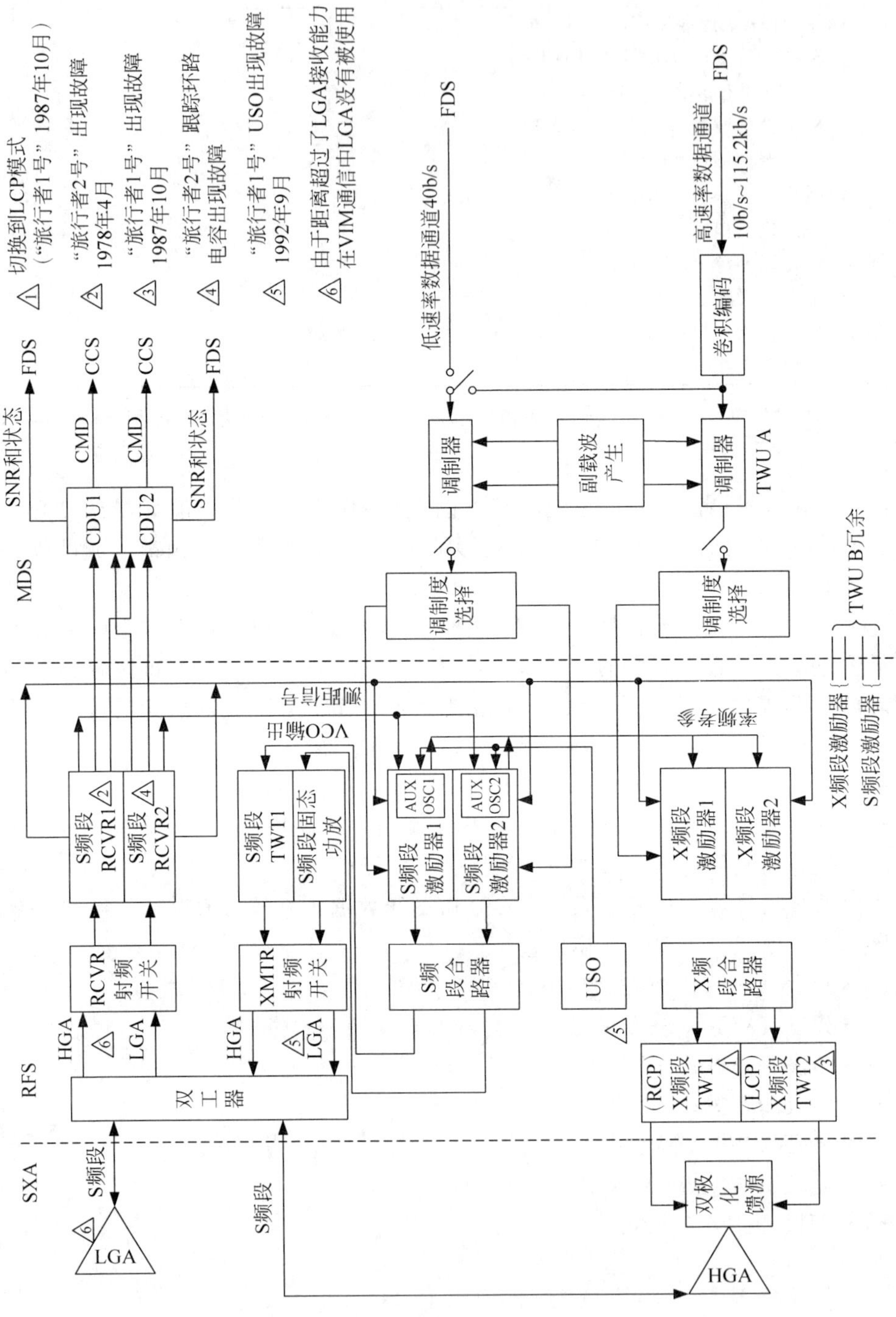

图 3-5 “旅行者号”航天器通信功能框图

- X 频段测距关；
- 选择 HGA 发射和接收；
- 选择 LGA 发射和接收；
- TWNC-开；
- TWNC-关；
- USO 开；
- USO 关。

在表 3-5 中，S 频段数据采用卷积编码，而在比特率为 40b/s 时无编码。X 频段行星际巡航时的比特率为 10～2560b/s，采用卷积编码，同时 VIM 行星际任务和数据回放时（比特率为 7.2～115.2kb/s），使用 Golay 和卷积编码或 RS 和卷积编码的级联编码方式。

表 3-5 典型的“旅行者号”通信配置

任务阶段	发射机功率		天线	测距		副载波频率/kHz		链路数据速率和编码/(b/s)		RFS 跟踪配置
	S	X		S	X	S	X	S	X	
发射	低	关	LGA	关	关	22.5	22.5	1200[a]	关	单向
第一个 80 天	高	关	LGA	关	关	22.5	关	10～2560[a]	关	双向相干
星际巡航	关	低	HGA	关	开	关	22.5	关	10～2560[a]	双向相干
星际回放	低	高	HGA	开	开	22.5	360	40[c]	7.2k～115.2k[b]	双向相干
VIM 巡航	关	低	HGA	关	关	关	22.5	关	160[b]	单向
VIM 回放	关	高	HGA	关	关	关	22.5	关	1.4k～7.2k[b]	单向

注：a—卷积编码；b—Golay 或 RS 卷积编码；c—无编码。

3.3.2 调制解调子系统

3.3.2.1 遥控检测单元(CDU)

CDU 从射频子系统(RFS)接收机中解调出遥控副载波，使其内部时钟同接收到的遥控比特率同步，然后检测遥控位。

CDU 向 CCS 输出检测出的遥控位，并从遥控位中获取时钟信号。CDU 向 FDS 发送状态信号。

3.3.2.2 遥测调制单元(TMU)

TMU 可以从 FDS 接收低速和高速、非归零码(NRZ)、连续的数字数据。通过使用来自 CCS 的控制输入（见图 3-5 中 TMU-A 的切换控制部分），选择一系列处理遥测数据模式，通过 TMU 来对遥测数据进行处理。CCS 控制输入决定了高/低速率通道、副载波频率、调制度和已调制副载波对S频段和X频段激励器输入。低速数据无编码,高速数据进行卷积编码。X频段下行链路持续为高速数据提供支持。

3.3.3 射频子系统

3.3.3.1 接收机

“旅行者号”使用的接收机是一种窄带、双变换、超外差的自动相位控制接收机。该接收机有一个相干幅度检测器用来检测和测量接收到的信号强度,并向接收机提供自动增益控制(AGC)。接收机AGC作为一个主要的上行链路性能参数,通过遥测数据返回其状态信息。

当完成上行链路信号相位锁定时,接收机的相位检测器将:

1) 若采用双向相干模式,则对下行链路载波频率和相位进行控制;

2) 若有遥控信号,则解调合成的遥控信号;

3) 若有测距信号,则解调测距信号。测距信号电平由测距AGC控制。

接收的载波频率分别以240/221和880/221的发射/接收转发比控制生成S频段和X频段相干下行载波(双向跟踪)。通过独立的路由切换将测距信号提供给S频段和X频段激励器,并调制在下行载波上。无论哪一个接收机工作,S频段和X频段测距通道都由航天器的CCS指令进行控制。

3.3.3.2 S频段激励器(S-EXC)

S-EXC为S频段功率放大器提供射频驱动,并为X-EXC提供频率参考。每一个S-EXC都必须时刻保持工作状态。X频段下行链路通道需要一个S-EXC、一个X-EXC和一个X-TWTA。

S-EXC使用来自TMU的复合遥测信号(已调制的遥测副载波)对S频段下行链路载波进行相位调制,并在控制S频段测距信道时使用接收机检测到的测距信号。

每一个S-EXC都有一个晶体控制辅助振荡器(aux osc),在“TWNC-开”模式下或在没有上行链路(U/L)信号时产生下行链路(D/L)信号。尽管此时是将USO(3.3.3.6节中提到)作为D/L的信号源,但USO出现故障①或关闭时,就可利用aux osc代替USO。

3.3.3.3 S频段功放

S-TWTA或者SSA中同时仅有一个工作,或者当不需要S频段下行链路时,

---

① 1992年9月“旅行者1号”USO故障,图3-5标注为图例5。自此以后激励器aux osc开始生成单向下行载波。受到aux osc的稳定度限制,“旅行者1号”仅以残留载波模式发射下行信号。

两个功放均关闭。每个功放都有两个 RF 输出功率①可用。一条 CCS 控制命令(低/高功率)可以设定两个单元的功率电平,并分别有遥控指令用于打开或关闭所选的功放。

3.3.3.4 X 频段激励器

X 频段激励器是将 S 频段激励器的输出频率转换至 X 频段,来驱动 X 频段 TWTA。与 S 频段激励器功能相比,X 频段激励器使用 TMU 复合遥测信号相位调制射频信号,且当 X 频段测距通道打开时,接收机对测距信号进行检测。

3.3.3.5 X 频段功放

同时仅有一个 X-TWTA 工作。另外,来自 CCS 的控制输入能够确保在 X 频段激励器关闭时,X-TWTA 也处于关闭状态。与 S 频段相同,无论是否加电,由 CCS 控制 X-TWTA 的输出功率电平(X-TWTA 的 HGA 低/高功率 RF 电平分别是 12W 和 18W,二者择其一)。

1987 年 10 月,“旅行者 1 号”的 X-TWTA-2 出现故障,如图 3-5 图注 3 所示。主下行链路切换至 X-TWTA-1。1998 年 11 月,“旅行者 2 号”的功放由 X-TWTA-2 切换至 X-TWTA-1。② 对于两个航天器,图 3-5 图注 1 把 X-TWTA-2 的右旋圆极化(RHCP)下行链路切换为 X-TWTA-1 的左旋圆极化(LHCP)下行链路(X-TWTA 选择和 X 频段下行极化合成的关系详见 3.3.4 节相应部分)。

3.3.3.6 超稳振荡器(USO)

RFS 有一个 USO,USO 在非相干工作模式下为下行链路提供最稳定的参考频率。USO 的短稳为 12×10^{-12} MHz,长稳为 $\pm2\times10^{-6}$ MHz。USO 开/关状态由 CCS 输入控制决定。当 USO 关闭时,处于加电状态的 S 频段激励器中的 aus osc 打开,反之亦然。

3.3.4 S/X 频段天线子系统

S/X 频段天线(SXA)包括一个 S 频段低增益(LGA)天线和一个 S/X 频段高增益(HGA)天线。对于 HGA,SXA 包含一个 3.66m 直径的主反射器、一个具有频率选择表面(FSS)的副反射器,以及 S/X 频段馈源。在主反射器前面的轴向位

---

① S-TWTA 的 HGA 低/高功率 RF 电平分别是 6.5W 和 19W。对于 S-SSA 分别是 6W 和 15W[8]。

② 切换至备份 X-TWTA 的状态记录在“旅行者号”任务的状态报告中:http://voyager.jpl.nasa.gov/news/voyager_status.html[1]。

置依次排列着X频段馈源、FFS、S频段馈源和LGA(离航天器最远)。

主反射器、X频段馈源和FFS(X频段反射)组成卡塞格林辐射体。主反射器、FFS(S频段反射)和S频段馈源组成主焦型辐射体。LGA安装在S频段馈源结构背面。SXA还包括一个X频段波导、一个S频段同轴电缆和双频段射频功率探头。

图3-6是HGA和LGA相对增益方向图,未标注角度。图中给出了增益和波束宽度值。如图所示,LGA和HGA的视轴重合。LGA在S频段方向图较宽(围绕视轴方向);HGA的S频段和X频段方向图较窄,取决于主反射器的直径。

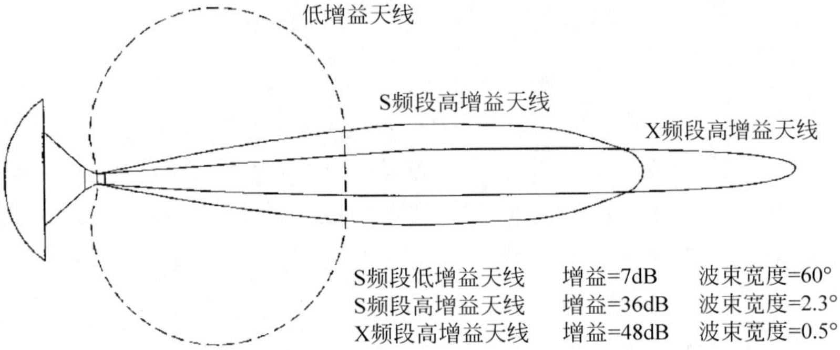

图3-6 "旅行者号"行S/X频段天线的方向图和波束宽度

3.3.4.1 高增益天线

在VIM期间,航天器上下行通信通过HGA实现。HGA由一个S频段馈源、一个X频段馈源及其后面的圆形抛物面反射器组成。S频段增益约为36dBi,X频段增益约为48dBi。

HGA在S频段为右旋圆极化。在X频段使用一个双极化的卡塞格林馈源,产生右旋圆极化波或左旋圆极化波,取决于使用两个X-TWTA中哪一个来驱动馈源。X-TWTA-1产生下行左旋圆极化波,X-TWTA-2产生下行右旋圆极化波。

3.3.4.2 低增益天线

航天器还安装有一个单S频段低增益天线。LGA有一个右旋圆极化辐射器,辐射方向图近似一个旋转的心形,天线增益约为7dBi。

发射后,LGA立即投入使用,也可用于应急通信,直到20世纪80年代才耗尽了LGA的链路余量。

3.3.5 通信系统输入功率和质量

表 3-6 汇总了稳定状态下，航天器在高功率、低功率工作模式下主要通信单元的输入功率，同时给出了系统各组件的质量。

表 3-6 “旅行者号”航天器输出功率和质量汇总

设　　备	单元数目	输入功率/W[a]	质量/kg[b]
RFS			44.0*
发射机	2		4.7
接收机		4.3	
S 频段激励器		2.4	
ACIS[c]		0.9	2.5
S-TWTA	1	33.0/86.4[a]	5.1
S 频段 SSA	1	35.7/91.2[a]	5.0
X-TWTA	2	48.3/71.9[a]	5.8
USO	1	2.7	2.0
双工器	2		1.4
接收机射频开关			1.2
发射机射频开关			0.9
其他微波器件			3.5
舱体			2.3
MDS			8.4*
TMU	2	5.7	2.2
CDU	2	5.4	2.0
SXA			53.0*
SXA 同轴电缆，波导			2.1
SXA 结构，包括主反射器			50.9
全部质量			105.4

注：a—低/高功率值不包括打开和关闭瞬间；b—统计质量是一个单元的，例如每个 X-TWTA 重 5.8kg；c—天线控制与接口子系统；*—部分求和。

3.4 地面通信系统概述

DSN 是一个全球布设的地面站(天线、发射机、接收机和相关系统)网，在“旅行者号”任务的前几十年，该网主要工作在 S 频段和 X 频段，20 世纪 90 年代发展到 Ka 频段。① DSN 为太阳系及以外的星际探测器任务和射电天文观测提供支持。

① DSN 主页链接 http://deepspace.jpl.nasa.gov/dsndocs/810-005/，其中有“关于 DSN”的相关章节简要描述了 DSN 历史以及在澳大利亚、西班牙、美国的三个跟踪站设施。

DSN由经度上相隔约120°的三个深空通信设施组成，分别位于加利福尼亚莫哈韦沙漠的戈尔德斯通、西班牙的马德里附近和澳大利亚的堪培拉附近。每个深空设施都有一套70m天线两套或更多套34m天线和一套26m天线(不用于“旅行者号”任务)。

“旅行者号”任务的具体参数见《“旅行者号”星际任务DSN操作计划》[9]。《深空任务系统通信链路设计手册》[7]描述了每种类型天线的性能，包括模拟深空站和探测器之间的链路性能。①

3.4.1 上行和下行链路载波操作

“旅行者号”使用一路S频段上行，主用X频段下行，还有一路备份S频段下行。② 利用70m天线完成上行遥控、轨道机动和下行链路磁盘记录回放。34m天线仅用于接收速率相对较低(160b/s)的巡航数据。

图3-7显示了70m站的天线和微波部分。以下主要介绍各地面站中与“旅行者号”任务相关的部分，DSN通信链路设计手册[7]给出了其他类型深空站的图表和描述。

3.4.1.1 上行链路

上行信号由20kW S频段发射机产生，经S频段双工器、正交器和极化器进入S频段馈源。该信号在向航天器发送前，还要经过S/X频段双色反射器、副反射器和70m主反射器。“旅行者号”未规划使用400kW S频段发射机。

3.4.1.2 下行链路

将70m主反射器和副反射器的X频段和S频段下行信号聚焦到S/X频段双色反射器上。双色反射器反射一种频段而透射另一种频段，从而可将S频段与X频段分开。双色反射器将S频段信号(图3-7中用粗线表示的路径)反射到S频段馈源，并以极低的损耗透射X频段信号至X频段馈源。

经过双工器后，X频段信号进入极化器，为两个航天器选择右旋圆极化输出。极化器输出的信号通过X频段高电子迁移场效应晶体管(HEMT)前置放大器放大，经下变频后进入Block Ⅴ接收机(BVR)。

---

① 810-005(Rev. E)[7]最初于2001年1月发布。Rev. E中模块进行了更新，其网址链接为http://deepspace.jpl.nasa.gov/dsndocs/810-005/。尽管“旅行者号”航天器是依据先前地面站手册设计的，但Rev. E系统持续为“旅行者号”提供支持。同样，参见http://www.jpl.nasa.gov/basics/bsf18-3.html，给出了关于深空通信设施中上行链路和下行链路的整体描述。

② 与海王星相遇后，X频段下行链路被设计“主要”用来返回科学数据，因为同S频段相比，X频段经HGA有更大的通信能力。S频段设计为“备份”链路是因为在X频段出故障或天线指向角需要LGA时，可以使用这一链路。

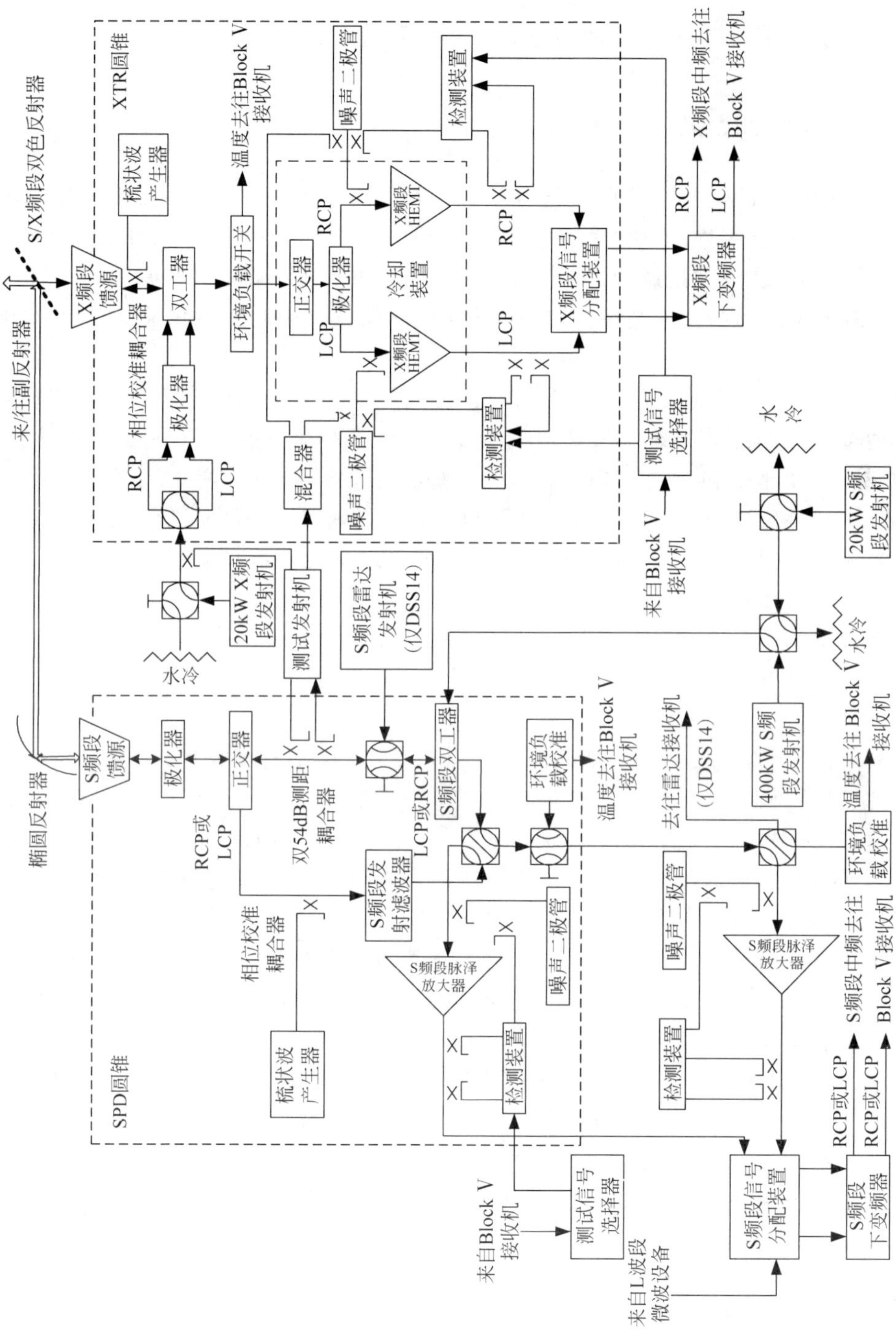

图 3-7 DSS14 和 DSS43 微波和发射机框图

S频段下行信号与上行信号在馈源和S频段双工器之间共用同一信道。双工器将下行信号发送至S频段低噪声前置放大器(S频段脉泽)。接下来的信道和下变频与X频段下行链路类似，将S频段下行信号送入BVR。

3.4.2 遥控处理

"旅行者号"的遥控文件在发送后几分钟被送入地面站的储存-转发系统。在地面站，遥控处理组件(CPA)和遥控调制组件(CMA)为遥控比特流打上时标，调制到遥控副载波上，并把调制后的副载波发送至地面站激励器，将其调制到上行链路射频载波上。遥控比特速率、遥控副载波频率和遥控调制度由相关标准和控制表格确定。

JPL"旅行者号"航天器任务控制器，简称"ACE"，是利用任务支持区域的工作站管理多任务的遥控系统。发送遥控指令前，ACE指挥深空站打开遥控调制，选择16b/s遥控速率和一个标校过的缓冲器(位于深空站的CMA中)。CMA生成512Hz方波遥控副载波，与"旅行者号"CDU中的副载波跟踪环最佳锁定频率相匹配。当ACE向航天器发送遥控指令时，CMA将遥控比特波调制到副载波上。完成之后，ACE指挥深空站关闭遥控调制。

3.4.3 遥测处理

利用两个BVR进行任务期间的跟踪。每个BVR都有锁相环，用以捕获和跟踪载波、遥测副载波和遥测符号流。"旅行者号"产生一个22.5kHz的副载波，供比特速率小于或等于7.2kb/s的数据使用；还有一个360kHz副载波，供比特速率大于7.2kb/s的数据使用。残留载波调制时，X频段载波调制度在51°(对应最低数据速率10b/s)和80°(对应最高数据速率115.2kb/s)之间变化。①

BVR将遥测符号发送至极大似然卷积解码器(MCD)。"旅行者号"可使用Block 2或者Block 3的MCD(MCD2或MCD3)②处理(7,1/2)卷积码。MCD将解码后的遥测位输出至帧同步子系统(FSS)。

一组MCD/FSS组成一套遥测信道组件(TCA)。遥测组控制器控制TCA1(用MCD3)和TCA2(用MCD2)的运行。MCD完成锁定后，FSS至少需要识别出连续两个帧同步字，以便输出遥测。验证则需要识别第三个同步字。可以在软件中对同步器识别的帧同步字错误数量(接收到的和预期的位之间)进行设置。

---

① 90°调制度将所有能量都集中在边带上，形成抑制载波调制模式。抑制载波模式在VIM中用于增强"旅行者2号"回放数据速率能力。见3.6节。

② 见模块208：遥测数据解调，在DSN通信链路设计手册[7]中描述了Block 2和Block 3的MCD，其中Block 3相比Block 2更新了设备，该设备在1997年之后就已经投入使用。

3.5 通信系统性能示例

"旅行者号"航天器接收地球发送的 S 频段上行信号，向地球发送 S 频段和 X 频段下行信号，信号要与 VIM 任务的 DSN 网络操作计划[9]和 DNS 深空通信链路设计手册[7]中定义的 DSN 配置和性能兼容。

通信系统能够利用现有上行和下行频段的任意组合同时进行遥控、遥测数据处理和无线电跟踪测量。"旅行者号"通信设计控制文件[10]中描述了"旅行者号"主任务期间规划的通信配置和预期的上/下行链路性能(本节仅汇总了 VIM 期间的遥测性能)。

使用《深空通信系统工程》[11]中定义的链路预算方法和统计标准计算"旅行者号"通信链路余量。

VGR 的 4 个通信功能分别是载波跟踪(多普勒)、遥控、遥测和测距。各种功能利用 SNR 表示其性能，如表 3-7 所示。

表 3-7 VGR 通信链路功能和信噪比

功　能	SNR 定义	功　能	SNR 定义
载波跟踪	P_c/N_0	遥测	E_s/N_0
遥控	E_b/N_0	测距	P_r/N_0

SNR 用 N_0 来表示，即噪声谱密度。SNR 中的"信号"部分为 P_c(载波功率)、E_b(遥控码元能量)、E_s(遥测码元能量)或 P_r(下行链路测距功率)。每项功能都有一个最小 SNR(门限)，大于此门限时，链路性能满足项目标准规定要求。

3.5.1 设计控制表

链路性能使用设计控制表(DCT)保存，有时称为"链路预算"。进行链路设计时，"旅行者号"链路预报基于两种余量标准：遥控为均值-3σ，遥测为均值-2σ。σ 表示遥控 E_b/N_0 和遥测 E_s/N_0 的标准差。

DCT 包括很多链路参数及其容差，但仅适用于某一个时间点。为了规划和分析飞行性能，工程上更关注几个重要参数随时间变化的表格和曲线。

JPL 深空通信和导航系统(DESCANSO)原文[3]中描述了 S 频段上行链路(载波和遥控信道)和 X 频段下行链路(载波和遥测信道)的 DCT 表。

3.5.2 长期计划预测

对于链路性能的表示，使用图形通常比一系列 DCT 或表格更加简洁、实用。

图 3-8 给出了“旅行者 2 号”从 1995 到 2020 年期间某一天(1 月 30 日)单站(DSS-43)下行链路的 P_t/N_0 预测值①,一条曲线表示一年的预测值。横轴的时间范围为 24h。所有的曲线均随 DSS-43 对“旅行者 2 号”跟踪仰角的增大(从 17:00 到 21:00)和减小(从 5:00 到 9:00)而变化。图 3-8 中的所有曲线形状相似,这是因为地球环绕太阳的运行轨道周年重复。尽管这些曲线的形状基本相同,但每条曲线

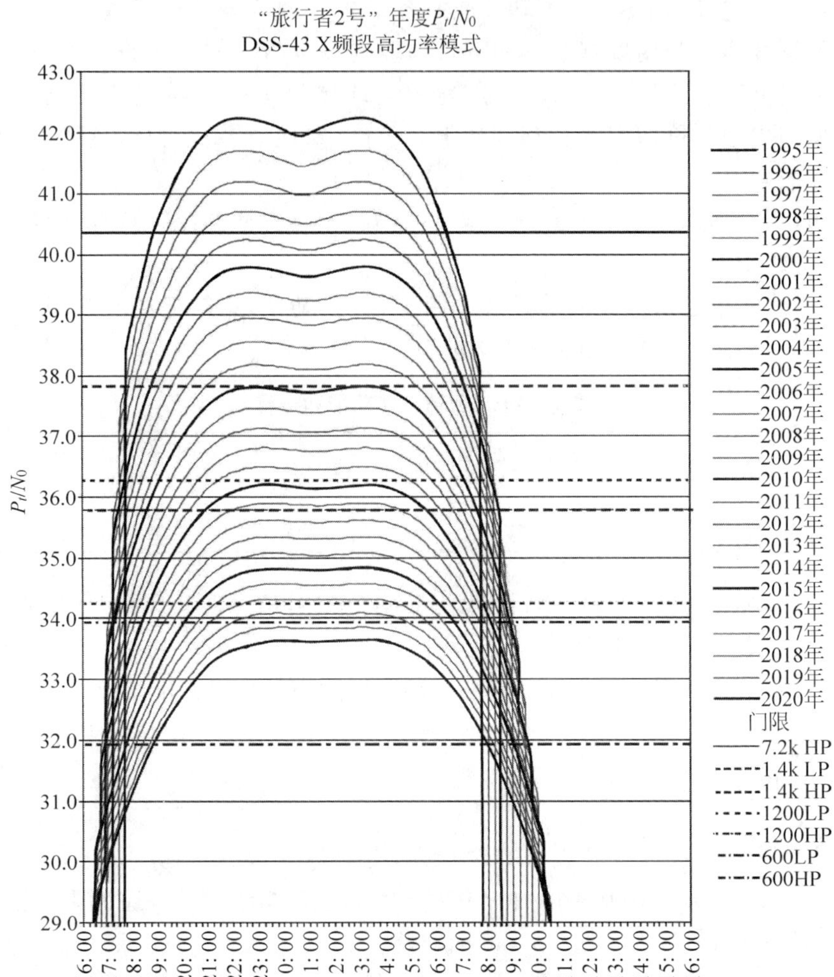

图 3-8 “旅行者 2 号”航天器 25 年间 DSS-43 的通信性能预测

① 下行 P_t/N_0 值对于绘制遥测链路性能是非常方便的参数。P_t/N_0 有一个固定值,代表每种数据速率的门限。所有数量级上(图 3-8 中的 600b/s~7.2kb/s,图 3-9 中的 160b/s~1.4kb/s)的比特速率性能以每十年 10dB 的刻度显示。“旅行者 1 号”和“旅行者 2 号”之间在 1.4kb/s 数据速率上的差别体现出由于“旅行者 2 号”采用抑制载波调制获得了 0.8dB 的增益。参见 3.4.3 节“遥测处理”和 3.6.3 节“地面系统性能改进”可以得到有关抑制载波下行链路的其他信息。

在垂直方向上存在偏移，这是因为“旅行者 2 号”和地球之间的距离随时间而稳定增加。遥测门限在右侧图例中以水平线表示，该图用于长期任务规划。

通过将每年的性能预测和每个图中的数据速率门限进行比较，能够估计出每个“旅行者号”航天器近半年内遥测链路余量耗尽的日期。速率为 160b/s 和 40b/s 的门限值未包含在内，因为它们已经位于垂直刻度起始点以下了，除了“旅行者 1 号”在低功率模式期间使用 160b/s 数据率外，其他数据速率在 2020 年之前都有足够的链路余量。工程上会持续对使用的数据速率和提供支持的地面站进行规划，图 3-9 以同样的方式显示了“旅行者 1 号”在 25 年时间里每年中的某一天(DOY008)，利用 DSS-14 提供支持的性能预测和数据速率门限。

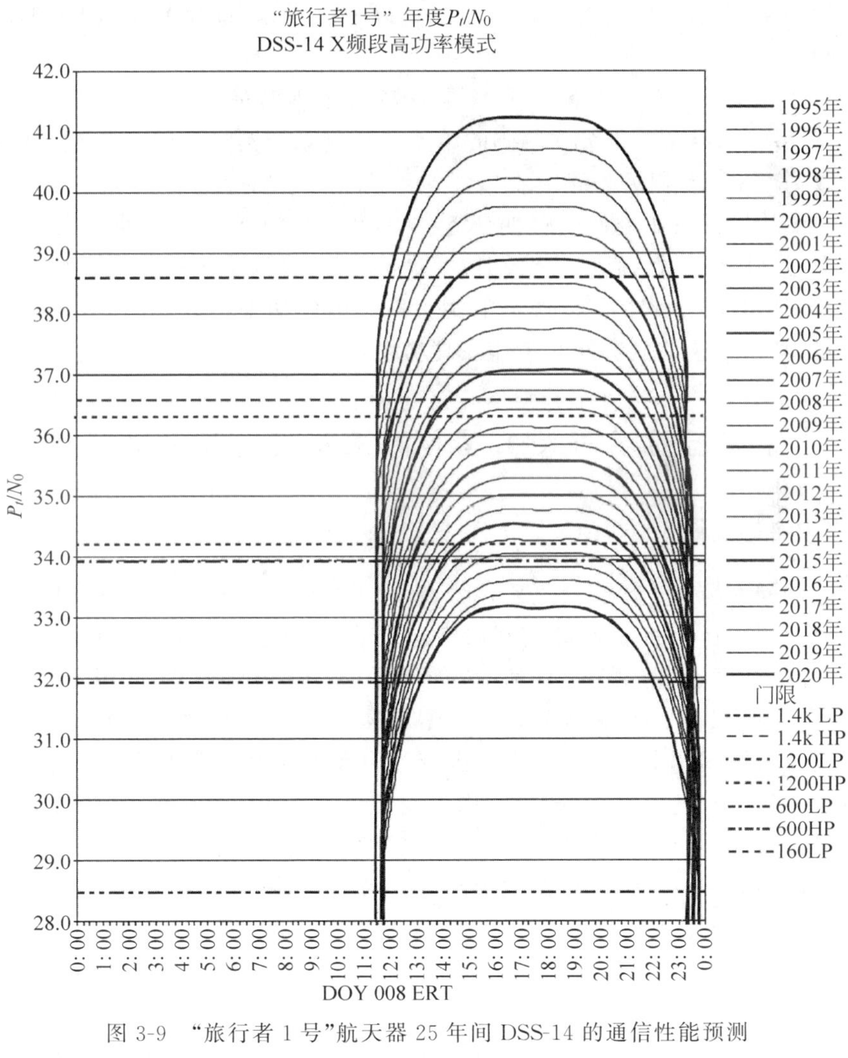

图 3-9 “旅行者 1 号”航天器 25 年间 DSS-14 的通信性能预测

3.6 新型航天器和地面通信新技术

3.6.1 航天器和通信链路设计方面与以往任务的比较

“旅行者号”航天器通信系统的设计深受“水手-金星-水星”(1973 年发射)和“海盗轨道器”(1975 年发射)的影响。先前这两个任务的上/下行链路主要使用 S 频段,并开展了 X 频段试验。“旅行者号”任务的设计主要进行了以下改进:

1) 首次将 X 频段作为下行遥测主用链路,而非 S 频段;

2) 采用双功率输出的 X 频段 TWTA,以减轻质量、优化效率,同时工作寿命超过 50000h;

3) 使用一副 3.66m 口径的天线,是 1977 年发射时最大的固面反射器;

4) 使用 Golay 和卷积级联编码的单通道遥测系统提供高效的数据传输,后来在轨升级为 RS 和卷积级联编码。

“旅行者号”保留了类似于早期任务的 S 频段上/下行链路。但它是首次使用 X 频段作为其主用下行频段的航天器。“旅行者号”设计了 S 频段和 X 频段两个功率放大器,工作在两个电平,以便灵活配置航天器的功率负载。同时,为防止产生过多热量,禁止两个放大器同时工作在高功率状态。

3.6.2 探测器为了与天王星和海王星交会而做的改进

3.6.2.1 图像数据压缩(IDC)

航天器同木星和土星交会之后,JPL 完成了“旅行者号”的图像数据压缩(IDC)软件的研发。项目组将软件加载到航天器的在轨备份数据子系统(FDS)计算机中,该计算机进行了重新配置,以适应该操作[12-13]。① 未压缩的“旅行者号”图像包括 800 行,每行 800 个点(像素),每个像素 8b(表示 256 级灰度中的一个)。然而,典型行星或卫星图像中的大多数数据内容均为黑色的太空或低对比度的云。仅通过计算相邻像素灰度值之间的差别,而不是用完整的 8b 表示灰度值,就能够将表示一幅典型图像的位数减少 60%,而不会过度地丢失信息。这样,就使从天王星和海王星向地球传回一幅完整图像所需的时间减少了 60%。

---

① 《“旅行者号”海王星旅行指南》[12]介绍了在“旅行者号”上实现的专用 IDC 算法。在《信道编码和数据压缩系统探究》[13]中 Rice 讨论了“旅行者号”图像数据压缩结合深空信道纠错编码技术。内容包括卷积(Viterbi)编码和 RS 编码、交错技术和帧同步。

3.6.2.2 纠错编码

同其他深空链路一样，“旅行者号”航天器的遥测链路受到通信信道中噪声的影响，使信道中传输的数值发生了变化，即产生了误码。纠错编码[①]通过增加相关信息的冗余比特位，降低了接收信息的误码率。在木星和土星探测期间使用的Golay编码，要求发送每个信息比特需要1b的冗余开销(开销为100%)。“旅行者号”航天器加载了一个试验用RS数据编码器，特别适用于天王星和海王星这种通信距离更远的任务阶段。新的RS编码方案减少到每5b信息有1b的开销(开销为20%)，信息输出误码率由5×10^{-3}减少到10^{-6}量级。

3.6.3 地面系统性能改进

“旅行者号”与木星和土星交会期间，DSN 64m站在航天器与木星(1979年)相遇时能够达到的最大下行数据速率为115200b/s，与土星(1981年，“旅行者2号”)能够达到的最大下行数据速率为44800b/s。“旅行者2号”与天王星、海王星交会前(1986年和1989年)，“旅行者号”任务的地面接收系统采取了几项主要的改进措施，本节将进行介绍。

表3-8中给出了能力提升前后的性能对比。将“旅行者号”与四颗行星交会时实际的最大下行速率与其同天王星和海王星交会时未改进时的情况相比较。这种比较是合理的，因为“旅行者号”的可用下行速率有限，且每次交会时的任务优先级和链路余量标准都是不同的。

表3-8 “旅行者2号”地面系统性能的提高(DSN在1979—1981年的性能)

相遇行星	距离平方的反比	期望的速率/(b/s)	达到的最大速率/(b/s)	提高倍数
木星	1/1	115200*	115200	—
土星	1/4	约29000	44800	×1.5
天王星	1/13	约9000	29900	×3.3
海王星	1/36	约3200	21600	×6.8

注：* 平方反比于比特率。

在其他因素不变的情况下，通信能力与航天器到地球距离的平方成反比。在交会时，木星到地球的平均距离为5.2AU，土星到地球的平均距离为10AU，天王星到地球的平均距离为19AU，海王星到地球的平均距离为30AU。在地面系统未

① 总信道数据速率可以考虑由原始信息速率和作为开销的冗余比特来分摊。在信道上传输的编码数据位通常被称为“符号”。由于开销，符号速率高于信息比特速率。纠错编码有能力减小噪声对信号的影响，允许更高的信息速率和更低的误码率或更低的发射机功率，或者上述能力的理想结合。

改进的情况下,航天器在土星、天王星、海王星的通信能力分别应为木星通信能力的 1/4、1/13、1/36。

3.6.3.1 DSN 64m 升级至 70m 站

DSN 最重要的升级得益于“旅行者号”计划,将 64m 天线升级至 70m。升级至 70m 天线是通过移走旧的金属面板和结构外梁,然后安装一个全新的外部支撑结构和精密面板来实现的,面板精度可调整至亚毫米量级。引入了全息校准技术,用于确保 X 频段无线电信号[14]的精确聚焦。更大的表面积、标校和校准技术共同作用使每个 70m 天线的接收信号强度提高了 1.4dB。

3.6.3.2 DSN 天线组阵

DSN 得益于“旅行者号”计划的第二项重要升级是采用基带合成技术的多天线阵列。将 70m 天线与 1 副 34m 高效率(HEF)天线组阵,可使 70m 天线的性能提升 0.8dB;将 70m 天线与 2 副 34m 天线组阵,可使 70m 天线的性能提升 1.2dB。

3.6.3.3 与非 DSN 天线组阵用于海王星交会

为了在海王星交会时获取数据,“旅行者号”计划调动了 NASA/JPL 管理的 DSN 以外的地面资源。与天王星交会时一样,DSN 再次与澳大利亚政府的 Parkes 64m 射电天文天线合作,该天线由联邦科学和工业研究组织(CSIRO)管理。DSN 在堪培拉的 70m 和 34m 天线与 Parkes 64m 天线组阵,利用 320km(200mile)的微波链路连接。①

与海王星交会期间,上述 3 个天线同时跟踪“旅行者号”航天器,DSN 和 Parkes 射电天文台获取的合成信号强度基本与组阵后天线的组合表面积成正比。其他因素相同的情况下,DSN-Parkes 组阵接收的数据率是单副 70m 天线的两倍。

截至目前,针对海王星的最大信号强度提升是通过将新墨西哥州 Socorro 附近的国家射电天文台(NRAO)甚大天线阵(VLA)的 27 个 25m 抛物面天线,与加利福尼亚州戈尔德斯通的 70m DSN 天线组成天线阵得到的。用 VLA 与 70m 天线组阵后接收到的信号功率(或者数据能力)接近单 70m 天线接收能力的 3 倍。1 个 70m 天线、2 个 34m 天线与 VLA 组阵,下行信号性能比单 70m 天线提高

① “旅行者 2 号”与海王星距离最近时是在 1989 年 8 月 25 日。同 Parkes 的天线组阵早在 1989 年 3 月已经启用。在 6—8 月,使用 Parkes 的天数多于不使用的天数。接近交会时,利用所有 3 个站点上的阵列,大多数时间能够近乎连续地接收到“旅行者 2 号”下行信号。在堪培拉,某次具体的组阵天线数可以多达 3 个,计划使用的天线包括 DSS-43、DSS-45、DSS-42 和 DSS-49(Parkes 的数字代号)。在马德里,使用 DSS-63 和 DSS-65 进行组阵。在戈尔德斯通,通常利用 DSS-14 和 DSS-15 进行组阵,有时也使用 DSS-19(VLA 的数字代号)。

5.6dB，数据速率几乎提高 4 倍。

最后，与日本航天局合作，与其臼田的 64m 天线在星际交会日开展了非实时射电科学数据的融合处理试验。

3.6.3.4 Block Ⅴ接收机

20 世纪 90 年代初期，DSN 开发了一款模块化接收机(BVR)。优点之一是 BVR 能够为“旅行者号”提供抑制载波模式下的工作能力。将航天器激励器的相位调制度改变为 90°，这时无独立载波，所有的能量都用于调制的遥测副载波。当 BVR 工作在抑制载波模式时，磁带记录器 7200b/s 的回放能力相比常规的残留载波模式，为“旅行者 2 号”又延长了约 2 年的通信时间(“旅行者 1 号”在 BVR 可用前，已经耗尽了 7200b/s 的数据传输能力)。

3.6.3.5 系统噪声温度的改善

2000—2001 年，DSN 在 70m 站用 HEMT 技术替代了需要频繁维护的脉泽前置放大器，同时降低了前置放大器的噪声温度。① 这两项改进使下行遥测性能提升约 0.5dB。由图 3-8 或图 3-9 可见，在 20 世纪 90 年代后期，航天器远离地球的速度相当于每年通信性能下降 0.5dB，2020 年前后为 0.2dB 每年。因此，这两项改进将数据速率能力(与未改造相比)延长了 1～2 年。

3.6.3.6 新建 34m 地面站及全频谱合成组阵

DSN 已经完成了所有三个深空通信设施的升级，使其具备组阵能力，包括从基带合成发展到全频谱合成，并新建了更多的 34m 站。② 全频谱合成使“旅行者号”航天器在通过终点激波、日鞘和太阳风层顶，进入广阔未知的星际空间后，仍然能够回放科学数据。更多可用的 34m 站减少了各项目对 DSN 稀缺资源的争夺。2013 年，“旅行者号”日常利用一对 34m 天线进行组阵，以 160b/s 的速率接收每天的巡航遥测数据。

---

① 接收系统整体效率有时表示为 G/T，其中 G 是天线增益，T 是系统噪声温度。70m 天线改造包括图 3-7 中的 X 频段发射和接收(XTR)虚线框部分。除了提供 X 频段发射能力，在高仰角情况下(对“旅行者号”来说)，使用 XTR 具有较低的 X 频段系统噪声温度，相当于性能提升 0.5dB。详见 DSN 通信链路设计手册[7]的模块 101：70m 子网通信接口[7]。XTR 的馈源设计包括一个将发射信号直接连接到馈源的双工器，这就不再需要一个波导双工器和一个接收和发射信号共用路径。因此使更多的接收路径能够进行低温制冷，大幅减少了工作系统温度。

② 参见网址：http://www.jpl.nasa.gov/news/news.php?feature=553，简要介绍了正在马德里附近建造的 34m 天线，该天线计划于 2003 年年底完工。参见网址：http://www.techbriefs.com/component/content/article/1264-ntb/tech-briefs/electronics-and-computers/7394，介绍了 DSN 的 34m 组阵计划，包括全频谱合成。

3.6.4 地面显示和可操作性的改进

VIM之前，飞行团队通过由“旅行者号”实现的测试和遥测系统（TTS）[15]查看航天器实时遥测数据。TTS是20世纪60年代的Univac 1530和Univac 1219系统，以及运行“海盗号”操作系统和“旅行者号”专用应用程序的Modcomp Ⅱ计算机。飞行团队操作TTS的输入是通过穿孔卡片提交的。固定格式的输出可以在小型黑白显示器（称为“DTV”，数字电视）上监视，或者通过“绿条”风扇折叠打印纸查看。

在1990年VIM开始时，“旅行者号”是第二个（继“麦哲伦号”之后）采用JPL“高级多任务操作系统”（AMMOS）的工程[16]。AMMOS的使用使“旅行者号”超越了网络Unix工作站，包括TTS的改进，如彩色图形用户界面、实时动态图表、激光打印机以及更大的文件存储容量等。AMMOS技术大大提高了飞行团队的工作效率。

3.7 “旅行者号”星际任务运行情况

在20世纪80年代后期规划VIM时，人们从一开始就认识到，为已经飞行了12年（1977—1989年）的航天器规划30年的飞行任务（1990—2020年）可能显得过于乐观。这项长期任务的基本目标是从尚未充分了解的环境中获取重要的科学数据。办法是建立一个基本的业务框架，具有内在的灵活性，以应对新情况或必要时重新制定目标。通常应采用保守的操作方法，最大限度地延长航天器各子系统的寿命[17]。

3.7.1 跟踪覆盖

规划VIM的跟踪需求是对每个“旅行者号”航天器每天提供16h的覆盖。鉴于其他航天器的需求，2000—2001年每天的实际覆盖时间约为12h。到2012年年底，由于当年在同一空域与另一个项目发生冲突，且两个地面站要在几个月内同时因为那一年与另一个项目中的航天器争用相同方位的通信资源，并在几个月内，两个项目开始和结束跟踪的时间基本相同，因此对每个“旅行者号”的覆盖时间下降到了每天2～6h。另一项目过后，对“旅行者号”的跟踪覆盖恢复到正常水平。

3.7.1.1 终止激波、日鞘和太阳风层顶

DSN跟踪覆盖时长和间隔的需求在某种程度上取决于何时到达终止激波与

日鞘。2013 年预计每天 1 次到多次跟踪，每天跟踪时长在 10h 左右。①

3.7.1.2 上行链路

因为航天器与地球间距离遥远，对每个“旅行者号”均使用 70m 站发送上行信号以满足下列周期性需要：

- 每周：发送一条遥控丢失计数器重置指令（参见 3.7.3.2 节）；
- 每 4 个月：加载一次遥控指令序列；
- 每年：进行一次计算机遥控子系统（CCS）时钟标校、时间测试和内存刷新。

3.7.1.3 下行链路

“旅行者号”主用的巡航段数据速率为 160b/s。每副 34m 波束波导（BWG）天线或者 34m 高效率（HEF）天线都能够提供足够的巡航段数据接收能力。

每年对每个航天器接收 2 次 6.6h 的数字磁带记录器（DTR）回放数据，再加上偶尔针对一些科学请求的特殊数据回放回传。这些回放数据的接收需要使用 70m 下行站。接近 VIM 开始时，下行链路回放速率为 7200b/s。当 70m 站接收 7200b/s 的链路余量接近耗尽时，使用 70m 与 34m HEF 天线组阵，得到 0.8dB 的性能提升以满足链路性能要求，时长增加两年多。当组阵的链路余量耗尽时，“旅行者号”回放数据速率降至 1400b/s，重新单独使用 70m 站。“旅行者 1 号”从 2007 年起、“旅行者 2 号”从 2011 年起，需要重新用组阵方式接收 1400b/s 的回放下行数据。

每个探测器每年进行 4 次 7h 和 2 次 0.5h 的姿态控制标校机动，每次需要使用 70m 站，以确保不间断地接收下行遥测数据。

70m 站需要每年 1 次从每个探测器接收 1200b/s 的 CCS 时间测试数据。

当科学家请求时，需要用 70m 站接收 600b/s 的紫外线辐射科学下行数据。

3.7.2 RFS 策略

3.7.2.1 X 频段 TWTA 高/低功率电平

功率电平的选择取决于紫外线辐射科学数据以及巡航阶段科学数据量、周期性一般科学与工程（GS&E）遥测及 DTR 回放，以及 TWTA 的寿命相对太阳风层顶的成果等因素。这两个航天器都是在 X 频段低功率下运行的，除非需要高功率保证误码率和数据速率。电平的选择主要基于以下原因：①高功率电平得到的科学数据通常具有重大价值；②从其他因素中获知航天器可能首次发生故障；③低

① “旅行者 1 号”留在日鞘时其信息是特有的。为了确保科学家捕捉穿越发生时的变化（其具体的穿越时间事先不能确定），项目组要求覆盖尽可能多的跟踪弧段[18]。

功率与高功率工作模式对寿命的影响不超过25%。

3.7.2.2 X频段TWTA功率电平转换周期最小化

当超过两周不需要高功率时，X频段TWTA的功率电平就由高切换到低。TWTA功率转换越少，TWTA寿命越长。

3.7.2.3 X-TWTA的开/关转换没有计划

若航天器不出现异常，就不进行TWTA开/关转换。同高/低功率模式转换相比，开/关切换会使TWTA寿命衰减得更快。

3.7.2.4 不再需要S频段下行

对于两个"旅行者号"航天器，若无异常，将不再启用S频段，因为VIM不需要S频段，而且S频段功率负载明显高于X频段。假如最后一个X-TWTA出现故障，或者航天器姿态异常，降低了X频段要求的指向精度，也可能启用S频段系统。

3.7.2.5 不再需要双向相干跟踪

"旅行者号"没有计划偏离在VIM开始之前建立的轨道。VIM无须行星交会时的导航精度。VIM也取消了双向相干多普勒和测距要求，以减少消耗。

3.7.2.6 "旅行者2号"补偿其接收机问题的程序

1978年4月6日，"旅行者2号"的故障保护算法自动将其主接收机切换为备份接收机。然而，发现备份接收机跟踪环路的电容器[①]在此之前已发生故障。通过地面遥控指令切回主接收机后不久，该接收机出现故障，导致航天器处于失控状态。7天后，算法又切换到损坏的备份接收机。因而，此后一直需要特殊的上行程序去遥控"旅行者2号"。

对于遥控弧段，DSN"旅行者2号"的上行频率预置频偏，以补偿预测的多普勒。航天器故障的跟踪环路要求接收到的上行信号必须保持在最佳锁定频率(BLF)[②]的100Hz范围内才能保持锁定。接收机温度每改变0.25℃，BLF就会改变约100Hz。温度的改变主要是由于航天器配置改变引起的。然而，即使保持恒

---

① 跟踪环路电容器在接收机相位锁定环电路上，便于捕获和跟踪探测器与DSN天线之间相对速度改变而产生的上行多普勒频移。对于"旅行者号"来讲，这种速度变化主要来自地球转动，因此每次过境都会产生。

② 相位锁定环中的"最佳锁定频率"是指环路在没有输入情况下的固有振荡频率。当接收机环路正在接收的频率载波精确在BLF(带宽中心)上时，环路将显示遥测数据的静态相位误差是零。正常情况下"旅行者号"接收机环路带宽是100kHz，而在跟踪环路失锁情况下接收机带宽是100Hz。

定配置，随机的温度变化也会显著影响 BLF。这就要求使用两个特殊的程序（稍后将要描述 BLF 的测试和遥控暂禁期）确保在各种温度条件下都能够可靠地遥控“旅行者 2 号”。

每周进行两次标准的 BLF 测试，通过已知最新的 BLF 范围调整上行信号频率。任务操作人员通过观察下行遥测信号中航天器接收机信号电平的峰值时间，再减去信号往返传输时延，确定产生峰值的 DSN 上行信号频率。确定的频率作为最新的 BLF 值，用于遥控和确定下次 BLF 测试的中心频率。

影响航天器温度的任何配置改变后，飞行团队为“旅行者 2 号”规划了长达 3 天的“遥控暂禁期”（禁止上行发送遥控指令的一段时期），在下一次 BLF 测试之前，遥控暂禁期为温度特性稳定提供了一段保护时间。

3.7.3 探测器故障保护

CCS 有 5 种故障保护算法（FPA），保存在存储器中，如表 3-9 所示。与通信系统最直接相关的 2 个算法称为“射频缺省”和“遥控缺省”[19]。

表 3-9 “旅行者号”故障保护算法

FPA 名称	描　　述
射频缺省	监控 S/X 频段激励器和发射机硬件，在检测到故障时，切换到备份单元
遥控缺省	如果在一定的时间内未收到遥控指令，切换至备份遥控硬件接收单元，重新建立遥控接收能力
AACS[a] 电源编码处理	监控 AACS 状况信息，并在 AACS 出现异常情况时发出预先编好的恢复响应
CCS 故障	对关键的 CCS 硬件和软件故障做出响应。响应通常是停止所有正在运行的程序，把 CCS 置于一个已知的休眠状态，等待地面行动
电源检测	对 CCS 容限检测计的差错或航天器电源欠压情况做出响应，通过切换到备份部件以隔离电源故障，必要时用预定方式卸除功率负载

注：a—姿态和关节控制分系统。

3.7.3.1 射频缺省

射频缺省提供了一种航天器自动恢复的方法，使其能够从 S 频段或 X 频段激励器或功放性能降低，以及影响其射频输出的故障中自动恢复。CCS 在 RFS 的 4 个点上监视射频输出功率：S 频段激励器、S 频段功放、X 频段激励器、X-TWTA。如果从一个或多个加电单元输出的射频功率降低至门限值以下，算法将试图通过切换到备份单元以解决问题。

3.7.3.2 遥控缺省

当航天器出现无法接收或识别地面遥控指令的故障时，遥控缺省提供了一种航天器自动响应的方法。若在飞行软件设置的时间内，航天器无法识别有效的上行遥控指令，则遥控缺省计时器失效。该算法对预设的航天器故障①做出响应，并通过系统地切换至备份硬件，以试图进行故障恢复，直到接收到一条有效的遥控指令。如果遥控接收还不成功，遥控缺省将连续执行四次。连续执行四次不成功后，CCS将禁用遥控缺省，并激活一套称作"备份任务加载"(BML)的遥控指令序列。

3.7.3.3 备份任务加载

在遥控接收能力永久失效的情况下，每个航天器上储存的BML遥控序列按程序继续控制航天器并实现基本的VIM目标。在第一次执行遥控缺省的两星期后，开始执行BML，直至航天器停止工作。BML将发送巡航段科学和工程遥测，将科学观测数据存储到磁带记录器上，并定期下行回放。

BML将把下行链路配置到X频段高功率状态，S频段仍保持关闭。巡航段的基本数据速率为160b/s，回放数据速率为1400b/s。除了假定在回放期间采用70m或70m/34m HEF组阵接收，BML还设计了仅34m站支持的情况。

在VIM开始时，HGA的指向信息上行发送至航天器，为航天器提供准确的姿态控制，直到规划的2025年任务结束。

参考文献

本章大部分通信设计的信息来自"旅行者号"主任务原始设计文件。包括通信链路设计控制文件[11]、通信系统功能描述文件[8]、调制解调子系统(MDS)硬件设计需求文件[20]。大部分任务和功能信息都包含在"旅行者号"操作任务手册[21]、"旅行者号"海王星飞行指导[12]，以及相关的"旅行者号"项目网站[1]中。

[1] *Voyager The Interstellar Mission*, Project public website, Jet Propulsion Laboratory, California Institute of Technology, Pasadena, California. http://vovyager. jpl. nasa. gov/ (accessed October 30,2014).

[2] E. C. Stone, J. D. Richardson, and E. B. Massey, *The voyager Interstellar Mission Proposal to Senior Review 2010 of the Mission Operations and Data Analysis Program for the Heliophysics Operating Mission*, Jet Propulsion Laboratory, California Institute of Technology, Pasadena, California, March 2010, http://voyager. jpl. nasa. gov/mission/interstellar. html

① 导致错误地发送遥控缺省定时器重置指令的地面系统程序错误或地面站问题，也能导致算法出错。遥控缺省定时器重置指令通常每周向每个航天器发送一次。假如在星上软件设置的一段时间内探测器不能识别有效的上行遥控指令，遥控缺省定时器停止工作。

(accessed November 18,2013).

[3] R. Ludwig and J. Taylor, *Voyager* Telecommunications, *DESCANSO Design and Performance Summary Series*, Jet Propulsion Laboratory, California Institute of Technology, Pasadena, California, March 2002. http://descanso. jpl. nasa. gov/DPSummary/summary. html(accessed October 30,2014).

[4] [Voyager experiments web page], NASA Data Center website, National Aeronautics and Space Administration. http://nssdc. gsfc. nasa. gov/nmc/spacecraftDisplay. do? id=1977-076A in the National Space Science Data Center(accessed December 30,2013).

[5] D. A. Gurnett, W. S. Kurth, L. F. Burlaga, and N. F. Ness, "In Situ Observations of Interstellar Plasma with Voyager 1", *Science*, vol. 341, no. 6153, pp. 1489-1492, September 2013. http://www. sciencemag. org/content/341/6153/1489. full(accessed October 30, 2014).

[6] *NASA Spacecraft Embarks on Historic Journey into Interstellar Space*, September 12, 2013, NASA public website, http://www. nasa. gov/mission _ pages/voyager/voyager 20130912. html#. UozsERAeIsK(accessed November 20,2013).

[7] *DSN Telecommunications Link Design Handbook*, 810-005, Rev. E, Jet Propulsion Laboratory, Pasadena, California. http://deepspace. jpl. nasa. gov/dsndocs/810-005/ (accessed October 30,2014).

[8] C. R Paul, *Voyager Telecommunications System Functional Description*, 618-822(internal document, Jet Propulsion Laboratory, California Institute of Technology, Pasadena, California, June 1980).

[9] E. Batka, *Deep Space Network Operations Plan*, *Voyager Interstellar Mission (VIM) Project*, 618-700(internal document), Jet Propulsion Laboratory, California Institute of Technology, Pasadena, California, April 1995.

[10] *Voyager Telecommunications Design Control Document*, 618-257(internal document), Jet Propulsion Laboratory, Pasadena, California January 15, 1988.

[11] J. H Yuen, editor, *Deep Space Telecommunications Systems Engineering*, Plenum Press, New York, 1983.

[12] C. Kohlase, *The Voyager Neptune Travel Guide*, 89-24 (internal document), Jet Propulsion Laboratory, California Institute of Technology, Pasadena, California, June1, 1989.

[13] R. F Rice, *Channel Coding and Data Compression System Considerations for Efficient Communication of Planetary Imaging Data*, JPL Technical Memorandum 33-695(Rev. 1)(also NASA-CR-140181), Jet Propulsion Laboratory, California Institute of Technology, Pasadena, California, September 1, 1974.

[14] D. J. Rochblatt, Chapter 8, "Microwave Antenna Holography", Low-Noise Systems in the deep space network, M. S. Reid, editor, John Wiley & Sons, Inc., Hoboken, New Jersey, 2008. Also http://descanso. jpl. nasa. gov/monograph/mono. html(accessed October 30, 2014).

[15] *Voyager Telemetry System User's Guide*, *Volume I*, *Introduction And Overview*, 618-686(internal document) Jet Propulsion Laboratory, California Institute of Technology, Pasadena, California, March 1977.

[16] AMMOS User Guides, Vol. I, MGDS User's Overview, document D-6057, (internal

document) Jet Propulsion Laboratory, California Institute of Technology, Pasadena, California, April 1994.

[17] *Voyager Mission Design Guidelines and Constraints*, Interstellar Mission, 618-123 Vol. v (internal document) Jet Propulsion Laboratory, California Institute of Technology, Pasadena, California, March 29, 1991.

[18] A. Witze, "Voyager: Outward bound", *Nature*, May, 2013, http://www.nature.com/news/voyager-outward-bound-1.13040(accessed November 25, 2013).

[19] C. E. Presley, *Voyager Computer Command Subsystem Flight Software Design Description*, 618-235, *Vol. I*, (internal document) Jet Propulsion Laboratory, California Institute of Technology, Pasadena, California, September 15, 2005.

[20] *Design Requirement-Mariner Jupiter/Saturn 1977 Flight Equipment Modulation Demodulation Subsystem*, Design Requirement MJS77-2003-1, (internal document) Jet Propulsion Laboratory, California Institute of Technology, Pasadena, California, April 9, 1974.

[21] *Voyager Operational Handbook*, 618-804, document (internal document) Jet Propulsion Laboratory, California Institute of Technology, Pasadena, California, August 1989.

附加资料

[1] T. Ferris, "Voyagers' Never-Ending Journey", *Smithsonian magazine*, May 2012, http://www.smithsonianmag.com/science-nature/Timothy-Ferris-on-Voyagers-Never-Ending-Journey.html(accessed November 25, 2013).

[2] M. Wall, "NASA's Voyager 1 Probe Enters New Realm Near Interstellar Space", *Space*.com, June 27, 2013. http://www.space.com/21751-voyager-spacecraft-nears-interstellar-space.html(accessed November 25, 2013).

[3] "Interplanetary Monitoring Platform (IMP 8) Completes 28-year Observing Marathon", Spaceref.com, Oct. 30, 2001. http://science1.nasa.gov/missions/imp-8/ and "Interplanetary Monitoring Platform (IMP 8) Completes 28-year Observing Marathon", Goddard Space Flight Center, Greenbelt, Maryland, October 30, 2011, http://www.spaceref.com/news/viewpr.html?pid=6420(accessed Oct. 30 2014).

[4] WIND spacecraft, NASA websites (both accessed October 30, 2014): www.nasa.gov/mission_pages/sunearth/news/wind-slamwaves.html.

[5] *Advanced Composition Explorer (ACE)*, website, California Institute of Technology, http://www.srl.caltech.edu/ACE/(accessed November 18, 2013).

[6] "SAMPEX" (Solar Anomalous and Magnetospheric Particle Explorer) spacecraft, web page, University of Colorado, Boulder. http://lasp.colorado.edu/home/sampex/(accessed November 18, 2013).

[7] *Unisys History Newsletter*, Unisys website. https://wiki.cc.gatech.edu/folklore/index.php/Main_page(accessed November 18, 2013).

[8] *Modcomp Systems & Solutions*, website, Modcomp, Inc., Deerfield, Florida. http://www.ddp116.org/modcomp/modcomp.pdf(accessed November 18, 2013).

[9] "Voyager Experiment and Instruction Descriptions", *National Space Science Data Center*,

website, National Aeronautics and Space Administration. http://nssdc.gsfc.nasa.gov/nmc/spacecraftDisplay.do?id=1977-076A(accessed November 18,2013).

[10] *NASA Science Missions*, website, National Aeronautics and Space Administration. http://spacescience.nasa.gov/missions/(accessed November 18,2013).

[11] *NASA history*, website, National Aeronautics and Space Administration. http://history.nasa.gov/(accessed November 18,2013).

[12] *DSN Telecommunications Link Design Handbook*, 810-5, Handbook Glossary, Module 901, March 12, 2012, http://deepspace.jpl.nasa.gov/dsndocs/810-005/901/901F.pdf (accessed November 18,2013).

[13] *Basics of Space Flight*, website, Jet Propulsion Laboratory, California Institute of Technology, Pasadena, California, http://www.jpl.nasa.gov/basics/(accessed November 18,2013).

[14] T. T. Pham, A. P. Jongeling and D. H. Rogstad, "Enhancing Telemetry and Navigation Performance with Full Spectrum Arraying", presented at the *2000 IEEE Aerospace Conference*, Big Sky, Montana, March 2000. http://ieeexplore.ieee.org/stamp/stamp/stamp.jsp?tp=&arnumber=879875(accessed October 30,2014).

[15] "Science Strategy", *NASA Science*, NASA website. http://science1.nasa.gov/about-us/science-strategy/(accessed November 14,2013).

第 4 章
“伽利略”通信

吉姆·泰勒，张家明，徐冬爱(Jim Taylor，Kar-Ming Cheung，Dongae Seo)

4.1 任务及航天器概述

本章描述了“伽利略”轨道器如何与 DSN 进行数据收发，还简要介绍了“伽利略”探测器和轨道器之间的中继通信子系统及其链路。本章从功能上阐述了通信系统设计特殊的任务需求、约束条件，以及在飞行期间对通信系统的优化与操作。

为了仅使用低增益天线(LGA)回传科学数据，航天器下行链路和配套的地面系统的设计是“伽利略”行星任务面临的巨大挑战。

“伽利略”轨道器由位于加利福尼亚州帕萨迪纳的 JPL 设计研制，“伽利略”探测器由位于加利福尼亚州森尼韦尔的 NASA 艾姆斯研究中心(ARC)设计研制。轨道器飞行团队位于 JPL，部分任务期间的探测器飞行团队也在 JPL。

4.1.1 任务

“伽利略”航天器于 1989 年搭乘“亚特兰蒂斯号”航天飞机(STS[空间运输系统]-34)发射升空。主要任务是对木星系统开展研究。1986 年，“挑战者号”航天飞机失事，“伽利略”延期发射，由此必须改变“伽利略”任务实现方案。① 原方案中，“伽利略”计划仅通过火星引力辅助直接飞向木星，而新方案必须在更少的推进剂条件下运行，因此使用了时间更长、非直接飞行的方式，利用金星的一次引力辅助

① 1989 年“伽利略”之前的最后一次发射是 1978 年的“先驱者号”金星探测器。这些年“伽利略”仍然处在“新任务”状态，而运载工具改变了 4 次。每次改变都不是由于“伽利略”自身原因要求进行完全重新设计任务以符合 DSN 跟踪和数据获取支持需求的变化[1]。

和地球的两次引力辅助为航天器到达木星提供足够的能量。在巡航段①,"伽利略"航天器于 1991 年 10 月拍下了第一张小行星(Gaspra)的特写图像,于 1993 年 8 月发现了小行星(Ida)的第一颗已知卫星(Dactyl)[2]。在巡航段后期,"伽利略"还对彗星 Shoemaker-Levy 9 碎片与木星的碰撞(1994 年 7 月)过程进行了观察。

1995—1997 年的主要任务包括:

- 探测器穿透木星大气层,传回了有关木星温度、压力、组成、风力、云层及闪电的"气象报告";
- 最初的轨道器飞越 Io(木卫一)并穿过木卫一环面;
- 木星轨道进入(JOI);
- 轨道器在木星主要卫星之间进行了为期两年的"旅行",并传回了图像、无线电科学和粒子场数据。

探测器从木星云层最高处极其干燥的位置下降,期间有可能因云层下大气灼热而融化。

轨道器在一个旋转(3r/min)扇面上安装了 6 套科学仪器,用于稳定指向和收集航天器附近三维空间的粒子场数据。其"反旋"扇面使用陀螺仪将 4 个遥感器件对准目标,获取其图像、成分、表面结构和温度数据。② 由于轨道器伞状高增益天线未能展开,为此重新编制了"伽利略"计算机程序,以压缩和记录木卫飞越期间记录在星载磁带记录机上的数据。在每一圈轨道的剩余时间,利用低增益天线和改进的 DSN 地面接收系统获取数据。

轨道器由两个放射性同位素热电产生器(RTG)供电。利用 400N 主发动机进入木星轨道,以 10N 推进器组保持指向和对每一个新轨道的微调。

"伽利略"航天器的主任务包括环绕木星的 11 条不同椭圆轨道,其中每条轨道(1 条除外)均包含一次对木星卫星 Ganymede(木卫三)、Callisto(木卫四)或 Europa(木卫二)的近距离飞越和引力辅助。主任务期间传回的主要科学数据包括:

- 木星风暴和环;
- 木卫一上活火山的强放射性物质;
- 木卫二上可能存在海洋的有力证据;
- 木卫三自身的磁场;
- 表明木卫三和木卫四表面以下可能有液态咸水海洋的证据。

---

① 有关行星际任务设计的更多信息,详见 http://solarsystem.nasa.gov/missions/galileo/indepth[3],访问于 2013 年 1 月 10 日。

② 2002 年 3 月接收的轨道器最后的遥感数据。

主任务完成后，“伽利略”航天器于 1997 年 12 月 8 日开始了一项为期两年、称之为“伽利略木卫二”的任务(GEM)。GEM 是“伽利略”木星探测系统中的一个 14 轨、低成本扩展任务。该任务分成三个主要阶段：

- 木卫二探测任务(1997 年 12 月—1999 年 5 月)，搜索木卫二冰层之下过去或目前存在海洋的更多迹象；
- 木星水层/木卫一环面探测任务(1999 年 5 月—1999 年 10 月)，主要研究木星大气层中风暴的细节；
- 木卫一探测任务(1999 年 10 月—1999 年 12 月)，获取两次飞越时的高分辨率图像和木卫一火山尘埃样本的成份图谱。

1999 年 12 月 31 日，GEM 末期，轨道器启动另一项任务，称之为“伽利略千禧年任务”(GMM)。该任务原计划在约 14 个月内完成，但延长至 2003 年。GMM 任务原计划包括两个阶段，第一阶段称为“Io”，第二阶段称为“Cassini”①，2003 年的拓展任务也包括轨道器的最终处置。② GMM 期间，轨道器完成了木星所有 4 颗大卫星的近距离飞越任务，其中包括 2000—2002 年与木卫一的 4 次相遇。航天器从高分辨率图像中获取了木卫一大量火山活动和磁场环境数据，也观察到了木卫二由太阳紫外线辐射和木星磁层充电粒子交感产生的电离层。在“卡西尼”任务期间，“伽利略”与“卡西尼”进行了联合测量，“卡西尼”航天器于 2000 年 12 月接收了自身的木星引力辅助数据。当时“伽利略”航天器距离木星也较近，采集到了木星内部磁层、磁层黄昏面和太阳风数据。

2002 年 11 月，“伽利略”航天器比任何时候都更接近木星，距离木卫五(Amalthea)③不到 1000km，还不到木卫一大小的十分之一，小于木星至木卫五距离的一半。在飞越木卫五期间，通过测量“伽利略”航天器无线电信号的频率变化，可以精确估计木卫五的质量和密度。在此期间，获取了“伽利略”穿过木星薄纱环时的尘埃颗粒相关信息，还对靠近行星的磁力和带电粒子有了新的认识。“伽利略”航天器最终进入一个拉伸轨道，使之逐渐远离木星。随后，在 2003 年 9 月 21 日，航天器以结束任务的方式受控进入木星大气层，以避免与木星卫星碰撞和对木星的卫星造成可能的污染。探测器入轨 8 年后，轨道器与木星直接碰撞，进入稠密大气后蒸发消失。

图 4-1 给出了主任务和 GEM[4,32] 期间航天器环绕木星轨道的大小和方位示意

① 有关“伽利略”/“卡西尼”2001—2002 年合作任务的更多信息，查阅 http://www.jpl.nasa.gov/jupiterflyby/和 http://www.jpl.nasa.gov/news/fact_sheets/galileo0309.pdf(均为 2013 年 1 月 10 日访问)。

② 有关当前 GMM 和显示所有“伽利略”与卫星相遇的日期和飞越高度表格的更多信息，查阅 http://www.jpl.nasa.gov/news/fact_sheets/galileo0309.pdf[5](2013 年 1 月 10 日访问)。

③ Amalthea 平均直径为 189km(270km×166km×150km)。Amalthea 是希腊神话中用山羊奶喂养宙斯的女神，详见 http://en.wikipedia.org/wiki/Amalthea_%28moon%29(2013 年 1 月 10 日访问)。

图。为简化描述，仅有部分轨道所环绕的木星卫星目标（木卫四、木卫三、木卫二、木卫一）以字母标注，以两位数字为其轨道编号。

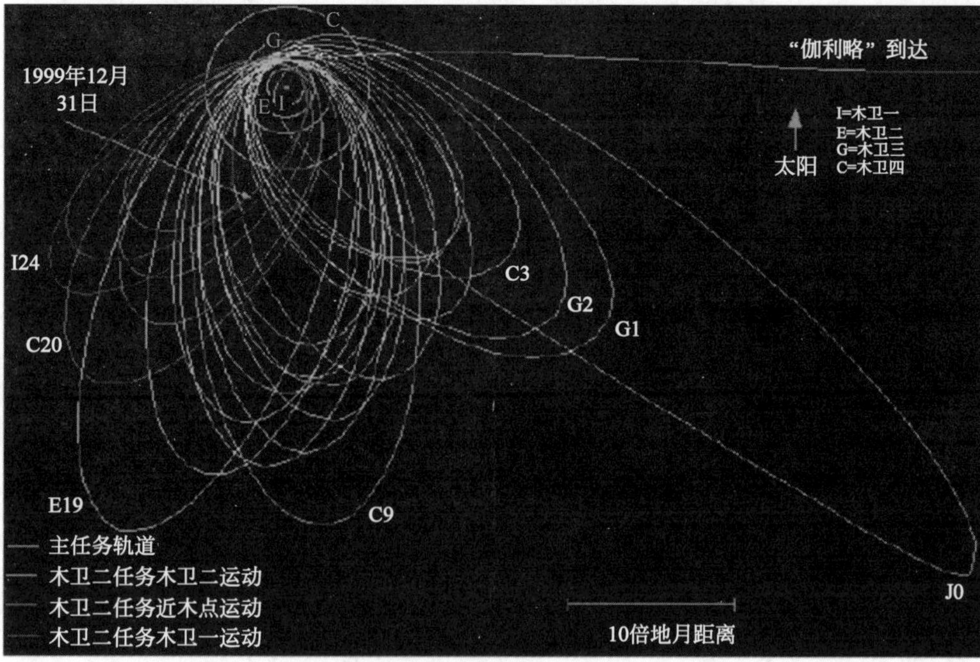

图 4-1 “伽利略”木卫二任务和主任务轨道

4.1.2 航天器

“伽利略”航天器在发射时（图 4-2[①]）有两个主要部分：6.2m 高的轨道器和 0.9m 长的探测器。轨道器发射质量为 2223kg，包括 118kg 的科学载荷和 925kg 的可用推进剂[②]。探测器总质量为 339kg：探测器着陆舱为 121kg，其中包括 30kg 科学载荷。

4.1.2.1 “伽利略”轨道器

“伽利略”轨道器综合了自旋稳定航天器（如“先驱者号”和“尤利西斯号”）和三轴稳定航天器（如“旅行者号”）的特点，采用创新的“双旋”设计，轨道器部分（包括

---

① 图 4-1 与图 4-2 来自 http://solarsystem.nasa.gov/galileo/mission/index.cfm，上述链接为“伽利略”历史资料网站[3]，其中包含了“伽利略”任务简要描述，航天器（轨道器和探测器）和任务操作（2016 年 5 月 19 日访问）。

② 推进剂占轨道器发射质量的 41%。大部分推进剂消耗在 JOI。

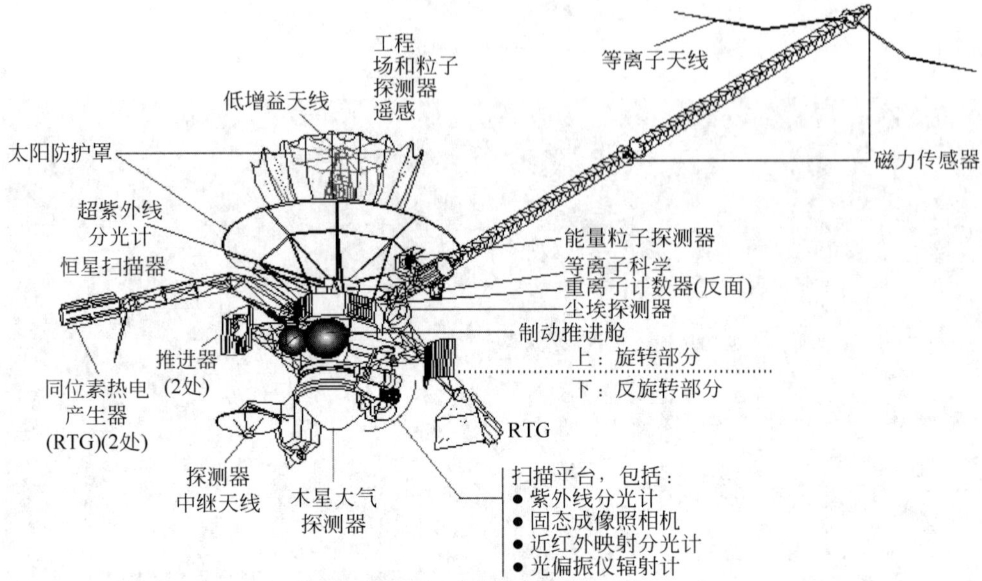

图 4-2 “伽利略”航天器

通信电子设备、天线和一些仪器架)可以旋转,而另一部分(如仪器平台)仍在惯性空间内固定不动。轨道器是一个良好平台,能够以最佳性能从不同方向迅速收集粒子场试验数据,它还能为遥感试验提供精确指向和良好的稳定性。

轨道器使用两台 RTG 为器上设备工作提供电能,钚的放射性衰变产生热能,进而转化为电能。两台 RTG 在发射时的发电量约为 570W,输出功率以每月 0.6W 的速率减少,航天器到达木星时的输出功率为 493W。

姿态和转动控制子系统(AACS)负责航天器在惯性空间的定向,追踪航天器方位与姿态变化、设备定向、旋转速率和航天器震动。由 AACS 中的软件完成以上功能的计算。作为 S 频段(2～4GHz)任务(本章 4.4 节中描述)的一部分,对 AACS 软件进行了升级,使其具备将图像和等离子体波形数据压缩至原数据量 1/80 的能力。

在“伽利略”轨道器上配置有 12 套科学试验仪器。4 套遥感仪器置于反旋转部分的扫描平台上,其光轴相互平行,视场几乎相同。旋转部分安装 6 套开展粒子与磁场研究的设备。没有独立的设备用于开展两项无线电科学研究(天体力学和无线电传播),它们整合在轨道器的通信系统中,包括超稳定振荡器(USO)。

图 4-3 显示了航天器在与木星相遇和巡航期间,其遥感设备监视到的电磁谱波长范围。

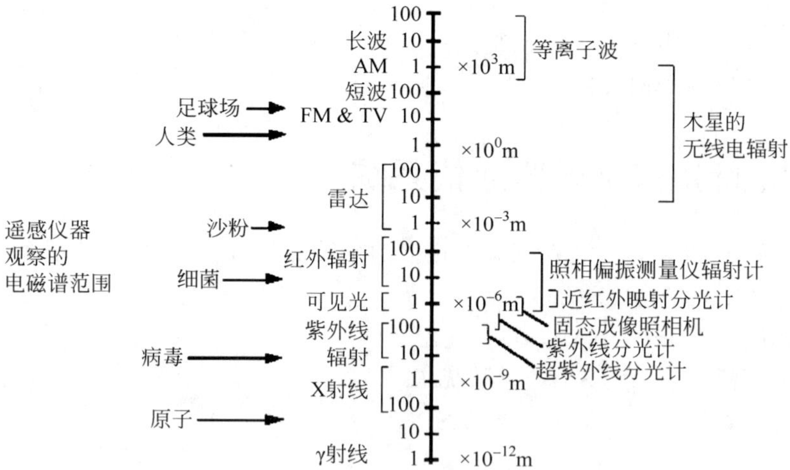

图 4-3 “伽利略”轨道器的遥感设备电磁谱波长范围

4.1.2.2 “伽利略”探测器

探测器由两个主要部分组成：减速舱和着陆舱。① 从探测器以每秒数十千米的超音速进入行星大气层，到通过降落伞以相对平稳的速度降落的过程中，减速舱要经历从寒冷真空的星际空间到超负荷热量的转变过程。着陆舱携带有科学设备和配套的工程子系统，该子系统收集和发送科学数据到其上空飞行的轨道器。

探测器没有发动机或推进器，因此它不能改变分离时轨道器为其设定的轨道。探测器是自旋稳定的，在释放前通过旋转轨道器使其达到 10.5r/min 的旋转速率。由于探测器没有接收无线电信号的能力，因此在巡航飞行至木星期间，轨道器和探测器之间无通信联系。当进入大气层时，探测器不存储数据，数据被实时收集和发送。

探测器进入木星大气层会产生 14000K 的高温，探测器着陆舱隔热罩使用的材料有：罩前部是碳酚醛（carbon phenolic），罩后部是酚醛尼龙塑料（phenolic nylon）——也被用于航天器再入地球大气层。

降落伞有两个主要功能：分离减速舱与着陆舱、穿越大气层过程中提供合适的下降速度。主伞展开前，先用抛射枪以 30m/s 的速度弹出一个较小的引导伞，启动分离过程，2s 内实施分离，拉出尾盖并打开主伞。主伞直径为 2.5m，伞布和伞绳分别使用涤纶和凯芙拉合成纤维制成。一旦主伞完全展开，就抛掉前部防护罩。

① 探测器描述来自 http://solarsystem.nasa.gov/galileo/mission/journey-probe.cfm[3]（2013 年 1 月 10 日访问）。关于探测器到轨道器中继链路的更详细信息，参见 4.6 节。

为了节省重量，“伽利略”着陆舱携带的 6 个科学仪器面向木星大气流的方向没有密封，但两个中继无线电系统用外壳密封，设计的耐压指标为 20 巴（2MPa），测试时为 16 巴（1.6MPa）。

4.2 “伽利略”航天器通信系统

通信系统（图 4-4）安装在双旋轨道器的旋转部分，包括 4 套硬件子系统：

1）射频子系统（RFS）；

2）调制解调子系统（MDS）；

3）S/X 频段[①]天线（SXA）子系统；

4）X 频段到 S 频段下变频器（XSDC）。

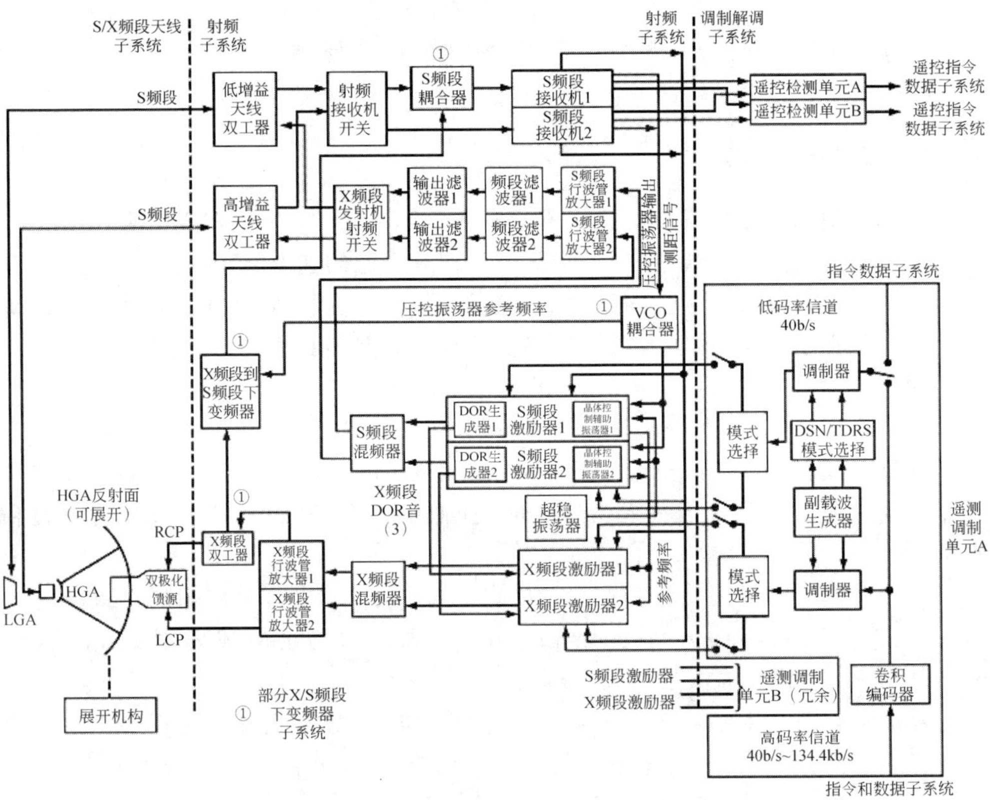

图 4-4 “伽利略”轨道器通信系统

① “伽利略”航天器 S 频段载波频率约为 2.1GHz（上行链路）和 2.3GHz（下行链路）。X 频段载波频率约为 7.2GHz（上行链路）和 8.4GHz（下行链路）。

4.2.1 "伽利略"通信功能与模式

"伽利略"通信系统[①]的轨道器部分能够提供：①上行链路载波跟踪和下行链路载波生成；②指令检测；③遥测编码与调制；④与 DSN 进行无线电测量通信[②]。对于行星际巡航任务，最初计划利用德国空间操作中心(GSOC)[③]管理的一个地面站和 DSN 的地面站完成对"伽利略"航天器的操作。主任务期间，组阵天线包括澳大利亚联邦科学与工业研究组织(CSIRO)管理的 Parkes 天线[④]系统。

4.2.1.1 上行链路

根据所需求的上行链路工作模式，载波可以是未调制的，也可以是调制遥控副载波或测距副载波，或者两者同时调制。

4.2.1.1.1 上行载波

航天器接收机能够捕获在频率上足够接近的上行载波，一旦出现该载波就立即对其保持相位锁定。通信系统能够在以下上行链路工作模式下运行：

- 有上行链路或无上行链路；
- S 频段或 X 频段上行链路；
- 调制或未调制的上行链路；
- 从 DSN 或 GSOC 发送的上行链路。

4.2.1.1.2 指令检测

RFS 的 S 频段接收机(S-RCVR)和指令检测器单元(CDU)接收和解调来自 S 频段或 X 频段上行载波的指令波形，并将其发送至遥控数据分系统(CDS)中的硬件遥控译码器。遥控波形可以单独出现也可以与测距调制音同时出现。

4.2.1.2 下行链路

下行链路可以是未调制的单载波，也可以是调制遥测副载波或测距副载波，或两者同时调制。

---

① 4.2 节和 4.3 节描述了最初计划使用的"伽利略"轨道器通信系统和地面系统。目前轨道器已不复存在，而地面系统也在 S 频段的基础上进行了升级。X 频段上行或下行链路都以高增益天线(HGA)完全展开可利用为前提。如 4.4 节所描述，HGA 并没有展开。1991 年和 1993 年的短期测试验证了 RFS 的 X 频段部分的工作能力。通信系统的 S 频段部分按照设计状态发挥 LGA 的功能。

② 文中术语"无线电测量通信"或"无线电测量数据"都是指单向或双向多谱勒、双向(连续)测距以及差分单向测距(DOR)。

③ 关于 GSOC 最新信息参见 http://www.dlr.ed/iss/en/desktopdefault.aspx.tabid-1412/2072_read-3536/。

④ 关于 Parkes 天线的最新信息参见 http://www.atnf.csiro.au/(上述两个链接均在 2013 年 1 月 10 日访问)。

4.2.1.2.1 下行载波

RFS激励器(EXC)和功率放大器组成发射机，给轨道器提供了生成、调制和发射下行载波的能力。不论有无上行载波，RFS均能单独生成和发射S频段或X频段下行载波，或两者同时产生并发射。当有S频段或有X频段上行载波时，RFS能够利用上行载波生成S频段或X频段下行载波，或同时生成两个频段的下行载波。S频段和X频段下行载波总是相干的。基于RFS的工作模式，S频段和X频段下行载波信号既可以与上行载波信号相干，也可以非相干。①

4.2.1.2.2 遥测编码与调制

MDS的遥测调制单元(TMU)和RFS的S频段激励器(S-EXC)与X频段激励器(X-EXC)将来自CDS的遥测"低速率"与"高速率"数据流②调制到遥测副载波上，再将遥测副载波调相到下行载波上。TMU提供两种遥测模式：跟踪与数据中继卫星系统(TDRSS)③和DSN。

4.2.1.3 无线电测量数据

无线电测量通信系统是为满足工程导航、无线电科学数据传输及测量精度要求而设计的。"伽利略"任务使用的无线电测量数据包括双向或单向多普勒、双向测距和单向差分测距(DOR)。

4.2.1.4 探测器中继

探测器与轨道器间的L频段④中继链路在1995年12月7日工作了约1h，其使用的设备与轨道器S频段和X频段上/下行链路完全独立。4.6节将详细描述中继链路和与通信相关的成果。

安装在轨道器上的中继接收硬件(RRH)接收探测器的L频段信号。虽然RRH天线和接收机安装在轨道器表面和轨道器内部，但它们都被指定为探测器系统的一部分。为消除导致任务灾难性失败的单点故障，中继链路系统配置了两条几乎完全相同的RF链路，包括探测器的双套电气与电子发射系统和轨道器的接收系统，两条并行的同步数据流从探测器科学仪器发往轨道器。为了向轨道器发

① "伽利略"是JPL的众多深空任务之一，有两种下行链路模式："TWNC-开"和"TWNC-关"。TWNC(双向非相干)读作"twink"。"TWNC-开"模式表示下行频率不与上行频率相干。"TWNC-关"模式表示应答器接收机锁定上行载波时，下行链路与接收的上行链路相干。

② 如4.2.3节的全面描述，CDS将40b/s低速率数据流和高速率数据流不断输出至TMU。高速数据流的比特率设置在10b/s～134.4kb/s，所以大多数情况下，其比低速率通道固定的40b/s要高。

③ TDRSS模式下，TMU将来自CDS的速率为1200b/s的数据流进行卷积编码。信号流在90°±3°相位调制RFS的S频段RF载波，无遥测副载波。该模式仅出现在发射后开始的短暂阶段，而此时航天器还位于惯性上面级(IUS)上。

④ L频段的频率在390～1550MHz。探测器与轨道器之间的中继链路载波为1387.0MHz和1387.1MHz，选择该频率为的是在穿越木星大气时具有最佳链路性能。

送数据，其中一个数据流使用了超稳定振荡器。探测器多普勒测风试验是利用轨道器接收到的载波信号频率偏差，推算大气风速[6]。

4.2.2 射频子系统

射频子系统的主要组成见表 4-1。该表使用了子系统缩略语。

表 4-1 射频子系统组成

组 成	单位数量
S 频段接收机(S-RCVR)	2
S 频段激励器(S-EXC)	2
X 频段激励器(X-EXC)	2
超稳定振荡器(USO)	1
S 频段行波管放大器(S-TWTA)	2
X 频段行波管放大器(X-TWTA)	2
差分单向测距(DOR)发生器	1
S 频段天线转换开关(LGA-1/LGA-2 转换开关、HGA/LGA 转换开关)	2,1
微波线路和接口组件	—

RF 子系统有成对的相同单元(如 S-RCVR)，通常每个单元都能提供全部功能。各单元交叉连接，但通常每次只有一个单元工作。① 例如，使用加电的接收机驱动加电的激励器方式，任意一个 S-RCVR 可以驱动任一 S-EXC，类似地，任意一个 S-EXC 也能驱动任一 S-TWTA。附加功能被内置在 RFS，在某种情况下，单向下行频率源可以是激励器的辅助振荡器或是 USO，而且(当使用 HGA 时)下行链路可以是 S 频段或 X 频段。

4.2.3 调制解调子系统(MDS)

MDS 由两套 TMU 和两套 CDU 组成，但只有一套 CDU 和一套 TMU 同时加电。CDU 负责上行指令数据检测(解调)，TMU 负责下行遥测数据调制。

CDU 和 TMU 是系统的关键组件，所以每个组件都有大量的硬件冗余，并与

① 术语“交叉连接”(cross-strapped)是指输入或输出单元互相连接。因为 RCVR-1 和 RCVR-2 与 S-EXC-1 和 S-EXC-2 交叉连接，转发器可以使用 RCVR-1 驱动 S-EXC-1 或 S-EXC-2，或者使用 RCVR-2 驱动任一 S-EXC。“通常”意味着在硬件设计或飞行准则中有要求，或在选择配置中需要考虑某个因素[5]的情况下除外。RFS 对“通常”的例外还有 RCVR-1 只与 XSDC 连接。RCVR-2 与 USO 工作在同一信道上，因此潜在的频率干扰是发射时选用 RCVR-1 的原因；且 X-TWTA-2 接通时，XSDC 接收噪声过大，所以两者不能一起工作。

RFS 部件接口交叉连接。两套 CDU 完全相同，两套 TMU 几乎相同。① TMU 和 RFS 激励器完全交叉连接。同样，双 CDU 与双 RFS 接收机交叉连接，且与 CDS 硬件指令译码器交叉连接。

TMU 从 CDS 的遥测格式化程序接收两个串行数据流。未编码的 40b/s 低速率数据是为航天器进入安全模式时保留的。10b/s～134.4kb/s 高速率数据流由 TMU 进行卷积编码。② TMU 可以把低速率比特流或高速率信号流调制到来自内部 TMU 振荡器的 22.5kHz 副载波上或 360kHz 副载波上。TMU-B 能把符号数据流直接调制到激励器（TDRSS 模式）上。

CDU 从 RFS 接收机接收已调制的 16kHz 遥控副载波。根据地面站指令，副载波可以是未调制的，也可以是位同步（bit-sync）波形调制的，即相当于全零的指令数据，或用位同步和指令位波形共同调制的。

CDU 解调遥控副载波，并为 CDS 遥控译码器提供三种独立的输出数据：

1）CDU 的锁定（in-lock）或失锁（out-of-lock）指示；

2）32b/s 指令位时标（“时钟”）；

3）指令位。

4.2.4 S/X 频段天线子系统（SXA）

SXA 由一个高增益天线（HGA③）和两个低增益天线（LGA-1 和 LGA-2）组成，两个 LGA 只工作在 S 频段。HGA 设计工作在 S 和 X 双频段。由于 LGA 没有 X 频段工作能力，X 频段上行链路或下行链路需要 HGA。可以通过实时或指令序列配置在 HGA、LGA-1 或 LGA-2 上接收和发射 S 频段信号，但在给定时间段，接收和发射必须使用 S 频段的同一个天线。“伽利略”S 频段天线是右旋圆极化（RCP）天线，用于简化 DSN 配置任务。X 频段下行链路极化为 RCP 或左旋圆极化（LCP），这取决于哪个 X-TWTA 通电工作。

S 频段天线工作的标称上行频率为 2115MHz，标称下行频率为 2295MHz。实

---

① TMU 几乎是一样的。其差别如下：TMU-A 有一个试验用的“coder-2”，能生成 115.2kb/s 和 134.4kb/s 的（15，1/4）卷积码，并在 720kb/s 副载波上调制 coder-2 编码符号。TMU-B 有一种“TDRSS 模式”，其中来自（7，1/2）编码器的符号直接调制在 S 频段载波（无副载波）上。由于发射前不到两年的时间内增加试验编码器，导致发射日期从 1982 年推迟至 1989 年，主任务因此推迟至 1995—1997 年。发射延迟导致已经加载燃料的 RTG 功率输出减少，致使 TWTA 可能只允许工作在低功率模式下。使用更有效的（15，1/4）编码能够弥补通信部分的不足；为获取相遇期间的关键数据，计划使用 DSN 70m 天线组阵和位于新墨西哥州的甚大规模阵（VLA）射电科学天线系统，以弥补数据接收能力的不足[1]。对 VLA 的描述见参考文献[7]，VLA 作为天线组阵资源在“旅行者号”任务中的应用见文献[8]。

② 参见 4.3 节“伽利略”S 频段任务，从 1996 年开始直至任务结束使用的“级联编码”描述。

③ “伽利略”HGA 没有完全展开，所以从未实际用于该任务中。4.2.4 节中的天线描述是针对已研制并打算使用的系统。“伽利略”S 频段任务中，在保证任务成功的飞行期间采用的变通方案，请参阅 4.3 节。

际工作时，以 DSN 的信道 18 对应 RFS 的第一接收机（频率双向相干），以信道 14 对应 RFS 第二接收机（与其频率相干）或 USO 产生的下行链路频率[5]。

HGA 最突出部分是一个直径为 4.8m 的主反射面，看上去像一个单独的天线。然而它有两个独立的 S 频段和 X 频段馈源系统。在功能方面，HGA 在很多方面可视为两个截然不同的天线（S-HGA 和 X-HGA）。X 频段和 S 频段的视轴（最大增益方向）均与 LGA-1 视轴向对齐，即 $-Z$ 轴方向。

尽管这不是原来的计划，但大多数任务选择 LGA-1。LGA-2（其视轴与 LGA-1 视轴相反）只用在飞越金星（Venus）和飞越地球-1（Earth-1）（参见 4.5 节）时轨道几何所需的特殊时间段。

除 LGA-1、LGA-2 和 HGA 之外，轨道器还有两个与轨道器通信系统无关的天线，即"伽利略"探测器到轨道器中继链路的中继接收天线（RRA）和等离子波谱仪（PWS）分析天线，它们仅是科学仪器的一部分。

4.2.5 X 频段到 S 频段下变频器

"伽利略"项目一直把轨道器的单 XSDC 作为一个试验子系统，即不必要完全依靠 X 频段上行链路来完成控制指令接收，或者完成其他关键任务。XSDC 部分包括：

- 下变频器；
- S 频段耦合器；
- X 频段双工器；
- 低通滤波器；
- 压控振荡器（VCO）耦合器。

X 频段双工器可通过 HGA 同时接收（经由 XSDC）和发射（经由 X 频段 TWTA）X 频段信号。S 频段耦合器将下变频后的 X 频段调制载波连接到 RFS S-RCVR-1 上。XSDC 与 RFS 接收机与发射机同时工作时，根据控制的配置方式，XSDC 向通信系统提供非相干模式或使用 X 频段上行链路的双向相干载波工作模式。

4.2.6 飞行期间的通信系统硬件性能

轨道器发射时 S-RCVR-1、S-EXC-1、S-TWTA-1、CDU-A 和 TMU-A 处于工作状态，发射几个星期后打开 USO。"伽利略"主任务和拓展任务结束时，最初选定的器件仍在使用，且运行正常。

飞行期间出现的通信硬件问题包括：

1）HGA 展开失败（4.4 节和 4.6 节中分别讨论）；

2）RFS 接收机“VCO 异常振荡”；

3）CDU 锁定计数变化异常；

4）发热引起的 USO 频率漂移率变化。

4.2.6.1 RFS 接收机的“VCO 振荡”事件

在 Ganymede-2（主任务期间与木卫 10 次相遇的第 2 次相遇中）之后几天，即 1996 年 9 月 11 日，轨道器接收机无法捕获马德里站发送的常规上行信号。① 该事件发生前几小时，航天器曾出现翻转（偏离地球 90°，天线背向地球），但不能确认是否是由于几何关系的变化导致随后的硬件问题。通过通信对 VCO 电压遥测数据的检查表明，工作频率偏离了－8kHz，在尝试捕获前，测量值与最佳锁定频率相差＋24kHz[9]。为此，地面站使用了 2.5 倍标称的重新扫频范围进行上行链路捕获。在接下来的几天，地面站不得不使用 7.5 倍的标准扫频范围。

RFSTLC（射频子系统跟踪环路电容器）测试完成后，接收机恢复正常工作。主任务期间定期进行的 RFSTLC 测试需要地面站在频率上对其发射机进行扫描，把 VCO 从最佳锁定频率（BLF）拉到＋65kHz 或－65kHz 频率上，然后关闭发射机。随后，VCO 频率放松到 BLF；这样做所花的时间提供了跟踪回路中电阻电容网络的时间常数的度量。出现故障后首次进行 RFSTLC 测试时，频率随时间的漂移特性和环路时间常数都不正常。然而 VCO 振荡停止了，随后的 RFSTLC 测试在所有方面都是正常的。该接收机在随后的主任务和拓展任务中均正常工作。

地面测试和分析的焦点集中在接收机跟踪环路积分器（LM108 操作放大器）上。一个涉及钠离子掺杂物的模型[10]较好地复现了飞行任务期间的数据，包括明显的自我修复现象（“退火”）。从此，接收机未再出现问题。

4.2.6.2 CDU 锁定计数变化异常

作为正常工作的一部分，从失锁到副载波锁定，或从副载波锁定到比特同步锁定，每变化一次，CDU 软件计数增加 1。航天器将计数结果作为工程数据定期通过遥测通道下传。只有处于比特同步锁定时，CDU 才将遥控数据发送至 CDS 中的遥控译码器。对于每一个计划中的遥控过程，锁定计数的数值是已知的。如果计数超过预期值，则定义为“CDU/CDS 锁定计数变化异常”。锁定计数变化异常在“旅行者号”和其他任务中也发生过，但并未出现任何遥控问题。“伽利略”任务期间，每年发生多次的锁定计数变化异常事件并未影响遥控操作。虽然锁定计数变化异常事件还可能发生，但随着工程遥测采样速率的大大降低，以及 GEM 和

① “伽利略”上行链路捕获需要地面站使用 100kW S 频段发射机并可以进行频率扫描。频率扫描在中心频率±12kHz 范围内以指定速率变化，随后返回中心频率。即使存在多普勒频率，通过扫描也可以在没有上行链路信号的情况下使航天器 VCO 工作于“最佳锁频率”附近。

GMM 任务中工作人员的大大减少，后续将不再分析此类事件。自航天器发射以来，接收机或 CDU 遥控性能还未发生任何变化。

“伽利略”主任务期间的非预期锁定计数变化异常现象是由测站配置变化和操作问题引起的[10]。此外，一个可重复的航天器的原因在“伽利略”接收机和 CDU 的地面测试中得到了证实。测试过程中，一对锁定变化由下列组合情况引起：①弧段开始时，未调制载波在初始捕获过程中上行频率的翻转；②未调制载波的上行信号电平；③扫描频率和接收机 VCO 之间的相对频率变化。测试期间，实际的频率变化率受到接收机多普勒频率和 VCO 频率“漂移”的共同影响。

“U/L ACQ(上行捕获)扫描”机制导致 RFS 接收机向 CDU 输出一个瞬时方波，CDU 将其(错误地)作为比特同步遥控调制波形。在频率变化约为 512Hz 时出现该方波，恰好与“伽利略”遥控副载波频率相同。CDU 将“锁定”信号发送至 CDS，作为一次锁定计数变化记录。片刻后，RFS 接收机输出波形消失了，CDU 不再将其作为指令信号，并发送一个“失锁”信号给 CDS。CDS 又一次计数，共计数两次。

4.2.6.3 USO 辐射引起的频率偏移和速率变化

USO 是“旅行者号”任务形成的成果。尽管每个 S-EXC 内部都有一个辅助振荡器(aux osc)，但是 USO 自 1989 年 12 月 5 日启用以来，就成为非相干下行载波的主用频率源。1991 年年底，USO 断电了几十天，1992 年年初再次启用，以支持对 HGA 未展开的异常研究。

USO 晶体振荡器的频率随时间(年代)发生变化。多任务导航团队在定轨和预报单向多普勒频率时要考虑地面站与航天器之间的相对速度变化。由于非轨道因素导致的频移可以用于查找其他影响因素，例如晶体老化或辐射影响。

从众所周知的 1979 年“旅行者号”航天器飞越木星前后的单向多普勒变化规律看，“伽利略”的 USO 频率变化率会受到每次行星相遇时的辐射影响。主任务期间，预计在 JOI 时影响最为明显，因为那里的辐射最大。但是，“旅行者号”的经验不能完全搬移到“伽利略”任务中用以定量预测辐射引起的 USO 频率变化。基于“旅行者号”任务的经验，作为整个 JOI 通信策略的一部分，搜索并快速发现了单向下行信号。

辐射导致 USO 频率的变化贯穿了主任务中的木星相遇、GEM 和 GMM 任务的全过程。每次相遇时的偏移量变化一般很小(几天内在 S 频段小于 5Hz)。① 当轨道器从木星回到更远距离时，观察到的漂移(老化)率恢复到了相遇前的状态。

① 2002 年 11 月 5 日，“伽利略”轨道器飞过距离木星云端小于 $1R_J$ 的 Amalthea 卫星。这次飞越经历的辐射水平比 JOI 期间明显高得多。总剂量估计为典型木卫一飞越期间承受剂量的 2.5 倍。任务配置的轨道器飞行软件(包括故障保护算法更新)能够承受辐射环境带来的影响。这些错误保护响应改变了冗余器件的替换模式，或将显著降低关键科学数据传输的连续性和数量，从而避免了模式改变对轨道任务的连续性产生影响。

为了确保地面接收机快速锁定，当 USO 频率(指 S 频段)变化大于 0.5Hz 时，[①] DSN 会定期发送 USO 频率更新信息(称为“TFREQ 更新”)用于跟踪操作。

4.2.7 轨道器输入功率和质量概述

轨道器工作时，除了 TWTA 有高功率和低功率两种模式，每个通信系统部件都只有一种功率输入模式。表 4-2 总结了高功率和低功率两种模式下稳态航天器输入功率和 RF 输出功率。该表还给出了系统各部件的质量。

表 4-2 “伽利略”轨道器输入功率和质量汇总

设 备	单元数量	输入功率/W[a,b]	输出功率/W[c]	质量/kg[a,d]
RFS				53.5
转发器	2			
接收机		4.5		
S 频段激励器		2.6		
X 频段激励器		3.5		
ACIS[e]	1	0.7		
USO	1	2.7/4.5		
X-TWTA	2	46.9/72.4	11.6/20.0	
S-TWTA	2	34.9/87.1	4.9/14.8	
DOR		1	0.5	
XSDC	1	3.1		2.5
MDS				9.8
CDU	2	4.4		
TMU	2	5.5/5.8		
SXA				
展开电机		2	12.0	
天线[f]				8.1

注：a—质量源自参考文献[5]，模块 GLL-3-230；输入功率源自参考文献[5]，模块 GLL-3-250。

b—对于 TWTA，较小的功率值对应低功率模式，较大值对应高功率模式。对于 USO 和 TMU，较低的值对应近地状态，较高的值对应木星附近状态。

c—RF 功率定义为 RFS/SXA 接口(对应 S-TWTA 的 LGA-1 和对应 X-TWTA 的 HGA)的设计值。

d—说明的质量是子系统总质量(例如，MDS 的 9.8kg 包括 2 个 TMU 和 2 个 CDU)。

e—天线控制和接口系统。

f—质量不包括天线结构元件。整个轨道器结构质量为 255.5kg。

---

① 2001 年 12 月 11 日和 2002 年 1 月 27 日，单向模式接收的下行频率出现了数十分之一赫兹的快速、意外变化。这些波动发生在多个 70m 天线测站，至今原因不明。当地面站接收机的载波环路不能随频率快速变化时，都会丢失几帧遥测数据。虽然每次都会出现数十分之一赫兹的偏差，但几小时之后，下行频率就又稳定了。由于太阳-地球-航天器之间的夹角大于 90°，且太阳活动并不异常，所以排除太阳对 S 频段下行链路的影响。轨道器在高辐射区域时，不会发生这种情况。除了其他可能的原因，USO 或其控制线路是引起频率起伏的其中一个因素，但并不能完全确定。

4.3 “伽利略”S 频段任务

4.3.1 概述

“伽利略”任务计划使用深空网，通过 S 频段和 X 频段载波向航天器发送常规上行信号，并接收航天器常规下行信号。简要来说，这些信号包括：

- 上行载波；
- 遥控副载波和数据流；
- 下行载波；
- 遥测副载波和数据流；
- 下行载波中的双向多普勒数据(锁定相干上行载波)；
- 调制在上/下行载波上的往返测距信号；
- 调制在下行载波上的 ΔDOR 信号。

DSN 在 20 世纪 90 年代末至 21 世纪初就已具备支持“伽利略”任务的常规能力[11]。由于航天器 HGA 发生故障未能完全展开，从而失去了 X 频段通信能力，DSN 对“伽利略”S 频段的支持也就不再常规。

本节介绍了“伽利略”任务软件开发团队、“伽利略”飞行团队和 DSN 技术开发团队之间非凡的合作和努力，他们将“伽利略”从 HGA 故障中拯救出来，并最终引导“伽利略”任务获得圆满成功。这些努力成为 DSN 先进系统计划①案例研究的主题[12]。

早期巡航段，“伽利略”轨道器与地面通过 LGA 使用 S 频段通信。热控设计需要 X 频段 HGA“伞型”天线保持收拢状态，直至第二次飞越地球以前，太阳-航天器距离达到并保持大于 0.9AU。1991 年 4 月 10 日，发射后约一年至一年半，热控约束解除，地面控制轨道器 HGA 展开电机加电并展开 HGA，但天线未能完全展开。通过分析遥测数据和发射前设计与测试数据表明，伞状天线上 18 根龙骨中的 3 根卡在了天线的中心塔上。进行了几次尝试，但未能将粘在一起的龙骨成功释放。由于反射面没有形成抛物面形状，天线无法使用。继续通信的唯一方法就是利用面向地面的 LGA-1，并且若保持当前的配置(地面与航天器)不变，到达 JOI 时的遥测数据率将减少至 10b/s。原计划利用 X 频段 HGA 的下行数据速率为 134.4kb/s。

一年过去了，地面投入大量精力用于测试和分析，付出巨大努力尝试释放卡在一起的龙骨。大多数尝试与航天器指向背离太阳有关，希望通过热胀冷缩，加热和

---

① DSN 先进系统计划在“伽利略”时期(1980—1990 年)发起了一系列能力改造项目。对于“伽利略”LGA 天线任务，测站天线组阵改进和新编码/图像压缩技术的效果最为显著。

冷却天线组件以释放龙骨,但均未成功。还有分析建议反复启动、关闭天线展开电机(“连续击打”),可能会产生足够的晃动以解脱并展开天线。不幸的是,这种努力也失败了。还尝试过其他多种方法,但均未奏效。例如,通过部分展开的 HGA 进行 X 频段下行链路和上行链路操作,并与 S 频段 LGA-1 进行端到端的能力比较。①

努力使 HGA 展开的同时,1991 年 12 月—1992 年 3 月,JPL 飞行项目办公室(“伽利略”项目)、JPL 通信部以及 JPL 跟踪与数据采集办公室资助开展了一项研究,对利用 LGA-1 提高 S 频段遥测能力的方案②进行评估。该研究假设图像与仪器数据,以及航天器校准与监视数据必须使用计算与存储资源严重受限的“伽利略”星载处理器进行大量编辑与压缩。这项研究也假定必须要对重要的科学探测与任务进行重新计划,并对主要的地面系统进行改进。

“伽利略”S 频段任务于 1993 年 1 月被正式批准并实施。这一想法会导致航天器和 DNS 都发生实质性的变化。其中一些关键的通信技术包括:

1) 站内和站间天线组阵,由 6 副天线进行信号合成,以增大天线的有效口径;

2) 利用堪培拉 70m 站 S 频段“Ultracone”馈线和低噪声放大器实现仅用于接收的极低系统噪声温度;

3) 利用 BVR 的抑制载波跟踪,提高调制效率;

4) 使用先进的信道编码,降低工作信噪比(SNR)门限;

5) 采用低复杂度无损和有损数据压缩与图像编辑方案,减少星载数据量但不影响科学目标。

据估计,前 4 项将共同使可支持的下行数据速率提高一个数量级,平均从 10b/s 提高至大约 100b/s。③ 再加上第 5 项——数据压缩,性能将再提高一个数量级。④

这些预期已经实现。使用改进的 S 频段下行链路,轨道器能够完成最初主任务目标的 70%。随着在 GEM 和 GMM 中继续使用改进的 S 频段下行链路(天线

---

① 使用 HGA 是不可行的。测试显示,HGA 视轴附近的 X 频段下行链路相对 LGA-1 S 频段下行链路有约 2dB 的提高。但天线方向图有许多深哑点,也就是说要保持足够精确的天线指向在操作上将是一项重大挑战。而且还无法确定方向图的哑点是否会因温度变化或机械运动随时间改变位置。

② 早在 1991 年 10 月,TDA 办公室特许 1 个月时间开展研究,确定仅使用 LGA 提高“伽利略”在木星时的遥测性能。经过研究,推荐对 4 个方案(地面天线组阵、数据压缩、改进的编码和抑制载波下行链路)进行进一步评估,最终这 4 个方案都用于 S 频段任务[1]。在研究期间,DSN 是 JPL 的通信和数据采集(TDA)部门的一部分。

③ 组阵将提高多达 4dB 的下行链路能力。根据所使用的天线,Ultracone 再提高 1.7dB,抑制载波调制提高 3.3dB,改进的编码提高 1.7dB。加上包括数据压缩在内的航天器改进和地面性能提高,将满足每次卫星相遇后传回一个全磁带记录载荷数据的 S 频段任务工程目标,又满足接收连续工程数据和低速科学[1]数据的工程需求。

④ 数据压缩通过删除源数据内的冗余数据,减少了所需的传输与存储带宽,但更容易使传输数据在通信信道中产生误码。纠错编码在数据结构上增加冗余信息以减少信道的影响,附带地增加了信道带宽。同时用于“伽利略”S 频段任务的数据压缩与编码技术大幅提高了端到端的系统效率。

组阵除外),轨道器已经传回了大量科学数据。

4.3.2 “伽利略”S 频段任务的地面系统改进

DSN 的变化包括对 3 个深空通信综合设施(DSCC)的多个改进,与使用现有 DSN 配置、仅通过“伽利略”航天器 LGA-1 接收 S 频段数据相比,DSN 可接收数据量提高了 10 倍。“伽利略”概念设计如图 4-5 所示。包括附加的 DSCC“伽利略”遥测系统(DGT)(一个新的遥测子系统作为信号处理器),专用于处理“伽利略”弱信号的子系统。[①] S 频段任务遥测包、抑制载波 DGT 模式(在“伽利略”航天器中称为“阶段 2”)于 1996 年 5 月[②]开始运行。

4.3.2.1 DSCC“伽利略”遥测

DGT 与现有的 BVR 和遥测信道组件(TCA)并行安装,构成 DSN 遥测子系统的一部分。BVR 和 TCA 继续完成多普勒提取和航天器应急支持。[③] 1995 年,一种支持多任务的新型数字接收机在“伽利略”与木星相遇任务中使用。BVR 具有以残留载波或抑制载波模式捕获和跟踪航天器载波,以及解调载波、副载波和信号的能力。对于“伽利略”S 频段任务(阶段 2),BVR 以打包模式向 DGT 反馈级联译码器(FCD)传输信号,或以时分多址(TDM)模式向 TCA 的极大似然卷积译码器(MCD)传输信号。图 4-5 显示了为非组阵式操作研制的 BVR 与 FCD 接口。

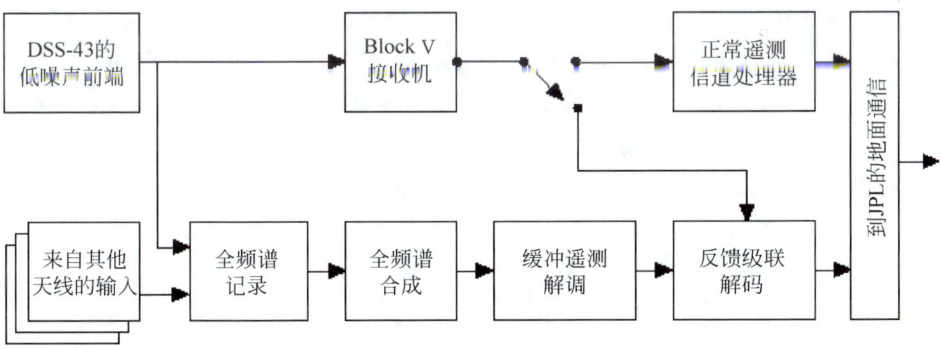

图 4-5 “伽利略”DGT 的概念

① 该素材大部分源自文献[9]。DGT 包括一个全频谱记录器(FSR)、一个全频谱合成仪(FSC)、缓冲遥测解调器(BTD,一个包括载波、副载波和信号锁相环的接收机)和一个反馈级联译码器(FCD)。DGT 是专为“伽利略”研制的,并于 2000 年退役,因此 DSN 不再具备此能力。

② 为了降低新的地面系统开发日程对“伽利略”仅一次机会关键事件影响的风险,“伽利略”规划仅采用现有的航天器阶段 1 软件和地面现有遥测系统完成 1995 年 12 月重要探测器数据回传和 JOI 操作。4.5.6 节描述了阶段 1 和阶段 2 软件。

③ 通过 GEM 和 GMM,S 频段任务安全模式继续产生残留载波下行链路,用以调制卷积译码(7,1/2)的 40b/s“高速率”TDM 数据。

4.3.2.2 堪培拉 70m 站的 Ultracone

除了 DGT，堪培拉 70m(DSS-43)天线还增加了超低噪声单收馈源系统，S 频段系统噪声温度降低至 12.5K(不含大气影响)。安装 Ultracone 之前，“伽利略”曾使用 S 频段极化分集(SPD)馈源锥传导，收/发共用模式下系统噪声温度在天顶为 19.9K，单收模式下为 15.6K，两者均未包括大气影响。Ultracone 满足系统噪声温度(SNT)设计指标。它继续用于 GMM，总系统噪声温度(包括大气影响)在晴朗天气和高仰角时约为 15K。

4.3.2.3 地面天线组阵

在堪培拉的 CDSCC 通过下列天线组阵技术使接收的“伽利略”下行信号进一步增强：

- 在共视观测期间，加利福尼亚戈尔德斯通的 70m 天线和澳大利亚堪培拉附近的 70m 天线进行洲际间组阵；
- 将堪培拉 3 副 34m 天线中的 2 副天线(DDS-34 和 DSS-45)加进堪培拉和戈尔德斯通的 70m 天线组阵中；
- 另外将位于 Parkes 的 64m 射电望远镜加入组阵。Parkes 被 DSN 标识为深空站 49(DSS-49)，作为堪培拉组阵的一个附加部分支持“伽利略”任务。

组阵的时间轴排列一般为：①当堪培拉站“升起”时，在已跟踪的戈尔德斯通 70m 天线中加入堪培拉的 1 副 70m 和 2 副 34m 天线，开始组阵；②约 2h 后增加 Parkes[①]；③随后，当 Parkes 开始工作时，移除戈尔德斯通的 70m 天线；④最后，堪培拉组阵建立前约 2h 移除 Parkes。

NASA 为 Parkes 射电望远镜提供了多项增强功能来提高其对组阵的贡献。

用于支持“伽利略”该阶段任务的整个网络配置如图 4-6 所示。在每副天线上，航天器的 S 频段信号通过一个开环下变频器转换为 300MHz 中频(IF)。IF 同时输出至 BVR 信道和 DGT 的 FSR 信道。

4.3.3 数据压缩

图像与非图像数据编辑和压缩的目标是一样的，即减少“伽利略”磁带记录器上存储及向 DSN 传输的信息比特数。[②] 一个未压缩的“伽利略”图像像素(pixels)

① Parkes 天线的最低工作仰角为 30°，相比最低仰角为 6°～8°的堪培拉天线，其上升时间稍晚、下降时间稍早。

② 本节材料大部分来自文献[13]。

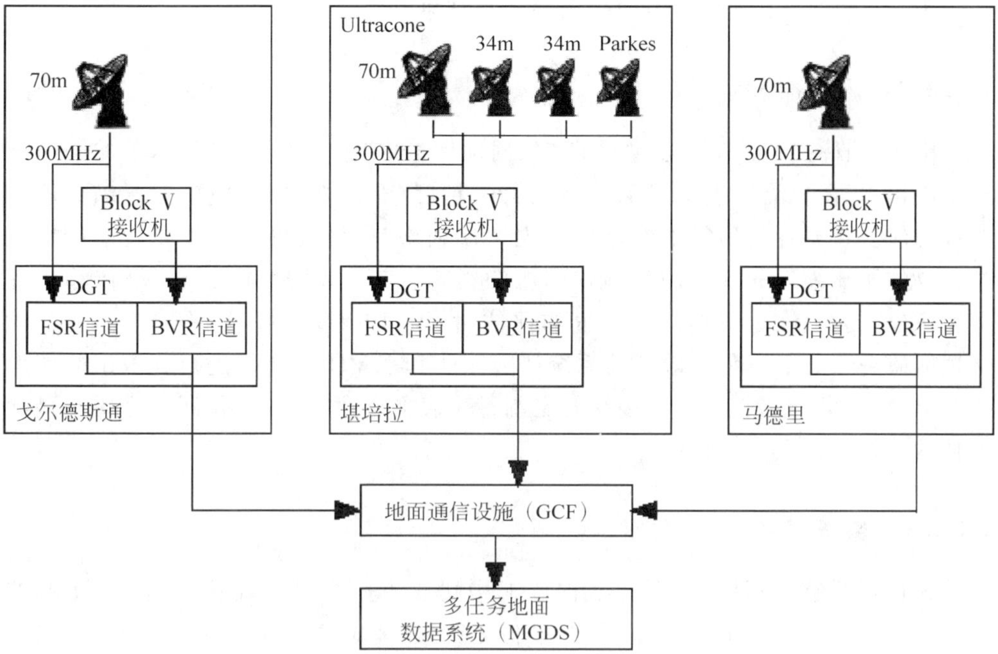

图 4-6 木星轨道工作时的 DSN 配置

为 800×800，每 8 位像素定义为一个 64 级灰度。

S 频段任务的数据压缩过程包括：

- 选择压缩方案；
- 科学家评估方案的可行性；
- 为任务规划评估压缩比；
- 采用事后处理技术，消除伪影而不损失精度。

由于“伽利略”的大量数据是图像，以下描述的数据压缩将以图像数据为例。

4.3.3.1 压缩方案

作为详细评估和实现的候选图像压缩方案是有损图像压缩的整数余弦变换（ICT）方案。ICT 可以看作离散余弦变换（DCT）的近似整数方案，算得上是图像编码中的一种最佳变换技术。对此应用和其他实际图像处理应用，DCT 独立于源数据和实用的快速变换算法使其成为一个具有吸引力的候选方案。

数据压缩是在待压缩数据记录到磁带记录器之前，由“伽利略”上的处理器完成。处理器在计算和存储资源方面有严格限制。“伽利略”方案使用一个 8×8 ICT，整数特性降低了由消除实乘法和实加法带来的计算复杂度。ICT 和 DCT 之间的关系使得可以使用以前为 DCT 开发的高效（快速）技术。模拟“伽利略”ICT

产生了与标准 DCT 方案相似的数据率失真结果。[①]

4.3.3.2 科学家评估

由于主任务图像和其他“伽利略”数据预计将比“旅行者号”飞越木星的图像分辨率高得多，所以有必要进行保持数据科学精度（有效性）的有损数据压缩。使用两种方法实现并保持所需的精度。首先，“伽利略”项目负责人（PI）和其他行星科学家评估了压缩对先前可用的最佳图像的影响。其次，存储并无损压缩传输小部分图像（称为“真实窗口”）。科学家的评估（称为“PI 闭环中视觉评估”）由 NASA 艾姆斯研究中心的远程有效载荷系统研究团队和视觉团队合作进行。该试验使用一组单色天文图像，在一组可接受的定制量化表上迅速收敛，并验证了可用于科学评估的压缩/失真的可行性。

4.3.3.3 真实窗口

为保证足够的精度，在图像数据压缩中建立了一个可寻址真实窗口（TW）的概念。TW 是一个固定的 96 像素×96 像素区域，能定位在 800 像素×800 像素图像的任意位置。为节约星上内存，TW 使用 ICT 压缩算法的霍夫曼（Huffman）编码模型进行无损压缩，从而无须任何附加的星上软件。在应用图像恢复技术之后，PI 可以使用 TW 来保存重要的细节，并作为对图像其余部分的统计参考。

4.3.3.4 压缩比预测技术

该技术有助于科学和任务计划的制订。对于“伽利略”任务从固定到可变的压缩方案，为科学家们提供了一个算法。该算法根据已知的相机统计信息、预期的图像类型以及估计的熵，通过查表的方法预测压缩比和熵；并根据相邻像素的差异，用基于先前可用行星图像参数的广义高斯函数建模。

4.3.3.5 后处理

图像还原技术曾在其他应用中用于消除不需要的块和格子效应，这些块和格子效应是基于块传输的变换压缩方案产生的输出解压图像中所固有的。然而，“伽利略”任务的科学家们关注的是这些技术在使图像“看起来更好些”的同时，付出了减少细节、引入畸变的代价，从而达不到所需的准确性。基于这种观点，“伽利略”事后解压还原技术首先应用于频域，然后是空域。频率系数在可能的原始值范围

---

① 失真率理论用于计算在给定失真率条件下，传输给定图像所需的最小比特率。其结果无须考虑具体的编码方式。关于该理论详情可见 http://www.stanford.edu/class/ee368b/Handouts/04-RateDistortionTheory.pdf（访问于 2013 年 1 月 10 日）。

内调整。然后，在频率系数保持在原始值范围内的条件下完成线性滤波，形成一个可接受的接近原始图像的还原图像。

4.3.4 “伽利略”编码与反馈级联译码

4.3.4.1 概述

“伽利略”S频段任务由一个编码系统支持，编码系统使用内码卷积码与有4种不同冗余的Reed-Solomon(RS)外码级联。① 为了减少突发误码的影响，交织深度为8。将该信号设计与文献[5]中给出的“伽利略”HGA任务最初的信号设计进行比较，在最初的设计中，固态成像(SSI)的图像数据进行了RS(255,241)编码，交织深度为2，并通过TMU进行卷积编码后输出。②

对于S频段任务，设计了交织RS冗余配置文件，便于使用新的反馈级联译码策略。图4-7为“伽利略”FCD框图。S频段任务的译码分为4个不同的Viterbi译码阶段，每个阶段紧接着都是RS译码。RS译码器用一种时域Euclid算法来纠错并声明删除。③ 在每个连续的阶段中，RS译码器试图对以前阶段尚未译码的最高冗余码字进行译码，Viterbi译码器利用所有先前译码的RS码字中的已知符号重新对数据进行编码。

“伽利略”任务使用的(14,1/4)卷积编码是(11,1/2)编码软件和TMU硬件里已有的(7,1/2)编码的级联。卷积编码的选择受限于已有的(7,1/2)编码和地面译码器的处理速度。

FCD的Viterbi译码器是在一个具有共享存储结构的多处理器工作站上以软件形式实现的。由于“伽利略”轨道器下行速率低，在20世纪90年代可以使用软件进行译码。“伽利略”使用软件译码器的优势是开发成本相对较低，并且它提供了反馈级联译码所需的灵活性。为了利用多处理器中的并行处理能力，Viterbi算法使用“循环法”(round-robin)帧译码。实际上，它包含了为多帧并行运行的多个完整、独立的译码器。相比其他方法，因为循环法的每个处理器都是相互独立的，故其需要的同步量与通信量最小。

---

① 本节素材大部分源自文献[13]和文献[14]。“伽利略”S频段任务纠错编码方案使用(14,1/4)卷积码作为内码，(255,k)可变冗余RS码作为外码。RS码字的每帧交织深度为8。RS码的冗余特性为(94,10,30,10,60,10,30,10)。(14,1/4)码的八进制生成多项式为(26042,36575,25715,16723)。

② 在“伽利略”轨道器功能要求[5]，模块3-300文件中，发射的轨道器有两种卷码编码器。除了每个TMU中具有的标准(7,1/2)编码器，TMU-A还有一个(15,1/4)试验编码器。该编码器不能用于LGA S频段任务，因为它被设计为仅工作在115.2kb/s或134.4kb/s。

③ RS(n,k)码定义为接收输入k字节数据并产生n字节码字，这里$n>k$。若$2t+s\leqslant n-k$，则RS(n,k)码可以纠正t个误码和s个误删。“伽利略”编码是指RS(255,161)、RS(255,195)、RS(255,225)、RS(255,245)。

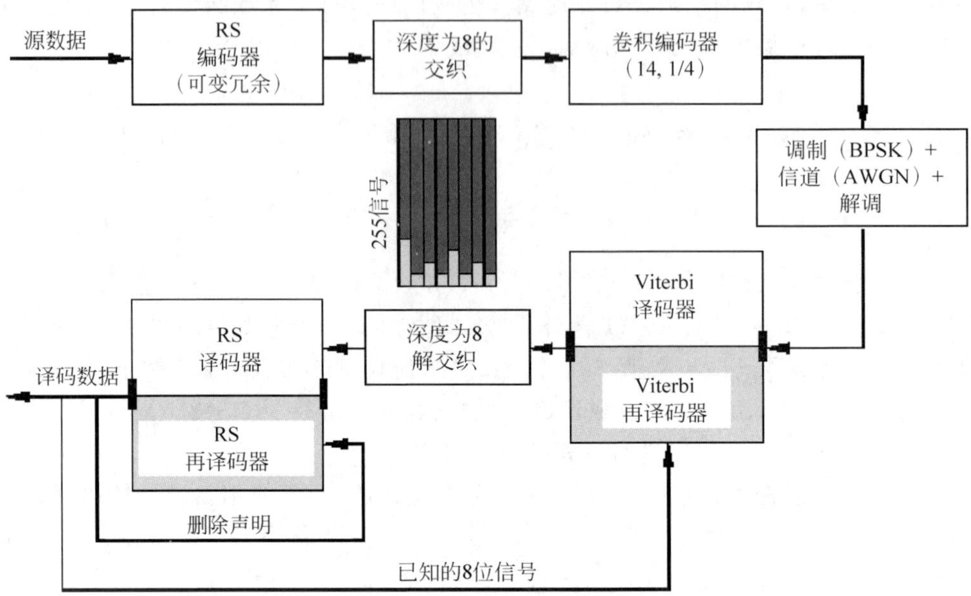

图 4-7 “伽利略”编码和反馈级联译码器(FCD)

4.3.4.2 轨道器编码与调制

一个 RS 编码数据块首先按深度 8 进行交织，然后由(14，1/4)卷积编码器编码。RS 码字有 4 个不同的冗余级别，如图 4-7 编码框图底部浅色阴影区域所示。在航天器中，编码符号调制在副载波上，再调制到下行载波。深空通信信道具备加性高斯白噪声(AWGN)特性。

4.3.4.3 地面译码与再译码

在地面站(图 4-6)，下行载波和副载波由平行的两路进行解调，在标准的 BVR 中或 FSR DGT 自带的接收机(缓存遥测解调器(BTD))中解调。鉴于只有一次机会获得宝贵数据，测站配置了并行的两条 BVR 和 FSR 通路。FSR/DGT 通路具备对由 FSR 重编码的数据进行再处理从而进行数据恢复的能力。BTD 的再处理包括向前和向后(从时间上)跟踪和修补环路参数。每次 BTD 从再处理中输出时，FCD 都会对数据进行处理。再处理使“伽利略”传回的科学数据量提高了 1%～3%。①

如图 4-7 所示，到达 FCD 信道的符号首先进入 Viterbi 译码器。解交织后，最高冗余的码字或码字集由 RS 译码器译码。如果第一个码字译码成功，则反馈结果(图 4-7 中“已知的 8 位信号”)进行 Viterbi 译码，如本节后续内容所述。

---

① 个人通信，Timothy Pham(JPL)，2014 年 7 月 7 日。

Viterbi 译码在 RS 译码后进行。RS 译码通过校验码和符号的相加比较判断进行译码，以提高码字的正确率。而 Viterbi 译码在 RS 译码后的码元符号上进行进一步译码，Viterbi 译码在 RS 译码的基础上不太可能需要纠正大量的误码，因为很多码字已经通过 RS 译码事先校验过。

若有必要，RS-Viterbi 译码-再译码过程可以重复多达四次。第一次，只译出第一个(最不容易误码)码字 RS(255，161)。① 由 RS 译码后的符号来辅助 Viterbi 译码器译码相对容易出现误码的码字。每个步骤里，Viterbi 再译码器的输出都是解交织的。第二次，译码出具有次最高冗余的第五个码字 RS(255，195)。通过新译码的结果，进一步帮助 Viterbi 再译码器。该过程重复两次以上。第三次，译码出第三个和第七个码字 RS(255，225)，并最终在第四次译码出第二个、第四个、第六个和第八个(最弱的)码字 RS(255，245)。

图 4-7 也展示了一个完整的在 RS 译码器内使用纠错的较短反馈环路。② 如果检测到一个 RS 错误字节，但无法译码，则仍然可能通过后续的译码解码出来。“伽利略”LGA RS 编码级联卷积码一阶译码时，增益约为 0.19dB，而使用两步 Viterbi 译码时增益缩减至 0.02dB，使用四步译码时几乎为 0[14]。

使用两个并联 FCD 进行四步译码后偶尔也会出现误码，则受影响的遥测帧被声明为丢失。③

4.3.4.4 数据压缩与译码性能之间的相互控制

根据定义，数据压缩减少了源数据固有的冗余信息。译码失败造成压缩数据包丢失会导致所谓的“误差传播”。误差如何传播取决于使用的压缩方案。压缩的“伽利略”数据必须保证不会产生灾难性的误差传播。

“伽利略”图像数据的 ICT 方案中包含一个简单而有效的误码遏制策略。其基本思想是在在轨数据中定期插入同步标记和计数，将未压缩数据分隔成独立的数据块。④ 若地面数据包丢失或出现其他异常情况，解压装置能够搜索同步标记，

---

① RS 码字由 8 位一组构成，每组称为一个“字节”或一个 RS 符号。RS 符号和从 BTD 或 BVR 输入到 FCD 的软量化通信信道符号是不一样的。

② 该环路在 FCD 中实现，但未用于“伽利略”。

③ 开环下行数据(BTD 解调之前)由 FSR 记录到磁带。如果高价值遥测帧不能实时译码，则 FSR 磁带可以回放到 JPL 进行集中细致地非实时处理。有时用不同的 BTD 或 FCD 参数设置重复尝试之后，也能成功译码出这些帧。

④ “伽利略”图像误码遏制方案工作过程如下：照相机输出的每 8 行数据块被压缩到一个可变长度的压缩数据块中。在每 8 行开始时 DC(稳态偏差)的值重置为零，从而使每 8 行独立。在每 8 行的开始处插入一个 25 位同步标记和一个 7 位模计数。在突发信道环境中，选择的同步标记将错误捕获概率降到最低(1×10^{-8} 量级)。在地面解压缩程序中，误码检测/同步软件检查霍夫曼编码前缀条件来检测任何异常情况。当检测到一个异常时，解压缩程序重新回到下一个同步标记，使用模计数器重新排列重构的数据块。标记并报告数据的未译码部分。

并继续其余数据的解压。一个压缩前为800像素×800像素的图像，间隔为8行。该误码遏制策略确保在一个图像里误差传播不超过行数的1%。

4.3.4.5 级联编码/译码性能

验证级联编码/译码和交织的实际性能需要构建DGT。由于轨道器分包模式飞行软件仍在开发中，DGT在部署的前一年使用地面产生的信号进行了测试。① 经过测试验证，预计比特能量与噪声谱密度比(E_b/N_0)门限为+0.6dB(Viterbi译码器输出)，等价于符号能量与噪声谱密度比(E_s/N_0)门限为−5.4dB(BTD信号输出)。

GMM中的下行链路性能分析表明，DGT能够在这些电平上完成地面站译码。根据经验，测站监视数据表明，若E_s/N_0平均为−6dB或更大，则遥测数据帧很少丢失(在通过译码器的4个通道中未成功译码)。经过此次核查，S频段任务的数据率规划是基于E_s/N_0的平均值(−5.4dB)水平进行数据速率选择的。

4.4 通信链路性能

本节总结了轨道器从1997年12月到2002年8月②的上行和下行链路预测性能。通信链路余量利用《深空通信系统工程》[15]中定义的链路预测技术和统计标准计算。链路性能使用设计控制表(DCT)记录和维护，设计控制表是一个从发射机到译码器的顺序参数列表。"伽利略"DCT包含每个参数的有利和不利容差，用于确定该参数的均值和统计方差。像JPL链路设计方针所要求的那样③[16]，整体性能通过平均和标准方差(σ)确定。

任务期间使用了5种链路模式：载波跟踪(多普勒)、遥控、遥测、转发测距和DOR。在GMM中，使用了多普勒、遥控和遥测等模式。

每种功能的性能以SNR形式表示，如表4-3中所示。SNR的"噪声"部分以N_0(噪声谱密度)表示。SNR的"信号"部分为P_c(载波功率)、E_b(每个指令比特能量)、E_s(每个遥测符号能量)、P_r(下行链路测距功率)或P_{tone}(DOR测音功率)。每种功能有一个最小SNR(门限)，门限处的链路性能满足比特误码率(BER)或工

① 1991—1992年S频段任务研究时可用的数据包括1988年文献[18]公布的数据。那篇论文提到交织深度对级联系统性能的影响，包括(7,1/2)编码的一些测试数据，没有深入分析外推到(15,1/4)编码的情况。模拟用(15,1/4)编码的级联系统性能是不可行的，因为即使误码率(BER)在10^{-6}～10^{-5}范围，也有大量数据需要进行误码率验证。一次模拟100000个(15,1/4)译码位，要花费30h的Sun-3/260 CPU时间。

② 参见"伽利略"在设计和性能总结的资料集 http://descanso.jpl.nasa.gov/DPSummary/summary.html 以获取在本节中讨论的设计控制图表和预测上下行链路性能。"伽利略"的DCT和第5章"深空1号"DCT的内容相似(2013年1月10日可用)。

③ 其链路策略公布在 http://descanso.jpl.nasa.gov/telecompolicy/policy.html(2014年10月30日)。

程所定义的其他标准。预期的 SNR 在任何时候都需要超过门限 SNR 标准偏差(σ)指定的倍数。

表 4-3 "伽利略"轨道器通信链路功能和 SNR 标准

功　能	SNR 定义	"伽利略"标准(指定的 σ 倍数)
载波	P_c/N_0	平均-3σ(UL),-2σ(DL)
遥控	E_b/N_0	平均-3σ
遥测	E_s/N_0	平均-2σ
测距	P_r/N_0	平均-2σ
DOR	P_{tone}/N_0	平均-2σ

注：DL 为下行链路；UL 为上行链路。

4.4.1 设计控制表

任务期间特定时间的通信链路性能称为"链路预测",也称为"设计控制表"或"DCT"。设计控制表是列出了几何量、载波信道性能和每个数据信道性能的顺序列表。

几何量(通常输入为轨迹文件和指向文件)：

- 地面站与航天器之间的距离,单位为 km 或 AU；
- 地面站天线视轴与航天器夹角；
- 航天器天线视轴与航天器夹角；
- 地面站天线仰角；
- 天气模型。

载波信道：

- 频率带宽；
- 使用的航天器天线；
- 地面站天线尺寸(或测站标识,ID)；
- 发射功率；
- 接收机系统噪声温度；
- 发射机和接收机内射频环路损耗；
- 各数据信道调制度；
- 接收机载波锁相环路带宽；
- 接收机门限。

数据信道：

- 数据类型(遥控、遥测、测距、ΔDOR)；
- 编码类型(遥控或遥测)；
- 比特率或积分时间；

- 每个数据信道的调制度；
- 门限标准(如“平均-2σ”)；
- 门限(信噪比或误码率)。

在最初深空通信与导航系统卓越中心(DESANSO)文献中给出的“伽利略”任务的DTC是利用通信预报预测器(TFP)[19-20]生成的。TFP是基于Matlab构建的用于链路性能预测的多任务工具。“伽利略”TFP适用于“伽利略”航天器模型和标准的“公共模型”作为地面站参数。

4.4.2 长期计划预测

为规划航天器数据传输速率，TFP能够生成表格或曲线。虽然DCT是许多链路参数在某个时间点上的排序，但表格(读入电子数据表时)能够给出完整的说明。行表示连续的时间点，列表示单个参数的值。参数也能够在一段时间内显示为曲线。

对于详细的数据率规划，表格或曲线可以覆盖一个地面站的过境弧段(8～12h)每10～20min的一个点。极端情况下，适当大小的表格或曲线可以跨越数年，数据间隔为每10～20天[17]。

4.4.2.1 单次过境的上行信号质量

同一仰角范围内，尽管S频段上行和下行频率相差不大，但上行载波功率P_c和指令信道信噪比E_b/N_0相比下行链路P_c/N_0和E_s/N_0的变化要小得多。

随着仰角变化，两条上行链路和三条下行链路值都会发生变化。大气衰减和地面站天线增益(受结构变形影响)变化对上行和下行链路来说是相似的。地面站系统噪声温度(对下行链路性能最大的影响因素)不是影响上行链路性能的因素。

4.4.2.2 单次过境的下行信号质量

导致下行链路质量变化的主要原因是地面站的SNT，它随仰角变化而急剧变化。“伽利略”S频段任务遥测调制度为90°，产生抑制载波的下行链路。为了接收抑制载波的下行信号，地面站BVR配置了科斯塔斯环路。

4.4.2.3 GEM和GMM期间的距离和单向光行时

为在GEM和GMM期间长期对链路性能进行预测，TFP在预测时将地面站工作仰角固定在25°，每20天绘制一个数据点。

“伽利略”位于环绕木星的轨道上。以分贝为单位得到的性能结果中可忽略微小误差，航天器-地球距离假定与木星-地球距离相同。随着行星绕太阳公转，约13

个月的周期内，距离变化从略大于 4AU 到大于 6AU。性能变化与 $20 \times \lg$(距离$_{max}$/距离$_{min}$)成正比，约为 3.6dB。

图 4-8 中的单向光行时(OWLT)与地面站-航天器间距离成正比。

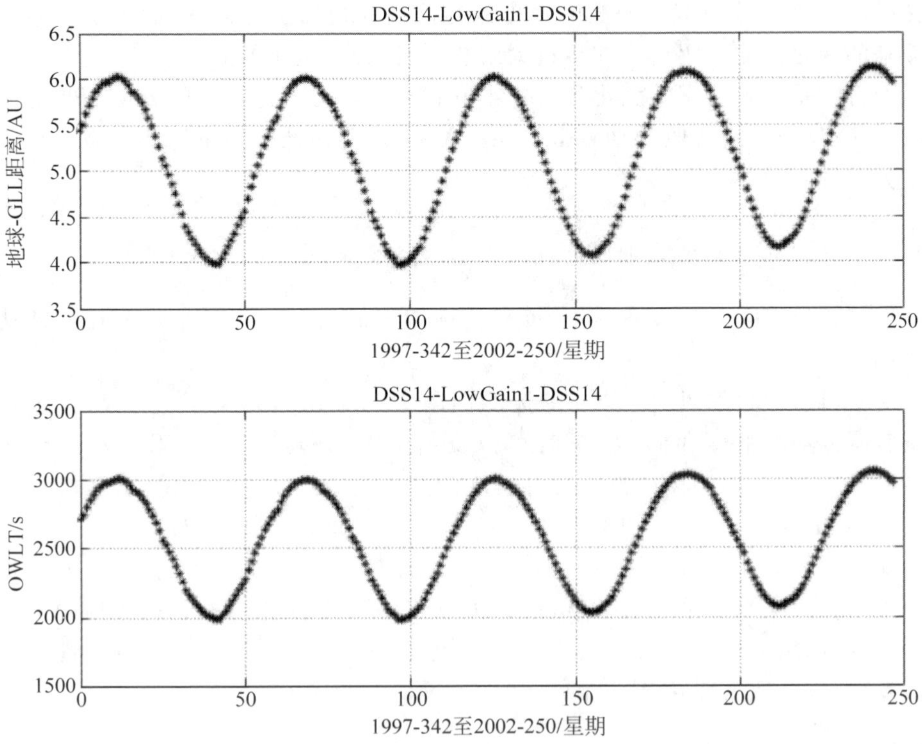

图 4-8 以 AU 为单位的地球-木星距离和 OWLT

4.4.2.4 GEM 和 GMM 期间的 LGA-1 视轴角和太阳-地球-航天器夹角

LGA-1 视轴到地面站的夹角取决于保持天线指向的航天器转动的大小和时间。工程目标是保持偏离角度小于 4°以使下行链路性能损失最小。但是，这需要有姿态参考星可用于 AACS 保持在需要的惯性姿态下。

太阳-地球-航天器(SEC)之间夹角[①]是太阳会合规划的驱动因素，如 4.5.7 节所述。会合大约每 13 个月发生一次，此时夹角较小。当 SEC 夹角小于 22°时，调制度和带宽要重新设置；当夹角小于 7°时，禁止发送遥控指令。

① 在设计与性能概述系列的其他文章里，该夹角称为“太阳-地球-探测器”(SEP)夹角，它是 JPL 的习惯叫法。因为“伽利略”任务包括一个探测的航天器，所以术语“SEC”夹角用在“伽利略”文章中。SEC 夹角通常用于规划太阳会合通信。

4.4.2.5 GEM 和 GMM 期间的下行与上行链路载波性能

除了距离接近最大值以及偏离角度大于正常值，地面站的科斯塔斯环路会保持在门限以上。若在链路预测时考虑到地面站仰角的全部范围，而不是仅为 25°，则额外的变化将非常明显。在接近太阳会合时，会出现额外的衰减。

上行链路接收功率的变化相对较小，因为 LGA-1 上行频率的方向图稍宽。而且载波 SNR 与下行接收总功率呈非线性关系，表明在低电平条件下的载波跟踪难度更大。

4.4.2.6 GEM 和 GMM 期间的遥测与遥控性能

遥测符号信噪比 E_s/N_0 与下行载波性能相似，指令 E_b/N_0 与上行载波功率性能相似。

对于(14，1/4)编码，E_b/N_0 的遥测门限为 −5.4dB，相当于 E_s/N_0 +0.6dB。预测表明：较近距离和仰角 25°时可以支持 60b/s 的速率。使用非双工模式或 DSS-43 Ultracone 时，较近距离时可实现的速率为 80b/s 和 120b/s。在较远距离时，速率要下降至 8b/s，尤其是在太阳会合期 SEC 角处于 22°范围内时。

遥控所需的 E_b/N_0 表明 32b/s 遥控能力对 100kW 发射机来说永远不是问题。因为太阳噪声不是高斯噪声，在 SEC 夹角 7°内不安排遥控。由于地面或航天器的问题，偶然需要在 SEC 角 7°限制内遥控时，利用 400kW 全功率发射能力进行多次发射，也会取得成功(尝试的最小 SEC 夹角约 4°)。

4.5 通信操作方案

4.5.1 规划的与实际的 DSN 覆盖

“伽利略”射前主要规划使用一组三套 34m 站，分别位于戈尔德斯通、堪培拉和马德里。假设在 HGA 能指向地球时，使用轨道器的 HGA(S 频段上行链路和 X 频段下行链路)通信；机动或其他 HGA 不能指向地球期间，使用其中一个 LGA(S 频段上行和下行链路)通信。由 GSOC 运营的德国威尔海姆 34m 地面站进行通信是计划中巡航任务的一部分。

1991 年 HGA 展开失败后，该任务剩余 4 年行星际巡航的大部分地面站覆盖规划被修改为仅适用 70m 深空网，使用 LGA 的 S 频段上行和下行链路。

此外，随着主要飞行任务中的大部分改为采用 S 频段，DSN 以组阵方式实现对“伽利略”的跟踪。需使用站内与站间(洲际)组阵，增加天线有效接收口径，从而提高下行速率支持能力。组阵包括对 DSN 堪培拉 70m 和 34m 天线，以及戈尔德斯通 70m 和 34m 天线接收航天器信号的实时合成。澳大利亚 Parkes 的 64m 射电天文天线接收的信号进一步增强了合成信号。相对一套 70m 天线，组阵增益提升约 1dB(一套 70m 天线和一套 34m 天线)至接近 4dB(全组阵，包括 Parkes)。

4.5.2 发射段

1989 年 10 月 18 日，执行 STS-34 任务的“亚特兰蒂斯号”航天飞机发射了“伽利略”航天器(轨道器和附加的探测器)①[21]。

航天器和附加的惯性上面级(火箭级)(IUS)与航天飞机分离前，通过 TDRSS 完成 STS-34 任务的大多数通信任务，TDRSS 是距离地球 35900km 地球同步轨道上的 3 颗通信卫星。通过航天飞机下行链路发送最小量的 IUS/航天器遥测数据。在分离后第 1 分钟的飞行段，NASA 航天飞行跟踪与数据网(STDN)的 3 个地面站接收航天飞机下行数据。随后，在每轨 85% 或更多弧段里，TDRS-East 和 TDRS-West 卫星提供了与航天飞机之间的通信。

航天器/IUS 从航天飞机上进行部署，飞行约 6h。发射过程中，“伽利略”轨道器的接收机和指令检测器保持工作状态。IUS 的“分离”指令激活轨道器的遥控数据分系统(CDS)发令选择 LGA(LGA-1)，启动 S 频段激励器，再以低功率模式接通 S 频段 TWTA。TWTA 预热 5min 后，轨道器通信系统准备就绪，为轨道器的首次独立下行提供支持：“TDRSS 模式”下的 1200b/s 工程数据(无副载波，90°调制度的直接载波调制)下传。

DSN 首次捕获前，CDS 控制 TMU 进入“DSN 模式”，该模式用于后续任务。遥测速率保持 1200b/s，但从那时起，数据调制在 22.5kHz 的副载波上并可选择不同的调制度。② CDS 还控制 RFS 为 TWNC 关模式，这样下行载波就能为初轨确定提供双向多普勒数据。

轨道器与 IUS 分离后约 9h，CDS 存储序列将数据率从 1200b/s 切换至 28.8kb/s，副载波为 360kHz 并能够改变调制度。记录在轨道器磁带记录器里的发射段航天器数据以该数据率回放。回放后，常规实时工程遥测数据率恢复至 1200b/s。

---

① 最初计划的“伽利略”科学任务，轨道器和探测航天器应于 1982 年发射。运载火箭的变化和“挑战者号”航天飞机的失事将“伽利略”的发射从 1982 年推迟到 1986 年，再推迟至 1989 年。为 1986 年发射，重新设计把航天器放在航天飞机隔舱里，用“半人马座”火箭助推器能直接发射到木星。“挑战者号”失事后，针对最终 1989 年发射的重新设计要求用推力较弱但安全的 SRM(固体火箭发动机)IUS 替换大功率、使用 Lox/LH_2 燃料的“半人马座”火箭，并选用更长、更复杂的重力辅助轨道。

② 像 DSN 跟踪的其他 JPL 任务一样，对于每个数据率，轨道器都设置了特定的副载波频率和调制度。在首次 DSN 过境期间，计划的数据率为 1200b/s 和 28.8kb/s。这些数据率分别对应 22.5kHz 和 360kHz 副载波频率，68°和 80°调制度。

4.5.3 巡航段

“VEEGA”(金星-地球-地球引力辅助)巡航至木星包括发射后约 90 天的一次金星飞掠及随后的两次地球飞掠。① 第二次飞掠地球后,航天器经过火星轨道,穿过小行星带,最终于 1995 年 12 月 7 日到达木星。1995 年 7 月轨道器释放探测器,探测器进入木星大气,当天轨道器进入环绕木星的轨道[3]。

金星飞掠发生在 1990 年 2 月 10 日,距离金星的高度为 16000km,数据回放预定在同年 10 月,那时航天器距离地球较近。轨道器最初的热控设计是仅在地球与木星之间工作,木星的日照比地球弱 25 倍,温度更低。VEEGA 任务将航天器暴露在地球与金星之间的一个较热环境里。工程师设计了遮阳伞来保护航天器。为了在阴影区工作,航天器 $-Z$ 轴必须精确指向太阳,HGA 保持收拢状态,以避免太阳光辐射,直到第一次飞掠地球之后。最初计划 HGA 在发射后两个月内展开并启用。VEEGA 任务必须一直等到航天器接近地球时,通过 LGA 以 134.4kb/s 的速率发送所记录的大量金星数据。

第一次飞掠地球(Earth-1)发生在 1990 年 12 月 8 日,高度为距离地球 960km;第二次发生在 1992 年 12 月 8 日,高度为距离地球 305km。两次飞掠之间的 1991 年 10 月 29 日,有一次飞掠小行星 Gaspra。飞向木星的最后一次飞掠是在 1993 年 8 月 28 日,飞掠小行星 Ida。飞掠 Gaspra 的高度为 1600km,速度约为 30000km/h。飞越 Ida 的高度约为 2400km,相对 Ida 的速度接近 45000km/h。第二次飞掠地球过程中进行了一项光通信试验:“伽利略”SSI 探测到通过加利福尼亚 Table Mountain 望远镜发送的激光脉冲[1]。试验获取了优质的数据,用于支持理论研究,促进光通信技术的进一步发展。

在发射后的几天内,S 频段 TWTA 切换到高功率模式,从此至任务结束期间,一般保持在此状态下工作。巡航期间,轨道器通过主用的 LGA-1 或背面的 LGA-2 进行通信。LGA-1 与 HGA 视轴指向相同。在后续总体设计包含一次金星飞掠任务时,需要重新进行任务设计,航天器新增了 LGA-2。由于相对地面站的飞掠观测几何限制,在 Earth-1 的大约 2 天时间里也需要使用 LGA-2,在 Earth-2 时所使用的时间类似。项目在规划 Earth-2 时,对天线使用的权衡是,以降低通信能力的小的代价尽可能降低风险(减少两幅天线的开关次数)。

使用(7,1/2)卷积码的巡航遥测数据率为 1200b/s 或 40b/s。在 LGA 偏离地球角度较大、地球-航天器距离较远以及轨道修正机动期间要求较低的速率。“伽

① 1989 年航天飞机发射的改变也要求重新设计行星际巡航轨道,包括为有足够能量到达木星,需要一次飞掠金星(和两次飞掠地球)。向内飞向太阳导致需要重新设计航天器的热量控制和增加 LGA-2 以保持在金星飞掠时与地球通信。关于巡航阶段的更多信息见 http://solarsystem.nasa.gov/galileo/mission/journey-cruise.cfm(2013 年 1 月 10 日访问)。

利略”遥控指令速率固定为单一的 32b/s(非编码)。需要更高的遥控性能时,需要通过 70m 地面站高功率(100kW)发射机才能实现。巡航段初期,通过 LGA 可以完成测距转发。在 Earth-1 附近时,在 S 频段下行载波上也调制了[22] ΔDOR 测音,用于验证 Earth-1 飞掠期间的导航方案。

巡航期间,利用轨道器与 DSN 之间的 S 频段链路启动和测试了“伽利略”探测器。

4.5.4 HGA 展开尝试

“伽利略”轨道器的 HGA 是 TDRS 天线的衍生品,与 TDRS 类似,其是不可收拢天线,由同一制造商研制。4.8m 的抛物反射面是镀金钼金属丝网,附着在 18 根石墨环氧树脂龙骨上。每根龙骨可绕基轴旋转。由备用电机驱动中心线上的滚珠丝杠,升起附着在球形螺帽上的支承环。推杆将每根龙骨连接至支承环。随着支柱升起,骨架正常情况下对称旋转到位[23]。

当温控系统的约束允许 HGA 指向地球时,HGA 展开阶段开始。1991 年 4 月 11 日,轨道器在计算机程序控制下开始展开 HGA[24]。发射后的近 18 个月,天线已知在小遮阳板后面被卷绕和保护,其间航天器比地球更接近太阳。包括金星和地-月科学数据都使用 LGA 下传。

几分钟后,“伽利略”飞行团队通过遥测数据监视 3700 万英里(6000 万千米)外的航天器,他们发现了一些错误:展开电机已经停转,有什么东西卡住了,天线只打开了一部分。

在接下来的几周里,“攻关团队”深入分析遥测数据,开始地面测试与分析,并提交了初步报告。他们把问题归因于几根天线龙骨被卡住,这是由于龙骨支架插脚与插座之间的摩擦力导致的。除了从发射到计划展开的 18 个月,在发射从 1986 年推迟至 1989 年的这段时间内天线一直保持发射时的收拢状态。第一个补救措施是对航天器加热,使中心支柱膨胀,希望能释放卡住的插脚。

除了热膨胀,攻关团队还提出了其他松开被卡龙骨的想法。这些想法通常由评审委员会和专题研讨会专家附议,包括通过收起次低增益天线(在旋转轴上)产生微小振动和冲击、天线电动机脉冲启动、将航天器旋转速率增大至最大 10r/min(正常情况下约为 3r/min)等。展开电机脉冲启动称为“敲击”(hammering)。1992 年 12 月 28 日,一个加热的弯管产生了最大的热膨胀,但并未能够释放龙骨。第二天实施了 2000 多次脉冲。几百次脉冲之后再次停转之前,滚珠丝杠旋转了约 1.5 圈(在 JPL 备用 HGA 的地面测试后预计的数量)。最终直至 1993 年 1 月 19 日,共实施了 13000 多次敲击脉冲[25]。

主要由 JPL 之外专家组成的 HGA 展开异常审查专项委员会与工程和攻关团队每月会晤一次。1992 年 6 月,在 JPL 举行了为期两天的综合研讨会,有 JPL 之外的近50名技术专家参加，审查当前工作并寻求新的方法[26]。后续审查，结合地面测试和认知工程师的联合调查[27]得出结论：冷焊和卡壳是最有可能的故障原因。因此，怀疑真空环境、温度和摩擦部件或这些因素的组合导致了事故的发生，但却无法证实。其中的一个重要因素是集装箱中的HGA组件经历几次往返KSC①的过程中，其展开触点受到磨损。HGA天线在飞行中展开失败的明确原因并未记录。

基于以上研究，HGA部分展开的外观见参考文献[28]。为了确认部分展开的天线能否用于通信，飞行团队通过HGA天线控制TWTA的X频段下行链路和XSDC的X频段上行链路对卡住位置上的链路能力进行了评估。尽管轨道器能够收到X频段的上行信号，DSN也能收到X频段下行信号，但此时的下行链路性能仅略大于通过LGA天线的S频段链路性能。工程上认为，保持HGA天线指向地球的控制复杂性风险太大，权衡后的收益不大。

尝试释放卡住龙骨的努力持续了两年，包括7次加热或冷却，都未能释放任何一根天线龙骨。工程上断定，展开HGA不再有任何前景。1996年3月进行了最后一次尝试[24]。从那次以后，项目后续将其资源用于完成S频段任务，仅使用LGA-1。

4.5.5 探测器分离、木星巡航和木星轨道进入

木星巡航段从与木星相遇前4个月开始至相遇前2个月结束。除了1995年7月13日探测器与轨道器分离，这一阶段还包括探测器开机和最终测试验证，以及轨道器上的中继无线电硬件(RRH)天线的初步定位。这种铰接式天线在探测器下降期间重新进行了几次定位。

此外，在1995年10月11日，JOI前不到2个月，轨道器磁带记录器出现故障。磁带记录器在记录一些图像数据后未能按预期停止倒带。地面在发现问题时，立即发送停止磁带记录器指令，但由于那时磁带卡在某个位置，试着倒带花费了15h。飞行控制团队在地面用相同的记录器对该问题进行了研究。他们也着手重新设计用于木星相遇时的指令序列，以防记录器无法再次使用。一周内，形成了一个规划，使得即使在没有磁带记录器的情况下，也能够传回所有规划的探测器中继数据，以及50%的轨道器S频段科学任务数据。10月20日对记录器进行了测试，确认其仍能运行。尽管在某些操作条件下记录器不够可靠，但地面测试表明问题是可控的。为避免新的磁带卡壳，将定期执行"磁带调节"指令序列，记录器继续在

① 个人通信，Mark Gatti，JPL，2014年7月3日。

主任务和扩展任务①阶段工作。

JOI 和探测器中继阶段是任务中最复杂和仔细的阶段。② 该阶段自 JOI 前 2 个月开始,JOI 后 1 个月结束。包括 2 次靠近木星的调整机动、木卫一的 1 次近距离飞越、探测器进入和数据中继、JOI,以及 JOI 以后的 1 次轨道调整机动。木卫一以 $4R_J$(木星半径)距离飞越木星期间,轨道器穿过主任务中辐射最强烈的区域(后续 GEM 和 GMM 任务中,木卫一有 6 次飞越,2002 年 11 月飞越木卫五时经历了一次更加强烈的辐射)。首次接收到探测器信号后约 2h,轨道器 400N 主发动机点火 49min,实现了 JOI。对通信而言,地面站跟踪期间航天器最接近木星时的多普勒变化是行星际巡航或木星轨道巡航期间数倍。

该阶段的导航和遥测要求连续的 DSN 覆盖。需要与 DSN 进行专门协调,以确保准确设置地面站 Block Ⅴ 接收机(BVR)时序。此外,需协调独特的上行捕获和调整策略,使近距离相遇期间的多普勒变化量最小。影响通信的其他因素包括规划 JOI 结束时的下行链路损耗(多普勒引起),以及预计 JOI 之后约一周时间内与太阳会合所引起的数据丢失。在这些约束条件下,轨道器和地面通信系统配置了通过 LGA 可支持的最高下行数据速率,其中的探测器数据具有最高的优先权。

4.6 节详细地描述了探测器-轨道器中继系统和链路。总之,探测器通过 RRH 返回了约 1h 的数据。在高温大气引起探测器无线电发射机失效[29]时,再入 61.4min 时探测器无线电信号中断。为了能“先看看”探测器数据,截至 1995 年 12 月 13 日,轨道器从 CDS 存储器传输了 40min 最高优先级的探测数据。在该轨道上的规划还包括从磁带记录器多次回放所有探测数据。回放于 1996 年 1 月 3 日(太阳会合后)开始,经过三次全部或部分回放后,于 4 月 15 日结束。

4.5.6 在轨运行阶段

轨道器的主任务包括 11 条木星轨道,其中在 10 条相遇轨道上飞越了 1 颗或多颗木星的卫星。③ 主任务于 1997 年 12 月 7 日(JOI 之后两年)结束,同时启动 GEM 任务,该任务结束于 1999 年 12 月 7 日,同时又启动 GMM 任务,持续至

---

① 飞行团队最后一次在 2002 年年中恢复了记录器能力。在 2002 年 4 月 12 日一个标准磁带调节活动期间,飞行软件的磁带管理器中的故障保护出错,锁定后续的磁带指令。该类型故障是由磁带速率未能正确同步内部时间引起的。5 月 7 日,测试证实了记录器电动机按预期工作,电动机电流符合磁带被一个或多个磁头粘连。6 月 8 日,磁带记录器在高速回转期间成功解除粘连。在后续短暂重放回转期间,发出回转指令且正常运转之后,磁带立刻自由拉出。接下来的几个星期里,开始一系列磁带动作,调节磁带以减少出现新的硬粘连可能性。地面测试结合修订经验模型将用来确定今后的磁带操作策略。其他任务期间未再出现磁带意外事件。

② 4.6 节描述了探测器-轨道器中继链路的需求、实现以及性能。

③ 1997 年 1 月第五次相遇在太阳会合期间发生。没有卫星接近计划,以后相遇的相位调整轨道可以参考 J5 轨道。

2003年。

按照飞行软件定义，主任务期间存在两种下行链路主用航天器通信配置——“Phase-1”和“Phase-2”[9]。Phase-1配置用于TDM数据下传，在整个巡航阶段保持一致。TDM遥测数据为(7,1/2)卷积编码，调制在22.5kHz的副载波上，且在残余载波模式下使用副载波调制载波(调制度最大为72°)，S频段TWTA以高功率模式工作，LGA-1指向尽可能接近地球。地面用BVR进行链路支持。

1996年6月开始运行Phase-2配置，要对CDS重新进行编程，产生分包遥测数据流，部分编码信息流输入TMU，将数据率设置为8b/s和160b/s之间某一可选值(飞行中TMU和RFS是不可重编程的)。Phase-2下行链路使用分组长度为255的RS编码，交织深度为8，与(14,1/4)卷积编码级联。和Phase-1配置一样，分包模式的符号流调制在22.5kHz的副载波上，但副载波以90°的调制度调制在载波上，产生抑制载波。

在Phase-2配置中，地面系统使用全频谱记录器/全频谱合成器(FSR/FSC)、缓冲遥测解调器(BTD)和反馈级联译码器(FCD)。FSR/FSC能够使用高效的本地与洲际间天线组阵，在IF(中频)进行信号合成。考虑到系统备份，地面站有两个FCD工作，第二个FCD从BVR接收解调的信道符号。BVR还能够生成用于导航的双向多普勒信息。

为了使每个跟踪弧段下传的下行链路“对地比特”数据量最大，要对轨道器时序系统软件进行更新，以便将数据速率性能文件(DRCF)的预报纳入到自动遥测速率生成器(TLMGEN)中，建立指令序列以改变下行链路速率，使下行链路配置与分配的地面站观测弧段相适应。通常，数据率设置为保证留有0.5～1dB的余量(定义为实际达到的符号SNR减去预计的符号SNR)范围。DRCF/TLMGEN速率已将双工模式对应的地面站低噪声配置、仰角变化，以及给定时段用于组阵的地面站性能计算在内。在下行链路由单向转为双向，或航天器出现其他情况时(如为了轨道机动修正而进行了航天器转动)，可能会引起下行链路失锁，此时它也生成“填充数据”(定义为无损丢失)序列。

通信分析人员在每个70m地面站跟踪期间，获取代表数据率的符号SNR值和SNT残差(观测值减去预测值)值曲线。根据地面站ID或双工器模式，显示单独的数据曲线。该曲线用于项目组确定某个站或某种操作模式的性能相对其他模式是否有所衰减。通过与LGA偏离地球的角度曲线进行综合比较(如图4-9顶部的残差值)，就有可能对预报软件中建模的发射前天线方向图质量进行评估。主任务期间，在DRCF/TLMGEN软件中对该方向图进行更新。

4.5.7 太阳会合

太阳会合期间无法进行通信，这是因为无线电信号在地球和木星之间传输，要

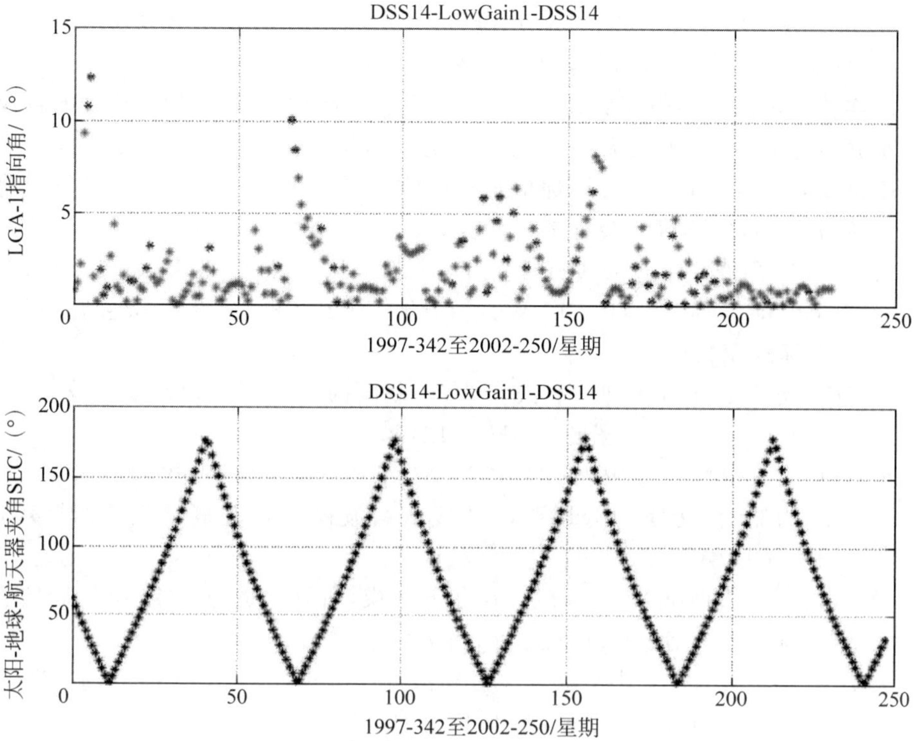

图 4-9 LGA-1 指向偏离地球角(上)和太阳-地球-航天器夹角(下)

穿过太阳附近带电粒子密度高且变化大的区域。[①]

根据 1996 年下半年观测到的 Phase 2 的性能，以及 1995 年 12 月—1996 年 1 月接收 Phase-1 下行链路信号获取的经验，通信分析人员制定了 1997 年 1 月—2 月太阳会合期间的链路配置策略。该策略包括一系列步骤，从进入最小 SEC 夹角，然后再逐步恢复：①下行链路模式由抑制载波变到残留载波；②减小遥测调制度；③降低数据率；④增加载波环路带宽，使其大于标称值。

每个变化的目的如下：

- 抑制载波需要科斯塔斯环进行载波跟踪，科斯塔斯环明显比常规锁相环更容易受到太阳对信号幅度和相位的干扰，导致出现半周期的滑动；
- 减小遥测调制度，将更多功率调制到载波上，增强载波跟踪环路保持锁定的能力；
- 降低数据率，补偿数据边带减少(相对载波)的可用功率；

① 当太阳处于航天器与地球之间时，出现上合。JPL 当前规划的上合对深空链路的影响仅考虑了载波频段和 SEC 夹角。太阳活动周期性变化，为期 11 年的太阳周期在 2000—2001 年接近最大值。由太阳产生的带电离子对链路造成的幅度和相位扰动在几分钟到几小时的时间内可能剧烈变化，甚至当 SEC 夹角大于 90°时，穿越地球和航天器之间的带电离子有时会使“伽利略”S 频段链路发生衰减，这些带电离子是由日冕物质抛射(CME)引起的。

- 增大载波环路带宽(CLBW)以降低环路 SNR,但仍能在穿过太阳闪烁产生的宽频谱区域(非高斯的)时保持锁定。

同样的策略已成功用于后续每 13 个月发生一次的会合期内。通信配置仅以 SEC 夹角为基础改变,不受太阳周期或短期太阳扰动的影响。实践证明,SEC 角的大小是太阳对"伽利略"S 频段通信影响的唯一最佳预测指标。以下具体策略在 1997 年首次使用,后续每次会合都运行良好:

- SEC 夹角 22°时进站(SEC 夹角减小),从标准环路带宽模式(0.3Hz CLBW)转换为 0.4Hz CLBW。相应地,约 22°SEC 夹角时从会合出站,返回到标准模式;
- SEC 夹角 18°时,从抑制载波模式(调制度为 90°)转换到残留载波模式(调制度 60°),并保持较宽的 0.6Hz CLBW;
- SEC 为 12°时,提高用于 DRCF/TLMGEN 下行链路序列的数据率门限;
- SEC 为 9°时,转换为低调制度的残留载波模式和较宽带宽(调制度 51°,0.8Hz CLBW);
- SEC 小于 7°时,遥控"暂停"。由于此约束,所有计划的遥控,包括遥控丢失计时器的重置指令均在 SEC 为 7°以外时发送;
- SEC 小于 6°时,预计大量丢失遥测数据。由于此预计,工程上确定在 SEC 于 6°内时,下行链路仅发送较低价值的"填充数据"。

4.5.8 "伽利略"木卫二任务与"伽利略"千禧年任务

这些扩展任务分别在 1997 年 12 月—1999 年 12 月、1999 年 12 月—2003 年 9 月进行。GEM 相遇以木卫二-12 开始,以木卫一-25 结束。GMM 相遇以木卫二-26 开始,进而通过木卫五-34,最终进入木星大气[3]。木卫一-24 和木卫一-25 的飞掠,又使航天器遭受了木星辐射带更强区域的影响。对飞行软件打了补丁,以尽量减少辐射导致的开机复位,并在之前的飞越中成功阻止了几次不需要的复位。

主任务期间,始于 1996 年与 Phase-2 相同的通信模式,在 GEM 和 GMM 阶段持续使用,除了不再进行测站组阵。在 70m 无线独立的跟踪弧段内,安排所有上行和下行链路。随着通信分析领域工作人员的减少,已停止剩余数据的生成工作。但是,还要继续为每个地面站的跟踪弧段进行预报。这些数据用于对由于"原因未知"或"链路性能低"而丢失遥测数据的信道进行必要的性能分析。

4.6 探测器到轨道器的中继链路设计

4.6.1 概述

行星际巡航期间,进行了 4 次在轨飞行探测器测试,此时轨道器和探测器在共同飞行。① 探测器与轨道器于 1995 年 7 月 12 日分离。1995 年 12 月 7 日，两个航天器都到达木星。随着探测器进入木星大气，轨道器飞过木卫一，接收来自探测器的中继数据，并点燃主发动机进入环绕木星的轨道。

探测器数据返回地球的策略考虑了几个因素。无法使用轨道器 HGA 会损失一部分相遇期间探测器实时下行数据，这部分数据通过轨道器的磁带记录器存储。星上的数据存储为后续实时传输和数据回放提供了备份，还设计了一种用于航天器数据压缩存储的方法。来自轨道器上探测器接收机的频率数据（探测风引起的多普勒漂移）也存储在轨道器的存储器中。1995 年 10 月 11 日，轨道器磁带记录器的异常导致更多的策略调整，该策略使来自轨道器的探测器数据在返回到地球之前丢失的风险减小到最小。最后，因为太阳会合将在到达后约一个星期切断从轨道器到地球的通信，所以该策略包括了回放会合之前最高优先级信号组，允许保留回放到 1996 年 1 月会合之后。

4.6.2 中继链路的需求与设计

图 4-10 是探测器到轨道器中继链路框图[30]，底部是中继链路在探测器中的组件，顶部是在轨道器中的组件。② 探测中继设备和飞行软件生成两个数据流：“A-string”和“B-string”。它们代表仅由频率和圆极化方式区分的两个独立的 RF 信道。各信道传输同样的信号，数据率为 128b/s，采用(7，1/2)卷积编码。A-string 数据流进入激励器 A，双向调制 L 频段 1387.0MHz 载波；类似地，B-string 数据流进入激励器 B，双向调制 L 频段 1387.1MHz 载波。

稳定振荡器为 1387.0MHz 载波提供 23MHz 的频率基准，(次稳定的)温度补偿晶体振荡器为 1387.1MHz 载波提供频率基准。稳定振荡器使用石英晶体频率源，安装在双倍的控制炉内，将 23MHz 振荡器输出的频率倍频到最终的载波频率。无线电科学对 1387.0MHz 载波有稳定性要求，稳定性为 10^{-10}(由于压力变化)～10^{-9}(由于运动)。

探测器的每个功率放大器输出 23W 的 RF 电平至天线，一个加调 A-string 数据，另一个加调 B-string 数据。载波首先通过极化混合，产生 1387.0MHz 的下行 LCP 链路和 1387.1MHz 的 RCP 下行链路载波。每个有源单元(编码器、激励器、功率放大器)都置于一个设计承受 20 巴(2MPa)压力的密封耐压容器内。

探测器天线是一个十字双极子杯状天线。两个频率的天线增益为 10dBi，半功率波束宽度为 56°。天线固定在探测器尾部，其视轴在整个降落过程中通常保持与当地垂直。

---

① 探测器操作概述和中继链路性能概要内容来自文献[29]。

② 探测器的中继链路需求源自文献[30]和文献[31]。

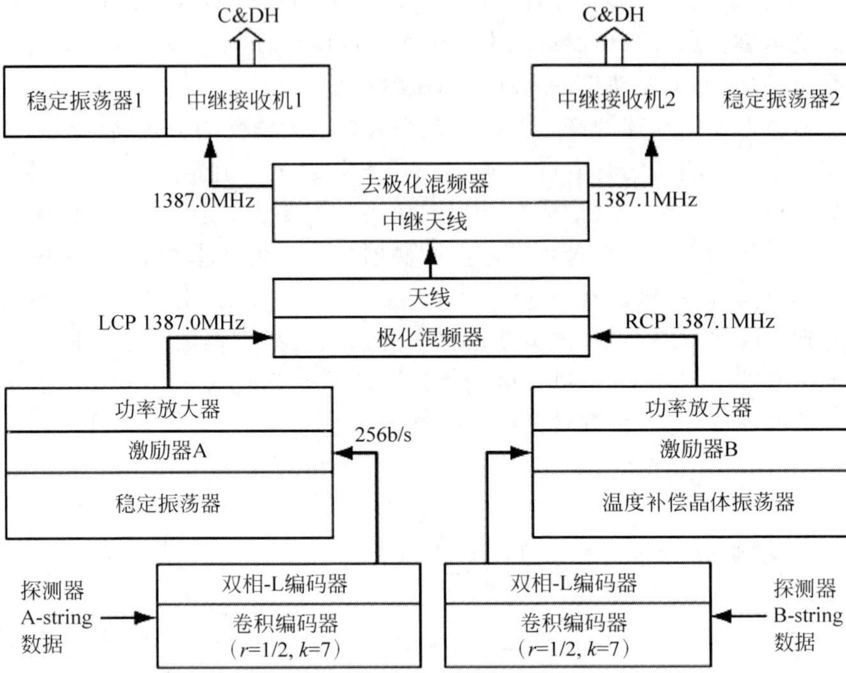

图 4-10　探测器/RRH 通信框图

RF 信号离开探测器天线后，穿过部分木星大气，经受氨气和云层的吸收作用，并在该区域预计存在 2.5～6.3 巴(0.25～0.63MPa)的压力，信号也由于木星电离层的闪烁而衰减。预测的链路性能是基于进入时的 214000～229000km 过程中的中继通信。

在轨道器上，RRA 接收载波信号(一副 1.1m 口径抛物线天线)。RRA 的增益峰值为 21.0dB，半功率波束宽度为 25°。RRA 也接收来自木星黑体和木星磁层活动的背景噪声。两个载波由去极化混频器分离，将其分别输出至两个 RRH 接收机。每个接收机内有一个原理上与探测器里 USO 设计相同的 USO。①

每个接收机捕获、跟踪、解调一个信道的信号。在锁相模式时，接收机提供轨道器下行链路中探测器数据的(信号+噪声)振幅和噪声振幅估计。接收机还提供数控振荡器(NCO)控制字，用于评估信号频率及其变化。更详细的接收机描述，包括软件算法，参见参考文献[30]。

检测到的符号从一个三位软量化器输出，每个符号都提供一个标识和一个对应的电平。检测到的信号不做进一步译码，而是存储在轨道器上，随后通过 S 频段下行链路发送至地面。

轨道器瞄准指向中继无线电天线(RRA)，在到达 JOI 前后探测器至少要获取

① 这些 USO 与单向模式轨道器 S 频段下行链路相关的 USO 截然不同。

60min 的数据，如果考虑其他约束就要有 75min 的数据。因此轨道器要为 RRA 至少提供 12°(半锥角)的无遮挡视场角以满足所需指向。

轨道器在 JOI 前后的一系列操作包括回传前 39min 的中继数据，这是基于探测器进入时间精度为 75s、置信度为 99%的假设提出的。选择木星的到达日期和轨道形状是为了避免太阳会合对探测器初始下传数据的干扰，并避免中继信号穿过木星环。

在 10 巴(1MPa)大气压下的中继链路性能以实现 128b/s、BER 达到 1/1000 为基础。链路要求在 99%不利环境容差加上 99%系统性能容差的均方根条件下余量为正。探测器链路锁定出现在降落伞展开后约 70s 时，此时大气压约为 0.8 巴(0.08MPa)。

4.6.3 已实现的中继链路性能概要

从轨道器(MRO)的初始下行链路状态为 A-string 和 B-string 两条下行链路都已锁定。随探测器符号传输的传输品质位都是“高”，表明通信链路是可靠的。轨道器遥测验证了 RRA 能够经过四次遥控响应成功保持通信链路。首次(建链前)MRO 为探测器任务提供了全面的了解。B-string 数据持续到进入+51.2min(在最恶劣情况模型下大约是 13 巴(1.3MPa))，A-string 数据持续到进入+61.4min。在探测器与轨道器分离时，“计时器”已开始计时。这种精确计时能够成功获取进入前的数据。MRO 也显示所有探测器科学仪器均处于工作状态，并下传数据。

RRH 的信号电平足以保持整个任务期间的锁定状态。报告的信号电平比预测值平均低 1.5～2dB。通过分析，引起这一差异可能的原因包括 RRA 指向错误、自航天器发射以来硬件性能的变化和校准误差(可能性较小)。从进入到进入+50min，对于 A-string 和 B-string，载噪比(P_c/N_0)在+35～+40dBm 变化。在恢复到 31dBm 之前，A-string 下降至 28dBm(恰好出现在失锁之前)。在下降的主过程期间，探测器 P_c/N_0 优于门限(约 26dB)，未出现误码。

两个 RRH 的 MRO 数据表明，失锁之前发射功率突然下降。探测器通信设备的温度约为 115℃，高于预期 60℃的正常温度。

4.7 经验教训

如果简单的系统能够提供足够的性能，就不要使用有单点故障风险的复杂系统。

正如 JPL 飞行系统原则所表述的[32]那样：设计应遵循“保持简洁”的原则(简洁设计)，以减少风险/成本，使其易于实现、易于设计验证及飞行操作。

应避免使用“复杂的”设计。增加的复杂性要有恰当的理由，必须满足任务需求或约束。

与“旅行者号”3.7m 实面 HGA 相比，可展开的“伽利略”HGA 的直径为 4.8m。除了规划的通信能力，不考虑其他所有因素，两者差异约为 2dB。GLL HGA 基于但不等同于 TDRS 的可展开天线。

对重要的航天器功能进行备份。

包含备份(冗余)硬件的代价是增加航天器的质量及可能的复杂性。不包含备份硬件的风险是导致任务失败。还有两种情况，使我们情愿对通信功能进行备份。

接收机 A 出现了“VCO 电压漂移”异常(VCO 为电压控制振荡器)，该异常最终被清除了。一个可工作的接收机对任务持续进行至关重要，“伽利略”后续使用接收机 B 进行备份。

USO 频率很稳定，因此能够用于观测木星附近辐射环境。2001—2002 年，已经出现了频率瞬时偏移的突发情况，严重到导致下行链路失锁。一个星载的 RF 频率源也许对任务开展不是必需的，但的确能够让人放心。每个 S-EXC 内的辅助振荡器提供了一种独立的方法，能够在缺少 USO 的情况下产生单下行链路。

明智地建模和处理通信链路余量。

S 频段任务需要“伽利略”尽可能地利用链路余量，但不要太激进。SNR 和 SNT 在重复飞行中的测量致使对 LGA-1 天线方向图模型进行更改，并更新 DSN 接口文件①[33]。这项工作也确认了航天器和地面站的性能是稳定的，并在预测工具中精确建模。该工程建立了数据率排序的链路余量准则，即数据率高/低切换的转换点是在预计平均 P_t/N_0 高于较高数据率门限 0.5dB 时对应的时刻。这个 0.5dB 余量比通常的深空任务要低得多。可以认为这是一个最佳的水平，只是偶尔会出现遥测帧丢失，但稳妥并最大限度地提高了每个弧段返回地面的数据量。

S 频段任务性能改进技术是可被重复使用的。

“伽利略”飞行期间，开发的星载数据压缩和先进纠错编码技术，以及并行开发的洲际地面站组阵和反馈级联译码器对挽救任务是必要的。就所要求的 DSN 跟踪时长而言，“伽利略”任务是非常昂贵的。

该成功经验已在减少“伽利略”之后深空任务的跟踪时间方面得到应用。正如文献[34]中所表述的那样：“为(适应)有限的 DSN 跟踪能力，信息系统设计将考虑有效利用数据编辑、数据压缩，以及提高数据编码技术等来满足下行遥测数据要求。”

---

① 在“伽利略”时代，810-5(深空网/飞行项目接口设计手册)修订版 D 已经生效，修订版 D 是包含和修订版 E 的形式非常类似[33]模型的纸质文件，修订版 D 在 2001 年已经被取代，资源地址：http://deepspace.jpl.nasa.gov/dsndocs/810-005/(2014 年 10 月 30 日访问)，810-5 中的各个模块在该链接处更新，以获得重要的配置与性能表现。

参考文献

[1] D. J. Mudgway, *Uplink-Downlink: a History of the Deep Space Network* 1957-1997, National Aeronautics and Space Administration, Washington, D. C., 2001.

[2] P. E. Beyer, R. C. O'Connor, and D. J. Mudgway, "Galileo Early Cruise, Including Venus, First Earth, and Gaspra Encounters", *The Telecommunications and Data Acquisition Progress Report* 42-109, Jet Propulsion Laboratory, Pasadena, California, pp. 265-281, May 15, 1992, http://ipnpr.jpl.nasa.gov/progress_report/42-109/109T.PDF (accessed January 10, 2013).

[3] "Galileo Legacy Site", *Solar System Exploration*, website, National Aeronautics and Space Administration (formerly Galileo Project Website), Jet Propulsion Laboratory, California Institute of Technology Pasadena California. http://www.jpl.nasa.gov/news/fact_sheets/galileo0309.pdf (accessed October 30, 2014).

[4] "Galileo Mission to Jupiter", *NASA Facts*, website, JPL, National Aeronautics and Space Administration, February 2003. http://www.jpl.nasa.gov/news/fact_sheets/galileo0309.pdf (accessed January 10, 2013).

[5] *Galileo Orbiter Functional Requirements*, Galileo Project Documents 625-205 (internal document), Jet Propulsion Laboratory, Pasadena, California, June 1989. Its Level 3 and Level 4 modules below were updated until the 1989 launch, as required.

- Equipment List and Mass Allocations, module GLL-3-230.
- Power Profiles and Allocations, module GLL-3-250.
- Galileo Telecom Requirements, module GLL-3-300.
- Modulation Demodulation Subsystem Requirements, module GLL-4-2003.
- Radio Frequency Subsystem Requirements, module GLL-4-2004.
- S/X Band Antenna Subsystem Requirements, module GLL-4-2017.

[6] *Probe Mission*, Galileo Legacy Site, Nation Aeronautics and Space Administration. http://solasystem.nasa.gov/galileo/mission/journey-probe.cfm (accessed January 10, 2013).

[7] *Welcome to the Very Large Array*! (website), National Radio Astronomy Observatory, National Science Foundation, http://www.vla.nrao.edu/ (accessed January 10, 2013).

[8] R. Ludwig and F. H. Taylor, *Voyager Telecommunications*, *DESCANSO Design and Performance Summary Series*, Article 4, Jet Propulsion Laboratory, California Institute of Technology Pasadena California, March 2002. http://descanso.jpl.nasa.gov/DPSummary/summary.html (accessed Oct 30, 2014).

[9] P. E. Beyer, B. G. Yetter, R. G. Torres, and D. J. Mudgway, "Deep Space Network Support for the Galileo Mission to Jupiter: Jupiter Orbital Operations from Post-Jupiter Orbit Insertion Through the End of the Prime Mission", *The Telecommunication and Mission Operations Progress Report* 42-133, *January-March* 1998, Jet Propulsion Laboratory, California Institute of Technology, Pasadena, California, 23pp. May 15, 1998. http://ipnpr.jpl.nasa.gov/progress_report/42-133/133A.pdf (accessed January 10 2013).

[10] W. Mayo and F. H Taylor, *Galileo Final Report Telecom Sections*, JPL D-68095 (internal document), Jet Propulsion Laboratory, Pasadena, California, December 17, 1997.

[11] *Network Operations Plan for Galileo Project*, Vol. Ⅱ, Rev. D, *Operations Manual*, DSN 870-7, JPL D-1997(internal document), Jet Propulsion Laboratory, California Institute of Technology, Pasadena, California, June 26, 1996.

[12] J. W. Layland and L. L. Rauch, "The Evolution of Technology in the Deep Space Network: A History of the Advanced Systems Program", *The Telecommunications and Data Acquisition Progress Report* 42-130, *April-June* 1997, Jet Propulsion Laboratory, California Institute of Technology, Pasadena, California, August 15, 1997. http://ipnpr.jpl.nasa.gov/progress_report/42-130/130H.pdf(accessed October 30, 2014).

[13] K.-M. Cheung, K. Tong, and T. Chauvin, "Enhancing the Galileo Data Return Using Advanced Source and Channel Coding", *Proceedings of the NASA Technology* 2004 *Conference*, Washington D. C., September 1994.

[14] S. Dolinar and M. Belongie, "Enhanced Decoding for the Galileo Low-Gain Antenna Mission: Viterbi Redecoding with Four Decoding Stages", *The Telecommunications and Data Acquisition Progress Report* 42-121, *January-March*, 1995, Jet Propulsion Laboratory, California Institute of Technology, Pasadena, California, pp. 96-109, May 15, 1995. http://ipnpr.jpl.nasa.gov/progress_report/42-121/121Q.pdf(accessed January 10, 2013).

[15] J. H. Yuen, editor, Deep Space Telecommunications Systems Engineering, Plenum Press, 1983.

[16] J. H. Yuen, *A Practical Statistical Model for Telecommunications Performance Uncertainty*, JPL technical memorandum 33-732, June 15, 1975.

[17] C. T. Timpe, *Galileo Orbiter Deep Space Network Telecommunications Design Control Document*, Galileo Project Document 625-257, D-713(internal document), Jet Propulsion Laboratory, California Institute of Technology, Pasadena, California, March 1983.

[18] K.-M. Cheung and S. J. Dolinar, Jr., "Performance of Galileo's Concatenated Codes with Non-ideal Interleaving", *The Telecommunications and Data Acquisition Progress Report* 42-95, July-September 1988, Jet Propulsion Laboratory, California Institute of Technology, Pasadena, California, pp. 148-152, November 15, 1988. http://ipnpr.jpl.nasa.gov/progress_report/42-95/95N.PDF(accessed January 10, 2013).

[19] R. H. Tung, *User's Guide, Telecom Forecaster Predictor/Unified Telecom Predictor (TFP/UTP)*, V2.1, DSMS No. 887-000036 (internal document), Jet Propulsion Laboratory, California Institute of Technology, Pasadena, California, February 21 2002.

[20] K. K. Tong and R. H. Tung, A Multimission Deep-Space Telecommunications Analysis Tool: The Telecom Forecaster Predictor, *The Telecommunications and Mission Operations Progress Report* 42-140, *October-December* 1999, Jet Propulsion Laboratory, California Institute of Technology, Pasadena, California, February 15, 2000. http://ipnpr.jpl.nasa.gov/progress_report/42-140/140C.pdf(accessed January 10, 2013).

[21] STS-34[website], Kennedy Space Center, Cape Canaveral, Florida. http://solarsystem.nasa.gov/missions/dsn/indepth; http://solarsystem.nasa.gov/galileo/docs/STS-34_Press_Kit.pdf(both links accessed October 30, 2014).

[22] D. L. Gray, "ΔVLBI Data Performance in the Galileo Spacecraft Earth Flyby of December 1990", *The Telecommunications and Data Acquisition Progress Report* 42-106, *April-June* 1991, Jet Propulsion pp. 335-352, August 15, 1991. http://ipnpr.jpl.nasa.gov/progress_report/42-106/106X.PDF(accessed October 30, 2014).

[23] W. J. O' Neil, “Project Galileo Mission Status”, IAF-91-468, *42nd Congress of the International Astronautical Federation*, Montreal, Canada, October 5-11, 1991.

[24] T. V. Johnson, “The Galileo Mission”, Scientific American, Vol. 273, no. 6, pp. 44-51, Dec. 1995.

[25] W. J. O' Neil, N. E. Ausman Jr., T. V. Johnson, M. R. Landano, and J. C. Marr, “Performing the Galileo Jupiter Mission with the Low-Gain Antenna (LGA) and an Enroute Progress Report”, IAF-93. Q. 5. 411, *44th Congress of the International Astronautical Federation*, Graz, Austria, October 16-22, 1993.

[26] W. J. O'Neil, N. E. Ausman Jr., T. V. Johnson, and M. R. Landano, “Galileo Completing VEEGA—a Mid-Term Report”, IAF-92-0560, *43rd Congress of the International Astronautical Federation*, Washington, D. C., August 28-September 5, 1992.

[27] G. Levanas, M. Johnson, *High Gain Antenna Deploy Failure Extended Investigation Final Report for the Galileo Mission*, JPL D-15345 (internal document), Jet Propulsion Laboratory, California Institute of Technology, Pasadena, California, December 31, 1997.

[28] F. H. Taylor, K. Cheung, and D Seo, *Galileo Telecommunications*, *Design and Performance Analysis Series*, *Article* 5, DESCANSO Design Institute of Technology, Pasadena, California, July 2002. http://descanso.jpl.nasa.gov/DPSummary/summary.html (accessed October 30, 2014).

[29] *Galileo Probe Mission Operations Final Report*, Hughes Space and Communications Company, Contract NAS2-10000, September 1996.

[30] *Galileo Probe Operations Manual*, *Vol*. 1, *Probe/RRH System Description*, Hughes Aircraft Co., E1812, SCG 850509R, undated but released prior to launch roughly 1995.

[31] L. E. Bright, *Galileo Probe-Orbiter Relay Link Integration Report*, 1625-145, Rev. A (internal document), Jet Propulsion Laboratory, California Institute of Technology, Pasadena, California, January 16, 1984.

[32] M. R. Landano, “Design, Verification/Validation and Operations Principles for Flight Systems”, JPL D-17868, Rev. A, (JPL internal document), Jet Propulsion Laboratory, California Institute of Technology, Pasadena, California, November 15, 2000.

[33] *Deep Space Network Telecommunications Link Design Handbook*, JPL 810-225, Rev. E, Jet Propulsion Laboratory, California Institute of Technology, overall release dated April 1, 2010, subject to individual module updates at this link: http://deepspace.jpl.nasa.gov/dsndocs/810-005/ (accessed October 30, 2014).

[34] “The Journey to Jupiter: Galileo Orbital Tour and Extended Mission Tours.” *Solar System Exploration*, website, National Aeronautics and Space Administration. Select from pages within http://solarsystem.nasa.gov/galileo/mission/index.cfm (accessed October 30, 2014).

第5章 “深空1号”

吉姆·泰勒,米歇尔·穆尼奥斯·费尔南德斯,
安娜·I.博利亚·阿拉马纳克,张家明
(Jim Taylor,Michela Muñoz Fernández,
Ana I. Bolea-Alamañac,Kar-Ming Cheung)

本章描述了“深空1号”探测器(DS1)和DSN地面系统接收与发送数据的工作机理。[①] 上行信号采用X频段,下行信号采用X频段和Ka频段。本章按功能次序依次介绍,目的是向读者阐述“深空1号”特有的任务需求与约束以及探测器的飞行操作过程。“深空1号”任务需求与约束对通信系统设计起指导作用。

“深空1号”是JPL首次使用小型深空应答机(SDST)的项目,探测器X波段无线设备已经成为很多深空任务的标配。在“深空1号”时代,DSN的大部分能力已经和现在的DSN相当。本章描述了DSN系统为“深空1号”在2001年所使用的载波、测距、遥控和遥测功能。

5.1 任务与探测器描述

5.1.1 技术验证

“深空1号”(DS1)是新千年项目中的第一个深空技术验证项目。JPL主持了DS1的开发,频谱天文公司作为工业合作伙伴参与了探测器开发。

第一次深空飞行时DS1有效载荷中采用了12项先进技术,其中有关通信的3项列在了前面。DS1采用的技术有:

1) 小型深空应答机(SDST),含X频段上行链路与X频段/Ka频段下行链路;

---

① 本章描述了“深空1号”1998—2001年的情况。任务在2001年12月18日结束。尽管有些功能仍然相同,2001年时DSN支持“深空1号”的地面系统和现在的DSN在细节上还是有所区别。第1章描述了现在的DSN状况。

2）Ka频段固态功率放大器（KaPA）以及与此有关的Ka频段载波跟踪设备、遥测解调设备、转发测距设备；

3）信标监视操作试验（BMOX），用于自主星载载荷健康状况诊断和地面辅助申请；

4）微型集成成像分光计（MICAS），即全色谱可视成像、红外成像和紫外成像分光计；

5）太阳能电推进（SEP）技术，采用离子推进系统（IPS）；

6）自主星载导航（AutoNav）；

7）太阳能帆板，基于折射线性单元技术（SCARLET）设计；

8）集成离子与电子分光计，俗称为“星际探测等离子试验”（PEPE）；

9）远程代理设备（RAX），用于自主星载规划与管理；

10）低功耗电子设备（LPE）；

11）高度集成智能电子开关，即电动开关模块（PASM）；

12）多功能结构（MFS）试验，实际上是电子控制与热控制的组合。

DS1采用了12项先进技术，探测器有效载荷其余部分都是在其他任务使用测试过的低成本组件，例如高增益天线（HGA）是“火星探路者”工程的备份，其计算机是以“火星探路者”使用过的计算机为基础研制的[2]。

DS1使用新技术产品和经过测试验证部件的原因在于：新千年计划的核心任务是验证先进技术在太空的应用情况，而不是简单地通过超前先进技术建造一个未经试验验证的探测器。

5.1.2 任务概述

DS1于1998年10月24日发射[3]，于2001年12月18日完成其扩展任务[4]。DS1设计执行的主要任务是验证12项新技术[5]。技术测试已于1999年7月29日，即DS1与小行星9969 1992KD（相遇前不久改名为Braille）相遇前两周完成。作为技术验证任务的额外收获，DS1还收集了宝贵的科学数据。微型集成成像分光计（MICAS）记录了火星、木星以及选定恒星的图片及光谱，星际探测等离子试验（PEPE）记录了大量的太阳风数据，其中有些是与“卡西尼号”探测器的合作成果。

截至1999年9月18日，DS1已完成或超额完成所有任务（根据预定的成功评价准则）。

相对于技术验证任务，扩展任务的目标是2001年9月22日发回DS1与彗星Borrelly相遇时获取的科学数据。① 扩展任务的主要困难在于克服1999年11月

① 原计划的扩展任务是完成DS1在一个确定位置上飞越彗星Borrelly[8]。在技术验证期间，根据已经掌握的探测器工作情况，2001年初期增加了定点飞越Wilson-Harrington彗星的任务。SRU失效以及由于失效恢复导致的无IPS推进状态使扩展任务仅规划了定点飞越Borrelly彗星任务。

恒星基准单元(SRU)失效时,如何保持星跟踪器正常工作。2000 年 6 月技术人员对飞行软件作了大量修改,以 MICAS 数据替代星体数据输入到姿态控制系统,效果良好。随后,按计划度过了 2000 年 11 月的冲日(探测器与地球位于太阳的对面),2001 年 3 月对飞行软件又进行了一次升级,以提高 DS1 与 Borrelly 彗星相遇期间获取遥感数据的概率。和 Borrelly 在 2001 年 9 月 22 日相遇时探测器运行良好[6],且探测器使用了它所有设备中的 4 个进行了科学研究。

在通信操作方面,DS1 任务技术人员最初通过下行载波信号实时观测、通信状态分析和上行链路控制作替代方案应对有效载荷恒星基准单元(SRU)故障,替代方案成功使指向恒星星体的高增益天线限制在一可接收的对地张角内。在时间受限的情况下维持高增益天线精确指向[7]是十分费力的,这将在后面作更充分的描述。高增益天线下行信号的光行时延迟及对地期间下行信号监视和修正指令发送处理所需时间是可控的,双向光传输时延(RTLT)延迟表示大约为 30min(2000 年年初),冲日期间是 40min。2001 年 3 月软件升级后为 34min,与 Borrelly 相遇期间该时间约为 25min。

在成功飞越彗星 Borrelly 之后,DS1 开始了名为"超级扩展任务"的飞行。任务的最后阶段包括附加的 IPS 与 KaPA 技术验证。随着 2001 年 12 月 18 日探测器的下行链路关闭,DS1 的飞行任务结束[4,8]。

5.1.3 通信子系统概述

按项目政策,DS1 通信系统与探测器的其他部分一样工作于"串联"模式(没有冗余模块)。通信系统由应答机(即接收-发射机,下行链路信号相位和上行链路相干)、X 频段和 Ka 频段功率放大器、指向可控的宽波束天线组成,见图 5-1 与图 5-2。

DS1 任务测控系统主用 19 通道 X 频段(上行 7.168GHz,下行 8.422GHz)链路。小型深空应答机(SDST)由 X 频段接收机、指令检测和遥测调制功能单元、X 频段与 Ka 频段激励器①组成,其中 X 频段与 Ka 频段固态放大器(XPA 与 KaPA)提供 X 频段的 12W 发射功率和 Ka 频段 2.2W 的发射功率。

Ka 频段下行也工作在 19 通道(32156MHz),与 X 频段工作方式类似,Ka 频段载波可以以单载波、遥测、测距等方式工作。

DS1 有 4 个 X 频段天线。其中高增益天线上/下行方向图半功率波束带宽②分别为±4.0°和±4.5°;3 个低增益天线指向不同的探测器安装轴,其上/下行波

① "Exciter"即"激励器"是无线电发射机的一个通用术语,用来生成载波频率。SDST 有两个激励器,一个工作于 X 频段、另一个工作于 Ka 频段,除此之外,激励器还包括相位调制器和调制度控制器两部分。

② 天线最大增益的方向称为"波束方向"。半功率波束带宽是用角度定义的天线方向性技术术语,它是天线能够发射(或接收)波束方向的一半功率时波束方向夹角。假如半功率波束带宽表示为±4°,则表示总波束带宽是 8°。

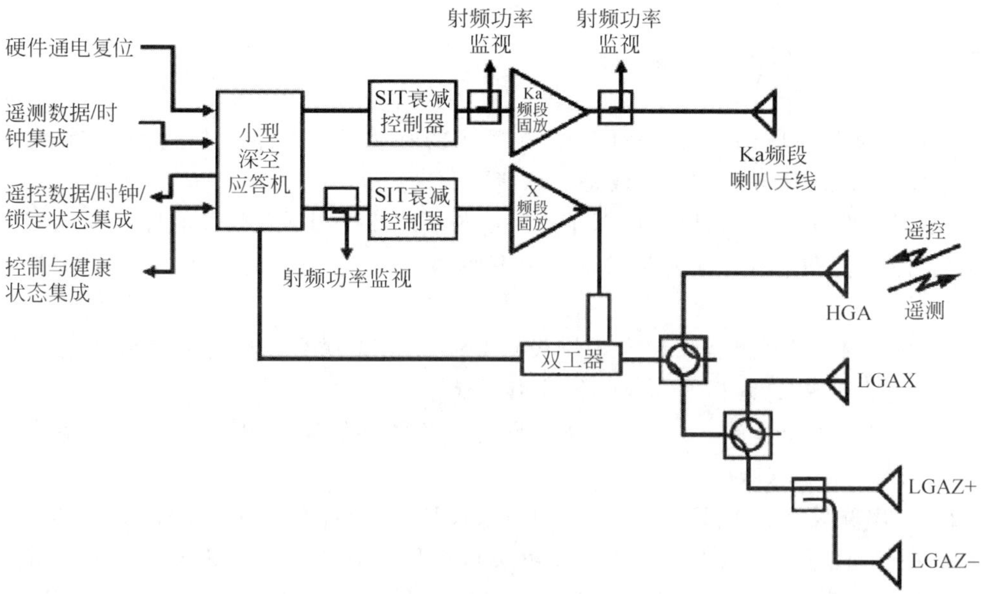

图 5-1 DS1 探测器通信系统功能组成

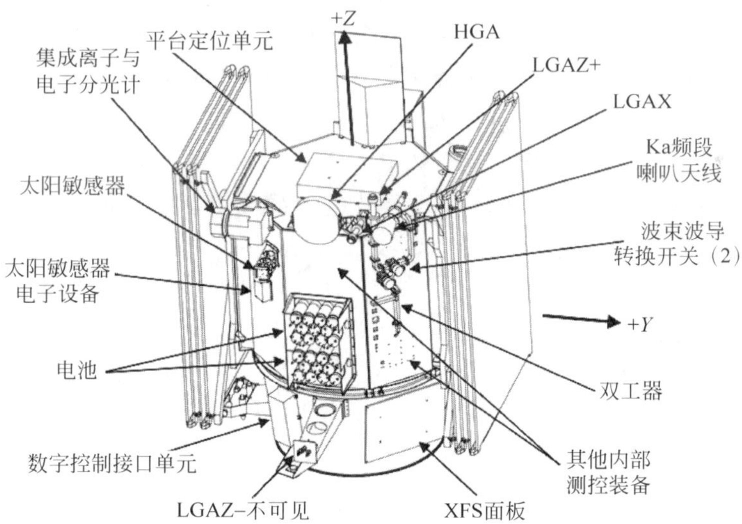

图 5-2 带有通信系统组件的发射模型配置

束宽度均为±35°。通过波导传输开关的控制，使得 X 频段上/下行链路总是工作在同一天线。

通过 KHA（Ka 频段喇叭天线）发射 Ka 频段下行链路信号，Ka 频段喇叭天线的半功率波束宽度是±3.5°。

5.2 通信系统需求

DS1 研发阶段的项目政策以及顶层需求的驱动产生了许多实际成果。相对于科学驱动，DS1 任务更可以看成是一种能力驱动。

"科学驱动"意为以科学目标任务为导向来设计探测器及相关的任务和地面系统。"能力驱动"意为通过各软件和硬件系统的能力来确定探测器上所配置的设备。

"深空 1 号"探测器和地面系统设计是强烈依靠现有软硬件和系统能力设计的，以满足经费、计划精度和风险等约束要求：

- 能力驱动设计：如果设计要求和现有的硬件的能力相冲突，重新考虑设计要求(需求减少)。
- 串联设计：项目政策认同采用串联设计，除非现有的设计已经包含了冗余。

对于通信而言，以上约束条件使得飞行过程中 SDST 和 KaPA 这两个先进子系统只能成为两个独立单元。因为项目开发与测试计划将 SDST 排除在全部飞行模型之外，所以 SDST 只是飞行工程模型(FEM)的一部分。

考虑到性价比，不采用"保守的"功能备份政策，除非已经存在功能冗余设计(比如遥测下行链路可工作于 X 频段或 Ka 频段，且 X 频段下行链路可以使用高增益或低增益天线)。此外项目指导原则决定采用串联设计以避免设计时交叉冗余，除非现有设计(现货供应或先进技术)已经如此。

不同于传统的科学驱动任务，DS1 几乎不设定绝对的链路性能需求(如对应时间的下行链路最小速率)，这些性能要求是通信系统所必须满足的。尽管如此，大量的事件还是对通信系统提出了技术需求。包括：

- 项目指导原则；
- 任务覆盖需求；
- 技术验证目标；
- 端对端信息流考虑；
- 深空网内部操作；
- 探测器结构约束；
- 无线电跟踪测量精度。

以上综合考虑形成了飞行系统(探测器)通信需求。满足需求的高水平通信系统性能与链路设计在 DS1 项目需求/通信与操作指导(TMOD)支持协议(PR/TSA)中说明[9]。射前测试过程中的 SDST 参考值见《通信 FEM SDST/DSN 兼容性与性能测试报告》[10]。

5.3 通信系统描述

DS1 探测器与 DS1 任务操作团队之间以深空网建立无线电射频通信联系，深空网为 DS1 任务通信系统提供 X 频段上行链路通信和 X/Ka 频段下行链路通信能力。通信系统通过上行链路接收并且解调上行指令，通过 X 频段或 Ka 频段或 X/Ka 频段共用的下行链路传送科学与工程遥测数据。通过 X 频段上行链路和 X 频段或 Ka 频段下行链路进行双向相干多普勒测量和距离测量。图 5-1 是通信系统功能框图。

DS1 有 4 个工作在 X 频段的天线(其中 1 个为高增益天线，3 个为低增益天线)和 1 个工作于 Ka 频段的天线(Ka 频段喇叭型天线)。图 5-2 展示出了以上天线在探测器上的安装位置。每个天线均有一个最大增益方向，称之为“视轴增益方向”，其中 HGA、LGAX 与 KHA 的最大增益方向平行于 X 轴。LGAZ＋与 LGAZ－的最大增益方向平行于 Z 轴，LGAZ＋指向＋Z 方向，LGAZ－指向－Z 方向。定向 DS1 探测器指向，使＋X 轴指向地球，以使 HGA、LGAX、KHA 有最佳的链路性能。LGAZ－为左旋圆极化(LCP)天线，其他天线均为右旋圆极化天线(RCP)。[①]

图 5-3 为 LGA 天线的下行方向图；图 5-4 为 X 频段 HGA 天线的下行方向图。由于上行链路频率比下行链路频率低，X 频段上行方向图与下行方向图相似，但波束宽度稍宽。图 5-5 为 KHA 天线方向图。

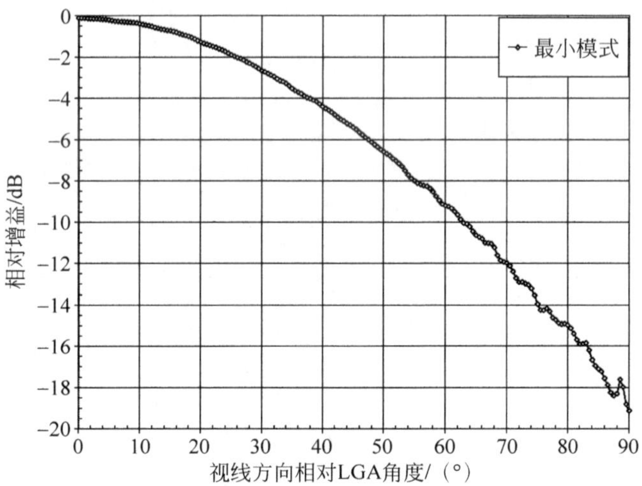

图 5-3 LGA 下行链路方向图(相对于视轴角的增益函数)

---

① LGAZ－天线单元与 LGAZ＋天线单元是一对，安装在服务吊杆外侧的中部位置，其波束指向－Z 轴。LGAZ－天线是在后期，距离发射日期不到一年的时间安装到探测器上的。发射后第一周，地球-探测器之间距离较近(信号太强)且地球-探测器几何关系将导致地面站与 LGAX 或 LGAZ＋的通信信道阻塞，此时需要 LGAZ－天线工作。天线系统设计需要尽可能地保证 LGAZ＋性能，同时又要尽可能小地影响现有设置与探测器系统接口。这些需求导致最终采用了一种被动设计，即通过一个动态耦合系统，使 LGAZ 的两个天线按 25％/75％比例分配功率。

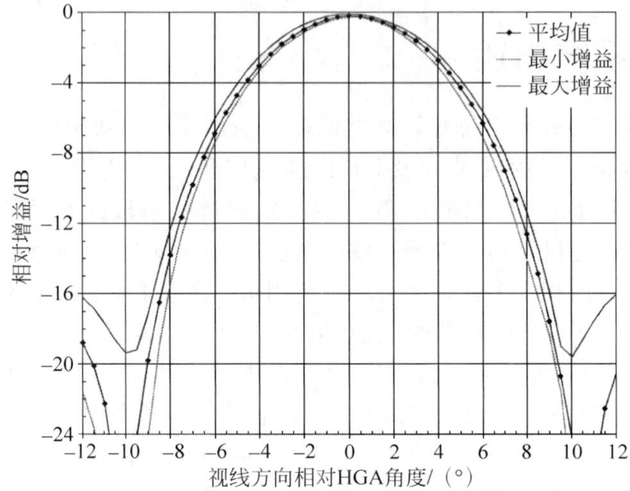

图 5-4　HGA 下行链路方向图（相对于视轴角的增益函数）

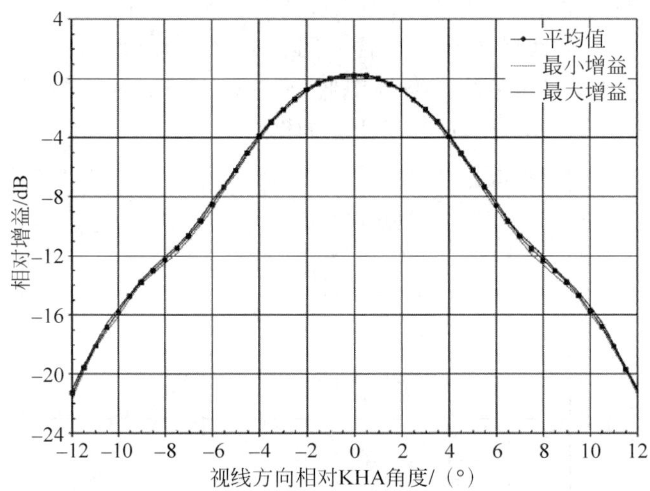

图 5-5　KHA 方向图（相对于视轴角的增益函数）

SDST 为 DS1 内部电子集成模块（IEM）的解码和锁定/失锁指示提供检测命令数据流。IEM 能发射通电复位（POR）信号到 SDST，断开探测器功率 3s 后再恢复功率。SDST 从 IEM 接收遥测数据码流和时钟信号。

从 SDST 的 X 频段激发器输入到 XPA 的无线电射频功率电平由“选择输入测试”（SIT）衰减器控制。与此相似，SIT 衰减器控制 KaPA 的射频功率输入电平。当工作于 X 频段时，启用 LGAZ＋和 LGAZ－天线，以一个 6dB 的无源耦合器连接。即当选择 LGAZ 天线时，下行功率以这两个天线向外辐射能量，此时通过 6dB 耦合器分配 25％的能量到 LGAZ－。

HGA 在视轴方向的增益大于其他的 LGA，但方向图较窄。当探测器的 X 轴能保持在6°以内的地球指向时，选择HGA(HGA增益比LGAX增益大15dB)。否则，探测器根据操作命令或程序使用LGAX天线(沿+X轴方向)，LGAZ+天线或者LGAZ−天线(分别指向+Z轴和−Z轴方向)。

3个LGA的方向图相同，但是由于SDST与各天线之间有不同的电路损耗，LGAZ+的有效增益比LGAX低1.5dB，LGAZ−的有效增益比LGAX低7dB。通信系统设计应考虑探测器指向以及所选用的天线等，此条件决定上/下行链路的数据速率。

5.4 "深空1号"通信技术

DS1初始任务使用的与通信有关的三大技术[5]包括：

1）小型化深空应答机；

2）Ka频段；

3）信标工作模式。

5.4.1 小型化深空应答机(SDST)

小型化深空应答机(SDST，图5-6)与地面系统配合可以为探测器与任务控制中心提供遥控、遥测、外测等功能。SDST将接收机、命令检测、遥测调制、转发测距信道、信号发生器和控制功能等各部分集成到总质量为3kg的盒子内(18cm×11cm×16cm)。由NASA喷气推进实验室出资，摩托罗拉公司的Scottsdale和Arizona研制开发了与NASA深空网配套的X频段和Ka频段SDST，SDST上行链路工作于X频段，下行链路工作于X/Ka频段。SDST也可基于是否需要无线电导航和外测工作于相干和非相干两种方式。SDST使用了GaAs(砷化钾)单片微波集成电路，因而SDST集成度较高，质量较小。

图5-6 小型化深空应答机(SDST)

SDST 作为通信系统核心，主要具备以下功能。

5.4.1.1 上行链路接收功能

- 接收与解调 X 频段上行链路载波。
- AGC(自动增益控制)功能，用于接收功率控制。
- 接收解调遥控副载波。

5.4.1.2 下行链路发射功能

SDST 提供了很多下行链路能力，而 DS1 在任务中所使用的只是其能力的一部分。其中有些能力，仅在拓展任务中使用或未曾使用。

- 以辅助振荡器或者外部超稳定振荡器(USO)生成非相干下行载波，DS1 仅使用 SDST 辅助振荡器。
- 完成下行遥测链路的卷积编码①和副载波调制。
- 将遥测信号调制在 X 频段或 Ka 频段副载波上或直接将遥测信号调制在载波上。DS1 的遥测下行信号速率足够低，允许仅用副载波调制。
- 为 X 频段或 Ka 频段提供独立的调制度控制功能。

5.4.1.3 无线电测量

- 通过与上行信号相干生成下行载波。②
- 解调上行链路测距信号，并重新调制于下行载波信号中。
- 为下行链路提供差分单向测距(DOR)测音信号。SDST 的 DOR 音能力是经过检验的但是没有应用在主任务中。在随后的拓展任务中，为了积累飞越彗星 Borrelly 的导航经验，在与 Borrelly 相遇之前一周，项目组安排深空网进行了两次和 SDST 之间的 ΔDOR 音传输。

5.4.1.4 SDST 性能监视以及与探测器数据接口

- 从集成电子模块(IEM)接收指令。
- 采用子系统生成模拟信号状态。
- 向集成电子模块(IEM)提供状态与性能参数。
- SDST 为探测器电气系统提供合理接口，采用 MIL-STD-1553[12]，MIL-

① 详细内容参见 5.6 节遥测-传输帧格式的描述，该遥测-传输帧由 SDST 进行卷积编码。

② DS1 的操作由 DSN 的 19 号通道来完成，工作频率依据 PR/TSA(项目需求/无线电通信任务操作主管支持协议)[9]以及 JPL 文件 810-005[11]的规定。规定的 X 频段下行链路频率(8.422GHz)与 X 频段上行链路频率(7.168GHz)比为 880/729。规定 Ka 频段下行链路频率(32.156GHz)与 X 频段上行链路频率(7.168GHz)比为 3360/749。

STD-1773[13]或RS442[14]串行总线结构。该设计可以为SDST用户结构选择提供最大程度的灵活性。DS1的SDST控制与数据处理(C&DH)系统使用1553协议,RS422接口[5]。

SDST的技术验证、链路性能测试(和后面的KaPa)包括同时通过X频段或Ka频段传输包含19种DS1的遥测码速率信号,以验证测站在各码速率条件下的锁定和解码性能;比较测距信道在低调制度和高调制度两种情况下的距离时延特性;比较频率稳定度和载波噪声比(影响多普勒数据质量)对SDST性能的影响;验证增加DOR调制后SDST的可操作性。

由于SDST在DS1任务中的成功应用,许多其他任务也使用了SDST,包括火星轨道器和本书中描述的火星任务。特别地,几个任务根据任务需求进行了SDST的"团购",例如,火星科学实验室(第8章)和2011年将要发射的"朱诺号"都团购了SDST。

5.4.2 Ka频段固态功率放大器(KaPA)

5.4.2.1 KaPA和Ka频段概述

DS1发射时,KaPA(图5-7)是尚未执行过任务的功率最大的深空固态Ka频段放大器件。KaPA由洛克希德·马丁公司通信与电力中心开发,工作频率为32GHz,质量为0.7kg。为验证相关技术,KaPA将SDST的Ka频段激励器输出RF信号放大至2.2W,效率为12%[5]。

图5-7 Ka频段固态功率放大器(KaPA)

DS1的SDST第一次包含了Ka频段内部激励器,在后续任务中,MRO(第6章)携带的SDST利用SDST外部激励器生成和调制下行链路Ka频段载波。

随着将来地面站和探测器硬件的发展,Ka频段将为深空通信提供潜在的链路性能优势,对于相同的发射功率和同样尺寸的探测器天线,Ka频段提供的数据传输速率相对于X频段可以提高4倍,其显而易见的重要意义在于降低工程费用。NASA和其他机构准备启用Ka频段的其他考虑在于Ka频段可以提供更大的有效带宽，并且可以消除与个人通信系统和其他不断出现的信息技术共享低频频段带来的技术风险。

Ka 频段的不足之处是，相对于 X 频段，在 DS1 上飞行系统需要技术验证的 KaPA 以及 Ka 频段的技术相对不成熟，同时 Ka 频段比 X 频段对云层和降雨对链路性能的衰减更加敏感，这对于设计可靠的深空 Ka 频段链路来说是一个持续的挑战。考虑到每个深空站位置经度（比如加利福尼亚、亚利桑那）链路计算对应季节气候模型不同，不同经度布站可以增加链路的可靠性。当地面系统工作于 Ka 频段时，探测器操作周期内能提供的数据传输速率将大幅提高，且需要的地面支持资源较少，需要的任务操作也较少。

5.4.2.2 KaPA 和 Ka 频段技术验证

作为技术验证的一部分，DS1 在发射后两个月的时间内第一次成功演示验证了 KaPA 的特性。1998 年 12 月 9 日与 10 日，SDST 的 Ka 频段激励器和 KaPA 首次在飞行中加电工作。在两次过境期间，系统地进行了 Ka 频段链路功能验证（也用 X 频段下行链路进行了测试），包括相干和非相干下行链路载波跟踪、双向测距和在 DS1 各下行码速率的遥测解码。

测试期间，以 KaPA 工程遥测结果作为标称值可以导出射频增益，KaPA 工程遥测结果包括 KaPA 内部温度传感器遥测结果、门电流遥测结果、门电压遥测结果、KaPA 外部温度传感器遥测结果以及输入/输出功率监视用的 RF 功率检波遥测结果。同时，SDST 收集内部、外部遥测诊断参数用于分离（到 SDST 射频输出，介于通信系统部件间，或 KaPa）/定位任何潜在性能降低的部位。由于 SDST 和 KaPA 分属不同的厂家，因此这种分离/定位问题的能力也成为 DS1 技术验证的一部分。

除了在任务初始阶段开展的 KaPA 操作和链路，随后 DS1 Ka 频段调制、解调信号用于 DSN 性能验证，改进地面系统设计，网络组件升级到业务使用的 Ka 频段。直到任务结束，数百小时的可靠操作也同时验证了 KaPA 的寿命。

5.4.3 信标监视操作试验（BMOX）

5.4.3.1 信标系统概念描述

信标监视技术使得探测器能够在不发送下行遥测的条件下报告其工作状态。探测器工作状态信息提供了地面系统所所需的需要上行遥控干预的信息。

火星登陆任务（如第 7 章的火星探测巡视器和第 8 章的火星科学实验室），都在关键的再入-下降-着陆阶段使用了一种信标工作方式。这些信标称为“旗语”或“MFSK 音”，基于和 DS1 信标的同样原理，虽然它们的目的是发送成功完成一系列动作的信号而不是简单发送一个出问题的信号。

信标系统的主要优势在于当深空网资源缺乏且多任务展开时，在不同的地点建设和部署仅有测音检测能力的小型站是经济实惠的。预计的 DS1 信标监视试验专用天线直径在 3～10m[2]。非相干测音不需要锁相接收机，并可能在总接收功率甚至比低速率遥测更低的情况下实现检测。图 5-8 为开展 DS1 的 BMOX 活动时设计的信标监视系统组成。

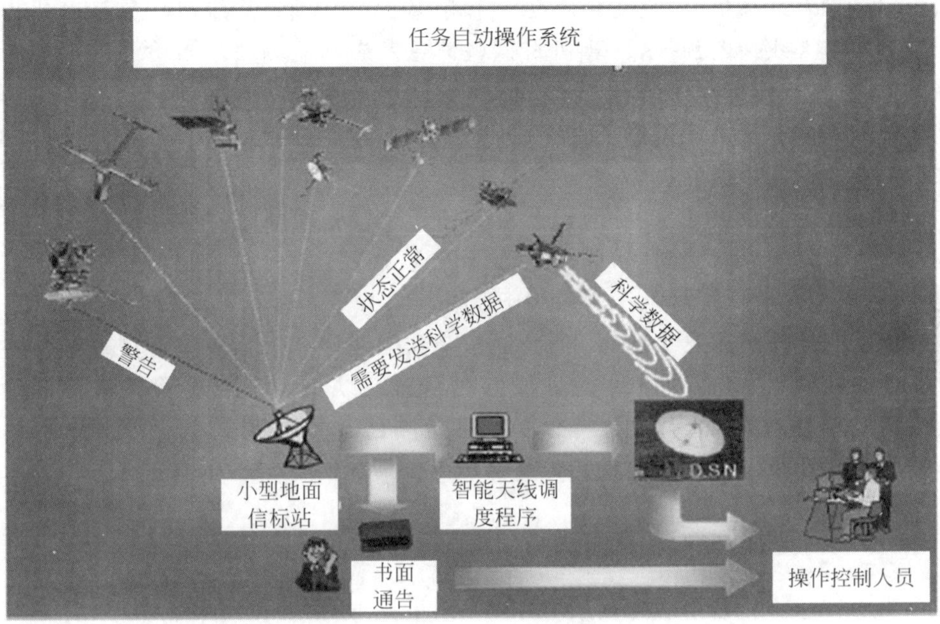

图 5-8 建立在 DS1 信标监视操作试验演示概念上的信标监视系统组成

配备有信标的探测器有效载荷的典型监视系统将由飞行软件和通信系统部件[15-16]组成，主要承担以下任务：

- 工程遥测数据分析，以确定探测器的健康状态；
- 将探测器健康状态归纳为少数几个（DS1 中可能为四种）监视状态中的一个，也称为“信标状态”或者“测音状态”；
- 将当前监视状态映射为一个适当的监视信号；
- 将监视信号发送到地面。

在 DS1 任务时期，地面系统包括一套独立的测站（并非现在所用的）和一台配套的计算机，监视系统也包括提供技术支持的项目管理团队，以及深空站的计划、预测和操作系统。

在探测器上，预想概念将探测器整体健康状态变为四个综合状态之一。利用探测器的无线电，软件直接将无线电生成四个副载波频率之一（副载波上无任何遥测调制）之后调制在下行载波上。音频表示了探测器的状态。所谓的“绿”音表示探测器工作在可接受的状态下；“橙”音表示探测器有异常但工作条件仍可接受；

“黄”音表示探测器需要向地面发送数据或请求帮助解决可能升级为危及任务的问题；最后，“红”音表示探测器有重大异常需要地面紧急支持。

信标监测站利用配套计算机提供的计划及预报检测信标信号，将监测结果返回到计算机。计算机会基于项目规则解释信标消息，计算机会保持所有探测器的监视计划，并为 34m 或者 70m 天线提供过境信息，需要时将结果通知项目组。当紧急消息触发计算机时，它还会启动应急响应。DSN 预报系统可以为计算机提供载波频率与天线指向预报，计算机将这些信息发送到监测站。当检测的消息触发计算机时，为响应计算机请求，DSN 负责为 34m 或者 70m 天线制订过境计划。这种未来的信标监视系统可以辅助 DSN 大天线跟踪探测器，并且依照 DSN 计划向项目组发送遥测数据。

当工作于监视模式时，各探测器将保持连续接收地面遥控指令的能力。当探测器电源或其他因素受限时，监测系统可以连续或定期发射监视信号。在预定情况下，可以预先设计信号发送窗口用于监视。

当探测器处于应急状态时，DSN 通常绕开配套计算机直接参与项目操作团队的工作。当探测器与地面需要密集交互时，可以通过地面遥控指令或者星载计算机终止监视模式。如果星载故障保护软件检测到需要地面快速干预的情况时，探测器将转到安全模式并且向地面传送低速率的遥测信号。

5.4.3.2 “深空 1 号”信标监视操作试验

DS1 信标监视操作试验（BMOX）采用的新技术为利用飞行软件控制现有 SDST 副载波频率模式，新技术可提供两个功能：

1）问题或状态检测和测音传输——不是定期发送探测器健康数据，而是由探测器自身进行状态评估，通过发射四个信标信号中的一个来反映发送高速率健康数据的急迫性。

2）数据汇总——需要遥测跟踪时，创建数据摘要，并将“智能”的载荷状态信息汇总传输到地面，而不是批量的遥测数据。

首先是验证测音生成功能。储存的遥控指令序列直接控制 SDST，在几小时内，持续产生无调制载波和抑制载波，其中抑制载波上调制有 20kHz、25kHz、30kHz 以及 35kHz 副载波频率，副载波频率当作测音信号。在全功能信标系统中，特定测音表示为“正常”“需注意”“重要”和“紧急”四种状态。

探测器技术验证的测音传输也同时检验测控站预报功能、BMOX 测控站控制软件以及测控站检测微弱 X/Ka 频段测音调制载波的能力。相应地，SDST 飞行软件也不仅仅是一个储存序列，它会控制生成哪个副载波。试验还取决于现有的 34m 测控站，其具备完整的跟踪、控制和遥测能力。

在 2000 年年初，安排 34m 站每周进行一系列测音传输试验以实现 BMOX 操作的自动化。通过电子邮件报告指示试验时间和接收测音频率的方式，完成了整个点对点过程。

在 2000 年年中，首次在任务中使用测音传输能力，测音传输不是用于 BMOX 而是作为探测器指向算法①与 IPS 推进操作过程的一部分。在此过程中，各测音传达一条信息：指向算法的恒星锁定过程。传输恒星锁定时间信息是为了实际操作目的而并不包括 BMOX 的软件检测。BMOX 的数据汇总功能在后续的主任务和拓展任务中日趋成熟。

5.4.4 通信系统质量与输入功率

为了与其他探测器的相似功能作比较，表 5-1 给出了 5.3 节和 5.4 节讨论过的 DS1 探测器主要组成的硬件质量和功率。质量值和一部分功率值来自技术验证报告[5]和发射前项目报告（JPL 内部文件），另一部分功率值来自飞行过程中的工程遥测数据。遥测数据表明自发射到任务结束期间，接收机、激励器或者功率放大器在功率使用上的功率漂移可忽略不计。

表 5-1 DS1 通信系统质量与功率摘要

系统单元	输入功率[a]/W	质量/kg	尺寸/cm
激励器	11.8		
X 频段激励器，2 路	1.8		
X 频段激励器，1 路	2.3		
Ka 频段激励器	3.9		
SDST		3.1	17.9×11.2×16.4
XPA	52.5	1.6	
KAPA	16.9	0.7	14.2×15.2
HGA		1.2	
KHA		0.8	
LGAX		0.4	
LGAZ+		0.4	
LGAZ−		0.4	

注：a—基于在轨飞行的遥测数据。

5.5 地面测控系统描述

为了不重复介绍第 2 章已经提到的总体信息，本节简要介绍了 DSN 系统在 1998—2001 年对 DS1 提供载波跟踪、无线电测量数据（多普勒和测距）收集和遥控

① 在 SRU 故障之后，ACS 姿态控制系统指向算法改进为依赖软件维持锁定到一个参考星。如果参考星锁定状态保持正常，在选择跟踪过境期间，“测音检测”序列将以 35kHz 的频率调制于下行链路载波。如果星锁定失锁超过预先设定的时间（大约 1.5h），将以 20kHz 的频率调制下行链路。

上行以及遥测数据解码的情况。

DS1 任务特定的 DSN 数据参数设置在 PR/STA[10] 和 DS1 网络操作规划[16] 中给出。

5.5.1 上/下行链路载波

在 DS1 时期(1998—2001 年),34m 站已经具有 X 频段上行能力。在 2001 年发射功率可达 4kW。1998 年 DS1 发射时,70m 站仅具有 X 频段下行接收能力;在 2001 年 11 月的任务末期,所有三个站都具有 X 频段上行能力。

对于 DS1,测站的发射机按计划处在地球的可视范围之内,极化设定为 RCP,除了过境期间航天器天线 LGAZ—极化为 LCP。

运行的 70m 站和 34m BWG 站在整个 DS1 任务期间,只有 DSS-25 具备 Ka 频段下行能力。

5.5.2 无线电测量数据(多普勒数据与测距数据)

和其他深空任务一样,测量 DS1 上行和下行载波信号多普勒频率偏移可以得到探测器相对于测站的速度。此外,测量调制于上行链路的测距信号经由 SDST 转发并调制到下行链路的时延可以得到探测器至测控站之间距离。多普勒测量数据和测距数据共同为 DS1 探测器提供 DS1 无线电导航输入。无线电导航和光学导航是 DS1 轨道确定的主要手段。无线电导航也是"自动导航"技术验证中的一个组成部分。在探测器接近小行星 Braille 的最后 30 天时间里,自动导航收集了光学导航的图像和引导轨道修正机动,以增加控制相遇目标的次数。

跟踪站的测量数据集成处理单元(MDA)处理 DS1 的多普勒数据。连续测距数据集成处理单元(SRA)和 MDA 一起处理测距数据。图 5-9 给出了 MDA 和深空站各主要部件和探测器的相互关系。图 5-10 加进了 SRA,也展示了 JPL 无线电测量数据到 DS1 项目导航的工作流程。两幅图都来自网络工作计划[17]。

5.5.2.1 多普勒数据

DS1 多普勒采样率正常是 10 次/秒,有时需加长多普勒积分时间以适应下行链路弱电平接收情况。

5.5.2.2 测距数据

图 5-11 给出了 DS1 时期的终端到终端的转发测距数据流。该框图来源于参考文献[17]。测距上行信号通过测站天线发送至探测器,同一测站天线接收探测器的下行测距信号为双向测距,而由另外一个测站接收则为三向测距。对 DS1 任

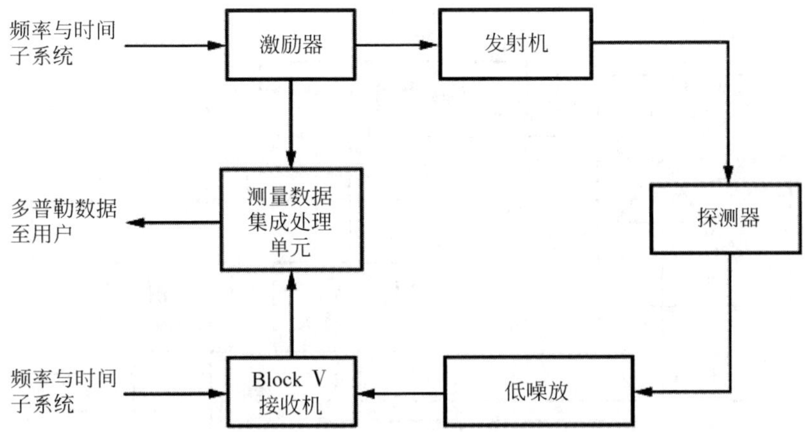

图 5-9 DSN 多普勒系统

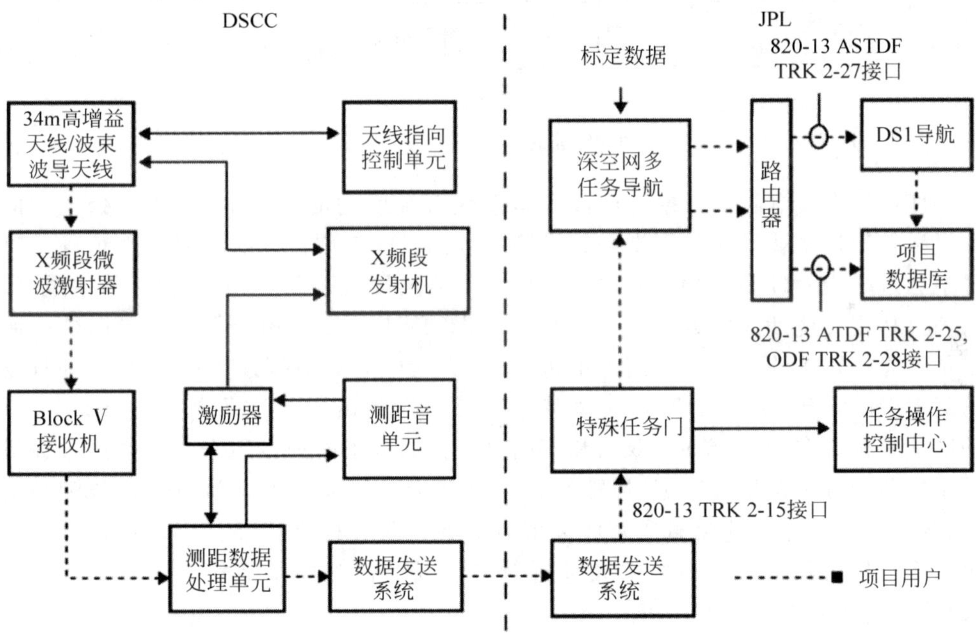

图 5-10 DSN 终端到终端无线电测量数据流程

务，最高频率（“时钟”）提供了精确的距离分辨率。测距剩余部分就是众所周知的解模糊部分。用于解模糊的测距音序列则是根据解模糊所需的精度确定。为了适应拓展任务中下行链路余量低的情况，DS1 对时钟分量（最高频测距音）使用 300s 的积分时间，对低频分量（解模糊测距音）使用 20s 的积分时间。标准 DS1 测距使用 4 号频率分量至 20 号频率分量[17]解模糊。

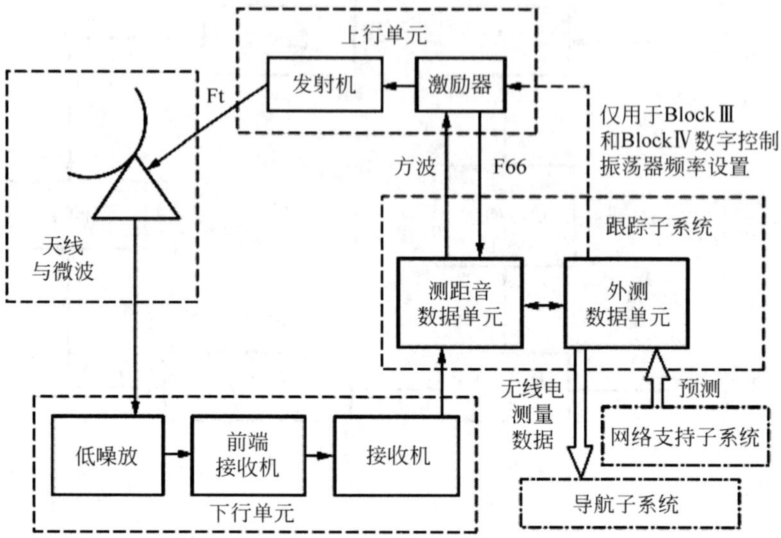

图 5-11 DSN 测距系统

5.5.2.3 地面对多普勒和测距数据的处理

JPL 的无线电测量数据处理部门是多任务导航功能的一部分，用于处理和向项目导航发送多普勒测量数据与距离测量数据。DS1 项目导航有时在轨道确定过程中会进一步处理多普勒测量数据文件和距离测量数据文件，例如相对其他过境，对来自特定过境期间的数据进行加权①处理。DS1 项目依赖于无线电导航数据制定星际飞行轨迹并合理使用离子推进系统，无线电导航数据还生成 P 文件并且发送回 DSN，用于为后续的跟踪过境建立频率与指向预报。预报频率送至 BVR 以辅助接收机锁定/获取单向、双向和三向测量数据。指向预报用来为深空站天线提供俯仰角和方位角预报数据，以驱动过境期间天线转动。指向预报通过与测站类型、测站天线坐标以及探测器总体衰落有关的几张表格进行补充。这些补充表格包括作为仰角和方位角函数的大气折射修正以及作为仰角函数的天线结构变形(因此改变波束方向)。

5.5.3 遥控处理与发射

下列描述是 DS1 所利用的控制系统，图 5-12 给出了与 DS1 遥控处理有关[17]

① 在导航轨道确定过程中如何分配权值是一种艺术，其过程是给有效数据集(甚至是单个测距点)相对于其他数据集分配权重(重要性)。加权可能包含以下因素：连续测量点间的散布数量，一次过境中测距与多普勒的测量点之间的一致性，以及当前过境测量点对前几次过境确定的求解模型的适应情况。由于拓展任务期间的小推力，其作用必须从其他小量受力(如太阳光压)中分离出来，因此 DS1 的定轨过程极具挑战性。

的 JPL 及地面站系统。

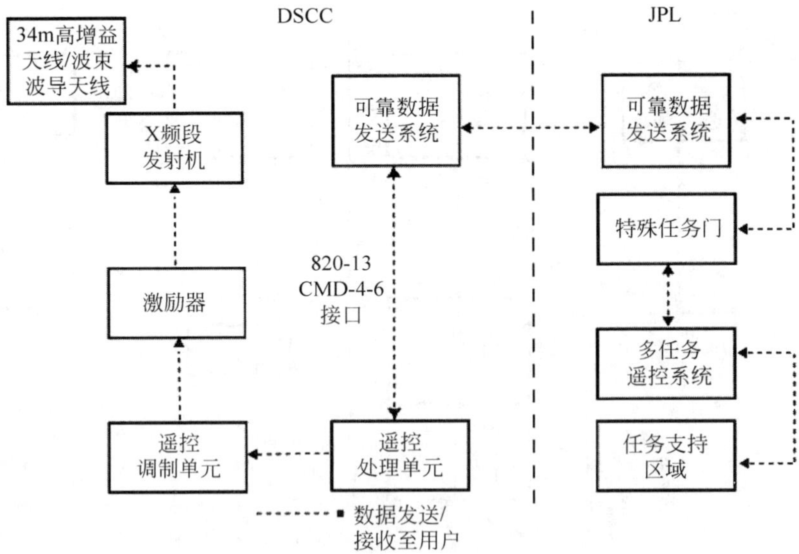

图 5-12 DSN 端对端遥控指令数据流程

在地面站，遥控指令处理器单元(CPA)与遥控指令调制器单元(CMA)计时输出遥控指令码流、调制遥控指令副载波，并为 RF 上行链路载波调制提供副载波激励信号；通过标准和限制表格(S&L)控制码流、遥控指令副载波频率、遥控指令调制度(抑制上行载波)。

在 JPL，由 DS1 的 ACE(实时任务呼叫控制器)管理 DS1 任务支持区(MSA)中的地面站多任务遥控指令系统。在 DS1 关键指令特定时间，如 5.7 节所述的“HGA 活动”经历表明，ACE 能在 2s 标称时间内激活遥控指令发送。

为实现开始或者结束控制指令工作阶段，ACE 需要地面站分别打开或者关闭指令调制器。ACE 可以选择支持的一种上行指令速率，比如 125b/s，选择的速率与指令调制的四个上行抑制载波(调制指令或调制度)中的一个相关。抑制载波信号由地面站 CMA 中四个已经过标定的“缓冲器”产生。CMA 生成遥控指令副载波，其标称频率是 16000.2Hz，该频率与 DS1 中 SDST 副载波跟踪环的最佳锁定频率匹配。CMA 同时将遥控指令码流波形调制到副载波上。

可靠数据分发系统在分期处理阶段将遥控指令文件以及发送分期指令的 ACE 指示命令传输到地面站。在地面站，遥控指令处理器单元通过命令文件和活动信号完成指令码流等数字信号处理。

5.5.4 遥测解调、解码、同步与显示

图 5-13 展示了与 DS1 任务有关的地面站和 JPL 的遥测解调、解码设备组成[17]。

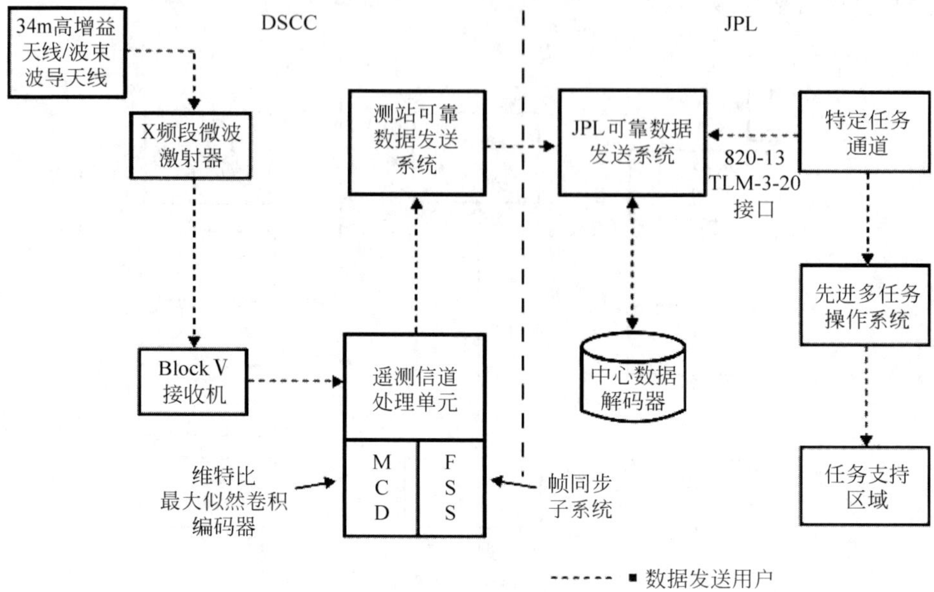

图 5-13 DSN端对端遥测数据流程(来自 871-010-030[11])

先进的多任务操作系统(AMMOS)在准实时(最大延迟 1min)和非实时(尽可能完整地生成数据记录,但是要保证在跟踪结束后 2h 之内提交数据)两种模式下处理遥测数据。非实时模式包括深空站和JPL之间丢失数据的重新传输以及必要时数据记录中心(CDR)的数据重放。

JPL的遥测数据处理包括为接收数据包中的数据"波道化",整理实时传送的或来自探测器存储器的遥测数据,为接收数据打时间标志,时标时间为地面接收时间(ERT)或者航天器事件发生时间(SCET)。

测站配置与性能("监视")数据由位于测站的链路监视与控制(LMC)单元输出。监视数据波道化类似于遥测数据波道化。可用于通信分析的显示或者查询。

图 5-14 给出了测站 DS1 遥测解调和解码设备的更多细节。该设备仍然在某些任务中使用,尽管 Turbo 码是最近任务的标准编码方式。

每个冗余的 BVR 都具有接收(锁定)载波、遥测副载波、遥测信号流的锁相环。对于 2100b/s 或更高的遥测码速率,DS1 生成 375kHz 副载波;码速率低于 2100b/s 时,DS1 生成 25kHz 的副载波。DS1 的 X 频段载波调制度从最低 40°(数据率 10b/s)到最高 72°(数据率 19908b/s)。

对于 DS1,BVR 发送遥测信号到最大似然卷积解码器(MCD)。DS1 通常使用的(15,1/6)卷积码要求使用 MCD3。一对 MCD/FSS(帧同步系统)构成一个遥测信道单元(TCA)。遥测群控制器(TGC)控制 TCA1(包括 MCD3)和 TCA2(包括

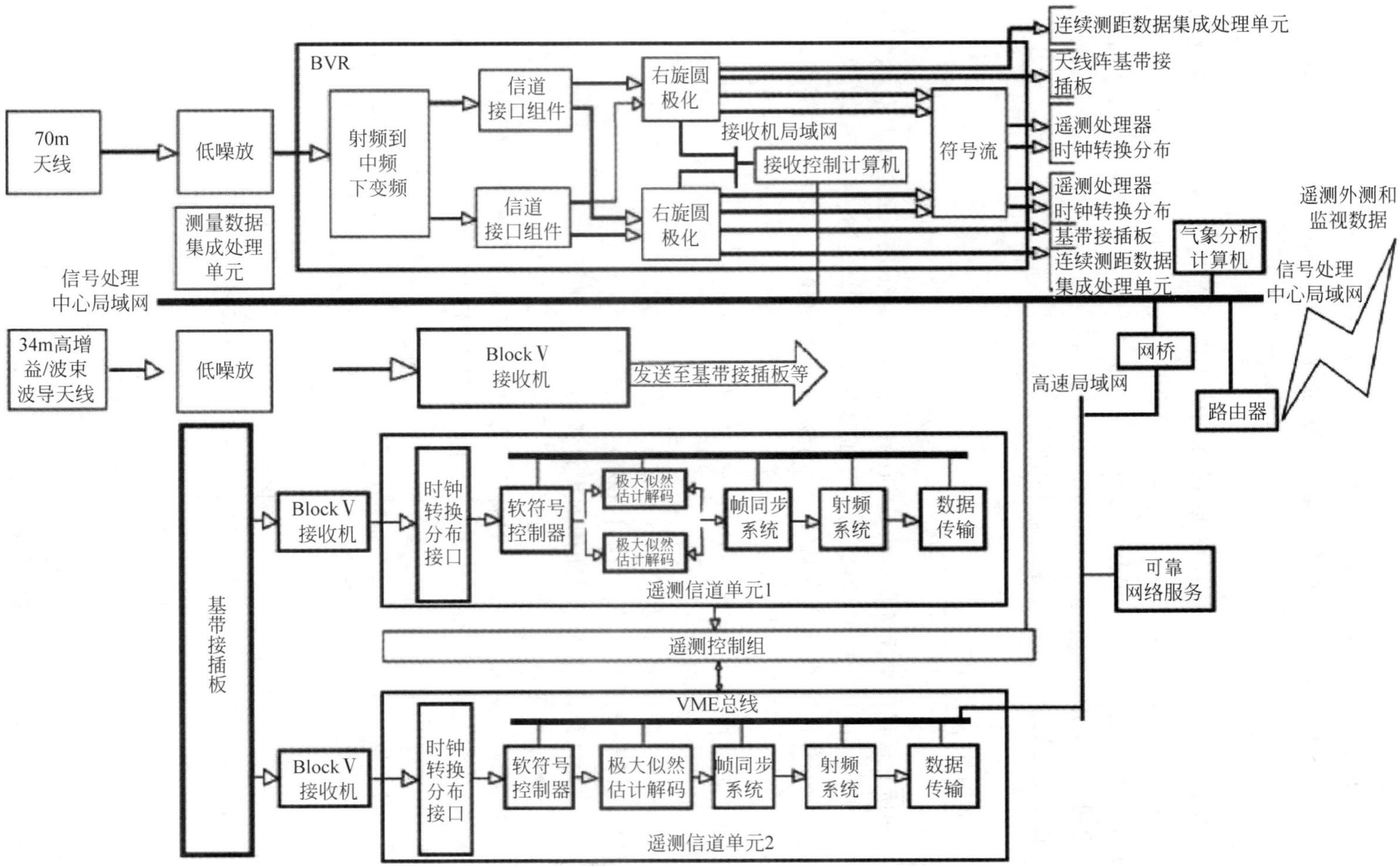

图 5-14　DSN 遥测解调和遥测数据(来自 871-010-030)

MCD2)的操作。①

对于DS1,MCD将解码后的遥测码流输出到帧同步器(FS)子系统。MCD指示锁定后,FSS要求至少识别两个连续的帧同步字才能将遥测输出(“流”)到项目组,验证需要识别第三个同步字。识别和验证同步字允许的不匹配配位数可在软件中设定。

在DS1的MSA中,准实时数据以“广播”形式发往测控站,测控站能够以DMD(数据监视与显示)方式显示这些数据。数据监视与显示页可以是列表形式、图形或者是特定格式的“固定”页。此外,DS1分析人员在工作站中既可查询遥测数据,也可查询测站监视数据。查询输出结果能够以表格或者图形方式显示在屏幕上,或者发送到打印机或保存为文件以便进一步处理。

5.6 通信链路性能

正如所有现代深空任务那样,DS1通信链路性能余量估算采用统计技术的均值和方差方法,并且进一步以参数置信限和参数统计分布(均匀、高斯等)表示DS1通信链路的变化特性[18]。当在轨飞行的链路性能和建模预测的链路性能产生较大差异时,链路模型(比如LGAX天线方向图,SDST下行链路中遥测信号与测距信号调制相互影响)利用附加或迭代评估现有数据的方式,对根据理论或者发射前早期测量数据建立的模型进行修正。

DS1链路功能包括遥控、遥测和测距三个部分。每种功能均包含链路性能满足项目规定标准条件下的最小信噪比(称为“阈值”)。

链路性能计算是本书保留使用的设计控制表。在轨飞行中DS1运行要满足下列条件下的链路余量:①遥控:平均−3倍标准偏差(3σ);②遥测:平均−2倍标准偏差(2σ);③测距:平均−2倍标准偏差(2σ)。遥控指令链路没有纠错编码,因此数据流码率与通道符号率相同。遥测链路采用级联RS与卷积编码。在DCT中参数σ是指遥控指令E_b/N_0(码能量与噪声谱密度之比)、遥测E_s/N_0(符号能量与噪声谱密度之比)或者下行链路测距P_r/N_0(测距功率与噪声谱密度之比)的标准方差。② N_0是噪声谱密度、E_b是每个码能量、E_s是每个符号能量、P_r是测距功率。

表5-2～表5-4是包括DS1通信性能预测的设计控制表(DCT),由一个通信预报软件(TFP)工具生成。仍然用于深空通信性能预测的TFP是一个建立在

---

① MCD2和MCD3是不同类型的最大似然卷积解码器。后开发的MCD3可以处理$r=1/2$和$r=1/6$的编码。虽然有些深空任务仍然在使用,但$r=1/6$码已被替代为Turbo码,经过消耗,MCD3越来越少。

② 测距设计控制表定义了P_r/N_0均值和方差,作为通信分析的数量底线,可以与类似命名的测控站监视数据通道相比较。除此之外,导航也定义了一个测距“σ”(作为P_r/N_0的一个函数计算,但是这没有包含在DS1的设计控制表中)作为预测的距离测量离散结果。

Matlab[19]平台上用于链路性能预测的多任务工具。DS1 的 TFP 预测软件使用了针对测站参数的标准模型(每个项目的 TFP 都相同)和与之适应的探测器模型参数。

表 5-2 DS1 上行链路(遥控和测距)设计控制

参数	数值		
基本链路条件			
预测时间	2000-173T16:00:00 UTC		
上/下行链路	双向		
射频频段	X:X		
通信链路	DSS-14-高增益,配置 A-DSS-14		
遥控上行链路输入参数			
遥控数据速率/(b/s)	2000		
遥控调制度/rad	1.20		
遥控测距调制度/(°)	44.9		
操作模式	通用		
任务阶段	发射段		
DSN 站点	Gold-Gold		
DSN 仰角	可视		
天气转好的百分比概率/%	25		
姿态指向	指向地球		
外部数据			
距离/km	3.0816×10^8		
距离/AU	2.0599		
单向光行时/(hh:mm:ss)	00:17:07		
测站仰角/(°)	14.41		
DOFF:HGA、KHA /(°)	2.50	2.50	
DOFF:LGA1、LGA2、LGA3/(°)	2.50	92.50	87.50
Clk:HGA、KHA/(°)	159.49	0.00	
Clk:LGA1、LGA2、LGA3/(°)	159.49	0.00	0.00
探测器附加天线指向偏移/(°)	2.5		
考虑的 DSN 站	DSS-14/DSS-14		
时间	0.00	开始后的小时数	

表 5-2 DS1 上行链路(遥控和测距)设计控制(续)

链路参数	单位	设计值	不利公差	有利公差	平均值	方差
发射机参数						
1. X 频段总发射功率	dBm	73.01	0.00	−1.00	72.68	0.0556
2. X 频段发射波导损耗	dB	−0.41	0.05	−0.05	−0.41	0.0004
3. DSN 天线增益	dBi	72.45	0.20	−0.20	72.45	0.0133
4. 天线指向损耗	dB	−0.10	0.10	−0.10	−0.10	0.0017

续表

链路参数	单位	设计值	不利公差	有利公差	平均值	方差
5. EIRP(1+2+3+4)	dBm	144.62	−0.80	−0.80	144.62	0.0710
路径参数						
6. 空间损耗	dB	−279.33	0.00	0.00	−279.33	0.0000
7. 大气衰减	dB	−0.14	0.00	0.00	−0.14	0.0000
接收机参数						
8. 极化损耗	dB	−0.03	0.10	−0.10	−0.03	−0.0033
9. 探测器天线指向控制损耗	dB	−0.30	0.20	−0.20	−0.30	0.0133
10. 视轴偏差(DOFF)损耗	dB	−0.44	0.43	−0.48	−0.47	0.0691
11. 探测器天线增益(视轴)	dBi	20.10	0.50	−0.50	20.10	0.0417
12. 总电路损耗	dB	−1.79	0.30	−0.30	−1.79	0.0300
总功率汇总						
13. 总接收功率(5+6+7+8+9+10+11+12)	dBm	−117.34	−1.43	1.43	−117.34	0.2284
14. 噪声谱密度	dBm/Hz	−172.22	−0.70	0.66	−172.23	0.0779
15. 系统噪声温度	K	434.75	−65.08	71.69	436.95	779.9427
16. 接收的 P_t/N_0(13−14)	dB-Hz	54.89	1.66	−1.66	54.89	0.3063
17. 要求的 P_t/N_0	dB-Hz	50.60	0.00	0.00	50.60	0.0000
18. P_t/N_0 余量(16−17)	dB	4.29	1.66	−1.66	4.29	0.3063
19. P_t/N_0 余量(1σ)	dB	0.00	0.00	0.00	0.55	0.0000
20. P_t/N_0 余量(3σ)(18−3×19)	dB	0.00	0.00	0.00	2.63	0.0000
载波性能						
21. 恢复的 P_t/N_0(16+[AGC+BW])	dB-Hz	54.89	1.66	−1.66	54.89	0.3063
22. 遥控载波抑制	dB	−3.46	0.20	−0.20	−3.46	0.0067
23. 测距载波抑制	dB	−3.00	0.10	−0.10	−3.00	0.0017
24. 载波功率	dBm	−123.80	−1.46	1.46	−123.80	0.2367
25. 接收的 P_c/N_0(21+22+23)	dB-Hz	48.43	1.68	−1.68	48.43	0.3146
26. 载波环路噪声带宽	dB-Hz	20.16	−0.20	0.15	20.13	0.0102
27. 载波环路 SNR(CNR)(25−26)	dB	28.30	1.71	−1.71	28.30	0.3248
28. 推荐的 CNR	dB	12.00	0.00	0.00	12.00	0.0000
29. 载波环路 SNR 余量(27−28)	dB	16.30	1.71	−1.71	16.30	0.3248
信道性能						
30. 遥控数据抑制	dB	−3.04	0.17	−0.18	−3.04	0.0051
31. 测距数据抑制	dB	−3.00	0.10	−0.10	−3.00	0.0017
32. 接收 P_d/N_0(21+30+31)	dB-Hz	48.85	1.68	−1.68	48.85	0.3130

续表

链路参数	单位	设计值	不利公差	有利公差	平均值	方差
33. 3σ 的 P_d/N_0(32−3× $\sqrt{[32\text{var}]}$)	dB-Hz	47.17	0.00	0.00	47.17	0.0000
34. 数据速率	dB-Hz	33.01	0.00	0.00	33.01	0.0000
35. 现有的 E_b/N_0(32−34)	dB	15.84	1.68	−1.68	15.84	0.3130
36. 执行损耗	dB	1.50	−0.50	0.50	1.50	0.0833
37. 射频损耗	dB	0.00	−0.30	0.30	0.00	0.0300
38. 输出 E_b/N_0(35−36−37)	dB	14.34	1.96	−1.96	14.34	0.4264
39. 要求的 E_b/N_0	dB	9.60	0.00	0.00	9.60	0.0000
40. E_b/N_0 余量(38−39)	dB	4.74	1.96	−1.96	4.74	0.4264
41. 1σ 的 E_b/N_0 余量	dB	0.00	0.00	0.00	0.65	0.0000
42. 3σ 的 E_b/N_0 余量(40−3×41)	dB	0.00	0.00	0.00	2.78	0.0000
43. 误码率(来自 38)	无	8.5494×10^{-14}				

表 5-3 DS1 下行链路(遥测与测距)设计控制表

参数	数值
基本链路条件	
预测时间	2000-173T16:00:00 UTC
上/下行链路	双向
射频频段	X:X
双工模式	未使用
低噪声功放选择	LNA-1
通信链路	DSS-14-高增益,配置 A-DSS-14
遥测下行链路输入参数	
编码	RS(255,223) 与卷积编码 (15,1/6)交织
载波跟踪	残留载波
振荡器	VCO
副载波模式	方波
锁相环带宽	1.00Hz
遥测模式	工程遥测(ENG)-实时
遥测数据率/调制度	3150b/s / 65.80°(38 DN)
操作模式	常用模式
任务阶段	发射段
DSN 站	Gold-Gold
DSN 仰角	可视
好天气百分比概率/%	25
姿态指向	指向地球
外部数据	
距离/km	3.0816×10^{8}

续表

参　　数	数　　值		
距离/AU	2.0599		
单向光行时/(hh:mm:ss)	00:17:07		
测站仰角/(°)	14.41		
DOFF:HGA、KHA /(°)	2.50	2.50	
DOFF:LGA1、LGA2、LGA3/(°)	2.50	92.50	87.50
Clk:HGA、KHA/(°)	159.49	0.00	
Clk:LGA1、LGA2、GA3/(°)	159.49	0.00	0.00
探测器附加天线指向偏移/(°)	2.5		
考虑的 DSN 站	DSS-14/DSS-14		
时间	0.00　开始后的小时数		

表 5-3　DS1 下行链路(遥测与测距)设计控制(续)

链路参数	单位	设计值	不利公差	有利公差	平均值	方差
发射机参数						
1. 探测器发射功率	dBm	40.97	0.50	−0.50	40.97	0.0417
2. 探测器发射馈线损耗	dB	−1.91	0.30	−0.30	−1.91	0.0300
3. 探测器天线增益	dBi	24.60	0.60	−0.60	24.60	0.0600
4. 视轴偏差(DOFF)损耗	dB	−0.98	0.21	−0.19	−0.97	0.0134
5. 探测器指向控制损耗	dB	−0.30	0.20	−0.20	−0.30	0.0133
6. 有效发射功率(1+2+3+4+5)	dBm	62.39	1.19	−1.19	62.39	0.1584
路径参数						
7. 空间损耗	dB	−280.73	0.00	0.00	−280.73	0.0000
8. 大气衰减	dB	−0.14	0.00	0.00	−0.14	0.0000
接收机参数						
9. DSN 天线增益	dBi	74.00	0.20	−0.20	74.00	0.0133
10. DSN 天线指向损耗	dB	−0.10	0.10	−0.10	−0.10	0.0033
11. 极化损耗	dB	−0.02	0.10	−0.10	−0.02	0.0033
总功率						
12. 总接收功率(6+7+8+9+10+11)	dBm	−144.61	−1.27	1.27	−144.61	0.1784
13. 天顶方向系统噪温	K	18.39	−2.00	2.00	18.39	0.6667
14. 一定仰角条件下的系统噪温	K	5.02	0.00	0.00	5.02	0.0000
15. 大气引入的系统噪温	K	8.60	0.00	0.00	8.60	0.0000
16. 太阳引入的系统噪温	K	0.00	0.00	0.00	0.00	0.0000
17. 其他发热体引入的系统噪温	K	0.00	0.00	0.00	0.00	0.0000
18. 总系统噪温(13+14+15+16+17)	K	32.01	−2.00	2.00	32.01	0.4444

续表

链路参数	单位	设计值	不利公差	有利公差	平均值	方差
19. 噪声谱密度	dBm/Hz	−183.55	−0.28	0.26	−183.56	0.0082
20. 接收的 P_t/N_0(12−19)	dB-Hz	38.95	1.30	−1.30	38.95	0.1866
21. 要求的 P_t/N_0	dB-Hz	38.30	0.00	0.00	38.30	0.0000
22. P_t/N_0 余量(20−21)	dB	0.65	1.30	−1.30	0.65	0.1866
23. 1σ 的 P_t/N_0 余量	dB	0.00	0.00	0.00	0.43	0.0000
24. 2σ 的 P_t/N_0 余量(22−2×23)	dB	0.00	0.00	0.00	−0.22	0.0000
载波性能						
25. 接收 P_t/N_0(20+[AGC+BPF])	dB-Hz	38.95	1.30	−1.30	38.95	0.1866
26. 遥测载波抑制理论值	dB	−7.75	0.56	−0.61	−7.76	0.0570
27. 非线性 SDST 遥测载波抑制	dB	0.20	0.20	−0.20	0.20	0.0067
28. 总遥测载波抑制(26+27)	dB	−7.56	−0.76	0.76	−7.56	0.0637
29. 测距载波抑制理论值	dB	−0.26	0.04	−0.05	−0.26	0.0003
30. 非线性 SDST 测距载波抑制	dB	−0.54	0.20	−0.20	−0.54	0.0067
31. 总测距载波抑制(29+30)	dB-Hz	−0.80	−0.25	0.25	−0.80	0.0070
32. 差分单向测距载波抑制	dB	0.00	0.00	0.00	0.00	0.0000
33. 载波功率(12+28+31+32)	dBm	−152.97	−1.50	1.50	−152.97	0.2491
34. 接收 P_c/N_0(25+28+31+32)	dB-Hz	30.58	1.52	−1.52	30.58	0.2573
35. 载波环噪声带宽	dB-Hz	0.00	0.00	0.00	0.00	0.0000
36. 载波环信噪比(34−35)	dB	30.58	1.52	−1.52	30.58	0.2573
37. 推荐的信噪比	dB	10.00	0.00	0.00	10.00	0.0000
38. 载波环信噪比余量(36−37)	dB	20.58	1.52	−1.52	20.58	0.2573
遥测参数						
39. 遥测数据抑制理论值	dB	−0.80	0.11	−0.12	−0.80	0.0023
40. 非线性 SDST 遥测数据抑制	dB	0.00	0.20	−0.20	0.00	0.0067
41. 总遥测数据抑制(39+40)	dB	−0.80	−0.28	0.28	−0.80	0.0090
42. 测距数据抑制理论值	dB	−0.26	0.04	−0.05	−0.26	0.0003
43. 非线性 SDST 测距数据抑制	dB	−1.10	0.20	−0.20	−1.10	0.0067
44. 总测距数据抑制(42+43)	dB	−1.36	−0.25	0.25	−1.36	0.0070
45. 差分单向测距数据抑制	dB	0.00	0.00	0.00	0.00	0.0000

续表

链路参数	单位	设计值	不利公差	有利公差	平均值	方差
46. 接收的 P_d/N_0(25+41+44+45)	dB-Hz	36.79	1.35	−1.35	36.79	0.2025
47. 2σ 的 P_d/N_0(46−2× $\sqrt{[46\text{Var}]}$)	dB-Hz	35.89	0.00	0.00	35.89	0.0000
48. 数据率	dB-Hz	34.98	0.00	0.00	34.98	0.0000
49. 有效 E_b/N_0(46−48)	dB	1.80	1.35	−1.35	1.80	0.2025
50. 副载波解调损耗	dB	0.01	0.00	0.00	0.01	0.0000
51. 符号同步损耗	dB	0.01	0.00	0.00	0.01	0.0000
52. 射频损耗	dB	0.01	0.00	0.00	0.01	0.0000
53. 输出 E_b/N_0(49−50−51−52)	dB	1.78	1.35	−1.35	1.78	0.2025
54. 输出 SSNR(E_s/N_0)	dB	−6.00	−1.35	1.35	−6.00	0.2025
55. 要求的 E_b/N_0	dB	0.30	0.00	0.00	0.30	0.0000
56. E_b/N_0 余量(53−55)	dB	1.48	1.35	−1.35	1.48	0.2025
57. 1σ 的 E_b/N_0 余量	dB	0.00	0.00	0.00	0.45	0.0000
58. 2σ 的 E_b/N_0 余量(56−2×57)	dB	0.00	0.00	0.00	0.58	0.0000
59. 卷积解码误码率(来自 53)	无	1.1063×10^{-5}				

表 5-4 DS1 测距性能(上行链路与下行链路)设计控制

参数	数值
基本链路条件	
预测时间	2000-173T16:00:00 UTC
上/下行链路	双向
射频频段	X:X
双工模式	未使用
低噪声放大器选择	LNA-1
通信链路	DSS-14-高增益,配置 A-DSS-14
操作模式	通用
任务阶段	发射段
DSN 站点	Gold-Gold
DSN 仰角	可视
天气转好的百分比概率/%	25
姿态指向	指向地球
遥控上行链路输入参数	
遥控数据率/(b/s)	2000
遥控调制度/rad	1.20
遥控+测距调制度/(°)	44.9

续表

参数	数值		
遥测下行链路输入参数			
编码	RS(255,223)与卷积编码(15,1/6)交织		
载波跟踪	残留载波		
振荡器	VCO		
副载波模式	方波		
锁相环带宽/Hz	1.00		
遥测方式	工程(ENG)-实时		
遥测数据率/调制度	3150b/s / 65.80°(38 DN)		
遥测测距/DOR 调制度	0.3rad/0.0rad		
外部数据			
距离/km	3.0816×10^8		
距离/AU	2.0599		
单向光行时/(hh:mm:ss)	00:17:07		
测站仰角/(°)	14.41		
DOFF: HGA、KHA/(°)	2.50	2.50	
DOFF: LGA1、LGA2、LGA3/(°)	2.50	92.50	87.50
Clk: HGA、KHA/(°)	159.49	0.00	
Clk: LGA1、LGA2、GA3/(°)	159.49	0.00	0.00
探测器附加天线指向偏移/(°)	2.5		
考虑的 DSN 站	DSS-14/DSS-14		
时间	0.00	开始后的小时数	

表 5-4　DS1 测距性能(上行链路与下行链路)设计控制(续)

链路参数	单位	设计值	不利公差	有利公差	平均值	方差
上行链路和转发测距通道						
1. 上行链路接收 P_t/N_0	dB-Hz	54.89	1.66	−1.66	54.89	0.3063
2. 上行链路遥控测距抑制	dB	−3.46	0.20	−0.20	−3.46	0.0067
3. 上行链路测距抑制	dB	−3.03	0.10	−0.10	−3.03	0.0033
4. 上行链路 P_r/P_t(2+3)	dB	−6.49	−0.30	0.30	−6.49	0.0100
5. 上行链路滤波损耗	dB	−0.91	0.20	−0.20	−0.91	0.0067
6. 上行链路输出 P_r/N_0 (1+4+5)	dB-Hz	47.49	1.70	−1.70	47.49	0.3229
7. 测距通道噪声带宽	dB-Hz	63.22	−0.43	0.20	63.14	0.0176
8. 上行链路测距信噪比(6−7)	dB	−15.65	−1.75	1.75	−15.65	0.3406
下行链路测距通道						
9. 下行链路接收 P_t/N_0	dB-Hz	38.95	1.30	−1.30	38.95	0.1866
10. 遥测抑制理论值	dB	−7.75	0.56	−0.61	−7.76	0.0570
11. 非线性 SDST 遥测抑制	dB	−0.57	0.20	−0.20	−0.57	0.0067
12. 下行链路总遥测抑制	dB	−8.34	−0.76	0.76	−8.34	0.0637

续表

链路参数	单位	设计值	不利公差	有利公差	平均值	方差
13. 测距调制损耗理论值	dB	−28.30	2.38	−2.46	−28.33	0.9756
14. 非线性 SDST 测距调制损耗	dB	0.00	0.20	−0.20	0.00	0.0067
15. 下行链路总测距调制损耗	dB	−28.33	−2.97	2.97	−28.33	0.9823
16. 下行链路 P_r/P_t(12+15)	dB	−36.66	−3.07	3.07	−36.66	1.0460
17. 下行链路接收的 P_r/N_0 (9+16)	dB-Hz	2.28	3.33	−3.33	2.28	1.2326
18. 下行链路噪声损耗	dB	0.00	0.00	0.00	0.00	0.0000
19. 下行链路输出 P_r/N_0 (17+18)	dB-Hz	2.28	3.33	−3.33	2.28	1.2326
20. 下行链路输出 P_r/N_0,1σ	dB-Hz	0.00	0.00	0.00	1.11	0.0000
21. 下行链路输出 P_r/N_0,平均 2σ	dB-Hz	0.06	0.00	0.00	0.06	0.0000
22. 下行链路要求的 P_r/N_0	dB-Hz	−10.00	0.00	0.00	−10.00	0.0000
23. 测距余量,平均(19-22)	dB-Hz	12.28	3.33	−3.33	12.28	1.2326
24. 测距余量,平均 2σ(21-22)	dB-Hz	10.06	0.00	0.00	10.06	0.0000

3 个设计控制表(DCT)对应于任意指定的时间点 2000-173/16:00UTC(太平洋夏令时 2000 年 6 月 21 日上午 9 点)。在这个指定时间上,由位于戈尔德斯通的 70m DSS-14 天线按计划对 DS1 探测器实施测控操作。探测器配置了 X 频段上/下行链路,工作于 HGA。遥控速率为 2000b/s,上行链路调制度为 1.2rad。测距同样分走了载波能量,载波下降为 3dB。下行链路速率为 3150b/s,调制度为 65.8°。下行测距为相位调制,调制度为 0.3rad。假定 HGA 轴向偏离地球 2.5°。

TFP 给出了链路性能的时间变化,以表格(列数读入电子数据表进行格式化或者打印)或者以绘图方式显示或打印。

DSS-14 在 2000 年 6 月 21 日完整过境期间测距和遥测性能汇总在 3 个设计控制表制作前的两幅图(图 5-15 和图 5-16)中。使用生成 3 个设计控制表同样的电脑生成该图。两幅图包含每隔 20min 的预测值,开始时间为 16:00UTC,直至第二天 04:00UTC。绘制图中数值是参数平均值。

第一幅图给出了下行链路测距的平均 P_r/N_0,其极大阈值为 −10dB,上行链路遥控平均 E_b/N_0 极小阈值为 +9.6dB。第二幅图给出了测站最高仰角,也给出了下行链路遥测平均 E_s/N_0 最小阈值为 −7.5dB。图 5-15 与图 5-16 分别给出了下行链路的 P_r/N_0 以及上行链路的 E_b/N_0、测站的仰角和下行链路遥测信号信噪比。

图 5-15 表明 2000 年 6 月 21 日 DSS-14 站过境期间测距性能(作为下行链路测距功率与噪声谱密度比的预测值)的变化。低于 −10dB 阈值时,测距性能不能满足导航要求;低于 −5dB 时,性能勉强能满足要求。

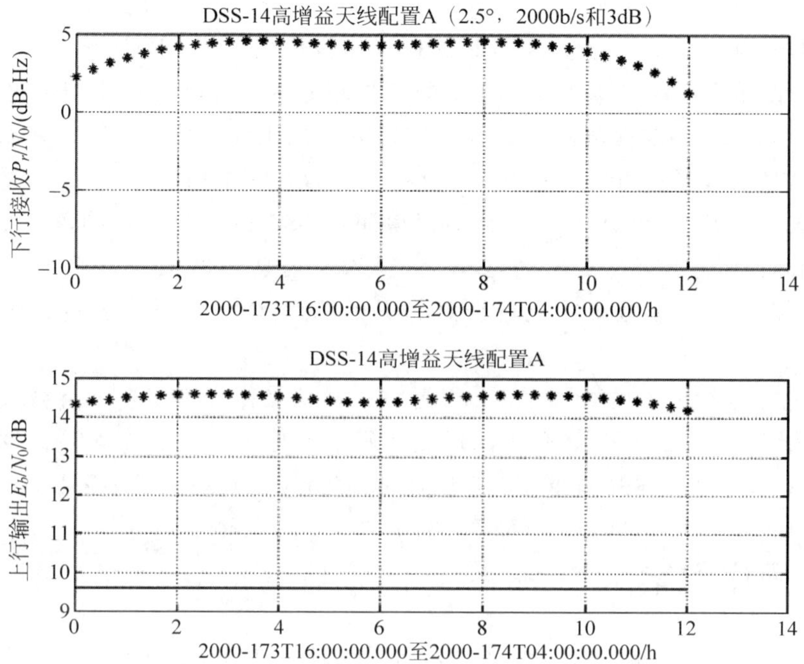

图 5-15　下行链路 P_r/N_0 与上行链路 E_b/N_0

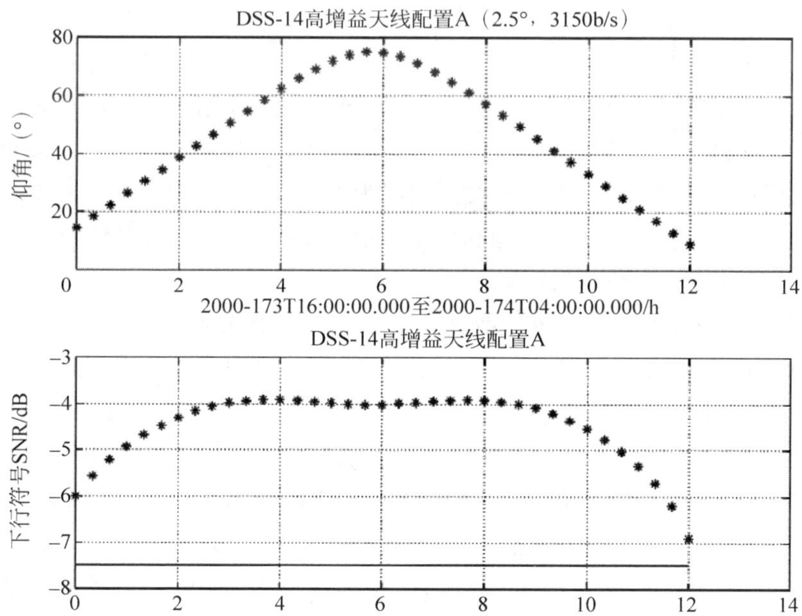

图 5-16　深空站仰角与下行链路遥测符号信噪比

图5-15也给出了相同过境时2000b/s遥控指令性能(作为上行链路遥控指令位能量与噪声谱密度之比)。误码率为10^{-5}的阈值是+9.6dB。

上行链路测距载波抑制为3dB,上行遥控指令载波抑制为-3.5dB,这是2000年中期70m深空站与探测器高增益天线调制的DS1标准值。下行链路测距调制度为17.5°(低),遥测调制度为65.8°,这些也是DS1标准值。

图5-16给出了2000年6月21日过境期间DSS-14深空站的仰角变化。因为仰角较低时信号要穿过更厚的地球大气层,大气衰减增加并且系统噪声温度(SNT)更高。大气衰减影响上行链路和下行链路,但系统噪声温度只影响下行链路。

图5-16也给出了预测的3150b/s遥测符号信噪比(SSNR),下行载波测距调制度也为"低"。(15,1/6)级联码的遥测解码阈值是-7.5dB(SSNR)。DS1试验表明当BVR生成的SSNR低于-7.5dB时,使用MCD3解码不太可行。

5.7 操作方案

下面的方案主要描述了在任务特定阶段或者主要的任务活动和模式背景之下测控通信系统的操作模式。

5.7.1 发射段

DS1发射前的通信操作主要问题是确定SDST是以相干模式还是以非相干模式工作。最终选择了非相干模式(相干模式不可用)。做出这一选择的最重要考虑是无论上行链路是否锁定,非相干模式均能为BVR捕获提供无模糊的下行链路频率。另外,除非使用相干模式时能利用上行链路锁定载波立刻提供双向多普勒数据以修正发射轨道,否则意义不大。

探测器发射时使用LGAZ天线,LGAZ-对地张角较小,发射一天后,LGAZ-对地指向张角大约为20°。LGA对地指向范围大,可以为上/下行链路提供遥控和遥测能力。发射时解码前的指令速率是125b/s。下行副载波为25kHz、调制度为40°并采用(7,1/2)卷积编码时,下行链路数据速率为2100b/s。初始捕获段,SDST为相干模式("TWNC[双向非相干]"模式关闭),开启X频段测距信道。大约发射一天后,上行链路码速率调整为2000b/s,同时激活发射前存储在探测器的小块指令链,从而将下行链路数据率调整为19908b/s,遥测副载波频率调整为375kHz,遥测通信调制度调整为65.8°。该配置在任务头两周内保持不变。

5.7.2 安全模式

安全模式通常发生在探测器故障保护软件检测到某些问题并需要地面进行干预的情况。(针对当前探测器,可以对 DS1 安全模式进行配置,比如升级后的飞行软件“重新启动”)

根据出现的不同故障,DS1 原来实施的安全模式是将探测器 $+X$ 轴指向太阳或者地球。从 1999 年后期发生 SRU 故障之后,DS1 安全模式始终将 $+X$ 轴指向太阳,同时探测器绕 X 轴以每小时一周的速度旋转。系统故障保护软件运行一个“通信脚本”(指令序列不变,但定义了指令之间的时间间隔)来配置 SDST、XPA 和天线,以提供最大程度的遥控能力和地面站接收门限以上的遥测接收能力。2001 年 3 月以前大多数安全模式下的通信配置(非相干模式,7.8125b/s 指令速率,40b/s 遥测速率,25kHz 遥测副载波频率,(7,1/2)卷积编码,测距关闭,Ka 频段下行链路关闭)类似于发射模式配置。

整个任务期间,通信脚本方案更新为选择哪些天线和控制具体的下行遥测数据速率。这些更新内容与下行链路性能的变化相匹配,该变化主要由 DS1 到地球之间的距离变化和太阳-探测器-地球之间的夹角变化引起。通信脚本方案升级由地面通过上传命令文件的方式完成。2001 年 3 月到任务结束,脚本方案选择了 LGAX 天线,79b/s 遥测速率和(15,1/6)编码方式。

5.7.3 停泊过境(高增益天线指向地球,高速率)

“停泊”一词是指探测器停止任务活动并使高增益天线指向地球进行通信。停泊过境按照计划大约每周一次下传自上次停泊过境后积累的遥测数据,上传新的指令序列,提供测距与多普勒数据。在过境开始之前通过 IPS 推进,探测器可能已定向“恒星”,由于 $+X$ 轴会偏离地球,可能只有最基本的对地通信。SRU 故障后,停泊过境时 $+X$ 轴指向地球的过程是基于 DS1 星上算法控制探测器指向姿态,不再使用 SRU。跟踪开始之前,探测器依次进行停止对地指向推进[①]过程,转向“地球恒星”参考,使 $+X$ 轴方向靠近地球,同时选择高增益天线,重新启动 IPS 推进,开启 X 频段下行链路(通过开启 X 频段激励器)。根据要下传的遥测数据量,遥测数据量较小时,在整个过境期间打开测距通道;遥测数据量较大时,在部分过境期间打开测距通道。停泊过境结束前 1～2h,探测器逆向重新完成这些过程:探测器

① 对地指向推进对于运行轨道有害无益,但可以节约非常有限的姿态控制推进剂——肼。离子推进系统安装在两个轴上,因此它能够在 X 轴和 Y 轴执行姿态控制。当对地指向需要少量燃料时,肼仅用于控制第三轴(Z 轴)姿态。

恢复推进姿态，重新启动 IPS，并且(仅在计划跟踪结束前)关闭下行链路。[①]

针对一次停泊过境过程，飞行团队基于停泊开始时刻的不同指向精度研究了几种变化形式。最常见的变化形式是当初始的地球参考恒星与地球夹角大于 5°时，或者锁定参考恒星可能存在问题时，飞行团队可以选择利用高增益天线在开始过境时以比较低的遥测速率(79b/s 或者 600b/s，依据指向精度)，但 3h 之后需要利用"救生"程序重新启用 LGAX。通信分析人员会将遥测 E_s/N_0 与预期的偏离地球角度预测值进行比较，然后推荐实时控制采用更高的遥测速率。如果接收信号电平足够强，飞行团队就向 DS1 发送指令"取消"(撤销)救生程序，并继续使用高增益天线。

在指令序列规划期间，通信分析人员确定了每次停泊过境期间的上/下行数据速率，以及与速率有关的调制度数值、副载波频率和是否使用测距通道。分析人员利用 TFP 确定能支持的数据传输速率。在主任务阶段，这些预测结果保存在"数据速率支持能力文件"中，并直接与任务序列软件的界面相连。由于初始阶段需要不断地调整对地球恒星的指向，因此当设计选择地球-恒星时，制订的长期计划将缺乏可行性，为此通信分析人员直接根据每次过境时的对地偏离角进行过境预报。在不同情况下，每个分配的 34m 或者 70m 测控站过境时的数据速率通过处理"服务包文件"加入到指令序列中。

5.7.4 周中过境(以推进姿态操作 IPS)

通常安排在一周之中的前几天交替进行周中过境与停泊过境。周中过境期间，针对 IPS 推进，利用太阳传感器、陀螺仪和科学相机数据(假定当前操作是在 SRU 没有故障的情况下进行)调整探测器三轴指向。主任务期间，由 LGAX 天线或者两个 LGAZ 天线之一控制所需的指向(取决于哪个天线能提供最佳的通信支持服务)。对于剩下的扩展任务，最好选用 LGAX 天线，因为推力姿态导致 $+X$ 轴与地球之间的夹角范围为 0°～50°。如果该夹角小于 7.5°，选用 HGA 天线，它可提供比 LGAX 天线更好的性能，此时无须地球-恒星指向定位操作，且 HGA 天线能同时保证周中过境和停泊过境的通信。对于较大的 $+X$ 轴与地球之间夹角，由 LGAX 天线为周中过境提供信标测音来指示恒星锁定指向算法的稳定性和获取双向多普勒数据，以此确定是否按计划进行推进过程。

至于停泊过境，通信分析人员预报了每次周中过境中上/下行链路随时间变

---

① 在 2001 年 4 月之前，离子推进系统(IPS)运行几乎是以连续的高推进水平来接近 Borrelly。这种由可用的探测器功率确定的推进水平是"一成不变的"，推进方向是在预定时间和相遇距离到达 Borrelly 时确定的一个时间函数。为了持续保留肼，随后飞行任务进入低水平的"脉冲推进"周期，每隔 1～2 周都定向靠近黄极的"北"和"南"推力恒星。经过一段时间，脉冲互相抵消。类似于地球指向推进，脉冲推进不是一个最大推进水平，因此允许在各次过境之间保留 X 频段下行链路。

化的链路性能并分配了 34m BWG、34m HEF、70m 地面站。在这期间(2～3 周时间),由探测器“骨干”任务程序选择可支持的上/下行链路数据速率,安排 34m BWG 测控站使用 4kW,X 频段发射器对应的最低遥控指令速率为 7.8125b/s;安排 34m HEF 或 70m 测控站均使用 20kW 发射机,对应遥控指令数据速率为 125b/s。为了使 IPS 推进能力最大,X 频段下行链路在计划跟踪开始之前一段时间就开启,跟踪结束之前几分钟才关闭。观察信号电平变化以验证正在运行的指令序列。在周中过境期间,探测器工作于相干模式,以提供关于推进的双向多普勒数据。

两次跟踪过境之间探测器通常处于“远程过境”配置状态,以保证面对一个计划外的过境时,DS1 处于可控状态。到任务结束时,远程过境的配置为 LGAX 天线、7.8125b/s 遥控速率、40b/s 遥测速率。

5.7.5 高增益天线的活动(2000 年 1—6 月,2001 年 3 月)

本节加入一些细节来描述 DS1 飞行团队是如何创造性地解决探测器上主要单元,即串联的姿态控制系统故障的。发现故障之后,飞行团队短时间内非常顺利地恢复了 HGA 天线操作。这项原创技术要求高精确和密集重复的实时“地面环路”指向控制。一年多之后,飞行软件进行了更新,通过使用科学照相机在星上完成上述操作中的一部分,最终开发定制了角度偏转和速率控制方案,为 HGA 天线通信、光学导航和 Borrelly 彗星试验提供了足够的指向精度。

DS1 发射时配有太阳敏感器(SSA)、惯性测量单元(IMU)以及前面提到的 SRU;这些设备共同控制探测器的三轴指向。[①] 在主任务运行至 1999 年 11 月 11 日期间,需要高增益天线工作时,高增益天线应指向地球,允许的静态偏差小于 1°。[②] 当天下行链路性能与使用高增益天线对地指向时的下行链路所应该达到的性能不一致。在跟踪站不能捕获预期的下行链路信号后,发现探测器已工作在安全模式(选择 LGAX 天线并且 X 轴指向太阳)。随后的遥测分析显示 SRU 失效。其后的数月时间内,探测器保持在安全模式,仅通过 LGAX 天线完成低速率的上行和下行链路测控通信。

为向地面传回故障期间存储在探测器上有价值的科学数据以及与故障本身密切相关的重要发动机数据,项目飞行团队发明了一种地面环路控制方法,使得探测器指向靠近地球,从而可使用高增益天线。这种控制方法采用延迟的反馈控制环

---

① 太阳敏感器不用于三轴姿态控制或者正常操作,仅恒星参考单元和惯性测量单元用于正常的操作。

② 术语“死区”源于反馈控制理论。这里它是指实际指向相对预设的坐标轴(X,Y,Z)偏移的一个角度(1°)。当实际指向和预定坐标轴指向之间的差别达到死区限制(如+1°),控制系统在相反方向点火推进。只要指向误差仍在死区范围之内,就会发生纠正动作。

路操作。分析人员分析探测器与地面站的实时数据，随后立刻实时发送修正的遥控指令，但始终存在几十分钟的时间延迟，这是地球与探测器之间的光程差引入的。地面环路控制方法的基本思想是将探测器＋X 轴指向太阳的姿态变为＋X 轴接近地球。通过结合惯性控制与姿态控制系统，只依靠陀螺仪与太阳敏感器的输入来实现控制。控制过程的第一步是确定位置（天线停止）；第二步是保持位置（保持天线指向）。

有必要对这一特殊模式进行详细的描述，因为它包含了测控通信分析人员在监视和评估下行链路电平变化重要性方面的大量实用技巧。最基本的测量是以 P_c/N_0（载波功率噪声谱密度比）为代表的载波性能。分析人员需实时评估发送何种遥控指令以及何时发送指令。遥控指令用来改变探测器运动与指向。初始运动称之为"圆锥运动"，是指探测器绕太阳与探测器连线旋转，此时＋X 轴与太阳之间有一个固定偏移角（等于太阳-探测器-地球角）。旋转（圆锥运动）速率为每圈 45min。[①] 当圆锥运动受控停止时，由于惯性作用，最后＋X 轴指向靠近地球。指向控制也控制一个＋X 轴指标，通过选择一些度数（2°～8°），以补偿过境期间几小时内的陀螺仪漂移。

5.7.5.1 用计划工作表控制天线靠近地球

Excel 计划电子表格仅需要简单且快速的输入，便可提供简单且明确用途的输出，这对于实现从＋X 轴到对日指向的 HGA 天线初始指向是至关重要的。DS1 项目通信分析人员开发的分析计划表格副本见表 5-5，其还被 ACE 用于管理 2000 年 6 月 12 日特定测站"停止圆锥旋转"活动的时间。

过境开始前，通信分析人员用分配跟踪开始和结束时间、"开始圆锥旋转"和"最终状态"序列的开始时间以及单向光程时等参数定制电子表格。表 5-5 显示了三部分电子表格之一，一旦分析人员填写完"观测"时间，将更新两个"动作"单元内的时间。这两个动作时间是：①地面站打开发射机并开始进行上行链路捕获扫描的时间；②DS1 控制器（ACE）将发送"停止圆锥旋转"激活指令的时间。

探测器上"开始旋转"指令序列使探测器进入姿态控制系统模式，确保 HGA 的视轴将周期性地扫过地球。通信系统从 LGAX 切换到 HGA，从下行链路载波中去掉遥测，并且遥控速率设置为 31.25b/s。＋X 轴从太阳移开，移开的角度等于太阳-探测器-地球夹角，探测器顺序开始绕太阳-探测器连线，以 45min/周速度旋转。

---

① 与安全模式下的每圈 60min 相比，圆锥运动速率为每圈 45min。作为 SRU 恢复重设飞行操作的一部分，设置的圆锥速率尽可能快，同时为飞行器提供足够时间获取"停止圆锥运动"的指令。发射前预先设定的安全模式速率不会因为任务的原因而改变。

表 5-5 2000 年 6 月 12 日“HGA 活动计划电子表”副本

实施方案(基于两次可见的峰值)								
实施日期	2000/06/12							
单向光行时_秒	1012							
单向光行时	0:16:52							
双向光行时	0:33:44							
时间间隔=	0:45:00	(两次峰值时间间隔)					否	相干?
输入项目				不启动地面站上行链路圆锥扫描			否	Ka 频段下行?
观测类型				计划次数/区间			否	全频谱记录?
地面站	航天器事件	网络控制中心	队列				否	上行圆锥扫描?
发送	发生时间	接收	接收	内容	dB 或时间			
		9:00:00	0:00:00	观测:第一次 HGA 峰值并停止 HGA				
		8:59:45		消除延迟的观测时间				
		9:45:00		预计第二次 HGA 峰值时间	标称值=	0:45:00		
	观测→	9:45:00	9:45:00	观测:第二次 HGA 峰值并停止 HGA	时间间隔=	0:45:00	(两次峰值间隔)	
		10:30:00	10:30:00	第三次 HGA 峰值预期时间				
9:56:04		10:29:48	10:29:48	预计第三次峰值时间(消除延迟)				
9:48:00				开始更新 Excel 表格(第二次峰值后 1min)	工作时间=	0:05:19		
9:49:19	→警告			给出探测器地面站驱动时间				
9:49:19				探测器确认遥控缓存,选择 31.25b/s	标称值=	0:11:19		
9:54:19	←实施		9:54:19	34m 地面站发射机开	时间间隔=	0:09:19	(驱动—峰值)	

续表

发送	发生时间	接收	接收	内容	dB或时间		
				启扫(3段+/-10kHz,扫速300Hz/s=0:01:40)			
9:55:59				预期扫描结束时间(基于捕获和标称ETX30XCN计算时间0:01:40)			
9:56:04				扫描结束后,地面站打开遥控调制开关			
9:56:11				探测器确认遥控调制开	标称时间=	0:13:24	
9:56:24	←实施		9:56:24	停止扫描,启动遥控bit1(驱动开始+0:02:05)	时间间隔=	0:11:24	(bit1-峰值)
9:56:27				实际发射开始,包括遥控系统延迟			
9:56:51	10:13:43			发射结束后启动遥控(31.25b/s,包括vc5尾序列)			
9:56:52	10:13:44			执行序列开始			
9:56:52	10:13:44			执行序列结束			
9:57:44	10:14:36	10:31:28		HGA天线停止	0:01:40	到达三次实际峰值	
		10:32:10	10:32:10	预期高增益天线停止	0:02:10	标称值 0:00:42	(停止-峰值)
		10:37:30	10:37:30	预期高增益天线回转	0:05:10	标称值 0:05:20	(回转-停止)

利用电子表格确定实际的旋转速度，分析人员观察并标记 HGA 视轴两次扫过地球的时间，然后给出 ACE“启动”时间。这两种时间确定了当 HGA 第三次指向地球附近时，何时发射上行链路信号和遥控指令何时到达探测器。除了地面站有问题的时候，95％的情况下，第一次尝试就使得天线停止旋转的时刻正好指向地球。

基于假设旋转速度总是接近 45min/周，且单向光程行时小于 20min（保留 5min 用作分析、反应和遥控传输时间），分析人员看见只有一个峰值，因此计划 2001 年 3 月 HGA 活动时停止天线旋转。对照检查 2000 年 6 月实施的一次类似活动，本“单峰值”活动也是成功的。

5.7.5.2 通过监视信号电平保持天线指向地球

本阶段的监测量包括下行链路 P_c/N_0、遥测 E_s/N_0（符号与噪声谱密度比）或者上行链路 P_c（载波功率）。

在 ACE 发射“停止圆锥运动”遥控指令之后，分析人员记录观察到的 P_c/N_0（从两个接收器各自的前两个峰值观测得到该数据）。此单遥控指令激活了一个已存储的停止圆锥旋转的指令序列，在相反方向生成一个折返使 HGA 返回到接近地球的指向，同时为进一步的活动重置了遥控指令与遥测速率。分析人员分析比较 P_c/N_0 值与 TFP 预测平均值，该预测平均值假设 HGA 波束指向地球，所有的通信链路组件工作在其期望值。该假设的目的是估计链路能够支持的最大下行链路速率，当然需要同时考虑链路性能和前面所述的 HGA 指向控制操作。

接下来，测站 P_c/N_0 数据显示了第三个峰值，随后天线停止运动并回转到指向地球。分析人员引导 ACE 发令激活已存储的“遥测速率”指令序列，建立可支持的速率、副载波频率和调制度。此后，在过境的剩余时间内，分析人员通过连续监测下行链路 P_c/N_0、E_s/N_0 以及上行链路 P_c 来确定天线在支持的速率下是否偏离地球太远。如果是这样，分析人员会直接发送“纠正转向”遥控指令。激活“纠正转向”序列的标准是 E_s/N_0 是否首次相当迅速地下降到 −6dB（临界值为 −7.5dB）或者速度较慢地下降到 −6dB 两次。

利用人工密集干预和实时处理能够使项目在 14 次过境中接收高速率遥测数据。自 2000 年 5 月起，我们从最初收到 HGA 信号就发送一条停止天线转动指令，演变成一个指令序列，可以进一步实现由于 OWLT 很大导致遥控指令不能按时到达时，还能及时完成天线停转的操作。[①] 最终，在 2000 年 6 月，其他 14 个 HGA 天线活动使项目组启用了以高速率重新加载几兆字节的飞行软件。新软件不再需要之前描述的 HGA 日常工作流程，因为已使用科学相机代替了故障的 SRU 来生成指向控制用的恒星数据。软件升级变化包括离子发动机工作期间指

---

① 个人通信，Steve Collins 和 Tony Vanelli，JPL，2014 年 7 月 8 日。

向相对的推进-恒星方向下确保 HGA 指向接近地球。利用恢复推力的全三轴指向能力,DS1 继续进行 2001 年 9 月飞越 Borrelly 彗星的科学任务[7]。

2001 年 3 月,新飞行软件用于与 Borrelly 相遇[8]的一次活动,处理方式类似于 2000 年的很多 HGA 活动。在建立地球指向后的前几小时,HGA 保持接近地球。然而,下行链路性能在一段时间内开始变差,可能原因是 HGA 缓慢偏移出地球视野造成的。为解决此问题,DS1 姿态控制分析人员开发了一个新的转动"撞击"序列来模拟一小部分原始圆锥转动,该撞击恢复了 HGA 指向,并成为后续安全模式事件或飞行软件升级所需的 HGA 活动标准。飞行团队保持了沿太阳连线旋转指令向前或向后撞击几度的一个小"工具箱"。利用该基本方法,剩余误差包含在陀螺仪系统误差估计内。未修正的估计会导致探测器指向在姿态控制系统停止旋转后仍存在微小偏移率。

如何在没有 HGA 在特定某一天偏移方向的先验知识的情况下选择撞击大小和次数需要一些技巧。由于我们利用该项技术积累了足够的经验,我们有了故意尝试"停留"在天线方向图峰值一边的想法。该想法是:陀螺仪系统误差会导致沿天线方向漂移,由此将使得信号强度增大或减小。这种变化会告诉我们需要修正撞击的方向。此外,通过以 1 圈/h 的速度观察几圈,并通过测量天线信号峰值间的实际时间,我们也能确定峰值应该"停留"在哪一边。① 后续任务沿用了该模式。

5.7.6 冲日

从深空站[20]的位置观察,当探测器与太阳在相同的角度区间时发生冲日。该夹角为太阳-地球-探测器(SEP)角。SEP 角越小,深空通信所受影响越大。② 对于 DS1 任务,X 频段上/下行链路预期性能不降低的最低 SEP 角为 5°,安排可靠深空通信的最小 SEP 角为 3°。2000 年 10 月 20 日—12 月 3 日,SEP 角小于 5°;并在 10 月 29 日—11 月 25 日 SEP 角小于 3°。2000 年 11 月 14 日预定的过境期间,最小 SEP 角小于 0.5°。11 年的太阳周期内 SEP 角接近其最大值。

为了尽量减少配置更改,同时尽可能多地使用高增益天线,项目导航找到了一

---

① 个人通信,Steve Collins 和 Tony Vanelli,JPL,2014 年 7 月 8 日。

② 当太阳位于地球和探测器之间时,发生上冲日(比如 DS1 的冲日),对于设想的上冲日对深空链路的影响,JPL 当前只考虑载波频段和太阳-地球-探测器夹角。太阳活动以 11 年为一个周期变化,在 2000—2001 年达到了太阳活动最大值。太阳辐射带电粒子引起幅值和相位闪烁造成对链路的影响也可能在几分钟或者几小时的周期中剧烈变化。即便是太阳-地球-探测器夹角较大(大于 90°时),穿越地球和探测器之间射线路径的带电粒子日冕物质抛射(CME)已降低了"伽利略"S 频段链路中的低余量。影响 DS1 探测器 X 频段上行链路和下行链路信号的明显太阳活动效应发生在 2001 年 4 月 3 日的一次过境期间(SEP 约为 31°),此前不到一天内发生了大规模太阳耀斑喷射(等级为 X20)。

个单独参考恒星，在整个冲日期间① X 轴到地球夹角很小。高增益天线偏离地球指向从冲日期间开始时的约 2.5°，变化到 11 月 13 日的最小值 0.3°，到冲日期结束变为约 2.8°。冲日后计划的能接收遥测信号的首次过境是在 11 月 20 日，此时太阳-地球-探测器的夹角是 1.1°。

DS1 项目组将冲日安排为单独事件，在整个冲日期间使得探测器上的配置变化尽可能少，其上/下行链路的数据速率适当降低，并将指令执行时间推迟至 SEP 角大于 3°时执行。整个冲日期间，指令速率设定为 7.8125b/s。

作为太阳-地球-探测器角度的一个函数，下行链路策略是：

- 依次排列下行链路速率，当 SEP 角在 3°～5°时，可以减少 1～2 挡下行链路速率。比如，安排速率为 3150b/s 或者 2100b/s，而不是 4424b/s。安排速率为 600b/s 或 420b/s，而不是 790b/s。此举可增加 1.2～3.1dB 的余量。
- SEP 角小于 3°时，安排过境数据速率为 40b/s。
- SEP 角度小于 1°的过境，下行链路载波仅调制一个副载波测音。

链路配置基于最近的火星全球勘测者与“卡西尼号”探测器冲日试验，以及 JPL 通信系统与研究部门的专家建议。程序包括 X 频段与 Ka 频段下行链路操作，也包括具备双向相干工作模式（SDST 可以保持相干且上行链路锁定）下行链路时间段和没有计划的上行链路的其他时间段。其目的在于保证在为期一周的跟踪过境期间最大化至少能接收到一个频段信号的概率。该策略在监视探测器运行状态和为通信分析提供开环-闭环数据以及规划其他项目的冲日[20]方面是成功的。

5.7.7 Ka 频段下行链路

发射后第一个月内使用 Ka 频段下行链路的目的是进行 KaPA 技术验证。2000 年 11 月探测器冲日期间，飞控上也使用了 Ka 频段。只有在＋X 轴指向地球并且分配的地面站具备 Ka 频段接收能力时，Ka 频段下行链路才能被接收。控制 Ka 频段激励器和 KaPA 的操作指令事先完成上注存储。

在 1998—1999 年技术验证期间，Ka 频段下行链路传输了遥测和测距数据。X 频段与 Ka 频段测距通道开/关，调制度（低/高）均是独立可控的，这与遥测副载波频率与调制度的控制方式一致。然而，两个频段每次只有一个下行链路方式可用。因为 KHA 和 HGA 天线增益相似，但 KaPA 射频输出仅是 XPA 射频输出的 1/5，所以 Ka 频段所能支持的遥测速率相对 X 频段较低。由于 DS1 下行数据率受限，项目通常选取有较高数据率支持能力的 X 频段。因此直到任务结束，除了特殊测试，Ka 频段下行链路处于未调制状态。

---

① 冲日期间选择参考恒星的部分理由是在 11 月的 20 次过境期间产生了较好的地球指向。参考恒星也适用于经过冲日期间的连续离子推进。太阳-地球-探测器夹角最小的 0.3°发生在 11 月 13 日，相比于太阳半径夹角约为 0.25°，这意味着探测器到地球的信号路径几乎被太阳完全遮挡。

5.8 经验教训

5.8.1 通信相关的经验教训

1999年12月JPL的通信团队发表了DS1的经验教训报告。本节内容是对该报告材料的更新[21]，涵盖了SDST与KaPA的研发和测试以及飞行操作。在DS1过去的20年中，DS1的很多建议已经在其他深空任务的测试和飞行操作中得到了验证，对于未来项目，总结每个项目已有经验已经成为每个任务所要求进行的必要工作。

本节以一些进展顺利的事情开始，以一些后来带给我们困难的事情结束。

5.8.1.1 通信射前测试

针对DS1完成的一系列测试包括制造商进行的通信硬件测试、通信研发实验室(TDL)子系统测试、DSN兼容性测试，探测器发射前系统测试非常彻底，其间飞行团队发现了一个未测试的SDST特性，需要飞行规划安排和分析。DS1通信测试计划应该作为开发项目的一个模板。将来的测试计划无须包括已完成开发测试的不变组件；但是，测试计划需要同等和周密地考虑测控通信功能(指令、遥测、载波跟踪，包括存在的多普勒频移、测距)和任务计划。

5.8.1.2 开发到操作的"移交"

开发到操作测试完成并且移交的工作计划合理，得到了很好的执行。分析团队通信分析人员在发射前一年就介入探测器的开发工作，预计"40天"的技术验证期持续了6个月，在此期间通信系统开发人员仍需提供一定帮助。密集的测控通信飞行性能鉴定(计划与执行)阶段大约占了技术验证的一半时间，包括探测器上正式SDST、KaPA以及BMOX的技术验证活动，占用了15次过境中的全程或者大部分时间。测控通信分析人员十分熟悉发射过程，包括DS1探测器，尤其是各子系统。即使如此，测控通信研发工程师在正式的技术验证中仍然扮演了重要的角色。项目开发计划需要包括一个至少为期一年的开发与操作移交过程。

5.8.1.3 飞控团队的测控通信支持水平

主任务期间，飞控团队的通信技术人员全程支持，用1.0全职投入时间(FTE)为单位表示支持投入，扩展任务阶段减少到0.5FTE。在整个飞行特性鉴定过程中，实际需要1.5～2.0FTE，在解决SRU异常期间仍需要1.0FTE，到2001年5月需要0.75FTE。原因在于：软件工具不成熟；动态探测器上的飞行实际操作超出预期；需要持续保持两种通信配置模式(DSN关键字和软件服务包)。DS1的经验告诉我们,每一个探测器均需要一个专职的资深通信分析人员,利用一半或全部跟踪时间,制订合理的计划和实施方案。一旦几个项目共用一套计划制订和性能分析工具,则可以基于一个通用简化版本的工具进行开发。

5.8.1.4 有效的人员组合

在DS1主任务中,高级指导分析人员连续培训和指导了两个初级分析人员。经检验,日常的和重复性的工作如性能比较运行等不需要高级分析人员参加。另外,高级分析人员也可能休假,或者病休等,不可能随叫随到。DS1希望使用一群合格的工程师进行链路分析任务,然而这种“即插即用”的工作方式不适合DS1,因为这支队伍成员很少且没有足够多的项目支持这一设想。这意味着必须解决这些问题,让一种纯粹的“服务”方式发挥作用,而且即使那样,在每个项目上持续工作的高级分析人员对保证通信任务成功至关重要。将来效率和集成度更高的通信软件将使日常任务自动化,到时只需少量的高级分析人员审查分析结果。

5.8.1.5 MSA附近的飞控团队集中管理

在高度互动的主任务期间,人员分别在不同地方通过电话或电子邮件实施操作根本行不通。集中管理可以减少反复执行期间串行、集成/审查的周转时间。因为只有在MSA的防火墙后面才可以访问数据,而中断是导致单个分析员效率降低的原因。这些结果强调的教训是链路分析任务的规划是项目专用飞控团队的职责,而不是一项普通任务。

5.8.1.6 有效易用的数据显示

DS1与DSN之间制定了一个正式协议,为DS1提供在MSA中访问操作(通过图形用户界面)DSN网络控制中心实时操作(NOCC RT)系统的工作站。这允许通信分析人员或ACE解决配置与带宽问题。DS1经验表明：对任何深空任务提供通信支持,需要快速访问测站配置和性能数据。为了满足这一需要,AMMOS系统后续开发了DMD表格和图形显示以监视并访问来自测站的数据(称为“mon0158”)。在任务支持区内操作时,各深空任务的通信分析人员可以利用这些显示数据进行分析。

5.8.1.7 数据查询

AMMOS查询系统有其局限性,尤其是对一些持续时间较长的遥测通道。因此要完成所需的技术验证需要高级分析人员花费两周半的时间进行追溯查询过去在轨飞行时(1998年12月)对应的KaPA性能和配置。工具箱中的DMD/

EZquery/Oplot 等工具虽然有效，但只能方便地处理最近几周的数据（此问题在最近的任务中利用可选择的 AMMOS 查询工具已有所缓解，采用事后 AMMOS 数据处理器可再次改进处理能力）。

5.8.1.8 通信流程标准化

在 DS1 中，探测器上通信子系统的配置从经过第一个测站开始到离开最后一个测站结束，通过航天器模块生成对控制指令集进行标准化。同样，通过使用 DSN 关键字文件（DKF）进行测站设置和引导跟踪过境的配置。在早期操作中，DS1 分析人员花费了大量时间重复检查指令序列结果甚至手动编辑 DKF。两个教训是：①尽早发布配置程序生成指导原则并遵循执行；②对高于单指令几个级别的指令序列单元应模块化重复使用。

5.8.1.9 对序列灵活性需求

在 DS1 任务中，我们既需要规划好每天一页的航天器操作时间表（SFOS），也需要制定好操作灵活的事件发生序列（SOE）用于问题分析和技术验证。在后续项目中，通过标准化的序列处理，计划和实际执行间的变化更少。我们的经验是完善的查询和分析工具可代替灵活的序列结果。

5.8.1.10 同时更新

为了构建工具所需的操作环境，选择 TFP（基于电子表格的链路预测仍然应用在发射前通信链路设计中）是正确的，只不过它是新软件。在发射前后的几个月时间内，对 TFP 有过几次更新，也需要对个别通信模型“添加路径”①。更新每条添加路径后，验证其正确性需要分析人员开展数小时的分析，项目任务规划中使用的 TFP 在正式移交之前，需要花几天时间进行验证。对用户而言，需要一个半月的时间，来确定飞行过程中如何建立 SDST 的 X 频段调制器[21]的非线性模型并如何在 TFP 中执行。从 DS1 以来的十几个项目来看，绝大部分 TFP 研发过程中“成长的烦恼”与正在研发的项目相比，其问题都小很多，因为它们都采用了同一种工具。DS1 的教训是，在新型链路分析工具集中，项目开发计划需要提供足够的适应性检验、调试和试用探索。

---

① 关于 TFP 的描述参见文献[19]，包括“添加路径”功能。“添加路径”是指保持指定计算机目录中正式交付使用的 TFP 航天器和测站模型，根据需要在单独目录中建立更新的模型。TFP 允许用户根据指令添加其目录路径运行 TFP 新版模型（简而言之，“添加路径”到运行指令）。例如当很多测站性能参数和模型随接口文件 810-5 升级到 2001 年 1 月修改版 E 时，DS1 通信分析人员利用添加路径的方法直到升级版的 TFP 交付到项目中。

从 1996 年第一个在线版本至今的所有 810-5 版本列表，参见网址：http://deepspace.jpl.nasa.gov/dsndocs/810-005/fm.pdf。

5.8.1.11 服务程序包与深空网关键字文件

作为地面系统“新技术”的一部分，DS1 与 DSN 一起定义了以下两个服务程序包(SP)，即通信配置输入项目流程规划程序包和项目输入新型网络规划与准备系统(NPP)程序包。SP 是由计算机生成的 DSN 项目需要的服务列表。服务可能包括测站发送上行、遥控、发送或接收多普勒和测距数据以及接收和解调下行遥测。该服务的目的是取代称为“DSN 关键字文件”(DKF)的旧测站配置管理输入。

DKF 是一个标准信息条目或指示条目的时间序列。其中每个条目有一个定义的词干(“关键字”)并可能包含参数。一个典型的探测器信息关键字是“S/C，TLM，X-MOD”，其参数是比特率、副载波频率、编码和解调指数。典型的指示关键字是“D/L ACQ”，其参数包括特定的频段、信道号和跟踪模式。上面两个例子分别参考了探测器在 X 频段调制条件下的状态和测站捕获下行链路的指示。表 5-6 提供了 2014 年 Dawn 探测器 DKF 中两类关键字的示例。

表 5-6 Dawn 探测器 DKF 关键字及定义

! 203 65 00299 209 163912 NMC D65	探测器遥测模式 X，40T6，25.000，53.0DG
! 203 65 00300 209 163912 NMC D65	下行捕获，双向，X/CH.29
从左至右，关键字含义如下：	
探测器 ID=203(Dawn)	
跟踪测站 ID=65(马德里 34m 地面站)	
DKF 行编号=00299(和 00300)	
当年的天数及 UTC=209 16:39:12	
跟踪站 ID=D65(包含一个冗余)	
遥测码率=40b/s	
编码=Turbo 1/6(T6)	
遥测副载波频率=25kHz	
遥测指数=53°	
捕获模式=双向	
捕获频段=X	
DSN 信道编号=29	

NPP 作为一种地面站配置管理的自动化方法，其操作是不可更改的。随着 DS1 发射临近，要使用过时的 DKF 地面站配置管理输入的 TMOD/项目协议引起了对 NPP 开发的极大关注。按照计划，该项目使用服务程序包作为流程处理的通信输入。发射前开发与测试 SP 作为 NPP 输入花费了很多时间。事后看来，仅开发项目流程输入的通信接口本来就没有开发 SP 那么复杂。后期在接口上改用 DKF 导致需要几次通过飞行升级 DKF 生成软件，并且仍需要一些手工工作编辑和复核 DKF 输出结果。

来自DS1任务SP方面的无数经验教训应用到以后的项目中，使其在数据率能力生成、配置权衡、通信计划输入处理以及软件工具方面做到使用简单且易于修改。从DSN的角度来说，配置编码(DS1任务中已经存在)是计划过境中的一个组成部分。配置编码定义了每次过境的服务(如发送、遥控和遥测)，在序列生成过程的另一端，通过项目流程工具自动生成DKF并通过NPP的一个替代物发送给DSN。

5.8.2 项目层面的经验教训

在2000年12月，DS1的前任及现任项目管理者与探测器研发系统管理者在JPL召开了"经验教训"交流会[1]。报告包括任务总结、任务成功评价指标讨论、探测器系统研发计划，并形成了文档材料。

首页标题是"为什么DS1能够如此成功"，另外两个标题是"哪部分工作做得好"(篇幅12页)和"哪部分工作做得不好及其原因"。

下面的内容来自该报告，是DS1项目的经验教训总结。未包含每个经验教训的产生原因，这些将作为未来深空项目管理清单而被进一步描述。

5.8.2.1 项目管理

- 一个项目的A/B阶段至少需要一年的时间，最终审查以确保任务概念是明确的，需求是经过认可的，以及开展工作的资源是充足的。
- 在项目早期阶段，应明确按计划使用的经费，运载工具需要的日期，需求以及成功评价指标等。在整个项目得到充分理解并且与NASA总部达成一致之前，不要做出进一步承诺。

5.8.2.2 组织与团队的动力

- 工程师团队是任务成功的最重要因素。
- 一个职责明确的组织、充足的资源、良好的环境对团队成功至关重要。拥有充足的资源以及允许团队以人性化的方式开展工作是极其重要的。

5.8.2.3 评审

- 同行评审具有重大价值。
- 提前开展同行评审并且获得各级负责管理部门支持，确保工业部门合作者参与到同行评审过程中。

5.8.2.4 先进技术

- 制订一项风险可控的技术研发计划，包括评估技术研发进展、需要克服的重点难点，以及无法突破技术重点难点时的后续计划。
- 要谨慎对待依赖于其他测试过程的技术。
- 如果技术之间相互关联，同等对待独立的技术。

5.8.2.5 通信数据传输

- 仅在技术层面上考虑数据传输，不考虑中间环节。

5.8.2.6 组装、测试和发射操作

- 在研制计划中，尤其是技术开发要留有足够的余量。制订一个可弹性延迟交付的组装、测试与发射操作计划。

5.8.2.7 操作

- 为有序让探测器与载荷团队尽早参与制订操作计划流程，需要一定的资源（人员和日程安排）。
- 分配时间以保证开发人员完成组装和测试活动，并为任务操作做好准备。

5.8.2.8 应急程序

- 在开发与操作期间制定应急程序，当新资料足以使原应急程序作废时，更新应急程序。

5.8.2.9 操作试验台环境

- 如果一个活动十分重要且不确定，可在试验台上进行测试，要求所有子系统深度参与审查测试结果。
- 试验台配置应该尽可能地接近飞行状态，操作团队必须完全理解试验台与飞行状态之间的差别。

5.8.2.10 团队建设

- 要建立人员冗余备份。
- 为员工培训和辅导提供资金。如果经费不允许补充员工，这将是一个重大风险。

5.8.2.11 对外交流

- 定义和维护与管理部门和新闻媒体沟通的明确渠道。向JPL、总部和媒体明确沟通重要事件可能的结果及其影响。

5.8.2.12 技术验证任务中的科学成果

- 对项目的表述要清楚，描述口径要一致，以确保外部期望的成果得到优先考虑。项目组、JPL和总部必须就任务成功的评价标准达成一致。

参考文献

[1] D. H. Lehman, L. Livesay, M. Rayman, and P. Varghese, *Experience in Managing a "Faster, Better, Cheaper" Deep Space Project*, *PMI 2000 Symposium*, Houston, Texas, September 7, 2000, Project Management Institute, Inc., Newton Square, Pennsylvania. http://trs-new.jpl.nasa.gov/dspace/bitstream/2014/14339/1/00-0766.pdf (accessed February 21, 2013).

[2] Deep Space 1 project websites and web pages, Jet Propulsion Laboratory, California institute of Technology, Pasadena, California (all accessed October 30, 2014): The DS1 project web site, http://nmp.jpl.nasa.gov/ds1/.
- 任务描述, http://www.jpl.nasa.gov/missions/deep-space-1-dsl/.
- 发射资料包, http://www.jpl.nasa.gov/news/press_kits/ds1launch.pdf.
- 小行星飞越资料包, http://www.jpl.nasa.gov/news/press_kits/ds1asteroid.pdf.

[3] M. D. Rayman, P. Varghese, D. H. Lehman, and L. L. Livesay, "Results from the Deep Space 1 Technology Validation Mission", IAA-99-IAA. 11. 2. 01, *50th International Astronautical Congress*, Amsterdam, The Netherlands, October 4-8, 1999. http://trs-new.jpl.nasa.gov/dspace/bitstream/2014/17743/1/99-1185.pdf (accessed October 30, 2014).

[4] "Deep Space 1 Says Farewell: News Release", *Near Earth Object* (website), Jet Propulsion Laboratory, California Institute of Technology, Pasadena, California. http://neo.jpl.nasa.gov/news/news124.html (accessed October 30, 2014).

[5] "New Millennium Program Technology Reports" (from DS1 and other spacecraft in the program), Jet Propulsion Laboratory, California Institute of Technology, Pasadena, California. http://ntrs.nasa.gov/search.jsp?R=20060032687 (accessed October 30, 2014).

[6] "Deep Space 1 Mission Status", 2001 *New Releases* (website), Jet Propulsion Laboratory, California institute of Technology, Pasadena, California, September 22, 2001. http://www.jpl.nasa.gov/releases/2001/release_2001_189.html (accessed February 21, 2013).

[7] J. Taylor and P. Ko, "Achieving and Maintaining Deep Space 1 Spacecraft High-Gain Antenna Pointing Control by Data Monitoring and Immediate Corrective Commanding", *The Telecommunications and Mission Operations Progress Report* 42-144, *October-December* 2000, Jet Propulsion Laboratory, California institute of Technology, Pasadena,

California. February 15,2001. http://ipnpr.jpl.nasa.gov/progress_report/42-144/144I.pdf (accessed February 21,2013).

[8] M. D. Rayman, "The Deep Space 1 Extended Mission: Challenges in Preparing for an Encounter with Comet Borrelly", Acta Astronautica, vol. 51, no. 1-9, pp. 507-516, 2002. http://www.sciencedirect.com/science/article/pii/S009457650200070X(accessed February 21, 2013).

[9] *DS1 Project Requirements/TMOD Support Agreement (PR/TSA)*, Version 2, JPL D-13548(internal document), Jet Propulsion Laboratory, California institute of Technology, Pasadena, California, October 2, 1996.

[10] *Telecommunication FEM SDST/DSN Performance and Compatibility Motorola Test Report*, Revision A, Ander Makovsky, JPL D-19045(internal document), Jet Propulsion Laboratory, California Institute of Technology, Pasadena, California, May 1998.

[11] *DSN Telecommunications Link Design Handbook*, 810-005, JPL D-19379, Rev. E, Jet Propulsion Laboratory, California Institute of Technology, Pasadena, continual updates. http://deepspace.jpl.nasa.gov/dsndocs/810-005/(accessed October 30,2014).

[12] *Digital Time Division Command/Response Multiplex Data Bus*, *MIL-STD*-1553*B*, United States Department of Defense, continual updates.

[13] *Fiber Optics Mechanization of an Aircraft Internal Time Division Command/Response Multiltip-lex Data Bus*, MIL-STD-1773B, United States Department of Defense, continual updates.

[14] *RS*422, Wikipedia website. http://en.wikipedia.org/wiki/RS-422(accessed February 21, 2013).

[15] M. Muñoz Fernández, *Deep Space* 1 *Mission Support*, Master of Space Studies thesis, International Space University, Strasbourg, France, May 2000.

[16] A. I. Bolea Alamanac, *Deep Space* 1 *Operations*: *Lessons Learned*, Master of Space Studies thesis, International Space University, Strasbourg, France, May 2001.

[17] *Deep Space* 1(*DS*1) *Project Network Operations Plan*, JPL D-14824, DSN 871-010-030 (internal document), Jet Propulsion Laboratory, California Institute of Technology, Pasadena, California, January 23, 2001.

[18] K.-M. Cheung, A. Makovsky, and J. Taylor, "Telecommunications Analysis for 'Faster, Better, Cheaper' Deep Space Flight Planning and Operations: The DS1 Experience", *Telecommunications and Mission Operations Progress Report* 42-140, Jet Propulsion Laboratory, California Institute of Technology, Pasadena, California, February 15, 2000. http://ipnpr.jpl.nasa.gov/progress_report/42-140/140G.pdf(accessed February 21, 2013).

[19] K. K. Tong and R. H. Tung, "A Multimission Deep-Space Telecommunications Analysis Tool: The Telecom Forecaster Predictor", *The Telecommunications and Mission Operations Progress Report* 42-140, *October-December* 1999, Jet Propulsion Laboratory, California Institute of Technology, Pasadena, California, February 15 2000. http://ipnpr.jpl.nasa.gov/progress_report/42-140/140C.pdf(accessed February 21,2013).

[20] D. Morabito, "Solar Corona-Induced Fluctuations on Spacecraft Signal Amplitude Observed during Solar Superior Conjunctions of the Cassini Spacecraft", *Radio Science*,

vol. 42, RS3002, May 9, 2007. http://onlinelibrary. wiley. com/doi/10. 1029/2005RS003425/pdf(accessed April 10,2014).

[21] A. Makovsky,"New Telecom Loss Models for DS1",JPL interoffice memorandum 3310-98-09, D-93725 (internal document), Jet Propulsion Laboratory, California Institute of Technology,Pasadena,California,June 18,1998.

[22] D. H. Lehman, L. Livesay, M. Rayman, and P. Varghese, *Experiences in Managing a "Faster, Better, Cheaper" Deep Space Project*, *PMI 2000 Symposium*, Houston, Texas, September 7, 2000. http://trs-new. jpl. nasa. gov/dspace/bitstream/2014/14339/1/00-0766. pdf(accessed February 21,2013).

附加资料

[1] M. I. Herman, S. Valas, W. Hatch, C. -C. Chen, S. H. Zingales, R. P. Scaramastra, L. R. Amaro, M. D. Rayman, "DS1 Telecommunication Development", SSC98-Ⅳ, *Utah Small Satellite Conference*, September 1,1998.

[2] *Basics of Space Flight*. Jet Propulsion Laboratory, California Institute of Technology, Pasadena, California.
这是一个培训模块,主要用于帮助喷气推进实验室操作人员确定与深空任务相关的概念范围,并掌握这些概念在空间飞行中的关系。它在高中生和大学生中越来越受欢迎,在老师和世界各地对星际空间飞行感兴趣的人中也越来越受欢迎。其主要部分是环境、飞行项目和运行: http://solarsystem. nasa. gov/basics/index. php (accessed February 21, 2013)。

[3] 太阳活动和空间天气信息:

- http://www. spaceweather. com/(accessed February 21,2013).
- http://www. nrl. navy. mil/accomplishments/solar-lunar-studies/lasco/(accessed February 21,2013).
- http://www. swpc. noaa. gov/communities/space-weather-enthusiasts(accessed February 21, 2013).

第6章 火星勘察轨道器

吉姆·泰勒，丹尼斯·K.李，谢尔文·沙姆巴亚蒂
(Jim Taylor，Dennis K. Lee，Shervin Shambayati)

6.1 任务概述

"火星勘察轨道器"(MRO)[1-2]配备了一套火星观测仪器，并为火星着陆器和巡视器提供数据中继服务。MRO于2005年8月12日发射。轨道器于2006年3月10日成功进入环火轨道并开始降低其轨道高度进行绕轨运行，为执行科学探测任务做准备。此后MRO通过一个称为"气动减速"的过程完成变轨，为2006年11月开始的"科学任务"以及随后2008年11月开始的"中继任务"做准备。MRO还参与了2012年8月开始的火星科学实验室着陆和火星表面任务。

MRO通信系统工作在三个不同频段：

1) 与DSN之间的大部分双向通信使用X频段(约8GHz)，该频段还将持续支持遥控、遥测传输和无线电测量跟踪操作。

2) 巡航期间，验证了独立的Ka频段(约32GHz)下行链路系统功能，为在轨工作期间的操作验证做准备。巡航期间Ka频段硬件出现故障后，项目组未再启动原计划的操作验证(备份的Ka频段硬件设备仍可用)。

3) 通过火星探测巡视器验证了新一代甚高频(UHF)(约400MHz)系统，为2008年与"凤凰号"着陆器之间成功进行中继通信，以及后续的火星科学实验室中继操作做准备。

美国科罗拉多州丹佛市的洛克希德·马丁公司空间系统部是MRO的主要承包商。他们建造了航天器并在任务期间提供飞行操作支持。加利福尼亚州帕萨迪纳的JPL为NASA管理该项目。飞行团队位于洛克希德·马丁公司和JPL。参见"火星勘察轨道器"主页[1-2]，了解当前的MRO任务信息。

6.2 任务阶段和轨道概要

6.2.1 任务目的

MRO 任务的主要目的是在一个近圆太阳同步低轨火星轨道上布设一个科学轨道器，遥感探测火星表面、表面以下和大气层特性，并确定未来任务的潜在着陆点。MRO 携带的有效载荷在许多电磁频谱上开展观测，包括紫外和可见光成像、可见光近红外成像光谱、热红外大气分析和雷达地下回声等，其空间分辨率远优于以往任何火星轨道器。

推动开展火星探测计划（MEP）的核心是了解水在火星上的作用及其对过去和现在可能的生物活动的影响，即 MRO 正在研究火星上水的历史。另一个火星任务“火星探测巡视器”（MER）揭示了火星历史上曾有水在其表面流动。MRO 正在探寻火星表面曾有水的证据以及目前水的去向，并寻找证据证明水在火星表面存留的时间长度足以为生命的栖息繁衍提供条件。

通信方面，MRO 任务将：

- 提供与 DSN 之间的上行（遥控）、下行（遥测）和导航（双向多普勒、转发测距、差分单向测距）的 X 频段（约 8GHz）链路。将直接来自地球（DTE）的上行信号经中继转发至火星表面航天器，DTE 下行链路也能够转发从火星表面航天器向 MRO 发送的中继数据。
- 为 MEP 着陆任务的再入、下降和着陆（EDL）过程提供甚高频（UHF）数据中继和导航支持服务，并随后对已经着陆的表面航天器或其他轨道器（如等待回收和返回地球的采样返回器）提供 UHF 双向中继服务。
- 与 DSN 之间进行 Ka 频段（约 32GHz）高速数据通信和导航服务（使用 X 频段上行链路）的操作验证。

6.2.2 MRO 航天器

MRO 使用了新型航天器总线设计，该总线由位于科罗拉多州丹佛市的洛克希德·马丁公司空间探测系统部提供。

与 DSN 通信的 X 频段天线位于图 6-1 顶端。两副低增益天线（LGA）固定安装在高增益天线（HGA）上，LGA1 因其指向与用万向支架安装的 HGA 方向大致相同，故称其为“前向天线”，另一个低增益天线 LGA2 通常指向相反方向。UHF 天线用于与火星表面航天器通信，安装在 Z 轴正方向，Z 轴正方向同时也是科学仪器的视轴。在整个科学和中继操作阶段，该轴通常垂直指向火星。

轨道器携带的有效载荷包括 6 个科学仪器和 3 个新型工程载荷：

- 科学仪器
  - ○ HiRISE，高分辨率成像科学试验设备；
  - ○ CRISM，火星小型勘察成像光谱仪；
  - ○ MCS，火星气象探测仪；
  - ○ MARCI，火星彩色成像仪；
  - ○ CTX，背景相机；
  - ○ SHARAD，浅表（表层之下）雷达。
- 新型工程载荷
  - ○ 多区无线电导航系统（Electra）UHF 通信及导航组件；
  - ○ 光学导航相机试验设备（ONC）；
  - ○ Ka 频段通信试验设备。

图 6-1 为航天器外部主要可见部件概略图。

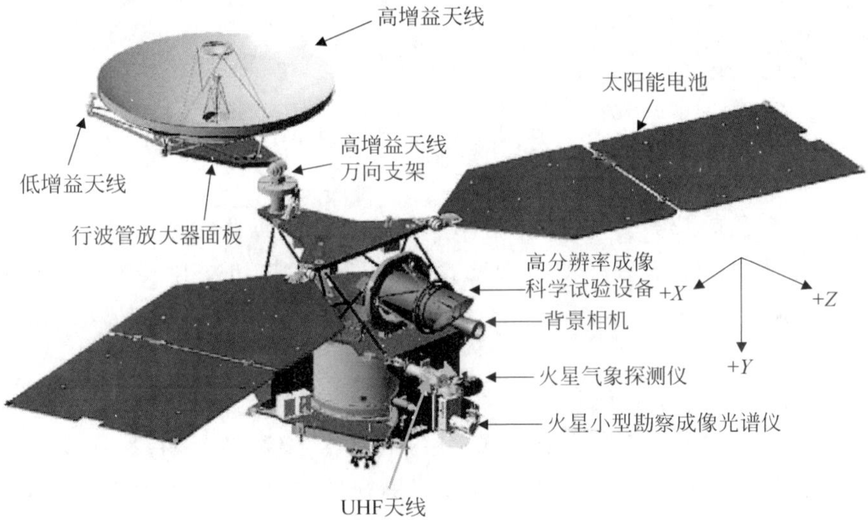

图 6-1　直角坐标系下的 MRO 航天器

6.2.3　任务阶段

按照先后顺序，MRO 任务包括发射、巡航、接近及轨道插入、气动减速、主科学任务和中继[3]六个主要阶段。以下各节概述了各阶段航天器的活动。通信标校和活动细节将在后续章节中描述。

6.2.3.1　发射段

2005 年 8 月 12 日，MRO 发射升空。发射后约 58min，MRO 与运载火箭分离。器箭分离前约4min，X频段行波管放大器(TWTA)开始预热，器箭分离后约1min，航天器开始通过前向低增益天线(LGA1)发射下行信号。整个发射段，MRO持续保持单一的惯性姿态。器箭分离后14min，太阳帆板完成解锁。器箭分离后约21min，HGA从收拢位置上展开，以避免其干扰太阳帆板的展开。

发射后61min，且与上一级分离后的4min内，航天器与地球建立无线电联系。最初的下行链路是通过日本航空航天研究开发局位于日本南部的臼田空间中心地面站建立的。

当MRO进入加利福尼亚州戈尔德斯通的DSN站点可见范围时，该站的一个34m天线与MRO接收机之间建立了X频段上行链路。上行载波为双向多普勒测量和下行转发测距信号提供参考频率，同时建立遥控信道。

发射后数小时内，启动通信分系统超稳振荡器(USO)，使单向下行链路频率在巡航段开始前就达到稳定。自此，除2006年1月航天器进入安全模式期间的数小时以外，USO一直处于工作状态。

6.2.3.2 巡航段

巡航段开始于发射后约3天，并在火星轨道插入(MOI)前60天结束，巡航段持续约150天。

早期巡航段航天器要与150英尺(46m)口径的“斯坦福蝶形天线”射电望远镜[23]共同进行UHF天线增益方向图在轨测量。接收和发射天线增益的测量在400MHz中继工作频率上进行，此时航天器底板(仪器和UHF视轴)重新指向地球。①

MRO的Ⅰ型行星际轨道没有转移角约束或其他奇点，所以轨道修正机动(TCM)的时机主要需考虑操作注意事项和规程[22]。2005年8月27日，执行TCM-1，包括六个主推进器(170N)点火15s，在此之前，六个小推力推进器(22N)点火30s，将推进剂沉底。点火前，通过LGA通信链路调整MRO指向，使发动机指向轨道机动所需的正确方向。轨道调整后，航天器恢复巡航姿态。除了将MRO送入通向火星的目标点轨道外，TCM-1还对MOI使用的发动机进行了检测。

2005年8月30日开始进行有效载荷标校。航天器飞向火星途中，高分辨率相机指向地球和月球。

2005年11月18日进行的TCM-2，仅利用较小的TCM推进器点火一次，持续20s。无须再进行任务中原先规划[3]的另外两次TCM。

---

① 发射前的测量不是很精确，因为航天器在发射前并未处于最终的飞行构型，且在航天器外部存在天线干涉效应。在400MHz，任何在航天器表面的电磁传导与UHF LGA的寄生耦合都会形成合成的天线方向图。这种寄生耦合也会伴随航天器周围的金属测试设备出现在地面。斯坦福蝶形天线测试是首次飞行状态测试。

6.2.3.3 接近与火星轨道插入段

在经历了行星际巡航和火星接近任务阶段后，MRO 于 2006 年 3 月 10 日实现了火星轨道插入（MOI）。MOI 点火过程中，航天器主推进器点火持续约 27min，实现以 5km/s（即 11000mile/h）的速度围绕火星飞行，轨道器速度比原先降低了约 20%。

当轨道器从南接近火星表面上方 360km 处的 MOI 目标点时，MOI 后轨道开始。作为利用飞行动力学完成轨道设计的示例，实际上是火星在该点捕获了运动较慢的 MRO 航天器。发射后，MRO 以螺旋线从地球奔向火星，在 MOI 时刻，由于 MRO 环绕太阳做圆周运动的速度慢于火星，所以火星从后面捕获 MRO。

MOI 结束后且在气动减速段开始前，轨道器每轨距离火星表面的最近点（近拱点）约 426km（265mile），再次回到该位置前，最远点会抬高到超过 43000km（27000mile）。初始轨道周期约为 35h。

MOI 结束后，在为气动减速做准备期间，飞行团队对多个仪器进行了测试，获取了轨道器的第一批火星照片，并确认了火星气象探测仪对火星大气中尘埃、水蒸气和温度的监测能力。

6.2.3.4 气动减速

气动减速过程中，通过轨道设计有意造成航天器在每次通过近拱点时都能穿过火星大气上部。因有大气摩擦充当减速器，MRO 每次经过近拱点都会降低轨道另一端的远火点高度。在远火点达到合适高度后，气动减速段就结束了，此时执行抬高近拱点机动使近火点脱离火星大气层。由于火星大气密度随高度和纬度变化，而高度和纬度又是时间的函数，这就使气动减速变得更为复杂。来自两个早期火星轨道器（“火星全球勘测者号”和“奥德赛号”）上红外敏感器和相机的数据是火星大气科学家咨询团队的主要信息来源，在连续进行气动减速期间，它们提供了火星大气每日的变化数据。除此之外，利用 MRO 自带的火星气象探测仪提供的数据，可监视由大气层厚度对温度产生的影响变化。

气动减速开始于 2006 年 3 月 30 日，2006 年 8 月 30 日结束。首次推进机动在远拱点进行，多个 22N 推进器持续点火 58s，将 MRO 航天器送入一个主动式气动减速轨道。这次远拱点机动使近拱点高度降低至 333km（207mile）。气动减速段需要经历 445 圈飞行，并经精确计算后进入火星大气。气动减速以及 9 月 5 日的一次调相机动，使轨道从 MOI 后大椭圆轨道收缩为近圆轨道。

气动减速最终将 MRO 送入略偏椭圆的低轨太阳同步轨道，也就是科学轨道。2006 年 9 月 11 日，在成功进行了最后一次提升近拱点的圆化机动后，轨道器进入周期为 1h 52min 的科学轨道，此时远拱点位于火星北极上方 316km 处，近拱点位于火星南极上方 250km 处[1-2]。

太阳会合期：气动减速结束(已进入主要的科学轨道)与主要科学任务阶段开始之间有一段太阳会合期。其定义为：太阳-地球-火星连线之间夹角为5°或小于5°的时间段，首次太阳会合期从2006年10月7日持续至2006年11月8日。在太阳会合期期间，要按计划开展Ka频段通信验证活动，以监视和比对X频段与Ka频段同时工作时的遥测下行链路状态。在此期间，DSN使用34m天线每天提供8h的任务支持。

火星的太阳会合周期约为26个月，在会合期间，太阳-地球-火星之间的角度最小，同时地球-火星之间的距离接近最大值。会合期间太阳-地球-火星之间的几何关系对通信造成诸多挑战。当太阳-地球-火星之间的角度减小到约5°时，通信信号要通过太阳等离子体数量持续增大的区域，这会导致信号的非线性闪烁。另外，来自太阳的背景噪声会减弱DSN接收的SNR。最终，从地球看太阳位于0.5°的方向，若太阳-地球-火星之间夹角减小到0.25°内，地面到MRO航天器之间的信号会被完全阻挡。由于会合由火星-地球-太阳之间的几何关系决定，所以火星上的所有轨道器和着陆器都具有同样的会合期。表6-1给出了2004—2021年火星太阳会合的日期。火星表面航天器的邻近空间通信不会受到直接影响。

表6-1 火星太阳会合日期和最小SEP角(2004—2021年)*

最小SEP角日期	SEP角/(°)	最小SEP角日期	SEP角/(°)	最小SEP角日期	SEP角/(°)
2004/09/15	0.96	2011/02/04	1.08	2017/07/27	1.10
2006/10/23	0.39	2013/04/18	0.40	2019/09/02	1.08
2008/12/05	0.46	2015/06/14	0.62	2021/10/08	0.65

注：*数据来自参考文献[4]和与David Morabito的个人交流，2010/12/08。

6.2.3.5 主科学任务

在科学阶段，MRO详细探察了火星的很多区域，并在一整个火星季节周期，或每个火星年的669日，每日监视整个火星。该阶段持续了约2个地球年(2006年11月—2008年11月，从气动减速结束开始)。所进行的科学试验包括绘制全火星表面地图、区域勘测未来潜在的火星着陆点、观测感兴趣地区的目标、绘制火星引力场地图等。主科学任务在下一次太阳会合开始时结束。① 图6-2显示了主科学阶段火星与地球之间的距离变化。

主科学阶段开始时，火星正处于其北半球的夏季刚开始大约三分之一的时节。整个阶段，轨道器一般将其仪器指向火星收集数据，并将其高增益天线指向地球回

① 虽然主科学阶段计划在一个火星年后即2008年结束，但NASA批准在主科学阶段后继续进行科学观测，直至2010年，即中继段结束。NASA随后又为科学和中继操作批准了两项额外的扩展任务。最新的扩展任务直至2016年1月。详见 http://mars.jpl.nasa.gov/mro/mission/timeline/。

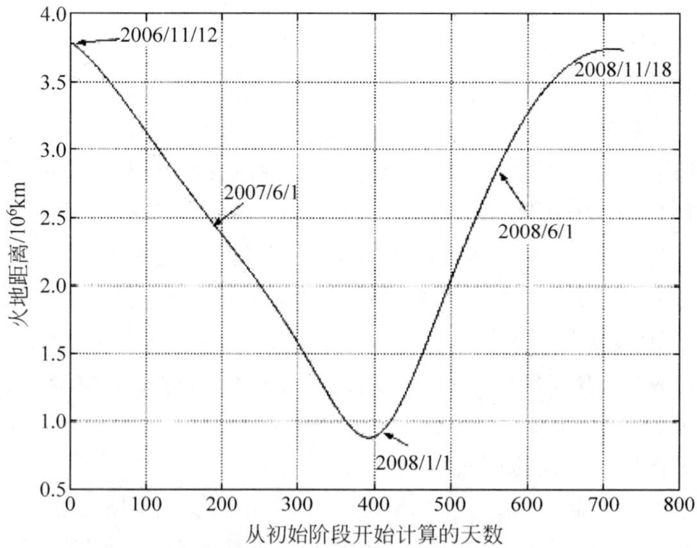

图 6-2　主科学阶段火星与地球之间的距离

传数据。在此期间进行的科学观测比以往各火星任务都更加复杂，因为 MRO 必须要协调好以下 3 个基本的观测目标：

- 每天绘制全火星地图和剖面图；
- 局域勘察；
- 对火星全球分布的数百个特定地点进行观测。

许多有针对性的观测涉及多个仪器且几乎同时进行，需要各组件协调一致完成任务。

其间，主要的通信任务由 HGA 和 34m DSN 地面站完成。为了协助开展引力场科学试验，就要实现高精度的多普勒测量。轨道器每天数次指向一个偏离天底的目标，开展约 15min 的高分辨率成像。在转换目标的过程中，HGA 的指向误差增大，但仍可与地球进行通信。

主科学任务期间，DSN 的 34m 站为 MRO 每天提供两圈次的 X 频段测控支持，外加 70m 站每周三圈次的测控支持。①

6.2.3.6　中继任务

从 2008 年 12 月主科学任务结束前 6 个月到 2010 年 12 月 MRO 主要任务结束，由 Electra 为各种火星表面设施提供中继支持。JPL 任务管理办公室(MMO)

① 迄今为止 MRO 具有行星际任务中速率最高的对地通信链路，在火星-地球间距离最近时，数据速率会高达 6Mb/s。MRO 已开展 9 年的科学数据采集，迄今为止利用其高分辨率相机已完成了对行星表面 2% 区域的成像。

被授权协调火星表面设施和 MRO 之间的中继通信业务。协调以 4 周的规划周期为基础，并每周更新临时的中继时机。中继任务包括支持两个航天器到达火星并降落到火星表面。

“凤凰号”：“凤凰号”于 2007 年 8 月发射，是 NASA 火星巡查项目的首次任务。“凤凰号”用于研究水的历史以及火星北极圈冰冻土壤中潜在的可居住性。太阳能驱动的“凤凰号”着陆器的工作时长比计划 2008 年在火星北极圈工作时的 3 个月要长 2 个月。在表面任务期间，MRO 的任务计划表明：“凤凰号”每天要求与 MRO 的 Electra 进行 2～3 次最高速率为 128kb/s 的中继通信。

“火星科学实验室”：“火星科学实验室”(MSL)将在第 8 章中讨论。MRO 从 2009 年开始为 MSL 着陆位置选择提供数据，并且计划持续提供至 2012 年。自从 2012 年 8 月 MSL 着陆，MRO 通过 UHF 中继链路已大量接收 MSL 科学数据并通过其 X 频段链路将数据传回地面。

当 MSL 于 2012 年到达火星时，MRO 在其再入、下降和着陆(EDL)期间接收单向多普勒数据；并且为了对 EDL 的过程进行事后重建，还要接收双向多普勒数据。MSL 着陆后，MRO Electra 已成为火星表面到轨道器之间邻近空间中继通信的主要手段(“奥德赛”轨道器作为备份)，提供导航和时间服务，以及前向和返向链路中继服务。

对于前向中继链路，MRO 为固态存储器(SSR)每天分配多达 30Mb 的空间存储和转发数据。对于返向中继链路，其为所有着陆器每天分配 5Gb 的空间。主科学任务阶段，MRO 地面系统基于自身需求，为每个着陆器提供最大数据量和数据延迟时间的中继通信。

图 6-3 显示了一个典型中继通信期间完成的规划活动。MRO 与火星表面设施之间的中继通信由 MRO 首先发起。通过 Proximity-1 协议(Prox-1)提供的可靠链路传输所有信息。概括地说，MRO 过境期间，呼叫表面设施；一旦表面设施响应，则开始通信。一旦所有数据传输完毕或过境即将结束，MRO 将中断通信。若无强制性的预定结束时间，链路将因几何约束中断，造成链路的硬中断。[①] 之后若失锁计时器超时，则 MRO Electra 关闭通信链路。

返向链路数据在第一时间通过 X 频段下行链路从 MRO 发送至地面。返向链路数据具有最高的优先级，每帧数据都将发送两次。[②]

---

① 实际的 MRO/MSL 操作中，由几何产生的信号电平较低或视线被完全遮蔽通常是结束数据传输的原因。当数据传输中断时，MRO Electra 继续向 MSL Electra 发起呼叫，试图恢复通信并获取剩余信息。实际上，载波失锁时就会启动这一重新发起通信的过程。该过程持续进行，直至超过中继通信的最长时间。此时中继通信停止，中继数据的最后数据块从 Electra 送至 MRO SSR。重新通信计数器有一个最大值，但其门限值设置得很高，在每个重新通信的约 12s 周期内共发起 120 次呼叫，直至预计的中继会话结束，此时 Electra 仍保持重新通信状态，但 MRO 已位于地平线以下了。

② 作为 MSL 主任务对 MRO 中继数据完整性需求的回应，项目对所有发送到地球的中继数据都重传一次。X 频段下行链路不像 Proximity-1 协议一样受到保护。

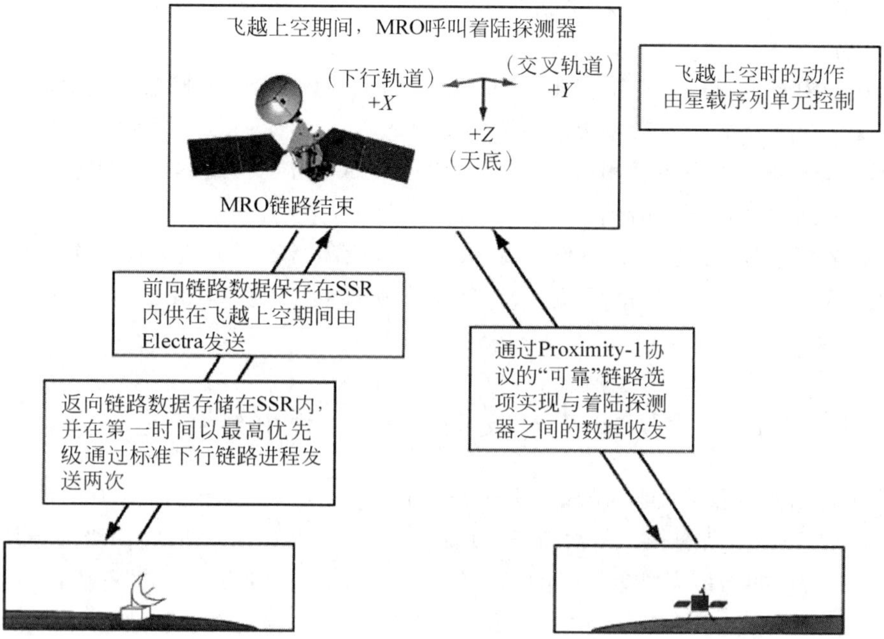

图 6-3　中继会话期间的典型活动序列

主任务向扩展任务转换：2010 年 9 月，随着扩展的科学阶段结束，预期的 MRO 主任务结束。扩展任务期间，MRO 将继续进行科学和中继操作。科学目标包括研究火星表层的自然特性和历史、极冠、分层地形、所有纬度上的冰以及大气的年际变化。为了对 MSL 以外的着陆任务提供支持，MRO 除了具备 UHF 中继能力，还将为着陆点的选择和着陆、表面操作时的大气特性提供数据[5]。

6.2.3.7　安全模式

安全模式是在航天器异常时提供一种经过验证的、稳定的航天器状态配置。航天器可以通过指令控制（如重启飞行软件）进入安全模式，或在任意阶段通过故障保护机制进入安全模式。

当 MRO 被设置为安全模式时，LGA1 波束中心指向地球、太阳帆板指向太阳、航天器 $-Y$ 轴跟踪太阳。发射前航天器上加载的太阳和地球历表用于确定进入安全模式后的太阳-探测器-地球（SPE）之间的夹角，并用于 HGA 定向，使前向 LGA1 的波束中心大体指向地球。如果航天器的姿态数据不准，星敏感器可用于辅助实现太阳捕获。

若星敏感器不起作用，且从太阳敏感器获得的姿态信息有限，航天器将在大部分任务阶段都将以 1h 为周期绕 $-Y$ 轴（安全模式下指向太阳）旋转。这种旋转会使 LGA1 的主轴相对地球按照接近半个 SPE 角度的圆锥面移动，致使 DSN 地面站会观测到一种重复性的功率电平变化，而这种变化由 SPE 角和 LGA 天线的方向图决定。

安全模式下，USO 默认处于加电状态。通过 LGA1 建立 X 频段发射和接收链路。安全模式下，X 频段遥控比特率被设置为 7.8125b/s，遥测比特率设置为 34.4b/s，遥测数据采用卷积(7,1/2)+RS(交织深度 $I=1$)编码。采用较短的帧长可缩短地面站的帧同步时间。

安全模式下的进一步操作会确保 Ka 频段 TWTA 关机，小型深空应答机(SDST)Ka 频段激励器也关机。故障保护软件也会确保 Electra UHF 收发机(EUT)的安全。

6.2.4 MRO 的轨道及对表面航天器的中继覆盖

MRO 和“奥德赛”是 NASA 具有 Proximity-1 协议中继通信能力的两个轨道器，均为太阳同步轨道器。每次轨道器由南向北穿越火星赤道，时间为当地平均太阳时(LST)对应的当地火星表面时间为下午 3:00(MRO)和上午 5:00(“奥德赛”)。

表 6-2[6] 给出了 MRO 与“奥德赛”的轨道参数和相关数据。在接下来的三幅图中定义的 MRO 中继覆盖就是基于这些数据得到的。图 6-4～图 6-6 以火星表面探测器在火星上的纬度为变量，给出了 MRO 与其之间的几何覆盖条件。这些图利用通信轨道分析与仿真工具(TOAST)[7] 进行了 24 个火星日的仿真，并在经度上进行统计平均，反映了其最大值、平均值和最小值。

表 6-2 MRO 与“奥德赛”的轨道参数

轨道参数	MRO	“奥德赛”
近拱点半径/km	3624.4	3766.1
远拱点半径/km	3691.9	3839.5
半长轴/km	3657.7	3802.8
偏心率	0.0091	0.0096
倾角/(°)	92.6	93.1
升交点/(°)	−14.7	−159.8
近地点幅角/(°)	−78.8	−83.7
过近地点时刻/s	−1818.8	−1423.8
历元	2008-147T01:00:00	2008-147T01:00:00
相关数据	**MRO**	**“奥德赛”**
近拱点高度/位置	255km/南极	370km/南极
远拱点高度/位置	320km/北极	444km/北极
平均 LST，升交点	3:00pm	5:00am
平均 LST，降交点	3:00am	5:00pm
轨道周期	1h 52min	1h 58min

图 6-4 给出了通信次数(仰角大于 10°且持续时间超过 1min)。图 6-5 给出了假定火星表面最低仰角 10°时潜在的 MRO 过境时长平均值和最大值,变量为着陆点纬度,过境时长指轨道器位于最低仰角以上的持续时间(单位为分钟)。① 图 6-6 给出了可能与 MRO 通信的最大间隔时间。间隔时间是指几何通信时机之间的间隔时长。在极区,对于周期 1h 52min 的 MRO 轨道,间隔时长约为 1h 45min。在一些接近赤道的低纬度地区,每个火星日有一次通信时机,从而间隔时间超过 24h。

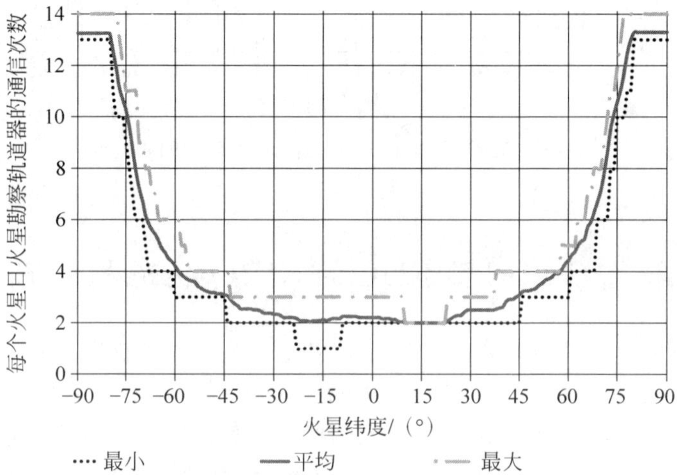

图 6-4　MRO 轨道每个火星日对不同着陆纬度的最大、平均和最小通信次数

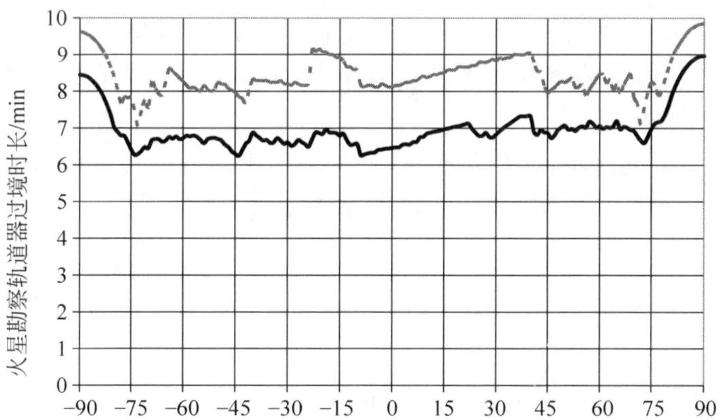

图 6-5　MRO 轨道对不同火星纬度的最大(上方曲线)和平均(下方曲线)过境持续时长

① 最小 10°仰角和假设过境时长最小 1min 是为了举例说明。图中删去了最小过境时长,这是因为其统计数据无效。对于近圆太阳同步轨道,除了极点附近,总存在过境时长接近为零的几何弧段。

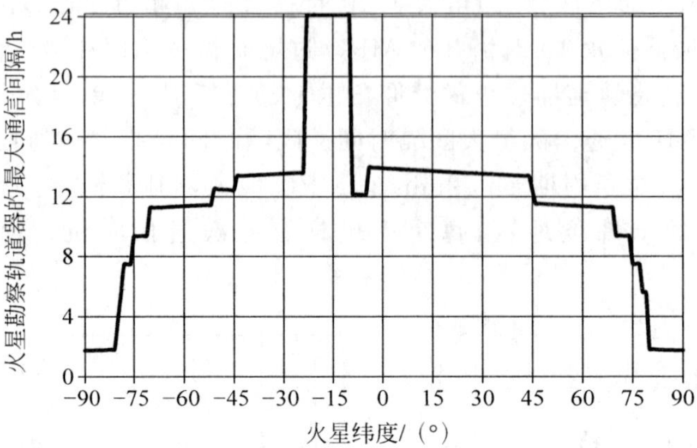

图 6-6 MRO 可能的通信时段之间最大间隔时长

6.2.5 支持着陆探测器 EDL 的 MRO 轨道相位调整

为了覆盖关键事件(如航天器 EDL),MRO 可以实施轨道机动和调整轨道相位(即调整轨道真近点角)。然而,MRO 的推进剂预算并未考虑改变轨道平面(即显著改变 MRO 穿越火星赤道的本地太阳时)。轨道相位调整使轨道器在轨道中的时间点前移或后退,从而在航天器抵达火星时,中继轨道器处于较好的位置,以便于为航天器抵达前、后的关键事件提供通信和导航支持。EDL 期间的通信通常是单向的(仅有到 MRO 的返向链路)。

捕获/下降状态的探测器天线布设位置以及该探测器相对轨道器的姿态,对保持 EDL 期间的通信至关重要。为了提高 EDL 覆盖,探测器在滚动方向最大可调整±30°以对准 MRO 天线。

在进入大气层的过程中,着陆器与 MRO 之间的返向链路可能由于等离子效应导致信号中断,这取决于进入航天器的接近角和速度。

6.3 通信子系统概况

6.3.1 X 频段:巡航及轨道操作

MRO 与位于加利福尼亚、西班牙和澳大利亚的 DSN 站天线之间的通信主要利用 X 频段上行链路和下行链路实现。

轨道器上的 X 频段通信系统利用一副 3m(10 英尺)口径的高增益天线和一个功率为 100W 的 X 频段 TWTA 向地球发射信号。每个设备的性能都超出以往火星任务所用设备的 2 倍以上。因此,MRO 以高于以往任务 10 倍以上的速率向地球发送数据。

在与地球相距最远时(4 亿千米,即 2.5 亿英里),轨道器的设计发送速率不小于 500kb/s。距离较近时,信号会变强,传输速率更高。在轨道器距离地球最近(约 1 亿千米,即 0.6 亿英里)时的数月时间里,能够以 3～4Mb/s 的速率向地球发送数据。

MRO 项目计划在科学阶段由两个 34m 深空站(DSS)每天平均提供 16h 的支持。此外,还每周申请使用 70m 站两次。

通过使用大天线、高功率 TWTA 和高速计算机,轨道器能够以高达 6Mb/s 的速率向地球发送数据。MRO 在与地球 1 亿千米远的距离上实现这一速率是相当高的。在为期 2 年的主科学任务期内(2006—2008 年),航天器发送的数据量超过 73Tb,约为原先预期的 2 倍,约为以往所有火星任务获取数据量的 20 倍,比以往所有行星际探测任务获取数据的总和还要多。在扩展科学任务期间(2008—2010 年),MRO 又向地面发送了 53Tb 的科学数据[5]。

从地球上深空网地面站的视角看,轨道器每圈轨道约有 1/3 的时间位于火星背面。在这些时段,轨道器被遮挡(与地球之间无通视的通信路径)而无法与 DSN 通信。在轨任务期间,每天潜在可安排深空网跟踪的时长不少于 16h,实际上 MRO 在超过 700 天的时间里,每天向地球发送数据的时长为 10～11h。根据地球-火星间距离变化,平均数据传输速率在 0.5～4Mb/s。

MRO 通信子系统框图如图 6-7 所示。有源器件(EUT、USO、SDST 和 X 频段 TWTA)都有备份,但同时只有一台加电。

通信子系统的质量和航天器输入功率如表 6-3 所示。质量包含所有 SDST、X 频段 TWTA 和 UHF 收发机的主备单元。未单独列出的微波器件、电缆和波导(WG)质量统计在主要通信功能单元中。

项目书中将 HGA 万向支架及其驱动电机划入了其他子系统。但表 6-3 中包括了这些单元,这是因为若无须将 HGA 指向地球的话,这些单元就不会出现在航天器上。

X 频段系统被设计为无单点故障(HGA、耦合器和双工器除外),并使电路损耗最小。耦合器(CP)和双工器(DX)出现故障的概率极低,因此未加考虑。这两类器件都是没有活动部件和电路的无源射频(RF)器件。

X 频段微波元件:图 6-7 中,S1、S2 和 S3 均为波导转换开关。S1 使任何一个 TWTA 的输出均可以被送至 HGA 或任何一个 LGA。S2 和 S3 用于在 LGA1 和 LGA2 之间切换。S4 为同轴转换开关,它将上行链路切换至 SDST1 或 SDST2 上。

RF 开关设计为位于两个转换位置之一,这样造成开关故障的概率极低。

带通滤波器(BPF)BPF1 和 BPF2 为同轴带通滤波器,中心频率为 X 频段接收频率(7.183GHz),用于滤除可能从双工器发送端至接收机端口泄漏的 X 频段 TWTA 输出干扰。

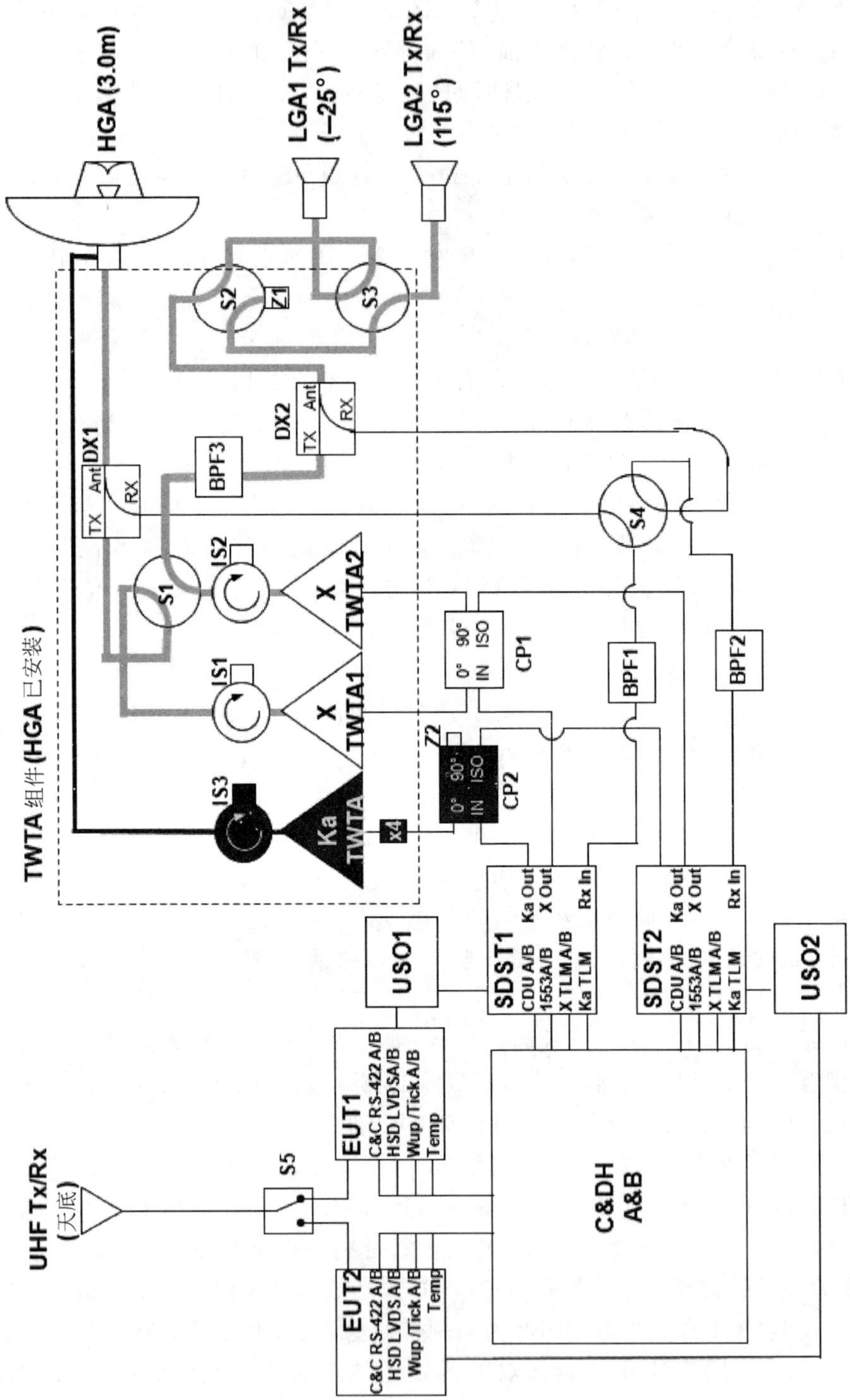

图 6-7 MRO 通信子系统框图（Tx 为发送，Rx 为接收）

译者注：图中主要部件在后文中均有介绍，为避免改变原图结构，此处不作翻译。

表 6-3　MRO 通信子系统质量及能耗汇总

组　　件	单件质量/kg	总质量/kg	航天器输入功率/W	射频输出功率/W	备　　注
X 频段应答机		6.4	16		在轨平均功率
SDST(2)	5.8				
×4 倍频率支架	0.1				
其他微波器件	0.5				
行波管放大器		12.1			
X 频段 TWTA(2)	1.9		172	102	标称 100W
Ka 频段 TWTA	0.8		81	34	标称 35W
X 频段电子功率转换器	3.0				
Ka 频段电子功率转换器	1.5				
双工器及支架	1.8				
波束波导转换开关	1.5				
其他微波器件	1.4				
各类 TWTA 硬件	0.2				
X 频段和 Ka 频段天线		22.6			
HGA 主反射面	19.1				
天线馈源组件	1.6				
LGA 和极化器	0.8				
各种天线硬件	1.1				
HGA 万向支架和驱动机构		45.0	14		在轨平均功率
波导及同轴电缆		8.3			
USO(2)		1.7	5		在轨平均功率
UHF 子系统		11.5			
Electra 收发机(2)(每个收发机内置一台固态 RF 功率放大器)	10.1		71	5	开启状态，全双工(17.4W 待机)
UHF 天线及天线罩	1.4				
串行开关(S)	0.1				
通信子系统合计		107.7	359		

BPF3 是波导带通滤波器，其中心频率为发射频率(8.439GHz)，用于滤除发射谐波频率。这样可以防止对地面接收机产生干扰，地面接收机工作频率为 X 频段

输出的二次、三次或四次谐波(即16.9GHz、25.3GHz和33.8GHz),特别是在发射后的最初几天下行链路信号功率通量密度很高时。BPF3对经过HGA的发射信号无影响。

IS1和IS2是X频段隔离器,在进入天线的发射支路上发生暂时性短路时,用于保护X频段TWTA。IS3为Ka频段隔离器。SDST与TWTA之间的耦合器允许任意一个SDST驱动任意一个TWTA。

USO是交叉连接的(这种交叉连接关系在图中并未体现出来),因此如果一个USO出现故障,任何SDST都可以使用另一个USO。

Ka频段元件:Ka频段遥测数据流是交叉连接的。SDST1仅从指令及数据处理端A(C&DH-A)获取Ka频段输入数据,而SDST2仅从指令及数据处理端B(C&DH-B)获取Ka频段输入数据。Ka频段发射链路是操作验证试验的一部分,因此不必具备单点故障冗余。

6.3.1.1 高增益天线

HGA由三个主要部分组成:馈源、椭圆副反射面和3m偏馈抛物面主反射面。HGA副反射面直径为0.45m,位于主反射面焦点附近。X频段馈源采用波纹喇叭设计,Ka频段馈源采用碟形(disc-on-rod)设计。Ka频段无上行接收,仅有下行发射。馈源包括X频段和Ka频段极化器,产生右旋圆极化(RCP)波。

图6-8给出了HGA天线X频段发射和接收频率的指向损耗(相对于天线视轴处天线增益参考值为0dB)。

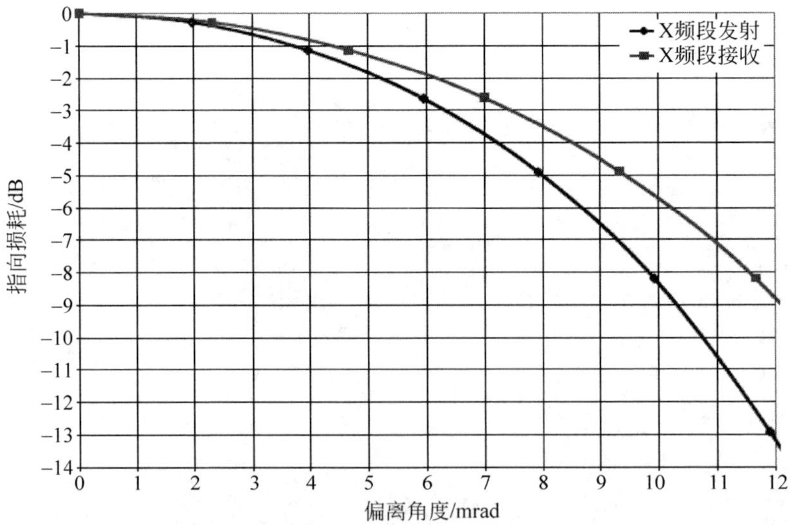

图6-8 HGA相对波束中心的X频段发射与接收指向损耗

图6-9给出了HGA天线Ka频段发射的指向损耗。

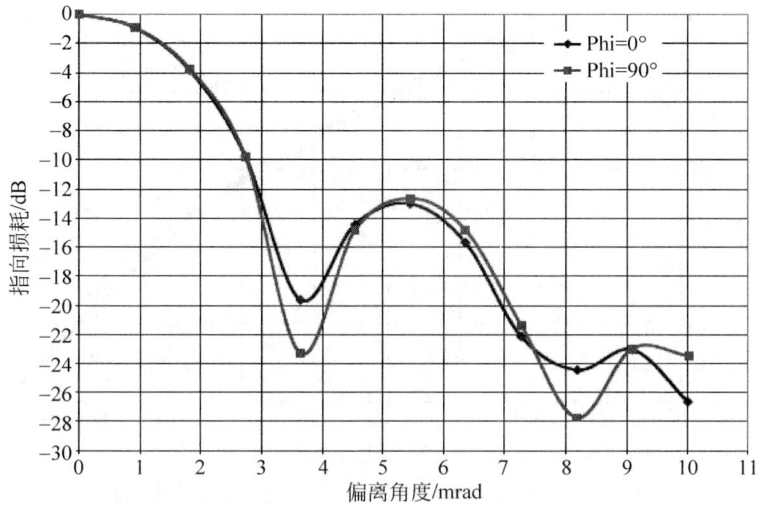

图 6-9　HGA 相对波束中心的 Ka 频段发射指向损耗

发射前获取的 HGA 的方向图具有代表性，并计划通过在轨校准更新。

HGA 在发射后不久展开，直到目前一直作为与轨道器通信的主要手段。

HGA 必须指向精确，因此通过万向架机构驱动。要求 HGA 的指向精度在 99.7%圆形误差概率(CEP)的条件下为 2.08mrad。该要求是针对机械系统提出的，尤其是影响链路性能的万向架驱动电机。

MRO 上共有三个万向架：

- 一个用于驱动高增益天线指向地球；
- 另外两个驱动太阳帆板指向太阳。

每个万向架都可在两个方向上运动。随着航天器每轨绕火星运动，这些万向架驱动太阳帆板始终指向太阳，同时驱动高增益天线始终指向地球。

6.3.1.2　低增益天线

两副低增益天线用于紧急或特殊情况下的低速数据通信，如处于发射、MOI 或安全模式时。由于低增益天线的波束比高增益天线宽得多，所以当使用这些天线时，数据速率较低。图 6-10 给出了 X 频段发射和接收时的 LGA 指向损耗。LGA 无 Ka 频段能力。

LGA 采用喇叭设计。本质上是一个在末端装有射频抑制环的开波导，其作用是使天线方向图更加均匀并抑制旁瓣。波导喇叭前的隔板式圆极化器产生 RCP。

两副低增益天线都安装在高增益天线碟盘上：一个在前端、一个在背部，并随碟盘运动。如此安装，无论给定时刻航天器在什么位置，这两副 LGA 都能使航天器与 DSN 随时保持通信。

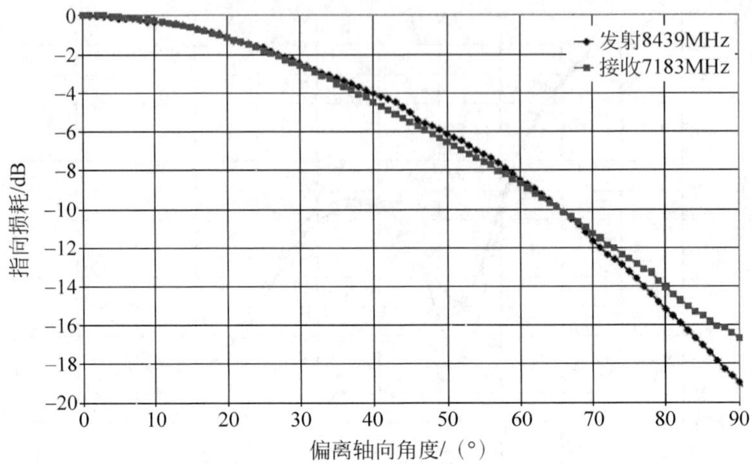

图 6-10　LGA 相对波束中心的 X 频段发射和接收指向损耗

朝前的 LGA1 安装在接近 HGA 边缘的地方，偏离 HGA 波束中心 25°。倾斜角度的选择是根据关键事件时航天器的指向偏离角度设计的，如在 TCM 和 MOI 期间，此时 HGA 锁死在某位置上而不能跟踪地球。朝后的 LGA2 安装在 TWTA 面板上，偏离 HGA 视轴 −115°。

表 6-4 汇总了发射前确定的 HGA 和 LGA 的主要链路参数。

表 6-4　LGA 及 HGA 链路参数

参　　数	LGA	LGA	HGA	HGA	HGA
	X 频段发射	X 频段接收	X 频段发射	X 频段接收	Ka 频段发射
波束中心增益	8.8dBi	8.4dBi	46.7dBi	45.2dBi	56.4dBi
增益容差	±0.5dB	±0.5dB	±0.5dB	±0.5dB	±1.0dB
轴比(最大)	2dB	2dB	1.1dB	2.2dB	2.3dB
极化方式	RCP	RCP	RCP	RCP	RCP
天线回波损耗(最大)	−18dB	−18dB	−19dB	−23dB	−19dB
半功率波束宽度			0.69°		0.18°
指向误差预算(3σ)			2.08mrad	2.08mrad	2.08mrad

注：dBi 为相对各向同性天线的增益。

6.3.1.3　应答机

MRO 携带两台小型深空应答机（SDST）。两台 SDST 功能相同，每次仅有一台加电工作。SDST 是经历以往多次任务验证并加以继承的一款应答机，如“深空1号”和“火星奥德赛”，而 MER-A 是在 MER（第一批购买）的 SDST 基础上增加 Ka 频段形成的 MRO SDST。

SDST负责跟踪上行载波，从载波中解调出指令，生成下行链路载波（与上行频率相干或不相干），完成卷积编码，生成不同的副载波频率，将遥测信息调制在副载波上或直接调制在下行载波上，解调和调制转发测距信号，并生成差分单向测距(DOR)音信号。

SDST由四个不同模块组成：数字处理模块(DPM)、下变频模块、电源模块和激励器模块。与以往设计的SDST相比，MRO SDST有以下不同：

- 从840f1频率输出[①](8052MHz)用于产生32.2GHz Ka频段信号的MRO×4(4倍)倍频器位于SDST外部，并放置在TWTA面板上(SDST位于面板中部)。这样做是为了尽可能减少Ka频段同轴电缆损耗。在“深空1号”(DS1)中，×4倍频器位于SDST的内部。
- 目前，DPM中的线性接收机是低压差分信号(LVDS)接收机，可以在紧凑型周边元件扩展接口(cPCI)总线上支持高速数据传送。
- MRO SDST增加了一个7.2万门现场可编程门阵列(FPGA)以支持四相频移键控(QPSK)。该FPGA还可以对QPSK进行(7,1/2)卷积编码。[②]
- Ka频段增加了宽带DOR(8f1 DOR)功能。

SDST内部有一个5极、5.8MHz的低通滤波器(LPF)，用于滤除输入电压对相位调制器的影响。通常情况下，MRO SDST配置工作在滤波模式。该滤波器降低了遥测下行链路高频部分的幅度，以避免对其他任务产生干扰。只有当遥测频谱不会干扰其他任务时才允许使用非滤波模式。

表6-5给出了一些决定链路配置和MRO SDST性能的参数。

表6-5 MRO SDST链路配置及性能参数

参数	数值
接收机输入电平	−156dBm(门限)～−70dBm
接收机双边载波环路带宽	20Hz(门限)
遥控数据速率(b/s,非编码)	7.8125,15.625,31.25,62.5,125,250,500,1000,2000
遥控副载波调制度	0.5～1.5rad(峰值)
最小遥测符号速率	副载波调制为0b/s,直接载波调制为2000sps
最大符号速率	规定在标称(滤波)模式为4.4Msps,测试时为6Msps
遥测调制度范围	调制电压0°～135°,按照64级均匀步长可调
转发测距调制度	4.375°,8.75°,17.5°,35°,70°峰值(准确度±10%,稳定度±20%)
DOR调制度(峰值)	28°(准确度±10%,稳定度±25%)
Ka频段输出调制带宽	正常模式下为5.5±1.5MHz,宽带模式下最小为10MHz

① 在SDST术语中，f1是产生上行链路和下行链路频率的基频。例如，X频段下行链路为880f1，X频段上行链路为749f1。Ka频段下行链路载波为3360f1，是SDST Ka频段输出840f1的4倍。MRO SDST工作在DSN 32信道。对于该信道，f1近似为9.59MHz。

② 注意，在SDST中的遥测数据可以像以往任务一样进行卷积编码，但MRO仅计划使用(7,1/2)码率的编码。对于Turbo编码的遥测下行链路，SDST输入已经在SDST的C&DH上行数据流中进行了Turbo编码。在这种情况下，由于SDST卷积编码器被旁路，SDST遥测输入端的Turbo符号流在SDST看来就是比特流。

6.3.1.4 RF 放大器

位于高增益天线背面的是 TWTA 和相关微波器件外壳。图 6-1 中 MRO 外部组件概略图中的箱体称作“TWTA 面板”。

图 6-11 显示了 TWTA 面板底部布局，包括两个 TWTA、三个整流器和大部分微波器件（双工器，X 频道带通滤波器和隔离器）。Ka 频段 TWTA 和隔离器位于 TWTA 面板顶部，在图 6-11 中不可见。

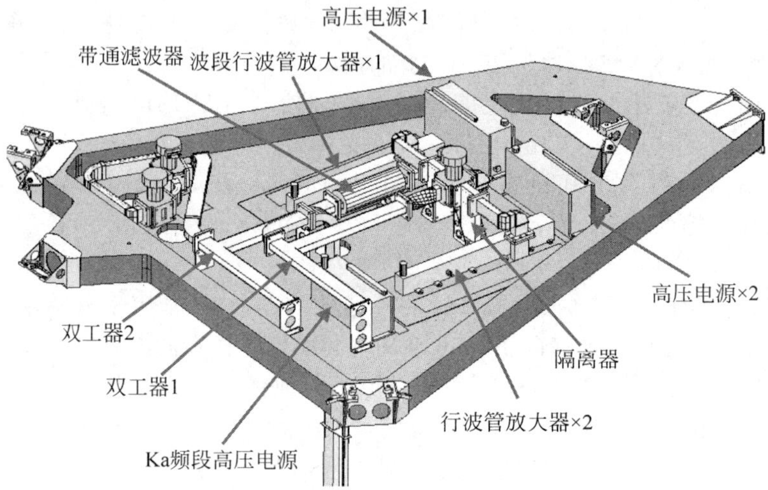

图 6-11 TWTA 面板微波器件布局

MRO 上共有三台放大器，两台工作在 X 频段（每次仅一台加电）、一台工作在 Ka 频段。TWTA 标称 X 频段 RF 输出功率为 100W（发射前测量值为 102W），Ka 频段为 35W（测量值为 34W）。

每个 TWTA 包括两个主要部件：高压功率电源（HVPS，也称“电子功率变换器”）和行波管（TWT）。

双工器是一个无源设备，能够使 X 频段发射和接收频率信号同时经过天线。双工器有三个端口：天线端口、接收端口和发射端口。发射端口和接收端口之间必须进行隔离，以避免子系统内部出现自干扰。双工器还可显著抑制发射频率谐波。

接收端口的通频带中心频率为 7.183GHz，这样就能使来自天线端口的上行信号传递到接收端口。发射端口的通频带中心频率为 8.439GHz，使 X 频段 TWTA 输出到天线端口。

LGA 发射路径上的波导带通滤波器中会产生由发射谐波带来的额外衰减。每个隔离器（图 6-11 中仅显示了一个）保护其 TWTA 免受因输出暂时短路造成的 RF 反射功率引起的损坏。

每个 TWTA 都提供三种用于保护其自身与航天器电源的装置：

- 螺旋管电流过载保护装置。若螺旋管电流超过 5mA，功率转换器会在 2ms 内做出反应，使之进入重启模式（包括移除和重新加载 TWTA 的高电压）。
- 功率转换器电流过载保护装置。若输入电流超过最大值，开关晶体管受周期峰值电流限制保护。而且，经过约 2ms，转换器将进入自动重启模式。
- 总线欠压保护装置。若转换器输入端总线电压低于 20.5V，则关闭高压开关，并设置欠电压保护装置状态标记。当总线电压再次升至 21.5V 时，激活 TWTA 启动程序并开始预热。预热持续约 210s。标称总线电压为 28V。

6.3.2　UHF：邻近中继通信

如图 6-12 所示，MRO 的 Electra 载荷作为火星网络星座中的一个节点，为火星本地任务科学及工程数据提供有效的高速中继服务。最先计划使用 MRO Electra 的着陆器是“凤凰号”和 MSL。

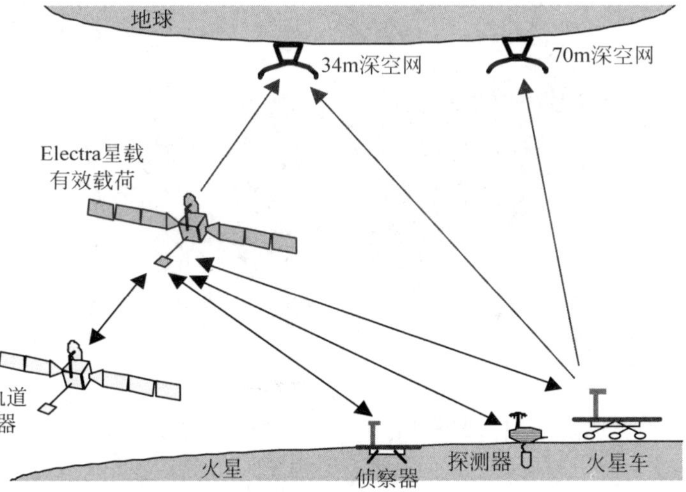

图 6-12　MRO Electra 载荷操作概念

图 6-13 是 MRO UHF 系统框图以及其与指令和数据处理（C&DH）系统、SSR 系统的接口关系。EUT 和 USO（也支持 X 频段和 Ka 频段系统）采用冗余设计。框图显示了主备份 USO 和 EUT 以及 C&DH 端和 SSR 之间可能的组合关系。

图 6-14 为 EUT 工作过程的示意图。

EUT 组件由 5 块板卡组成。按照从上到下的顺序分别为：

- 半双工覆盖叠加（HDO）接收滤波器及 UHF 双工器；
- 滤波及切换单元（FSU）；

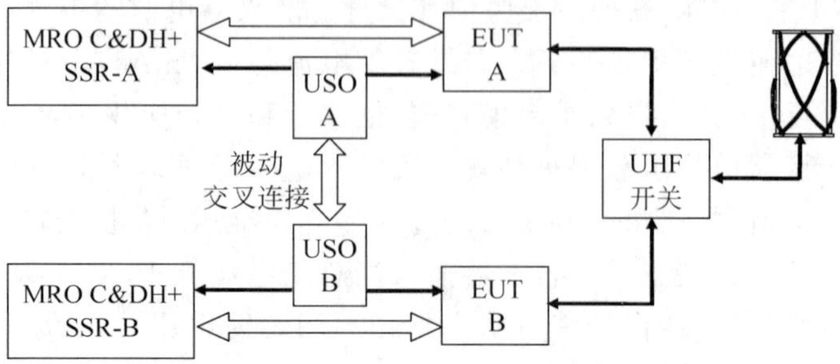

图 6-13 MRO Electra UHF 框图及其与 C&DH 和 SSR 的接口

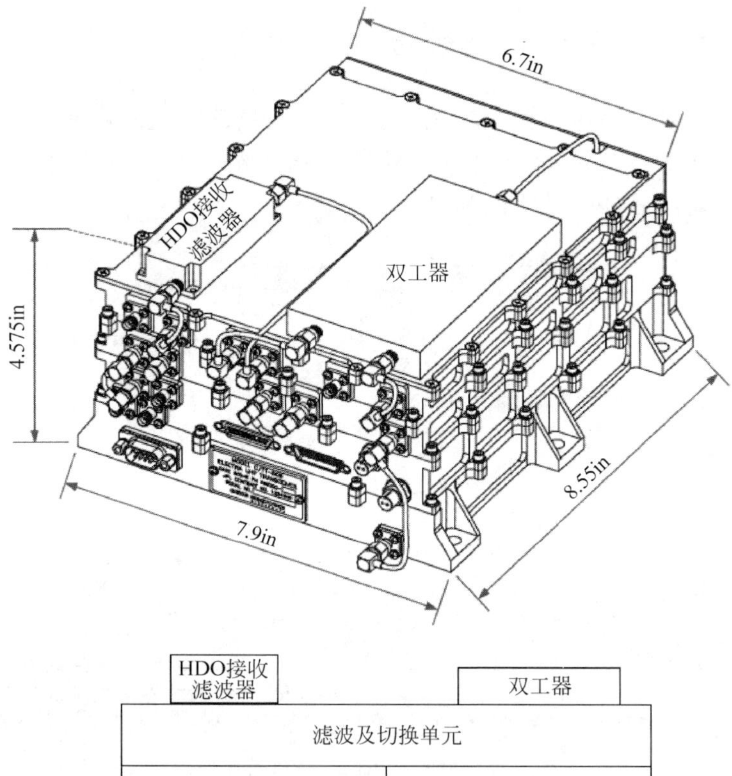

图 6-14 Electra UHF 收发机(EUT)组件

注：1in=2.54cm。

- UHF 射频模块(RFM,接收机和发射机);
- 基带处理模块(BPM);
- 电源模块(PSM),包括集成功率放大器模块。

MRO EUT 内的 FSU 板包括高隔离度双工器、HDO 接收/发射(R/T)开关,以及同轴转换开关。BPM 板直接与 MRO C&DH、MRO SSR、USO 和包含 EUT 的模块连接。

RFM 板包括一个单通道 UHF 发射机和接收机。

PSM 板包括电源和驱动/功率放大器。PSM 为 BPM 供电,并在 BPM 控制下向 RFM 组件供电。PSM 板还包括一个功率放大器,用于将调制后信号放大到合适的 RF 输出水平。

BPM 完成所有的信号处理,提供整体的 EUT 控制,并为外部航天器接口提供服务。

根据参考文献[9],图 6-15 以框图形式汇总了 BPM 调制解调处理器(MP)部分的功能。

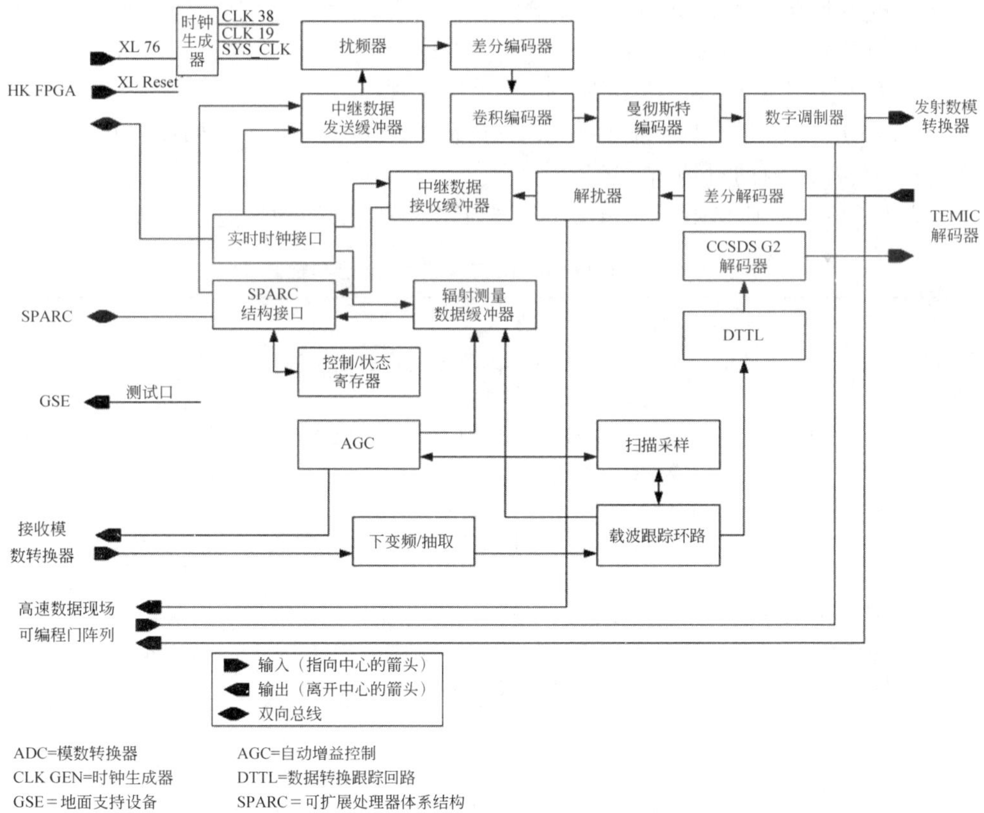

图 6-15　Electra 收发机框图

BPM由32位微处理器、两片抗辐射加固的一次性FPGA、一片大容量(近100万门)可编程FPGA以及足量的动态和静态内存组成。可编程FPGA具有调制解调功能,且在发射后可重复编程。32位微处理器管理EUT和中继Prox-1。①

在概念上,BPM一方面管理航天器接口。专用的1553收发芯片支持与主C&DH之间的指令和遥测数据收发。LVDS接口通过高速数据(HSD)FPGA支持高速数据中继和无线电测量数据传输。BPM另一方面管理EUT,通过星务(HK)FPGA管理和控制进出ETU前端和MP FPGA的遥测信号。

MP FPGA的主要功能包括:

- 编码与译码;
- 调制与解调;
- 载波、符号和译码器同步;
- Prox-1帧同步检测;
- Prox-1用户数据发送(Tx)与接收(Rx)和数据缓存控制;
- 接收信号电平管理,自动增益控制(AGC);
- 无线电多普勒测量和开环记录;
- 时钟(CLK)和时间标记;
- 从基带到中频(IF)通信链路的物理层实现。

MRO Electra没有内部时钟。来自外部的USO为BPM FPGA提供包括位、符号和采样率在内的时钟信号。

表6-6[6]定义了MRO Electra的主要工作模式、功能和性能。

表6-6 MRO Electra工作模式、功能和性能

性能	取值
协议	Prox-1(可靠和即来即发的链路层协议)
频率	见下节(包括表6-7)
工作模式	半双工②发射和接收(在半双工模式下不使用Prox-1),全双工收发机
全双工载波模式	相干或非相干
收发机RF输出功率	全双工5.0W,半双工7.0W
EUT至天线的环路损耗	−0.42dB
天线处的接收机门限	−130.8dBm(1kb/s)~−99.6dBm(1024kb/s),编码 −126.0dBm(1kb/s)~−91.1dBm(2048kb/s),非编码
载波调制模式	抑制载波,残留载波(调制度为60°)

① EUT符合空间数据标准咨询委员会(CCSDS)规定的Proximity-1协议(参考文献[11])。本章中,该协议简称为"Prox-1"。

② MRO使用"全双工"一词表示通常意义上的、在不同频率同时具有前向链路和返向链路能力。"半双工"一词表示尽管前/返向链路有可能在不同频率上,但Electra发射机和接收机不同时处于开启状态。

续表

性　能	取　值
调制类型	bi-phase-L(曼彻斯特)形式的残留载波二相相移键控(BPSK)调制；抑制载波 BPSK 调制
参考频率	超稳振荡器
发射和接收符号速率	1ksps,2ksps,4ksps,8ksps,16ksps,32ksps,64ksps,128ksps,256ksps,512ksps,1024ksps,2048ksps,自适应数据速率
接收信号功率范围	−140～−70dBm
编码	非编码,(k=7,r=1/2)卷积,差分符号编码
译码	非编码,(k=7,r=1/2)卷积(3 比特软译码)
加解扰	V.38
捕获及跟踪环路	二阶锁相环(PLL),环路带宽为 10Hz～10kHz(接收信号为−140～−70dBm)
跟踪范围及速率	±20kHz,±200Hz/s

MRO Electra 实现频率捷变、可变换发射和接收带宽。EUT 符合 CCSDS Prox-1 定义的 8 对频率。Electra 总共支持 16 对预置频率,如表 6-7 所示[10]。

表 6-7　CCSDS Prox-1"蓝皮书"信道编号及"预置"Electra 频率

信道编号	CCSDS 前向频率/MHz	MRO 预置前向频率/MHz	CCSDS 返向频率/MHz	MRO 预置返向频率/MHz
0	437.1	437.1	401.585625	401.585625
1	435.6	435.6	404.4	404.4
2	439.2	439.2	397.5	397.5
3	444.6	444.6	393.9	393.9
4	435～450	436	390～405	401.4
5	435～450	438	390～405	402
6	435～450	440	390～405	402.6
7	435～450	441	390～405	403.2
8		442		391
9		442.5		392
10		443		393
11		445		395
12		446		395.5
13		447		396
14		448		399
15		449		400

除了这 16 对预置频率,MRO Electra 还有能力在 390～450MHz 整个带宽内调谐其发射和接收频率,因此可在此频段内进行任意频率组合。对于半双工操作,

可使用任何频率对。对于全双工操作,发射频率必须在435～450MHz选择,接收频率必须在390～405MHz选择。

MRO Electra配置一副指向天底方向(垂直向下指向火星)的UHF LGA。天线与科学载荷共用底板。其附近的部分载荷进入天线的UHF频率导致天线方向图发生畸变。作为弥补,MRO任务允许航天器最大滚动至30°,使UHF天线方向图的较好部分指向火星表面用户。每次过境可设置轨道器翻转一个固定的滚动角,Electra在过境时工作,随后轨道器恢复标称的指向天底姿态。

图6-16(437.1MHz)和图6-17(401.6MHz)给出了以dBi为单位的天线增益与偏离波束中心角度之间的关系,偏离波束中心的角称为"锥角"或"θ角"。图中的实线是沿正交轴切面的平均增益。正交轴中的角称为"摆角"或"φ角"。实线上方和下方的虚线分别是沿正交轴切面的增益最大值和最小值。天线的前、返向链路都为RCP。

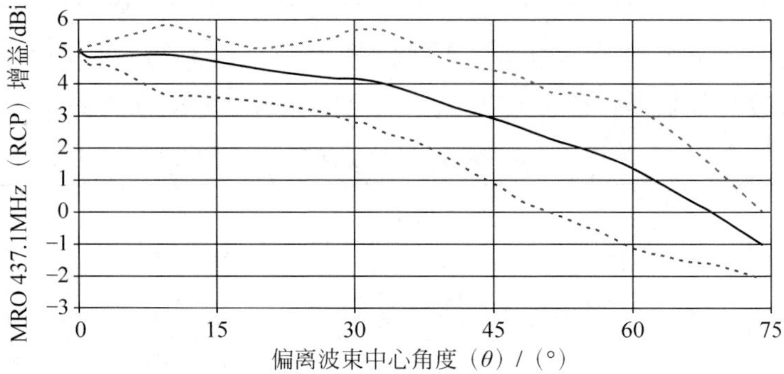

图6-16 MRO 437.1MHz增益特性

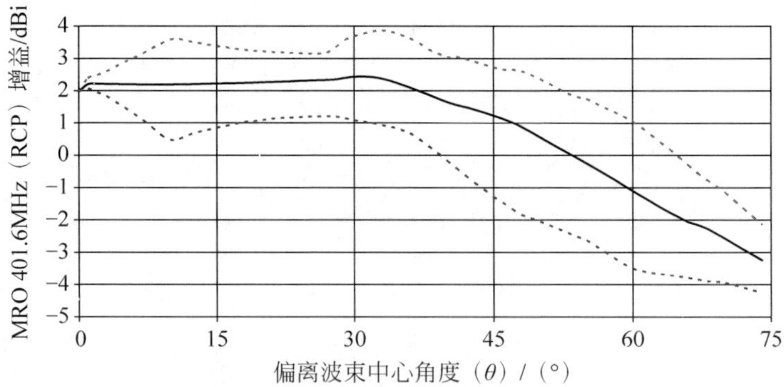

图6-17 MRO 401.6MHz增益特性

MRO Electra收发机兼容CCSDS Prox-1[10-11]。Prox-1传输帧可在前向链路(从轨道器到表面航天器)和返向链路(从表面航天器返向至轨道器)中传输,在

Prox-1 链路管理下可工作在可靠(重传)模式和即来即发(无重传)模式。在重传模式下,采用自动重复排队(ARQ)协议对任何未收到的传输帧发送重传申请。MRO 还提供一种不利用 Prox-1 的中继业务(称为"原始数据")。轨道器还提供一种多普勒数据和一种开环数据。这些数据类型或业务将在下文中规定。

6.3.2.1 Prox-1 数据

通常由 MRO Electra 发起一个 Prox-1 会话,即发出一串"呼叫"数据包,同时搜索标识有呼叫数据包标识的着陆器响应。这种标准操作过程可以反向进行,也就是说可以由着陆器发起中继会话。呼叫数据包包含前、返向链路会话操作模式的描述信息,还包括工作频率、数据速率和信道编码模式等其他内容。

6.3.2.2 时间戳包

时间戳数据包含与 Prox-1 帧同步标记开始或结束时刻相对应的本地 Electra 时钟。因此,仅在 Prox-1 模式操作时才收集时间戳。时间戳与相应的 Prox-1 帧序列编号相匹配,并注明是到达帧还是离开帧。若中继链路的其他终端也能采集 Prox-1 帧时间戳,则两个链路终端采集的这些时间戳可以作为双路单向测距的数据,并可用于修正着陆器和轨道器上的时钟。

6.3.2.3 原始数据

在原始数据模式下,没有呼叫或链路建立协议,也没有任何会话数据管理或计数协议。此时,由时序控制发送和接收链路两端的数据。除了协调时序,还必须事先在链路两端配置相同的数据链路模式,如频率、数据速率和编码等。

6.3.2.4 相位和功率数据

MRO Electra 收发机可以采样和记录已锁定载波接收信号的相位和功率电平。这种无线电测量信息精度很高(基于 MRO USO 信号,并且后续采样直接与基于 USO 的本地时钟相关)。每个采样数据包含相位、AGC 功率、同相(I)幅度、正交(Q)幅度,以及基于 USO 的时间。这些数据构成多普勒测量基础。160 位数据格式如下所示。

相位和功率采样格式:

Header	Phase	AGC	Iamp	Qamp	Spare	Time Code	Trailer
bit[159:156]	bit[155:107]	bit[106:101]	bit[100:88]	bit[87:75]	bit[74:60]	bit[59:4]	bit[3:0]

6.3.2.5 I/Q(开环)记录数据

MRO Electra 收发机能够捕获接收信号中合成的同相/正交(I/Q)采样信号并

下变频至基带信号，采样速率达到150000个采样信号/秒。这种模式称为“开环记录”，主要用于支持像EDL这样的事件，因为EDL期间信号的高动态或低电平会导致Electra收发机无法实时完成信号解调。这些开环记录采样信号存储至MRO固态存储器(SSR)，并随后发送至地面，地面利用软件接收机和频谱分析工具解调并辨识信号动态。除了合成的I/Q采样信号，每个信号中还记录了AGC电平。这使得Electra收发机接收到的所有电平强度的信号都能够被开环记录下来，以便事后在地面对信号进行重建。

开环记录有两种数据模式。第一种模式是将捕获的USO时钟信号作为采样数据的一部分。这种带有时标的格式用于首次数据采样，并在后续偶尔为采样数据建立参考时钟。大多数开环记录采样信号不包括时标，而是通过采样信号的计数和相位锁定在USO时钟上的采样频率导出各采样信号的时间。以下给出了两种记录格式。

I/Q(开环)采样时间码格式：

Header	I	Q	Spare	AGC	Spare	Time Code	Trailer
bit[95:92]	bit[91:84]	bit[83:76]	bit[75:74]	bit[73:68]	bit[67:60]	bit[59:4]	bit[3:0]

I/Q(开环)采样非时间码格式：

Header	I	Q	Spare	AGC	Trailer
bit[31:28]	bit[27:20]	bit[19:12]	bit[11:10]	bit[9:4]	bit[3:0]

6.3.3 Ka 频段：操作验证

MRO配置了与X频段下行链路相似的全功能Ka频段下行链路设备，包括：

- 一个单向载波(由USO或辅助振荡器产生)或一个双向相干载波(使用X频段上行链路载波频率作为参考)。
- 以任意数据速率、编码类型和调制度调制遥测数据。
- 按照可设置的调制度调制X频段上行链路转发测距信号。
- 调制差分单向测距音，该音的分布比X频段要宽得多；Ka频段测距音偏离载波频率76MHz，而X频段测距音偏离载波频率19MHz。

子系统中的Ka频段器件包括一个×4(4倍)倍频器，一个Ka频段TWTA及其功率转换器，一个位于HGA内的Ka频段馈源，以及在6.3.1节中定义的其他微波组件。

作为验证的一部分，在主科学任务期间，每周申请使用两次深空网的34m天线，用于接收Ka频段信号。

6.4 地面数据系统

6.4.1 深空网

三个主要的 DSN 地面设施分别位于戈尔德斯通(加利福尼亚州)、马德里(西班牙)和堪培拉(澳大利亚)附近。DSN 天线根据其口径和性能分类。巡航和轨道操作期间,MRO 使用 70m 天线子网、34m 波束波导(BWG)天线子网,以及 34m 高效率(HEF)天线子网。

MRO 使用 70m 天线支持 MOI,也可在应急通信模式时使用 70m 天线(使用 LGA 的安全模式操作)。

MRO 利用 34m BWG 天线完成大部分的遥测遥控任务。BWG 天线与 HEF 天线的区别在于其采用波束波导光学系统(主要由一系列小镜面构成),直接将主反射器上方区域的微波能量发射至天线基座(通常为塔基)的位置。这样可以便于微波设备的连接,而且稳定的位置便于进行先进的超低温噪声放大器和馈源设计。

对于无须 Ka 频段下行能力的弧段,MRO 也可分配使用 34m HEF 天线(每个 DSN 设施中均有一套)。由于低噪声放大器(LNA)位于 HEF 天线馈源附近,因此其增益-噪声温度比(G/T)比 BWG 天线高约 1dB。

34m BWG 天线通过使用新的 X+/X-/Ka-频段(X 频段上行、X 频段下行和 Ka 频段下行)馈源,并对 LNA 进行升级,其 G/T 值略有提高。

天线增益、噪声温度和指向性能在深空网通信链路设计手册[12]中给出。

6.4.2 Ka 频段验证需求

Ka 频段验证包括深空任务中 DSN 对 Ka 频段信号跟踪准备情况的评估。有一个地面站(DSS-25)曾在 1998—1999 年的"深空 1 号"任务中作为"新技术"跟踪了 Ka 频段下行信号,而 DSN 曾因"卡西尼"射电科学研究偶尔跟踪过 Ka 频段信号。多个 34m 站具有 Ka 频段下行能力,能够支持 MRO Ka 频段验证任务。这些站分别是位于加利福尼亚州戈尔德斯通的 DSS-25 和 DSS-26、澳大利亚堪培拉附近的 DSS-34 和西班牙马德里附近的 DSS-55。

34m BWG Ka 频段天线波束宽度小于 0.018°。Ka 频段验证对天线指向性能的基本需求包括:

- 天线"盲指"(由计算机驱动,无须以接收的下行信号作为输入)精度优于 0.01°[13],使得单脉冲系统(主动定向)能够工作。
- 单脉冲系统必须处于工作状态(否则指向误差可能造成链路损失达 4~5dB)。

除了正常的遥测解调及译码、多普勒测量、双向测距和 ΔDOR 功能，Ka 频段验证还要求具备生成以下监视数据的能力：

- 工作接收机的信噪比（SNR）数据的精确测量，特别是符号 SNR；
- 工作接收机系统噪声温度（SNT）的精确测量；
- 以规定的 5s 间隔采样接收机监视数据，并立即发送至 MRO 数据库。

这些额外的要求使验证过程能够区分是天气原因造成的数据中断，还是其他原因造成的。

6.4.3 通过 Electra 中继数据的地面数据流

MRO 科学数据流、处理和计量机制如图 6-18 所示。图中的所有 5 种 Electra 中继数据类型（Prox-1 数据、原始数据、时间标记、相位和功率数据以及开环数据）均为“科学”数据。其中以红线突出标记的部分表示通过 Electra 中继到地面的数据流。

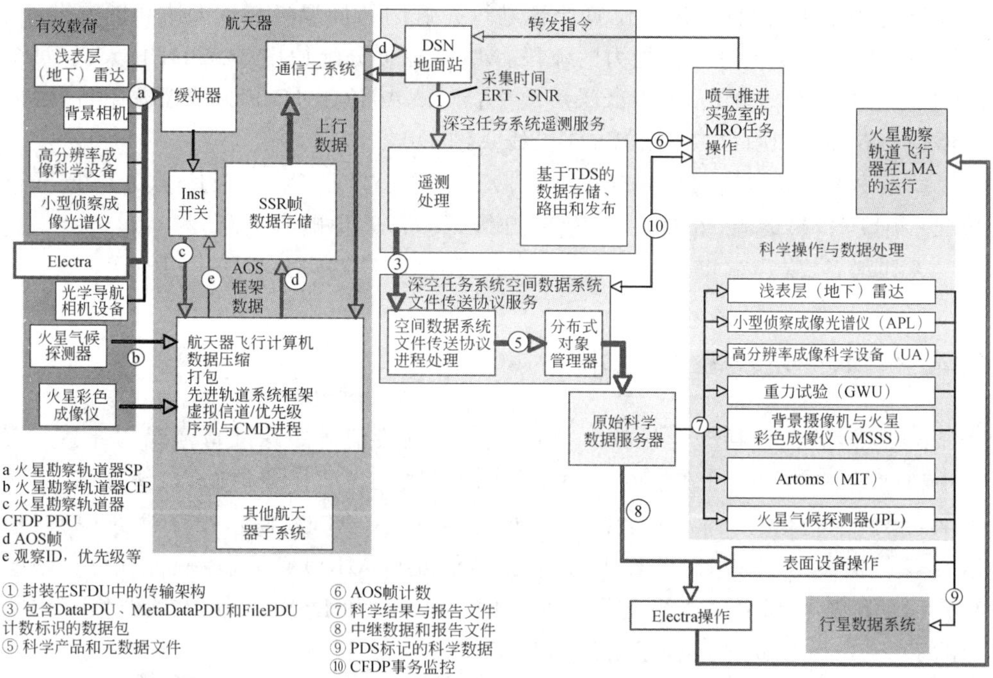

APL=（约翰斯·霍普金斯大学）应用物理实验室
CIP和SP=仪器输出数据
DOM=分布式对象管理器
GWU=乔治·华盛顿大学
HiRISE=高分辨率成像科学实验设备
LMA=洛克希德 · 马丁航空公司
MSSS=马林空间科学系统
UA=亚利桑那大学

图 6-18 MRO Electra 科学数据流程

Electra中继返向数据通过共用的LVDS接口选路至专用的SSR硬盘分区。采集Electra数据时，SSR的Electra接口软件根据Electra分区减去未读取数据量后该分区的空间来限制数据量。该软件还会产生一个遥测结果，以记录实际采集数据量和计划采集数据量之间的差异。

图6-18中，从MRO遥测流中提取包含MRO CCSDS源包的CCSDS高级在轨系统(AOS)帧。处理Electra中包含遥测信息的AOS帧以提取MRO科学数据包。

这些源包在地面按照CCSDS文件传输协议(CFDP)处理，提取MRO的CFDP协议数据单元(PDU)并重构Electra中继数据产品。鉴于遥测数据流可能出现中断，因而可能要求航天器对AOS帧级数据进行重传。与Electra过境有关的数据产品将被分离出一个行星数据系统(PDS)标签，其中包含描述采样的辅助数据，如MRO标识、轨道等。同时若Electra数据产品中存在任何缺失，就会对此产生一个CFDP处理报告。

CFDP过程的第二次运行是获取Electra中继数据产品，从中搜索Electra CFDP PDU，并提取每个Electra子帧中(中继Prox-1数据、时间标记、原始数据、相位和功率以及开环I/Q数据)的PDU。

每个Electra中继遥测数据产品都由一个二进制文件组成，每种产品类型都不相同，也就是CFDP日志文件和美国信息交换标准代码(ASCII)标签构成各不相同。

来自地面数据系统(GDS)的中继过境产品如图6-19所示，图6-20显示了交付的中继数据产品。过境产品是一个带有CFDP PDU的二进制文件，而数据产品是带有Prox-1传输帧的二进制文件。

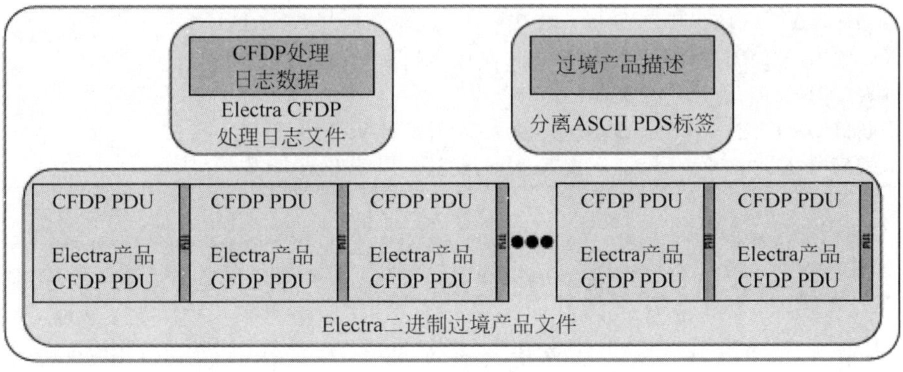

图6-19 GDS的Electra中继数据产品输出

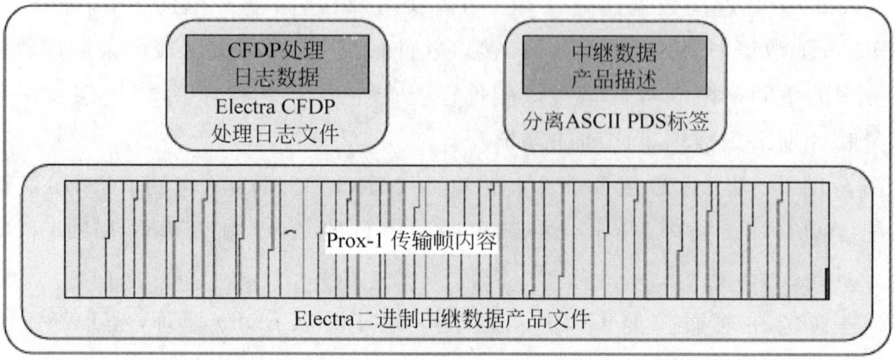

图 6-20　GDS 的 Electra 中继数据产品

6.5　X 频段通信操作

6.5.1　巡航段标校

巡航段标校计划如表 6-8 所示。在 X 频段和 Ka 频段 HGA 标校期间，航天器通过一个围绕射前天线视轴的网格状方向图（栅格扫描）清晰地显示出 HGA 方向图。发射期间，若 HGA 的相位中心偏离，则可通过监测接收信号的信号强度进行标校。

表 6-8　巡航段通信标校

标校类型	日　　期	备　　注
X 频段 LGA 性能	发射＋9 天	作为日常 LGA 操作的一部分，航天器无须旋转
X 频段 HGA 方向图标校	发射＋24 天	栅格扫描；同时进行 Ka 频段 HGA 标校
Ka 频段 HGA 方向图标校	发射＋24 天	
Electra UHF 方向图特性	发射＋40 天	圆锥扫描
Electra UHF 性能	发射＋40 天	
X 频段 ΔDOR 检测	发射＋40 天	发射＋40 天开始，每周一次
Ka 频段宽带 ΔDOR 检测	发射＋40 天	发射＋40 天开始，每周一次

6.5.2　MOI 期间的通信配置

MOI 主发动机于 21:24（协调世界时，UTC）点火，该时间是以地面接收时间（ERT）为参考的，即在地球上观察到该事件的时间。点火前 90min，通信通道切换至 LGA1，并且在整个轨道插入过程中一直使用该通道。发动机点火前 13min，航天器开始转入 MOI 姿态。发动机点火前 5min 姿态调整结束，并在整个 MOI 期间,MRO 的惯性姿态一直保持在该位置。点火开始时,LGA1 指向地球。当 MRO 进入日蚀(点火后 21min),并且地球被火星遮蔽(2min 后)时,波束中心偏离角度为 20°～25°。21:51 ERT 点火结束,航天器最终于 22:13 重新转向地球,22:16 ERT 遮蔽结束(与地面建立链路)。

MOI 期间,DSN 支持同时使用两个 70m 天线站(DSS-14 与 DSS-63 有重叠覆盖区)接收下行遥测数据。图 6-21 给出了 2006 年 3 月 10 日 70m 天线的跟踪仰角近似值。

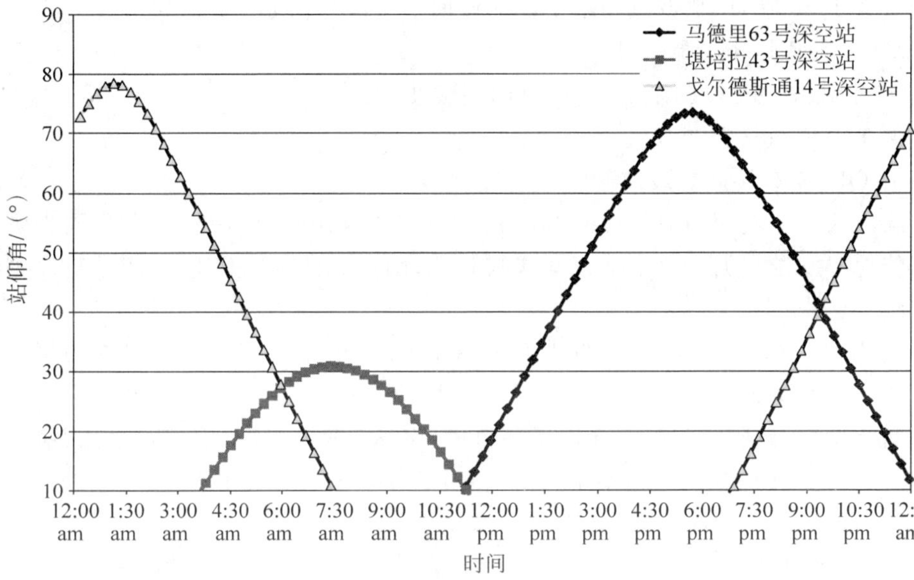

图 6-21　火星轨道插入当天的深空站跟踪仰角

LGA1 重新捕获后,X 频段通信切回 HGA 进行航天器检测。导航系统开始采集双向无线电测量数据,并确定捕获轨道。

6.5.3　气动减速期间的通信配置

气动减速期间,两个主要活动是阻尼飞越和气动减速机动(ABM)。阻尼飞越发生在捕获轨道的近拱点,航天器指向速度矢量方向,使阻力系数最大。通常在捕获轨道的远拱点进行 ABM,用于必要时在阻尼飞越结束后调整轨道。

每次阻尼飞越开始前 16min,通过在线指令序列配置通信系统,使 LGA1 发送单载波下行信号。另外,上行链路比特速率被切换至最小的可用速率,即 7.8125b/s。1min 后,DSN 锁定该载波信号,HGA 位置锁定,通过 LGA1 完成阻尼飞越全过程的通信。阻尼飞越结束后 10min,恢复通过 HGA 发送指令序列的正常下行链路。

同样地，在 ABM 开始前 16min，通过指令序列配置通信系统，使 LGA1 发送单载波下行信号。该配置一直保持到 ABM 结束后 15min，之后重新建立通过 HGA 的正常下行链路。

6.5.4 下行链路遥测调制及编码

衡量 MRO 任务是否圆满成功的数据量标准是：在主科学段从火星传回科学数据量大于 26Tb，该数据量超过了以往任何一个深空任务。

MRO 使用以下调制方式[14]：

- 副载波 BPSK 调制，副载波再调制载波；
- BPSK 直接调制载波；
- QPSK 直接调制载波。

与以往任务使用的 BPSK 调制相比，SDST 的 QPSK 调制能够在相同带宽上以两倍速率发送数据。由于其完全抑制载波，因此无法与 QPSK 一起进行序列测音测距。

表 6-9～表 6-14 中定义的纠错编码用于 DSN 的下行链路。表格中的每个标题汇总了 MRO 的主要配置（比特速率、符号速率、调制类型、调制度和地面站接收机环路类型）和接收机门限。在以下各节中，SDST 的输出（即信道符号）为符号速率，进入 C&DH 的帧比特速率定义为信息比特率（图 6-18 中的“d”）。

6.5.4.1 短帧级联（表 6-9）

表 6-9 应急模式（7，1/2）＋RS（短帧）级联码

							仅遥测	遥测＋测距 Lo	遥测＋测距 Hi
编码类型	帧比特速率/(b/s)	符号速率/sps	调制类型	副载波频率/kHz	遥测调制度/(°)	载波环路类型	门限 P_t/N_0 (dB-Hz)	门限 P_t/N_0 (dB-Hz)	门限 P_t/N_0 (dB-Hz)
(7,1/2)+RS (I=1)	34.4	80	方波副载波	25	58	残留	21.4	21.7	22.5
(7,1/2)+RS (I=1)	137.5	320	方波副载波	25	71	残留	26.2	26.5	27.3

（7，1/2）卷积＋RS（短帧）级联编码仅用于应急模式（34.38b/s）和一种 139b/s 的 MOI 数据速率。选择 34.38b/s 的比特速率是出于继承性考虑，此时 C&DH 的上行链路-下行链路（ULDL）板输出的编码后比特速率为 40b/s，而 SDST 输出的符号速率为 80sps。

6.5.4.2　长帧级联(表 6-10)

表 6-10　(7,1/2)+RS(长帧)级联码

							仅遥测	遥测+测距 Lo	遥测+测距 Hi
编码类型	帧比特速率/(b/s)	符号速率/sps	调制类型	副载波频率/kHz	遥测调制度/(°)	载波环路类型	门限 P_t/N_0 (dB-Hz)	门限 P_t/N_0 (dB-Hz)	门限 P_t/N_0 (dB-Hz)
(7,1/2)+RS (I=5)	556.9	1280	方波副载波	25	72	残留	31.2	31.5	32.3
(7,1/2)+RS (I=5)	1740.4	4000	方波副载波	25	72	残留	36.0	36.3	37.1
(7,1/2)+RS (I=5)	27846.8	64000	方波副载波	375	72	残留	47.9	48.2	49.0
(7,1/2)+RS (I=5)	87021.1	200000	方波副载波	375	72	残留	52.8	53.1	53.9
(7,1/2)+RS (I=5)	139233.8	320000	BPSK 直接调制	无	72	残留	54.9	55.2	55.9
(7,1/2)+RS (I=5)	208850.7	480000	BPSK 直接调制	无	72	残留	56.6	56.9	57.7
(7,1/2)+RS (I=5)	348084.4	800000	BPSK 直接调制	无	72	残留	58.8	59.1	59.9
(7,1/2)+RS (I=5)	696168.9	1600000	BPSK 直接调制	无	72	残留	61.8	62.2	63.6
(7,1/2)+RS (I=5)	1044253.3	2400000	QPSK	无	82	抑制	63.4	—	—
(7,1/2)+RS (I=5)	1305316.7	3000000	QPSK	无	82	抑制	64.3	—	—
(7,1/2)+RS (I=5)	478616.1	1100000	BPSK 直接调制	无	72	残留	60.2	60.6	62.0
(7,1/2)+RS (I=5)	1740422.2	4000000	QPSK	无	82	抑制	65.6	—	—
(7,1/2)+RS (I=5)	2610633.3	6000000	QPSK	无	82	抑制	67.3	—	—

(7,1/2)卷积+RS(长帧)级联编码已经在以往多次任务中得到验证,其为用于覆盖最宽范围的比特速率。由于带宽限制,级联编码的下行链路最大比特率在 SDST 的输入端为 3.3Mb/s、在 SDST 输出端的符号速率为 6.6Msps。若与其他工程存在相互干扰,则最大速率分别为 2Mb/s 和 4Msps。

6.5.4.3　Turbo 编码(表 6-11～表 6-13)

表 6-11　1/2 码率 Turbo 编码

编码类型	帧比特速率/(b/s)	符号速率/sps	调制类型	副载波频率/kHz	遥测调制度/(°)	载波环路类型	仅遥测 门限 P_t/N_0 (dB-Hz)	遥测+测距 Lo 门限 P_t/N_0 (dB-Hz)	遥测+测距 Hi 门限 P_t/N_0 (dB-Hz)
Turbo 1/2	745645.4	1500000	BPSK 直接调制	无	72	残留	60.7	61.1	62.5
Turbo 1/2	1491290.8	3000000	QPSK	无	82	抑制	63.5	—	—

表 6-12　1/3 码率 Turbo 编码

编码类型	帧比特速率/(b/s)	符号速率/sps	调制类型	副载波频率/kHz	遥测调制度/(°)	载波环路类型	仅遥测 门限 P_t/N_0 (dB-Hz)	遥测+测距 Lo 门限 P_t/N_0 (dB-Hz)	遥测+测距 Hi 门限 P_t/N_0 (dB-Hz)
Turbo 1/3	66279.6	200000	方波副载波	375	72	残留	49.6	49.9	50.7
Turbo 1/3	132559.2	400000	BPSK 直接调制	无	72	残留	52.6	52.9	53.7
Turbo 1/3	198838.8	600000	BPSK 直接调制	无	72	残留	54.4	54.7	55.5
Turbo 1/3	497096.9	1500000	BPSK 直接调制	无	72	残留	58.3	58.7	60.1
Turbo 1/3	662795.9	2000000	BPSK 直接调制	无	72	残留	59.6	60.0	61.4
Turbo 1/3	795355.1	2400000	QPSK	无	82	抑制	60.1	—	—
Turbo 1/3	994193.8	3000000	QPSK	无	82	抑制	61.1	—	—
Turbo 1/3	1325591.8	4000000	QPSK	无	82	抑制	62.4	—	—

表 6-13　1/6 码率 Turbo 编码

编码类型	帧比特速率/(b/s)	符号速率/sps	调制类型	副载波频率/kHz	遥测调制度/(°)	载波环路类型	仅遥测 门限 P_t/N_0 (dB-Hz)	遥测+测距 Lo 门限 P_t/N_0 (dB-Hz)	遥测+测距 Hi 门限 P_t/N_0 (dB-Hz)
Turbo 1/6	331397.9	2000000	BPSK 直接调制	无	72	残留	56.1	56.5	57.8
Turbo 1/6	497096.9	3000000	QPSK	无	82	抑制	57.6	—	—
Turbo 1/6	662795.9	4000000	QPSK	无	82	抑制	58.9	—	—
Turbo 1/6	994193.8	6000000	QPSK	无	82	抑制	60.6	—	—

Turbo 码用于比特速率超出 32kb/s 的情况。相比同码率的卷积码，实现这种能力的 C&DH 硬件提供了更多的链路余量。目前地面 Turbo 译码器的最大译码速率限制在 1.6Mb/s 及以下。若与工程存在干扰，则最大速率限制在 4Msps (SDST 输出信道速率)。

6.5.4.4　仅 RS 编码(表 6-14)

表 6-14　仅 RS 编码(长帧)

编码类型	帧比特速率/(b/s)	符号速率/sps	调制类型	副载波频率/kHz	遥测调制度/(°)	载波环路类型	仅遥测 门限 P_t/N_0 (dB-Hz)	遥测＋测距 Lo 门限 P_t/N_0 (dB-Hz)	遥测＋测距 Hi 门限 P_t/N_0 (dB-Hz)
仅 RS(I=5)	130531.7	150000	方波副载波	375	72	残留	58.2	58.5	59.3
仅 RS(I=5)	1740422.2	2000000	BPSK 直接调制	无	72	残留	69.5	69.9	71.2
仅 RS(I=5)	2088506.6	2400000	QPSK	无	82	抑制	70.0	—	—
仅 RS(I=5)	2393080.5	2750000	QPSK	无	82	抑制	70.6	—	—
仅 RS(I=5)	2610633.3	3000000	QPSK	无	82	抑制	71.0	—	—
仅 RS(I=5)	2871696.6	3300000	QPSK	无	82	抑制	71.4	—	—
仅 RS(I=5)	3480844.4	4000000	QPSK	无	82	抑制	72.3	—	—
仅 RS(I=5)	5221266.6	6000000	QPSK	无	82	抑制	74.0	—	—

仅 RS 编码主要用于速率非常高的场合，此时 MRO 距离地球足够近，编码增益显得不那么重要(如早期巡航段及在火星-地球距离最近时)。仅 RS 编码的最高数据速率为 6.6Mb/s(6.6Msps)。若与其他工程可能存在干扰，则最大速率限制在 4Mb/s(4Msps)。

6.5.5　协调 MRO 与 MER 的 X 频段操作

MRO SDST 工作在 DSN 32 信道。当 MRO 到达火星时，MER-A(也使用 32 信道)和 MER-B(使用 29 信道)可能仍处于工作状态，因此这些项目之间约定了一个协调计划。最初的协议侧重于 MRO MOI 期间。该协议已经延伸到 MRO 气动减速阶段，主科学阶段可能需要更新。

根据表 6-15 所示的总体协议，MER-A("勇气号")在 MOI 和气动减速关键事件期间不再使用 DSN。本协议是为了确保 MRO 安全，在此期间 MER-A 使用(以及不使用)DSN 的时段以文件形式确定下来。

表 6-15　在 32 信道 X 频段上行使用的 MRO-MER 协议

计划时间	协　定
2006 年 2 月 28 日前	MER-A 正常使用所需的 X 频段下行链路(直接到地球)和上行链路(直接来自地球)
从 2 月 28 日开始	2006-059T00:00—2006-060T00:00 在 32 信道上 MER-A 不进行 X 频段操作
3 月 1—5 日	允许 MER-A 使用 X 频段上行链路
3 月 6—12 日(3 月 10 日进行 MOI)	2006-065T00:00—2006-072T00:00 在 32 信道上 MER-A 不进行 X 频段操作
3 月 13 日到气动减速结束(ABX)前两周	MER-A X 频段上行链路每周与任务规划和程序化团队(MPST)协调,以避免与 MRO 上行链路窗口重叠。当与 MRO 上行链路窗口重叠时,MER-A 不使用 X 频段上行链路
ABX 前两周到 ABX	MER 不使用 X 频段操作(与"奥德赛"的 UHF 链路)

在关键的气动减速(2006 年 3—9 月)开始前,MRO 与 MER 联合制订了协调工作计划,以降低 MRO 32 信道上行链路无意中干扰 MER 32 信道指令(或反之)的可能性。考虑到某个火星日需要使用 X 频段向 MER 发送指令,该计划要求在每个 MER-A 火星日提供 1h 的发令区间。该区间在图 6-22 中标出。图中时间从左到右分成两行,上面一行是火星上航天器事件的时间,下面一行是地面深空站发送信号的时间。

图 6-22 和 MUKOW(MRO 上行链路避让窗口)定义了协调的目标。① "避让"是指在约定时间关闭 DSN 到 MRO 的上行链路,从而当 MER 有上行需求时,MRO 避开 MER SDST 接收机;当 MRO 有上行需求时,关闭 MER 上行链路,使其避开 MRO SDST 接收机。由于不同项目的 DSN 深空站操作相互独立,而且每个项目都有各自的计划流程,因此 MUKOW 必须是协调协议的一部分,详见第 7 章参考文献[19-20]。

MER 每两周提供一个电子数据表格文件,该表每行有两栏:①支持 MRO 的 DSN 发射机关机时间;②随后支持 MER-A 的 DSN 发射机关机时间。当 SDST 接收机单向工作(对深空站发射机关机的响应)且其锁相环(PLL)锁定到最佳频率时,MER 与 MRO SDST 有一个长达 10min 的"状态 1 暂时关闭"区间。每个项目都使用地面站"扫描捕获"上行链路频率配置文件,以确保地面站上行载波实际达到最佳的锁定频率(由温度决定)。

以周计划为基础,协调过程允许通过协商更新(包括取消或增加)避让时间以满足各项目的重大需求,包括 MRO 气动减速时间的变化或出现异常情况。

---

① MUKOW 协调过程一直贯穿整个扩展科学任务段(2010 年 9 月结束),并持续至后续的 MRO 和 MER 项目任务段,直至 DSN 为 MRO 航天器和"勇气号"巡视器的 X 频段操作持续提供支持。

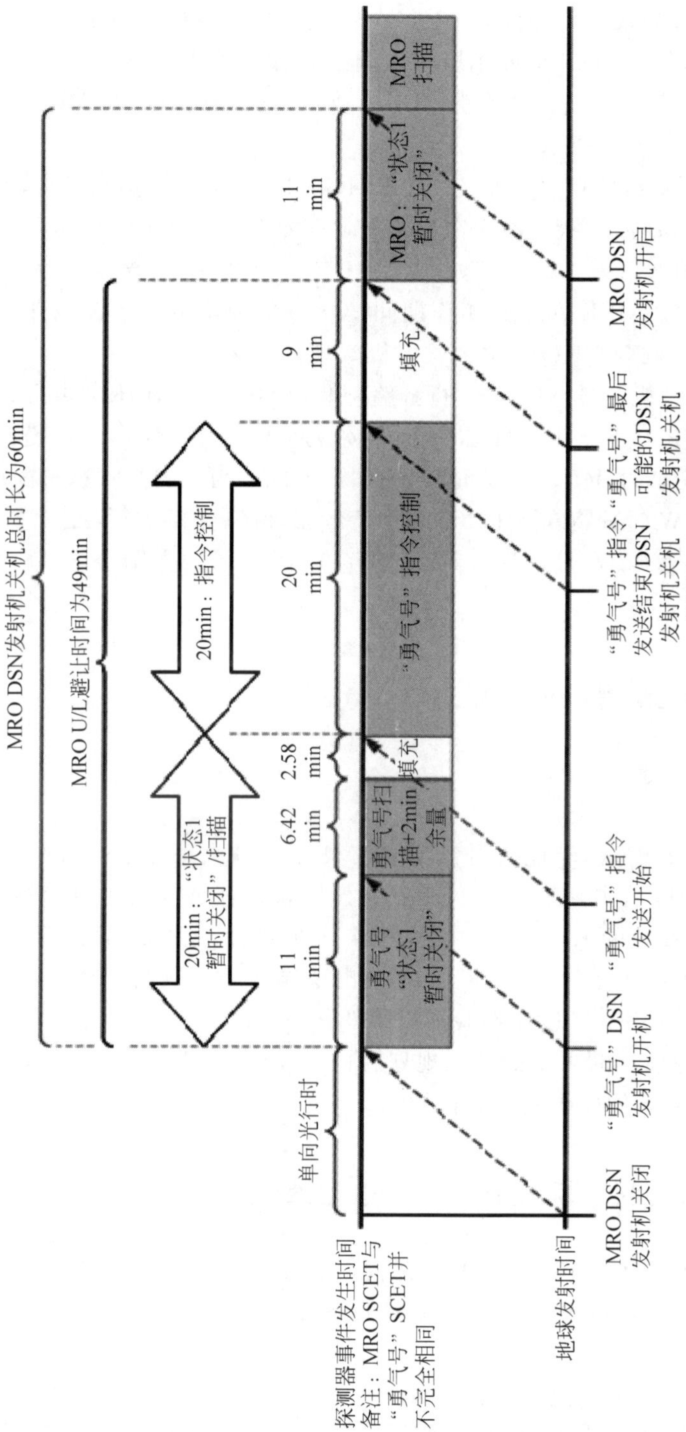

图 6-22　MRO 上行链路避让窗口(MUKOW)时序

尽管该协议主要影响上行链路操作，但两个 MER 航天器偶尔也需要使用直接对地(DTE)的 X 频段下行链路，用于将在轨航天器的时钟校准到 UTC。另外，两个 MER 航天器依靠 DSN 地面站检测未调制的 X 频段下行载波(“呼叫”)，以验证直接来自地球(DFE)的“盲”指令是否正确执行，飞行软件随之切换到一个新的火星日主序列[15]。①

由于 MRO 下行链路信号电平比 MER HGA DTE 下行链路高得多，因此成功锁定 MER DTE 的地面站跟踪圈次需要与 MRO 协调。当 MER-A 需要 DTE 时，要使用一种特定的通信模式(数据速率为 504b/s 或更低，副载波频率为 25kHz，卷积编码为(7,1/2))。MER-A 下行工作期间，MRO 需要降低其遥测码速率并锁定在 USO 上(通过协调 MUKOW 地面发射机实现)。

对于 MER-B(“机遇号”)DFE 上行链路(除 3 个信道外)，MRO 可继续其正常的上行链路。MER-B 下行工作(除 3 个信道外)期间，建议 MRO 上行链路不调制测距信号。该规定通过 MRO 过境时，地面站设备配置为无测距状态来实现。

尽管 MUKOW 过程将在 MER 项目中持续至 2011 年年中，但在 2006 年 9 月 MRO 完成气动减速(ABX)后，为应对 2006 年 10 月开始的太阳会合，就对仪器进行了检测和设置。

6.6 Ka 频段巡航段验证

6.6.1 Ka 频段操作概况

MRO Ka 频段任务活动包括两个部分：MRO 飞往火星的巡航期间，航天器和地面站开展 Ka 频段基本功能的工程验证；火星轨道任务期间的通信操作验证。轨道操作开始前，在轨的 Ka 频段主控振荡器于 2006 年 5 月 26 日出现异常[16]，X 频段波束波导转换开关于 2006 年 8 月 16 日出现异常[17]。项目组决定不在主任务或扩展任务期间开展 Ka 频段操作验证以降低任务风险。

本节介绍了巡航期间主要的活动规划、执行情况和文档。最后总结了从“深空 1 号”任务就已经开始的操作验证的目的。

6.6.2 巡航段 Ka 频段链路预测及性能

巡航段中 MRO 和 4 个 34m BWG 站总计使用了 10 个 Ka 频段专用弧段。4 个站都参加验证，其中 DSS-25、DSS-34 和 DSS-55 各有 3 个弧段，DSS-26 有 1 个

① MER 检测呼叫信号不需要任何特殊的 MRO 配置或动作。但它需要(针对 MER-B)地面站在跟踪 MER 时，减小接收机快速傅里叶变换(FFT)的带宽和信号电平动态范围，以降低 MRO 频谱接近呼叫频率所带来的影响。由于呼叫频率与上行链路双向相干，因此呼叫频率是精确已知的。

弧段。

整个任务期间，可实现的最大 Ka 频段数据速率为 331kb/s，此时余量为 3dB。实际上，巡航期间就已经使用了多种的数据速率和工作模式。这些参数由后台程序控制，调制度也通过实时指令调整，具体描述见 6.6.3 节。为了模拟 MRO 被火星遮挡的状态，同时为了验证地面站重新捕获 Ka 频段下行链路的能力，进行了 Ka 频段 TWTA 关闭再打开的操作。

在 2005 年 10 月 7 日的专用弧段期间，DSS-25 首次对 Ka 频段下行 Turbo 编码数据进行了译码。10 月 31 日的弧段中，DSS-55 通过 Ka 频段共接收 133Gb 数据，速率高达 6Mb/s。这是目前从深空获取的最大数据量和最高数据速率。

在地面站天线指向精度这一重要方面，DSS-34 实现了到目前为止的最优性能：通过单脉冲系统偏差修正，持续实现了 4～5 毫度的盲指误差。显然，在 MRO 巡航段，DSS-34 具有盲指期间对 MRO 续航区域的最佳大气模型。

MRO Ka 频段团队验证了两个频段无线电测量数据用于导航和射电科学的功能和特性。表明 X 频段和 Ka 频段的双向多普勒和测距性能（使用 X 频段上行时的两个下行频段）相近，均满足或超过任务要求。

两组阴影弧段工作在 X 频段和 Ka 频段，速率设置为 550kb/s，采用 RS＋卷积(7,1/2)级联编码。表 6-10 显示，该模式下的信息速率约为 480kb/s，而 SDST 输出符号速率为 1.1Msps。第一组阴影弧段，关闭 Ka 频段测距；第二组阴影弧段，Ka 频段测距调制度设置为 17.5°。在第一组阴影弧段，未使用地面站单脉冲系统（对 X 频段不做要求）；但在第二组某些弧段，尝试使用了单脉冲系统。巡航段测试获取的重要成果包括：

- 单脉冲工作时，地球-火星最近距离时对应的信号电平条件下，Ka 频段 SNT 的测量非常精确；
- 天气良好时，MRO Ka 频段系统（35W RF）性能优于 X 频段（100W RF），如图 6-23 所示[13]。

经验教训一节描述了巡航测试的其他成果[18]。

6.6.3 Ka 频段通信验证规划

由于“深空 1 号”和 MRO 巡航试验通过增加可用带宽实现了更高的可用数据率，从而促成了本次任务中的 Ka 频段操作验证。深空任务为 X 频段（8.4～8.45GHz）分配的带宽为 50MHz，Ka 频段（31.8～32.3GHz）为 500MHz。然而，天气对链路引起的波动在 Ka 频段比 X 频段更大。这一特性致使采用传统的链路设计方法计算数据功率的效率不高。传统方法是在每个跟踪弧段使用一个下行数据率，分配足够的链路余量是为了使所需的数据率可用并克服恶劣天气影响。大多数情况下，链路余量均大于所要求的值。通过 Ka 频段验证测试，MRO 已经证

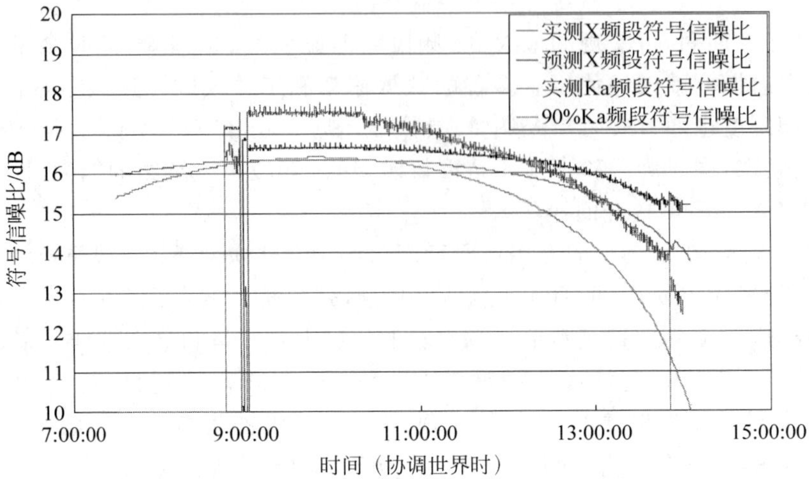

图 6-23 Ka 频段与 X 频段遥测性能对比(DSS-34,2005 年 12 月 26 日)

实了对于相同数据总量,使用明显较少能量的操作理念能够获得更高平均数据率的潜力。这一理念[19]是在跟踪期间使用多种数据速率的最优化技术。数据率选择的标准同时考虑了地面站仰角和每个跟踪弧段内航天器与地球之间的距离。

MRO 测试是以通信技术验证的形式开展的,目的是针对 Ka 频段制定考虑天气变化的操作规程,同时与 MRO 飞行团队安排的航天器飞行程序兼容。验证内容包括使用时变大气模型(天气预报)作为数据速率(以及编码和调制度)选择算法的输入。在地面,MRO 巡航段任务证明了航天器精确指向地面站天线的能力、监视信噪比与系统噪声温度的能力都是要考虑的因素,以此来确认未来任务中使用 Ka 频段操作的可行性。

Ka 频段试验团队计划描述、建立或更新 Ka 频段链路性能模型,并操作验证计划来确认以下内容:

- 现有 Ka 频段模型的精度;
- 天气预报/预测对 Ka 频段遥测的影响;
- Ka 频段跟踪期间优化数据速率的益处;
- 太阳会合期间的 Ka 频段链路性能;
- X 频段和 Ka 频段之间测距和多普勒性能上的差异。

由于环绕火星期间 MRO Ka 频段设备未开机,所以上述计划未完成。

6.6.4 航天器 X 频段和 Ka 频段约束及操作要点

同一时刻仅考虑一条链路(X 频段或 Ka 频段),C&DH 中的可用编码包括:

- 分组长度为 8920b、码率为 1/2、1/3 和 1/6 的 Turbo 码;

- RS(255,223)分组码。

SDST 还具备 RS 级联(7,1/2)卷积编码的能力,能提供第三种可用编码类型。

C&DH 对可用编码和数据率有以下限制条件。由于信道符号速率定义在 SDST 输出端,所以这些限制是对级联码的卷积码符号数而言的。

- 若 X 频段和 Ka 频段下行链路使用不同的数据类型(承载不同的数据流),则一条链路必须使用 Turbo 编码,而另一条链路必须使用 RS 编码;
- 若 X 频段和 Ka 频段使用不同的数据类型,则总信道符号速率不能超过 6Msps;
- 如果两个频段使用相同的数据类型,每个频段的符号速率不超过 6Msps。

受到地面 Turbo 译码器限制,1/2 码率的最大比特速率为 1.5Mb/s。

在火星,为尽可能减小不同任务处于相同地面天线波束内的时间,并减少在邻近信道通道操作时的干扰,当符号速率大于 2Msps 时,X 频段采用 QPSK 调制,Ka 频段则一直使用 BPSK 调制。

在主科学任务段,计划为 MRO 任务每周分配两个弧段用于 Ka 频段验证、每月分配一个弧段用于 ΔDOR。SDST 能够独立配置遥测副载波频率与调制度,独立控制 DOR(开/关)、转发测距(开/关)以及测距调制度。

操作验证的理念是以最小的代价实现最大的平均返回数据量。为此,规划了以下三种不同验证场景[19]:

1) 使用基于周或月的长期统计数据的链路设计(预测值)进行正常链路的操作;

2) 使用短期预报进行链路操作;

3) 太阳会合期间的链路操作。

验证计划利用两种不同的程序编排航天器的指令序列:后台指令序列和小型指令序列[13]。核准的指令序列是通过在线程序控制子系统配置和操作的。除此之外,诸如 Ka 频段调制度这种单一的功能,可通过实时指令完成更改。实时指令被严格限制使用,因为它可能与已规划的指令序列之间相互产生影响,而已规划指令在发送前必须经过地面验证。

常规 MRO 指令序列的生成周期意味着难以将非常短期(1~2 天)的天气预报应用到任何 Ka 频段操作方案中。常规的后台序列程序为航天器制订 28 天的工作计划,并且后台程序要经过以 28 天为周期的设计、测试和上传。巡航试验期间,Ka 频段链路的数据速率和调制度根据后台程序发生变化。

小型指令序列针对特定的事件为航天器制订计划,例如设备标校或轨道修正机动。小型指令序列的第二个重要用途是根据后续获取的工程可用信息更新正在执行的后台程序。小型指令序列的开发周期通常为一周。利用小型指令序列,可以每周而不是每月更新 MRO 的 Ka 频段通信参数[18],如数据速率曲线和调制度。

6.6.5 ΔDOR 的 X 频段和 Ka 频段操作及性能

MRO 巡航期间，获取了 7 个弧段的 X 频段和 Ka 频段 ΔDOR 数据。

已证明 X 频段双差分单向测距(ΔDOR)技术对支持深空巡航段导航具有重要意义，特别是对有严格目标要求的火星任务[13]。为了进行 ΔDOR 测量，两个站的甚长基线干涉(VLBI)系统高速记录来自航天器和其角位置附近的射电源信号。通过一系列称为"DSN 关键字文件"的事件驱动，两个站的天线每隔几分钟就交替指向航天器和射电源，并同时记录数据，对射电源的观测用于校准系统。对于每个信号源，确定测量信号到达两个站的时间差，并将其发送至导航团队作为测量量。特定的 X 频段操作所提供的角位置测量精度为 2.5nrad[20]。

分配给 Ka 频段的频谱更宽，这能够提高 ΔDOR 精度。为了显著提高 Ka 频段测量精度，需要提高地面站的天线指向性能、提高 Ka 频段 DOR 音频率、提高 VLBI 数据记录采样率，并持续测量 Ka 频段射电源。以下为巡航段试验所要完成的工作：

- 由美国国家射电天文台(NRAO)测量 24GHz 和 43GHz 的射电源通量密度；
- 加宽 VLBI 接收机前端带宽，以适应 MRO DOR 音频 ±76MHz 的扫频范围；
- 为了在无法使用单脉冲时指向射电源，开发地面站天线"盲指"初始模式。

除了少数几次在射电源观测时由于已知的地面站天线指向问题导致性能降低，Ka 频段的测量精度在预期范围内与 X 频段相当。MRO 的 Ka 频段 DOR 音频率相对 X 频段提高了 4 倍，这足以弥补 Ka 频段信源信噪比低于 X 频段所带来的影响。

6.6.6 规划的太阳会合试验

为了比较两次太阳会合期间 X 频段和 Ka 频段的性能，规划了通信试验，其间也完成了主科学任务。两次会合发生在 2006 年 10—11 月和 2008 年 11—12 月。最小的太阳-地球-探测器夹角(SEP)为 2006 年 10 月 23 日的 0.39°和 2008 年 12 月 5 日的 0.46°。由于在第一次太阳会合前，Ka 频段主控振荡器和波束波导切换开关异常，所以未开展正式试验。与其他工程类似，MRO 为每次太阳会合都申请了一次暂停上行指令控制，并依据 SEP 角降低 X 频段的数据率。

太阳会合通信试验主要在戈尔德斯通的 DSS-25 完成，这里地球大气(对流层)影响通常最小。试验计划建立在以往任务的数据基础上，描述了太阳带电粒子对 Ka 频段和 X 频段载波和遥测链路的影响特性。在两个频段上，太阳带电粒子的影响随 SEP 角减小而增大。试验的主要目的包括：

- 评估随 SEP 角变化的 Ka 频段性能，并与当前 X 频段性能比较；
- 测量日冕瞬时活动期间链路性能的任何恶化，如日冕物质喷发的影响。

太阳对 Ka 频段的影响小于 X 频段，从以往的飞行试验中已经获知 Ka 频段的这一优点。试验的一个目标是确定可保持载波锁定并获取稳定的遥测（关注遥测调制度以及测站接收机环路带宽）数据时的最小 SEP 角。在 SEP 角接近 2°时，使用 BPSK 的 X 频段链路性能开始下降。基于类似的太阳影响，可以推断在 SEP 接近 1°时 Ka 频段链路性能也将开始下降。

为了将上行效应与下行效应分离，试验计划在 SEP 角小于或等于 5°时，使用 USO 为下行链路提供参考频率。

SEP 角小于 1°时，试验计划包括利用载波模拟频移键控（FSK）调制来验证相当于 1b/s 的信息流。

6.7　经验教训

MRO X 频段和 Ka 频段的经验教训初稿记录在 2005 年 10 月进行的 MRO 发射后评估审查（PLAR）会文档中[21]。有些问题已陆续解决或处理。随着项目记录的增加，将持续对文档进行更新。

前述章节中讨论的航天器发射后出现的通信设备硬件问题主要包括：

- Ka 频段主控振荡器异常；
- X 频段波束波导转换开关异常；
- 与另一个正在执行的火星任务使用同一 SDST X 频段信道，因此需要在 MRO 和 MER 任务之间协调。

除此之外，飞行期间还出现了其他问题。其中部分问题随后已得到解决或处理。以下各节按照 X 频段、Ka 频段和 UHF 的顺序，简要总结了 MRO 获得的经验教训。

6.7.1　X 频段

地面网络带宽（从 DSN 站到 JPL）：带宽是指信道所能承载的最大比特率和从信道一端到另一端的最长时间延迟。

MRO 需求如下：

- 深空任务系统（DSMS）应确保地面收到数据后的 24h 内，提供一版可供使用的包含所有数据的有效载荷产品；
- 对于气动减速段，工程要求确保实时数据速率不小于 220kb/s。

在关键的气动减速任务前，MRO 项目团队记录了他们的问题，并与 DSN 共同解决。包括从地面站将航天器数据传送至操作中心，以及后续气动减速过程中数据处理所需的计算能力。在带宽日益紧张的形势下，经验教训可概括如下：

- 在支持关键工程任务和主科学任务期间，地面站与JPL之间的链路有时可能出现很大的数据传输时延。这些数据链路由NASA综合业务网(NISN)提供。
- 在极短转换时间内进行规划时，计算能力可能不足以打开实时工程数据包。
- 可靠网络服务(RNS)没有能力处理从地面站到项目中心的全部下行数据，尤其是在一个站(例如马德里)可能跟踪多个航天器，且每条下行链路都传输高码速率数据时。

6.7.2 Ka频段

HGA在轨标校：2005年9月9日利用DSS-55完成了第一次HGA标校。标校时使用的指向间隔(1°)对分辨Ka频段天线方向图而言显得太大。计算得到的Ka频段波束中心误差为0.1°。这相当于等效全向辐射功率(EIRP)有5dB的不确定性(损耗)。

由于接收到的下行链路Ka频段信号电平过高，致使正常配置的地面站无法精确测量其天线方向图。

地面站天线指向误差和大气会对标校产生严重影响。建议积极采取措施减少或说明其影响。

6.7.3 UHF

对Electra接收机的电磁干扰(EMI)：EMI问题作为射前测试的结论被记录在案，随后在巡航段测试中加以确认，并在主科学任务段和中继阶段被持续关注。

飞行前的EMI测试表明，几乎所有不需要的MRO有效载荷和航天器子系统UHF的输出都以单音形式出现。在MRO研发阶段，对各种科学有效载荷的单机级测试表明，共产生了数以百计的音频干扰源，这些单音信号均超过规定的信号电平门限－140dBm。其中一个单音来自CRISM设备，其位于正常的Electra接收频带内，中心频率在400MHz附近，测试电平为－70dBm。该EMI单音信号功率比期望接收到的来自火星着陆器的任何信号都强。已确认这些音频信号是开关电源、数据总线或时钟机制的高次谐波。

对于数据速率小于256kb/s的返向链路通信，Electra无线电团队在发射后对MRO FGPA调制器进行了重新编程，包括一个能够部分衰减干扰音的数字滤波器，并且使其在401.6MHz的返向链路频率上能够提供中继服务。数据速率高于

256kb/s 时，指定的方法是将返向链路中心频率移动 3MHz 以上，使其远离 400MHz 干扰音频率。这样做能够使 Electra 中的表面波（SAW）滤波器完全滤除该干扰音。该方法用于支持中心频率为 391MHz 的 MSL 返向链路。

参考文献

[1] J. Taylor, D. K. Lee, S. Shambayati, *Mars Reconnaissance Orbiter Telecommunications*, *DESCANSO Design and Performance Summary Series*, Article 12, Jet Propulsion Laboratory, California Institute of Technology, Pasadena, California, September 2006. http://descanso.jpl.nasa.gov/DPSummary/summary.html(accessed October 30,2014).

[2] "Mars Reconnaissance Orbiter public homepage", Jet Propulsion Laboratory, California Institute of Technology, Pasadena, California, http://mars.jpl.nasa.gov/mro/(Accessed December 29,2010).

[3] R. Lock and R. Sharrow, *MRO Mission Plan*, Rev. C, JPL D-22239(internal document), Jet Propulsion Laboratory, California Institute of Technology, Pasadena, California, July 2005.

[4] David Morabito, "Communicating with Mars During Periods of Solar Conjunction", Jet Propulsion Laboratory, California Institute of Technology, Pasadena, California, March 11, 2002, http://trs-new.jpl.nasa.gov/dspace/bitstream/2014/11771/1/02-0400.pdf(Accessed December 29,2010).

[5] P. Varghese, *MRO Mission*, JPL D-68093(internal document), JetPropulsion Laboratory, California Institute of Technology, Pasadena, California, December 2010.

[6] J. Taylor and D. Bell, *Mars Relay Description for Scout 2007 Proposals*, JPL D-93013 (internal document), Jet Propulsion Laboratory, California Institute of Technology, Pasadena, California, April 2006.

[7] C. H. Lee, K.-M. Cheung, C. Edwards, S. J. Kerridge, G. K. Noreen, and A. Vaisnys, "Orbit Design Based on Global Maps of Telecom Metrics", Aerospace 2005 IEEE Conference, Big Sky, Montana, March 5-12, 2005.

[8] G. Glass, Small Deep Space Transponder(SDST) Evolution, D-689094(internal document), Jet Propulsion Laboratory, California Institute of Technology, Pasadena, California, July 18, 2005.

[9] E. Satorius, T. Jedrey, D. Bell, A. Devereaux, T. Ely, E. Grigorian, I. Kuperman, and A. Lee, "The Electra Radio", Chapter 2, *Autonomous Software-Defined Radio Receivers for Deep Space Applications*, J. Hamkins and M. K. Simon, eds., Jet Propulsion Laboratory, California Institute of Technology, Pasadena, California, http://descanso.jpl.nasa.gov/monograph/seriesq/Descanso9_02.pdf(accessed October 30, 2014), also John Wiley & Sons, Hoboken, New Jersey, 2006.

[10] *Proximity-1 Space Link Protocol—Physical Layer*, *Recommendation for Space Data System Standards*, CCSDS 211.1-B-4(Blue Book), Consultative Committee for Space Data Systems, May 2004. http://public.ccsds.org/publications/archive/211x1b4.pdf(accessed October 30,2014).

[11] *Proximity-1 Space Link Protocol—Data Link Layer*, *Recommendation for Space Data System Standards*, CCSDS 211. 0-B-5(Blue Book)Consultative Committee for Space Data Systems, December 2013, http://public. ccsds. org/publications/archive/211x0b5. pdf (accessed October 30,2014).

[12] *DSN Telecommunications Link Design Handbook*, Rev. E, JPL 810-005(D-19379), Jet Propulsion Laboratory, California Institute of Technology, Pasadena, California, [Note: the document has the organizational name of DSN(Deep Space Network); in the early 2000s, it was DSMS for Deep Space Mission Systems.], August 25,2006. http://deepspace. jpl. nasa. gov/dsndocs/810-005/(accessed December 29,2010).

[13] S. Shambayati, D. Morabito, J. S. Border, F. Davarian, D. Lee, R. Mendoza, M. Britcliffe, and S. Weinreb, "Mars Reconnaissance OrbiterKa-band(32GHz) Demonstration: Cruise Phase Operations", AIAA2006-5786, AIAA SpaceOps 2006, Rome, Italy, June 18-23, 2006, American Institute of Aeronautics and Astronautics, 2006.

[14] D. K. Lee, MRO Telecom Design Control Document, Rev. A, JPL D22724 (internal document), Jet Propulsion Laboratory, California Institute of Technology, Pasadena, California, July 18,2005.

[15] J. Taylor, A. Makovsky, A. Barbieri, R. Tung, P. Estabrook, and A. G. Thomas, *Mars Exploration Rover Telecommunications*, *DESCANSO Design and Performance Summary Series*, Article 10, Jet Propulsion Laboratory, California Institute of Technology, Pasadena, California, October 2005. http://descanso. jpl. nasa. gov/DPSummary/summary. html(accessed October 30,2014).

[16] E. D Archer, *MRO Small Deep Space Transponder Ka-band Exciter Anomaly Final Report*, JPL D-31195(internal document), Jet PropulsionLaboratory, California Institute of Technology, Pasadena, California, May15,2007.

[17] T. Bayer and L. Epp, *Mars Reconnaissance Orbiter Waveguide Transfer Switch Anomaly Final Report*, JPL D-31194 (internal document), Jet Propulsion Laboratory, California Institute of Technology, Pasadena, California, March 30,2007.

[18] S. Shambayati, J. Boder, D. Morabito, and R. Mendoza, "MRO Ka-and Demonstration: Cruise Phase Lessons Learned", IEEE Aerospace Conference 2007, Big Sky, Montana, June 18,2007.

[19] S. Shambayati, F. Davarian, and D. Morabito, "Link Design and Planningfor Mars Reconnaissance Orbiter (MRO) Ka-band (32GHz) Telecom Demonstration", IEEEAC paper # 1383, *IEEE Aerospace Conference*, Big Sky, Montana, March 5-12,2005.

[20] J. S. Border, "Innovations in Delta Differential One-way Range: From Viking to Mars Science Laboratory", *Proceedings of 21st ISSFD* (*International Symposium on Space Flight Dynamics*), Toulouse, France, September 28-October 2, 2009. http://issfd. org/ISSFD_2009/OrbitDeterminationI/Border. pdf(accessed April 19,2011).

[21] *MRO Post-Launch Assessment Review* (*internal document*), Jet Propulsion Laboratory, California Institute of Technology, Pasadena, California, April 24,2006.

[22] T.-H. You, E. Graat, A. Halsell, D. Highsmith, S. Long, R. Bhat, S. Demcak, E. Higa, N.

Mottinger, and M. Jah, "Mars ReconnaissanceOrbiter Interplanetary Cruise Navigation", *20th International Symposiumon Space Flight Dynamics*, Annapolis, Maryland, 2007. http://issfd.org/ISSFD_2007/3-4.pdf(accessed July 24, 2014).

[23] B. Arnold and D. Bell, *MRO/Stanford UHF Test Report*, JPL D-31161 (internal document), Jet Propulsion Laboratory, California Institute of Technology, Pasadena, California, February 23, 2006.

第 7 章 火星探测巡视器通信

吉姆·泰勒,安德烈·马科夫斯基,安德里亚·巴比里,
雷蒙娜·董,波利·埃斯塔布鲁克,A. 盖尔·托马斯
(Jim Taylor,Andre Makovsky,Andrea Barbieri,
Ramona Tung,Polly Estabrook,A. Gail Thomas)

本章对 2003 年发射的两个火星探测巡视器“勇气号”和“机遇号”进行了描述和评估[1]。本章中,“勇气号”用 MER-A 表示,“机遇号”用 MER-B 表示。通常,“航天器”是指着陆之前的飞行器,而“巡视器”是指着陆之后的火星车。

对每个火星探测巡视器(MER)任务,包括三个主飞行阶段:

- 巡航段,MER 通过 X 频段上行链路和下行链路与 DSN 的地面站进行通信。
- 进入、下降和着陆(EDL)期间,已经抛掉巡航级;MER 着陆器通过 X 频段下行链路继续与 DSN 保持通信,并启用甚高频(UHF)返向链路与“火星全球勘测者”(MGS)轨道器进行通信。
- 火星表面,着陆器展开并释放巡视器,巡视器展开并在几个火星日后驶离着陆器。巡视器与 DSN 和 MGS 之间的通信,与 2001 年的“火星奥德赛”(ODY)轨道器以及欧洲航天局的“火星快车”(MEX)轨道器类似。

按计划,“勇气号”和“机遇号”巡视器在火星表面的主要任务于 90 个火星日后即 2004 年 4 月结束,此后两个巡视器继续执行扩展任务。截至 2010 年年底,每个巡视器在火星表面的工作时长累计都超过了 5 个地球年。“机遇号”的健康状况良好,还能继续行驶,且仍在收集并通过与 ODY 和火星勘察轨道器(MRO)之间的 UHF 返向链路向地球发送科学数据。“勇气号”停在 Home Plate 高地西侧,自 2210 个火星日(2010 年 3 月 22 日)以来,即火星表面工作开始后的第 4 个火星冬季,“勇气号”就与地面失去了联系[2]。

7.3 节描述了 MER 的 X 频段和 UHF 通信子系统,重点介绍了研制和操作过程中面临的挑战与经验教训。

MER 探测器的设计、研制和测试都是在位于加利福尼亚州帕萨迪纳市的 JPL 完成的。MER 飞行工作组位于 JPL。

本章中与通信子系统设计有关的大部分信息都源于原始的任务设计文档：X 频段操作手册[3]和 UHF 操作手册[4]。“MER 报告”[5]是以下行链路报告的形式，从每个领域(包括通信飞行组)在线汇编每个火星日的科学与工程报告。参考文献[6]是一个包含项目报告和操作文档的文档共享库。(参考文献[5]和文献[6]仅可从 JPL 内部访问)

7.1　任务与航天器概述

7.1.1　任务目标

MER 项目的主要目标是在火星表面放置两个移动的科学实验室，以便开展远程地质研究，包括研究岩石和土壤的多样性特征，以探寻过去水活动的有关线索。该计划旨在对火星地质开展全新的观测，包括首次对岩石样品进行微观探测，并对火星表面环境进行详细研究，以校准和验证轨道飞行光谱仪的遥感特性。该计划的目的就是实现以上目标，并提高公众对太空探索的兴趣。

项目[7]将 90 个火星日表面探测任务的目标量化为基本和圆满成功两个标准，并要求仅利用 X 频段或 UHF 频段就能够实现最低目标。

巡视器圆满完成了所有任务。成功标准中的一项与移动和探测仪器的使用有关：

圆满成功：巡视器至少移动至 8 个不同位置，并利用仪器开展火星地质环境和多样性研究。在不影响整个任务安全或成功概率的情况下，尽一切合理努力最大限度地扩大探测地点之间的间隔，以增加探测点的多样性。

基本成功：巡视器至少移动至 4 个不同位置，并利用仪器开展火星地质环境和多样性研究。

截至 2010 年，“勇气号”移动近 8km、“机遇号”移动超过 25km，在火星表面工作了近 6 年，每个巡视器都多次实现了“圆满成功”的任务目标。实际上，在科学计划的安排上也出现过激烈的争论，譬如在什么地方停留、停留多长时间以及平衡科学探测与长期移动间的时间分配问题等。

7.1.2　任务描述

MER-A 和 MER-B 是一模一样的，发射质量均为 1063kg。MER-A 使用德尔塔(Delta)Ⅱ 7925 运载火箭，从位于佛罗里达州卡纳维拉尔角空军基地(CCAFS)的航天发射中心 17A 发射工位(SLC-17A)发射。MER-B 使用德尔塔(Delta)Ⅱ

7925H 运载火箭从卡纳维拉尔角的 SLC-17B 发射工位发射。发射周期和抵达火星的日期如下：

任　务	开始窗口	结束窗口	实际日期	抵达日期
MER-A	2003 年 5 月 30 日	2003 年 6 月 16 日	2003 年 6 月 10 日	2004 年 1 月 4 日
MER-B	2003 年 6 月 25 日	2003 年 7 月 12 日	2003 年 7 月 7 日	2004 年 1 月 25 日

两个 18 天的发射周期之间的最小间隔为 8 天。运载火箭供应商需要 10 天来转变发射操作，如果 MER-A 直到发射周期的最后一天或者两天才发射，则 MER-B 就必须推迟发射以保证 10 天的发射间隔。每个发射日都有两次瞬时的发射机会，从而在连续的发射周期内提高了发射概率。通过采用固定的抵达火星日期策略，能够更便于制订 MER-A 和 MER-B 的任务规划。

表 7-1 主要摘自任务规划，总结了主要任务的阶段划分。最后两行是两个扩展任务。首次扩展任务于 2004 财年末（2004 年 9 月 28 日）被批准。6 个月的再扩展任务于第二天开始，结束于 2005 年 3 月 27 日。从那以后，NASA 又开展了几次扩展任务，且"机遇号"巡视器的扩展任务一直持续到了 2016 年。这些扩展都是以每项扩展可能实现的科学种类和价值的详细项目建议为基础授予（资助）的。

表 7-1　MER-A 和 MER-B 的主要任务阶段和规划日期（具体到 2005 年）

阶　段	定　义	MER-A 开始阶段	MER-B 开始阶段
发射	从点火发射至达到热平衡、正能量平衡态，发射遥测数据重放	2003 年 5 月 30 日	2003 年 6 月 25 日
巡航	从发射段结束至进入前 45 天	2003 年 5 月 31 日	2003 年 6 月 26 日
接近	从进入前 45 天至进入	2003 年 11 月 20 日	2003 年 12 月 11 日
EDL	从进入至第 1 个火星日内关键部件展开结束	2004 年 1 月 4 日	2004 年 1 月 25 日
着陆后驶离*	从 EDL 结束至 DTE 成功接收到着陆于火星表面，巡视器车轮组在火星表面展开	2004 年 1 月 4 日***	2004 年 1 月 25 日***
表面操作**	从驶离结束至主要任务完成	2004 年 1 月 8 日	2004 年 1 月 28 日
主任务结束	成功收到预定在第 91 个火星日夜晚最后返回的 UHF 数据	2004 年 4 月 6 日	2004 年 4 月 27 日
扩展任务		2004 年 5 月	2004 年 5 月
首次再扩展任务		2004 年 10 月（2005 财年开始）	2004 年 10 月（2005 财年开始）

注：* 有时简称为"驶离"或"离开着陆器与火星表面接触"（ITE）。

** 有时简称为"表面"。

*** ITE（对于"勇气号"）的最短计划周期为 4 个火星日，以此作为表面操作规划的起始日期。

"扩展任务"是指从 2004 年 5 月开始至 2016 年的火星表面操作。

7.1.3　航天器

MER 飞行系统[7]①是在"火星探路者号"(MPF)巡航级和 EDL 系统的基础上研制的,该系统可将一个大型巡视器(185kg)运送至火星表面。该巡视器以"雅典娜号"巡视器(搭载"雅典娜"科学有效载荷)为基础设计,在"火星 2001"和火星采样返回(MSR)计划支持下研制的。MER 飞行系统分解视图如图 7-1 所示。

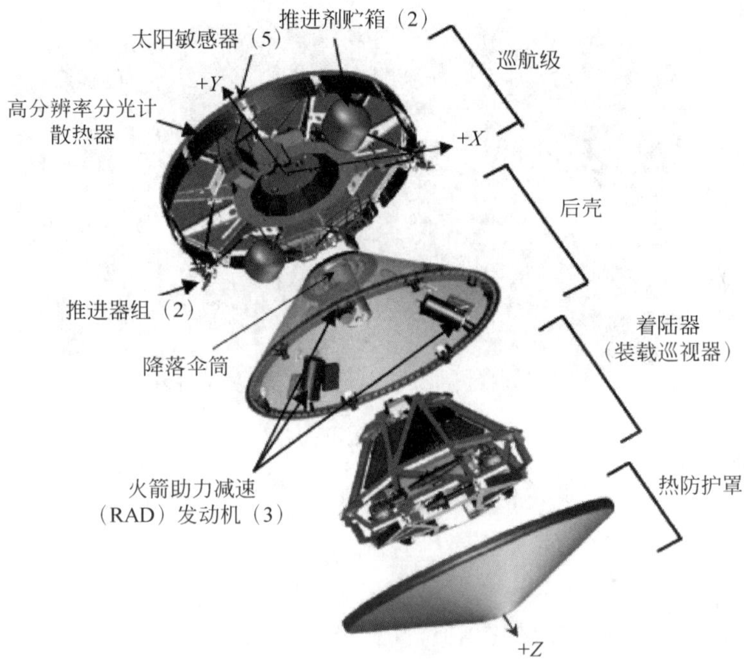

图 7-1　MER 飞行系统分解结构

飞行系统由 4 个主要部分组成：①巡航级；②减速伞(热防护罩和后壳)；③着陆器；④巡视器。以下描述、表格和框图均摘自参考文献[7]。表 7-2 归纳了各组成部分的质量。

表 7-2　飞行系统质量分配

组 成 部 分	分配质量/kg	累计质量/kg
巡视器	185	185
着陆器	348	533
后壳/降落伞	209	742
热防护罩	78	820
巡航级	193	1013
推进剂	50	1063

① 通信子系统原理框图详见后文中的图 7-11。

7.1.3.1 巡航级

航天器巡航级结构如图 7-2 所示。

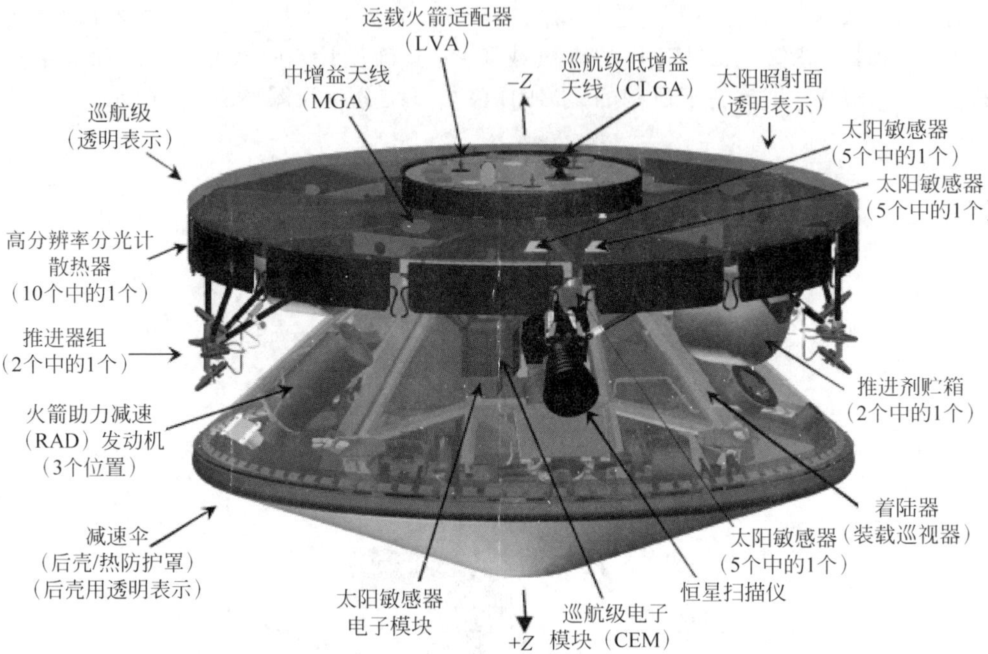

图 7-2 巡航级结构中的 MER 航天器

巡航级与 MPF 的设计极其相似,其直径约为 2.65m、高度约为 1.6m(内含减速伞)、发射质量约为 1063kg。飞行期间,MER 为自旋稳定,额定转速为 2r/min。飞向火星途中,计划实施 6 次轨道修正机动(TCM),并同时对有效载荷和工程器件进行健康检测。

7.1.3.2 进入、下降和着陆系统(减速伞和着陆器)

大约在进入火星大气前 15min,巡航级与装载着陆器和巡视器的减速伞分离。图 7-3 中所示的减速伞以 MPF 为基础设计,利用了由"海盗号"演变而来的热防护罩和热防护系统。在后壳上方安装降落伞,该降落伞也是由 MPF 与"海盗号"演变而来,由其按比例增大后的直径约为 15m,以适应 MER 825kg 的巨大进入质量。

EDL 阶段使用的其他几个组件都安装在后壳上,其中包括后壳火工品开关装置,它携带了用于控制 EDL 火工品操作的继电器以及为火工品提供电力的冗余热电池。安装在后壳上的 Litton 型 LN-200 惯性测量单元(IMU)在进入期间用于发送航天器姿态信息,同时根据航天器在大气中的加速度确定降落伞的展开时间。横向脉冲火箭系统(TIRS)由围绕后壳径向安装的 3 个小型固体火箭组成,它们可

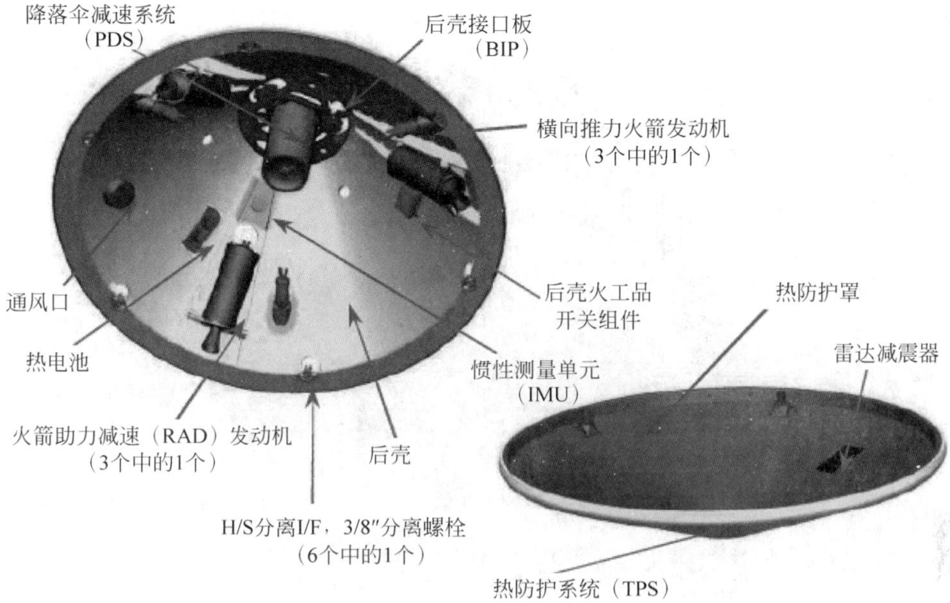

图 7-3　减速伞结构

以提供水平推力。火箭助力减速(RAD)系统的 3 个大型固体火箭仅在着陆前使垂直速度减小为零。

经过约 4min 的大气减速后，航天器在高度约 10km 和相对大气速度约 450m/s 时打开降落伞，并通过 6 个分离螺栓和弹簧抛掉热防护罩。着陆器通过一条约 20m 长的 Zylon①伞绳从后壳中降下，该伞绳装在着陆器上的一个侧瓣中。分离速度由下降速度限制器控制，该限制器由一个摩擦制动器和钢制传动带组成，并与伞绳一起打开。伞绳中含有一束电缆，用于从着陆器/巡视器向固体火箭传递点火信息，同时也可以从后壳中的 IMU 向巡视器中的飞行计算机提供数据。

图 7-4 显示了着陆器收拢状态构型，图 7-5 显示了着陆器准备释放巡视器的展开构型。

雷达高度计天线安装在着陆器四面体的一个较低位置，用于测量航天器至火星表面的距离。在进入后约 5min，雷达在距离火星表面 2.4km(约 7900 英尺)以内时采集数据，此时下降系统飞行速度约为 75m/s。雷达数据用于确定后壳上的 RAD 固体火箭点火方式。

通过 RAD 可以使着陆器在距离火星表面 10～15m 时的垂直速度减小为零，实现软着陆。RAD 点火期间，火星低层大气中的风会使后壳发生倾斜，需要高度关注。MPF 上附加的 TIRS 可以以任意组合方式点火，以减小后壳倾斜影响。

---

① Zylon 是 Zylon 公司生产的各种热固性聚氨酯材料的商标名称。这些材料是高分子合成家族成员。有些与芳纶纤维和尼龙相似，Zylon 通常应用于那些需要高强度和良好热稳定性的场合(摘自维基百科)。

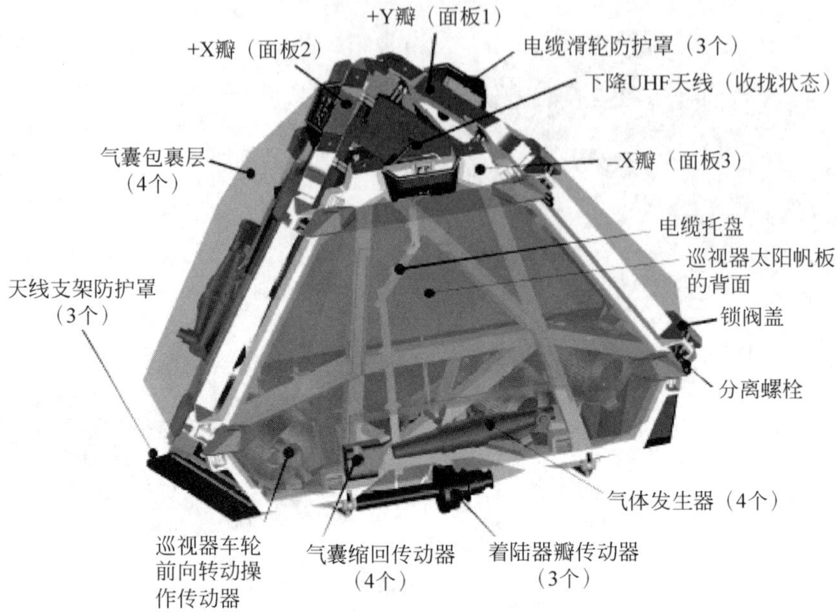

图 7-4 着陆器收拢构型

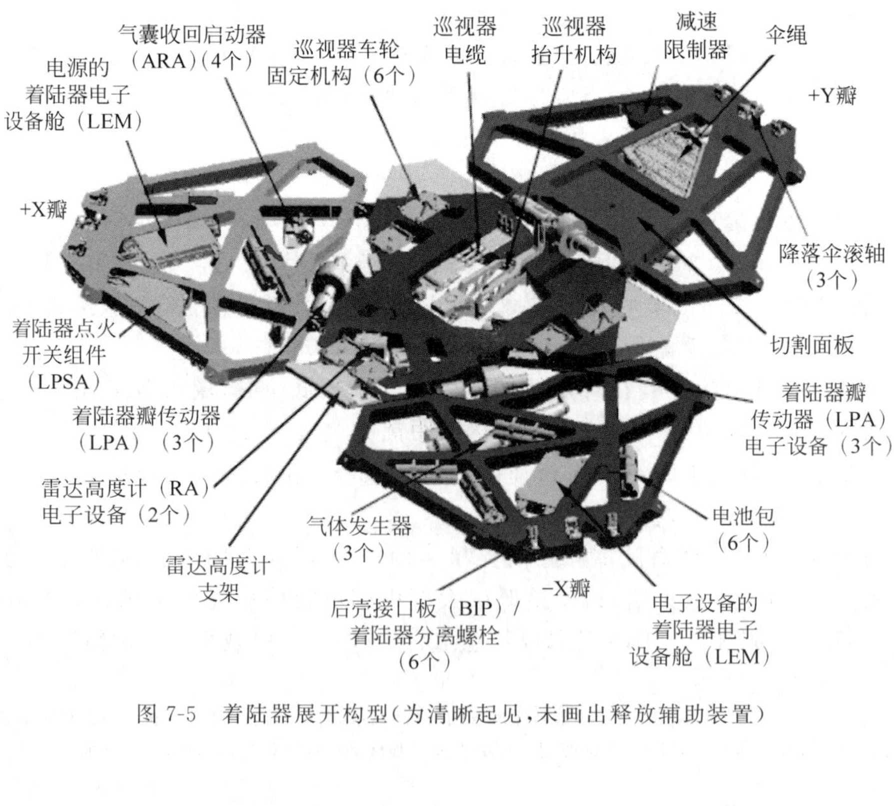

图 7-5 着陆器展开构型（为清晰起见，未画出释放辅助装置）

MER 继承了“探路者号”的气囊系统，以缓冲着陆器与火星表面的撞击。在通过雷达数据确定 RAD 点火方式后，RAD 或 TIRS 点火前，这些气囊通过 3 个由火工品启动的气体发生器充气，产生约 1.0lbf/in^2 的压力（与 MPF 相同）。从与火星表面接触开始，直至停留在火星表面上的几分钟时间内，气囊将会发生多次弹跳和滚动。

着陆器的主结构是 4 个采用钛合金研制的复合瓣。底部的瓣通过高扭矩着陆器瓣传动器（LPA）与 3 个侧边瓣相连，该传动器可以独立调节各瓣的展开位置。飞行团队通过指令调整瓣的升降，从而尽可能地改善巡视器释放条件。释放辅助设备（或“坡道”）连接在两侧瓣之间，当瓣打开时，其采用被动方式展开。

7.1.3.3　巡视器

MER 的核心是巡视器，其收拢构型如图 7-6 所示，只有在着陆器瓣全部打开后才能看到巡视器。

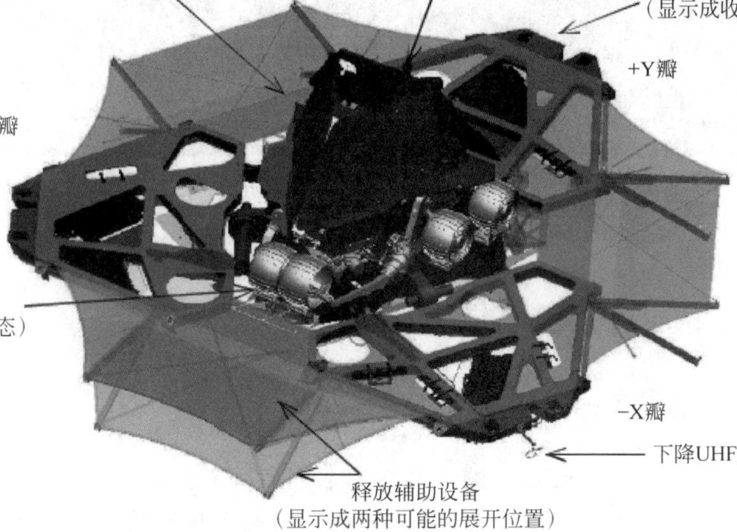

图 7-6　瓣打开后巡视器在着陆器上的收拢构型

图 7-7 为巡视器展开构型。巡视器轴距长 1.4m、宽 1.2m。太阳帆板展开后，宽 1.8m、长 1.7m。展开构型中，全景相机桅杆组件（PMA）展开后的高度刚好超过 1.5m，且离地间隙不小于 0.3m。巡视器车体及主结构称为“保温电子箱”（WEB），框架采用复合蜂窝结构，填充气凝胶①绝缘。箱顶是一个三角形面板，称

① 气凝胶是一种由凝胶（例如硅胶）构成的极多孔固体物质，其中的液体用气体替代，通常称为“冻结烟雾”或“蓝色烟雾”，它由 99.8%的空气组成，是一种密度为 3mg/cm^3 的硬泡沫，是世界上密度最低的固体。这种物质热传导率极低，具有绝缘特性（摘自维基百科）。

为"巡视器设备平台"(RED),构成 WEB 的外壳。

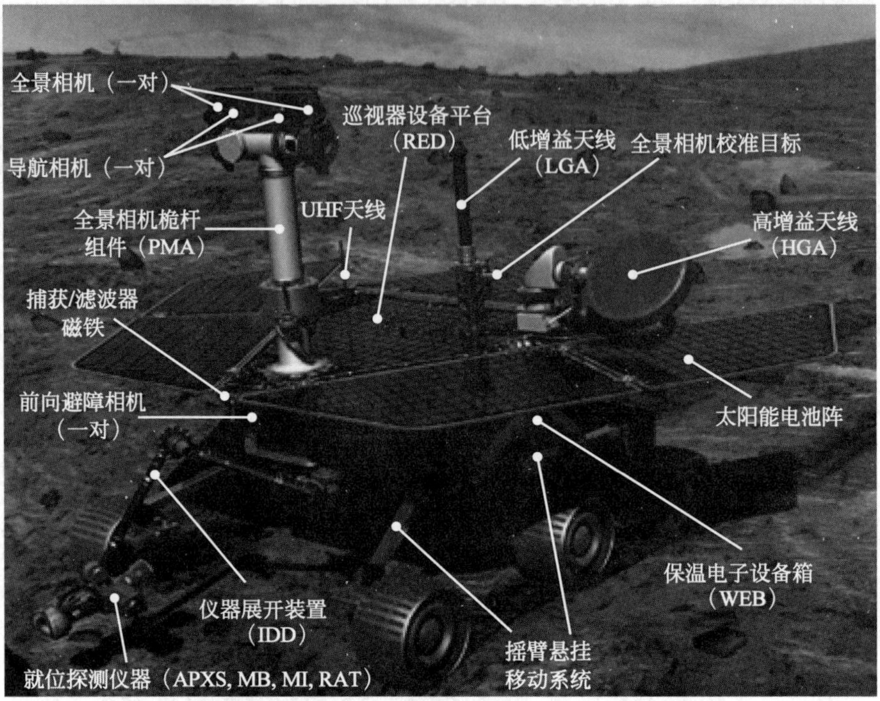

图 7-7 巡视器展开构型

7.2 通信子系统概述

7.2.1 X 频段:巡航、EDL、火星表面

巡视器通过位于 WEB 中的 1 台 X 频段应答机(小型深空应答机[SDST])、1 台固态功率放大器(SSPA)和 1 台 UHF 收发信机实现通信,SDST 和 SSPA 工作在所有任务阶段。巡航期间,SDST 通过巡航低增益天线(CLGA)或中增益天线(MGA)接收和发射信号。CLGA 仅在发射后的最初几周和某些 TCM 期间工作。MGA 用于在地球-火星距离增大时提高性能。

EDL 期间需要由通信系统获取的信息对故障状态进行重建。EDL 过程中,航天器方位大范围变化情况下,LGA 依然可用,其间利用 X 频段发射多音频移键控(M-FSK)测音或旗语,标识航天器状态和主要 EDL 过程完成情况;测音能够在预定方位接收(与 MPF 类似,但采用了简化的概念)。从巡航级分离到着陆器展开,后壳 LGA(BLGA)用于从后壳接口板(图 7-3)向外发射信号。

一旦着陆器从后壳分离,巡视器 LGA(RLGA)就从着陆器顶部向外发射信号。此外，一旦着陆器在火星表面着陆，就使用安装在底部瓣上的小型贴片天线（瓣 LGA[PLGA]）。着陆器静止后，巡视器的 RLGA 和 PLGA 间隔 1min 交替工作，以提高地面自主接收到信号的概率。

火星表面主任务和扩展任务期间，X 频段应答机使用 HGA 或安装在 RED 上的 RLGA（图 7-7）工作。对于遥控和低速遥测数据，RLGA 提供近全向覆盖。在整个火星表面任务期间，巡视器通过 RLGA 可接收的最低遥控速率为 7.8125b/s，发射的遥测最低速率为 10b/s。HGA 是一种可操控、平板、相控阵天线，能够接收高速遥控数据和发送高速遥测数据。在表面任务期间，利用 HGA 实现的上行和下行链路性能取决于地球-火星距离。距离较近时，遥控速率最大可达 2kb/s，遥测速率最大可达 28.8kb/s。

7.2.2　UHF：EDL、表面操作

除 X 频段外，当着陆器悬挂在伞绳上时，EDL 的部分时段也可使用 UHF 频段通信。着陆器分离后，下降级 UHF 天线（DUHF，安装在瓣顶部的一个小型单极天线）打开，并以 8kb/s 的速率向“火星全球勘测者”（MGS）发送工程遥测数据，并随后将数据转发至地面。

在火星表面，UHF 系统利用“奥德赛”轨道器和 MGS 轨道器的火星中继系统以中继模式工作。同时也验证了利用 MEX 轨道器进行遥控的转发性能。巡视器利用辛辛那提（Cincinnati）电子收发信机（型号 CE-505）实现 UHF 通信，并特意设计为与“奥德赛”上的一个类似的收发信机兼容，该系统使用的是一副安装在巡视器 RED 上的 UHF 天线（RUHF，一个 19cm 的单极天线）。该设备能够实现的发射（巡视器至轨道器）或接收（轨道器至巡视器）数据速率为 8kb/s、32kb/s、128kb/s 或 256kb/s，巡视器的前向数据率为 8kb/s。经过主任务的多次验证，MER 和“奥德赛”协同工作时，每个圈次返向数据率选用 128kb/s 或 256kb/s，具体使用哪个数据率取决于能够获得的最大数据量，详见 7.5.2.4 节。

7.2.3　直接对地下行链路性能

图 7-8 给出了发射前预测的直接对地（DTE）数据传输性能，预测时段从 MER-A 着陆到 MER-B 主任务结束，该图摘自参考文献[7]。地球-火星距离随时间的不断增大，导致数据传输速率持续降低。性能最差的是 RLGA 至 34m 地面站（底部曲线）之间的链路，性能较之略优的是 RLGA 至 70m 地面站，性能最优的是 HGA 指向地球 70m 地面站，性能较之略差的是 HGA 指向 34m 地面站。对于某种给定的巡视器天线和地面站组合，平均而言，(15，1/6)编码比(7，1/2)编码的性能略优。

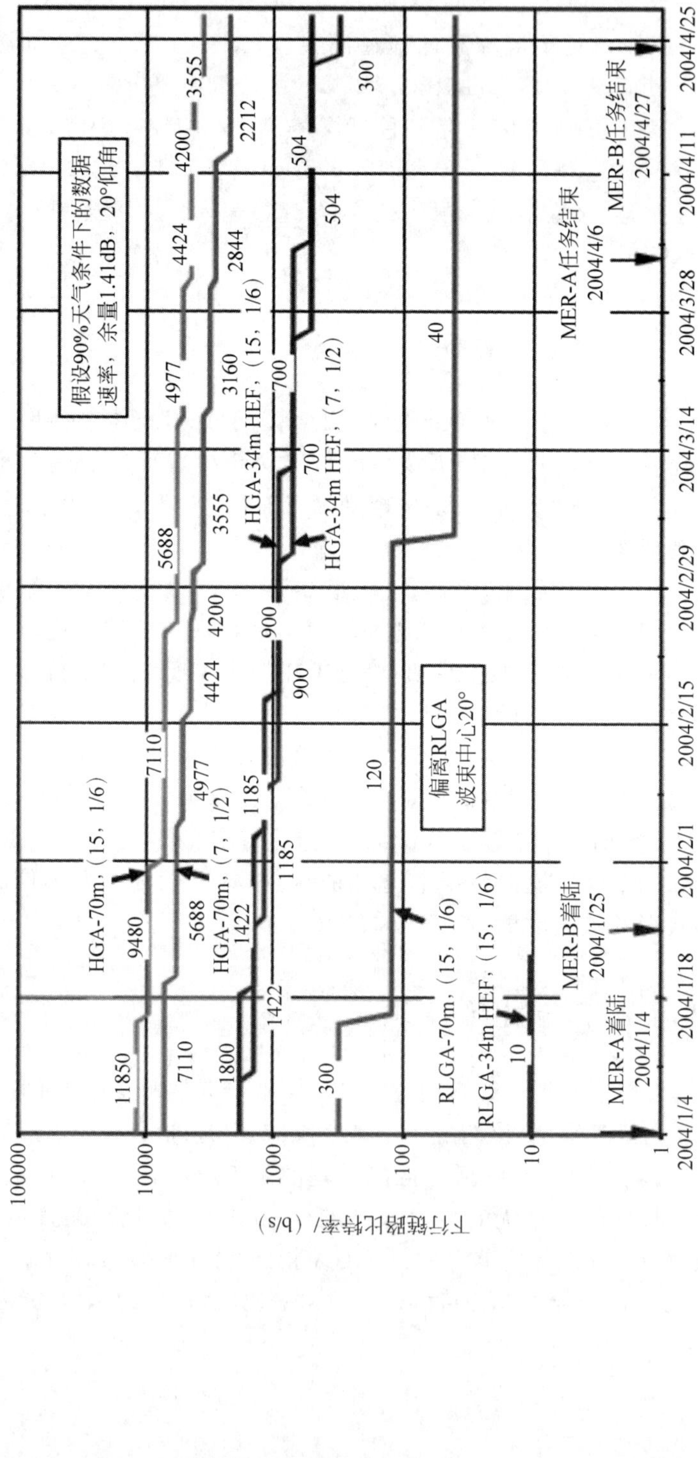

图 7-8 任务规划阶段 X 频段下行链路预测性能

7.2.4 UHF 中继性能

UHF 下行数据中继规划通过“奥德赛”和 MGS 轨道器实现。在主任务阶段，该链路用于非应急科学和工程遥测数据的发送。

在整个任务期间接收①的所有数据中，超过 60%的数据都计划通过 UHF 中继信道获取。对于每个轨道器，平均每 1 个火星日，在 20°仰角以上（取决于着陆点位）的可用通信圈次为 1.8 圈，同时每 2 个火星日至少有 3 圈、最多 4 圈。每圈次的持续时间为 2～8min，同时从巡视器到两个轨道器的返向链路速率规划达到 128kb/s，②因此有必要尽可能多地使用 UHF 圈次来最大限度地传输下行数据。

每个巡视器与两个轨道器之间在当地上午和下午都存在 UHF 中继圈次，且每个巡视器每天最多有 4 个圈次。轨道器上午的圈次位于午夜和日出之间（当地太阳时），下午圈次位于从正午至下午晚些时候的时间段内。图 7-9 以当地太阳时和相应每圈的最大仰角的形式给出了“勇气号”巡视器与“奥德赛”和 MGS 之间的 UHF 中继典型圈次分布情况。图中显示，“勇气号”能够在当地太阳时约 1:30 和 13:30 与 MGS 通信，在 4:30 和 16:30 与“奥德赛”通信。由于 MER 任务仍在进行中，而 MGS 轨道器任务已结束，因此其 UHF 中继任务已由 MRO 接替。

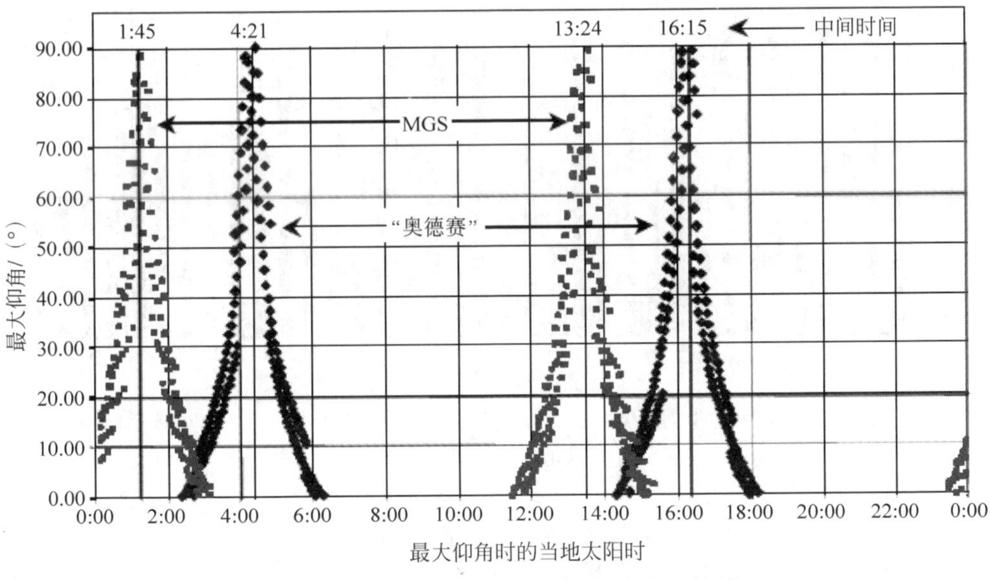

图 7-9 “奥德赛”和 MGS 过境时间和最大仰角分布情况（MER-A）

---

① 截至 2005 年 9 月，“勇气号”和“机遇号”返回的数据统计结果详见 7.5.2 节。总体上，全部返回数据的约 92%通过“奥德赛”完成，5%通过 MGS 完成，3%通过 X 频段直接对地链路完成。

② 着陆后的前几圈特意规划使用 8kb/s 的低速率传输，若链路性能符合预期，且链路支持条件允许时，再将速率提高至 128kb/s，该规划已顺利实施。实际上，在扩展任务中，“勇气号”和“机遇号”的许多中继圈次，均采用 256kb/s 的数据传输速率。

巡视器与轨道器之间的距离是影响链路性能的主要因素,巡视器倾斜是影响链路性能的次要因素,①同时,天线方向图的不对称性致使巡视器的方位角对链路性能的影响也很大。此外,对同一圈次而言,如果方位角有利,则可以返回 50Mb 的数据,若 HGA 被遮挡,则返回数据量会减半。每个巡视器与"奥德赛"之间的平均数据返回量估计约为 56Mb/火星日,与 MGS 之间约为 49Mb/火星日。

然而,必须要说明的是,经由 UHF 链路返回的实际数据量在每个圈次都不相同,这主要由最大俯仰角和巡视器方位角变化决定。最大俯仰角越高,过境时间就越长,且大部分时间内斜距都较小。任务中选择较高俯仰角的圈次,能够支持更高的数据率,以提高每个圈次的返回数据总量。图 7-10 给出了每个火星日通过"奥德赛"返回数据量的变化情况,它显示了随时间变化的圈次和不同巡视器方位角对数据返回量的影响。通过 MGS 进行中继时,也能得到类似的结果。

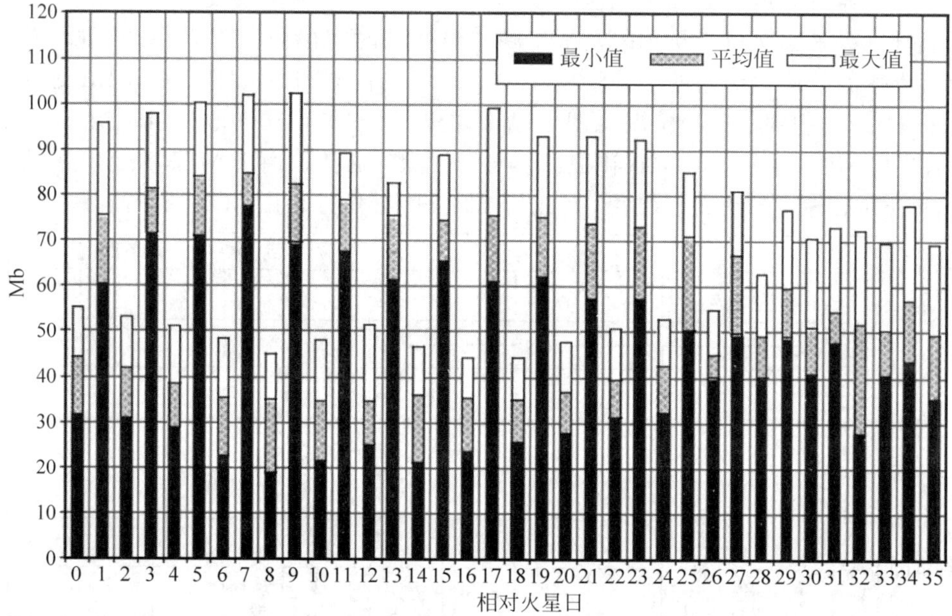

图 7-10 MER 从纬度为 0°的着陆点通过"奥德赛"以 128kb/s 的速率在每个火星日返回的数据量(所有方位角的平均值,无倾斜角)

返回数据量的潜力还受到"奥德赛"上存储器能力的限制。在 MER 火星表面操作前制订的与"奥德赛"UHF 中继通信的计划中,"奥德赛"为两个 MER 巡视器

① 由于数据量并非规划巡视器方位的初始决定因素,因此着陆后首次中继规划的预报值是以 10°方位角为间隔的数据返回量平均值。在主任务开始前的很长时间内,为提高巡视器数据返回量,在 1 个火星日的科学活动后,有时会特意控制巡视器的方位角。后来,中继链路预报程序增加了倾斜角和方位角预报功能。例如,第 278 个火星日(2004 年 11 月 4 日),在"奥德赛"的下午圈次期间,"机遇号"驶过陡峭的岩石地带,倾斜角达到 31.04°。巡视器在无倾斜角和 31°倾斜角时,传输的数据量分别为 57.4Mb 和 41.5Mb。

均分配了总计 12.5MB(100Mb)的存储空间(对 Beagle Ⅱ 也是如此,但未实施)。在随后的主任务期,为每个巡视器分配的空间增加到了 120Mb。因此,通过"奥德赛"转发的数据量也会受限于前一个转发圈次结束后仍存储在"奥德赛"缓冲器中的数据量。清空缓冲器的速度取决于分配给 DSN 接收"奥德赛"下行数据的弧段。

7.3 通信子系统硬件和软件

7.3.1 X 频段飞行子系统概述

7.3.1.1 X 频段功能

通信子系统设计具备以下功能:

- 接收 DSN[①] 的 X 频段上行载波信号。该载波可能是非调制的,也可能是调制遥控数据或/和测距信号的。
- 解调遥控数据和测距信号。
- 以转发比 880/749 对上行载波进行相干倍频或利用一个辅助振荡器(aux osc)生成 X 频段下行载波。
- 用下列 2 种信号或其中之一对下行载波调相:
  - 复合遥测信号,包括一个方波副载波(25kHz 或 375kHz),航天电子系统输出的遥测数据对该方波副载波进行二进制相移键控(BPSK)调制。
  - 用于导航的调制信号,包括以下 2 类:
    - 测距信号,巡航期间从上行信号中解调得到(双向测距或转发测距)。
    - 一组未调制的测音,用于在巡航期间进行双差分单向测距(ΔDOR)。SDST 的 DOR 模块生成这些测音。
- 通过遥控指令控制信号路由(如应该使用哪副天线)选择和子系统操作模式(子系统单元配置。如遥控数据率、遥测副载波、卷积编码、下行测距调制度)。遥控可由地面直接完成(实时遥控),也可以生成遥控序列事先加载到航天器上。
- 提供状态遥测以监测子系统运行状况。例如,辅助振荡器温度、SDST 当前状态、副载波频率、测距信道状态(开或关)、相干/非相干模式以及接收机锁定状态(上行载波锁定或失锁)。
- 对于射频(RF)发射机,具有功率开/关控制和功率保护功能。
- 上电复位(POR)操作后,系统进入单一操作模式,该模式是经过明确定义的。此时子系统处于已知的状态,在处于安全模式(紧急)时,地面可以从该状态控制通信子系统。

① DSN 是一个由天线和相关支持设施组成的全球网,由 NASA 的 JPL 负责管理,为深空航天器提供上行遥控与导航,为空间飞行操作提供下行遥测,并为终端用户提供服务。

此外，按照EDL段规划，SDST能够生成和发射所谓的M-FSK测音，详见7.2.1节。在这种替代遥测的方法中，发送一个独特的副载波频率来表示(作为旗语标识)航天器已发生的某个具体事件。在EDL的部分阶段，当预测的信号电平过低且多普勒动态过大时，只能接收M-FSK音而无法通过常规的相位相干接收机来接收遥测信号。

7.3.1.2 功能框图

图7-11所示为X频段通信子系统框图，其中包括图7-1中给出的4个主要功能组件。

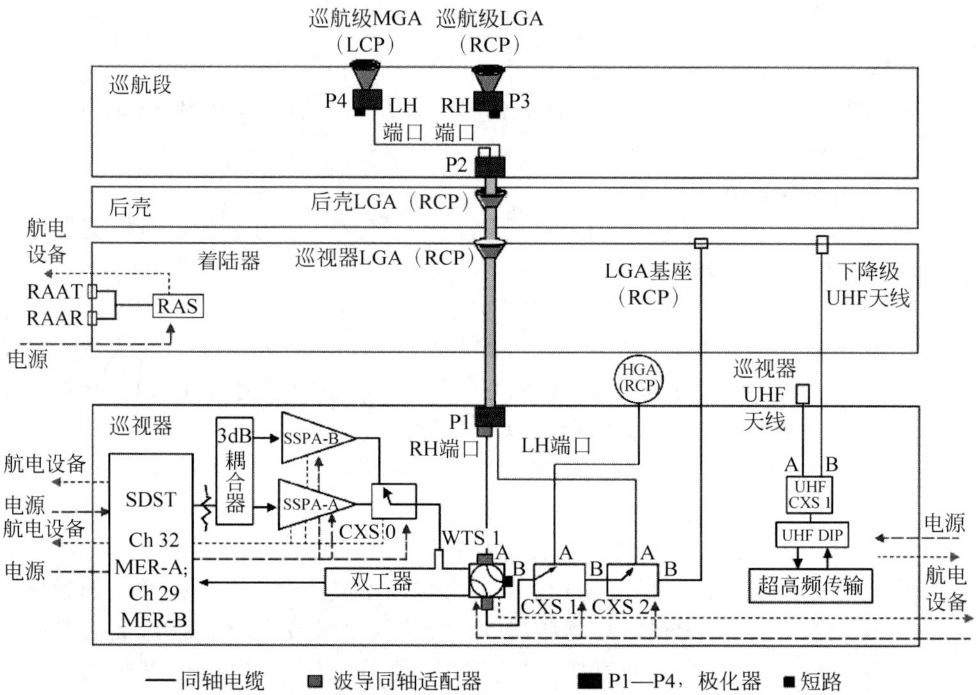

图7-11 X频段通信子系统框图

(RAAT和RAAR分别为中继天线发射组件和接收组件)

7.3.1.3 与其他子系统的接口

通信子系统与航天器的接口如图7-12所示。

与航电子系统和电源子系统的接口如下。航电设备包括硬件和飞行软件。通信子系统通过航电设备控制其操作模式，控制途径包括：

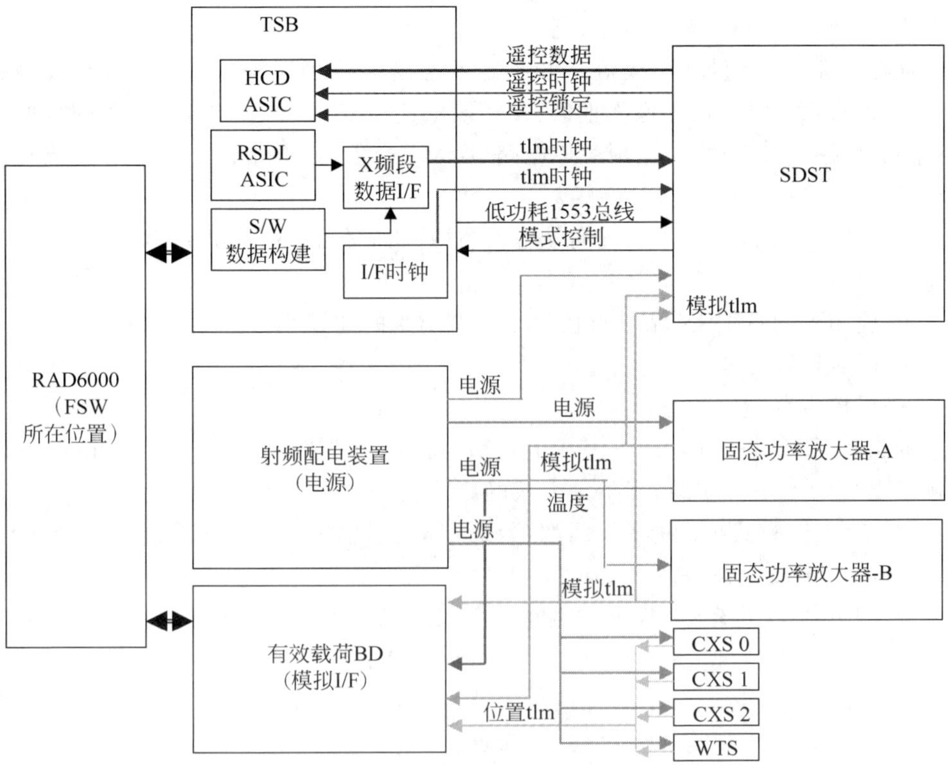

图 7-12　通信子系统接口

- 由地面实时遥控，从 X 频段上行载波中解调出遥控指令并提供给航电设备；
- 将指令序列存储在航天器上，由序列引擎发送；
- 通信状态，当打开或关闭通信窗口[①]时，状态发生变化(返回到当前默认状态或后台状态)；
- 故障保护，当故障保护软件检测到定义的故障时，激活算法引发响应状态变化。

在任何情况下，都由航电子系统发送指令，控制通信子系统配置。唯一例外的是 POR 状态。一旦触发 POR，SDST 就会进入其 POR 状态。

航电子系统向通信子系统提供下行遥测数据，同时也提供一个数据时钟，驱动通信子系统完成卷积编码。该时钟既可以是(7,1/2)编码状态下的 2 倍数据时钟，

① 通信窗口(comm window)使用一条遥控指令向巡视器发送一组通信参数，包括开始时间、持续时间、巡视器天线选择(这取决于窗口是 X 频段还是 UHF)、实时持续时间、记录数据优先权表(DPT)、上行(或前向)和下行(或返向)数据速率、调用的硬件配置表以及窗口启动的可选序列。通信窗口操作在飞行软件定义的“通信状态”范围内进行，不受巡视器序列引擎的限制。

也可以是(15,1/6)编码状态下的6倍数据时钟。航电设备完成遥测数据组帧、组包和RS编码,并由通信子系统发送。

航电设备选择帧长(长或短),并决定发送给通信子系统的数据是RS编码还是校验和(CS)编码。任务操作期间,X频段不使用CS模式。经RS编码的数据由RS下行链路(RSDL)特种应用集成电路(ASIC)产生,该电路位于通信子系统支持板(TSB)上。

对于上行链路,通信子系统向航电设备(特指硬件指令译码器HCD)提供以下信息:

- 检测到的从DSN站上行信号中解调出来的遥控码字。
- 码时钟。
- 遥控指令锁定状态。

通信子系统通过航电设备完成上行数据流的差错控制。也就是说,由航电设备确定哪条指令是有效的,哪条是无效的。①

SDST工作模式控制指令(例如遥测调制度、测距开/关、编码、相干)经1553总线传输,且由航电设备发送。

SDST和电子设备TSB板卡之间采用RS422接口,用于传输:①遥测数据和时钟信号;②遥控数据、时钟和锁定状态(至HCD)。

通信子系统通过电源子系统控制波导转换开关(WTS)和同轴开关(CXS),选择X频段SSPA、X频段天线和UHF天线。

7.3.1.4 X频段组件说明

7.3.1.4.1 天线

如7.3节和图7-11所示,每个MER都有多副天线,用于任务的不同阶段:

- 巡航段通过MGA和CLGA实现通信,它们都位于巡航级的顶部。
- EDL期间由于巡航级和后壳先后被抛掉,因此探测器使用BLGA通信;在火星表面上展开的第1天,使用PLGA通信。
- 对于火星表面操作,使用的X频段天线为RLGA和HGA。

表7-3总结了天线的主要射频性能,表的最后一行为其尺寸和质量。巡视器X频段天线(RLGA和HGA)和UHF天线均安装在RED上,如图7-13所示。

CLGA、BLGA和RLGA都是安装在同一个圆形波导“堆栈”上的射频喇叭。按照7.3节所述的分段断开方式设计,RLGA是波导的最短部分,因此其馈线损耗最小,而CLGA馈线损耗最大。

HGA安装在RED顶部的双轴万向节上,从而只有在巡视器展开后才可使用。

---

① 我们在MER扩展任务中发现一种现象,即HCD和飞行软件无法正确处理含有多个码字错误的指令。包含错误码字的“指令”被飞行软件写入错误的位置,致使巡视器进入安全模式。摘自ISA Z84599[8]。

表 7-3　MER X 频段天线特性

任务阶段	巡航段		EDL 段		表面操作段	
天线	CLGA	MGA	BLGA	PLGA	RLGA	HGA
接收频率/MHz	7183.118057 MER-A 7179.650464 通道 29 (MER-B) 7183.118057 通道 32 (MER-A)	相同	相同	无效	相同	相同
发射频率/MHz	8435.370372 通道 29 (MER-B) 8439.444446 通道 32 (MER-A)	相同	相同	相同	相同	相同
波束中心接收增益/dB	7.68	18.1	无效	无效	5.73	20.5
波束中心发射增益/dB	7.18	19.2	7.71	6.0	6.89	24.8
极化*	RHCP	LHCP	RHCP	—	RHCP	RHCP
波束宽度/(°)	±40 接收 ±42 发射	±10.3 接收 ±9.3 发射	无效接收 ±35 发射	无效接收 ±52 发射	±46 接收 ±37 发射	±5.0 接收 ±4.2 发射
轴比,轴向上/dB	0.49 接收 0.85 发射	1.01 接收 0.27 发射	—	—	—	6.34 接收 4.47 发射
轴比,偏离轴向/dB	85°偏离: 7.70 接收 6.00 发射	20°偏离: 6.29 接收 7.53 发射	—	—	—	—
设计	开端口阻塞波导	射频圆锥喇叭	开端口阻塞波导	微带天线阵 1.5in×1.5in (3.8cm×3.8cm)	—	0.28m 直径印刷偶极子阵列
质量/kg	0.431	0.499	0.235	0.020	0.775	1.1

注：* RLGA(和 BLGA)的极化方式通常采用右旋圆极化(RHCP 或 RCP),也可以被设置为左旋圆极化(LHCP 或 LCP),以解决“阻塞 WTS”故障。

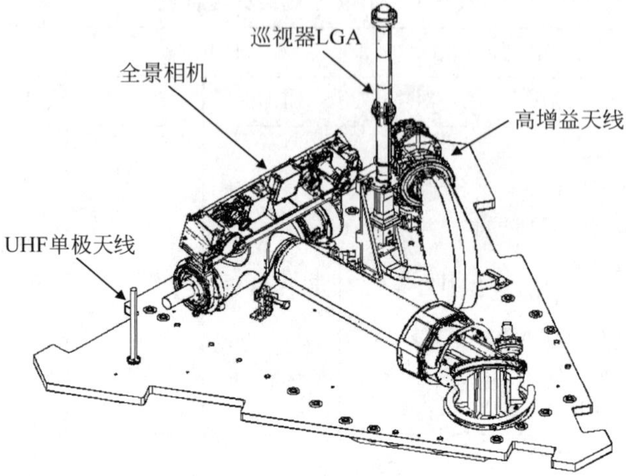

图 7-13　RED 上的 X 频段天线和 UHF 天线

7.3.1.4.2　射频子系统

射频子系统(RFS)是通信子系统中 3 个有源 X 频段器件和与之相连的无源器件[①]的总称。有源器件包括 SDST 和 2 个 SSPA。通信子系统的其他有源器件包括 UHF 收发信机及其双工器。图 7-14 显示了 SDST、SSPA、X 频段开关和双工器在巡视器电子模块(REM)一侧的安装位置。UHF 收发信机安装在 REM 的另一侧,REM 位于 WEB 内部,如图 7-15 所示。

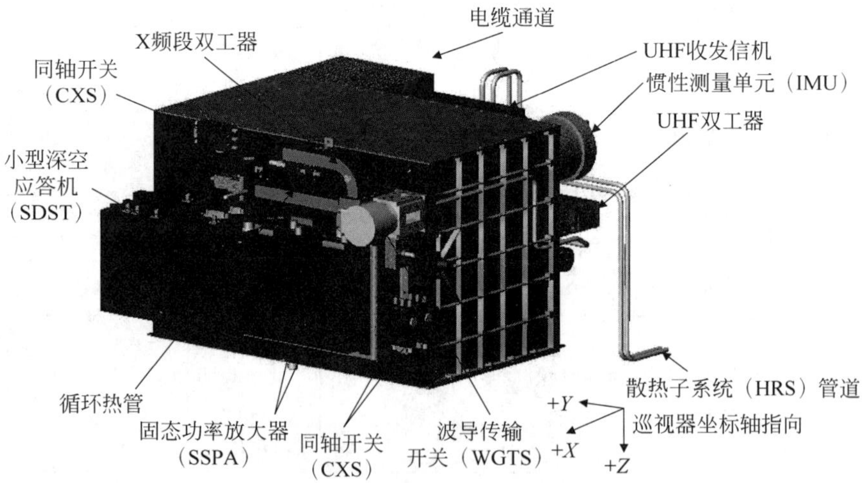

图 7-14　REM 侧边上安装的 RFS

① 进入 RFS 和 UHF 收发信机的航天器功率若没有作为 RF 信号辐射出去,则将被转换为热量,因此必须对其进行热管理。巡航期间,当 RFS 持续加电时,由散热子系统(HRS)完成对 MER 的热控制。图 7-14 给出了 SDST 和 SSPA 之间的散热管和 HRS 的部分结构。

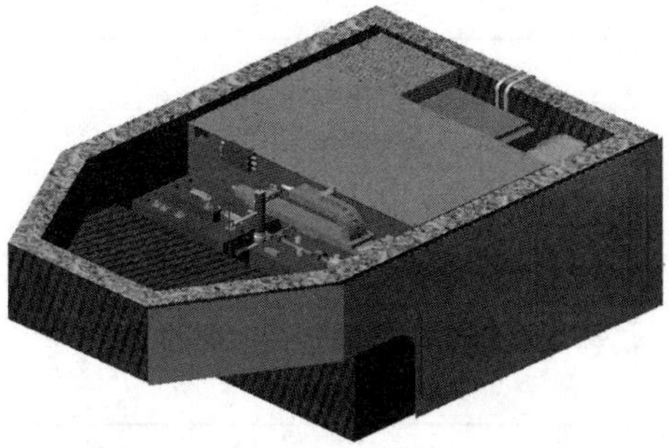

图 7-15 MER保温电子设备箱

巡航期间，通过巡航级的 HRS 排放 SSPA 产生的多余热量。到达火星后，HRS 管道在与后壳的接口处按设计被切断。随后，通过被动热控制，将多余的热量从巡视器排出。

在火星表面，无加热器存在的情况下，WEB 在夜间为巡视器保温。在白天，当 X 频段和 UHF 发射机连续工作 3 次或 4 次时，巡视器温度将上升至温度上限①，主要原因是 X 频段和 UHF 的发热器件与 REM 距离很近。X 频段和 UHF 器件因工作发热，限制了发射机工作的时长和间隔。

7.3.1.4.3 X 频段双工器

双工器是一种允许以一个频率发射信号，同时以另一个频率接收信号的设备。它提供的接收端隔离，能够防止 SSPA 产生的发射信号损坏 SDST 接收机前端或防止来自地面的上行信号产生干扰。它能够使用同一副天线同时发射和接收信号。X 频段双工器功能参数如表 7-4 所示。

表 7-4 X 频段双工器功能参数

参数	双工器端口	参数值
通频带	发射	8.29～8.545GHz
	接收	7.1～7.23GHz
插入损耗	发射	最大 26dB
	接收	最大 9dB
隔离度	发射/接收	最小 95dB，标称 100dB

7.3.1.4.4 转换开关（WTS 和 CXS）

参见图 7-11 所示的模块框图。有同轴和波导（CXS 和 WTS）两类转换开关。通信子系统有 3 个 CXS 和 1 个 WTS。转换开关功能参数如表 7-5 所示。

① 上限（热）温度规定：对于 SDST，允许飞行温度（AFT）为 50℃，原型机指标限制温度为 60℃；对于 SSPA，AFT 为 50℃，原型机指标限制温度为 70℃；对于 UHF 收发信机，AFT 为 55℃，原型机指标限制温度为 70℃。

表 7-5 转换开关功能参数

参　　数	WTS 数值	CXS 数值
频率/GHz	7.1～8.5	7.1～8.5
插入损耗/dB	0.05	0.15
返回损耗/dB	23	20
功率使用容量/W	1000	70
隔离度/dB	>60	>60
切换时间/ms	50	5

- CXS 0 能够在下行链路中选择 SSPA-A 或 SSPA-B。从发射开始，CXS 0 设置为 SSPA-A。
- CXS 1 能够在 HGA 和 CXS 2 输入之间选择.
- CXS 2 能够在极化器 P1 的 LCP 端口和采用左旋圆极化(LHCP 或 LCP)方式的底部瓣 LGA(PLGA)之间选择。

WTS(也称为"棒球开关")安装在双工器端口 2 的输出端。WTS 通过遥控方式选择 LGA 堆栈和 CXS 1 输入。

WTS 比 CXS 要重。由于 WTS 的插入损耗较小，因此它被安装在最重要的低增益发射通道上。而 CXS 用于容许较大插入损耗的其他通道，包括连接 MGA、HGA 和 PLGA 的通道，即便是 LGA 和 PLGA 仅在火星表面操作的第一天使用。

通过遥控 WTS、CXS 1 和 CXS 2，来选择特定的 X 频段接收和发射天线，即 WTS 应该卡在 CXS 1 的位置，在火星表面操作中也可以通过开关之间的连接使用 HGA 和 RLGA。

7.3.1.4.5 固态功率放大器

两个互为备份的 SSPA 都各自通过一个 3dB 耦合器接收来自 SDST 激励器的 RF 输入信号，如图 7-11 所示。表 7-6 给出了 3dB 耦合器的主要功能参数。

表 7-6 3dB 耦合器功能参数

参　　数	数　　值
频率范围/GHz	7.1～8.5
插入损耗/dB	0.5
隔离度/dB	20
耦合度/dB	3
耐受功率/W	5

SSPA 的射频输出功率约为 16.8W(42.25dBm)，如图 7-16 所示，该曲线源自测试数据。第一个点(均值和方差)是预报程序模型给出的，右边 4 个点表示 4 个 MER SSPA 在发射前的测量值。

每个 SSPA 的输入直流(DC)功率约为 58W。DC 输入功率随温度变化很小。

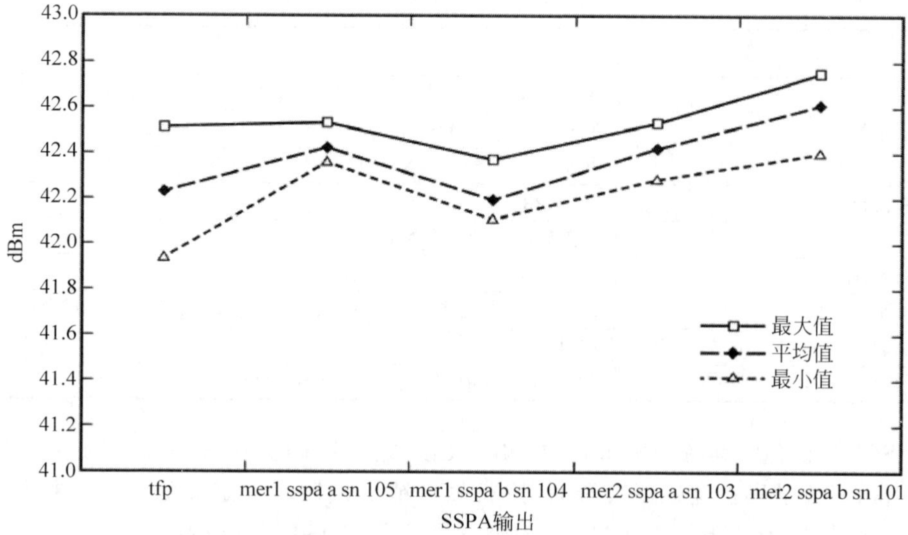

图 7-16　MER-B(MER-1)和 MER-A(MER-2)的 SSPA 射频输出

7.3.1.4.6　小型深空应答机(SDST)

MER 的 SDST 在 1998 年首次使用的"深空 1 号"(DS1)成熟设计的基础上，对相位调制器进行了改进，使其具有更好的线性度(目前它是一种双级调制器)。图 7-17 为 SDST 照片。SDST 由 4 个部分(板卡)组成：功率转换模块、数字处理模块(完成信号处理)、下变频模块(含接收机锁相环的模拟部分)和激励模块(将遥测、测距或 DOR 信号调制到下行 RF 载波)。接收机载波环路参数见表 7-7。

图 7-17　MER 的 SDST

表 7-7 接收机载波环路功能参数

参数	数值			
噪声系数	温度/℃	60	25	−40
	通道 29 SDST(S/N 203)/dB	2.59	2.15	1.27
	通道 32 SDST(S/N 201)/dB	2.58	2.12	1.91
跟踪门限	−155dBm			
跟踪速率	200Hz/s,上行链路 $P_t \leqslant -120$dBm			
捕获范围	±1.3kHz			
跟踪范围	200Hz/s 时优于±30kHz,上行链路 P_t 下降至−140dBm			
门限时的噪声环路带宽($2Bl_0$)	20Hz			
强信号时的噪声环路带宽	231.3Hz 双边,$P_c/N_0=100$dB-Hz			

SDST 有必要具备功率重置(POR)状态,它可以确保在状态已知的条件下启动,例如每天早晨在巡视器唤醒时,飞行软件能够按照事先定义的一组遥控指令,将 SDST 设置为期望的工作状态。表 7-8 给出了 SDST 的 POR 状态。

表 7-8 功率重置状态

控制参数或模式	POR 值
自动相干/非相干转发	激活
VCXO/辅助振荡器转发	激活
遥控速率	7.8125b/s
标称遥测编码方式	(7,1/2)
标称遥测调制度	50°
标称遥测模式	副载波
测距调制度(增益)	17.5°
测距模式	基带
测距	关
远置终端休眠	失效
远置终端事件计数器	0
SDST 事件计数器	0
状态 1 休眠	激活
副载波频率	25000Hz
应答机模式	标称操作
宽带遥测	关
X 频段 DOR	关
X 频段激励器	开

注:VCXO 为压控晶体振荡器。

测距性能:测距是一种通过测量无线电信号(测距码)从地球到航天器再返回地球所需时间来确定航天器位置的方法。测量精度取决于确定应答机、航天器天线布线以及地面站测距设备产生的总时延的精度。

表 7-9 给出了测距信号通过 SDST 的时延经验值。表 7-10 给出了测距信号经过整个航天器的总时延。

表 7-9　SDST 测距时延

参　　数	S/N 203-通道 29	S/N 201-通道 32
距离时延，平均值/ru	1388.66	1386.75
同一温度下的距离延迟变化/ru	±2.5	±2.5
载波抑制/dB	0.3(17.5°标称)	0.3(17.5°标称)
	1.2(35°标称)	1.2(35°标称)
测距信道噪声等效带宽/MHz	1.96	2.24

表 7-10　航天器组装后的 SDST 测距时延

天 线 路 径	SDST(S/N 203)-通道 29	SDST(S/N 201)-通道 32
CLGA 上行/CLGA 下行/ns	1383.9	1384.0
MGA 上行/MGA 下行/ns	1393.5	1394.5

表 7-9 中，对于 MER-A 和 B，1 个距离单位(ru) $=\frac{1478}{221}\times\frac{1}{Ftx}=0.931\text{ns}$。

7.3.1.4.7　航天器组装后的测距时延

航天器的总测距时延随使用的天线通道不同而有所变化(表 7-10)，这主要是由于电缆长度的显著不同引起的。由于火星表面操作时不进行测距，因此表中未包含 RLGA 或 HGA 的测距时延值。

7.3.2　UHF

MER 的 UHF 子系统框图如图 7-18 所示，它由以下部分组成：

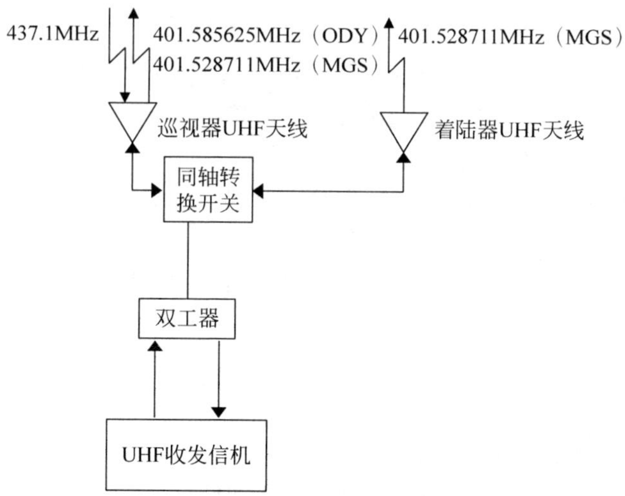

图 7-18　UHF 子系统框图

- 收发信机,完成 UHF 信号的发射和接收,也是与航电子系统的接口。
- 两副 UHF 天线：EDL 期间,利用 DUHF(在着陆器上)向 MGS 发射信号；火星表面操作期间,利用 RUHF 发射和接收轨道器信号。
- 双工器和同轴开关,用于连接收发信机与天线(两副中的一副)。

7.3.2.1 UHF 天线

下降级和巡视器的 UHF 天线均为 1/4 波长的单极子天线。巡视器 UHF 天线如图 7-19 所示。

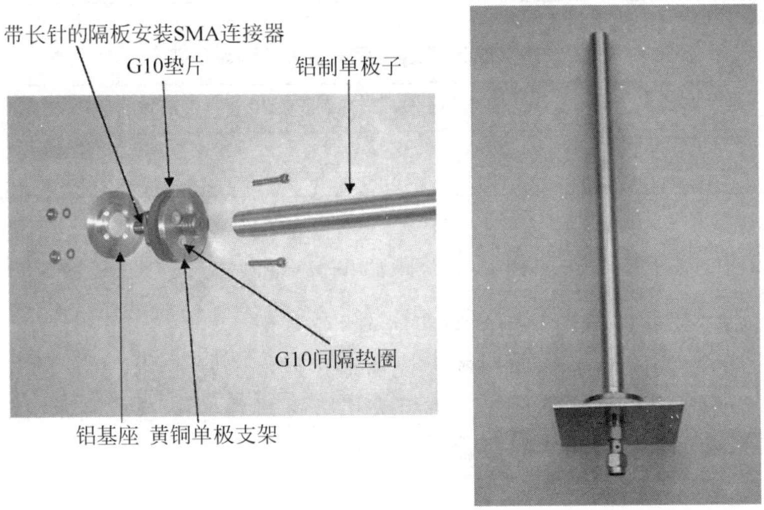

图 7-19 巡视器 UHF 天线

DUHF 还有一个附加机构,它可以在后壳分离后将天线展开到与伞绳平行的位置。尽管单极子天线理论上具有线极化环形天线方向图,但由于探测器结构对 UHF 发射和接收信号的寄生耦合影响,增益和极化都严重失真。特别是对 RUHF,因为垂直安装在面板上(主要是 LGA 和 PMA),其作用类似于无源寄生天线,致使失真现象更为严重。

在 JPL 天线测试场内,利用巡视器实物模型测试得到的右旋极化方向图见图 7-20。图中所示为极坐标下的 RUHF 天线方向图,它利用同中心的栅格标记(0°～120°)表示圆锥角(与轴向的夹角),同时利用放射状的栅格线(0°～360°)表示方位角。RUHF 方向图在方位角上是非对称的。这种不对称性导致每个圈次(轨道器过境)的返回数据量有较大差异,主要原因包括：

- 轨道器的仰角变化和跟踪时长。
- 过境期间轨道器的方位角变化。
- 巡视器在火星表面的朝向(相对地平线的倾斜)。

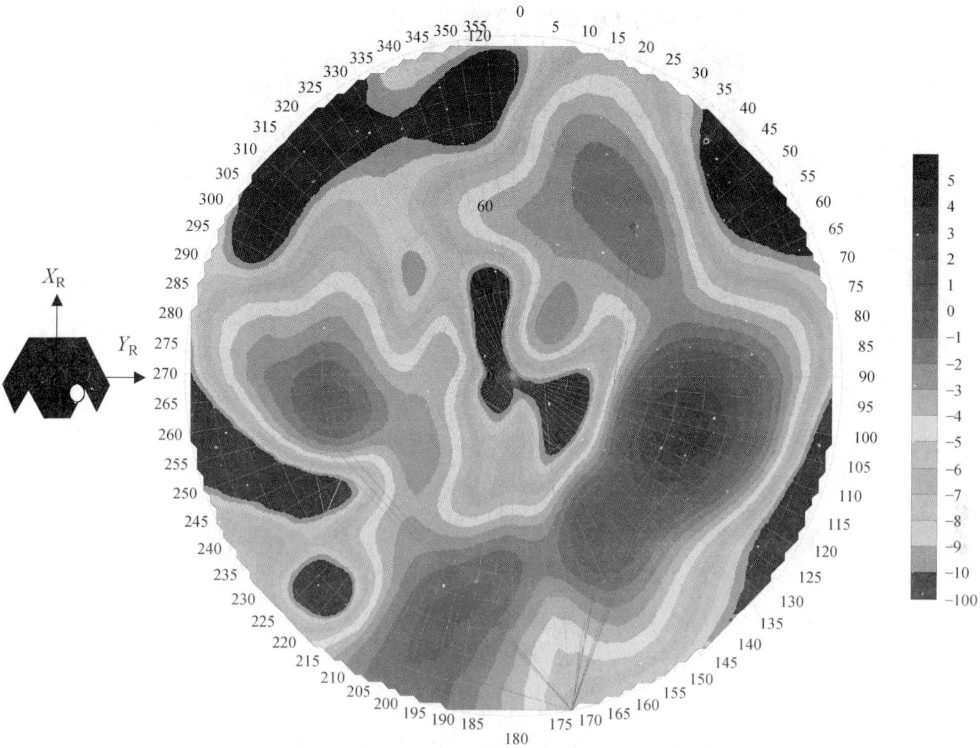

图 7-20　利用实物模型在 402MHz 下测量的巡视器 UHF 天线方向图

7.3.2.2　UHF 收发信机和双工器

UHF 收发机信是 UHF 子系统的核心。它由 CMC 辛辛那提(Cincinnati)电子公司生产。除了少许不同,MER 与"火星奥德赛"上安装的两台 UHF 无线电设备几乎完全相同(图 7-21)。MER 的收发信机与"奥德赛"相比,其接收和发射频率正好相反,MER 的接收机与 MGS 和"奥德赛"兼容。

CMC 还生产了 MER UHF 双工器,用于隔离同时工作时的收发频率。收发信机和双工器都作为独立的子系统进行了完整测试。

7.3.2.3　UHF 系统操作

7.3.2.3.1　物理层

在物理层[23],MER UHF 系统的主要性能如下:

- 功率(实测值)
  - 功耗:6W(仅接收)、43W(发射/接收)
  - 射频输出:12W(典型值,发射)

图 7-21 “奥德赛”UHF 收发信机

- 频率
  - ○ 1 个前向频率(轨道器至巡视器):437.1MHz
  - ○ 2 个返向频率(巡视器至轨道器):
    - ■ 401.585625MHz(“奥德赛”和 MEX)
    - ■ 401.528711MHz(MGS)
- 调制
  - ○ 残留载波调制,PCM/Bi-Phase-L/PM,调制度 1.05rad(60°)
- 数据速率
  - ○ 前向链路:8kb/s、32kb/s、128kb/s、256kb/s①
  - ○ 返向链路:8kb/s、32kb/s、128kb/s、256kb/s②
- 编码
  - ○ 前向链路:无
  - ○ 返向链路:(7,1/2)卷积码
- 偏离中心频率±8kHz 时,能够完成载波捕获(前向链路)
- 接收机门限,一般情况下前向链路误码率为 1×10^{-6}
  - ○ 8kb/s 相移键控、非编码:−117dBm

7.3.2.3.2 数据帧层(“奥德赛”和“火星快车”)

在数据帧层上,MER 执行空间数据系统咨询委员会(CCSDS)的近程-1(Prox-1)空间链路协议(UHF1)[8],除了 1996 年发射的 MGS,它是近来所有火星任务均采用的中继通信标准。

---

① UHF 无线电设备可以支持这四种速率。然而,MER 需要的、测试的以及使用的前向链路速率仅为 8kb/s。至巡视器的遥控仅需较低的数据量。

② 工作时,至 MGS 方向实际使用的最高返向速率为 128kb/s。最初,至“奥德赛”方向使用的最高速率也是 128kb/s。后来,在主任务期间,还使用了 256kb/s 速率。

Prox-1 的数据层提供了一种能够在轨道器和类似巡视器的表面航天器之间建立兼容性链路的数据结构(帧序列号和前向纠错编码),并能够实现无差错信息交互。它也能够对轨道器和预期的表面航天器之间的通信进行验证。

通常由轨道器发起的与表面航天器之间的通信速率为 8kb/s,轨道器发送一个带有“设置发送”和“设置接收”指示的 Prox-1 传输帧(长 17B),以便在兼容模式下对两端的收发信机进行配置。与通信模式、数据速率、编码和调制相关的信息均包含在该帧中。

与表面航天器之间通信的常规模式是 Prox-1 中定义的序列控制业务。该模式可确保输入比特流无差错地传输到接收端。收发信机发射缓冲区中的数据序列在 Prox-1 传输帧的数据域进行格式化。

传输帧帧头中最重要的数据字段如下:

- 附加同步标志,标识帧的开始;
- 表面航天器的探测器标识;
- 帧序列号,用于验证接收端是否按照正确顺序接收数据;
- 帧后增加的 32 位循环冗余校验(CRC),用来检测数据传输期间数据包中的位是否有错。

在序列控制模式中,MER 采用返回-2(Go-Back-2)[帧]自动重发请求(ARQ)协议。该协议允许在等待前一个发送序列帧确认(ACK)期间,发送下一个序列帧。相对于“停止与等待”协议,该协议提高了数据传输量。在第二个序列帧发送结束前还未收到确认的情况下,轨道器继续发送相同的两个传输帧,直到得到确认为止。MER 可以接收和发送的 Prox-1 帧的最大长度是 1024B。

数据传输时,序列控制业务要求前向链路和返向链路的工作正常。如果两个链路中有一个异常(例如发射机故障),则通过采用所谓的“不可靠比特流模式”,利用剩下的一个正常链路仍可将数据发送出去。在这种模式下,Prox-1 就会失效,且不能保证无差错传输或顺序传输。

所有前向和返向链路设备均可在“奥德赛”和 MRO 轨道器以及“机遇号”(“勇气号”的状态从 2010 年 3 月以来一直未知)上工作。自从 EDL 开始,还不清楚是否需要不可靠比特流模式。但在“机遇号”/轨道器返向链路测试中已经对不可靠模式进行了验证,直至 2010 年 3 月,不可靠模式在“勇气号”与“奥德赛”和 MRO 之间的链路计划中变成了常规工作模式。

7.3.2.3.3　MGS 操作

MER UHF 收发信机也与在 MGS(最初设计用于支持俄罗斯和美国的探测任务,包括小型着陆器、气球和穿透器)上执行的火星气球中继协议(MBR,也称“UHF2”)返向兼容。

UHF2 没有数据层协议。在一个 16s 周期内,前向链路发送以下两种类型的测音:

- 三个请求命令(RC)之一,使MGS可以同时分辨三个表面巡视器中的任何一个。[①] 检测到RC测音后,在等待发送命令(TC)测音时,表面巡视器发送一个伪随机噪声(PN)码。
- MGS接收机一旦完成初始返向链路的位同步锁定,MGS就发送TC测音。表面运输工具在检测到TC测音后,开始发送其科学和工程数据。

如果返向信噪比降至门限以下,MGS就开始仅发送载波。收到载波信号后,表面巡视器的无线电设备将停止发射。由于时机问题和没有数据层存在的现实,导致表面巡视器与MGS之间的UHF链路质量比"奥德赛"或MEX要差。

7.3.3 MER通信子系统硬件质量和功率总结

通信子系统器件质量和输入功率概况如表7-11所示。

表7-11 MER X频段及UHF质量和输入功率概述

组件	输入功率/W	射频功率输出/W	质量/kg	数量	总质量/kg	尺寸/cm
X频段						
每个SDST	—	—	2.682	1	2.682	18.1×11.4×16.6
仅接收机(R)	11.0	—	—	—	—	—
R+激励器,双向(相干)	13.3	—	—	—	—	—
R+激励器,单向(aux osc)	13.8	—	—	—	—	—
SSPA	58	16.8	1.300	2	2.600	4.4×17.2×13.4
混合电路	—	—	0.017	1	0.017	2.5×1.0
WTS	—	—	0.378	1	0.378	4.1×9.65×10.9
CTS	—	—	0.062	3	0.187	5.3×3.0×4.0
同轴电缆	—	—	0.057	4	0.228	—
双工器	—	—	0.483	1	0.483	27.7×5.6×7.9
衰减器	—	—	0.004	1	0.004	0.79×2.18
HGA	—	—	1.100	1	1.100	直径28.0
CLGA	—	—	0.431	1	0.431	10.0×2.3
BLGA	—	—	0.235	1	0.235	10.3×3.5
RLGA	—	—	0.775	1	0.775	60.2×3.1
PLGA	—	—	0.020	1	0.020	1.5×1.5
MGA	—	—	0.499	1	0.499	边缘23.4×13.4
终端,假负载等	—	—	0.006	4	0.026	—
X频段设备合计	最大71.8	16.8	8.049	—	9.665	—

① "勇气号"和"机遇号"都可以响应同一个RC1测音,这是因为在ATLO期间,两个UHF无线电设备能够在两个巡视器之间切换。由于"勇气号"和"机遇号"着陆在火星两面,所以在过境期间不可能出现重叠。

续表

组　　件	输入功率/W	射频功率输出/W	质量/kg	数量	总质量/kg	尺寸/cm
UHF						
UHF 应答机	仅接收 6，接收/发射 43	12*	1.900	1	1.900	5.1×6.8×3.7
双工器	—	—	0.400	1	0.400	2.9×3.7×1.3
CTS	—	—	0.083	1	0.083	5.3×3.0×4.0
RUHF	—	—	0.100	1	0.100	16.9×1.9×1.9
DUHF	—	—	0.100	1	0.100	16.9×1.9×1.9
同轴电缆	—	—	0.300	1	0.300	—

注：* UHF 射频功率输出在双工器输出端测量得到。CTS 为同轴转换开关，WTS 为波导转换开关。

译者注：原著中表内“BLGA”“RLGA”总质量一项有误，应分别为“0.235”“0.775”；同时“X 频段设备合计”中的质量与总质量应分别为“8.049”“9.665”。特此说明。

7.4　地面系统

7.4.1　深空网

7.4.1.1　背景

在所有任务阶段（巡航、EDL、表面操作一直持续到扩展任务），MER 探测器和 DSN 之间均采用 X 频段进行通信。MGS 和“奥德赛”轨道器通过 UHF 链路从巡视器接收火星表面探测数据，进而由轨道器通过 X 频段向 DSN 发送。支持 MER 的测站操作模式和配置详见“网络操作计划”[9]。

巡航阶段通常都有 6～10h 的上行和下行链路工作弧段。测距或 ΔDOR 导航信号与遥控和遥测信号共同调制在载波上，只要 MER 任务控制器（也称为“ACE”，它是与 DSN 之间的实时接口）确认下行链路由单向非相干转换为双向相干，印证了上行链路已完成扫描后，就可以进行巡航遥控操作。通过这种非相干到相干的转换，可以确认航天器接收机锁定了上行载波信号，并且准备接收遥控指令。巡航期间，从 2005 年 5 月开始，单向光行时（OWLT）小于 10min，且跟踪弧段很长，因此在遥控之前确认扫描是否成功是可行的。

在主任务的初始阶段，火星表面操作的上行和下行链路都有 30～60min 的双向 DTE 弧段。随后，表面操作仅有上行，称为“直接自地”（DFE）的上行链路，持续时间为 20～30min，无下行链路。DFE 弧段有利于减少探测器功耗。表面操作期间，由于通过其他方法能够足够精确地确定巡视器位置，因此无须使用测距和 ΔDOR 测量。

主任务结束前，OWLT 开始逐渐大于 15min，且在近 1 年内不会再次小于 15min，

15min 相比通信弧段，这一 OWLT 时长显著增大。为了避免对巡视器的操作产生额外的往返光行时(RTLT)，在确认上行链路扫描成功之前，就要发送扩展任务的遥控指令。下行链路的正常工作模式为相干状态，这样不仅是为了能够获取双向多普勒数据，也是因为在 1 个火星日内 SDST 的温度持续变化，会导致 SDST 辅助振荡器输出的频率改变，致使单下行链路信号难以或者不可能被捕获和跟踪。

7.4.1.2 MER 使用的地面站(34m 和 70m，所有设施)

对于巡航和火星表面操作阶段，全部 3 套 70m 地面站、全部 3 套 34m 高效率(HEF)地面站以及所有可操作的 34m 波束波导(BWG)地面站都用于对 MER 的跟踪。发射期间，26m 地面站的 X 频段捕获引导天线用于初始下行信号的检测，并在探测器偏离标称轨道时协助修正地面站指向误差。作为演示验证，DSN 天线阵系统也在巡航期间成功完成了对 MER 的跟踪。

7.4.1.3 MER 任务期间实施的 DSN 变更

7.4.1.3.1 34m 波束波导天线 20kW 发射机和 X/X/Ka 馈源升级

通常，地面站发射机功率对 MER 的影响不大；但为了避免产生混乱和速率错误，始终采用标准的上行(遥控)码速率。然而，当所有的 34m 波束波导发射机由 4kW 升级到 20kW 时，MER 的任务规划就变得相对简单，也就是说所有 DSN 34m 天线的 X 频段上行链路性能可视为基本相同，而且可以长时间采用一个上行速率。2 个 34m 波束波导地面站(DSS-26 和 DSS-55)中有 2 套增加了新的馈源，使其能够发射 X 频段信号，并同时接收 X 频段和 Ka 频段信号，且其 X 频段系统噪声温度相比以前的馈源要低。X/X/Ka 馈源改善了这 2 个地面站的 X 频段下行链路性能，使其能够与 34m HEF 天线媲美(或略优)。

巡航段上行链路的标称速率为 125b/s。在火星表面操作期间，由于通信周期(通信窗口，定义见 7.3.1.3 节)较短，通过 HGA 的上行链路速率最初设置为 1000b/s，直到地球-火星距离增加到一定程度时，减小到 500b/s。同样，通过 RLGA 的上行链路速率最初设置为 31.25b/s，后来减小到 15.625b/s。

发射当天，34m 地面站在最初 3 个跟踪弧段的上行采用降功率(200W)发射，这是因为若探测器接收功率过大，将产生数模转换器(DAC)翻转短时脉冲波形干扰①、SDST 硬件损坏②等风险。

---

① SDST 接收机有一个 DAC。DAC 翻转短时脉冲波形干扰是一个已知的特性。当锁定的 SDST 接收机频率增加时，若接收机静态相位误差(SPE)穿越二进制翻转点(例如，十进制数 8、16、32)，DAC 就会产生一个导致接收机失锁的电流尖峰信号。在强信号电平和低温条件下，SDST 很容易受到这种短时脉冲波形干扰的影响。

② 在发射后的第一个跟踪弧段，考虑到地面站至航天器间距离以及航天器 LGA 的指向角度，使用 200W 上行链路功率可以保证最大上行功率不超过 −60dBm。SDST 规定的损坏门限为 +10dBm。

为了实现巡航和火星表面探测期间的飞行软件加载，要完成大数据量上行链路文件数据注入，在主任务期间，地面20kW发射机分别与巡航级的MGA和巡视器HGA支持2000b/s的上行速率（上行最大可用速率）。扩展任务阶段，利用多个弧段（每个弧段约30min）、1000b/s上行速率完成了飞行软件的升级。2005年2月，以2000b/s的上行速率完成了一个飞行软件补丁的注入。

7.4.1.3.2 网络简化方案变更

网络简化方案（NSP）变更对MER来讲很大程度上是透明的。

在进行数据监视与显示（DMD）以及查询时，必须变更地面站监控信道，以便使用最新定义的监控-0158信道。然而，MER任务合并形成了一套多任务监控DMD页面，已经由洛克希德·马丁航空航天公司（LMA）火星操作团队完成了开发和测试，从而大大节省了MER飞行操作时间。

正如“意外突发事件报告”（ISA）Z82482[10]所记录的那样，在巡航期间，尽管航天器天线在任何时刻都是以相同的极化方式发射和接收，但DSN地面站以不同极化方式发射和接收的意外事件还是发生了两次。由于探测器的极化隔离效果不理想，且WTS上一个未使用端口和MGA（与左旋[LH]端口连接）和CLGA（与右旋[RH]端口连接）的视轴校准装置设计得不够完美，导致错误极化方式的上行信号进入了SDST。

在航天器应急冷重启时，曾出现过一次这种现象。当时选择使用CLGA，但左旋圆极化（LHCP或LCP）的上行链路（和遥控）信号却通过泄漏通道从MGA进入了航天器。相反的现象随后在巡航阶段又出现了一次，此时选择使用MGA，但右旋圆极化（RHCP或RCP）的上行扫描信号却通过CLGA（未发送遥控）进入了航天器。在第一种情况下，地球偏离MGA天线视轴的角度仅为2.5°；第二种情况下，地球偏离CLGA视轴的角度约为8°。

极化器（隔膜设计）端到端固有隔离度优于−20dB。然而，在堆栈配置中存在许多失配的接口，这就会降低隔离度。WTS未使用端口采用完全短路设计（为了节省航天器质量），使反向极化信号可以泄漏到极化器的另一端口中。第二个泄漏通道是由极化器的不理想极化引起的。

火星表面操作开始后，由于仅使用RH端口（对于HGA或RLGA），因此从DSN发送的LHCP上行信号不会对航天器产生影响。

7.4.1.3.3 单天线对多航天器

在巡航段后期，当MER足够接近火星时，就与“奥德赛”和MGS轨道器一起进入同一地面站的天线波束范围内，从而开始定期进入单天线对多探测器（MSPA）的跟踪阶段。对于火星表面操作，地面系统通过自身能力提升，具备同时跟踪2个或3个下行信号的能力，这对MER任务来说非常有用。

MER的表面操作采用X频段，其OWLT（10～20min）和通信时长（20～60min）在数量级上相同，或者根本不存在下行链路，此时地面站就不能通过对

MER 下行信号的实时圆锥扫描①来改善上行链路的指向精度。此外，当 MER 通过 RLGA 进行下行数据传输时，通常不使用圆锥扫描方式，这是因为 RLGA 方向图中的起伏（峰-峰值有几个分贝）会被圆锥扫描误认为是指向误差，从而使 DSN 天线改变指向（相反地）以尝试补偿。通过随后由 UHF 返向链路发回的记录航天器的遥测数据可以确认：对轨道器 X 频段下行信号（通过 HGA）使用圆锥扫描，可以改进 70m 天线对 MER 的上行链路指向，对多数上行弧段可以带来 3～5dB 的改善。MSPA 也可用于排查 MER 上行和下行链路中的异常信号。通过将这些信号特征与轨道器上行和/或下行链路（当可用时）的信号特征进行比较，有助于确定异常情况是否是由 DSN、天气或探测器造成的。

7.4.2 进入、下降和着陆通信

图 7-22 摘自任务计划[7]，它归纳了 MER-A 和 MER-B 在 EDL 阶段的各种事件及典型相对时间。

EDL 过程可机械地分为以下几个时段。EDL 共计仅 6min，因此该阶段又被称为“恐怖 6 分钟”。

- 巡航（进入大气前[E]）；
- 进入（从 E 到 E+230s）；
- 打开降落伞（从 E+230s 到 E+270s）；
- 展开伞绳（从 E+270s 到 E+360s）；
- 着陆（E+360s 以后）。

MER 与地面最具挑战的通信时段是 EDL 段。任何飞行器进入火星大气时，都会剧烈减速。极大的加速度和振动将在地球接收到的 8.4GHz（X 频段）信号上产生巨大的多普勒动态。当飞行器足够慢以后，打开降落伞，此时会产生一个阶跃的减速。打开降落伞后，着陆器便位于降落伞下的伞绳上。着陆器的摇摆会使信号产生巨大的多普勒变化，且由于天线指向角度的变化，会使接收到的信号强度产生剧烈变化。在整个 EDL 段，飞行器一直在向外发送重要的健康和状态信息，若未成功着陆，这些信息将发挥至关重要的作用。

即使采用最大口径的地面站天线，也无法在弱信号和高动态的情况下进行可靠的相位相干通信。因此，就需要使用特殊的 M-FSK 方案。解调 X 频段 DTE 测音所使用的信号处理方法曾在“火星探路者”任务中首次使用，但在 MER 任务中进行了改进，使其在跟踪载波的同时能够解调测音。M-FSK 方案使用了 256 个不

---

① 圆锥扫描（Conscan）是一种天线指向技术，该技术是指天线系统利用其接收信号使天线视轴与接收信号方位间角度最小。一开始，视轴故意与预报指向方位偏离一个小角度，然后围绕该预报指向在一个圆锥内以小角度连续扫描。圆锥扫描运算法估计出圆锥内信号最强方向，并将视轴指向那个方向。预报驱动指向有时将对 MER 表面操作的下行链路产生严重的指向误差（3～5dB），而且圆锥扫描还不受地球大气折射模型影响。

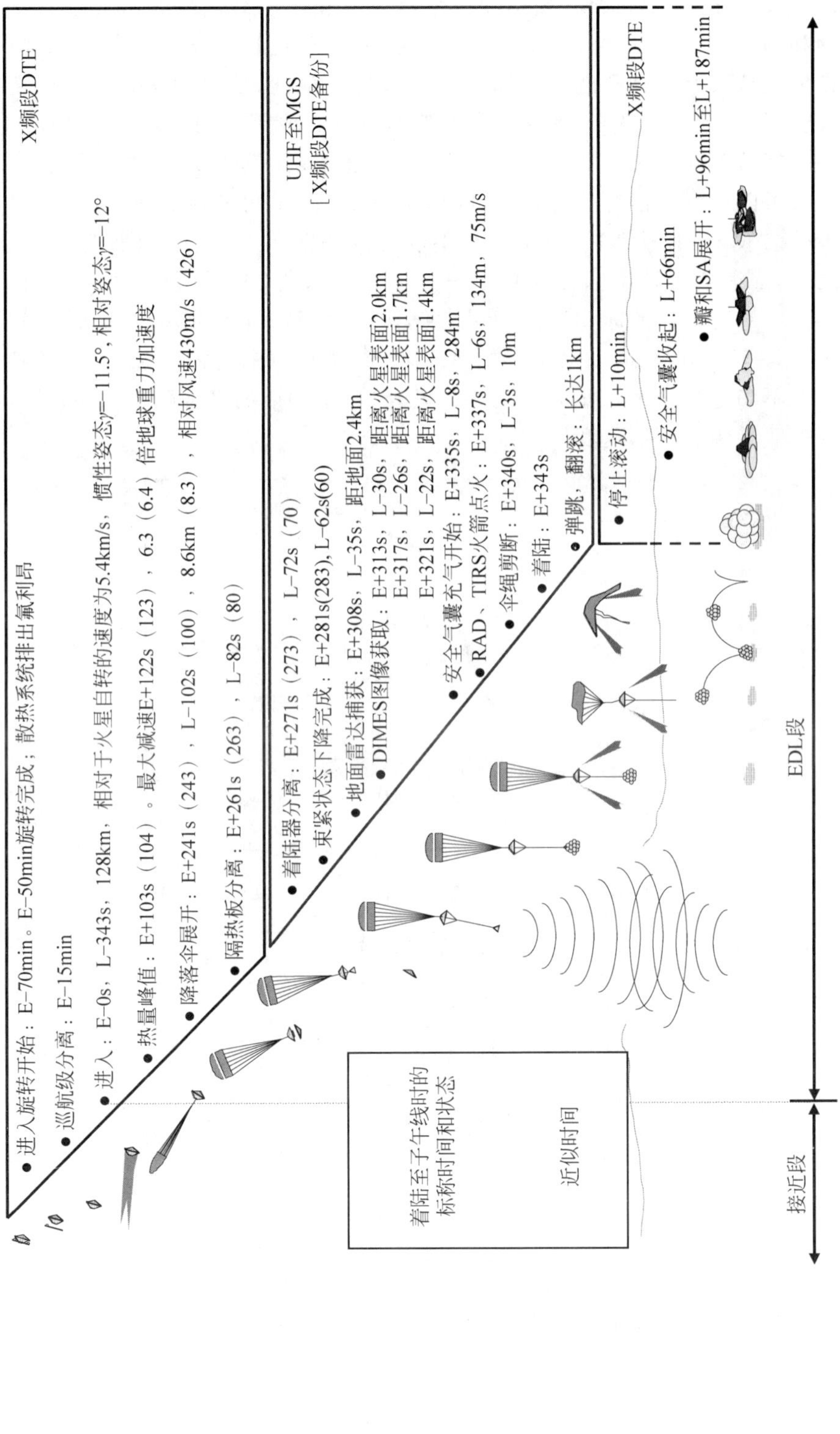

图 7-22　MER-A EDL 的典型时序（MER-B 的时间在圆括号中）

同的信号频率，每发送一个频率就表示完成了一个特定的EDL事件，或在特定时间内表示飞行软件和故障保护的状态。

以下关于EDL期间载波频率和信号电平变化的总结摘自参考文献[11]中关于计划和预期变化的描述。SDST能够产生多个不同的副载波频率，每次将一个频率作为副载波调制到载波上。在高超音速进入期间，信号频率每隔10s切换一次，也就是每隔10s传输8b信息。当着陆器悬挂在伞绳上时，以UHF链路为主，调制频率持续时间延长至20s，以便在SNR快速变化期间更好地对信号进行检测，这种方式可能会减少信息的传输量，但却比持续10s的可靠性更高。

预期的MER-B动态特性、量级和不确定性如图7-23所示。图中针对候选着陆点之一，描述了三种不同任务场景——标称进入角(中间)和其他进入角(左和右)，后两者对应估计的标称进入角最大偏移。对于每一个进入角，航天器到地球的X频段多普勒频移如图7-23(a)所示，多普勒频移范围约为90kHz，多普勒变化(双边)的不确定性约为50kHz。图7-23(b)给出了预期的多普勒变化率，其一阶导数即为多普勒频率的加速度。

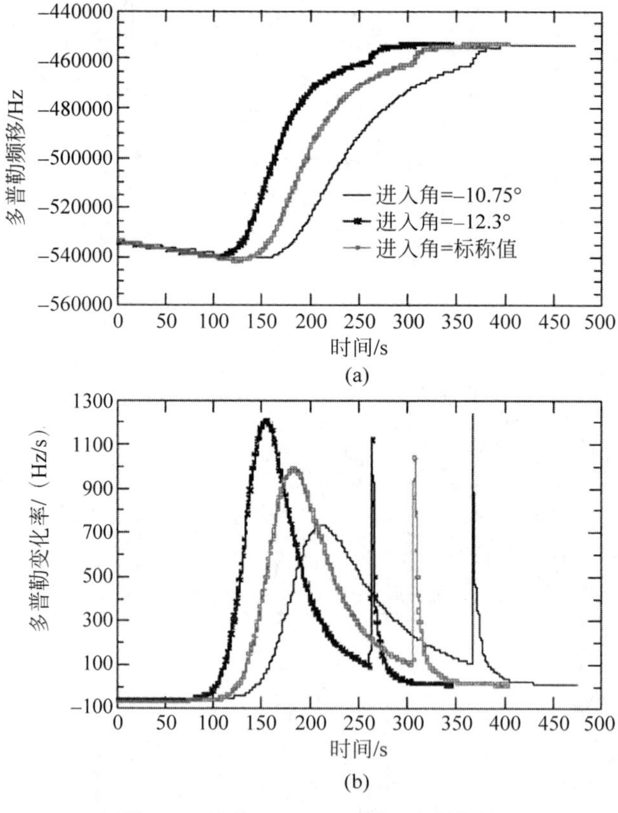

图7-23 MER-B EDL期间动态特性

(a) 多普勒频移；(b) 多普勒变化率；

(c) 多普勒加速度(中间的曲线为标称值，左边和右边的曲线为最大偏离估计值对应的其他两个值)

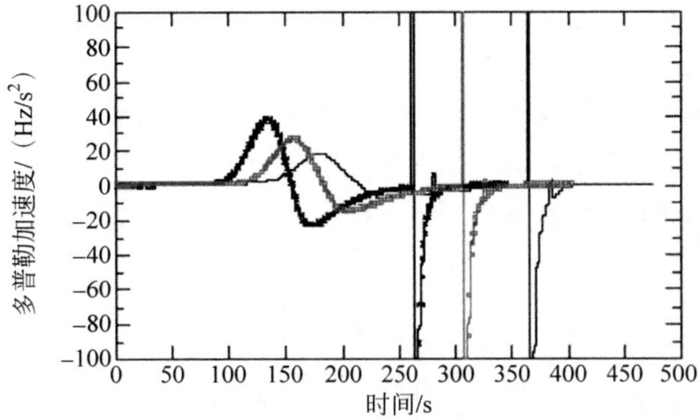

(c)

图 7-23 （续）

在高超音速进入开始后的 150～220s，受到大气阻力影响，动态出现了第一次峰值，在 700～1200Hz/s 变化，具体数值由进入角决定。第二次峰值是因为降落伞打开。在高超音速进入阶段，多普勒变化率的不确定性范围与最大可能的多普勒变化率大致相同。例如，进入后约 150s，多普勒变化率基本都在 0～1200Hz/s 变化。在释放降落伞时，类似的现象更加明显。图 7-23(c)给出了由于振动产生的多普勒频率的二阶导数，即多普勒加速度。在高超音速进入阶段，该值在 −25～40Hz/s^2 变化。由于该值是通过数值微分法获取的，因此降落伞打开时的值并不准确。

EDL 期间，MER-B 下行信号预报 SNR 如图 7-24 所示。它是 70m DSN 天线接收的 X 频段信号总功率与噪声谱密度比。地面接收到的航天器总功率由航天器相对地球的角度和天线方向图决定。天线增益同时取决于航天器偏离旋转轴的角度和旋转角度。图 7-24 中间的曲线是预期的标称总 SNR 与时间的关系，其中

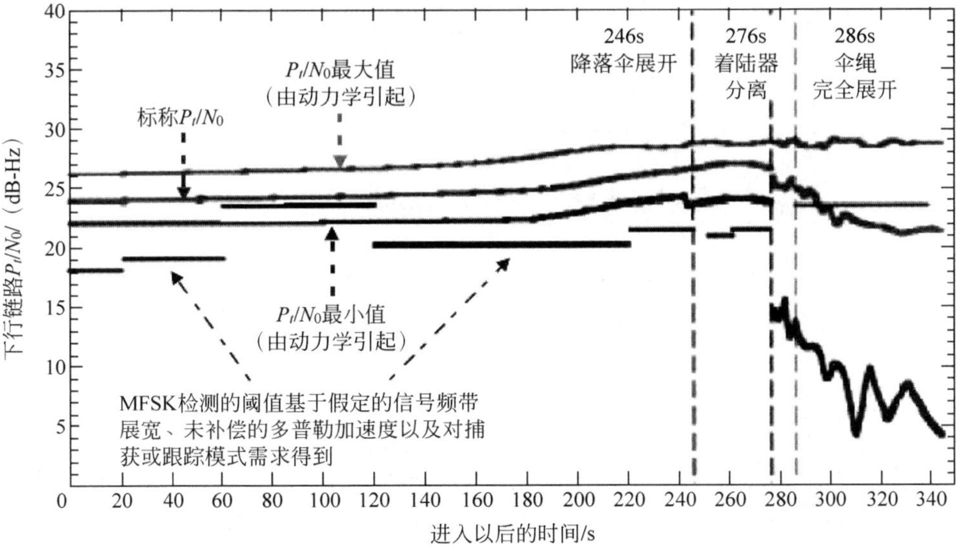

图 7-24　MER-B EDL 期间预报的 X 频段下行信号电平

SNR 是基于航天器标称指向和与之相关的标称天线增益计算得到的。上方曲线是可能获得的最大 SNR，它是基于最有利的方位角计算得到的，下方曲线是预期的最小 SNR。三条垂直虚线分别表示进入后 246s 降落伞打开、进入后 276s 着陆器与后壳分离，以及进入后 286s 系有着陆器的伞绳完全伸直这几个关键事件的标称时间。

图 7-25(a)是 EDL 数据分析(EDA)处理器①框图，图 7-25(b)是 EDL 的跟踪流程。

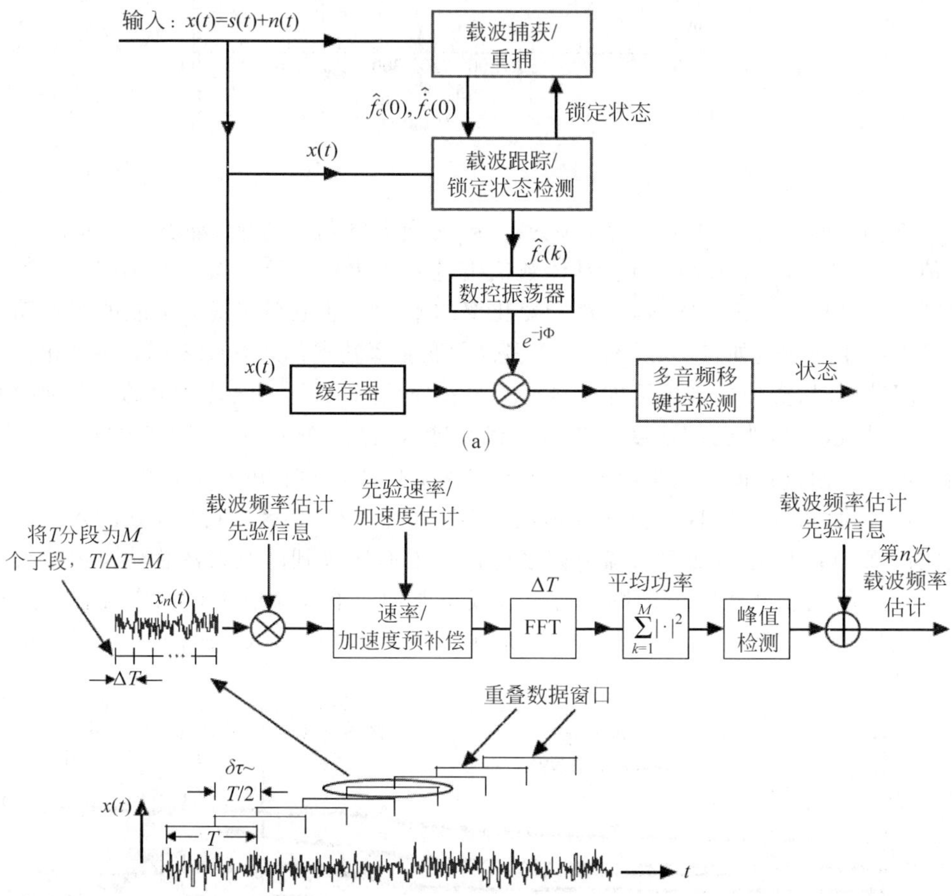

图 7-25　进入、下降、着陆(EDL)段

(a) 信号处理器；(b) 跟踪流程

① NASA 的技术简报[12]记录了 EDA，它是一个用于获取状态数据的信号处理软件和计算机硬件系统，该数据是航天器在一个遥远行星表面降落期间，通过发射 M-FSK 测音信号来传输的。EDA 的设计满足了对微弱、波动信号的处理需求，这些信号的多普勒频移只能实现部分预报。该软件既支持实时处理也支持事后处理，还能完成快速傅里叶积分变换、带预报的并行频率跟踪以及检测与特定事件相关的测音。采用回溯和改进并行处理的思路有助于实现数据间隙最小化。该设计灵活地将下降跟踪分为若干阶段，各阶段内均可根据信号条件和不确定性对 EDA 进行最佳配置。动态锁定使信号检测所需的计算能力最小化——稳定检测到信号时小一些，信号波动时大一些。目前，该系统硬件包括 8 个双处理器个人计算机模块和 1 个服务器，硬件采用模块化设计，可通过增加计算机来提高计算能力。

在 EDL 的几个高动态时段内(进入前的巡航、进入、降落伞打开和伞绳打开)，设置载波跟踪和捕获检测的时间间隔 T 为 1s(在低动态巡航期间设置为 2s)。然而，在 EDL 末期，一旦着陆器停止运动，动态范围就变得非常小，就可以使用较长的时间间隔(T 约为 15s)，其实在低 SNR 条件下也需要较长的时间间隔。另外，由于载波跟踪器在很大程度上消除了载波动态的影响，因此测音检测时间间隔始终要与符号持续时间(10s)相匹配。

7.4.3　中继数据流

在轨运行的轨道器(MER 火星表面操作的早期阶段为“奥德赛”和 MGS，其余阶段为“奥德赛”和 MRO)都具有器载中继模块，用于接收来自火星表面或接近火星表面航天器(着陆器、巡视器等)发出的数据。火星表面至轨道器之间的链路称为“返向链路”，与 DTE 下行链路类似。

7.4.3.1　“奥德赛”

“奥德赛”存储器中分配给表面航天器的存储量约为 260Mb。

主任务开始时，给两个巡视器各分配 120Mb。[①] 中继接收到的每个巡视器的数据均被划分为固定长度的数据包，并以应用过程标识符(APID)加以区分。这些数据包在“奥德赛”下行链路中优先级很高，任务开始时，“奥德赛”向 DSN 传输的数据速率达 110kb/s。随着地球-火星距离增加，“奥德赛”与 70m DSN 地面站之间的数据速率降至约 40kb/s，与 34m 天线站之间的数据速率降至约 14kb/s。“奥德赛”也可以采用弯管工作模式，即在与地球建立下行链路的同时，也通过 UHF 链路接收着陆器的数据(过境时“奥德赛”无须采用 UHF 向巡视器发送数据)。

与“奥德赛”上的其他数据源类似，MER 中继数据也会出现缓冲区溢出；如果出现这种情况，新数据就会清除缓冲区中最早的数据。

在与“奥德赛”通信的某些弧段，当 RUHF 返向速率提高到 256kb/s 时，MER 缓冲区就可能溢出。由于“奥德赛”下行速率因地球-火星距离增加而降低，因此决定把两个巡视器的数据合并到一个缓冲区中。这种安排最初工作得很好，因为对于一次过境而言，256kb/s 的速率不会造成数据溢出(最佳弧段记录了 170Mb 的返回数据)；同时，出现连续两个具有大数据量弧段的可能性非常小。

扩展任务后期，在接近最大地球-火星距离时，难以出现无中继覆盖的弧段。“奥德赛”连续两次对巡视器的可见弧段间隔仅 2h。“奥德赛”至 DSN 之间 X 频段

---

① 这样分配可以为接收数据(速率 128kb/s)提供 15min 的器载存储能力。“奥德赛”最长过境时间(地平线-地平线)可达 17min，但出于对天线方向图和其他链路因素的考虑，传输速率 128kb/s 的最佳 UHF 弧段能够接收约 110Mb 的数据。“奥德赛”存储器的剩余空间分配给了“猎犬 2”着陆器，但遗憾的是还从未收到过“猎犬 2”的数据。

下行链路最低速率为14kb/s时，"奥德赛"每小时下传的数据量约为50Mb，其中包括"奥德赛"自身数据，其存储优先级较高。

MER自动工具能够在每个跟踪弧段结束后，在"奥德赛"的地面系统查询分配给MER的APID包。删除包头后，将该数据发送到MER地面数据系统用于帧同步，这样，数据就像直接通过MER的X频段下行链路下传一样。

7.4.3.2 "火星全球勘测者"(工作至2006年11月)

在MGS上，火星轨道器相机(MOC)与UHF无线电设备之间有接口。巡视器的中继数据和MOC图像共用缓冲区地址。火星表面主任务期间，MER中继可用的总数据量约为77Mb。[①] 在MER采用128kb/s码率工作期间，这个数据量通常都会溢出。与"奥德赛"中继存储不同，如果MGS MOC缓冲区没有额外的可用空间，就无法记录任何新的MER数据，并且保留原数据。

MOC数据包中的中继数据发送至该仪器的主要研究单位(位于圣迭哥的马林空间科学系统)，在那里，中继星数据从MGS至地球的下行链路中提取出来，并发送到JPL进行帧同步。

7.4.3.3 通过UHF遥控巡视器

轨道器至巡视器的UHF链路称为"前向链路"。前向链路与X频段DFE链路功能类似，一般能够用于对巡视器遥控。但MGS无法通过UHF链路向着陆器发送数据。遥控巡视器通常采用X频段，"奥德赛"和MRO的前向链路作为UHF链路的备份。

通过"奥德赛"与巡视器UHF链路发送的遥控指令，从MER地面系统发送至"奥德赛"地面系统，并在那里打包成文件。每个文件都有唯一的标识，包括序号、目标("勇气号"或"机遇号")航天器标识符(SCID)、弧段数和时间。然后将这些文件打包到"奥德赛"的遥控帧中，并注入"奥德赛"的存储器中。在指定的过境时刻，将这些文件载入"奥德赛"UHF收发机缓冲区并发送。当"奥德赛"前向链路用于遥控时，不能同时将X频段返向数据转发地面，也就是说，巡视器-"奥德赛"-DSN的弯管不能实现中继数据的实时转发。"奥德赛"在线存储巡视器数据直到巡视器前向弧段结束后，再将存储的数据转发至地面。

---

① MGS工程在MOC缓冲区中按照每240kB(1.92Mb)"碎片"的方式确定存储容量。分配的最大数据量为40个碎片或76.8Mb。然而，根据MER和MGS工程之间的共同协议，转发容量一般在30～37个碎片(51～71Mb)。如果MGS正在进行补偿偏航和滚动目标观测(cPROTO)成像活动或MGS的DSN覆盖受限，偶尔也有几个弧段的容量仅为15～20个碎片(29～38Mb)。

7.5 通信子系统和链路性能

7.5.1 X 频段：巡航、EDL 和表面操作

巡航期间，MER 从 DSN 接收 X 频段上行链路信息，并向 DSN 发送 X 频段下行链路信息。在火星表面，X 频段上行链路通常是指 DFE 链路，区别于通过“奥德赛”或 MGS 轨道器中继实现的、由巡视器接收的 UHF 链路。X 频段下行链路通常是指 DTE 链路。

参照第 5 章（“深空 1 号”）的标准上行和下行链路航天器-DSN 设计控制表（DCT），MER 上/下行链路的 DCT（未给出）与之类似，只需将相关参数（发射机功率、接收机系统噪声温度、馈线损耗、天线增益、天线方向图）替换为 MER 参数即可。

本节针对发射后初始捕获和 EDL 两个关键任务阶段，分别描述了位于通信链路两端的器载通信子系统和深空网的性能。

7.5.1.1 初始捕获期间的 X 频段性能

MER-A 和 MER-B 在发射后第一圈的链路性能不同。MER-B 的轨道需要跟踪天线具有较高的角速率。因为运载火箭的性能（特别是飞行轨道）与预报值略有差别，影响了地面站天线对 MER-B 的指向，地面站天线的指向偏差导致信号强度低于期望值。DSN 尝试在备用站天线指向预报中增加不同的时间偏移量（高达 ±50s），当使用非零时间偏移量后导致接收信号强度显著增加时，也就证实了对 MER-B 轨迹偏离预报值的猜测。当 MER 导航团队在发射后 24h 内对轨道进行修正后，链路性能大大提高。

下行链路信号非常强，尤其是 MER-A，以至于在地面站接收机监视数据中产生了意外信号，如图 7-26 和图 7-27 所示。符号信噪比（SSNR）估计器和最大似然卷积解码器（MCD）码元 SNR 估计器在码元 SNR 约 40dB 时均出现了饱和现象，实际接收的 SNR 要高得多（约 70dB），但 Block Ⅴ 接收机（BVR）和 MCD 却将高于 40dB 的数值均判读为 40dB。幸运的是，通过遥测可精确获取上行链路接收功率电平（SDST 宽带自动增益控制）。通过将饱和的下行链路测量值（在期望的 30dB 以下判读）和更精确的上行链路测量值（与预报值相当）相结合，MER 飞行团队的通信分析人员便可断定 MER 通信子系统和 DSN 都工作正常。引起差异的原因已记录在案，可供未来发射任务使用，因为未来同样也将面临很强的上行和下行链路电平问题。

类似地，载波 SNR（载波功率噪声谱密度比，P_c/N_0）估计器在 80～90dB-Hz 时也出现了饱和现象。而且，进入载波噪声估计带宽的（强）谐波功率 P_d 抬高了

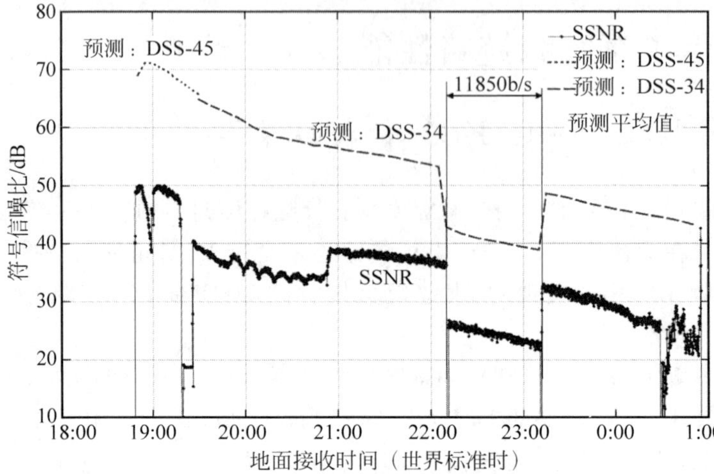

图 7-26　MER-A 初始捕获期间符号信噪比

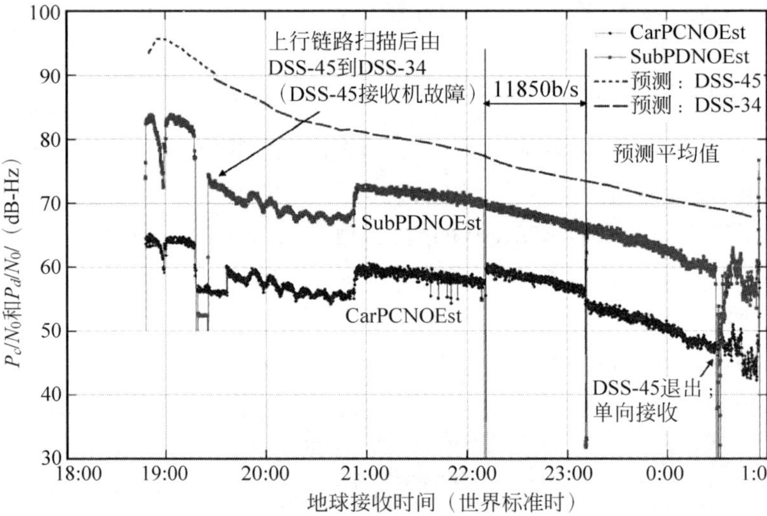

图 7-27　MER-A 初始捕获期间 P_c/N_0 和 P_d/N_0

信号底噪，造成 P_c/N_0 降低。在谐波功率 P_d 强度低于设备本身信号底噪之前，这种漏信号影响将持续存在。对于遥测速率 11850b/s 所使用的 375kHz 遥测副载波和实时遥测速率 1185b/s 所使用的 25kHz 遥测副载波来讲，谐波的影响程度不同，且在切换过程中和切回 11850b/s 时都会产生阶跃。

然而，操作分析师却注意到另外一个影响：当遥测副载波频率为 25kHz（对应初始捕获数据速率 1185b/s）时，BVR 的 P_c/N_0 估计值比在相同弧段内副载波频率切换到 375kHz（对应发射数据速率 11850b/s）时要低，尽管两种速率的遥测调制度是相同的。出现这种现象的原因是有遥测数据调制到副载波上，由于下行信号的强电平，数据频谱产生的谐波会使进入 BVR 载波环路带宽内的“噪声”功率显著增大。事实上，该噪声源比信道中的热噪声影响更大，明显增加了噪声谱密度。提高副载波频率，会使数据频谱更加远离载波环路带宽，降低噪声功率，从而提高 P_c/N_0。

对 MER-A 和 MER-B，SNR 和 P_c/N_0 估计器的饱和现象在发射后 48h 内就消失了。

发射后不久，任务中常见的另一个影响是测距“转发效应”（上行信号转发噪声是下行链路的主要噪声源，并且抬高了底噪），但由于下行信号本身就比较微弱，因此该问题在 MER 中并不突出。

7.5.1.2　EDL 期间的 X 频段链路性能

7.4.1 节描述了 EDL 期间用于处理下行调制信号的专用地面系统，图 7-22 给出了 EDL 过程中的航天器配置与器载通信硬件及链路转换情况。以下关于 X 频段载波频率变化的概述摘自参考文献[13]；除特别说明外，它仅适用于“勇气号”和“机遇号”的 EDL 阶段。

EDL 开始前，航天器为标称巡航配置，并由 MGA 发射双向相干信号。通信子系统和链路配置的第一次改变发生在火星大气进入前的 1h 45min（自此以后开始进入），此时航天器从 MGA 切换至 CLGA，遥测码速率为 10b/s。标准 DSN 闭环接收机进行重新配置，采用 RH 极化方式搜索单向信号。

当辅助振荡器启动时，无线电科学接收机（RSR）检测到下行链路载波信号经历了一次激烈的频率瞬时变化。辅助振荡器工作前的 15s 内频率增加了约 300Hz，然后缓慢减小并进入稳定状态，在轨实测值验证了发射前的测试结果。HRS 用于行星际巡航期间保持航天器环境温度的稳定，辅助振荡器的温度就是通过 HRS 来保持的。HRS 的周期性变化会引起辅助振荡器频率的振荡，周期性变化持续时间约 6min。图 7-28(a)给出了巡航级旋转速率为 2r/min 时，辅助振荡器漂移所产生的波纹式变化以及 HRS 的周期性变化情况。

CLGA 不是安装在自转轴上，因此当航天器切换为进入姿态时，多普勒频率中表现的旋转特性变得更加明显。辅助振荡器漂移的第一个影响是平均频率从 3:20 时的 170Hz 上升到了 3:36 时的峰值 185Hz，然后在 3:45 恢复到 180Hz。第二个影响是 HRS 的周期性变化，已经证实其会引起周期为 6min、峰-峰值为 12Hz 的频率振荡。第三个影响是航天器旋转多普勒，切换为进入姿态后，在旋转速率为 2r/min 的情况下，单向频率峰-峰值变化为 3.3Hz。

着陆器进入火星大气前，HRS 禁用。没有 HRS 进行温控，致使辅助振荡器的温度从巡航阶段的接近 0℃ 开始升高。当温度从 0℃ 升高到 8℃ 时，频率增大了 2kHz，随后在着陆前，当温度达到 25℃ 时，频率下降了 7kHz。

进入前 15min，巡航级从组合体中被抛出。火工品的点火给着陆器施加了作

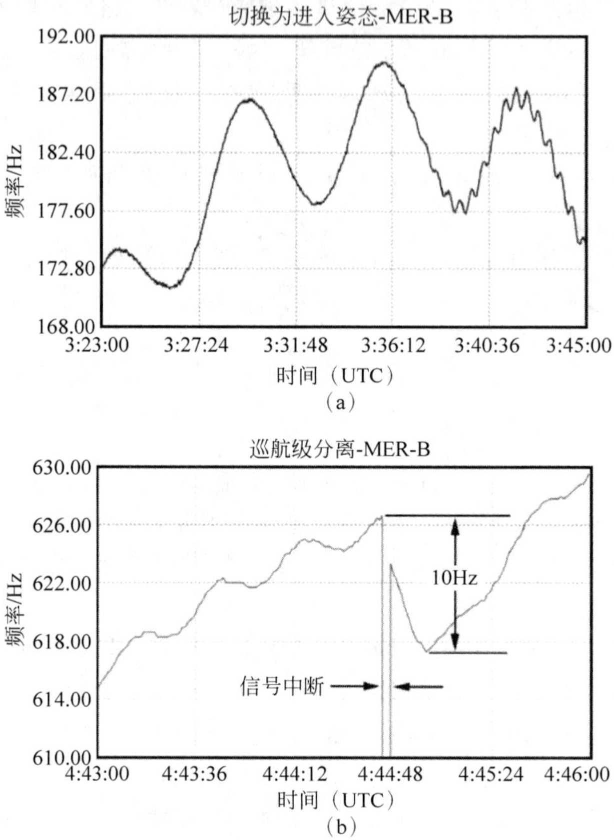

图 7-28 MER-B 在(a)CLGA 旋转和 HRS 周期性变化以及(b)巡航级分离时的特性

用力。由图 7-28(b)可见，接收信号中发生了 10Hz 的多普勒频移。抛掉的巡航级在火星大气中燃烧时，阻断了下行信号的传输路径，导致 2s 的信号中断。

在 EDL 进入初期，着陆器接触到火星大气顶部时，就多普勒频率效应而言并不恶劣。然而不久后，大气摩擦导致速度急剧下降，航天器从加速飞向火星过渡到逐渐减小速度，如图 7-29 所示的 MER-A 状态。随后，降落伞瞬间打开，导致接收信号产生 7kHz 的跳变。该事件导致闭环 DSN 跟踪接收机失锁。直到着陆器在火星表面稳定着陆，跟踪接收机才重新闭环锁定，RSR 和 EDA 均能够识别出该信号。

所有的多普勒频移都源自航天器的加速度变化。当记录在 MER-A 上的频率和加速度计数据重叠在一起时，可以看出两者间关系，如图 7-29 和图 7-30 所示。图 7-30 中，RAD 在 −4s 点火，图中数据是在航天器弹跳期间获取的，显示直到第 7 次弹跳开始，下行信号持续接收，从第 7 次弹跳开始信号就丢失了。通过分析非实时的加速度计数据，确认正好在该时刻碰撞能量减小，部分能量转化成旋转能量，高旋转速率产生了更大的多普勒偏移，导致地面无法继续跟踪。当着陆器在约第 23 次碰撞时，旋转速度开始再次变慢，信号又一次被捕获。

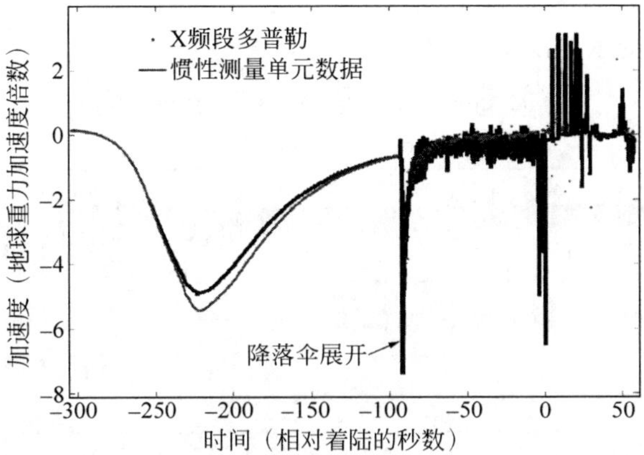

图 7-29　“勇气号”EDL 多普勒频率和加速度计数据：进入与着陆对比

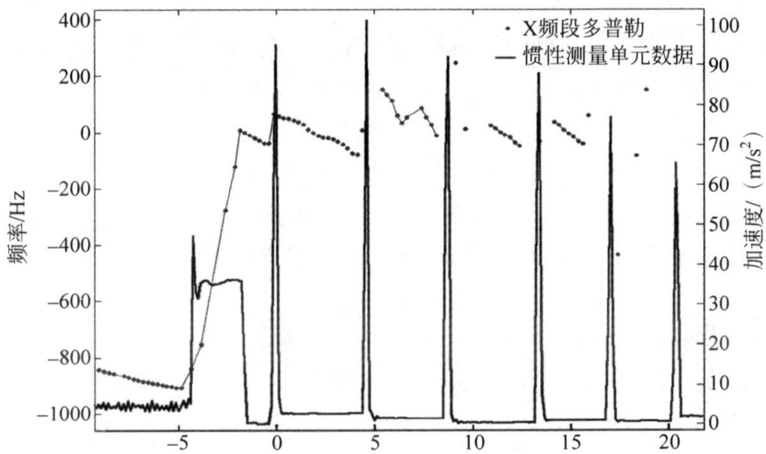

图 7-30　“勇气号”由于 RAD 点火和弹跳产生的多普勒频率和加速度

以下关于信号电平变化和 EDA 操作的描述摘自参考文献[13-15]。航天器通过 X 频段直接向地球发送 M-FSK 信号，一直持续到 RAD 点火为止（见 7.4.2 节描述）。对于“勇气号”，着陆前约 4s，后壳上的 RAD 系统将着陆速度从 240km/h 减小到 0km/h。3s 后，着陆器切断伞绳并向火星表面自由下落，预计以大于 80km/h 的速度撞击火星表面，产生了 40g 的冲击力。在切断伞绳、着陆以及随后的火星表面弹跳过程中，一直都在发射 X 频段单载波和 8kb/s 的 UHF 信号。

DSN 或 MGS 能否接收到这些信号取决于着陆器的方位。“勇气号”和“机遇号”从着陆后到停在火星表面各弹跳了约 90s。当着陆器飞行软件切换为关键机械展开状态时，按时序关闭 UHF 发射机，同时通过 RLGA 依次发送 5 个副载波——每一个持续时间均为 30s，随后切换到 PLGA，并在重复最初的 5 个副载波前发送 3min 的单载波信号。这些副载波在关键机械展开前用于发送着陆器状态信号。

图 7-31 以 dB-Hz 为单位给出了“机遇号”EDL 期间接收到的载波 SNR/Hz(P_c/N_0)和数据 SNR/Hz(P_d/N_0)。

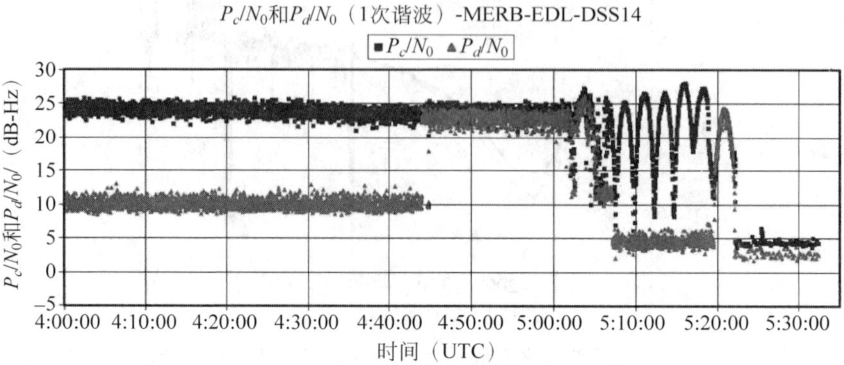

图 7-31 “机遇号”EDL 期间接收到的 X 频段 P_c/N_0 和 P_d/N_0

该“机遇号”图表中的时间从巡航级分离前 44min 开始,持续到第 2 组着陆测音发射后结束,图中每格代表 10min。进入时刻为协调世界时(UTC)4:59:46,着陆时刻为 5:05:28 UTC。“机遇号”着陆器弹跳至 5:07:15 UTC 结束。直到 5:22:00,在接收到 X 频段载波中可以看到 6 个峰值点(图 7-31 中的橙色点)。这些变化是地球朝向着陆点时,由 X 频段直接对地信号和火星反射信号产生的多径效应引起的①。地面实时接收“勇气号”和“机遇号”下行载波以及所有进入与下降段的测音信号。对于“勇气号”,着陆后信号丢失了 15min 以上。大部分丢失的数据都在 EDL 事后信号处理中得以恢复。

图 7-32、图 7-33 和以下描述摘自参考文献[15]的内容,按照整个 EDL 期间 X 频段载波和测音 SNR 电平,描述了“勇气号”EDL 期间的 EDA 实时和非实时处理过程。

对于“勇气号”的 EDL 段,图 7-32(测音功率噪声谱密度比)和图 7-33(载波功率噪声谱密度比)及说明都摘自参考文献[15]。图 7-32 给出了 DSS-14 EDA 的实时 P_d/N_0。图 7-33 显示了 DSS-43 的(a)实时 P_c/N_0 和(b)事后处理 P_c/N_0。注意,图 7-32 和图 7-33 中的开始/结束时间并不相同。图 7-32 中蓝色曲线表示低质量数据(绝大部分是巡航级分离前获取的),且未对其进行分析。两幅图中的绿色曲线表示经分析的有效数据的持续时长,紫色曲线表示经分析的无效数据的持续时长。图 7-32(b)中突出显示了改进后检测数据的时间间隔(用绿色表示)。

在图 7-32 中,从巡航级分离后开始发送测音,时间轴上从约 2700s 开始标注。

① 多径是指接收机能够发现两个(或多个)无线电波,其中一个直接来自发射机,而其他则来自某些物体(例如火星表面)的反射,因此无线电波是经过不同路径到达的。因为反射路径比直接路径要长,这两个电波到达时的相位可以相同(良性干扰,增强信号),也可以不同(破坏性干扰,减弱信号)。当地球位置和路径长度发生变化时,信号电平相对于时间的特性变化称为“衰退”。

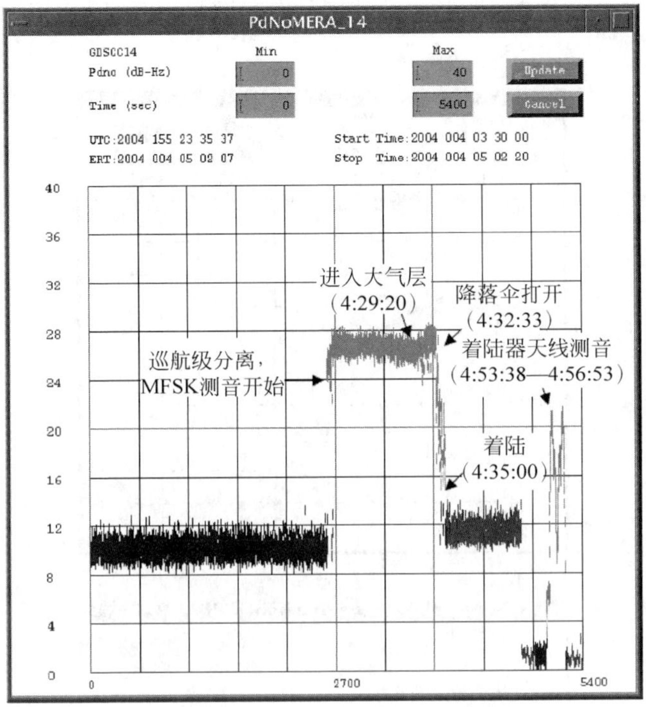

图 7-32　"勇气号"EDL 期间的 M-FSK 测音功率

该图中,2700s 前表示调制的遥测副载波信号电平。分离后,输出的测音功率保持恒定,显示的不同电平是由于航天器选择了不同天线,以及天线对地球的不同指向引起的。

总体而言,实际的 EDL 结果比预期的要好。实时操作过程中,所有标识关键事件的测音(如巡航级分离、降落伞展开和 PLGA 展开)均被检测出来。

在任务操作规划初期,人们始终关心地面是否能在降落伞展开和伞绳下降过程中与航天器保持联系,主要是担心航天器在摆动过程中 RLGA 的指向可能会偏离地球。此外,另一个担心是航天器进入时的减速过程产生的等离子体可能会导致通信中断。1997 年的"火星探路者号"着陆期间,上述原因导致通信中断了 30s。

"勇气号"直到着陆为止的整个 EDL 段,始终保持不间断通信。从着陆和首次收到着陆信号之间的时间段让人揪心。最初预计该阶段会出现几分钟的通信中断,然而实际的中断时间却超过了 15min。随后,采用更长的积分时间和更宽的频率变化率搜索方法对数据进行了重新处理,恢复了其中的 11min 数据。图 7-33 给出了实时和事后处理的比对结果,上半部分是 DSS-43 的数据,下半部分是 DSS-14 的数据。绿色曲线表示实时处理的有效数据,紫色表示接收机噪声(丢失数据)的周期。对于 DSS-14(图 7-33(b)),开始后 5000～5800s 时段显示的绿色曲线包含事后处理恢复得到的数据，对于 DSS-43(图 7-33(a))，相应时间段内显示的是紫色未恢复数据的曲线。

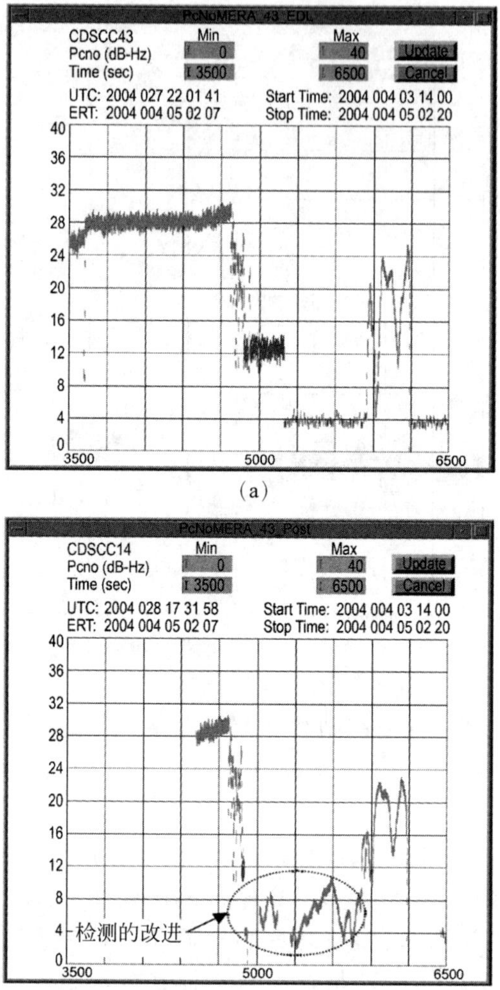

图 7-33　“勇气号”EDL 期间(a)实时和(b)事后载波检测结果对比

在 15min 通信中断期间，无线电科学团队报告意外检测到了 LH 极化信号。MER 项目组通过着陆后的分析确认了接收 LH 极化信号的可能性。它由着陆器相对地球的方位决定，即在该方位完全被遮挡的情况下，由偏离主波束方向的天线极化轴比决定。

因为“勇气号”的这一经验，在“机遇号”着陆期间专门增设了一台 EDA 设备处理 LH 信号。图 7-34 给出了 DSS-14 在相反极化(RH 和 LH)信道中检测到的“机遇号”EDA 载波情况。与图 7-32 和图 7-33 相同，蓝色曲线表示低质量数据，绿色曲线表示实时的有效数据，紫色曲线表示丢失的数据。与预期结果一样，LH 信号功率比 RH 信号低 4～8dB；然而，在开始后的 4930s，当 RH 信道出现中断时，LH 信道却多检测到了 1.5min 的信号。

"机遇号"的着陆检测结果甚至优于"勇气号"，而且检测到了所有的应急测音。事后处理的着陆信号仅中断约 1min，相比之下"勇气号"却有 15min。该中断发生在开始进入后的 3950s，如图 7-34 所示。

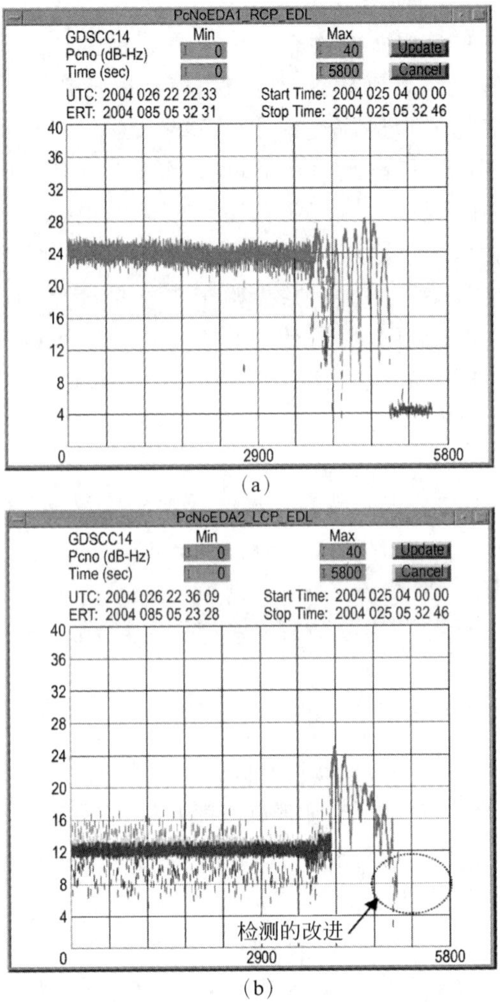

图 7-34　"机遇号"EDL 期间 RCP 和 LCP 载波检测结果对比

7.5.1.3　性能与预测比较：巡航

与近期 JPL 的其他深空任务相同，MER 也在地面使用通信预测预报(TFP)软件完成X频段的链路预报。TFP的详细内容见用户指南[16]。TFP中的工程专用模型(天线增益和方向图、SDST接收机和发射机参数等)初始阶段使用发射前各子系统的测试结果,飞行期间根据需要进行升级。

巡航期间,链路性能一天比一天稳定,标准的下行链路评判准则(均值-2σ)非常适用于早期使用的CLGA和后续使用的MGA。通信分析师已经熟知正常情况下的链路特性。批准的序列/遥控上行与序列执行之间至少间隔数天时间,从而可以通过链路估计合理设置数据速率。

X频段性能与TFP模型非常吻合。由于发射前的通信子系统测试程序运行良好,因此在任务实施期间无须对航天器专用模型进行升级。

尽管通信性能极佳,但在巡航途中,为了按计划保持MGA对地的良好指向,需要生成大量姿态控制子系统(ACS)转向控制量,从而显著增加了飞行团队ACS成员的工作量。为了在巡航段"减轻工作量",采用的策略之一是以较大的偏离地球角度为代价(导致数据速率降低),获得较小的偏离太阳角度,整个工作量削减了约一半。目前来看,该策略并未真正减少整个工作量,因为通信、热控和能源分析人员必须重新分析,以判断更改后的计划是否可行(就算我们删除了旋转)。若为了满足其他约束条件,既定的转向日期必须加以更改,也还是需要重新分析。即便如此,创新性的使用TFP和Excel工具,还是在某种程度上减轻了通信分析工作量。

由于除了接受较长的锁定时间和较慢的数据传输速率,还有其他备选方案,因此在巡航期间并没有使用10b/s的遥测速率,备选方案主要包括:①申请使用70m地面站,以应对航天器紧急情况,否则就要使用10b/s的数据速率;②直到34m地面站跟踪仰角足够高(约30°)时,按计划支持40b/s的数据速率。①

7.5.1.4 性能与预测比较:火星表面

在火星表面,由于链路评估和规划之间间隔的时间较短,同时几乎不允许丢失数据,因此均值-2σ的下行链路评判准则被证明过于乐观。2σ评判准则意味着只有1~1.2dB的余量用于应对性能变化。当任何与天气或指向有关的损耗大于上述余量时,都会造成数据丢失。就目前情况看,预留更多的余量(3σ)会更合适。当天气可能对下行链路造成影响时,取而代之的另一个办法通常是首先将数据率降到下一个可用挡位(生成一个实时遥控指令并在通信期开始前发送给航

① 除10b/s外,20b/s也可以使用短编码。当需要较快完成捕获时,短RS编码的译码代价较大。正因为如此,MER故障防护工程师希望在巡航期间避免使用短编码,从而不再关注20b/s。低数据速率的P_t/N_0门限余量约为3dB(因为工作在低SNR时,将产生更高的地面站接收机系统损耗),因此不可能有更多的余量用于提高数据速率(从10~40b/s约为3dB,而不是4:1对应的6dB)。相反,降低数据速率的方法更不划算。扩展任务期间,当地球-火星距离增大时,若DTE的遥测需要通过RLGA传输,即使采用70m地面站,可支持的下行速率也只能为10b/s。

天器）。

DSN 对 MER 遥测的锁定时间比计划滞后一直是个难题。锁定时间是指地面站锁定载波、副载波和符号的时长，遥测数据只有锁定后才有效。在计划的锁定时刻前，任务只发送价值较低的“实时”数据。锁定时长随数据率变化，对于 HGA 的数据率来讲通常约为 1min。因为每个弧段的锁定时间都有些许变化，所以任务中必须在开始重放价值较高的数据之前，确定锁定时长。若计划时间太短，将会丢失已发送的某些有价值的数据；若计划时间太长，将会减少有价值的数据量。在每个 DTE 弧段中，航天器最先重放最高优先级的数据（例如故障和警告事件报告[EVR]以及航天器健康报告），因此计划锁定时间太短的后果就变得更加严重。考虑到以上因素，并借鉴早期 DTE 的经验，任务中为锁定时长设置的通信窗口参数从 1min 变为 3min（下行链路速率为 3160b/s），占 30min 通信窗口数据返回能力的 10%。后续扩展任务中，对于某些窗口，已经把该参数设置为 2min。

第 18 个火星日，对“勇气号”闪存文件异常进行诊断和初始恢复期间，在高优先级通信窗口的控制下，RLGA 支持了 40b/s 或 300b/s 的下行速率，取代了 10b/s 的默认模式。该下行速率重复提供 EVR，致使我们怀疑闪存是造成该问题的首要原因。

7.5.1.5 全景相机桅杆组件遮挡

除上述常规性能问题外，难以描述其特性的火星表面操作 DTE 和 DFE 问题称为“PMA 遮挡”，在全景相机桅杆组件（PMA）正好或几乎位于 HGA 视场内时就会出现问题。为了在表面操作期间使用 HGA，ACS 工程师利用 Tball 姿态几何学可视化工具①，建模仿真了 PMA 预期的遮挡时间，但由于该模型并未充分考虑不同相机位置下的 PMA 形状与尺寸变化的影响，因此难以准确估计问题的严重性。

在射前研制阶段，已确认表面操作期间会发生 PMA 遮挡问题，因此通信和 ACS 分析师都建议对其特性进行描述和建模，但该提议并未在任务中得到重视。如此一来，ACS 尽管可以在 DTE 弧段中预报可能发生的遮挡，却没有可精确预报遮挡严重性或持续时间的模型。遗憾的是，“勇气号”闪存文件出现异常时，碰巧巡视器停车，这样从当地太阳时（LST）12:00 开始及后续时间内，PMA 遮挡致使绝大多数 HGA 弧段均出现了性能恶化（一般达到 −8dB；有一次达到了 −14dB），导致下行链路性能严重下降。② 由于巡视器设备展开机构（IDD）已经部署，故无法通

① Tball 是 JPL 开发的 3D 可视化程序，它再现了以航天器为中心的天球。该程序通过使用最新的基于地面的航天器星历表数据，可计算出预期历元时刻太阳与航天器之间的位置/速度向量。

② 在扩展任务延伸期间，从第 557 个火星日开始到第 570 个火星日结束（2005 年 7 月 27 日—8 月 10 日），“勇气号”的 LGA 遭遇了另一个 PMA 遮挡期。

过改变其姿态将 PMA 移出 HGA 的视场,从而不得不基于当前火星日的经验数据估计 PMA 遮挡对下一个火星日的影响。目前看来,发射前充分掌握工作性能有助于更快地解决该问题,从而消除 PMA 遮挡对链路性能变化的影响。

7.5.1.6 X 频段单载波蜂鸣提示

对迄今为止的表面任务而言,绝大多数火星日的动作序列中都包含称为"蜂鸣"(巡视器静止过程中发射)或"鸣响"(巡视器移动过程中发射)的 5min 单载波下行链路,以便在计划的 DTE 无法工作时(由于功率、热或活动约束等原因)仍能传输信息。该蜂鸣或鸣响通常用于表示新一火星日控制序列的成功注入和执行。新的控制序列采用"盲发"(不通过下行链路对上行链路扫描和遥控成功与否进行确认)方式在每个上午注入。地面站操作员首先采用开环载波快速傅里叶变换(FFT)的方法直观地检测蜂鸣,FFT 检测出载波后,地面站尝试使用闭环接收机锁定信号,这样做几乎每次都能成功。接收到蜂鸣提示的时机表示控制序列注入和初始化成功与否。在器上无故障的情况下,蜂鸣提示发生在两个确定的时间之一:标称蜂鸣时间或非标称蜂鸣时间。每个火星日的控制序列都有两个蜂鸣:一个是新火星日的标称蜂鸣,另一个是下一火星日(新火星日+1)的非标称蜂鸣。如果注入成功,新控制序列将终止旧控制序列(在发送旧非标称警告前),并在标称时间发送蜂鸣。如果上午注入失败,则旧控制序列仍然存在,并执行两个操作:执行"到期"(封装了科学序列)序列,同时在非标称时间发送蜂鸣提示。

两个巡视器 EDL 过程一旦完成,就序列发送蜂鸣,并启用 SDST 相干工作模式。当 SDST 接收机启用相干模式并锁定上行信号时,会增加蜂鸣检测和锁定确认的信息。在 SNR 微弱的情况下,稳定的双向下行频率比非相干单向下行频率更易于检测(后者在几分钟内可能会漂移几千赫兹)。每个巡视器的前 20 个火星日,地面站使用 FFT 和闭环接收机完成蜂鸣检测的同时,射电科学组还要采用 RSR 进行蜂鸣检测。很快,地面站就熟悉了蜂鸣的检测、锁定和传送过程,也不再经常需要 RSR 提供支持。

主任务中,DSN 对蜂鸣的检测成功率达到约 100%。在第一次扩展任务期间,除了一个意外的单向蜂鸣(无上行链路锁定)和一个相干双向蜂鸣,DSN 几乎遗漏了所有的蜂鸣。不出所料,在太阳会合期间,受到太阳闪烁和蜂鸣信号微弱等影响,漏检了几个双向蜂鸣。在 P_t/N_0 下降到 12dB-Hz 时,标准接收机能够可靠检测单载波的蜂鸣,DSN 偶尔也可以检测和锁定稍弱的蜂鸣。图 7-35 给出了截至 2004 年年底,MER-A 在上午 11 时(当地太阳时)预报的蜂鸣 P_t/N_0。DSN 各地面站分别为:黄色表示戈尔德斯通、红色表示堪培拉、绿色表示马德里。蜂鸣时的地面站仰角越低,预报的 P_t/N_0 就越小。

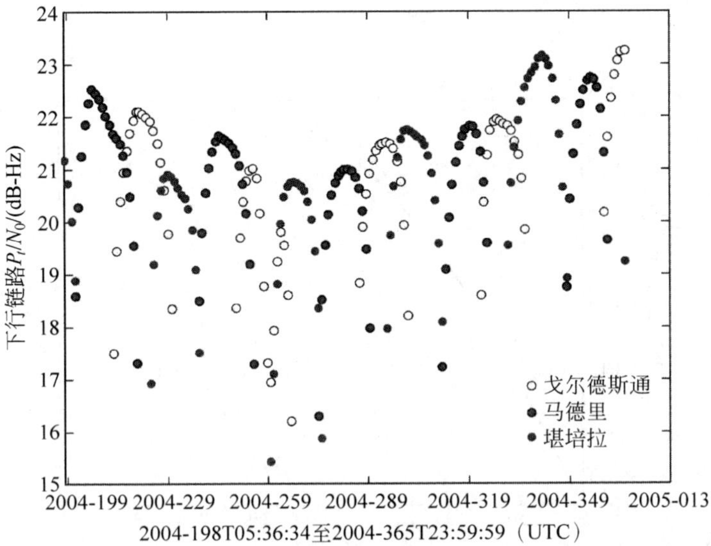

图 7-35　　上午 11 时 34m 地面站接收到的 MER-A 蜂鸣预报

7.5.1.7　天线指向

7.5.1.7.1　地面站

70m 地面站上行链路指向误差过大偶尔会造成 DFE 出现问题，导致 SDST 接收功率在 2004 年 7 月的某些弧段恶化了 8dB，且随着地球-火星距离增加而变得更加严重。所有 3 个 70m 地面站在某种程度上都存在这一问题，并在与 2 个巡视器通信期间都会出现。上行链路指向损耗①是由往返光行时(RTLT)造成的航天器角运动与 DSN 预报指向(盲指)之间的误差引起的。由于 RTLT 和航天器角运动均不为零，造成地面站天线上行和下行链路指向不可能同时精确完成。

由于下行链路比上行链路频率高，致使地面站下行天线波束较窄，造成下行链路通常比上行链路的余量明显要小。鉴于此，指向算法更关注下行链路，将天线指向航天器当前位置，以尽可能完整地接收下行信号。但该指向方式对上行链路产生了 1 个问题，称为“光行差”。以接收巡视器下行信号为出发点来考虑地面站天线指向，当上行信号抵达火星表面时，巡视器已经不在上行链路发射时的天线指向上；当前发射的上行信号在 OWLT 后才能抵达航天器，而在此期间，航天器相对于地面站天线指向的位置已经发生了移动。

图 7-36 给出了信号传输期间由于火星的角运动引起的上行链路指向误差(巡视器发射下行信号和接收上行信号之间)，这种现象被称为“信号传输指向偏差”效

① 目前该损耗在 MER 的多任务通信预报工具的升级版中尚未建模，但它已被纳入 MSL 版本升级中。

应。图7-37根据图7-36中的指向误差，对70m和34m天线产生的上行指向损耗进行了比较。

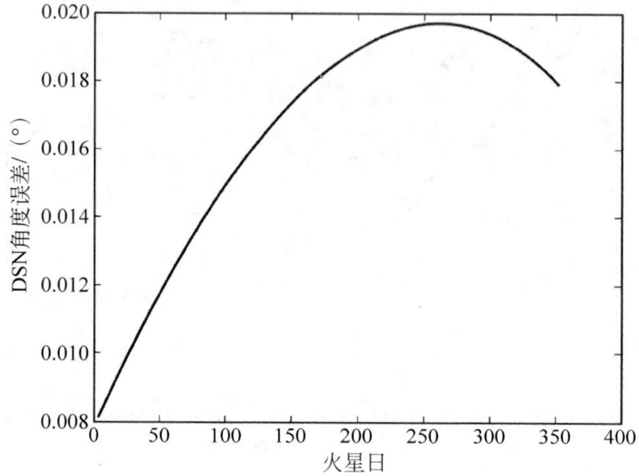

图7-36 RTLT期间MER-A相对于DSN的角运动

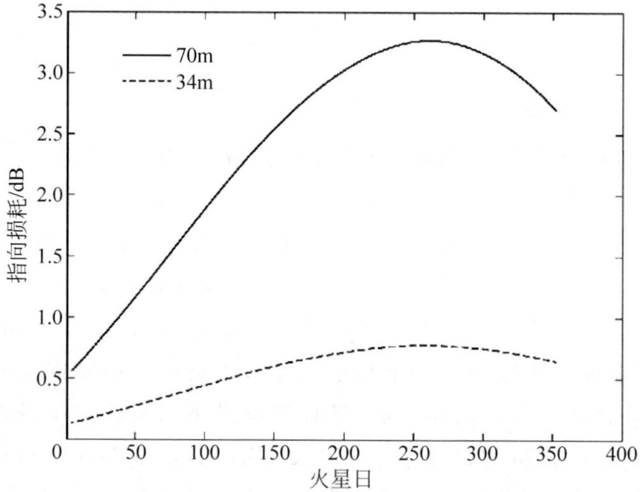

图7-37 RTLT期间角运动造成的MER-A上行链路指向损耗

70m天线的波束宽度比34m天线窄，使得其指向损耗更大，损耗以分贝(dB)表示。指向误差随地球-火星间距离的增加(RTLT较长)会变得更大。在2004年9月的太阳会合点附近，指向误差达到最大值约为3.25dB，此时火星运动方向与地球视线方向垂直。由于上行链路标称的指向误差就达到0.019°，因此与下行链路相比(标称指向误差为0°)，任何增加DSN指向变化/误差(包括圆锥扫描方式)的因素都会使指向误差进一步增大。当利用70m地面站观测时，在上行链路指向损耗增大至8dB时，通过遥测信号强度分析可得到其总指向误差为0.03°，其中航天器运动造成的指向误差为 0.02°，70m 天线盲指误差造成的指向误差为 0.01°。下行链路 0.01°盲指误差造成的指向损耗仅为 1dB，这就是采用圆锥扫描方式时，地面站观测性能改进不大的主要原因。

为了在第一次扩展任务期间降低地面站指向误差影响，项目组决定采用 HGA，而不再使用 RLGA 进行上行操作，同时将所有地面站的遥控速率限制在 500b/s。遥控速率越低，链路余量越大，从而可以承受指向误差带来的影响。此外，在 MSPA 跟踪[①]期间，要求 70m 地面站对 MGS 或"奥德赛"的下行链路进行圆锥扫描。圆锥扫描略微改进了下行链路的指向，但却并未解决上述上行链路光行时的问题。幸运的是，70m 地面站为 500b/s 的遥控速率提供了足够的链路余量，无论是否采用圆锥扫描，迄今为止都能够承受上行链路指向损耗产生的影响。

7.5.1.7.2　巡视器

对 HGA 指向地球的控制受到 ACS 子系统误差的制约，而该误差由温度和总线电压变化等因素引起。飞行团队的 ACS 分析师建议定期修正 HGA 指向，该过程被称为"精确姿态更新"。由于科学活动占用了巡视器的绝大部分资源，这一更新并不频繁。通信分析师尝试分离巡视器的 HGA 指向误差与地面站指向误差，具体方法是：比较同一火星日中 HGA 和 RLGA 的性能，并比较姿态更新前后同一地面站的 HGA 性能。在主任务中，确认 HGA 的指向精度在 2°以内，同时以 2°误差假设为基础，规划下行数据速率。

图 7-38、图 7-39 和图 7-40 分别给出了 34m 和 70m 地面站（采用圆锥扫描和不采用圆锥扫描）的航天器上行链路接收载波功率（来自载波锁定采集器[CLA]的 SDST 遥测信道，cla_snr，以信噪比表示）。每幅图中均包含了使用 HGA 和 RLGA 以及与遥测数据相关的 TFP 预报结果。图中的所有曲线都有标记，特点是：HGA 的预报结果通常接近顶部的水平直线，RLGA 的预报结果是略小于 13dB 的缓慢递减直线。图中，呈上升台阶形状的数据曲线是 SDST 压控振荡器（VCO）的遥测温度，以摄氏度（℃）表示的温度刻度位于右边坐标轴上。

图 7-38 中 HGA 的 cla_snr 始于 20:30 UTC，图 7-39 始于 3:20，图 7-40 始于 1:35，结束于 20min 后，对应 20min 的通信窗口。RLGA 的 cla_snr 分布在 HGA 使用之前的短时间内和 HGA 之后的较长时间。在使用 HGA 的时间内，发送遥控（有 5.8dB 载波抑制）均引起了较大的、短周期的波形下降。预报结果是在无遥控调制的情况下得到的，因此它们有别于 cla_snr 的非遥控值。比较图 7-39 和图 7-40 可以看出圆锥扫描的影响。通过圆锥扫描优化（轨道器）了下行链路指向，提高了 70m 地面站的整体上行链路电平，将平均上行链路电平调整至比上行最优指向低 3dB 的水平。然而，由于 DSN 天线的周期性圆锥扫描，使信号电平变化较大，在扫描半径范围内引入了额外的指向误差。

---

① MEX MSPA 跟踪无须采用圆锥扫描。MEX 具有一个大椭圆轨道，且 MER 并未与 MEX 达成允许 MER 以圆锥扫描方式建立上行和下行链路的协议。

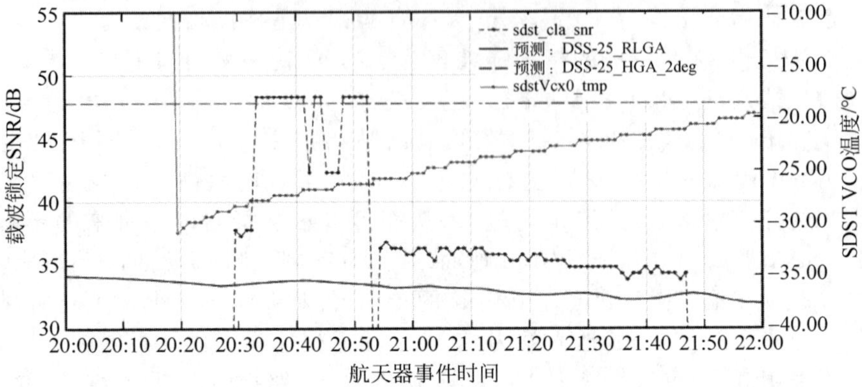

图 7-38 对应 34m 地面站的 MER-A 火星表面上行链路性能(不采用圆锥扫描)

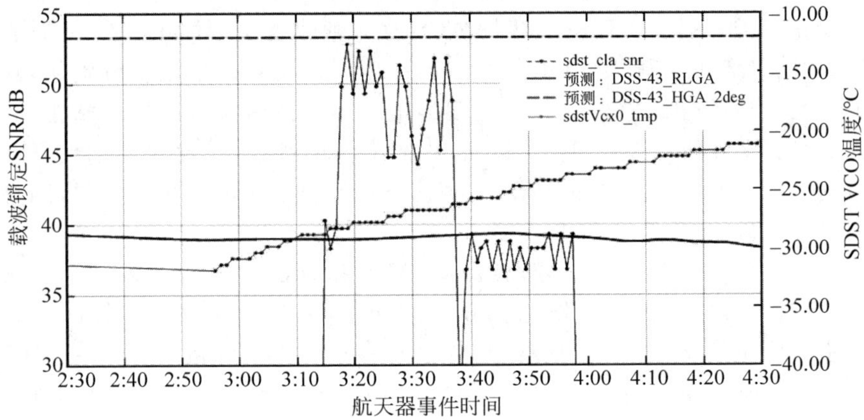

图 7-39 对应 70m 地面站的 MER-A 火星表面上行链路性能(采用圆锥扫描)

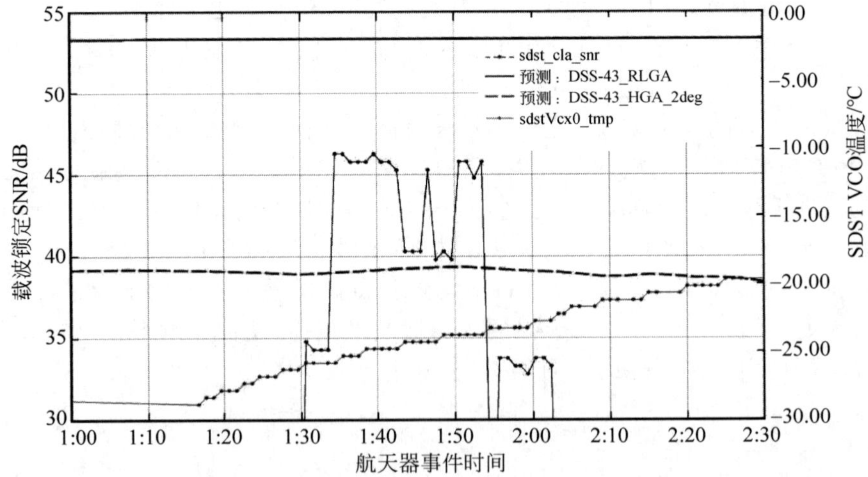

图 7-40 对应 70m 地面站的 MER-A 火星表面上行链路性能(不采用圆锥扫描)

7.5.1.8　巡视器温度变化引起的上行链路捕获问题

SDST 的最佳锁定频率(BLF)是零静态相位误差(SPE)下的上行链路频率,因此它不会对跟踪环路产生影响。BLF 随跟踪环路中 VCO 温度的变化而变化。在巡航过程中,VCO 温度变化非常缓慢(除非实施姿态调整 TCM),通常一天的变化远低于 1℃。鉴于这一稳定性,巡航期间只需为每个 MER 向 DSN 提供几次 BLF 更新。每个跟踪弧段 DSN 将 BLF 作为发送给地面站上行和下行链路频率预报的标准。由于每个圈次都有特定的多普勒特性,因此每个圈次都需要一个新的预报结果。

利用上行链路预报,地面站对所有弧段使用斜坡函数发送上行信号,使用"麦哲伦捕获"(MAQ)调整标准完成上行链路建立。MAQ 适用于－130dBm 或更低电平。为了适应－130dBm 的限制要求,70m 地面站在扫描期间需要使用 10kW 发射机,直到地球-火星距离增大到必须再次使用全功率(20kW)发射机为止。MER-B 并没有像 MER-A 那样有大量时间在极低温度条件下度过,因而它采用了一种不同的昼夜功率控制方案,称为"深度休眠",该方案于 2004 年 7 月启动,并在火星冬季可用功率最低时使用。

火星表面操作期间,BLF 特性与发射前测试数据的对比结果如图 7-41 和图 7-42 所示。

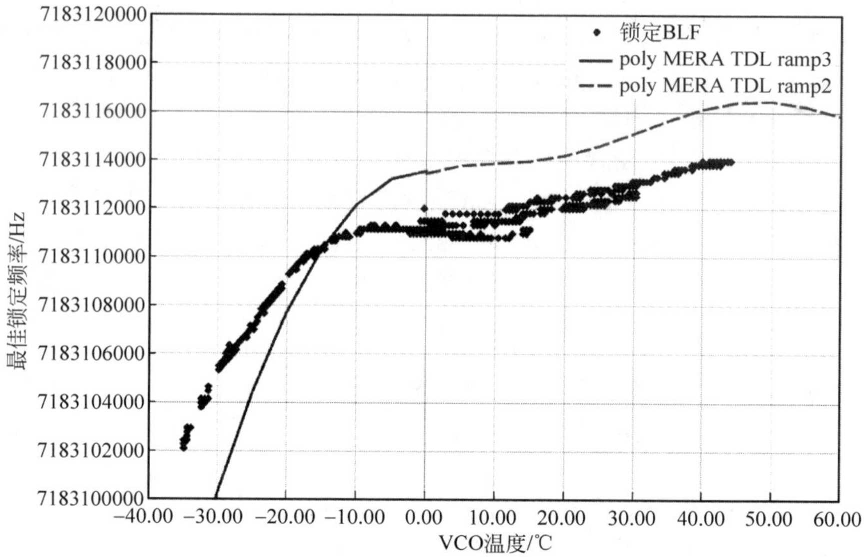

图 7-41　MER-A 火星表面最佳锁定频率(飞行与射前测试结果对比)

由于温度引起的相干泄漏,使 MER-A 的 VCO 频率会在 10min 内改变多达 15kHz,详见 7.5.1.9.1 节所述。在 VCO 温度下降到－20℃时,MER-A 的 BLF 和扫描范围(SR)中心点在一些火星日会发生变化。最终唤醒巡视器时,其温度会

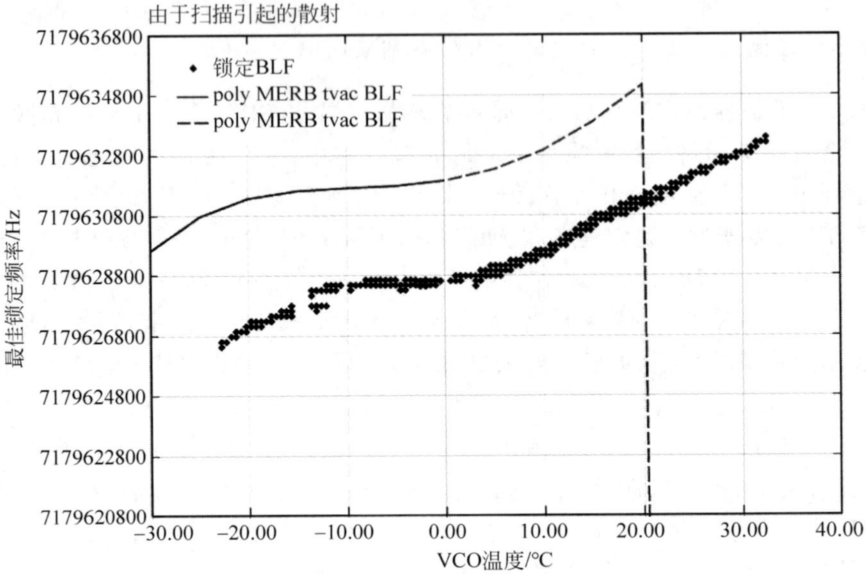

图 7-42　MER-B 火星表面最佳锁定频率（飞行与射前测试结果对比）

下降到－30℃，有时甚至会下降到－40℃以下，要使用上行频率参考偏置（FRO）[①]完成捕获。MER-A 需要的上行链路 FRO 已经达到了－13kHz。

为了适应更低的温度，MER-A 的 SR 扩大到 8kHz。在火星表面操作初期，MER-A 的 SR 设置为 3kHz（巡航段数值），随后提高到 5kHz、再提高到 8kHz，并进一步对更宽的值进行测试。为了维持扫描时间不变，某些在轨测试采用 2 倍 SR（16kHz）时，扫描速率也设置为了 2 倍（200Hz/s）。[②] 对于 MER-B 的 SDST，由于它不存在 MER-A 那样的相干泄漏或低温状态，FRO 被限制在－5kHz。对于迄今为止所有的 VCO 温度变化，MER-B 的 BLF 均保持在标称的 SR±5kHz 范围内。

7.5.1.9　其他关键的 X 频段技术问题

7.5.1.9.1　MER-A SDST 中的相干泄漏

该泄漏仅发生在 MER-A 的 SDST 中，出现在 SDST 状态 1(S1)的两次暂停之

① 上行链路 FRO 是一个叠加在预先产生的 BLF 基准上行链路（斜坡）频率对应弧段时间上的固定频率调整量，它由 DSN 预报团队生成。上午和正午的弧段使用 FRO 可以简化操作，尽管 VCO 温度在两个时间段有很大不同，但仍可以采用同一 TSF。通信分析师通过下行多普勒残差中的固定偏差，可以确认已使用的 FRO 是否合适。固定偏差利用 FRO 乘以 SDST X 频段“转发”比(880/749)得到。出现这种偏差的原因是因为下行频率预报没有针对 FRO 进行调整。如果载波频率保持在 FFT 范围内，下行接收机就仍可以捕获偏置的载波频率。

② 为了节省功率和使科学应用时间最大化，最小化处理了唤醒与 DFE 通信窗口开始之间的周期以及通信窗口持续时间。无论是上午的 RLGA 扫描，还是在窗口期内的正午 HGA 扫描，这些时间间隔的设计都是为了使扫描持续时间最长，约 4min。

间，使接收机静态相位累积误差达到 15kHz。S1 暂停是将载波环路重新设置为 BLF(SPE=0)。在 S1 暂停后，接收机将锁定到上行链路的 BLF 扫描中心。由于 SPE 存在漂移速率，在两次暂停(间隔 10min)之间的某些时段内，当 SPE 变得足够大时，接收机就无法锁定以 BLF 为中心的上行载波。

泄漏在低温时影响严重，温度低于－25℃时，最大漂移幅度急剧增加。两次暂停之间的漂移方向视温度情况，可能是正或负。以下操作能够缓解该影响：

- 将 SR 增加到 8kHz；
- 使用 FRO 以预报的 BLF 为中心进行扫描；
- 对捕获进行计时时，使 S1 暂停位于扫描的中心位置。S1 暂停可以根据巡视器的唤醒时间来预报。

图 7-43 是 MER-A SDST 接收机环路静态相位误差曲线。14:50—16:10 的相对平稳的变化发生在接收机与地面站双向锁定期间，而持续时间为 10min 的零至几千赫兹的周期性变化则发生在接收机失锁期间。

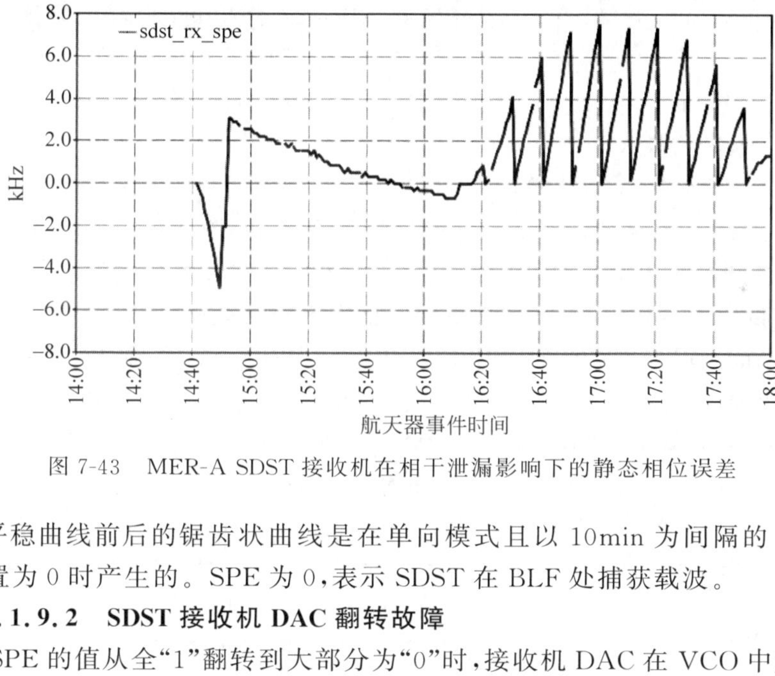

图 7-43　MER-A SDST 接收机在相干泄漏影响下的静态相位误差

该平稳曲线前后的锯齿状曲线是在单向模式且以 10min 为间隔的 S1 暂停、SPE 重置为 0 时产生的。SPE 为 0，表示 SDST 在 BLF 处捕获载波。

7.5.1.9.2　SDST 接收机 DAC 翻转故障

当 SPE 的值从全“1”翻转到大部分为“0”时，接收机 DAC 在 VCO 中产生峰值电压。该电压可能会使已锁定的上行链路失锁。当温度低于－15℃且上行链路电平超过－130dBm、接收机正向扫描时最容易发生此问题，其在发射前测试和巡视器扩展任务操作期间也都曾出现过。

为了避免 DAC 翻转，采取了以下措施：

- 使用 RLGA 而非 HGA，以减小接收功率，；
- 使用 MAQ 标准，从 BLF 开始从高到低扫描，只有当再一次返回到 BLF 时再进行正向扫描；

- 在地球-火星距离较小时，将地面站 70m 天线发射功率减小到 10kW，使 HGA 捕获时的接收功率限制在－130dBm 以内；
- 保持窄的 SR 以最大程度地避免翻转。

7.5.2 UHF：EDL 和主任务表面操作

本节中，轨道器到巡视器的 UHF 链路称为“前向链路”，与 DSN 到巡视器的 X 频段上行链路类似。巡视器到轨道器的 UHF 链路称为“返向链路”，与巡视器到 DSN 的 X 频段下行链路类似。

7.5.2.1 EDL UHF 链路预报及性能

降落伞打开后，MER 着陆器以 8kb/s 的速率向 MGS 发送 UHF 返向信号，MGS 事先已完成轨道调整，使其在 MER 下降过程中位于其视线范围内。在伞绳切断、触地和随后的火星表面弹跳过程中，MER 发射 X 频段 DTE 单载波信号和 UHF(8kb/s)信号。“勇气号”和“机遇号”EDL 过程中，着陆器从后壳上分离直至着陆期间，均由 MGS 接收着陆器通过 UHF 发送的 8kb/s 信号。全过程 UHF 链路返回的数据量约为 3.5Mb。

在任务设计阶段，UHF EDL 段余留了 10dB 的链路余量。通过着陆器仿真模型开展的 UHF 天线精确测试表明保留如此高的余量是合理的；此外，该阶段的观测几何存在很大的不确定性（例如，MGS 的位置以及由于伞绳摆动导致天线与 MGS 之间的角度变化）。由于在气囊打开期间天线可能折断，以及着陆器在火星表面弹跳期间难以保证良好的信号质量，因此并未对 RAD 火箭点火后的 UHF 链路性能提出要求。

图 7-44 给出了 MER-B EDL 期间 MGS 接收的 UHF 功率以及载波、符号同步器和维特比解码器的锁定情况。该时间轴上，4:54:21 UTC 切断伞绳、4:56:08 UTC 停止滚动、5:02:38 UTC（巡视器计划着陆点的当地地平线 0°）MGS 就位。

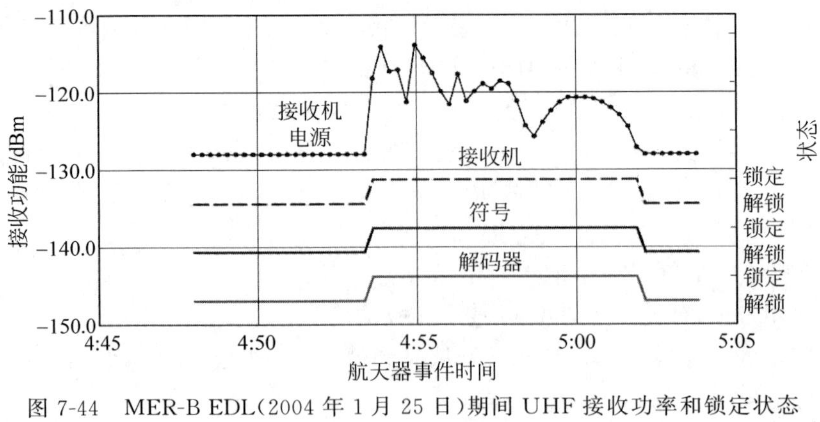

图 7-44 MER-B EDL（2004 年 1 月 25 日）期间 UHF 接收功率和锁定状态

对于两个 MER，EDL 期间的 UHF 性能均超出了预期。着陆器 UHF 天线在气囊充气时未损坏，MGS 接收机在着陆器弹跳期间仍然保持锁定状态。

7.5.2.2　主任务火星表面 UHF 链路预报

在 X 频段，预报结果通常以能够达到的数据速率形式生成，同时考虑地球与航天器之间的距离、航天器天线指向以及地面站仰角等十几种因素，并利用其结果设置 DSN 的下行速率。对于 MER 的 UHF 链路，由于受到巡视器和轨道器之间的距离变化有限、缺乏俯仰角影响的模型以及可供选择的数据速率少等因素影响，进行数据量的预报是非常有用的。

任务中，利用综合通信预报（GTP）工具及一系列脚本，为巡视器-轨道器生成给定时间周期内所有过境圈次的数据量性能文件（DVCF）。输出采用表格摘要形式，显示每个可见圈次（潜在转发圈次）和所有巡视器偏航角（以 10°为步长）条件下的数据量（以 Mb 为单位）。DVCF 的预报值假定巡视器不倾斜，也就是在着陆点 RED 是水平且 RUHF 是垂直的，①输出结果以多种形式显示。图 7-45 是综合通信预报/数据量性能文件（GTP/DVCF）的应用实例，图中上半部分（a）给出了极坐标表示的每 10°方位角处以 Mb 为单位的预报值，对应两个可能的低仰角圈次。图中下半部分（b）给出了叠加在巡视器 UHF 天线方向图（橙色和红色表示较高的增益）上的这些圈次的观测几何特征，对应的实际偏航角为 297°。根据该偏航角和预报结果，任务中选择了右边显示的圈次，返回数据为 75Mb。

基于这些预报结果，且在验证了火星表面的 UHF 链路性能后，对所有着陆后不久的 MGS 和“奥德赛”圈次的返向链路速率均提高到了 128kb/s。

DVCF 预报显示，至“奥德赛”的返向链路通常可以支持 256kb/s 的速率，但是对该速率在发射前进行的测试非常有限，并且最初不允许使用。然而，在 2004 年 2 月，除了由于收发信机“256kb/s 额外字节”特性引起的信息中断外，256kb/s 的测试还是成功的。该问题在 2004 年 3 月由 MER 地面软件进行了纠正。之后，根据“奥德赛”的链路约束，以及预报显示的能够适应的更大数据量，通信窗口内规划使用的码速率调整为 128kb/s 或 256kb/s。②

① 对于大多数主任务和早期扩展任务，由于实际的倾斜角一般均小于 4°，“无倾斜”状态可以进行较好的近似。随着扩展任务的持续，巡视器爬山或下坡进入洼地，在其倾斜角高达 31°的情况下，也实现了“奥德赛”-MER 间的通信。尽管 DVCF 仍然运行在“无倾斜”条件下，但随着 GTP 脚本的使用，考虑了巡视器滚动、俯仰和偏航角的遥测值，已使预报的精度提高。这些预报结果有时也考虑当地地形引起的视线遮挡，而不是使用简单的、固定的和最小的俯仰角。

② 一旦开始进行正常的火星表面操作，UHF 的窗口规划总是比 X 频段更加自动化。然而，一周的 UHF 窗口计划无法完全考虑偏航角的变化，这些变化是由每个火星日的移动规划决定的。随着扩展任务的继续，UHF 窗口在每个火星日的“战术”处理中改变，来优化 256kb/s 或 128kb/s，同时如果某些计划窗口的数据量经过预报后发现显著低于 2h 前后的其他窗口，就会取消这些计划窗口。最后，某些计划窗口的变化也考虑了巡视器倾斜和水平遮挡等因素。MER 通过电子部件通知“奥德赛”和 MGS ACE 取消窗口或改变数据速率。

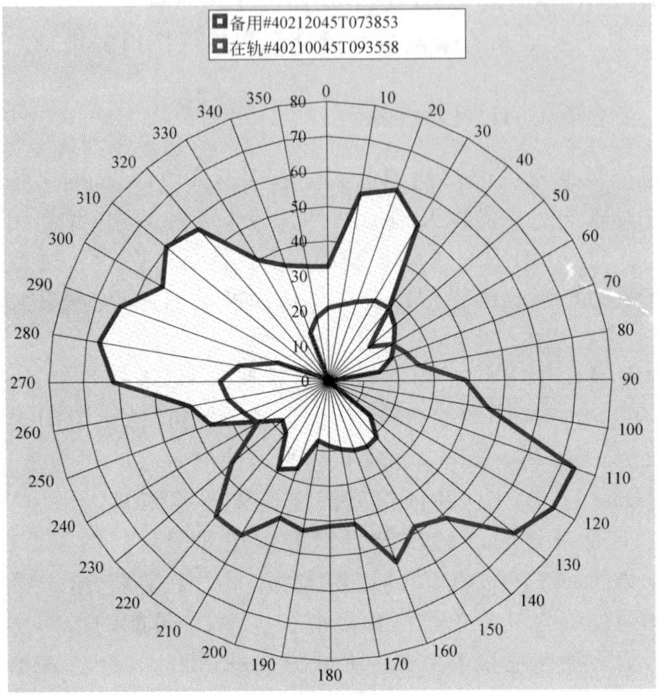

(a)

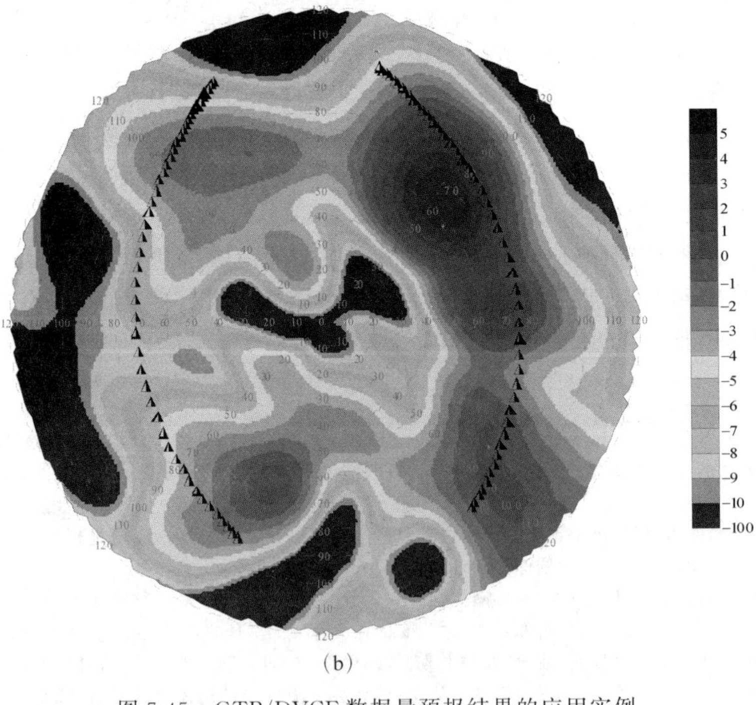

(b)

图 7-45 GTP/DVCF 数据量预报结果的应用实例

(a) 显示了预报的数据量；(b) 显示了巡视器 UHF 天线方向图的几何学分层

7.5.2.3　主任务表面 UHF 性能

返向链路数据率一旦提高到 128kb/s，UHF 链路就开始返回大部分数据。截至 2004 年 4 月主任务结束前，UHF 链路数据占了数据总量的 89%。图 7-46（“勇气号”）和图 7-47（“机遇号”）给出了通过以下三种可能途径从巡视器返回的数据量：DTE、MGS 和“奥德赛”。图中的上半部分为主任务期间每个火星日返回的数据量，底部黄色表示通过 DTE 返回的数据量，中间蓝色表示通过 MGS 返回的数据量，顶部紫色表示通过“奥德赛”返回的数据量。图中的下半部分为主任务中每天累计的返回数据总量，图中颜色的含义与上半部分相同，分别代表 DTE、MGS 和“奥德赛”的返回数据量。

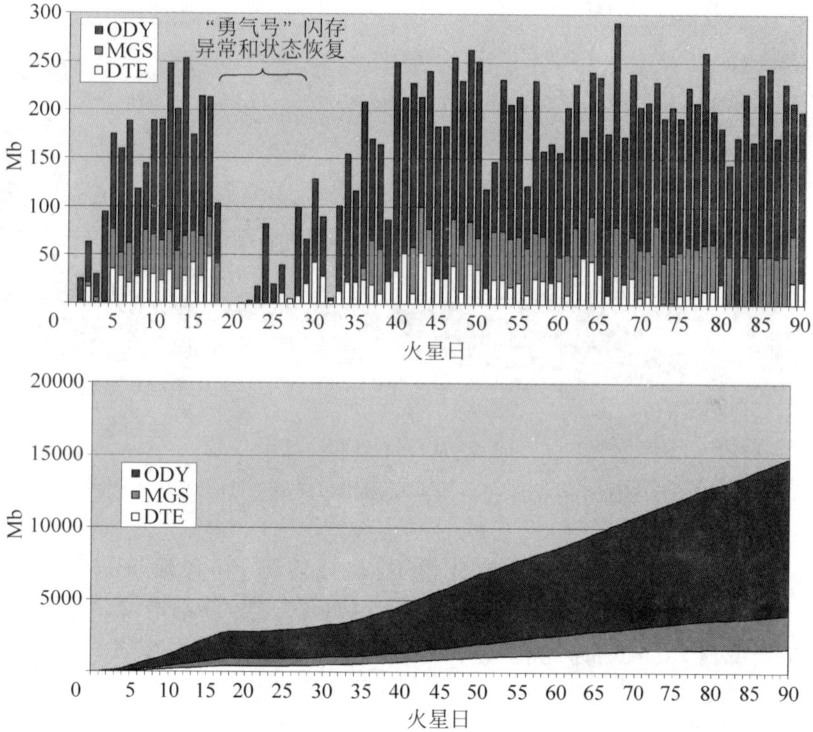

图 7-46　MER-A 主任务数据源：数据量/火星日（上半部分）和累计量（下半部分）

第一个扩展任务期间，通过 UHF 返回的数据总量占比增加到了 95%，到 2005 年 10 月达到了 97%。此外，在几个合作弧段，验证了巡视器与 MEX 轨道器之间 32kb/s 和 128kb/s 中继通信的兼容性。

通常仅在 UHF 链路实际性能明显低于期望值或出现异常时，才对 UHF 链路性能与预报结果进行详细比对。为了在接收的 UHF 信号中获取高频率的前向链路遥测数据，“UHF 报告”必须包含在对应火星日的巡视器序列中。该报告给出的

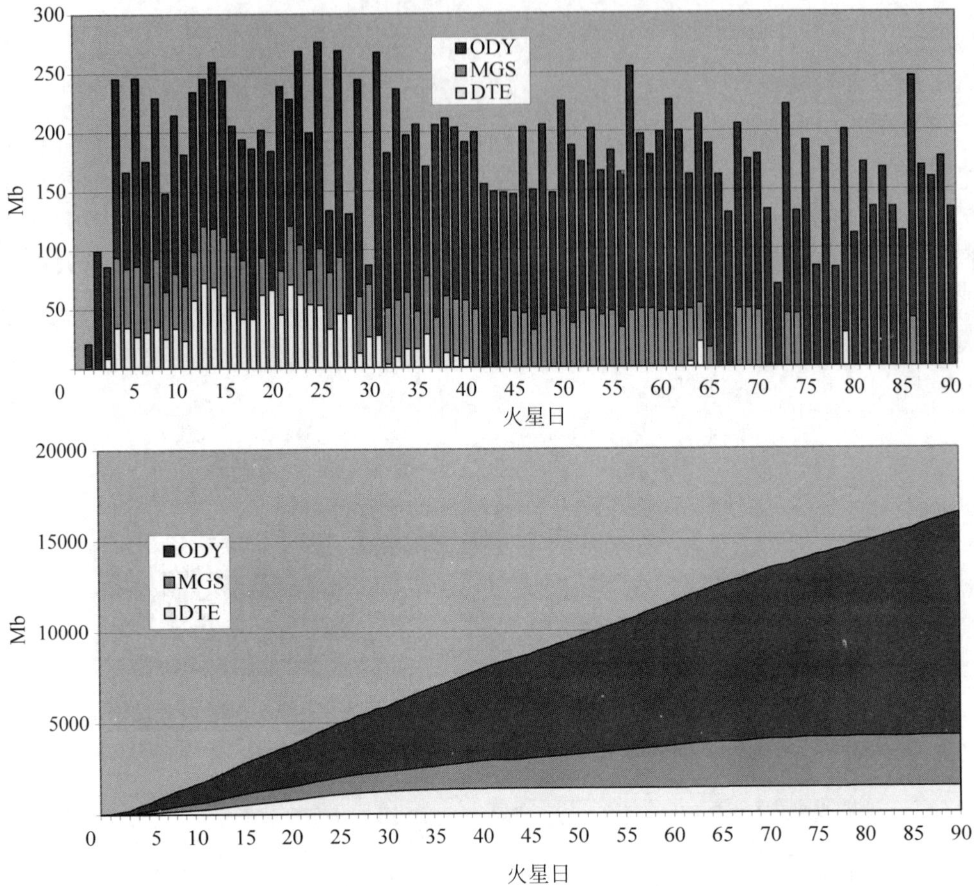

图 7-47 MER-B 主任务数据源：数据量/火星日(上半部分)和累计量(下半部分)

遥测采样周期小于 1s，相比之下，标准的工程(或内务)和管理(EH&A)数据分辨率为 30～60s。[①] 在主任务中，每个巡视器在每个火星日都有 4 个圈次，通常是 MGS 有 1 个圈次，其余均为“奥德赛”。

7.5.2.4 UHF 圈次规划与优化

主任务中 UHF 圈次的选择是一项协调性工作，涉及长期(战略)和短期(战

① 在主任务中，为了对特定中继圈次进行分析并规划定制中继操作，UHF 通信分析师需要 UHF 报告。在扩展任务期间，UHF 报告最初被设定为低优先级，在 UHF 通信窗口开始准备时，对“奥德赛”所有圈次都附加生成一个“UHF 报告”序列。为了对选中的 UHF 报告进行标识，MER 数据管理系统会生成一个遥控指令以提高其优先级。数据管理系统每 7 个火星日重新定义所有圈次的 UHF 报告优先级，这样通信系统就可以随机检查 UHF 的性能。通信系统也可以根据“感兴趣的”圈次，请求重新定义 UHF 报告优先级。数据管理系统会自动删除超过 7 个火星日的旧 UHF 报告。

术)规划。

来自MER、“奥德赛”和MGS的多个任务团队代表们提前几周进行战略规划。① 从几何上讲,每个火星日中每个轨道器都有4个过境圈次。通常,这些圈次的LST(当地火星时间)通常为MGS: 2～3am和2～3pm;“奥德赛”: 4～5am和4～5pm。轨道器的可见周期(地平线以上的时间)很短,一般一个UHF通信窗口的时长约15min。主任务期间,对几何可见且周期大于5min的所有圈次进行排序,MER任务规划将这些过境圈次标示为“请求”圈次,并基于DVCF结果选择相应的返向链路速率(MGS为128kb/s;“奥德赛”为128kb/s或256kb/s)。轨道器其余的“未请求”圈次采用缺省链路配置。其中圈次选择标准是几何条件、数据量以及尽量减少轨道器缓冲区溢出的可能性。构建指令序列生成通信窗口,为请求圈次提供支持。根据每个火星日规划的圈次数量,每周或每两周实施一次序列上注。

以每个火星日为基础开展战术规划,同时考虑下一个火星日或下两个火星日存在的圈次。关注点集中在优化UHF的返回数据量上,但其受制于各种约束条件,如巡视器姿态、可用能量以及地面预计的数据接收时间。DVCF确认巡视器停靠的预期偏航角,若巡视器明显倾斜(特别是东-西方向),返回的数据量可能与零倾斜DVCF预报结果大相径庭,特别是在低仰角圈次或数据率256kb/s的圈次。有时倾斜会很大(约20°),以致在绝大多数或全部圈次中,轨道器都会被巡视器平台遮挡。在这种情况下,为更准确地进行链路估算,利用估计的巡视器姿态驱动GTP。战术规划的结果包括维持、修改或删除的圈次标识,最大数据返回时的巡视器停靠偏航角(针对机动性规划),对应圈次的预报数据量(针对科学规划)。为达到UHF返回数据量最大化的目的,有时甚至需在下午的2个过境圈次之间控制巡视器及时转动(改变其偏航角)。从图7-37的实例中可以看出,若巡视器转动180°,东向圈次将出现在天线方向图的高增益区域。

“奥德赛”采用CCSDS Prox-1空间链路协议(UHF1)[8],通过使用Go-Back-N(帧)协议确保数据的无差错传输。无线电设计的固有特性造成“奥德赛”返向链路每圈都有一些(0～15)数据间隙,每个间隙以失锁开始,以链路重建结束。尽管存在间隙,但当链路SNR较高时,“奥德赛”链路仍能实现97%的吞吐量。

早于“奥德赛”几年发射的MGS使用火星气球中继协议(MBR或UHF2)[17],它比Prox-1的稳健性略差。对于128kb/s,通常在MGS无线电设备改变工作模式(同时停止接收数据)、同时MER无线电设备未检测出变化且继续发送数据时,每16s就会丢失2帧巡视器传输数据。由于存在大量间隙,MGS中继期间仅发送低优先级的数据(自2006年MGS任务结束且MRO完成火星着陆后,UHF链路都通过“奥德赛”或MRO实现)。MBR协议比Prox-1效率低。虽然MGS链路的

① 独立完成了“火星快车”互操作性协调验证(试验)。

误码率很低(表示其是一个可靠的链路),但每16s只能传输13.3～13.8s的数据。

除了数据协议问题,MGS中继的数据量受限,且存在缓冲区溢出的高风险,如7.4.3节所述。UHF数据记录在MOC的缓冲区内,因此数据量(典型情况下为30～60Mb)受到MGS的限制。一旦记录数据达到分配的缓冲区极限,即使UHF链路仍然有效,MGS依然停止数据接收。所以,在MOC缓冲区填满后发送的巡视器数据都会丢失,必须在另一圈由MER重新发送。在某些火星日,为了获得更大的数据量(特别是在巡视器能量有限时),就要用MGS替代下午的HGA圈次。

MER的UHF战术规划通过"uhf-tactical"电子邮件列表发送到"奥德赛"和MGS,也通过该列表确认轨道器接收信息和执行的实施情况。通常,在确认成功接收日常遥控指令后,MER的ACE会发送一封电子邮件,确认MER需要保留和删除的圈次。删除圈次的通知非常有用,它使MER避免因数据丢失而进行不必要的故障查询。此外,MER战术团队还使用电子邮件机制从以前未请求的圈次中查询轨道器的数据收集情况。[①]

轨道器(负责呼叫)必须通过遥控来改变其链路配置,因此UHF链路参数的更改是通过轨道器中继状态变化(ORSC)请求来实现的。截至目前,大部分通信请求都用于改变返向链路的速率(128～256kb/s,反之亦然)。改变返向链路速率的ORSC请求包括向"奥德赛"发送两次遥控指令:过境前的一次遥控改变全局参数,以中止所有序列的返向链路速率并使用规定的一个;过境后的一次遥控改变全局参数,以恢复先前序列的返向速率。ORSC请求必须在上行链路结束时刻(DDUT)之前通过轨道器的ACE以电子邮件方式接收,以便为地面站向"奥德赛"发送状态改变遥控指令预留时间。

7.5.2.5 通过"奥德赛"UHF链路控制巡视器

火星表面工作的前几天进行了前向链路验证。该操作摸索了UHF链路的复制帧特性,它会使"奥德赛"至巡视器的前向链路产生问题,可能导致部分遥控指令丢失或者重复执行虚拟信道1(VC-1)中的即时指令。为最大限度地增大成功率,根据UHF前向链路验证结果,对操作提出以下建议:

- 在单上行链路弧段内重复遥控指令(假设丢失了部分遥控);
- 在期望的VC-1即时指令上行传输帧前后填充"no operations(no_op)"(以便能够执行两次即时指令no_op);
- 弧段开始后,"奥德赛"的前向链路延迟几分钟,直到几何条件变得更好再开始;
- 降低返向链路速率(以减少链路中断导致帧复制问题)。

直到2005年9月为止的火星表面操作期间,每个巡视器的日常遥控都通过

---

① 在战略规划过程中,未请求圈次的遥控序列发送至轨道器上,而不是MER。

DSN DFE 实施。在扩展任务前，通过 UHF 链路(只可能通过“奥德赛”)的遥控一般仅限于测试验证。2004 年 6 月发生了一次重大意外事件，此时距下一个可用的 HGA DFE 窗口还有几小时，同时通过 LGA(码速率为 15.625b/s)实施遥控的速度太慢甚至不可用。为了在线修正巡视器功率配置文件，MER-A 在 256kb/s 的 UHF 通信窗口期间通过“奥德赛”向巡视器发送了遥控指令，改变其功率模式。MER 项目组向“奥德赛”控制中心发送了一个指令文件(其中均为重复几遍的短指令)，“奥德赛”操作团队将该文件发送给轨道器并转发给巡视器。巡视器正确响应后，遥测显示所有的遥控指令都已经接收。①

扩展任务期间，限制使用 UHF 链路控制巡视器的实际原因是“奥德赛”上午圈次的 LST 通常为 4:00—5:00。该时间通常在 X 频段通信窗口(上午 10:00 LST)前约 5 个多小时。当按火星时间工作时，在下午接收到数据后，若采用 UHF 而非 X 频段实施遥控，则科学和遥控序列团队为下一个火星日规划和活动的准备时间可能就不足 5h。遥控指令必须在 DDUT 之前准备好，且必须通过“奥德赛” ACE(MER 主任务之后，一般不再采用火星时间)将遥控指令发送到轨道器。

鉴于巡视器团队按照地球时间工作，并且修改了活动时间表，所以在 2006 年 3 月 MRO 实现火星轨道插入后，对巡视器的 UHF 遥控性能重新进行了评估。当 MRO 和“勇气号”(均工作在 DSN 信道 32)在同一个地面站天线波束范围内时，应避免与 MRO 之间在 X 频段上行链路产生干扰。从 2004 年 1 月开始，按计划持续 90 个火星日的 MER 任务未考虑同信道操作。MER 除了使用 UHF 链路之外，常采用一项称为“MUKOW”(MRO 上行链路避让窗口)的技术，即当 MER 和 MRO 位于同一个地面站可视范围内时(未被火星遮挡)，地面站 X 频段发射机对两个航天器分时操作。

7.5.2.6　UHF 链路分析

主任务期间，利用多个数据源分析了 UHF 的链路性能，包括联合查询 MER 遥测、“奥德赛”遥测(通过“奥德赛”团队发送的电子邮件)和 GTP 预报结果。通过分析 UHF 报告等数据产品(必须由通信分析师提出请求)，可获取更高的能见度。使用 MER 通信团队开发的各种 Excel 工具将这些数据绘制成图。一般情况下，链路数据量的预报结果与实际数据返回量具有较好的一致性(一般在 10%～20%)。偶尔的异常是由于过度倾斜(事前未考虑到)、环境或巡视器平台造成的链路中断、遮挡以及关键圈次在门限附近等所致。

图 7-48～图 7-53 以实现的 UHF 链路分析为例，对高数据量和低数据量的 UHF 圈次性能进行了对比。每种情况下(高数据量和低数据量)，都有两幅图来表

---

① MER 在 2005 年 9 月和 10 月也进行了 UHF 前向链路测试，为 2005 年 10 月后期进行的为期 1 周的单 UHF 操作做准备。

示平均和恶劣情况下的预报曲线、相互之间的偏差，以及从巡视器遥测获得的前向链路接收功率曲线或从“奥德赛”遥测获得的返向链路接收功率曲线。此外，前向和返向链路余量（图 7-48 和图 7-49）以虚线作为参考，Prox-1 协议规定两条链路都必须在所需的门限之上。图 7-50 给出了叠加在 MER UHF 返向链路方向图上的链路几何特征。预报结果考虑了巡视器的方位（方位角和相对于地平线的倾斜）。方位角在每组的两个性能与预报图中称为“rot”（旋转），在方向图中称为“yaw”（偏航）。详见下面两段中高数据量和低数据量链路的图号。

在高数据量接收（图 7-48、图 7-49 和图 7-50）时，实际接收功率曲线与预报的总功率曲线形状一致，且返向链路模型比前向链路要好得多。① 返向链路正好在 3:45 之前出现凹点，对应轨道器飞过图 7-50 中显示的方向图中的零点（图 7-50 和图 7-53 是以视轴为中心、0°～120°放射状变化的天线极坐标图）。预计该 256kb/s 圈次将返回 83Mb 数据，但实际返回的数据却为 125.5Mb。出现这么大数据量差别的原因是，原来预计该链路性能约在 3:49 时会出现下降，但是链路实际性能接近平均值而不是门限（优几个分贝），因此返向链路可以在门限之上额外保持几分钟。详见图 7-49。

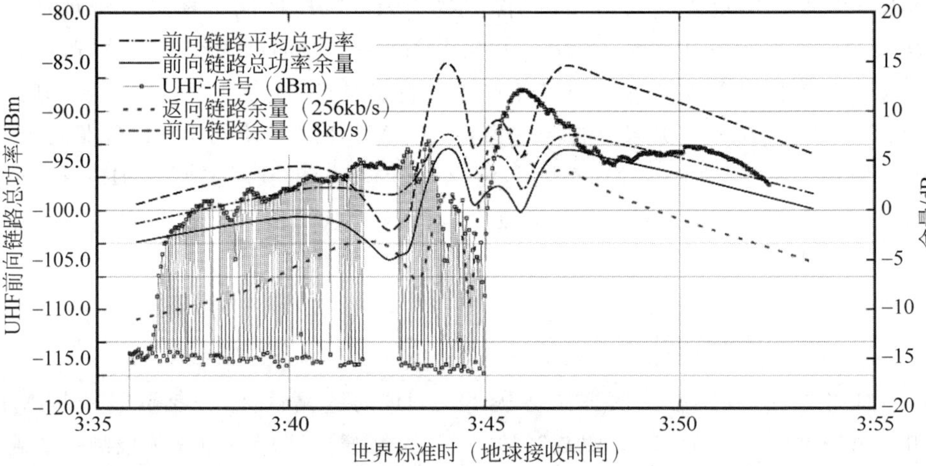

图 7-48　高数据量前向链路性能，“奥德赛”至 MER-B，第 104 个火星日下午（2004 年 5 月 10 日）

UHF 链路的预报能力还有改进的空间；然而，难以使用累积的 UHF 报告测量巡视器极化和天线方向图。此外，我们也怀疑预报值和实际性能之间的某些差异可能是由轨道器的天线方向图造成的。业已证明，很难定量分离巡视器和轨道器的影响。在未来任务中，将优先考虑在更逼真的航天器仿真模型上进行天线方向图测量。

① 整个火星表面任务期间，返向链路比前向链路更加接近预报值。然而，由于性能通常受制于更高的返向链路速率，因此在 MER 规划中未出现问题。

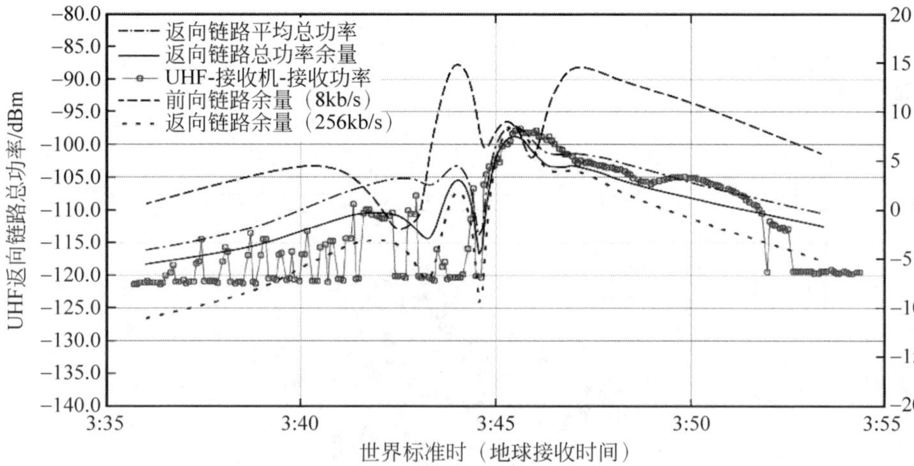

图 7-49　高数据量返向链路性能，“奥德赛”至 MER-B，第 104 个火星日下午（2004 年 5 月 10 日）

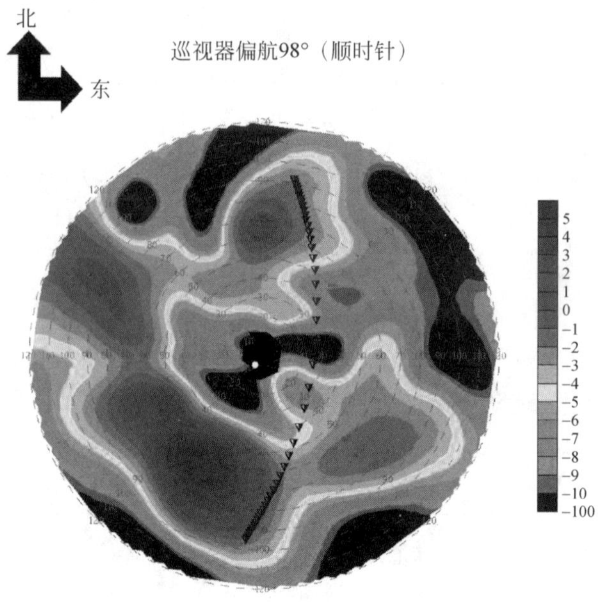

图 7-50　高数据量返向链路几何特性，“奥德赛”至 MER-B，第 104 个火星日下午（2004 年 5 月 10 日）

在低数据量接收（图 7-51、图 7-52 和图 7-53）时，实际接收的功率曲线再次与预报总功率曲线保持一致。然而，在图 7-52 中两条加粗的垂直黑线之间不一致是因为预计要中断的链路未中断引起的，码速率为 256kb/s 的弧段预计的数据总量为 80Mb，但实际为 4.4Mb。链路分析时发现，尽管预报的链路性能与实际有较大差异，但相差这么大依然令人惊讶。图 7-53 显示了过境期间的几何关系，着重显示了余量之上的预报结果。图 7-53 中的点对应图 7-52 中突出显示的弧段，过境期间正好位于天线方向图的陡峭部分。由于不能分离天线增益和极化损失，无法对各自精确建模，因此模型的误差或预报值与实际指向角度之间小的差异就会导致链路处于门限之下。

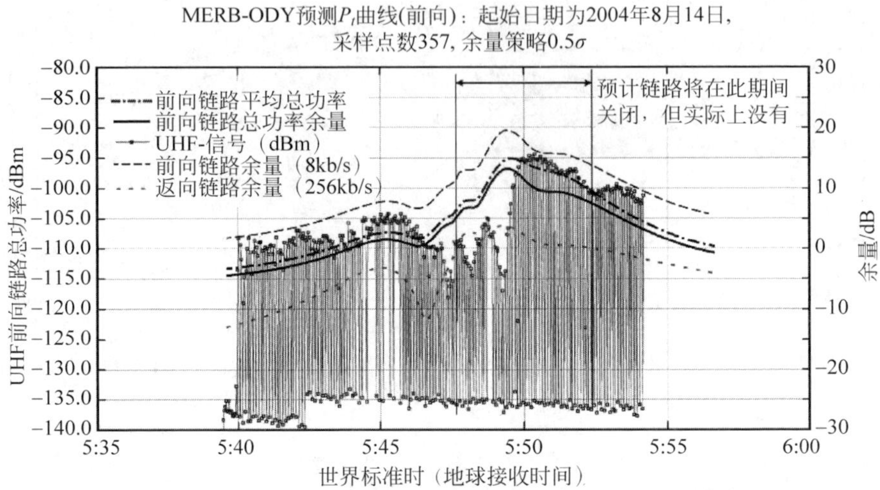

图 7-51 低数据量前向链路，“奥德赛”至 MER-A，第 218 个火星日下午（2004 年 8 月 14 日）

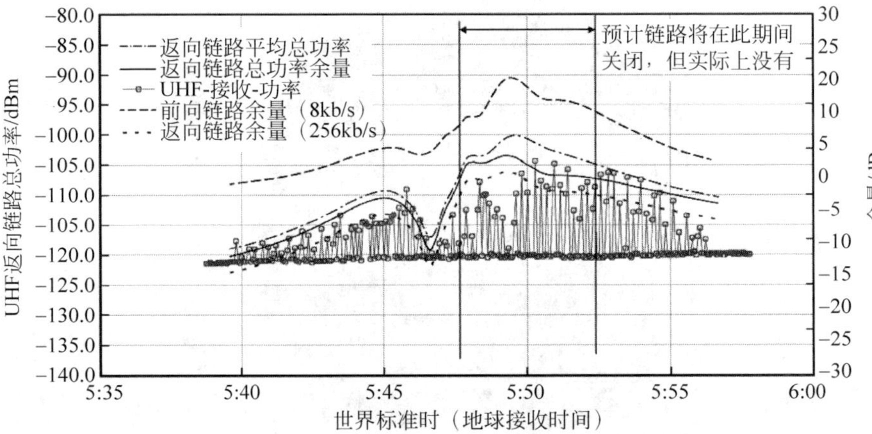

图 7-52 低数据量返向链路，“奥德赛”至 MER-A，第 218 个火星日下午（2004 年 8 月 14 日）

在大于链路余量的后续时间内，预报的链路余量大于零的时间只有 2min，这期间未按预期通过中继发送原计划的 30Mb 数据。这也凸显了当前用于 UHF 数据量估计方法的另一个缺陷，即会出现当链路余量大于零时，断开该链路，而当链路余量小于零时，未断开该链路的情况。这是一个硬判决算法，即根本不考虑（或加权）正在工作的链路在门限以上多少。这就意味着当弧段中的很大部分在接近门限（上方或下方）附近工作时，门限以上获取的数据和门限以下获取的数值与实际的数据返回相比具有很大的差异。特别是在 256kb/s 圈次中，该现象尤其明显。

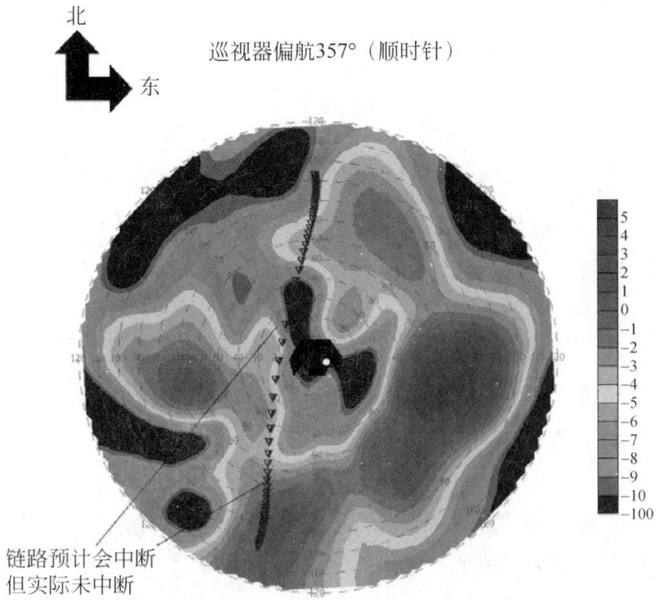

图 7-53　低数据量返向链路几何关系，“奥德赛”至 MER-A，第 218 个火星日下午(2004 年 8 月 14 日)

7.6　经验教训

MER 是一次极其成功的任务，两个巡视器都到达火星表面，且着陆后的探测时间都远超任务圆满成功的 90 个火星日判别标准。通信子系统的 X 频段和 UHF 设备都有很好的构想、设计、测试和操作。我们计划将这些流程作为样板应用于未来的任务。即便如此，还是存在一些问题，导致搭建、测试和操作硬件方面的困难。此外，还有一些其他问题，导致难以预报 UHF 数据量和评估预报错误，致使通信需求增大、通信规划消耗大量时间，或导致数据丢失。这些正反两方面的经验和教训都有益于改进未来火星表面任务中通信子系统的操作。

这些经验教训按主要任务阶段分类：研发；组装、测试和发射操作(ATLO)；任务操作阶段的巡航、EDL 和火星表面工作。由于 DSN 是所有项目通信操作的一个组成部分，而且两个火星轨道器在火星表面巡视器操作中发挥了重要作用，因此本节还包括 MER、DSN 和轨道器操作的经验教训。

有时，教训可能在事后才能看得更加明显，这里记录的经验都已经发生，可以使未来的深空通信工作更加完美。

7.6.1 可作为未来样板的内容

7.6.1.1 X频段研发

计划进度。MER通信子系统面临的最大挑战是研发周期非常短(约2年)。这就意味着各子系统不能等待以文件形式确认所有的上层需求,必须立即订购零部件。

密集安装。第二个挑战是分配给通信组件的物理空间。为了能够将众多硬件单元都装入一个密集空间(WEB)中,不得不尝试多次安装这些器件(例如电缆和连接器),也就是说某些电缆需要布置3次或以上。MER的类似问题并不仅在通信硬件中出现。

经验教训:普遍认为MER在其研发周期内是"不可能"实现的,两个巡视器均成功着陆且满足任务成功最低标准的概率很低,同时研发团队的人力资源极其短缺。一个关于机构和工程的经验教训是,即使研发如此困难也不是不能成功完成的。MER任务需要搞清楚以下原因(即便在事后),即面对过于艰巨的计划进度和极其严格的安装空间限制等,为什么该项任务还能如此成功。未来的任务可以使用MER的相关信息从而比以前更精确地权衡研发过程的风险和优势。

通信操作。通信操作在MER上首次体现在通信窗口中。这一概念与传统星载通信设备配置的顺序有很大不同,可大幅提升学习能力。

经验教训:尽早和经常测试新的飞行软件(FSW)。要强化软件测试,例如与巡视器通信操作管理器(CBM)一起,尽可能早地在ATLO过程中测试,以发现甚至修正通信窗口与FSW其他部分之间的问题。通过飞行任务期间的岗位培训,极大地推进MER的新通信窗口概念的有效利用。

接收机操作。JPL遵循多年的一个设计原则是发射后不关闭其接收机。然而对于本任务,由于功率限制(MER利用太阳能运行,夜间使用电池),迫使每天夜间都要关闭SDST。

热循环。MER之前,没有任何SDST经历过如此多的温度循环(每天至少3次)和功率循环(每天2~3次)。由于SDST和SSPA的设计具有良好的适应性,因此其性能在极端的环境温度下也没有恶化。良好的设备规划,以及在预期任务条件下的装配和子系统测试,有助于确保设备可靠运行。

经验教训:符合预期模式的硬件。应将部件合格与否和筛选程序以及测试程序与预期的工作模式,特别是新模式联系起来。

SDST频率。火星环境对温度与SDST BLF的关系有影响。我们发现火星表面操作期间的频率变化趋势与发射前的类似,但在偏移量和斜率上有一些不同。每个火星日都会发生大范围的温度偏移,但一般情况下,在几周时间内,每个火星日之间的变化基本类似。对于热分析师而言，难以在新的火星表面工作模式(例如深度睡眠)下模拟温度分布。

经验教训：未来项目应继续开展校准活动，例如对 MER X 频段遥测信道的校准。校准包括上行链路接收信号电平、接收机频率变化(静态相位误差)和功率放大器射频输出，尽可能地在预期和极端温度下收集更多数据。像受压力影响的振荡器频率，应该在各种不同的环境下进行校准(例如与火星表面大气压力相反的真空环境)。

观察趋势。对链路性能的直接测量揭示了巨大的变化，这些变化可能大部分源于某些已知因素(如 DSN 天线指向、RLGA 方向图变化，以及由 PMA 造成的 HGA 遮挡或者 RLGA 信号散射)。然而对性能的直接测量，却无法发现那些可能发生(根本无法察觉)在其他量(例如由于老化造成的 SDST 接收机灵敏度、SDST 激励器 RF 输出或 SSPA RF 输出)中的细微变化趋势。

经验教训：对接收机灵敏度和射频输出功率等关键参数的精确校准与稳定测量，与直接测量得到的链路性能进行比较，可以更有效地区分性能参数中的缓变量或微小差异。

7.6.1.2　X 频段巡航操作

日常操作。通信分析师在巡航期间对两个航天器进行监视，每个航天器每天都有一个或多个 DSN 弧段提供支持。规划 70m 或 34m 地面站跟踪的数据率、确认实现这些数据速率的通信窗口、监控和报告每个弧段航天器遥测与地面站监视数据，这些工作在不断重复的过程中变得越来越简单，但工作量总是具有挑战性。幸好在巡航期间，通信子系统并没有明显的性能变化。即便如此，要描述通信硬件与其他器载或地面子系统的交互，还是需要查看相同配置的许多实例，以确认异常性能是否重复，或者可能是由于某个特定的配置造成的。

经验教训：地面软件要自动化运行。对于 MER 任务，巡航期间研发的某些宏在表面操作期间得以完善：包括用 UNIX 开发了数据查询脚本，用 Excel 为 X 频段硬件(SDST 和 SSPA)和地面站监视器(MON)数据开发了变化趋势宏。这些宏使用户无须太多输入，就可将所有的遥测数据显示为“数字”(表格的数据量或状态值随时间变化)或图形(图形显示的数据量[DN]或数值、工程单位[EU]随时间的变化)，并对选定的诸如 SDST 信号电平的实测值和预报值进行比对。然后，将这些表格和图形转换成文档格式(PDF)的简介，以电子邮件方式发送给所有通信团队成员审阅。

链路预报自动生成。ACE 对每个弧段的通信预报已部分实现自动化，其中在巡航期间采用“dkf2pred”脚本，操作期间采用“genmer”和“pred2pdf”脚本。即便如此，在 EDL 前的最后几周为每个弧段生成的预报数据也耗费了大量时间。分析人员必须单独确定每圈的开始和结束时间、所用地面站以及下行链路速率。自动预报会创建一个称为"TFP"的脚本,能读取前面生成的工程文件,并从该文件中提取分析人员需要添加进 TFP 或 GTP 图形用户界面(GUI)的相关信息。现在,许多项目都使用地面站分配文件(SAF)中定义的预报制作脚本来处理过境。

经验教训:要使通信预报完全自动化。除了比手动输入预报数据更快和更易于生成外,自动化预报数据还要以统一的格式输出(始终以相同的顺序输出相同的表格或图形)。分析人员熟悉该格式,在使用自动预报时就会减少出错的概率。

7.6.1.3 X 频段进入、下降和着陆

EDL 规划。从 EDL 前 8h 到 EDL 后 2h,计划使用可见的戈尔德斯通和堪培拉两个 70m 地面站和多个 34m 地面站进行跟踪。对地面站、JPL 的 EDA 和 RSR 部件的演练,验证了信号从每个地面站天线(前端组件)到 EDA 和 RSR 的下行链路信号处理的配置和流程。由于 EDA 专为 MER 研发,且 EDL 的 RSR 是专用配置,因此演练了 EDA 和 RSR 专家在现场、JPL 参与输入信号操作和设备监视的处理流程。

经验教训:综合演练活动。巡航后期的全状态在轨 EDL 演练——包括航天器、飞行团队成员、所有参与的地面站以及 EDA 和 RSR——对发现程序和接口方面的问题极其珍贵。最终,EDL 和通信团队发现,与演练期间的仿真性能相比,利用真实的 EDL 数据更容易评估着陆器性能。

7.6.1.4 X 频段表面操作

通信窗口变化。与巡航后期的码速率最优化操作类似,通信窗口的最优化设置出现在火星表面操作的"战术"(立即、每个火星日)序列操作过程中。这种最优化操作对火星表面巡视器进行复杂和快速转向等动作必不可少。在"战略"(多个火星日)操作过程中,任务规划中的通信窗口设置是依据数据速率性能文件(DRCF)完成的。MER 表面操作期间,通信分析师要核实每个通信窗口中的 17 个参数。X 频段通信窗口的变化,特别是开始时间或持续周期等参数的变化,必须由人工对地面站配置和上行时刻进行仔细检查,这项工作极其费时且容易出错。

经验教训:若仅进行人工检查,就应该将各窗口通信的时机和子系统配置的变化降至最小。

全局窗口变化。提高 MER 约束检查过程的自动化程度便于改变当前通信窗口的时间或数据速率。所幸,自动程序能够在战术上一次改变多个窗口的某些参数(下行链路码速率、持续周期,或者随火星参考时间例如上午 8:00 而变的开始时间)。这些"全局"变化运行良好,且经过 DRCF 确认后,无须再进行验证。

- "add_seq_to_window"参数已得到应用。它允许通信窗口抛弃无关的活动,并常用于 UHF 报告的生成(见 7.5.2.3 节)。

• 通过向 SDST 发送独立的二级遥控指令，具备在一个通信窗口执行周期内调整通信配置的能力，例如改变下行链路速率等。这种方法要慎重使用，但已被证明有效。

窗口检查脚本。在扩展任务期间，通信团队开始抽空开发对飞控规则进行检查的脚本，其中包含与通信窗口密切相关的遥测调制参数等，以及其他与窗口开始时间（航天器事件时间 SCET）、持续周期与地面站可见时间（发射时间或接收时间）有关的参数。这些与时间相关的参数难以进行手动检查，这是因为其中许多内容都是以序列的形式表示的，且包含 OWLT 以及地球与火星之间的时间转换等。

经验教训：定义规则进行窗口自动检查。重点将窗口的开始、持续时间与地面站配置文件中对 MER 的跟踪弧段进行对比，包括跟踪开始、上行链路捕获（包括上行链路扫描持续时间）、上行链路切换和跟踪结束。对于 MER，这些检查有助于确保在 SDST 接收机锁定前不发送遥控指令，同时上行链路的失锁（使下行链路处于单向模式之中）也不会产生正常或异常警告。

RLGA 操作。如果仅考虑主波束增益，能够观测的 RLGA 比 HGA 的性能差约 13dB。然而，当进行信号电平规划时，由于 RLGA 位于 RED 上的独立位置且其增益模式很宽，使用它有时是为了避免使用 HGA 会遇到的以下两个问题：PMA 遮挡导致的信号散射（见 7.5.1.5 节描述）和由于 HGA“失败”导致的时间约束（见 7.6.2.1 节描述）。

经验教训：通信规划时，不仅仅要考虑天线增益，还要考虑通信硬件特性和系统影响因素。低温条件下，当限制航天器上行接收功率以避免 DAC 翻转产生的短时脉冲波形干扰时，对 RLGA 进行扫描比 HGA 更安全。通过 RLGA 而非 HGA 的单载波“蜂鸣”，会减少相互影响和约束。使用 RLGA 蜂鸣时，无须预热 HGA 执行机构或中断科学活动。RLGA 能用于巡视器行驶时发送蜂鸣信号，而使用 HGA 时却需要巡视器处于静止状态以保持指向。

相干下行链路。单向非相干下行链路比双向相干链路通常更易于管理，因为它们与上行链路锁定状态无关。然而，火星表面上的温度变化会使由辅助振荡器产生的单向下行载波频率发生巨大变化，地面站接收机可能无法在可用的下行链路电平条件下锁定迅速变化的载波频率信号。随即，所有的 DTE 和蜂鸣下行链路都变为标准的双向相干模式。当巡视器发射 DTE 和蜂鸣信号时，要求 SDST 接收机处于锁定状态，除了响应算法中的最后一步，巡视器发生故障时，下行链路仍设置为相干模式。

经验教训：最简单的模式不一定是最好的。地面站较高的频率稳定度可以防止航天器振荡器频率受温度变化的影响。

盲发遥控。通常，监视航天器的遥控过程需要使遥测处于锁定状态。无须立即确认的遥控称为“盲发遥控”。在绝大多数深空任务中，仅在应急情况下采用盲发遥控。只要遥控周期(上行链路窗口)与光行时相当,并且下一个下行链路弧段或 UHF 中继弧段在数小时后出现,MER 在火星表面的操作都要按程序开展。在火星表面任务期间,利用 RLGA 盲发遥控仅出现过一次遥控错误和一次注入失败(均出现在同一地面站中)。

经验教训:MER 火星表面操作表明,盲发遥控能够非常可靠。然而,采用盲发遥控建立和保持上行链路要求接收机具有可重复工作、精确使用调谐模板及其参数、训练有素的遥控操作人员(ACE)以及良好的指挥系统监视能力。

蜂鸣。蜂鸣已成为遥控指令上传和每个新主序列初始化成功与否的一个持续标志。蜂鸣(5min 的 X 频段单载波下行信号)是一种在 EDL 中使用的旗语(M-FSK 测音)的简化形式。检测出蜂鸣的时间表示它为"正常"(全部正确)或是"不正常"。

然而,未检测到蜂鸣不一定说明巡视器就有问题。大多数情况下,在随后的一个 UHF 弧段传回的遥测数据表明,SDST 和 SSPA 在计划的时间发送了蜂鸣。在扩展任务期间,就算地面站未检测到计划的正常蜂鸣,经验有时也可以使我们有足够的信心继续实施后续规划(例如发送遥控损耗计时器命令)。

经验教训:使用蜂鸣(或旗语或其他简单的成功/不成功信号)可能使我们在遥测无法支持决策的情况下继续按计划开展探测。

RSR 操作。当蜂鸣检测程序首次用于主任务时,任务要求将 RSR 的蜂鸣检测作为 DSN 蜂鸣检测的备份。因此,在对几次蜂鸣进行检测后,JPL 无线电科学团队研发了一个原型网页,用于在指定时间段请求 RSR 对蜂鸣音进行检测,而无须地面站人员或无线电科学人员干预。鉴于已按照火星时间安排蜂鸣计划,证明了这一自动流程是有用的。某些地面站在某些时间就是这么做的。

经验教训:为了减少人力成本,考虑交叉培训非专业人员远程运行 RSR,并以简单的预设模式评估输出的蜂鸣。例如,改进对 RSR 远程设置(基于网页)的可操作性。

多径效应。通信分析师能够可靠地预报上行和下行链路性能,并在 RLGA 视轴 80°范围内(巡视器水平线以上 10°)操作,HGA 对地直接通信的信号路径距巡视器平台较近,在多个弧段已经出现了由多径效应引起的信号衰减,但从未影响到 DTE 链路的性能。

经验教训:多径效应可能不是一个问题。可以利用 MER 的经验,分析其他任务通信链路中可能潜在的多径效应影响。

7.6.1.5 UHF 研发

UHF 测试计划(两个巡视器、三类轨道器、短期研发计划)能够成功的关键因素包括:

- "奥德赛"和 MGS 测试设备以及 MER 自身 UHF 系统测试设备(STE)全

时段可用；

- 对于火星表面操作，可从多个可用收发模式中选择几种，并选择一个前向链路速率；
- 坚持只在最关键的领域进行测试，如测量表面子系统和设备的电磁兼容性(EMC)；
- 掌握哪些设备在UHF弧段期间可以工作(哪个设备最有可能干扰UHF接收机或被UHF发射机干扰)，这些信息在严格受到时间和功率限制的火星冬季是很有价值的；
- Prox-1确保了数据的无差错下传。

经验教训：确保在未来任务实施过程中采用类似的策略。

7.6.1.6 UHF表面操作

UHF窗口的通信性能良好。

UHF窗口。相比X频段，对UHF通信窗口的创建和评估量明显减少，这是因为相比SDST，UHF无线电设备的“调整动作”(例如调制度和副载波频率)较少。

窗口变化少。通信窗口的策略性参数不做修改。因为它们在全部或大部分几何可见弧段内，持续时间和范围固定，且无法实时调整。这就意味着团队无须把有限的时间耗费在对UHF通信窗口的检查上。

窗口的删除和速率。在主任务和扩展任务中，战术性改变受以下条件限制：

- 当其他窗口(也是战略计划且在序列中)能够提供更大的数据量，或巡视器功率受限时，需要删除某些已规划的UHF通信窗口；
- 利用ORSC程序，在“奥德赛”上将返向链路速率在128kb/s和256kb/s之间切换(或在相干和非相干之间切换)。

经验教训：当有必要这样做时，简化通信等“实用”程序。火星表面巡视器和轨道器之间中继链路规划涉及的通信问题——例如HGA指向、地面站天气或地面站天线指向，比地球上发起和结束的链路涉及的问题要少。

中继协议。使用Prox-1，意味着只要通过中继下传数据，就不会出现错误。性能分析表明，UHF的工作强度远低于X频段。

经验教训：深空任务中应适当采用先进的通信协议。

7.6.2 改进之处

7.6.2.1 X频段研发

FSW模拟器。由于在ATLO开始之前没有电子设备模拟器，因此器载硬件性能调试非常耗时，且需要多团队互相协作。一个具体的例子是：为了解决 10b/s 的码元定时问题，两次使用 DSN 设施进行测试(DTF-21)，并且涉及了 DSN 的测试操作人员、地面数据系统(GDS)人员以及 ATLO 测试人员。

经验教训：配备独立运行的工程设备(即飞行软件[FSW]模拟器)进行新增功能的测试，而无须多任务支持设备过早和重复参与测试。

下行链路速率。上行链路速率是 2 的倍数。如果相邻下行链路速率(40～120b/s)能够设置更多速率，就可能会缩短解决 MER-A 在第 18 个火星日出现闪存文件异常问题的时间(见 7.5.1.4 节)。120b/s 和 40b/s 之间 3∶1 的比例关系，意味着为支持 120b/s，链路性能要增加约 5dB。

下行链路速率低是一个挑战，因为它们需要花费很长的时间进行测试，且在性能方面还可能受到数据速率非线性变化等因素的影响。

经验教训：应谨慎地将实现、测试和使用大量比特率的复杂性与特定速率的效用进行权衡，包括在意外情况下。

火星表面环境。由于需要对巡视器设备出现的几个严重的 FSW 问题进行调试，造成在火星表面环境、特别是低温和局部真空情况下，用于验证 SDST 性能的时间非常有限。

回顾过去，通信硬件关注的焦点应该是 SDST BLF 以及低温和局部真空(接近巡视器在火星上操作时的稀薄大气)环境下的捕获和跟踪性能。对 MER-A 更是如此，这是因为 SDST 的相干泄漏(见 7.5.1.9.1 节)对低温条件下上行链路的捕获性能要求非常高。

频率校准。除了由于 MER-A(MER-B 上不存在)上静态相位误差(SPE)漂移(相干泄漏)导致 SDST 失锁，对随温度变化的上行链路信号电平(cla_snr)的粗略校准也会加大火星表面操作难度。SPE 漂移会使上行链路在某些温度条件下的盲捕出现问题，而且粗略的校准难以将巡视器天线指向影响和地面站指向影响进行分离。

经验教训：在设计测试和验证程序时，需要考虑环境因素、计划使用的设备以及特定装置中的具体不足。

RF 泄漏。器载 X 频段系统中存在一些反极化泄漏路径，当一个地面站无意中向 MER-B 发射了错误的上行极化信号时(巡航期间明显出现过两次[10])，错误的上行极化信号就会进入 SDST。不过很快通过 SDST 遥测数据纠正了这一配置错误。

由图 7-11 可知，当选用 MGA 时(上行链路和下行链路)，就不能选择 CLGA，反之亦然。在第一次出现该问题时，发生了一次冷重启，此时选中的天线是 CLGA(RH 极化)。地面站错误配置为发送 LH 极化信号，接收端配置为正确的 RH 极化。由于通过 MGA 天线(LH)存在射频泄漏，因此 SDST 从 MGA 接收到的上行电平低于预报值(对 CLGA 而言)，但 SDST 仍能在极化方式错误的情况下成功解码。这一“成功”造成了大量混乱，直到切换为备用上行链路。在第二次出现该问题时，地面站错误地发送了 RH 信号，选择的天线为 MGA(LH 极化)，SDST 通过 CLGA(RH)泄漏路径实现了载波锁定，然而测距信号却低于门限，在改正上行极化方式前，测距数据已丢失。

经验教训 1：在航天器微波部件选择和配置中，必须对信号泄漏进行控制(以及对泄漏量进行测量)。

经验教训 2：确认上行和下行链路极化方式的能力与地面站的控制能力不相匹配。

PMA 遮挡。在试图解决 MER-A 第 18 个火星日闪存文件异常时面临的严重问题是 HGA(X 频段)下行链路受 PMA 遮挡。扩展任务期间，在某些巡视器方位上，经由 RLGA(X 频段)的上行链路也出现了遮挡。

HGA 抖动。HGA 指向接近框架轴的奇点时，会发生 HGA“抖动”。在试验台上进行火星表面操作测试时发现了一个 FSW 缺陷，HGA 抖动可能会导致致命的软件错误，该问题源于抖动期间 CBM 和 HGA 之间的不正常交互。根据测试结果，主任务期间，预计由 ACS 软件自动运行产生 HGA 抖动的预报窗口将会被取消或调整。在改正 FSW 前，为避免抖动，要仔细选择巡视器姿态。两个巡视器都没有发生过计划内或自主的抖动。

经验教训：应充分分析天线指向特性和天线交叉干扰问题(PMA 遮挡、HGA 抖动风险)，并在发射前研究替代操作方案。

天线特性。MER 并不是第一个使用相对较差的天线增益和极化模式进行操作的项目。

经验教训：发射前要利用高保真航天器模型，花费必要的时间和资源分析天线性能。这适用于 UHF 和 X 频段天线，也适用于上行链路和下行链路。经过对航天器天线的全面分析(包括航天器附近部分的遮挡和散射影响)，就可以制订稳妥的计划，以便在每个弧段使用更高的下行速率，返回更多的下行数据，并且能够通过更高的上行速率，以比其他任务更高效地完成遥控和科学活动。若工程无须更高的下行或上行链路速率，就可以根据天线性能选用较小口径且耗费较少的地面站进行操作。

7.6.2.2　X 频段巡航操作

通信窗口类型。实践证明，巡航期间标准配置(遥测和测距，或 ΔDOR)下的通信性能(缺省状态和通信窗口)是可靠的。巡航期间的通信配置是可控的，大部分情况下使用的是正常通信窗口，各个窗口都有一个参数来规定开始时间。

高优先级通信窗口(HPCW)要在收到后立即执行，因为其已经超过了开始时间。然而，HPCW 总是会增强放大器和天线的开关状态切换能力，但原则上不会频繁切换，因为要来回拨动(重复启动)开关，使 SDST 激励器和 SSPA 轮番关、开，以强制选择 SSPA,反复关闭这些装置也会造成下行链路中断。

经验教训:正常窗口时不会增加开关次数,一旦接收就立即启动,这样就结合了 HPCW 和常规通信窗口两个很好的可用特性。

通信窗口使用。关于巡航期间的数据重放,是用 HPCW 还是用常规通信窗口存在许多争议。由于 HPCW 需要循环使用硬件(特别是 SSPA 和 SDST 激励器),增加了通信硬件开关次数,因此最终选择了常规通信窗口。

随着航天器至地球的距离越来越远,遥测速率可能已经无法满足团队所期望的全部数据的实时下传和重放。业已证明,在每个通信窗口都具体化的情况下,实现下行链路速率最优化对各系统和通信分析师来讲是个巨大的负担,因为巡航期间的通信窗口参数设置和时间复核都是由人工完成的。扩展任务中,一个窗口检查程序减轻了人工工作量。

经验教训:MER 是第一个使用通信窗口的深空任务。MER 任务在生成和评价通信窗口、必要时修改或删除等方面获取的经验,为其他工程对 MER 使用的第一代通信行为和通信窗口进行改进指明了方向。除了在"接收后立即执行"和"定义开始时间执行"之间做出选择,任务中还考虑在改变单个参数(如通信系统工作在全功率状态时的码速率)时,如何简化参数生成和评估流程。另一种选择是把通信窗口与简化的 X 频段通信模式(如 MER UHF 所做的那样)相结合。

下行链路报告。巡航期间,各子系统使用相同的设备,MER 通信服务器上一个名为"Quill"的软件用于报告下行链路日常状态。像文字处理软件一样,该软件允许用户输入字符串,软件会搜索以前所有与该字符串有关的信息,这为分析人员提供了一种快速的方法,可帮他们发现和引用重复出现的问题或活动的先例。

火星表面操作之初,由于使用的下行链路状态报告软件不同,Quill 还不具备字符串搜索功能。到 2004 年后期,开发了新版本的 Quill 软件,它从一个下行链路报告进入另一个下行链路报告的响应速度比在主任务阶段和第一次扩展任务中使用的版本要快得多,同时还恢复了字符串搜索功能。

经验教训:在高强度工作环境中,要考虑工作人员对软件的特殊要求,要满足这些需求并加以改善。

7.6.2.3 X 频段表面操作

链路余量准则。制定的链路余量准则已应用于巡航段和火星表面任务段的通信配置与数据速率设置中。这些准则对通信链路中从一个状态到下一个状态的转化进行了说明。准则主要包括:

- 余量策略:链路预测以有害容差为基础,限定遥控余量为均值-3σ,遥测为均值-2σ。
- HGA 指向容差:火星表面操作期间,预报的数据速率包含了 HGA 的 2°指向偏差。

- 地面站下行链路锁定时间：对于巡航段，锁定时间为 1min；火星表面操作期间，锁定时间变为 3min，后来变回(有时)到 2min。

经验教训：有必要建立一致的链路性能余量、时标和可操作性准则。相互冲突的目标一般会使制定的准则趋于保守，但不会导致数据丢失；但也不能过于保守，以致事前规划的数据量低于工程所能承受的范围。除了获得工程经验，没有其他方法能够改变这些准则，以满足工程的特殊需求。MER 的经验建议如下：

- 尽管均值-2σ 的下行链路性能是链路余量准则，但在主表面任务期间的数据丢失量还是出现了略高于工程要求的情况。因为要考虑包括比定义的 90%更糟糕的天气、天线指向比预期的要差，以及 PMA 对 HGA 或 RLGA 一定程度的遮挡等因素影响，所以较大的链路余量会减少重新规划的次数。
- HGA 指向偏离为 2°和 4°之间的差异约为 2dB。指向误差是 TFP GUI 的一个输入参数。考虑更多的指向误差会比上述准则增加更多的链路余量。
- 对于无法建模或难以建模的情况，特别是地面站指向误差对性能的影响，可能使链路余量准则不够可靠。2004 年 8—10 月，航天器与地面站之间距离最大时，指向误差对上行链路性能的影响变得相当严重，此时地面站天线指向是基于当前接收的下行链路信号确定的，并未考虑此时地面与火星之间的 OWLT。
- 鉴于锁定时间偶尔会比正常情况长，并且随后会丢失最有价值的数据，因而在火星表面任务中，地面站遥测锁定时间为 1min 是不够的。到主任务进行到一半的时候，更改了一个通信窗口参数值，使前 3min(而非 1min)只传送实时数据(在有价值的数据开始之前)。后来，数据丢失/时机的平衡再次发生变化，特别有价值的窗口有时规划了 2min 的遥测锁定时间。

热模型。MER-A 第 38 个火星日，在上午的通信窗口校准期间，HGA 俯仰轴驱动器出现停滞，测试 HGA 指向偏离地球 30°，造成 DTE 中断。用于问题评估和遥控状态恢复的数据均由 RLGA 接收和发送。事后分析发现，HGA 被 PMA 遮蔽，使驱动部件未被充分预热，导致驱动电机熄火(参见 ISA Z83273[18])。该事件后，修改了 HGA 加热表，即假设 HGA 总是在最恶劣遮蔽条件下工作，且将 HGA 校准从上午的通信时段去除。

经验教训：这类事件凸显了预报模型的不足，即忽略或过分简化某些因素。一个足够稳妥的系统设计应该可以承受这种意外，以避免发生不可逆转的损坏或无法挽回的数据丢失。

地面站天线指向。由于盲发遥控指令时段内没有用于对其进行确认的下行链路，预料之外的地面站指向误差会导致遥控指令丢失。除上面讨论的上行链路失常外，如果轨道器下行链路采用巡视器的 MSPA 模式接收(见 7.5.1.7.1 节)，通过圆锥扫描的方式可以在很大程度上减轻地面站指向误差的影响。

地面站指向误差有时可以通过工程和DSN协同对随后获取的遥测数据(而非预报数据)进行分析确定,具体为对遥测返回的上行链路信号电平进行分析,并与地面站日志上记录的较大的指向误差次数进行比对。

经验教训1:要立即排查任何可疑的地面站指向误差,尽量减小对任务后续操作或对该地面站跟踪的其他任务的影响。

经验教训2:在地面站任务支持期间,确定一个固定的圆锥扫描策略。MER的经验如下:

- 对RLGA下行链路不进行圆锥扫描。此时,忽略巡视器倾斜,RLGA保持与火星表面垂直,指向地球的角度在RLGA模式下大范围变化,信号变化也很大。
- 若在MSPA时段有一个轨道器可用,则总是对其进行圆锥扫描。
- 所有地面站均采用圆锥扫描(给定大小)。由于DSN对70m地面站任务实施和操作上的差异,在MER主任务期间并不这样做。对某些地面站,操作员们认为圆锥扫描有时可能会把天线带入不稳定的下行链路工作状态。

蜂鸣音检测。在主任务开始时,工程将DSN的蜂鸣音检测作为"尽最大可能"要完成的工作,这就意味着不能依靠JPL的差异报告(DR)及时评估漏掉的蜂鸣音,从而无法避免由于同一原因而丢失更多的蜂鸣音。

经验教训:要尽早与DSN磋商确定对以往非标功能的支持级别。DSN优先分析的是DR中包含的问题,在问题分析和解决方法有限的条件下,尽最大努力达到最佳效果。

各火星任务的相互影响。多台批量购买的X频段SDST工作在DSN的同一上/下行链路信道上。

由于各个任务都需要自己的SDST,JPL频率管理组织就必须考虑这些任务(例如在火星上)的位置和计划的持续时间。由于MER的主表面任务原计划持续至2004年年底,没人能预料巡视器在EDL后仍能很好地工作数年("勇气号"工作至2011年中,"机遇号"工作至2016年)。其间,MRO于2006年3月抵达火星,其SDST已经被分配到第32信道,与MER-A("勇气号")为同一信道。①

在火星计划办公室主持下,由MER和MRO工程代表组成的工作组和JPL通信部以及DSN,于2005年5月制定了一整套建议[19]。这些建议基于如下假设:

① 巡视器寿命需要考虑其他可能的影响因素。深度撞击(DI)任务使用的SDST工作在DSN的第29信道,与"机遇号"相同。DI的主任务从2005年1月开始至2005年8月结束,与"机遇号"的部分火星表面任务重叠。利用深度撞击航天器开展的扩展任务(称为"Epoxi")于2010年年底结束。此外,"黎明号"(Dawn)任务(2007年发射)与"机遇号"火星表面任务一起,都持续到了2016年。Epoxi、Dawn和MER-B应答机都工作在DSN的29信道。JPL多任务频谱分析团队对这三个任务进行了预测,以确定任务之间潜在的干扰周期。干扰电平是上行链路或下行链路接收信号功率以及特定轨道产生的频率偏移的函数。确定了潜在干扰后,各任务就会在一起协商,并通过重新安排跟踪计划或取消非关键跟踪弧段的方式规避干扰。在2005—2016年,该策略非常有效,至今未丢掉任何一个关键导航、遥控或遥测数据。

在 2006 年 3 月以及随后的 MRO 主任务中，两个巡视器仍能工作，并具有 UHF 和 X 频段通信能力。该建议要求 MER 开发和测试经“奥德赛”UHF 链路对“勇气号”进行遥控的功能，此时 MRO 可以通过 X 频段进行关键事件的操作（如大气减速）。

经验教训：制定该建议[20]的工作组还发布了以下内容：

- 带宽是一个有限资源（尤其在火星和月球上）。
- 在 X 频段要使用高效的带宽调制方法（如高斯滤波最小移位键控[GMSK]）。
- 继续积极将高带宽任务转移到 Ka 频段。
- 通过 UHF 完成 MER 的遥控和遥测操作，但 DTE 应继续作为应急和备份手段。
- 下一代 DSN 和深空应答机应满足以下需求：
  - 保持当前 SDST 的操作能力和灵活性；
  - 具备合成频率生成能力；
  - 具备完整的软件定义功能（便于发射后升级），同时保持现有 SDST 的可靠性。重构包括改变操作信道以满足发射时的未知需求。发射后收发信机软件重构的优势已经在 MRO 器载 Electra UHF 收发机上确认。

太阳会合。参见 ISA Z84599[21]。为了生成用于无线电传播特性研究的数据，以提高未来航天器接近太阳时的遥控能力，JPL 通信研究部门要求在 2004 年太阳会合期间开展试验，在 SEP 角最小值降至 1°时，向两个巡视器发送禁止操作遥控指令。从 1997 年近地小行星交会航天器和 2003 年“卡西尼”航天器类似的上行链路来看[24]，大家认识到太阳会使上行链路性能恶化，并会使发送给 HCD 的遥控指令产生误码。

评估中并未考虑单个 64 位（实际为 63 位+1 个填充位）上行链路码组内多个位出现错误的影响。MER HCD 设置中的某个特定漏洞导致 HCD 将一个码组中 3 个或更多码元错误看作零或者是一个错误并进行“改正”；然后，FSW 可能会正确地使用了解码错误的码组，将其写入本不应修改的程序中。在 ISA 事件中，写入错误导致软件出现了致命错误，致使序列终止并热重启。

经验教训：对非标准遥控操作的评估会涉及所有可能受到潜在影响的子系统。应极其严格地对那些可能使遥控链路产生错误的行为进行评估。

7.6.2.4　UHF 研发

进度与质量。在系统研发期间，MER 工程组获悉，其选定的 UHF 单极天线的方向图和极化特性有巨大变化。然而，UHF 天线性能越好质量就越大。待能够清楚地认识到天线性能差异对任务规划会产生重大影响时，再想在航天器上安装较重的天线为时已晚。事后表明，天线性能测试并不充分。因此，MER 仍保持单极天线设计，但这样就难以对火星表面工作期间的数据量进行精确规划（包括返向链路数据速率选择)。

经验教训1：在高质量的航天器实物模型上对UHF天线性能进行测量的优先级应设置为最高。尤其在该天线方向图的幅度和极化变化与MER UHF单极天线一样显著时,这一点尤其重要。

经验教训2：基于有效开发原因做出的设计决策可能会对操作产生巨大影响。当这种影响十分明显时,要考虑缓解措施,如进行附加测试等。

7.6.2.5 UHF EDL

返向码速率。EDL期间,UHF至MGS的8kb/s返向链路性能非常好,然而：

- 在EDL UHF中继期间,为了使MGS能够恰好在中间时刻飞越巡视器着陆点,要对MGS的轨道进行调相。轨道调相规划考虑了着陆前、后预期的MER几何位置,精度控制在理想值的30s范围内。
- 为了达到最佳增益,需要使MGS的UHF天线指向着陆点,这就需要MGS航天器重新调整指向。

经验教训：EDL链路要考虑未来使用较低速率(可能为2kb/s)的需求,以便最大限度地减少对轨道器的操作。与此同时,还要密切关注时延和帧长。

7.6.2.6 UHF火星表面操作

天线方向图工作区。巡视器UHF(RUHF)天线的不对称性大大增加了操作的复杂度。

- 轨道器单极天线极化损失对建模提出了挑战。
- 轨道器天线方向图精度依然未知。
- 事实证明,前向链路预报精度比返向链路差,尚未确定具体原因。
- Prox-1允许UHF链路预报精度比X频段链路差。

尽管在研发期间有相反的计划,飞行团队还是尽可能地调整巡视器的方位,使返回数据量最大化,特别是在火星冬季电力有限的情况下。

经验教训：操作期间难以缓解提高返回数据量的压力。系统必须经过校准和重新配置,以满足需求。

利用现有能力。EDL前不到两个月,使用UHF单载波模式时发现了一个通信问题。参见问题/故障报告(P/FR)Z82586[18]。对于应急操作,需要采用纯载波UHF返向链路模式。在实施过程中,UHF收发信机的“测音信标”(巡视器返向链路单载波输出)和“遥控信标”(轨道器前向链路呼叫信号输出)之间存在明显的混淆现象。实施过程中,CBM在预期的仅返向链路单载波模式下错误启动了命令信标,这种混淆使轨道器很难检测到预期的单载波返向链路信号,因此被规则禁止。

对这两种模式使用不同的命名法可能会减少出错的可能。任务中拒绝了

FSW 的更新，以便在火星表面操作开始前解决该问题。

UHF 认证工程师研究和测试了变通的方法，即将一个指令序列加入所有 UHF 单载波通信窗口（任何通信窗口都可以指定一个序列文件名，在打开窗口时启动该序列）。通信窗口开始错误配置的 UHF 后 1min，该附加指令序列会控制收发信机进入备用状态，等待 10s 后，强制进入正确的单载波发射状态。

经验教训：借助强大的基本设计（如通信窗口），可能会提供一种变通的操作方法，其风险要低于对 FSW 进行内部更改。

UHF 链路预报。预报工具（DVCF 和 GTP）能够很好地帮助选择低仰角弧段或替代弧段，显著增加接收数据量。在巡视器天线方向图的较好区域，可以在 5°仰角时断开链路。然而：

- 到第一个扩展任务末期，添加了巡视器-轨道器观测几何中同时考虑巡视器倾斜的功能。在少数情况下，预测的数据量在包含巡视器倾斜和不包含倾斜的情况下相差 2 倍。
- 弧段与弧段之间的变化使余量准则（例如，均值 -1σ）面临挑战。对于给定的巡视器，每个巡视器与 MGS 和“奥德赛”之间的链路余量都可能有所不同。

经验教训：采用中继链路的任务必须具有精确预报数据返回的能力，且应满足每个火星日规划所需的精度。

数据返回延迟。与创建 X 频段通信窗口相比，UHF 通信窗口的创建更不需要人工操作，但在主任务期间，飞行团队中的通信分析师仍要花费大量时间来回答每个窗口的 UHF 数据何时会进入任务支持区域（MSA），因为任务规划人员需要前一个火星日的数据来规划下一个火星日计划。虽然通信窗口的开始和持续周期精确确定，但数据到达 MSA 的时间却因 MGS 或“奥德赛”的某些特殊情况以及轨道飞行器的地面系统约束而有很大不同。

主任务完成后，直到当“奥德赛”为数据中继提供了一种弯管通信模式，从而可以确定 UHF 窗口的首批数据到达地面的时间时，这种情形才得以改善。当 LMA 为“奥德赛”跟踪弧段开发程序时，又考虑了缓冲区的管理，能够确定 UHF 窗口的所有数据到达地面的最新时间，这一情况又进一步得到了改善。

经验教训：利用中继链路的任务（特别是需要依靠其他项目），需要在端到端地面系统设计中估计每一个环节的时间延迟，同时与每个火星日的活动规划精度相匹配。

7.7　后续扩展任务

本节内容讨论了 MER 主任务（至 2004 年 4 月）和第一次扩展任务（至 2004 年 9 月）期间的通信操作和性能。

本节的原文参见 DESCANSO 设计与性能总结中的相关内容，网址为 http://descanso.jpl.nasa.gov/DPSummary/summary.html。该文档于 2005 年 10 月出版，其中 6.7 节描述了截至当时的通信计划安排和性能。此外，还给出了通信飞行团队开发和使用的计划安排与分析工具的相关信息，在飞行团队成员减少的情况下，该工具使操作更加高效。

MER 任务的网址为 http://marsrovers.jpl.nasa.gov/home/index.html，其给出了每个巡视器当前状态。截至 2016 年 1 月，“勇气号”和“机遇号”相关报告如下。

7.7.1 “勇气号”

截至第 2621 个火星日（2011 年 5 月 24 日），“勇气号”仍然在 Troy 处保持静默。“勇气号”陷入 Troy 区域的撞击坑边缘。当时，“勇气号”已经从着陆点行驶了 7.73km（4.8mile）。作为抢救的一部分，向“勇气号”发送了超过 1300 条遥控指令，试图使巡视器有所响应。从第 2210 个火星日（2010 年 3 月 22 日）开始，就再也没有接收到“勇气号”的任何信息。最终于 2011 年 5 月 25 日放弃了对“勇气号”的抢救。

7.7.2 “机遇号”

“机遇号”持续工作至第 4267 个火星日（2016 年 1 月 25 日）。“机遇号”12 年前着陆火星，在当前火星冬季最短光照的日子里持续保持工作状态。它借助火星环境提供的风，在火星南半球冬至（1 月 2 日）前后数周时间内清除了其太阳帆板上的一部分灰尘。火星探测巡视器项目主管 John Callas 表示：“‘机遇号’能够在这个冬季继续工作，部分原因是因为太阳能电池阵比以往几个冬季都要干净。”

“机遇号”自 2011 年以来，已经对奋进（Endeavour）陨石坑西部边缘 14mile（22km）范围内进行了探测。这个冬季，它正在考察马拉松（Marathon）山谷南面的岩石，该山谷的一部分从奋进陨石坑西部绵延至东部。MRO 已经绘制了该区域内黏土矿物含量分布图，探明了地下水、非酸性物质的存在形式。

参考文献

[1] "Photojournal", *Mars Exploration Rover Mission*, website (planetary photojournal, including images of and by the MER rovers), Jet Propulsion Laboratory, California Institute of Technology, Pasadena, California. http://photojournal.jpl.nasa.gov/index.html (accessed on April 19, 2010).

[2] *Mars Exploration Rover Mission*, MER public home page, Jet Propulsion Laboratory,

California Institute of Technology, Pasadena, California. http://marsrovers.jpl.nasa.gov/home/index.html(accessed April 19, 2010).

[3] A. Makovsky, *X-Band Telecommunications Systems Operations Handbook*, version 4.0, D-21239(internal document), Jet Propulsion Laboratory, California Institute of Technology, Pasadena, California, July 29, 2003.

[4] M. Danos, *UHF Telecommunications System Operations Handbook*, D-21240 (internal document), Jet Propulsion Laboratory, California Institute of Technology, Pasadena, California, December 30, 2003.

[5] "MER Reports", *Quill MMO GDS Services*, internal web site, Jet Propulsion Laboratory, California Institute of Technology, Pasadena, California. https://quill.jpl.nasa.gov/(accessed October 30, 2014).

[6] *Mars Exploration Rover Library*, internal website, Jet Propulsion Laboratory, California Institute of Technology, Pasadena, California. http://mars03-lib.jpl.nasa.gov/docushare/dsweb/HomePage(accessed October 30, 2014).

[7] J. Ludwinski, *Mars Exploration Rover Project Mission Plan*, D-19659 (internal document), Jet Propulsion Laboratory, California Institute of Technology, Pasadena, California, March 3, 2003.

[8] *Proximity-1 Space Link Protocol—Data Link Layer*, *Recommendation for Space Data System Standards CCSDS* 211.0-*B*-5(*Blue Book*), Consultative Committee for Space Data Systems Secretariat, National Aeronautics and Space Administration, Washington, District of Columbia, December 2013. http://public.ccsds.org/publications/archive/211x0b5.pdf (accessed October 30, 2014).

[9] *Mars Exploration Rover* (*MER*-1/2) *Project Network Operations Plan*, DSMS 871-050, Rev. A, D-25967 (internal document), Jet Propulsion Laboratory, California Institute of Technology, Pasadena, California, June 30, 2005.

[10] R. Tung and P. Illot, *Uplink/Commands Can Get into MERs in Cruise if Sent with the Wrong Polarization*, ISA Z82482 (internal document), Jet Propulsion Laboratory, California Institute of Technology, Pasadena, California.

[11] E. Satorius, P. Estabrook, J. Wilson, and D. Fort, "Direct-to-Earth Communications and Signal Processing for Mars Exploration Rover Entry, Descent, and Landing", *Interplanetary Progress Report IPN PR* 42-153, January-March 2003, pp. 1-35, Jet Propulsion Laboratory, California Institute of Technology, Pasadena, California, May 15, 2003. http://ipnpr.jpl.nasa.gov/progress_report/42-153/153A.pdf(accessed October 30, 2014).

[12] T. Pham, C. Chang, E. Satorius, S. Finley, L. White, P. Estabrook, and D. Fort, *Entry Descent Landing Data Analysis* (*EDA*), NASA Tech Brief NPO-41220 BR, National Aeronautics and Space Administration, October 13, 2004.

[13] D. Johnston, S. Asmar, C. Chang, P. Estabrook, S. Finley, T. Pham, E. Satorius, "Radio Science Receiver Support of the Mars Exploration Rover Landings", *European Space Agency Third Tracking*, *Telemetry*, *and Command Systems for Space Applications Workshop*, Darmstadt, Germany, September 2004.

[14] P. Estabrook, A. J. Barbieri, C. D. Edwards, Jr., R. M. Manning, M. J. Danos, P. A. Ilott, and A. Makovsky, "Mars Exploration Rovers: Telecom System Design and Operation

Highlights", *The Journal of the Institute of Electronics Information and Communication Engineers*, June 2005.

[15] T. Pham, C. Chang, D. Fort, E. Satorius, S. Finley, L. White, and P. Estabrook, "Tracking Capability for Entry, Descent and Landing and Its Support to NASA Mars Exploration Rovers", *European Space Agency Third Tracking, Telemetry, and Command Systems for Space Applications Workshop*, Darmstadt, Germany, September 2004.

[16] R. Tung, *Telecom Forecaster Predictor/Unified Telecom Predictor, User's Guide*, version 2. 1, D-21499 (internal document), Jet Propulsion Laboratory, California Institute of Technology, Pasadena, California, February 21, 2002.

[17] R. Gladden, P. Hwang, B. Waggoner, B. McLaughlin, P. Pieseler, R. Thomas, M. Bigwood, and P. Herrera, "Mars Relay Coordination Lessons Learned", *IEEE paper* 0-7803-8870-4/05, *Proceedings of the IEEE Aerospace Conference*, Big Sky MT, pp. 170-190, March 5-12, 2005.

[18] R. Lindemann and H. Stone, *MER-A HGA Calibration Anomaly Sol* 38, ISA 30264 (internal document), Jet Propulsion Laboratory, California Institute of Technology, Pasadena, California, April 7, 2004.

[19] *MRO Uplink Coordination Plan*, viewgraphs in MER DocuShare(internal document), Jet Propulsion Laboratory, California Institute of Technology, Pasadena, California. https://mars03-lib. jpl. nasa. gov/docushare/dsweb/View/Collection-25395(accessed February 2, 2011).

[20] *Frequency Sharing Channel* 32-*Spirit and MRO working group*, viewgraphs in MER DocuShare(internal document), Jet Propulsion Laboratory, Pasadena, California. https://mars03lib. jpl. nasa. gov/docushare/dsweb/View/Collection-24817(accessed October 30, 2014).

[21] R. Denise and J. Snyder, *Fatal Event*, *Opportunity Sol* 229, ISA 30437 (internal document), Jet Propulsion Laboratory, California Institute of Technology, Pasadena, California, May 2, 2005.

[22] A. Barbieri, *UHF Carrier Only*, PFR 34452 (internal document), Jet Propulsion Laboratory, California Institute of Technology, Pasadena, California, December 11, 2003.

[23] *Proximity*-1 *Space Link Protocol—Physical Layer*, *Recommendation for Space Data System Standards*, CCSDS 211. 1-B-4(Blue Book), Consultative Committee for Space Data Systems Secretariat, National Aeronautics and Space Administration, Washington, D. C., December 2013. http://public. ccsds. org/publications/archive/211x1b4. pdf (accessed October 30, 2014).

[24] D. Morabito, "Solar Corona Amplitude Scintillation Modeling and Comparison to Measurements at X-Band and Ka-Band", *Interplanetary Progress Report IPN PR* 42-153, *January-March* 2003, Jet Propulsion Laboratory, California Institute of Technology, Pasadena, California, May 15, 2003. http://ipnpr. jpl. nasa. gov/progress_report/42-153/153E. pdf(accessed October 30, 2014).

第8章
火星科学实验室

安德烈·马科夫斯基,彼得·伊洛特,吉姆·泰勒
(Andre Makovsky,Peter Ilott,Jim Taylor)

8.1 火星科学实验室任务和航天器综述

火星科学实验室(MSL)任务的主要目标是在火星表面放置和操作一个可移动的科学实验室,以评估着陆点的生物潜力、描绘着陆区域地质特性、研究影响宜居性的行星演化进程,并刻画火星表面宽光谱辐射特性。MSL利用先进的微成像和光谱技术正在开展一项火星地质结构的基础性观测,同时评估其辐射环境和研究火星表面环境。

本章描述了MSL航天器自2011年发射、巡航飞行到达火星,2012年历经进入、下降和着陆(EDL)的过程,以及巡视器自此在火星表面巡视探测的全过程。

MSL于2011年11月26日发射,巡视器于2012年8月6日着陆火星,MSL在火星表面开展探测的目的是要激起民众对空间探测的激情和好奇心。图8-1是"好奇号"巡视器在火星表面机械臂展开状态下的艺术构想。

图8-1 位于火星表面的火星科学实验室构想

MSL计划的发射日期范围为2011年10月中旬到12月初,预计到达火星的时间为2012年8月。任务设计受到MSL进入、下降和着陆(EDL)火星期间航天

器对地通信几何关系的约束。

2011 年发射①的 MSL 候选巡航轨道[1-2]受限于Ⅰ型轨道，其中Ⅰ型地-火行星际巡航轨道的航天器绕太阳运动角度小于 180°，Ⅱ型轨道大于 180°[3]。

表 8-1 给出了考虑轨道类型情况下 2011 年发射轨道的起始和截止日期。标识符Ⅰa、Ⅰb、Ⅰc 分别为指定的发射日期及对应的到达日期。航天器实际采用了Ⅰb 型轨道，于 2011 年 11 月 26 日发射，2012 年 8 月 6 日到达火星。

表 8-1　2011 年发射与 2012 年到达火星的Ⅰ型轨道日期

巡航轨道	发射日期	到达火星日期
Ia 型轨道起始窗口	2011/11/25	2012/08/06
Ia 型轨道截止窗口	2011/12/18	2012/08/20
Ib 型轨道起始窗口	2011/11/25	2012/08/06
Ib 型轨道截止窗口	2011/12/18	2012/08/06
Ic 型轨道起始窗口	2011/11/29	2012/08/08
Ic 型轨道截止窗口	2011/12/18	2012/08/13

MSL 发射后初期的通信采用一副非定向低增益天线（LGA），而且其依赖于航天器的指向，并受限于地球与航天器之间距离。从发射后第三个月开始，使用一副中增益天线（MGA）。如图 8-2 所示，巡航级表面有一副太阳能电池阵，它环绕覆

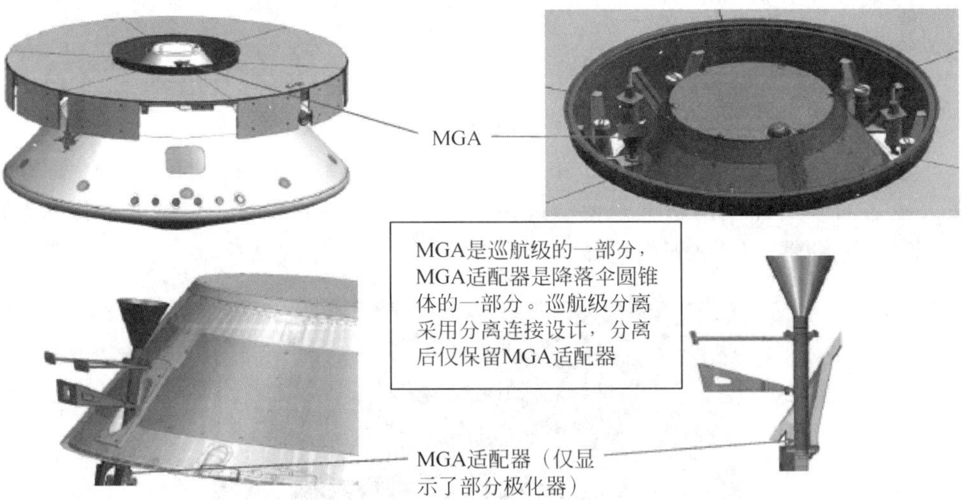

图 8-2　MSL 巡航级上太阳能电池阵和 MGA 位置

① MSL 任务最初计划于 2009 年发射，2010 年到达火星。因此，通信系统设计，尤其是天线特性能够适应 2009 年与 2011 年发射的Ⅰ型和Ⅱ型备选轨道。本章涉及了 2009 年或 2011 年备选轨道天线驱动器的相关内容。

盖在 MGA 喇叭天线的周围。图中左上方的蓝色平面即为太阳能电池阵，它为巡航级载荷供电并为电池组充电。因此，巡航级对太阳的指向受到电源和温控子系统的约束。太阳能电池阵法线指向必须接近太阳，从太阳视角看，这样可使太阳能电池输出功率最优，且不会过热。相反，若要通信链路最优，则天线波束中心(航天器$-Z$轴)要指向地球。

图 8-3 显示了位于巡航级顶部的太阳能电池阵和 MGA 上沿，航天器$-Z$轴指向图片顶端。功率和通信需求是巡航级指向设计中需要权衡的主要因素，通信和功率/热量约束条件与太阳-航天器-地球间的夹角(SPE)[4]相关。

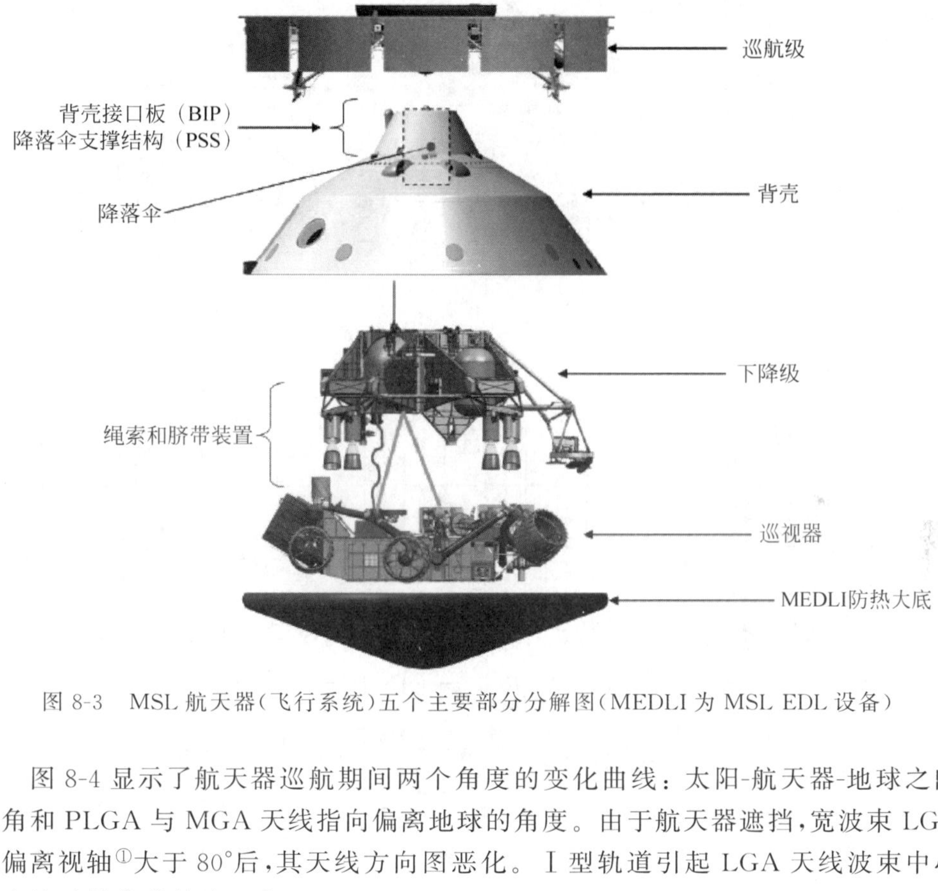

图 8-3　MSL 航天器(飞行系统)五个主要部分分解图(MEDLI 为 MSL EDL 设备)

图 8-4 显示了航天器巡航期间两个角度的变化曲线：太阳-航天器-地球之间夹角和 PLGA 与 MGA 天线指向偏离地球的角度。由于航天器遮挡，宽波束 LGA 在偏离视轴①大于 80°后，其天线方向图恶化。Ⅰ型轨道引起 LGA 天线波束中心偏离地球的角度约为 63°。

① 视轴是指天线增益最大的方向。固定天线(没有转动机构的天线)，如 MSL 的 MGA 或任意一副 LGA，视轴是沿航天器的轴向(或坐标系轴)定义的，也就是天线安装的方向，航天器的轴向与视轴方向基本一致。例如巡航期间使用的 MGA 和降落伞 LGA(PLGA)的视轴均为航天器$-Z$轴方向。

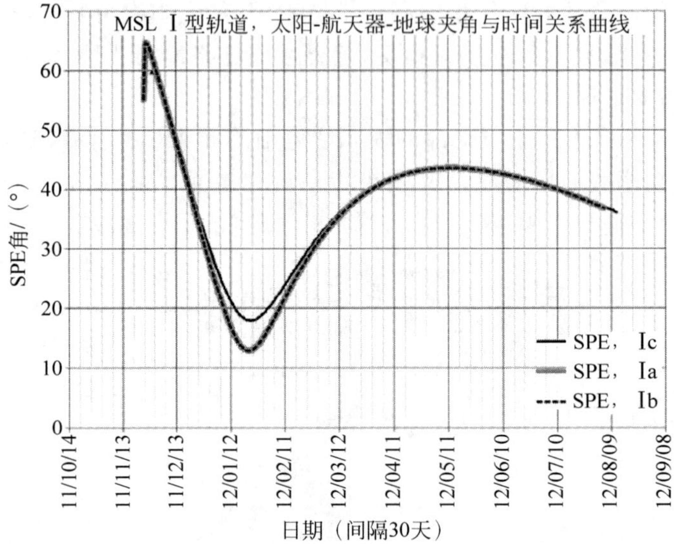

(a)

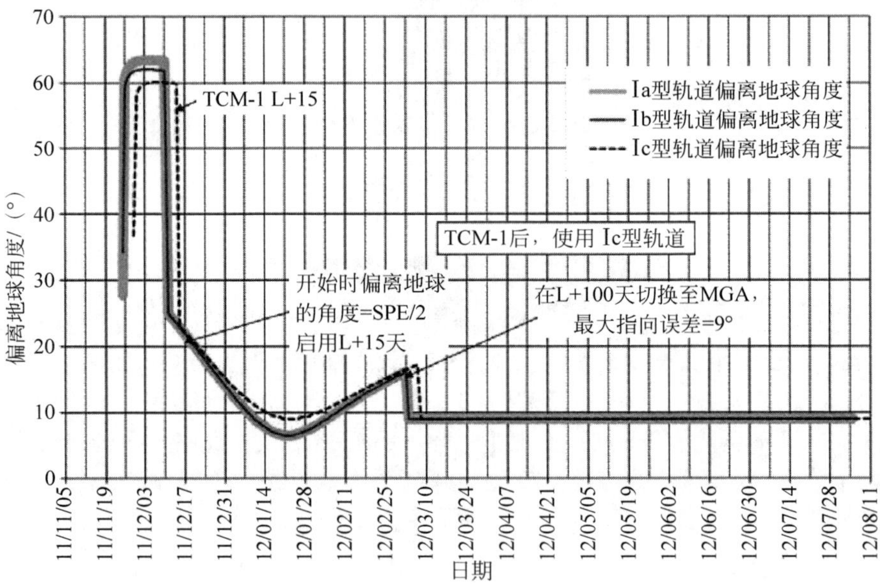

(b)

图 8-4 MSL 巡航轨道的天线几何关系

(a) 太阳-航天器-地球(SPE)夹角与时间的关系；

(b) PLGA 和 MGA 天线预计偏离地球的最大角度(TCM 为轨道修正机动)

8.1.1　任务概述

MSL 已完成了三个主要阶段的任务，目前处于第四阶段：

1）发射；

2）巡航/接近；

3）进入、下降和着陆（EDL）；

4）火星表面操作。

表 8-2 显示了这几个阶段相关的更多细节。火星表面操作前，参考时间为通常使用的地球日和地球时。

表 8-2　MSL 的主要任务阶段

任务阶段	描述	大约持续时间
发射	发射段定义为从航天器发射前转内电开始；当航天器达到热稳定、有效的能量平衡、遥控配置完成时结束（航天器与火箭上面级分离）	1h
巡航	发射段结束时巡航段开始，至航天器进入火星大气前 45 天（E－45 天）结束	208 天
接近	接近段从航天器进入火星大气前 45 天（E－45 天）开始，至航天器到达火星大气进入点结束。进入点定义为距离火星质心 3522.2km 处	45 天
EDL	进入-下降-着陆（EDL）段从航天器到达火星进入点（距离火星质心 3522.2km）开始，至巡视器在火星表面达到热稳定、有效能量平衡、遥控配置完成状态结束	7min
表面操作	EDL 结束时火星表面任务开始，到任务宣布完成结束。巡视器设计的火星表面持续工作时间必须至少为一个火星年（669 个火星日，相当于 687 个地球日）	主任务：669 个火星日（可能有额外的扩展任务）

在火星表面，所有规划和巡视器的活动都是按照火星日进行的。按照地球日换算，一个火星日时间长度约为 24h 39min 35s，约等于 1.027 个地球日。一个火星日等分为 24h（火星时），每一小时 60min（火星分），依次类推，类似于地球上的时间单位。

8.1.2　发射/到达时机选择

发射前一年，备选的火星着陆点缩减至四个（Mawrth Vallis、Gale Crater、Eberswalde Crater 和 Holden Crater），分布在火星 27°S 与 25°N 之间。2011 年 7 月（发射前四个月），最终确定 Gale Crater 区域内的 Mount Sharp 附近为着陆点。

对于以上这些着陆点，影响发射和到达火星日期的参数限制可以概括为以下一组约束条件[5]：

- 航天器加注后的质量=4050kg；
- 发射能量(C3)<20.1km^2/s^2(“大力神”Ⅴ541，瞬时发射窗口)；
- 火星大气进入速度<5.9km/s(基于EDL期间加热特性研究成果，非强约束)；
- 发射渐近线赤纬<40°；
- 太阳会合开始前至少30天到达火星；
- 发射日食的持续时间≤65min。
  - 巡航段早期SPE角约束：
    - 运载火箭分离(SEP)高度(从SEP到SEP+18天)：
      - 航天器$-Z$轴与太阳之间夹角≤64°且≥20°；
      - 航天器$-Z$轴与地球之间的夹角≤68.8°。
  - EDL期间通信策略约束：
    - 中继：
      - 火星勘察轨道器(MRO)本地平均太阳时(LMST)尽可能接近标称值(3：00pm)；
      - “奥德赛”的LMST为3：00pm，由于与轨道器寿命有关的推进剂问题；
      - 对轨道器(MRO/“奥德赛”)的视角≤135°；
      - 着陆时刻+1min时对MRO/“奥德赛”仰角≥10°。
    - 直接对地(DTE)：
      - 对地视角≤75°；
      - 着陆时刻+1min时的对地仰角≥10°。
  - 20天的发射周期；
  - 发射渐近线赤纬<28.5°；
  - 火星大气进入速度<5.6km/s；
  - EDL通信策略约束：
    - 从进入到着陆①+1min期间，通过MRO和“奥德赛”的甚高频(UHF)实现完整的EDL通信覆盖。由于从巡航段分离到进入(CSS到进入)之间的几何约束，中继不可能覆盖整个EDL过程。
    - 整个EDL期间DTE全覆盖(对于Ⅰ型轨道仅可能对Mawrth Vallis着陆点满足)。

① “进入”，定义为航天器到达距离标称火星质心半径为3522.2km的点。进入也被认为是在正常巡航段分离后600s的时刻。

8.1.2.1　巡航段通信状态

涉及通信的重大决策包括巡航段轨道类型（Ⅰ型与Ⅱ型）、发射窗口、电源子系统限制和 LGA 天线方向图等。

- Ⅰ型与Ⅱ型轨道比较：Ⅱ型轨道（仅为最初计划 2009 年发射的备选轨道）的初始 SPE 角很大（如图 8-4 所示），在发射周期开始时大于 120°。巡航段末期，Ⅱ型轨道的 EDL 几何关系能提供更好的 UHF 覆盖（在 MSL 2011 年发射的前一年，仅考虑发射日期在 2011 年 11 月 25 日—12 月 18 的Ⅰ型轨道）。
- 发射周期：由于 2011 年发射的"朱诺"卫星要经过复杂的飞行轨道才能环绕木星运行，这与 MSL 的发射周期重叠。当 MSL 的发射周期由 2009 年变为 2011 年时，其轨道设计（其中包括发射周期）必须能够适应"朱诺"卫星，为了到达木星，"朱诺"卫星需要在 8 月 5—27 日发射。"朱诺"和 MSL 都利用"大力神"Ⅴ运载火箭发射，并采用肯尼迪空间中心（KSC）相同的发射工位。"朱诺"卫星发射后，发射工位需要时间恢复，并完成发射前准备，因此，MSL 使用Ⅰb 型轨道的最早发射日期为 11 月 25 日。
- 太阳能电池阵[①]和天线指向：太阳能电池阵与太阳之间的夹角要在最优角度范围内，以满足功率输出和温控要求；偏离太阳太远，航天器不能获得足够的能量；偏离太阳太近，航天器则过热。这个角度范围往往迫使 PLGA 指向相对地球的角度在发射后数周内远远偏离其波束中心。
- 太阳能电池阵指向（热控限制）：直到太阳-航天器之间距离足够大之前，太阳能电池阵的指向不能太接近太阳方向，以避免太阳能电池板过热和丧失功效。

以测量航天器模型得到的 PLGA 增益方向图为基础，提出了偏离 PLGA 视轴 80°的设计约束。8.2 节（图 8-36 和图 8-37）中描述的 PLGA 天线方向图测量值可与该 80°约束作比较。

以上状态致使发射和巡航段的通信配置与工作模式设置如下[6]。

- 发射段使用 PLGA 天线。该天线的宽波束在近地段可覆盖多达 90°的范围，之后可覆盖多达 80°的范围。
- 从下行链路余量来看，发射段可使用下降级上的行波管放大器（TWTA）或巡视器上的固态功率放大器（SSPA）。计划使用 TWTA（以避免在巡航初期不得不从 SSPA 切换至 TWTA 时可能发生的故障）。
- 操作上，使用 TWTA 将意味着运载火箭（LV）分离后会出现 210s 的通信中断，因为 TWTA 处于预热状态。

---

① 太阳能电池阵位于巡航级上（见图 8-3 和图 8-4），并在巡航期间作为同位素热电发生器（RTG）的补充。若仅使用 RTG（无须太阳能电池阵），在电池满负载的情况下也足以满足火星表面操作需求。

- 2011 年发射时，计划 2012 年 3 月前由 PLGA 切换至 MGA，目的是满足测距信噪谱密度比(P_r/N_0)至少－20dB-Hz 的要求。相比遥控或遥测链路，测距信号较弱，测距链路存在双程空间损耗，同时会在小型深空应答机(SDST)接收机测距通道带宽(约 1.5MHz)内引入热噪声。

8.1.2.2 EDL 和火星表面任务段通信状态

Makovsky 和 Danos[6] 给出了火星表面操作期间的通信约束，归纳如下：

- 火星科学实验室到达火星时的地球-火星间距离大于火星探测巡视器(MER)当时的距离(MER 为 1.53AU[2.29×10^8km]，相比之下，MSL 为 1.66AU[2.48×10^8km])。相比 MER 任务，MSL 的 X 频段链路性能较弱，具体反映是下行码速率较低。
- 将 UHF(通过 MRO 或"奥德赛"中继)作为主用通信手段；HGA 作为低速数据的备份通道，RLGA 已用于应急遥控。

EDL 期间的遥测数据通过 MSL 的 UHF 子系统、绕火星运行的轨道器(有时称为"中继设施")，以及 DSN 的 X 频段 DTE 链路传输。UHF 中继链路以比特流模式①实时传输码速率为 8kb/s 的 EDL 数据。将多个轨道器的 UHF 中继接收机设置为能够兼容仅接收比特流模式数据的工作状态，用于接收 MSL 在 EDL 期间广播的 UHF 比特流数据。DTE 数据以旗语形式传输，即所谓的"多频移键控"(MFSK)音。与 2004 年 MER 着陆器和 2008 年"凤凰号"着陆器一样，MSL 任务期间也利用地球上的大口径地面站在合适的时间监测火星可视范围内可能出现的 UHF 载波信号。

MSL 任务 EDL 过程可用的中继轨道器为 MRO 和"奥德赛"，其间每个轨道器在巡视器 UHF 信号捕获中都发挥了独特的作用。② "奥德赛"能够完成 EDL 中继数据的实时解调，因此 UHF 遥测数据首先从"奥德赛"下传。MRO 开环记录数据后才解调，所以它发挥次要作用。然而，若未能获取"奥德赛"的闭环数据(出于任何原因)，MSL 将使用 MRO 获取的开环记录数据。

选择Ⅰb 型轨道限制了 EDL 期间覆盖性的几何约束，使得整个 EDL 过程不可能同时满足对轨道器的 UHF 和对地面站的 DTE 覆盖。对策是：确保从 CSS 至少到进入大气层之间 DTE 链路可用，中继通信从 CSS 后开始。航天器进入期间，X 频段 DTE 和 UHF 中继链路有大量重叠覆盖，在 MSL 以超音速进入期间，等离子体产生的黑障会造成信号中断，预计 UHF 链路将中断高达 100s，但实际的黑障

---

① 比特流模式是一种未被普遍认同的数据传输模式，它包括非 Prox-1 格式和无数据重发机制。"好奇号"着陆后，多次有机会将 MSL 下降期间在线存储的实时数据下传。着陆后的数据传输使用 Prox-1。

② 若 MRO 或"奥德赛"(或两者)不可用，也考虑了使用欧洲航天局"火星快车"(MEX)轨道器的有限能力为 MSL 提供中继的可能性。然而，若使用 MEX 进行中继，则必须提前将其轨道进行调相，使其在 MSL EDL 期间可用。MEX 在"好奇号"火星表面操作期间为其提供了 UHF 中继操作。

时间为 40s。计划在 UHF 黑障期间使用 DTE 通信，实际任务中，下降级着陆期间全程持续向地面发送 X 频段 MFSK 音。

对于 2011 年的发射时机，为了简化对 EDL 期间通信覆盖的初步验证，任务轨道设计主要开展以下工作：

- 对 MRO 中继覆盖：
  - 确认从 MSL 进入火星大气开始至着陆+1min 期间，MSL 与 MRO 之间可通视；
  - 为了实现 MSL 在 EDL 期间的最优覆盖，假设 MRO 在其轨道上可任意调相；
  - 确认从着陆到着陆+1min 期间，轨道器仰角大于 10°；
  - 确认进入时 MSL 速度反方向矢量与轨道器之间的夹角小于 135°。
- 同样，对 DTE 覆盖(直接对地)：
  - 确认从进入火星大气开始至着陆期间，MSL 与地球之间可通视；
  - 确认着陆时地面站仰角大于 10°；
  - 确认进入时 MSL 速度反方向矢量与地球之间的夹角小于 75°。

相比每 10s 以最大速率传输一个新的 X 频段 MFSK 音的通信方式，迫切需要通过轨道器发送下行速率为 8kb/s 的返向遥测数据。当使用 MFSK 音的通信方式时，每个 MFSK 音作为一个“副载波频率”(载波和副载波之间的频率间隔)都表示 256 个信息中的一个，向飞行团队报告一个事件(如“降落伞展开”)。此外，通过信号处理能够恢复 X 频段信号的频率特性(如由于减速引起的多普勒频移)，有助于重建 EDL 过程的某些事件。相比之下，UHF 链路可提供大量的实时工程遥测数据。EDL 期间，规划 UHF 链路的最大传输数据时间延迟为 1s。最大限度地减小数据延迟能够确保地面尽可能地接收到 EDL 过程的各个事件，所幸无须详细重建 EDL 过程。

图 8-5 显示了四个主要着陆点、两种类型轨道通过 MRO 和“奥德赛”的 UHF 链路及 DTE 链路在 EDL 进入后的通信覆盖性能。所有四个着陆点在安全性和工程实现(包括 EDL 期间通信)上都是可行的，最终基于科学探测的考虑，选择 Gale Crater 为着陆点。

然而该图也展示了一些差异。绿色阴影表示整个 EDL 期间指定的链路覆盖良好，黄色表示 EDL 期间仅部分覆盖，红色表示极少或无覆盖。Ⅰ型轨道的 DTE 链路仅能完整覆盖(直至着陆的全过程均能覆盖)北部着陆点 Mawrth Vallis，这是因为对南部着陆点，地球位于地平线以下(红色阴影)。与此相反，Ⅱ型轨道 UHF 链路对南部着陆点(黄色阴影)仅部分覆盖“奥德赛”，但“奥德赛”轨道的相位和寿命限制了对其的使用，但此时 MRO 中继仍然可用。对于这两类轨道，MSL 进入火星大气后，仅 Mawrth 着陆点能够在 EDL 期间实现 DTE 链路和对两个轨道器中继链路的完整覆盖。

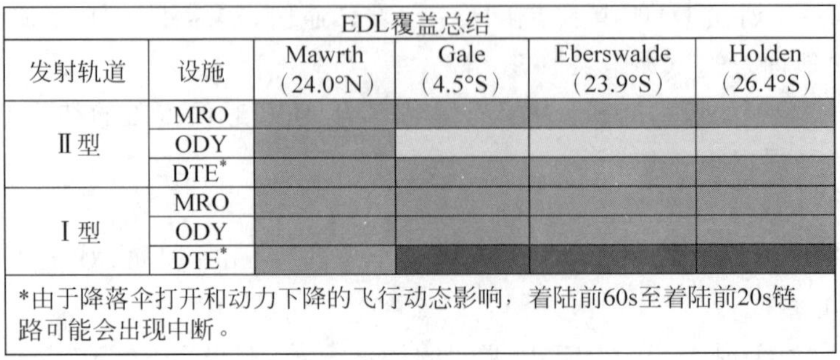

图 8-5　进入火星大气后 MRO 和“奥德赛”对 MSL 的 EDL 覆盖

8.2 节包含了更多详细信息，包括 EDL 期间通信的几何关系，以及用于中继和 DTE 覆盖的两个角度（MSL 速度反方向与轨道器呈 135°角，与地球呈 75°角）背后的工作原理。

8.1.3　发射和初始捕获段

发射段从航天器在发射架上转内电开始，至航天器处于稳定、健康、准备接收指令的状态且已经完成运载火箭遥测数据回放为止。发射段的主要事件包括：运载火箭起飞和加速；进入圆形停泊轨道；停泊期（后续是附加的运载火箭上面级点火，将航天器送入预定的地-火转移轨道入口点）；航天器与运载火箭分离；DSN 初始捕获；确认航天器初始健康状况和操作状态，并验证射前一系列指令的执行情况。表 8-3 显示了发射周期内不同阶段的发射窗口时间（时间以协调世界时表示）[2]。

表 8-3　发射周期/窗口持续时间

发射轨道	发射日期	发射日	发射窗口(UTC)
Ia 型	2011/11/25	起始	15：15—17：15
	2011/12/06	中间	14：16—16：13
	2011/12/18	截止	11：48—13：48
Ib 型	2011/11/25	起始	15：15—17：15
	2011/12/06	中间	12：35—14：35
	2011/12/18	截止	11：06—13：06
Ic 型	2011/11/29	起始	15：22—17：22
	2011/12/08	中间	12：50—14：50
	2011/12/18	截止	11：11—13：11

2006 年 6 月，选定“大力神”Ⅴ 541 为发射 MSL 的运载火箭。“大力神”Ⅴ 541 火箭由一个 5m 口径的整流罩、主发动机和附加的四个固体火箭助推器及一个单引擎“半人马座”上面级组成，如图 8-6 所示。洛克希德·马丁公司网站[7]提供了更多关于运载火箭的详细信息。图 8-7 给出了发射段主要事件。

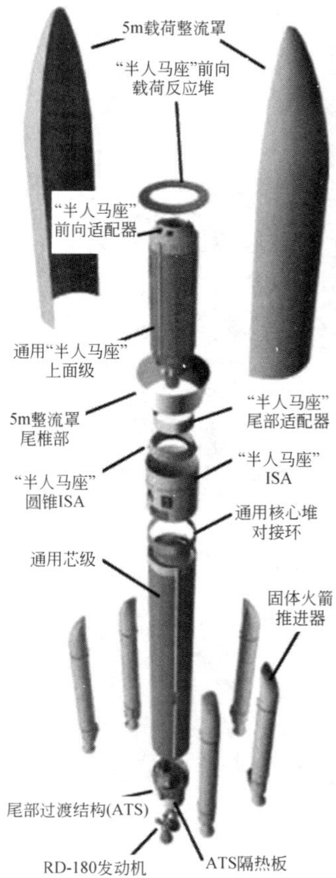

整流罩(PLF)

特征	5m短型	5m中型	5m长型
直径：	5.4m	5.4m	5.4m
长度：	20.7m	23.4m	26.5m
质量：	3540kg	4019kg	4394kg

子系统

整流装置：二等分，夹层结构，石墨环氧面板和铝蜂窝芯

尾椎部：固定，复合夹层结构

分离：由线性活塞垂直分离，通过火工品激活气缸，由膨胀管间断缺口框架完成水平分离，由火工品激活

通用“半人马座”

特征　“大力神”400通用系列

大小：　直径3.05m×长12.68m，包括扩展喷嘴

进入质量：2138kg

推进剂：20830kg LH_2和LO_2

导航：惯性导航

子系统

结构：压力稳定的不锈钢罐

推进：1台或2台普莱特&惠特尼可重启发动机

——模型：RL 10A-4-2

——推力：99.2kN（SEC）　198.4kN（DEC）

——I_{sp}：450.5s

（SEC）1台电推进51cm固定喷嘴

4个27N肼推进器

8个40N肼推机器

（DEC）2个液压驱动51cm可伸长喷嘴

8台40N横向氨推进器

4台27N氨推进器

气动：氦和氢自动增压罐

航电设备：导航、制导和控制序列，计算机控制排气和加压、遥测、跟踪、安控、电子设备加电

绝缘材料：聚氯乙烯泡沫塑料（1.6cm厚），含辐射屏蔽的改性胶黏合剂

固体火箭推进器(SRB)

0到5级　地面测试

大小：　直径155cm×长19.5m

质量：　46559kg（每种燃料）

推机器：　1361kN（每台）

I_{sp}：　275s

喷嘴倾斜：　3°

“半人马座”级间适配器(C-ISA)

特征

大小：　直径3.81m×长4.46m

质量：　2292kg(包括ISA、尾部适配器和尾椎)

子系统

结构：　复合夹层(铝芯石墨环氧面板)

CCB锥形级间适配器

特征

大小：　直径3.81m×长0.32m

质量：　282kg

子系统

结构：　铝加工滚环锻件

通用芯级发动机™(CCB)

特征　“大力神”V400通用系列

大小：　直径3.81m×长32.46m

推进剂：　284089kg LO_2和RP-1

进入质量：　21336kg 55Z构型

制导：　来自上面级

子系统

结构：　结构稳定的铝罐

整体式机加工过渡结构

复合隔热板

分离：　8台传统火箭

推进：　普莱特&惠特尼/NPO RD-180增压发动机(2腔)

SL 100% 推力=3827kN，I_{sp}=311.3s

Vac 100%推力=4152kN，I_{sp}=338.4s

气动：　氦气增压，计算机控制增压系统

液压系统：与发动机共同提供万向控制

航电系统：飞行控制,飞行终端、遥测、冗余速率陀螺，电子设备加电

图 8-6　“大力神”V 541 运载火箭

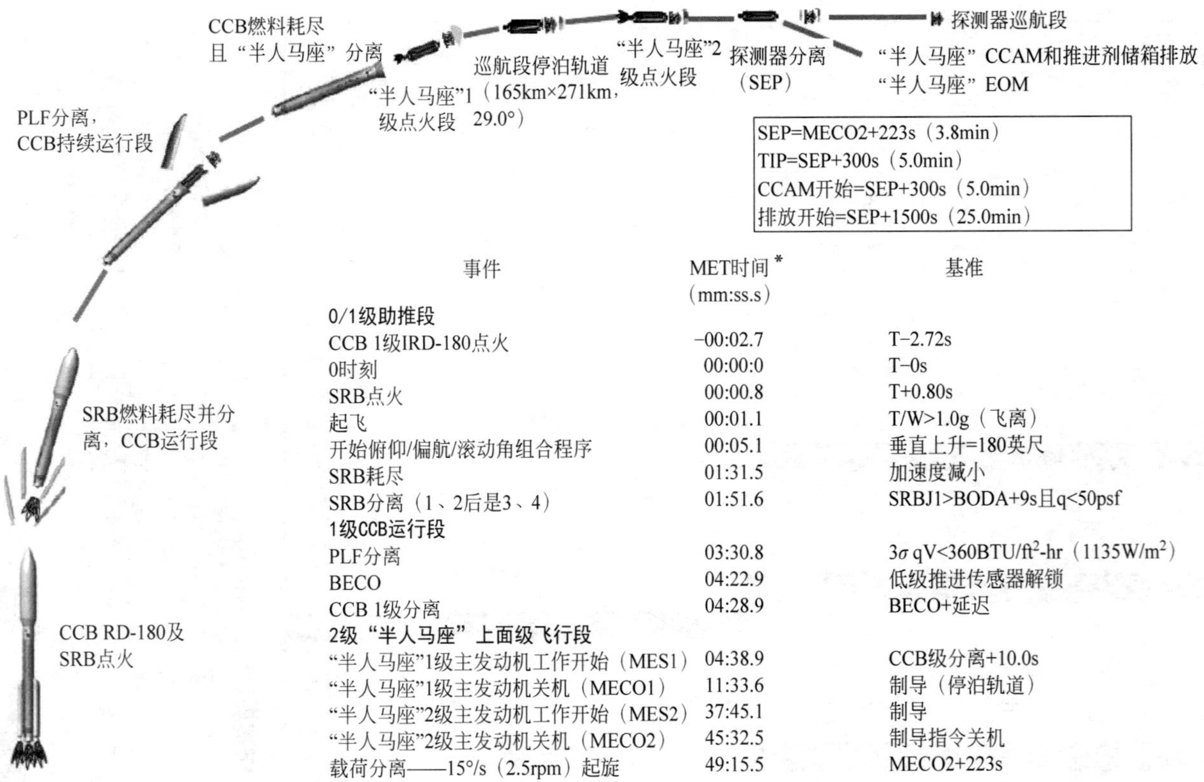

事件	MET时间*（mm:ss.s）	基准
0/1级助推段		
CCB 1级IRD-180点火	−00:02.7	T−2.72s
0时刻	00:00:0	T−0s
SRB点火	00:00.8	T+0.80s
起飞	00:01.1	T/W>1.0g（飞离）
开始俯仰/偏航/滚动角组合程序	00:05.1	垂直上升=180英尺
SRB耗尽	01:31.5	加速度减小
SRB分离（1、2后是3、4）	01:51.6	SRBJ1>BODA+9s且q<50psf
1级CCB运行段		
PLF分离	03:30.8	3σ qV<360BTU/ft^2-hr（1135W/m^2）
BECO	04:22.9	低级推进传感器解锁
CCB 1级分离	04:28.9	BECO+延迟
2级“半人马座”上面级飞行段		
“半人马座”1级主发动机工作开始（MES1）	04:38.9	CCB级分离+10.0s
“半人马座”1级主发动机关机（MECO1）	11:33.6	制导（停泊轨道）
“半人马座”2级主发动机工作开始（MES2）	37:45.1	制导
“半人马座”2级主发动机关机（MECO2）	45:32.5	制导指令关机
载荷分离——15°/s（2.5rpm）起旋	49:15.5	MECO2+223s

*任务飞行时间从T−0开始；参考发射日期为2011年10月14日；基于最优发射时刻。

图 8-7　发射段飞行过程

表 8-4 提供了两图中的缩略语说明。

表 8-4 运载火箭和发射段图中缩略语说明

ATS	火箭尾翼传导结构	MAD	马德里深空中心
BECO	助推器关机	MECO	主发动机关机
BODA	燃料耗尽检测算法	MES	主发动机开机
CAN	堪培拉深空中心	NPO	NPO 动力机械科研生产联合体是一家俄罗斯制造商
CCAM	碰撞和污染规避机动	PLF	载荷整流罩
CCB	通用芯级发动机	RP	火箭推进剂或精炼石油(煤油)
C-ISA	"半人马座"级间适配器	SEC	单引擎"半人马座"上面级
DEC	双引擎"半人马座"	SEP	分离
EOM	任务结束	SRB	固体火箭助推器
GDS	戈尔德斯通深空中心	SRBJ	固体火箭助推器分离
ISA	级间适配器	TIP	目标入口点
LH_2	液氢	T/W	发射塔上的推重比
LO_2	液氧	—	—

基于特定的发射日期,必须考虑运载火箭分离后由地球引起的一次日食。行波管放大器(TWTA)计划在日食结束[①]时加电,并在预热 4min 后开启 X 频段下行链路。

图 8-8(Ⅰa 型轨道首个可能的发射日期)和图 8-9(Ⅰc 型轨道最后一个可能的发射日期)中画出了基于最优发射窗口在发射后最初 24h 的星下点轨迹。每条轨迹都是从佛罗里达发射场南面和东面开始,先后经过目标入口点(TIP)、分离(SEP)阶段,并标出了进出地球阴影区的时间。对于这两类轨道,发射后首次对航天器可见的深空站是澳大利亚的堪培拉站,称为"初始捕获"站。一个需要重点考虑的问题是器箭分离时,初始捕获站是否对航天器可见。由于器箭分离参数对于发射段的性能评估至关重要,因此 MSL 任务与非深空网-通用空间网(USN)签订了 MSL 任务服务合同,确保其所属的一个地面站对任意一种Ⅰ型轨道的星箭分离点均可见。

图 8-10 和图 8-11 显示了Ⅰa 型轨道起始发射日期和Ⅰc 型轨道截止发射日期航天器入轨后最初 48h 的地面站跟踪仰角。由于Ⅰa 型轨道的初始星下点轨迹位于赤道偏南,适合仰角较高的堪培拉站跟踪;Ⅰc 型轨道的截止发射轨道正好相反,因此适合加利福尼亚的戈尔德斯通站和西班牙的马德里站(均在北面)跟踪。

① 航天器供电子系统具备在日食结束后对 MSL 的 TWTA 开机供电的能力。然而,在提供高功率射频(RF)能量前要留出合理的时间间隔,使微波电路排放残留气体以形成真空,从而符合 TWTA 制造商关于在发射后首次产生 RF 能量前形成高真空期的建议。增加的时间也是为了减小 RF 中断,以及波导或 TWTA 本身打火的可能性。

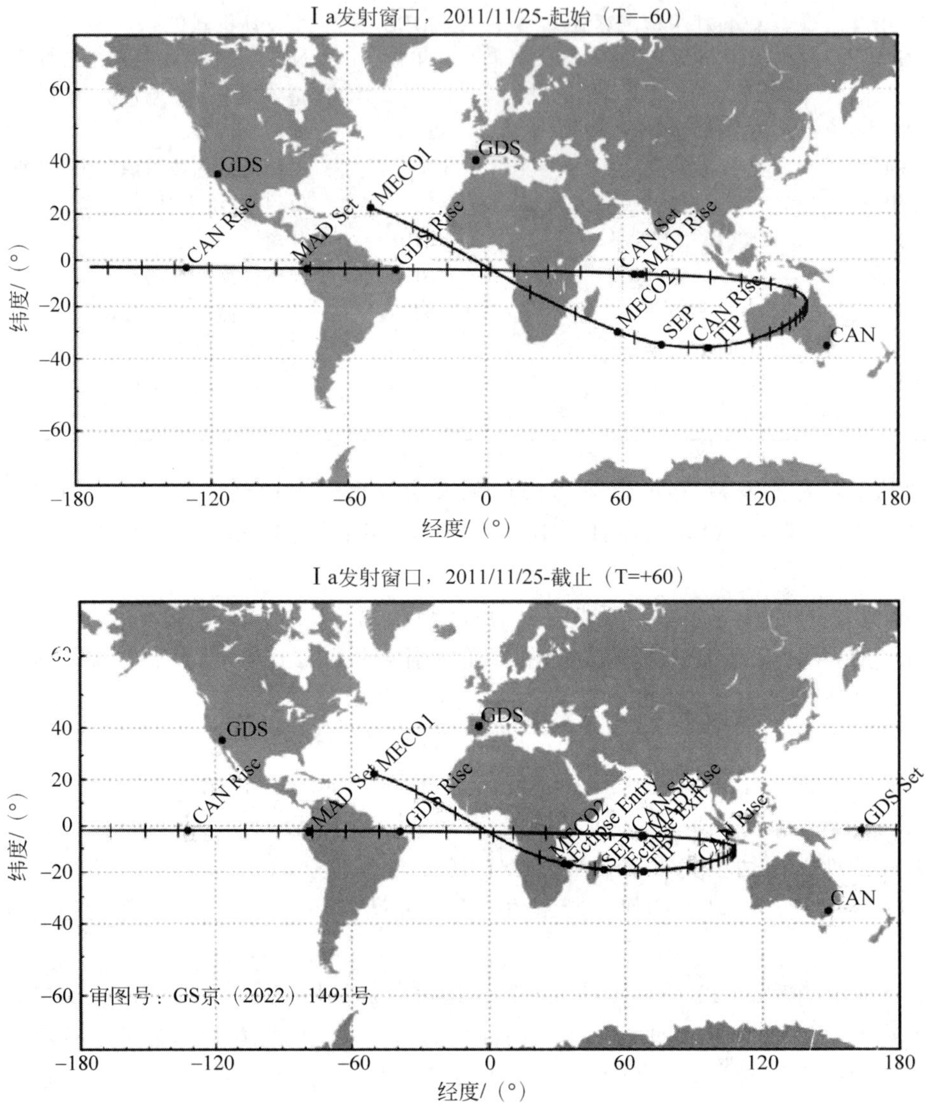

图 8-8　最优发射窗口发射轨道的星下点轨迹（Ⅰa 型轨道初始发射日）

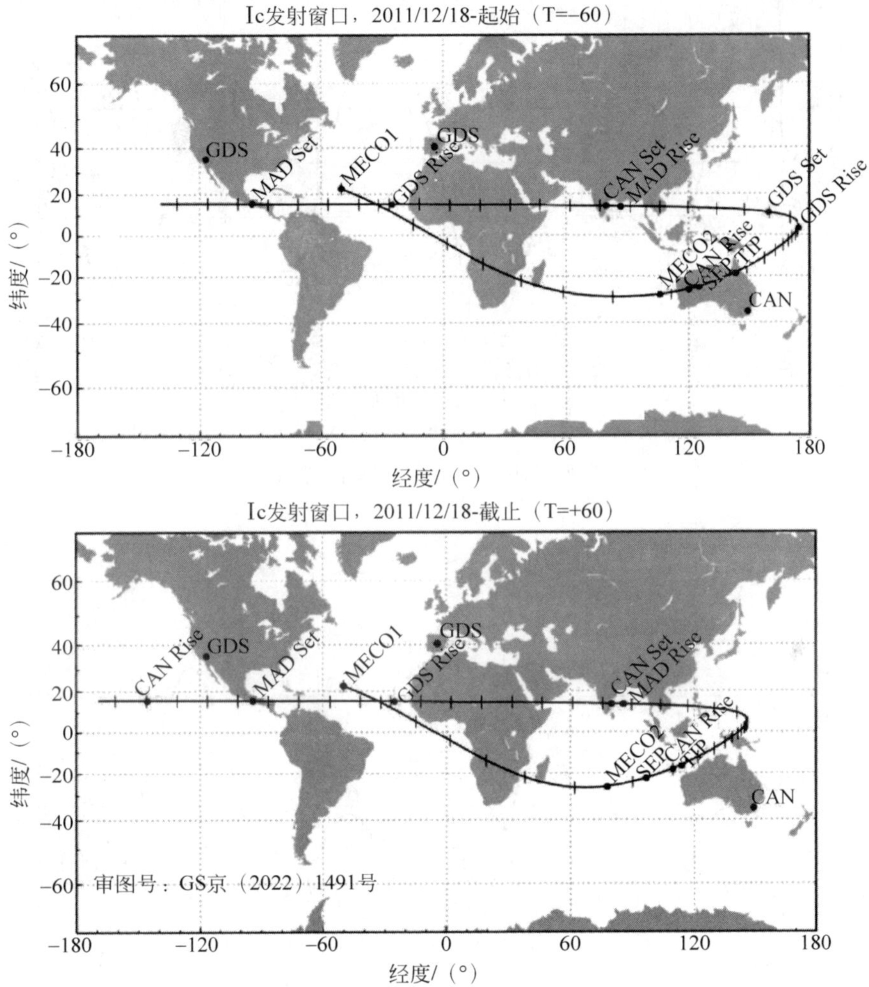

图 8-9　最优发射窗口发射轨道的星下点轨迹（Ic 型轨道截止发射日）

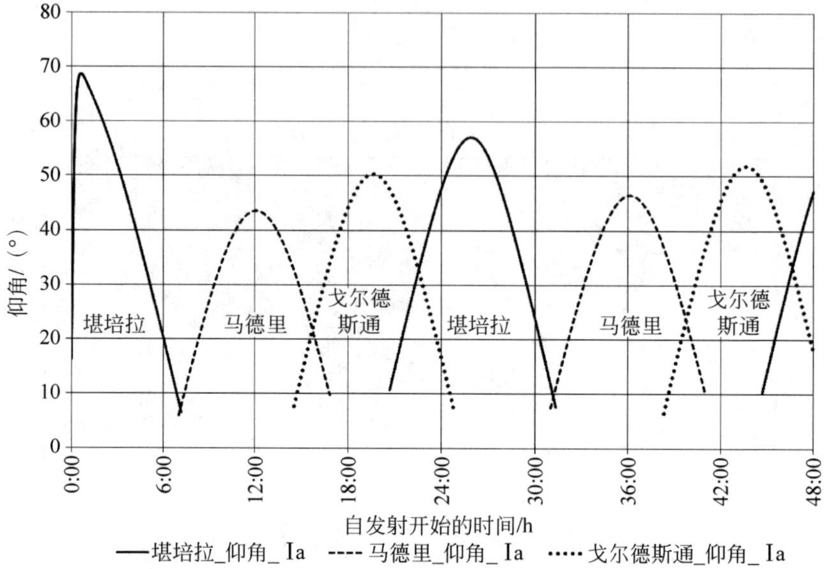

图 8-10　地面站跟踪仰角(Ⅰa 型轨道初始发射日)

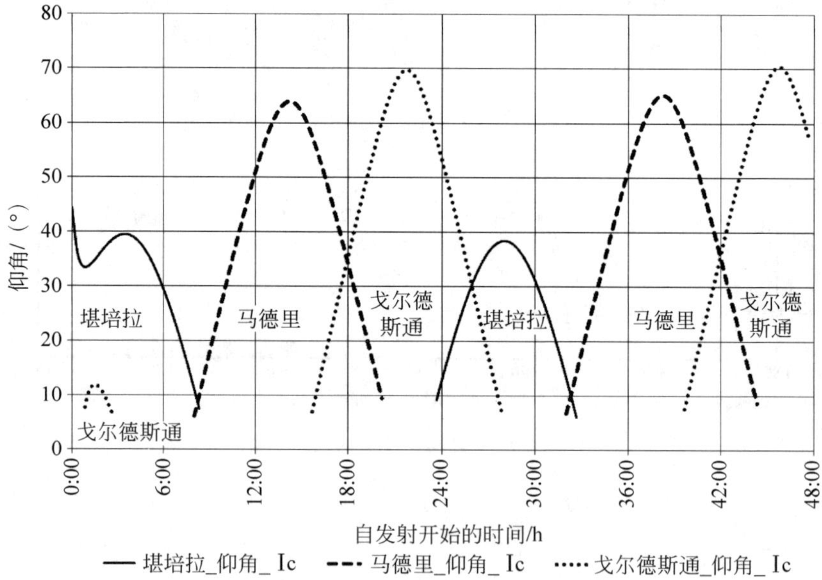

图 8-11　地面站跟踪仰角(Ⅰc 型轨道截止发射日)

如表 8-3 所示，全部发射日期（考虑中的轨道类型为 Ⅰa、Ⅰb 和 Ⅰc）在任意发射日中均有 2h 的发射窗口，2h 发射窗口的中间时刻为最优发射时刻。图 8-12 分别显示了起始、最优、截止窗口下发射轨道在 TWTA 开机后最初 10min 的航天器星下点轨迹。

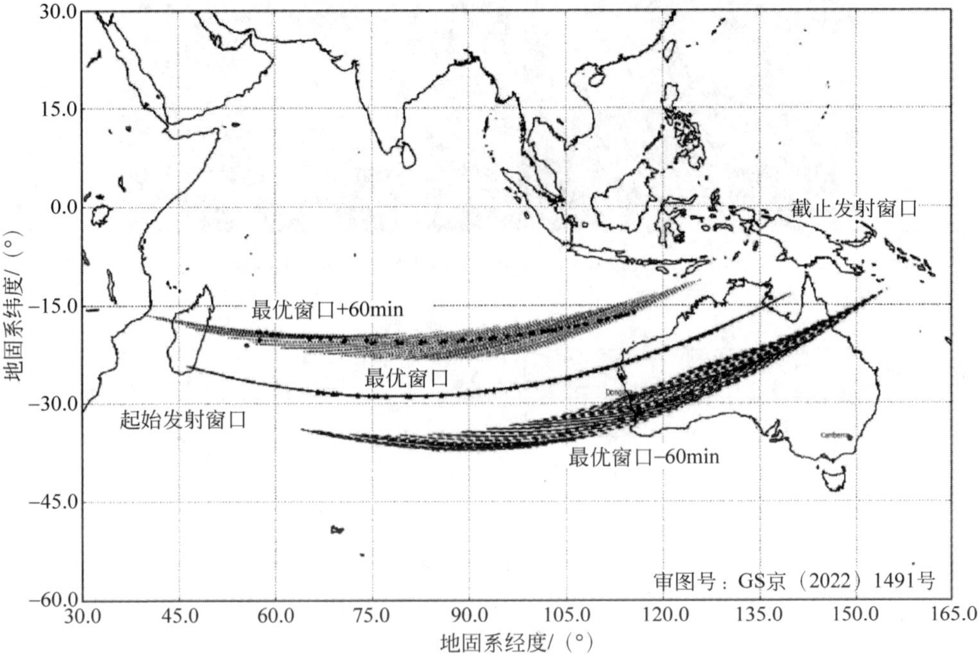

图 8-12　Ⅰ型轨道的初始段（最初 10min）星下点轨迹

每个地面站都有两个最低工作“遮蔽”仰角，较高（10°）的最低仰角用于发射，较低（6°）的最低仰角用于接收。地面站不允许在 10°仰角以下发射上行信号（为了限制到达地面的射频（RF）功率谱密度）。受到附近地形的限制，地面站在仰角约 6°以下时无法对航天器通视，因此该仰角作为遮蔽角。对于导航而言，有同时接收和发射的需求，因此最小遮蔽角为 10°。

除了 DSN 地面站，通用空间网（USN）和欧洲航天局（ESA）在毛里求斯和澳大利亚西部也有跟踪站。这些站点（图 8-13）能够在器箭分离后比 DSN 地面站更早地发现航天器。图 8-14 给出了 Ⅰa 型和 Ⅰc 型轨道在最初 48h 内航天器与地球间最近至最远距离范围。三条曲线分别表示 Ⅰa 型和 Ⅰc 型初始窗口轨道及 Ⅰc 型截止窗口轨道（Ⅰa 型截止窗口轨道与 Ⅰc 型截止窗口轨道几乎相同）。该图显示了航天器发射后是如何快速远离地球的。航天器在进入三个深空站（DSS）（发射后约 20h）可见范围后，已经达到了月球距离（约 380000km）。

天线指向角度不变时，通信性能与发射机和接收机之间距离的平方成反比，此性能下降称为“空间损耗”。该损耗是链路预算或设计控制表（DCT）中的重要影响

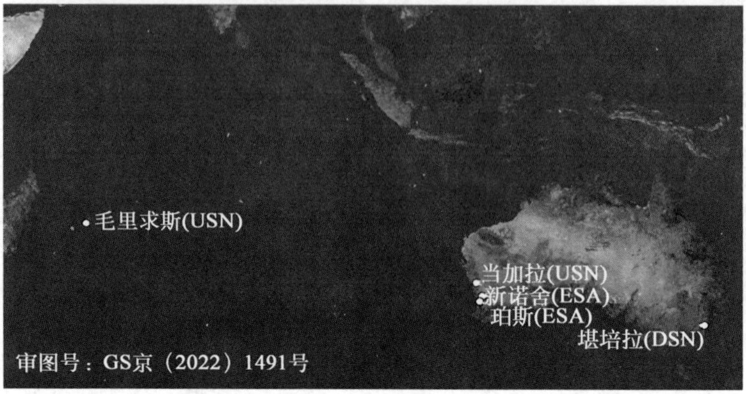

图 8-13　MSL 器箭分离后的 USN 和 ESA 跟踪站

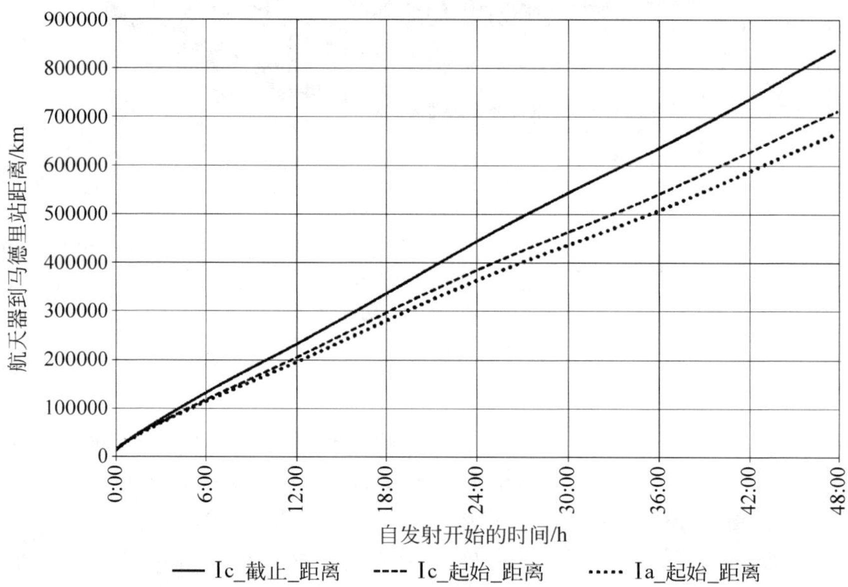

图 8-14　入轨后 48h 内马德里 DSS 至 MSL 间距离

因素，DCT 定义了给定时间点的通信性能。在数值上，空间损耗变化为 1/距离平方，以分贝数(dB)表示为$-20\times\lg$(距离)。图 8-15 显示了空间损耗随时间(小时为单位)的增大，在最初 24h 中足有 30dB，在接下来的 24h 内又增加了约 5dB。

发射窗口日期范围内，航天器入轨后 48h(图 8-14)，Ⅰ型轨道与地球的距离在 660000～840000km 变化。由于空间损耗的对数特性，48h 内由四种情况下的距离差异引起的信号强度变化约为 2dB，如图 8-15 所示。

与其他深空任务类似，MSL 在地面站强信号约束下开始飞行，这些限制仅出现在任务的初始捕获阶段。为适应初始捕获当天出现的信号电平减小 40dB 的状

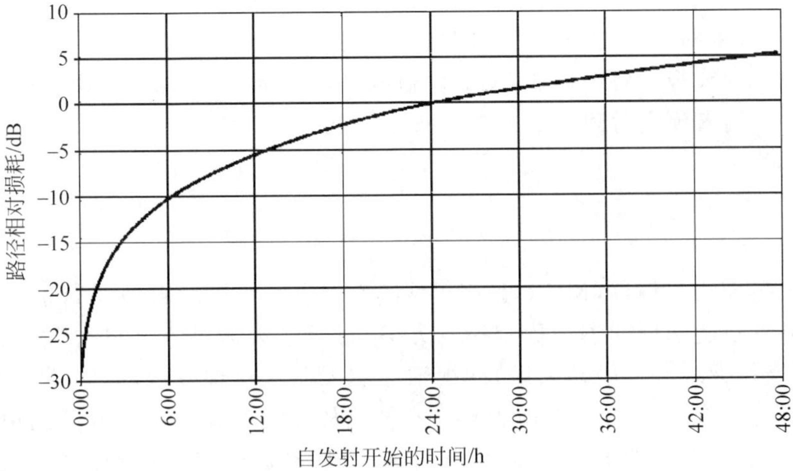

图 8-15　Ⅰa 型标称轨道下马德里 DSS 至 MSL 之间的空间损耗

态，MSL 使用了以下 DSN 常用的上/下行链路参数配置(8.3 节给出了 34m 地面站框图，显示了涉及这些配置的参数)。

- 上行链路：地面站最初三个跟踪弧段(时间跨度约为 24h)的发射功率为 200W(标称功率为 18kW)，随后使用标称发射功率。
- 下行链路：仅在第一个跟踪弧段内，地面站配置为接收与发射相反的极化方式。对于 MSL，这意味着在初始捕获段，34m 地面站接收 RCP 下行信号，但配置为左旋圆极化(LCP)。由于距离很近、信号很强，使得极化失配情况下仍能提供足够的信号强度使链路闭环。

工程新闻稿和现状发展报告[8]中描述的发射和早期巡航段的重点工作内容如下：

2011 年 11 月 26 日，“大力神”Ⅴ运载火箭搭载“好奇号”于 15：02UTC(美国东部时间 10：02 am)在卡纳维拉尔角空军基地发射升空。“大力神”Ⅴ首先将航天器送入地球轨道，随后其上面级二次点火，将航天器推离地球轨道进入距离地球 3.52 亿 mile(5.67 亿 km)的火星之旅。无线电导航数据和定轨结果显示，此次发射是有史以来最为精确的行星际转移之一。

12 月 1 日，工程将早期轨道机动修正(TCM-1)推迟至 2012 年 1 月初。这次修正是地球向火星转移 254 天旅途中规划的 6 次中途修正中的首次，原本计划在 11 月 26 日发射后的 15 天内完成。

TCM-1 前，航天器的初始轨道经过精心设计，使航天器与火星相遇时，距离火星约 35000mile(56400km)。这样设计是为了防止火星受到地球微生物的影响，“半人马座”运载火箭上面级(未像航天器那样经过彻底的无污染处理)随航天器以几乎相同的轨道离开地球，将在约 38000mile(61200km)处与火星擦肩而过。

2012年1月11日，TCM-1开始，目标是通过轨道修正机动使航天器在预定的轨道飞行，并准时于2012年8月6日(世界时)在火星表面的Gale Crater着陆。

TCM-1后，若无后续的TCM-2轨道改进，"好奇号"将以偏离预定点3000mile(5000km)、偏离预定时间20min进入火星大气。

8.1.4 巡航段

与火星探测巡视器(MER)任务①类似[9]，MSL行星际轨道飞行期间，巡航级采用每分钟自旋两周的姿态稳定控制方案，直至航天器进入火星大气前。巡航级天线(中增益天线和低增益天线)的视轴沿航天器 $-Z$ 轴方向，航天器 $-Z$ 轴与其自转轴保持一致，图8-3中的航天器 $-Z$ 轴是从图片所在平面的底部到顶部方向。由于质量失配，航天器质心稍偏离 $-Z$ 轴，致使其旋转时 $-Z$ 轴的指向有轻微摆动。受到航天器旋转的影响，每转一周，围绕其自转轴(指向地球)的天线增益最差值至少会出现一次(每30s)；因此，链路性能预测模型中只能使用此最差值。

巡航段的主要工作包括：航天器在轨检测和维护；航天器健康状态和子系统性能的日常监视；航天器和载荷子系统的鉴定与标校(相关参数更新)；姿态保持；为确定和修正航天器飞行路径(如轨道修正机动[TCM])，并为EDL和火星表面操作准备所进行的导航活动。涉及通信链路的三种导航数据类型包括：

1) 双向多普勒：当航天器接收机处于相干模式并锁定上行载波、地面站接收机锁定下行载波时提供；

2) 转发测距：上行和下行载波处于双向多普勒方式，航天器测距通道打开，且测距信号调制到上行载波时提供。

3) 双差分单向测距(DOR)：当航天器发射单向下行信号且调制多个DOR音时提供。两个地面站协调一致，每个地面站交替跟踪航天器和射电源，以确定航天器与射电源之间的相对角位置。

MSL任务规划了多达六次TCM，若没有这些修正时(关于TCM的更多详细信息见表8-5)，航天器轨道仍能保持较好的进入火星状态，预计最后的几次TCM可以取消。

推进系统在航天器参考坐标系内进行轴向和横向速度修正。矢量模式机动是一种轴向分量和横向分量的联合机动，矢量和使航天器速度(ΔV)在惯性空间的大小和方向发生变化，这是一种强大的机动实施方法，就如MSL能够完成自旋一样，无须转向就能完成有效机动。无转向矢量机动通过消除对未知姿态的估计和控制来降低操作风险。另外，航天器现有姿态是正常规划的一部分，具有良好的特性，

---

① MER项目包括2003年发射的两个巡视器。"勇气号"于2004年1月4日、"机遇号"于2004年1月24日分别着陆火星。"勇气号"经历一个火星冬季后无法与地球通信，2011年5月25日宣布任务结束。"机遇号"仍在工作，已进入第10年的火星表面操作。

可为航天器提供充足的电力，并支持与地面通信。虽然在 MSL 任务中不存在问题，但矢量模式机动的缺点主要是燃料消耗较多，尤其是对于大范围"ΔV"修正[10]。

表 8-5　巡航段规划的轨道修正机动

TCM	时　间	OD* 数据截止日期	描　述
TCM-1	L＋15 天	L＋10 天	修正入轨误差；消除行星际防护的部分入轨偏差；部分重定向至所需着陆点的目标入口点；为了进行行星防护，使瞄准点偏移；TCM-1 推迟至 2012 年 1 月 11 日[8]，持续 3h；TCM-1 首先沿自旋轴方向机动了 19min 改变速度，然后通过超过 200 次、每次持续 5s 的定时点火改变垂直于自旋轴方向的速度
TCM-2	L＋120 天	L＋115 天	修正 TCM-1 误差；消除行星际防护的部分入轨偏差；部分重定向至所需着陆点的目标入口点；为了进行行星防护，使瞄准点偏移；矢量模式机动。TCM-2 于 2012 年 3 月 26 日实施，机动量为 TCM-1 的 1/7，推力沿自旋轴方向持续 3min，之后通过超过 60 次、每次持续 5s 的定时点火，改变垂直于自旋轴的速度
TCM-3	E－60 天	E－65 天	修正 TCM-2 误差；瞄准所需着陆点的进入点；2012 年 6 月 26 日实施矢量模式机动。4 个推进器点火共计 40s，将火星大气进入点移动 125mile(201km)，进入时间提前约 70s
TCM-4	E－8 天	E－8.5 天	修正 TCM-3 误差；矢量模式机动，发射前规划并计划于 2012 年 7 月 29 日执行。2 个推进器点火共计 6s，将火星大气进入点移动 13mile(21km)
TCM-5	E－2 天	E－2.5 天	修正 TCM-4 误差；最后一次进入瞄准机动，以实现所需的输出 EFPA 精度要求；矢量模式机动。必要时可取消
TCM-5X	E－1 天	E－1.5 天	TCM-5 执行失败后的应急机动；矢量模式机动。由于取消了 TCM-5，所以 TCM-5X 也随之取消
1TCM-6	E－9h	E－14h	紧急机动；瞄准进入点的最后机会；矢量模式机动。必要时可取消

注：* 时间从发射(L)或进入(E)起算；OD 为轨道确定；EFPA 为进入角。

8.1.5　接近段

接近段定义为从航天器进入火星大气前 60 天开始，到航天器到达火星大气进入点结束，该进入点距离火星中心的半径为 3522.2km。接近段的主要工作包括采集和处理用于确定最后三次 TCM 所需的导航数据(若需要实施任何机动，可支持其处理),引导巡航级分离,并开始 EDL。

从通信角度看,在距离、天线和链路性能等方面,只有巡航段后期属于接近段,此时继续使用以前的巡航段和地面站配置。

工程新闻稿和现状发展报告[8]中描述的巡航段和接近段重要事件如下:

2012 年 3 月 26 日,飞往火星途中,航天器调整了飞行路径,以便在 8 月将"好奇号"送达火星表面,航天器推进器点火执行 TCM-2 近 9min,以 TCM-1 的 1/7 推力轻推航天器。来自航天器无线电信号的数据和多普勒变化表明,TCM-2 机动成功实施。

6 月 26 日,执行 TCM-3,利用 4 个助推器共点火 40s。该机动既可以消除早期修正机动后残留的飞行路径误差,也可以在当月决定是否将瞄准着陆点移至距离夏普山(Sharp)约 4mile(7km)的地方。将着陆点移动至选定的地点会节省数月的飞行时间。

TCM-3 使航天器的速度改变了约 0.1mile/h(50mm/s)。飞行期间第一次(1 月 11 日)和第二次(3 月 26 日)轨道修正机动产生的航天器速度变化量分别是 TCM-3 的 150 倍和 20 倍。

为了与地面通信,7 月 11 日,完成了一次转向姿态控制(非 TCM),将航天器方向调整为保持中增益天线指向地球。这是在着陆前规划的倒数第三次姿态控制。

7 月 28 日,TCM-4 的飞行路径改变量小于航天器从地球向火星途中先前实施的三次轨道修正机动中的任何一次,这次机动量比前三次都小。若无此次机动,航天器可能会到达目标进入点以东约 13mile(21km)的火星大气顶部。推进器点火使航天器速度改变了约 0.025mile/h(1cm/s)。

8.1.6 EDL 段

接下来是 5 天的最终接近段,分为进入、下降和着陆(EDL)三个阶段,全过程持续 21min。图 8-16～图 8-20 是 EDL 各阶段的飞行过程。

- 第一阶段,如图 8-16(持续 15min,至进入结束)所示,包括:
  - EDL 开始,巡航级分离后结束;
  - 位于火星外大气层,航天器切换至斜装的低增益天线(TLGA),旁路下降级双工耦合器,①到达参考进入点后结束。
- 第二阶段,如图 8-17(从进入开始,持续 5min)所示,包括:
  - 进入,包括产生的等离子体造成的 UHF 通信中断期;
  - 开伞下降,包括热防护罩分离并启用着陆雷达,着陆雷达的标准名称为"末端下降传感器"(TDS),将在 8.2 节中描述。

① EDL 时序中旁路下降级双工耦合器是为了防止进入期间再增压过程中双向耦合器内部产生冠状电流。由于进入期间航天器无须接收信号,因此旁路双工耦合器并不影响通信。

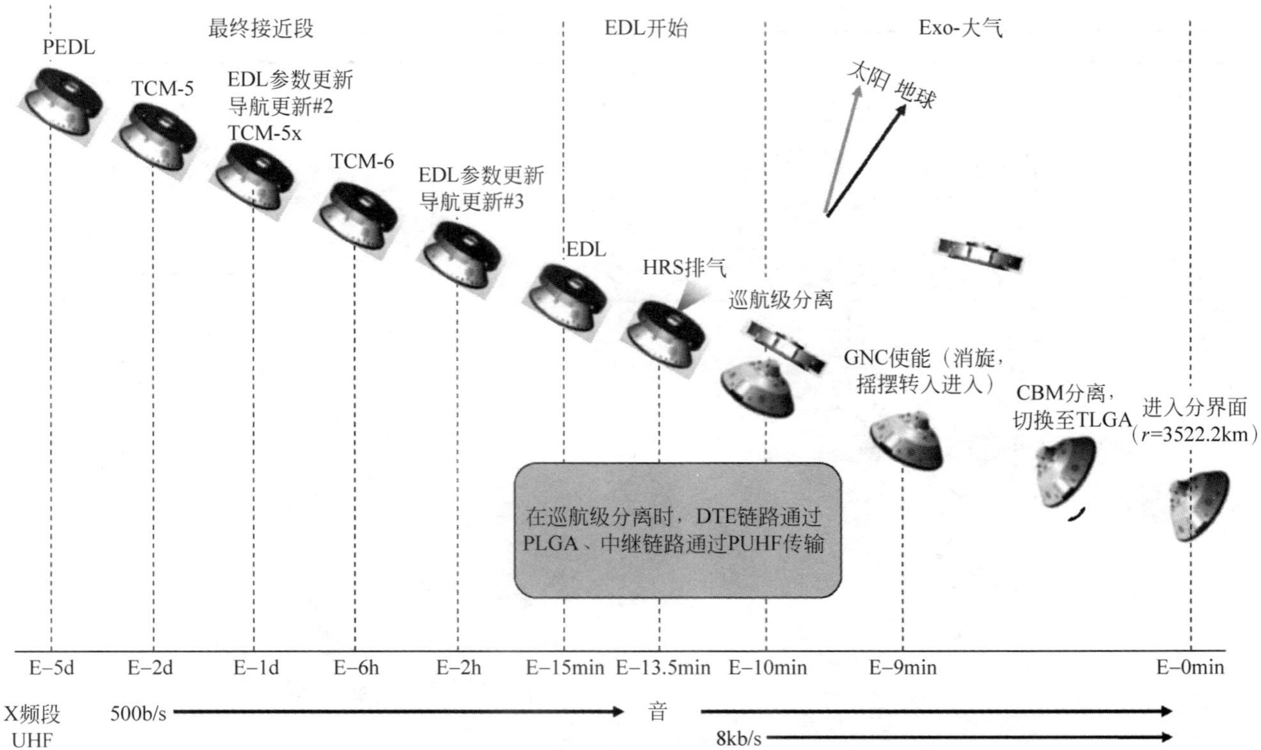

图 8-16　时间线：巡航级分离至进入点

（CBM 为巡航平衡配重；GNC 为制导、导航和控制；HRS 为热防护系统）

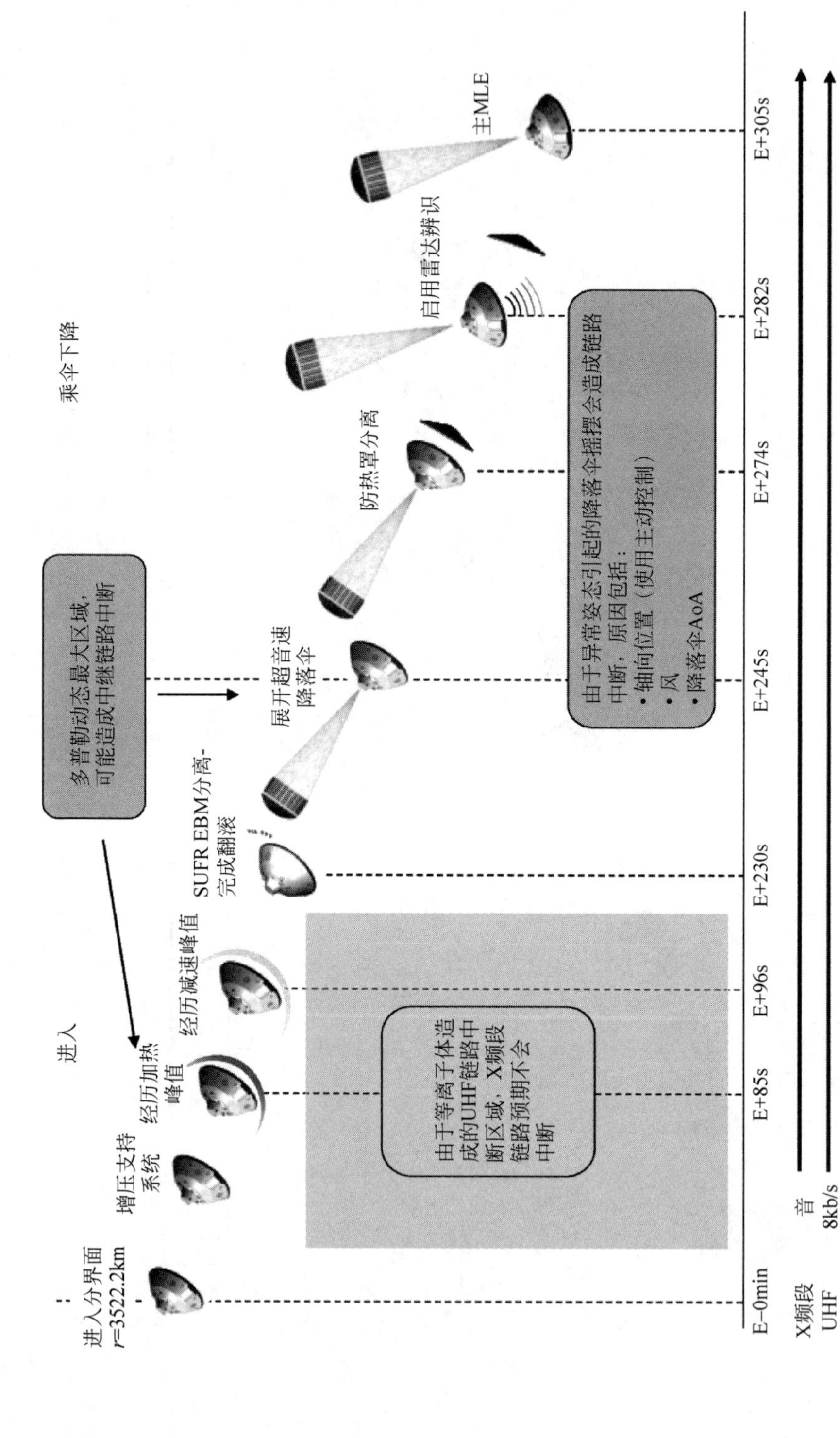

图 8-17 EDL 时间线：进入点至后壳分离（EBM 为进入平衡配重，SUFR 为进入体直立）

- 第三阶段，如图 8-18(从进入＋309s 开始，至着陆火星表面结束，持续时间小于 1min)所示，包括：
  - ○ 动力下降段，包括背盖分离，并切换至 X 频段下降级低增益天线(DLGA)和下降级 UHF 天线(DUHF)；
  - ○ 空中起重段(下降级充当空中起重机，以减小巡视器着陆器速度)，包括着陆和切断电缆；
  - ○ 空中起重机分离。

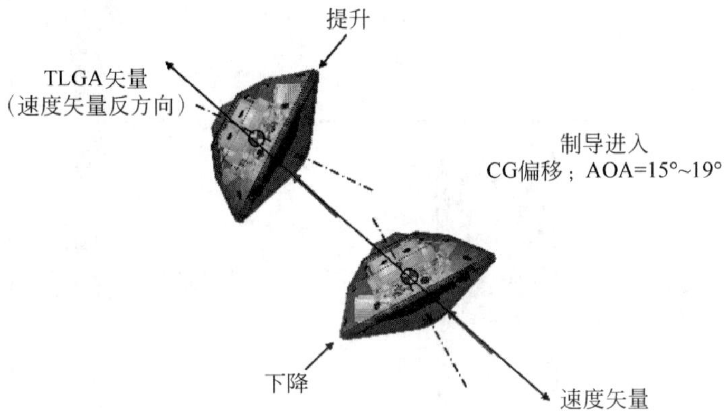

图 8-18　沿速度矢量反方向的倾斜机动(AOA 为攻角，CG 为重心)

图 8-16 和图 8-17 分别显示了与前两个阶段有关的航天器事件。图 8-19 显示了最后一个阶段的概况。图 8-20 给出了飞行全过程。

航天器 EDL 前的准备段(图 8-16 中的 PEDL 段)在进入前约 10min 开始，此时巡航级分离(CSS)。与 MER 不同，CSS 期间航天器始终保持对地定向。

CSS 后，航天器自旋速率(整个巡航段的自旋速度为 2r/min)减小。约 1min 后，航天器执行转向进入(TTE)机动。此时的航天器姿态不再是对地通信的最佳姿态。

航天器到达进入点前，按照 EDL 程序，使巡航平衡配重(CBM)与航天器分离，如图 8-16 中倒数第二个简图所示，移动航天器质心，以获得合适的进入角，产生气动升力。

设计的标称攻角为 15°～19°。直到降落伞展开前不久，攻角的变化量会偏离设计值多达±2.5°。TLGA 天线的波束宽度和安装方向能够适应该角度变化范围。TLGA 沿其波束中心偏离航天器－Z 轴 17.5°的方向安装。

进入后，航天器实施了多次倾斜机动，以获得较小的着陆椭圆(引导进入)，这些倾斜机动多次使用反作用控制系统(RCS)的推进器进行短时点火(约 20ms)。如图 8-18 所示，火星位于下方，“提升”机动使热防护罩倾斜并稍高于速度矢量方向，“下降”机动使其稍低于速度矢量方向。在此期间，航天器攻角(AOA)保持在 15°～19°。按照设计，MSL 的 TLGA 在正常情况下与速度矢量反方向一致，以最大限度地减小倾斜期间天线偏离视轴的角度。这种对准方式使偏离天线视轴的角

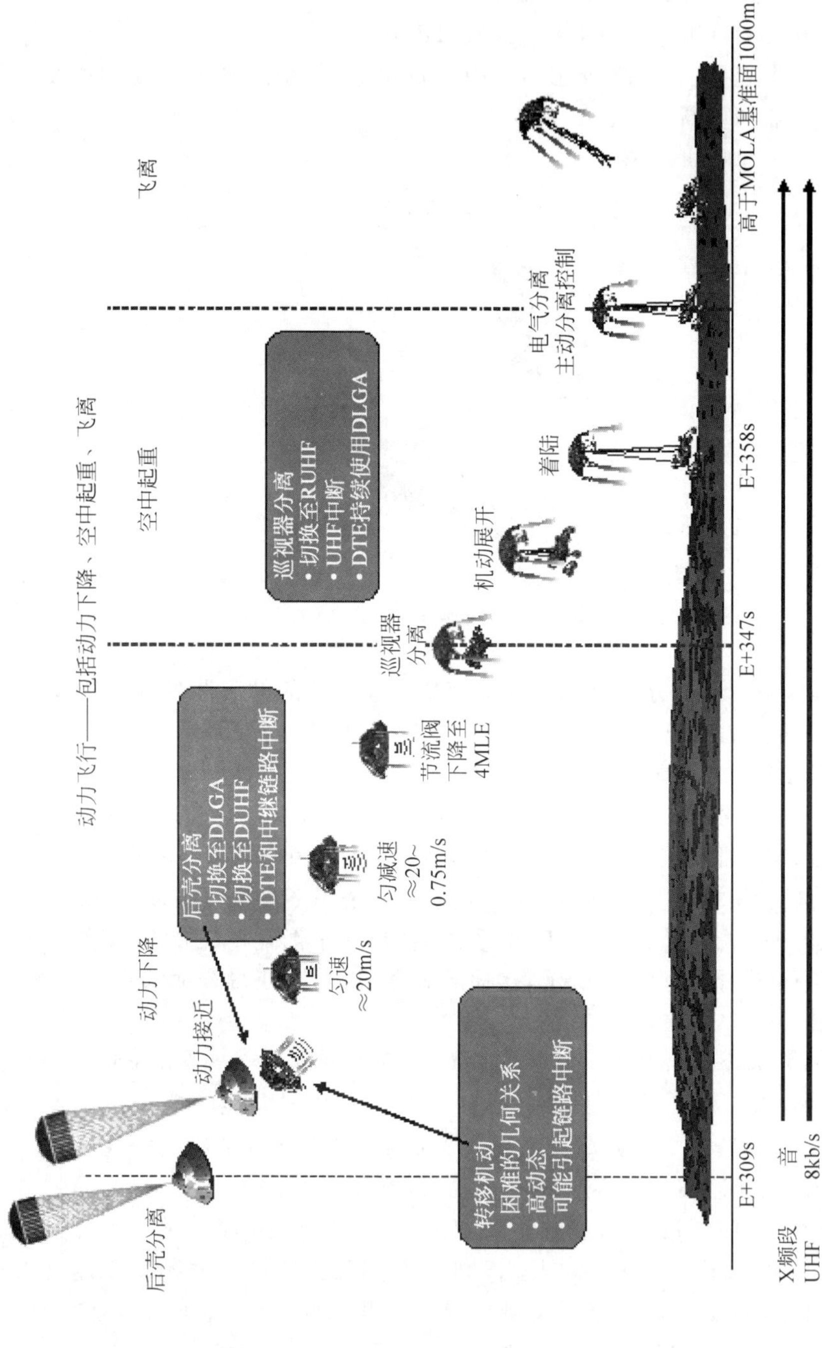

图 8-19 EDL 时间轴：后壳分离至飞离（MOLA 为“火星勘察者”激光高度计）

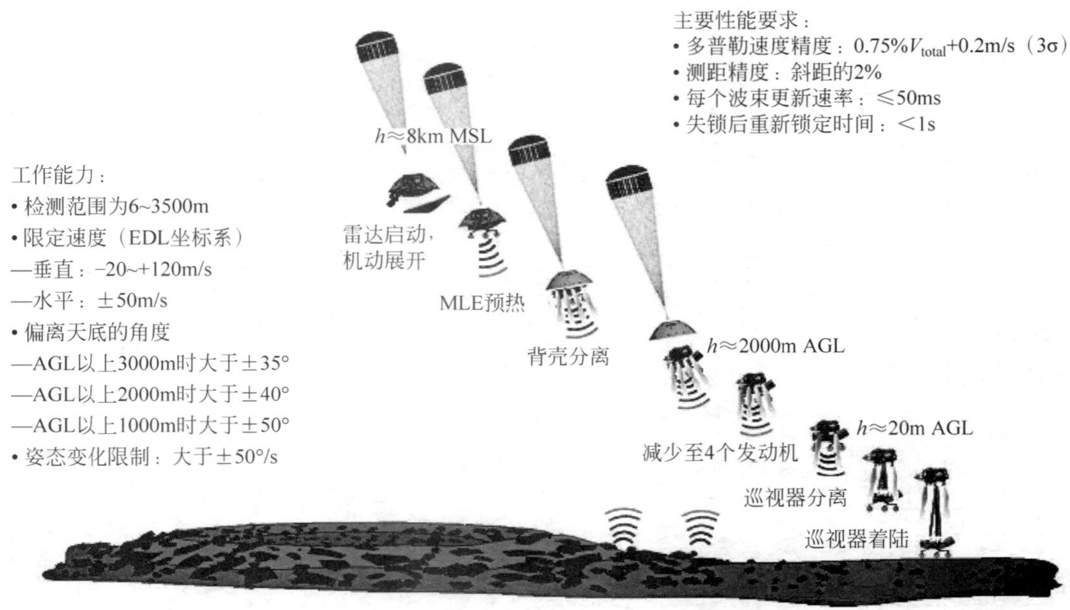

图 8-20　EDL 期间的 TDS 需求概述（AGL 为距离地面高度）

度变化在天线视轴任何一边都近似相等，而不是偏向视轴的某一边。

预计在加热峰值期间（图 8-17，图片中部约 E＋85s），等离子体壳套可能会使 UHF 信号中断（见 8.4 节）。实际任务中，通信中断出现在进入后的 40～80s，与 MER 任务类似。第二次中断出现在减速峰值期间，多普勒动态对信号捕获和跟踪提出了挑战。从最终的接近和 EDL 状态报告[8]可得知“好奇号”以下飞行状态。

2012 年 8 月 1 日，“好奇号”开始按照 EDL 时间表自主飞行。“7min 是整个任务期间最具挑战性的部分”，JPL 负责该任务的项目经理 Pete Theisinger 表示，“为了实现成功着陆，需要正确实施数百个事件，许多事件都是瞬间发生，并且全部由航天器自主控制完成。我们做了所有能想到的事情以确保成功。我们希望将‘好奇号’安全送至火星表面，但无法确保，因为风险是真实存在的”。

项目团队取消了 TCM-5 应急机动的构建和测试。预定 8 月 3 日的 TCM-5 机动也不再进行，但如果需要的话，该机动也会实施。项目还取消了 EDL 期间自主软件控制事件相应参数的更新。

8 月 3 日，项目团队决定不再需要进行原计划的 TCM-5，以及 EDL 期间软件自主控制事件的相应参数更新。截至 19：35UTC，航天器距离火星约 468000mile（753200km），稍小于地月间距离的两倍。此时它的速度约为 3576m/s，到达火星大气顶部时逐渐增大至约 5900m/s。

8 月 4 日，飞行团队发送并确认了用于小幅修正航天器导航参考点参数的上行指令。作为星载自主序列引导航天器着陆的一部分，启动催化剂床加热器，为 8 个火星着陆发动机点火做准备，这些发动机是 MSL 下降推进系统的一部分。此外，下降期间通过微调运动跟踪器参数测定航天器指向。

8 月 5 日，飞行控制人员决定放弃第六次 TCM，这也是任务中进行航向机动的最后机会。航天器朝着火星大气顶部的目标进入点飞行，精度足够、无须机动。任务控制人员也确定无须再对 EDL 期间必须使用的器载信息进行更新。这些器载信息是 EDL 期间必须要使用的。

8 月 6 日，确认航天器于 5：32UTC 着陆于火星表面的 Gale Crater（8 月 5 日下午 10：32，在 JPL 任务控制中心），着陆时刻为 Gale Crater 当地时间约下午 3：00。通过“奥德赛”和 MRO 之间的 UHF 中继链路接收的原始信息表明，“好奇号”着陆于 Gale Crater 内，面朝东南偏东方向，航向 112.7°（±5°），并有几度的倾斜。首先看到的一些彩色图片是即将着陆时拍摄的，MSL 上的火星降落成像仪提供的图像给出了巡视器的准确位置信息。EDL 后，利用第 1 个火星日的几个小时接收了“奥德赛”发送的“好奇号”位置附加信息及附加图像信息。

图 8-19 显示了 EDL 最后的飞行阶段，从降落伞展开开始，接着是热防护罩分离、雷达启动和后壳分离（BSS）。从此处开始，航天器进入动力下降段。动力下降期间，空中起重机利用长约 7m 的伞绳放下巡视器。巡视器着陆后，下降级飞离，并在距离巡视器足够远的地方着陆，以免损坏巡视器或污染巡视器着陆点附近区域。由于下降级着陆时的姿态和速度是不受控的，可能会损坏，因此并不预期会继

续收到 DSDST 和 TWTA 发送的 DTE X 频段信号。

航天器乘伞减速的同时，推进子系统和分离热防护罩准备，开始使用 TDS 完成着陆。（注：2009 年任务规划的一个变化是，空中起重机在着陆前最后几秒的点火期间，按顺序展开车轮。）

为了实现软着陆控制，EDL 系统必须能够从数千米开始到距离火星表面几米之间的飞行过程中，连续、精确测量航天器的高度和三轴速度（即水平和垂直速度）。TDS 能够实现从分离热防护罩开始到巡视器着陆之间的全程测量。

8.1.6.1　进入初期的 DTE；进入后的 DTE 和通过 MRO 的中继通信

EDL 期间的通信规划必须在选定着陆点和已知具体的发射日期前完成。通信的设计和使用必须充分选择合理的时机，以便在 EDL 失败后能够有机会确认当时发生了什么（通过数据重建）。自从 1998 年“火星极地探路者”失败以来，NASA 总部就已采取了这些措施。

由于受到与火星轨道器（“中继资源设施”）之间距离和视角的限制，MSL EDL 期间，中继不能对 CSS 到着陆＋1min 之间的飞行过程实现全覆盖。大多数重要事件都发生在进入后，为 EDL 期间中继通信而做的准备工作主要是调整火星轨道器轨道相位，以优化从 CSS 到着陆＋1min 期间的中继链路。任务设计的基线是 X 频段 DTE 链路应提供从 CSS 到进入期间的全覆盖，这一时间段与进入后相比，重要事件相对较少，尽管如此，从 CSS 到着陆＋1min 期间还是需要 DTE 覆盖。热量达到峰值期间，预计会产生大量等离子体，足以使 UHF 中继链路中断（但 X 频段无中断），此时利用能够穿透等离子体的 DTE 通信链路就显得非常必要。

除了等离子体中断期，预计 EDL 期间的中继和 DTE 链路都会出现多次短时中断。表 8-6 给出了大部分重要中断期、引起中断的原因和中断的预期和实际持续时间。

表 8-6　CSS 至着陆之间的 UHF 和 DTE 链路中断期[11]

事　件	RF 链路	原因	相对进入(E)时的实际信号丢失开始时间	EDL 规划中信号丢失的持续时间	EDL 期间实际信号丢失持续时间
CSS	X 频段	切换至 PLGA，CS 遮挡天线	E－600s 连续	1s	7s(包括 PLGA 遮挡)
转入进入段	X 频段	切换至 TLGA	E－20s 连续	1s	4s
等离子体中断	UHF	等离子鞘套包裹	E＋40s	25～100s	40s(载波)，58s(数据)
降落伞展开	X 频段	膛片遮挡 TLGA	E＋260s	75s，最差情况	无中断，但会产生较大多普勒变化率
后壳展开	X 频段和 UHF	切换至 DUHF 和 DLGA，遮挡	E＋375s	1～6s	6s(UHF Txr 关闭)
巡视器分离	UHF	切换至 RUHF，遮挡	E＋410s	1～6s	6s(UHF Txr 关闭)

表中"降落伞展开"一行提到了由于膛片[①]遮挡引起的 X 频段 DTE 链路短时中断，图 8-21 显示了地面测试时 MSL 伞舱内降落伞配重模块展开期间，舱内膛片的工作状态。膛片是图片底部向上约三分之一处的装置，它部分包裹在捕获袋(一个可控的宽松网带)中，降落伞配重模块位于图片顶端。试验表明，膛片在降落伞展开期间的运动十分剧烈，需要关注的是当膛片回落到伞舱顶端时，会撞击和损坏 PLGA。后壳展开时，通过动力下降设备实施一个大倾角高动态机动，使航天器"转离"降落伞和后壳，该机动会迅速产生大的多普勒变化率和姿态异常，除了会造成表中所述的遮挡和 UHF 天线开关切换，还会造成信号中断。

图 8-21　地面降落伞展开测试期间的膛片

8.1.6.2　EDL 期间完整的 DTE 通信

如前所述，可将进入后到着陆＋1min 之间完整的 DTE 通信链路作为中继链路的备份。这种所谓完整的"DTE 覆盖"，并不能确保覆盖两种轨道类型和所有着陆点。对Ⅱ型轨道、四个主要着陆点能够提供完整的 DTE 覆盖，但仅能对Ⅰ型轨道的北部着陆点(24°N 的 Mawuth Vallis)提供完整的 DTE 覆盖。

---

① 膛片原指火器中用于撞击发射的装置(如枪弹)，其直径小于枪膛直径，需要弹头保持在精确位置。

对于可能的各着陆点、巡航轨道类型和发射日期，计算得到的 DTE 结束时间差异很大。其范围从最早的进入后几分钟至最晚的着陆后 1min。对于 2011 年 11 月 26 日的实际发射Ⅰ型轨道，2012 年 8 月 6 日着陆于 Gale Crater，预期（标称）的通信性能为 X 频段 DTE 信号会在着陆前 2min 丢失（LOS），MRO 的 UHF 中继信号会在着陆后 6min 丢失，“奥德赛”中继信号会在此后 1min 丢失。

任务中，依靠与“奥德赛”轨道器的 UHF 无延迟“弯管”中继链路实时确认了着陆成功。“奥德赛”事先转向正确的方向，对“好奇号”的着陆过程进行监视。如果没有“奥德赛”的中继链路，至少要在着陆后 2h，通过回放 MRO 记录的 MSL 中继数据，才能确认着陆成功。

使用 X 频段 EDL 天线的基本顺序是：刚开始使用 PLGA（从 CSS 至进入期间，指向航天器 $-Z$ 轴方向）、进入时使用 TLGA（沿平均倾斜角方向，转向进入后指向接近航天器速度矢量的反方向）。图 8-22 显示了 2011 年发射且着陆点为 Gale Crater（4.5°S）时 EDL 过程的天线视角。受到引导进入机动（倾斜转向）的影响，进入后 $-Z$ 轴的视角会产生很大变化；不过，使用 TLGA 可将这些角度变化带来的影响降至最小。

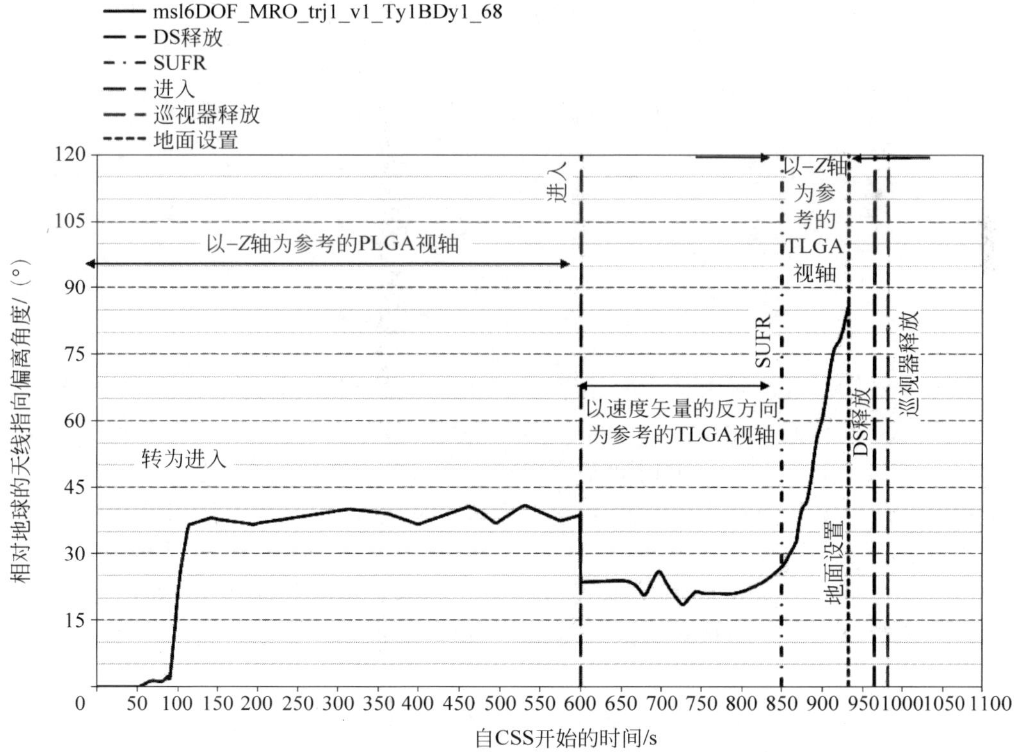

图 8-22　EDL 期间 DTE 通信可见角度（综合考虑速度反方向和 Z 轴方向）示例（2011 年发射，着陆于 Gale）

8.1.6.3 火星表面工作段

MSL任务成功的标志是“好奇号”在火星表面至少工作一个火星年(669个火星日或687个24h地球日)。“好奇号”着陆于Gale Crater的火星表面任务期间，与地球的几何关系如图8-23所示。地球-火星距离(实曲线，左边纵轴)在0.6～2.4天文单位(AU)(分别为0.9×10^{8}km和3.6×10^{8}km)变化。MSL着陆时的地球-火星距离为1.7AU(2.5×10^{8}km)。

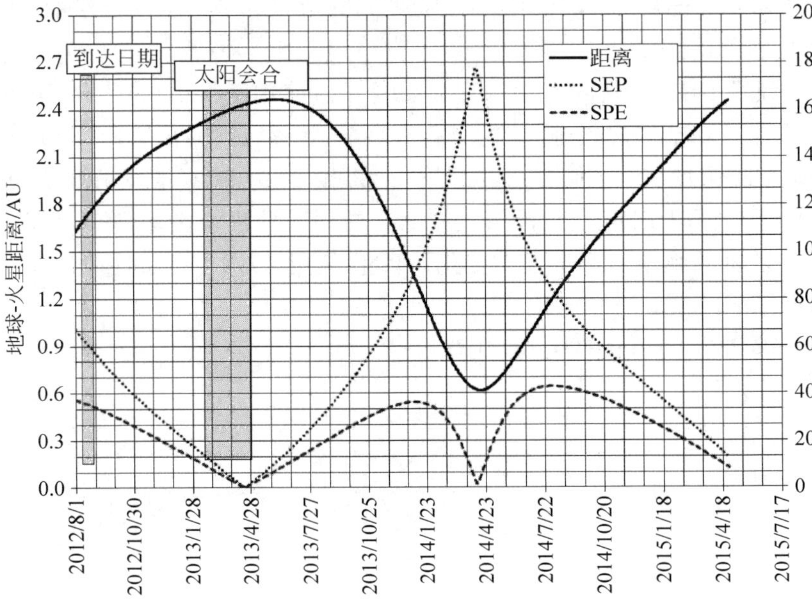

图8-23 MSL火星表面工作期间地球-火星几何关系

图8-24、图8-25和图8-26显示了火星表面工作时长随着陆点纬度以15°间隔从30°N到30°S的变化情况。Gale Crater位于4.5°S，与实线标注的赤道位置接近。图8-24显示了地球上升时间是如何在火星一年中变化约5h的。图8-25显示了对地球的可见时长也有类似的变化。升起和设定时间均为火星当地真太阳时(LTST)[12]。①

每一天对地球的可见时长(假设地面10°遮挡，巡视器倾角为0°)如图8-26所示。持续时间(8～13h)是相对地球的，并非相对随地球旋转的任意一个DSN站。

① 由于火星环绕太阳运行的轨道并非正圆，以及火星自转轴与其轨道面并不垂直，人为设定的平均太阳时和真太阳时所对应天空中实际的太阳质心位置会出现季节性变化。通过类比地球上的24个时区，火星平均太阳时[12]定义的火星本初子午线为火星协调时的起点(MTC)，类似于地球的UTC时间。仍然类比地球，据此构建的“火星时区”定义为选定位置的当地太阳时。这些火星时区宽度正好为15°，时区中心位于15°整数倍的经度位置，如0°、15°、30°等。

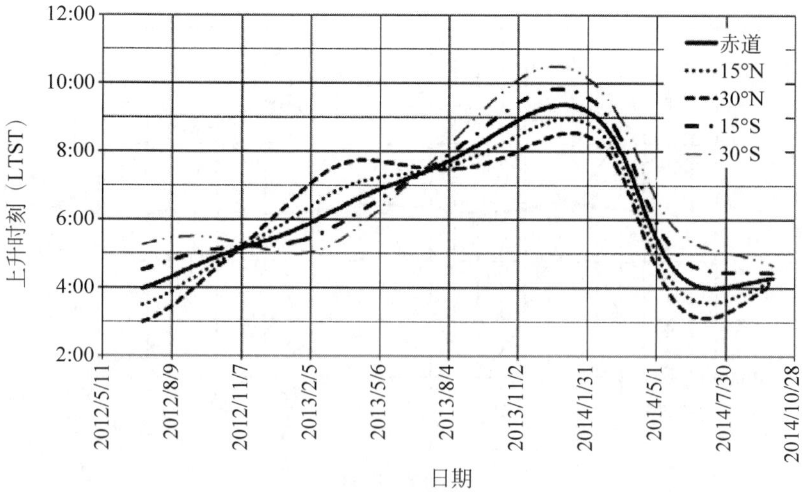

图 8-24　不同 MSL 着陆点对应的地球上升时刻与日期之间的关系

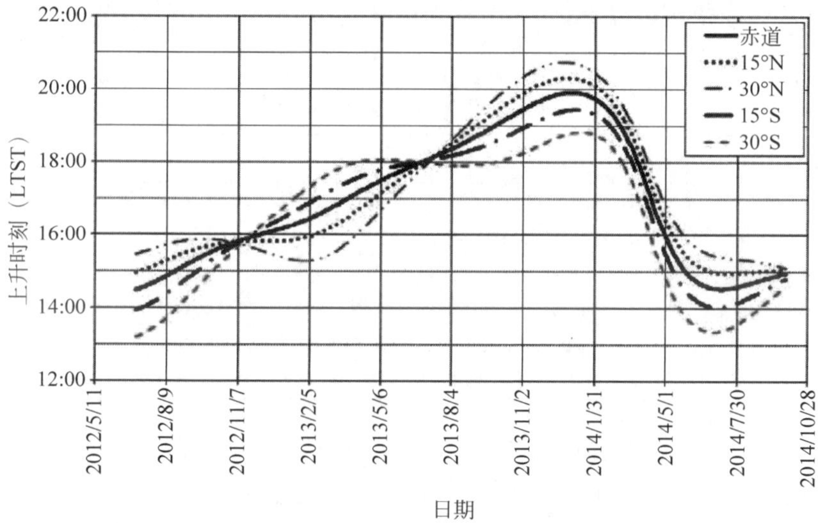

图 8-25　不同 MSL 着陆纬度的地球上升时刻

忽略 DSN 计划和上/下行链路操作的限制，图 8-26 显示了每天可用的上行遥控（从地面直接发送[DFE]）和遥测接收（通过 DTE 链路）的最大可能时长。

MSL 与火星勘察轨道器（MRO）和“奥德赛”之间的中继链路采用 UHF。“奥德赛”（2001 年发射）和 MRO（2005 年发射）是 MSL 火星表面工作期间可用的火星中继资源。表 8-7 汇总了中继轨道器的经典轨道参数①。

① 参见维基百科：轨道参数，其用于定义天体动力学中的轨道要素。六参数（开普勒参数）对于明确定义任意的稳定轨道是必要的。表 8-7 中，参考历元为第六个参数，即平近点角（沿椭圆轨道运动的位置）为零的时刻。

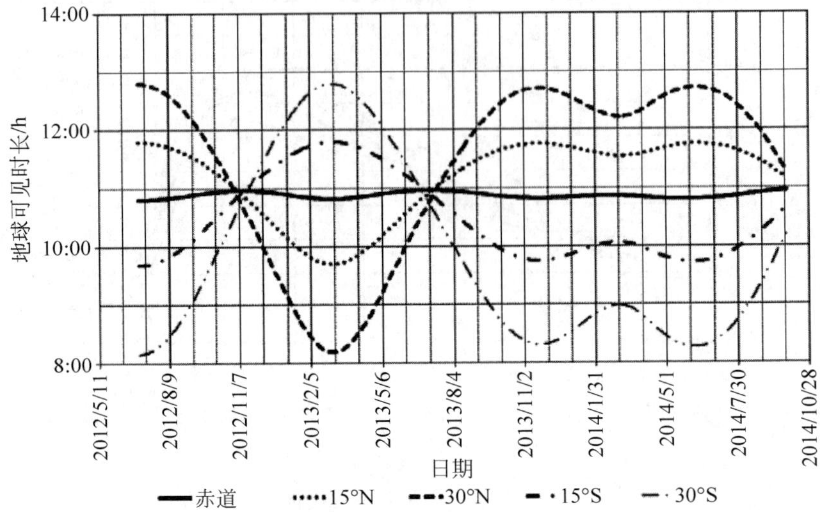

图 8-26 地球可见时长与日期之间的关系曲线(MSL 火星表面任务,假设 10°陆地遮挡、着陆器无倾斜)

表 8-7 中继轨道器的轨道参数

参数	"奥德赛"	MRO
半长轴/km	3788.1479	3648.606
偏心率	0.0108616	0.012176
倾角/(°)	92.894	92.655
升交点经度/(°)	235.4908	−10.695
近地点幅角/(°)	267.5309	−90.003
历元	2006 年 1 月 1 日 0:01:00	2006 年 12 月 7 日 1:00:00

图 8-27 给出了每个火星日 MRO 仰角高于 10°的时长与巡视器着陆点纬度之间的关系曲线。MSL 位于火星赤道附近的 Gale Crater,每个火星日对 MRO 有两个可见弧段,仰角 10°以上的时长共计约 13min。

图 8-28 给出了仰角间隔 10°时的可见时长详情。对位于 45°S 和 45°N 之间的着陆点(该区域包含所有四个候选着陆点),可见时间的百分比与纬度几乎无关。从图中可以看出,仰角 10°～20°的可见时长占一半以上,且随仰角增大时长逐渐减小,直至仰角 80°～90°时仅占 0.25%。这说明,一般情况下,低仰角时使用宽波束天线是有利的,它能够提供大范围覆盖,同时天顶方向的高增益区一般用不上。

8.1.7 飞行系统描述

飞行系统(图 8-3)包括一个地球-火星巡航级航天器,EDL 系统,一个集成了仪

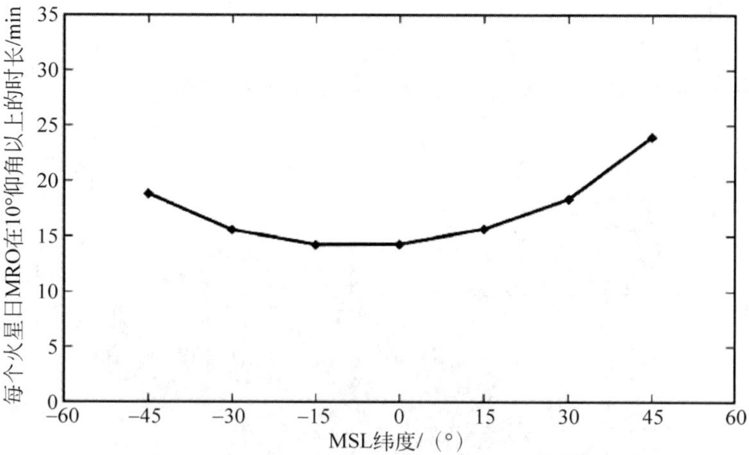

图 8-27　每个火星日仰角 10°以上的可见时长与 MSL 纬度之间的关系

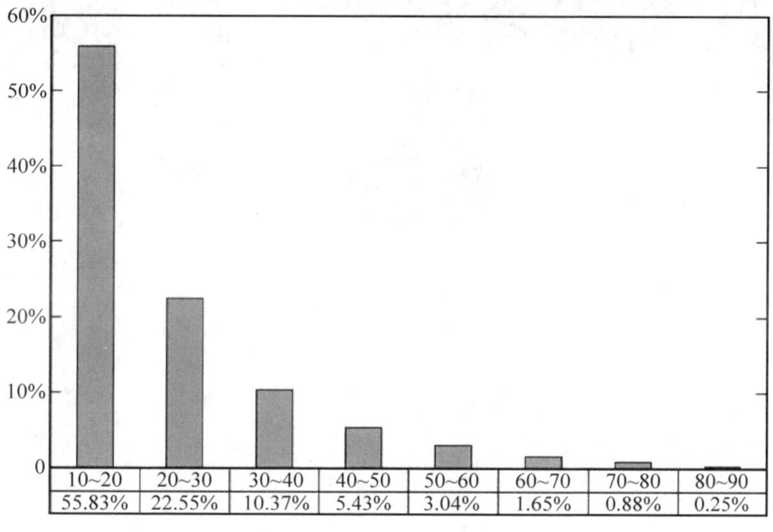

图 8-28　仰角间隔 10°的 MRO 可见时长所占百分比

器包的可移动科学巡视器。图 8-3 中，MSL 的 EDL 设备(MEDLI)[13]安装在火星科学实验室(MSL)进入级热防护罩内，用于收集火星大气和气动热数据、进入和下降期间热防护系统(TPS)与 MSL 进入级的气动特性数据，为未来的火星任务提供工程数据。

巡航期间，航天器绕 Z 轴自旋稳定(2r/min)。图 8-3 中，$-Z$ 轴位于图片所在平面内，指向图片顶端中心。

EDL 系统包含源于 19 世纪 70 年代中期“维京号”的减速伞结构和用于对进入

和软着陆精确制导的推进系统。与 19 世纪 90 年代中期的“火星探路者”(MPF)任务[14]①和 20 世纪初的 MER 任务使用的气囊设计相比,MSL 任务中的软着陆是新的尝试。图 8-29 为 MSL 巡视器完全展开状态下的外视图。

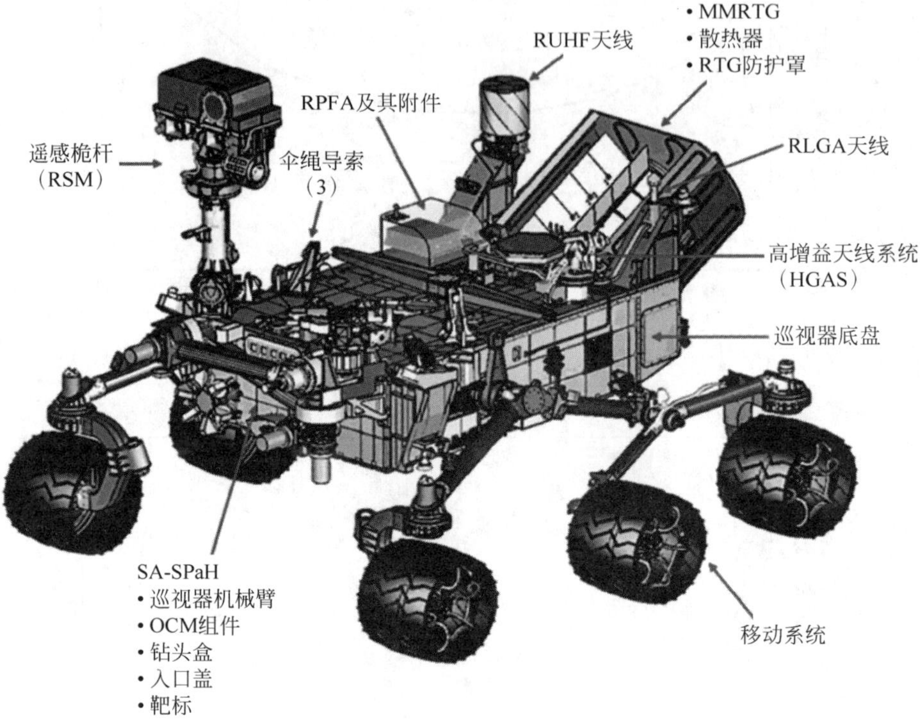

图 8-29 MSL 巡视器外观(OCM 为有机测试材料,SA-SPaH 为样本采集-样品制备和处理)

表 8-8 给出了 MSL 与 MER 的总体比较。参考文献[9]描述了 MER 的通信系统,包括其通信子系统的质量和功耗。本书 8.2 节描述了 MSL 通信子系统,包括其质量和功耗。SA-SPaH 钻头盒内包含钻头。

表 8-8 MSL 和 MER 比较

对 比 项 目	MSL	MER
运载火箭发射质量	“大力神”Ⅴ/4000kg	DeltaⅡ/1050kg
任务设计寿命	巡航段最大 1 年(实际巡航 9 个月)/火星表面工作 1 个火星年	巡航段 7 个月/火星表面工作 3 个月

① “火星探路者”(MPF)于 1996 年 12 月发射,1997 年 7 月着陆火星,包括一个着陆器和“旅居者”巡视器。MPF 设计初衷是对配备仪器的着陆器以及在火星表面自由运动的巡视器进行技术验证,该目标已实现。这两个探测器在火星表面的生存时间均超过了设计寿命,其中“火星探路者”着陆器的寿命接近设计寿命的 3 倍,巡视器为 12 倍。

续表

对比项目	MSL	MER
通信冗余	大量通信冗余/单任务 1 个巡视器：通信系统包括 1 个小型深空应答机（SDST）、下降级上的 1 个 TWTA、巡视器（X 频段）上的 1 个 SDST 和 1 个固态功率放大器（SSPA）。巡视器还有 2 套 UHF 收发信机	有限通信冗余/双任务 2 个巡视器，每个巡视器有 1 个 SDST、2 个 SSPA 和 1 套 UHF 收发机
载荷	10 套仪器（84kg）	5 套仪器（约 9kg）
样品采集	机械臂＋石块研磨工具（RAT）＋粉末提取器＋收集器	机械臂＋RAT
EDL 系统	导引进入/空中起重机	继承 MPF/气囊
热防护罩直径	4.5m	2.65m
EDL 通信	部分 UHF＋部分 DTE 或全程 DTE	DTE＋部分 UHF
巡视器质量	850kg（分配）	170kg（实际）
巡视器活动范围	设计值，＞20km	1km（设计值），截至目前“机遇号”实际＞37km，7.7km（“勇气号”）
火星表面功率	MMRTG，2500W·h/火星日	太阳能，＜900W·h/火星日
火星表面通信	X 频段 DTE＋UHF	X 频段 DTE＋UHF

8.1.7.1　工程子系统和功能

以下与通信有关的工程子系统描述源自 MSL 任务规划[15]。

底盘。底盘是巡视器的核心部件，用于容纳飞行系统各器件。除了组件结构一体化设计，结构系统还与绝缘、载荷安装面板热耦合及多任务放射性同位素热电发生器（MMRTG）换热器一起作为车体温控的重要部件。底盘核心区形成保温电子箱（WEB）的外壳；底盘的内板安装飞行系统的电子设备和载荷电子设备。与 MER 类似，有源通信器件（SDST、SSPA 和无线电 UHF 收发信机）位于 WEB 内。

移动。MSL 巡视器是 MER 六轮驱动、四轮转向系统、运用摇臂转向机构的放大版。以巡视器质心为中心，要求车体在任意方向倾斜至少 50°时不翻转。下降期间，由于桅杆还未展开，这一要求会略高。故障保护模式限定了巡视器倾斜角不得大于 30°。摇臂式转向轮的设计使车体能够翻越接近车轮直径大小的物体。每一个车轮都有履带，能够独立驱动和变速，具备在松软沙地上移动和攀爬岩石的能力。每个前轮和后轮都能够独立转动，使车体能够像画弧线一样原地转动。

电源（火星表面操作）。主要由 MMRTG 为巡视器提供电能，要求在主任务开始时能够持续提供的功率为 110W（由于能源部门[DOE]当前预测火星表面工作段开始时的最优估计值约为110W)，至1个火星年的任务末期，功率衰减到约104W。

巡视器工作时的峰值功率很容易超过MMRTG的供电能力，但巡视器还有两套42A·h的电池组能够支持其全部活动。2009年时，对电池的性能要求为：670个火星日周期内的每个火星日，在充电状态(SOC)为100%的初始状态下，能够提供的功率高达555W·h。这种深度放电(555W·h)的状态在每个火星日最多允许出现一次。鉴于2009年到2011年的发射延误，在对火星表面工作时的功率需求进行再评估后，认为555W·h的功率输出是不够的。因此，包含其他巡视器在内，电池组容量比最初的20A·h更大。

制导、导航和控制(GNC)。在巡航、EDL和火星表面工作期间，对地球通信天线的指向由GNC控制。MSL巡航制导和控制子系统充分继承于MER和MPF任务的硬件和飞行软件算法，使用具有冗余的恒星检测仪和两个4通道太阳敏感器之一的测量数据，实时确定三轴惯性姿态和自旋速率。巡航期间，飞行系统以2r/min的速率绕Z轴自旋稳定。八个推进器分为两组，作为执行机构来控制航天器自旋速率以"转动"航天器(沿航天器自旋轴的进动)，并在轴向或横向实施轨道修正机动(TCM)。

从导航角度看，EDL启动及随后的事件对任务成败至关重要。EDL系统与实现任务其他功能的系统不同，它不需要与地面交互并由地面生成任务规划。在MSL上，着陆雷达是GNC的一部分。整个EDL段，航天器根据预先装载的软件和参数自主控制。按照规划，地面通过遥控更新参数，但通过导航和遥测数据确认无须更新时，则取消。

热控(火星表面操作)。巡视器具备在火星表面45°N至45°S之间着陆的能力，因此，热控系统要设计为能适应各种气候和温度。在这些纬度范围内，火星表面温度可以高至40℃、低至−127℃(火星大气压下二氧化碳的冰点)，每天的热周期变化高达145℃。在任意纬度，热控系统要能够实现巡视器电子固定面板(RAMP)，尤其是载荷固定模块(PMP)的温度在每个火星日中至少有6h保持在20℃或以上。极端情况下(如在30°以上的高纬度地区，像冬季在45°S)，RAMP温度必须全天保持在−40℃以上。此外，热控设计也限定了每天的热周期变化在±30℃内。一个火星年的大部分时间，任意纬度地区，热控系统都将为巡视器保温。热控系统通过以下方法实现这一目标：被动方式，通过内部部件散热；将电子加热器置于关键部件上方；使用巡视器散热系统(HRS)。HRS是一组冗余设计的集成泵组件和一套流体回路，运行于整个WEB，以尽量减小巡视器的温度梯度。当巡视器过热时，流体回路实际上额外起到了散热的作用，但它也可以通过安装在MMRTG旁的两个换热器来输送流体，从MMRTG中收集余热。(MSL有表面冷却环路，而MER没有，所以MSL的硬件温度变化小于MER。)

巡视器航天电子设备。航天电子设备负责所有任务阶段(包括巡航段和

EDL)的遥控、数据处理、功率管理、功率分配和火工品操作等；巡视器航天电子设备在火星表面工作期间也起到这些作用。航天电子设备的核心是巡视器计算单元(RCE),同一时间只有一台工作,备份处于冷备状态(EDL 期间除外,备份计算机处于热备状态)。每个 RCE 包括一台中央处理器(一套抗辐射加固的 PowerPC750 系统),通过一个集成外围互连组件(cPCI)底板接口与其他板卡通信,并通过非易失性存储器/相机(NVMCAM)卡为任务数据和 32Gb 的遥测数据提供中央存储空间。此外 RCE 还通过 MIL-STD-1553[16] 数据总线与巡视器功率和分析模块(RPAM)连接,提供功率切换和模拟量的输入/输出①,②。

飞行软件。巡视器主计算机中的软件形成一个控制回路,监视所有阶段飞行系统的工作状态,检查遥控执行效果、维护待传输遥测数据缓存、执行通信功能(通过通信工况管理器管理"通信窗口")、检测航天器整体健康状态。整个飞行系统的核心控制由运行在 RCE(相同的体系架构用于 MER 任务)内的飞行软件完成。飞行团队通过向巡视器发送遥控序列,控制巡视器在火星表面的各种活动(诸如成像、移动或仪器操作等),并生成常规的工程参数、星务和可记录参数(EH&A)遥测和偶发事件报告(EVR),巡视器存储这些数据最终向地面发送。

发射前的测试显示,巡视器通信时,其他活动可能会对其产生干扰或受到无线电频率的干扰。虽然在 MRO 任务 EDL 期间曾发现无线电 UHF 收发信机受到干扰,但这在巡视器上却并未出现。如果在后续的火星表面工作期间出现任何干扰,飞行软件将确保在通信窗口期内不开展不兼容的活动。

通信设备状态。巡视器通信子系统用于收发遥控指令序列、注入数据、遥测和飞行软件更新。通信子系统的状态由飞行软件、地面控制序列及一组参数表进行控制,参数表定义了通信硬件的状态,并控制通信窗口的时间和状态。通信窗口是指与通信准备和实施直接相关的所有活动的时间间隔,只要与巡视器通信,就要对通信窗口进行排序,通信窗口必须与 DSN 的可用性与规划的中继轨道器过境弧段相匹配。火星表面工作期间,地面系统将与 DSN 和 MRO 项目组协调,确定一系列所需的通信窗口。

通信窗口的信息存储在巡视器的两个数据表中：主表和高优先级表。主表可容纳多达 256 个通信窗口,用于常规操作；高优先级表用于巡视器的异常事件处理或其他用途。当通信窗口加载到高优先级表中时,它将优先于主表中定义的任何窗口。这允许在新的通信窗口需求出现时,能够有效替换已选定的星载窗口,而不对先前规划的通信事件产生影响。高优先级窗口的一个日常应用是启动两种仅限载波的"蜂鸣"DTE。若每天的 X 频段 DFE 已成功实施,并且新的序列开始正常

---

① 火星表面工作期间,电子设备中的一个硬件必须持续供电,它是 RPAM 中的 MSL 远程工程单元(MREU)。每一个 RPAM 中的 MREU 都相互备份地与两个无线电低耗应答机(ELT)连接。ELT 可以在任意时刻接收轨道器的"召唤",使巡视器唤醒。

② MIL-STD-1553 是由美国国防部制定的机械、电子和一系列数据总线功能特性的标准。

执行，则飞行软件发送一个正常的蜂鸣声；否则继续执行现有序列，并发送一个用时耗尽的蜂鸣声。这些蜂鸣声中的任何一个都是在已知时间启动的高优先级窗口。

8.1.7.2　载荷(科学仪器)

巡视器携带了截至目前最大的科学载荷套件着陆火星，这些仪器由 NASA 和其他国际合作伙伴共同资助。以下总结/罗列了 MSL 的科学仪器，同样源自任务规划[15]。

科学仪器大致分为四类：

1）遥感类(2)：

- 桅杆相机：多谱段，立体成像和视频。
- 化学相机：(化学和矿物学)远距离光谱研究激光熔蚀的岩石和土壤；远距离显微成像。

2）就位探测类(2)：

- 火星机械臂透镜成像仪(MAHLI)：彩色显微成像仪。
- Alpha 粒子 X 射线谱仪(APXS)：利用 X 射线荧光和粒子感应 X 射线散射，进行土壤和岩石光谱研究。

3）分析类(2)：

- 矿物质分析：利用 X 射线衍射，对采集的岩石和土壤样本进行矿物质分析。
- 火星样品分析(SAM)：利用质谱仪、大气色谱仪和可调激光光谱仪对采集的岩石、土壤或大气(包括有机物)样本进行化学和同位素分析。

4）环境探测类(4)：

- 辐射评估探测器(RAD)：探测和测量天然高能辐射。
- 火星下降级成像仪(MARDI)：下降过程的高分辨率彩色视频。
- 动态中子反照率(DAN)探测器：探测和分析火星表面附近的氢。
- 巡视器环境监控站(REMS)：监测巡视器附近的气象和紫外线(UV)环境。

8.2　通信子系统概述

从巡航段至 EDL，X 频段子系统(DSDST、RSDST、TWTA 和 SSPA 为主要部分)作为主用通信手段，也用于 DFE、DTE 及表面通信期间的蜂鸣发送。

图 8-30 是通信子系统 X 频段部分的配置框图，图 8-31 为 UHF 部分的配置框图。表 8-9 和表 8-10 分别为上述两图中定义的 X 频段和 UHF 术语。

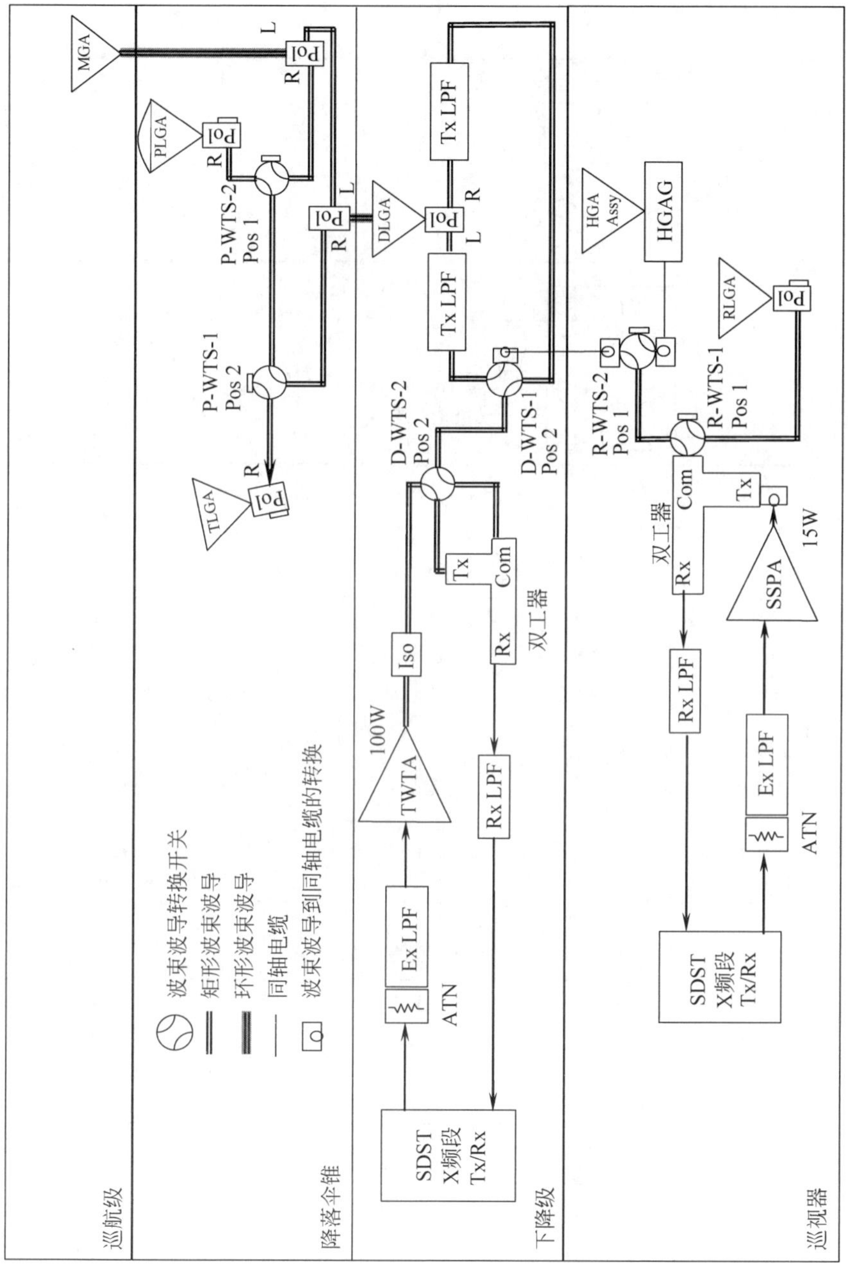

图 8-30　MSL X 频段子系统发射配置框图

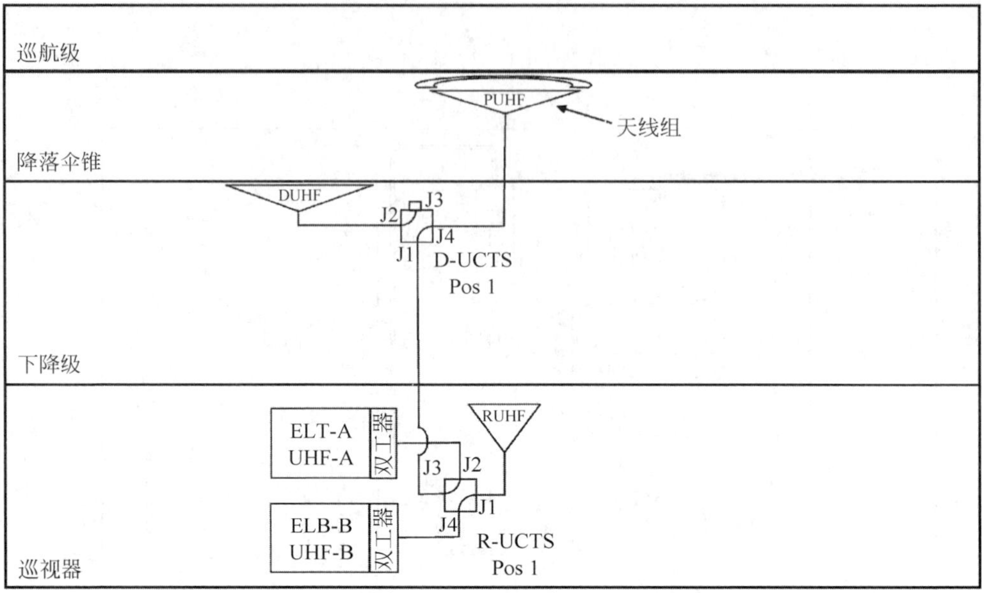

图 8-31　UHF 子系统发射配置框图

表 8-9　X 频段通信框图中的缩略语

术　语	定　　义	术　语	定　　义	术　语	定　　义
Assy	部件	L	左旋圆极化	RLGA	巡视器低增益天线
ATN	衰减器	LPF	低通滤波器	SDST	小型深空应答机
Com	共用	MGA	中增益天线	SSPA	固态功率放大器
D-	下降	Pol	极化	TLGA	斜装低增益天线
Ex	主控振荡器	P-	降落伞	TWTA	行波管放大器
HGA	高增益天线	R-	巡视器	Tx	发射
HGAG	高增益天线万向节	R	右旋圆极化	W	瓦特
Iso	隔离器	Rx	接收	WTS	波束波导转换开关

表 8-10　UHF 通信框图中的缩略语

术　语	定　　义	术　语	定　　义	术　语	定　　义
DUHF	下降级 UHF 天线	J-	插座(接插件)	R-	巡视器
D-	下降	Pos	位置	RUHF	巡视器 UHF 天线
ELT	无线电低耗应答机	PUHF	降落伞 UHF 天线	UCTS	UHF 同轴转换开关

图 8-30 和图 8-31 中的四层称为“部分”或“级”。每级都有一副或两副 X 频段天线，并在两级上(下降级和巡视器)使用有源的 X 频段通信设备。除巡航级外，每级都有一副 UHF 天线，但 UHF 的有源设备位于巡视器上。图中术语“Pos 1”和“Pos 2”定义发射时的开关位置。

图 8-32 显示了 EDL 期间一系列复杂的通信事件(涉及 X 频段和 UHF 的多个配置)。航天器的 EDL 事件如图 8-16、图 8-17 和图 8-19 所示。

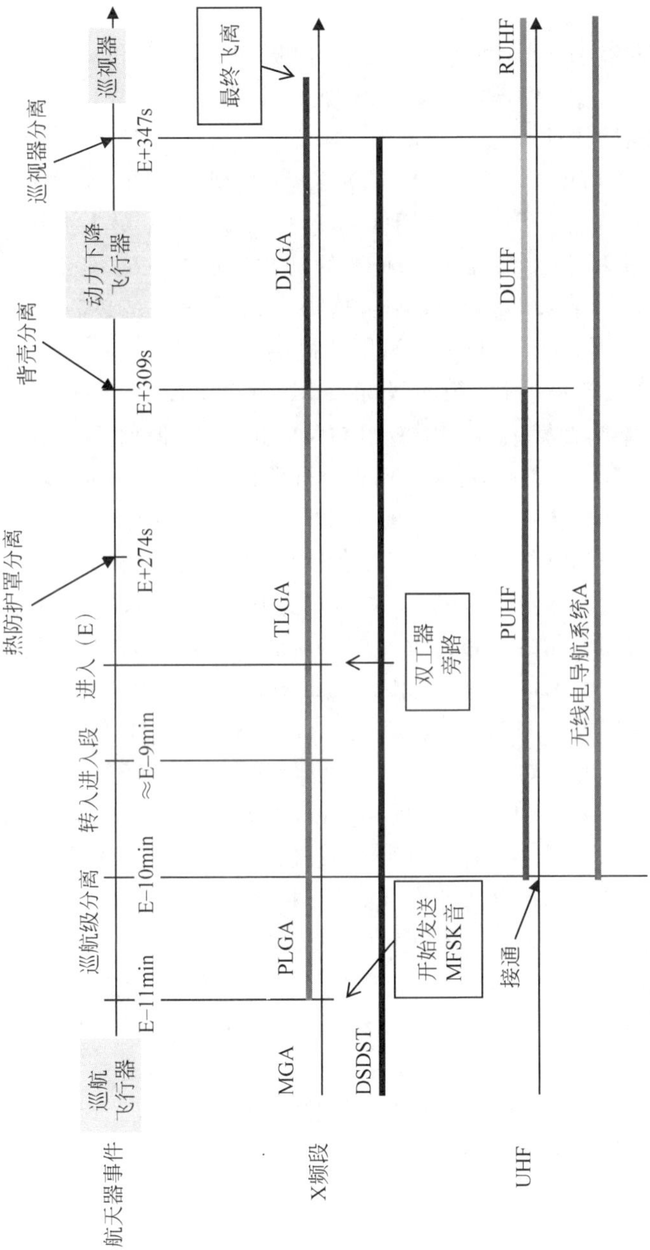

图 8-32　EDL 期间的 X 频段和 UHF 事件时序

DSDST 和 RSDST 分别是位于下降级和巡视器上的 SDST。

8.2.1 发射、巡航和进入 EDL 期间的通信

下降级和巡视器均有一台小型深空应答机(SDST)[17]和一台发射机(下降级的行波管输出功率为100W,巡视器的SSPA输出功率为15W)。

由于较低的线性损耗和较高的输出功率,正常情况下巡航段使用下降级上的X频段无线电设备(DSDST 和 TWTA),并将巡视器上的 X 频段无线电设备(RSDST 和 SSPA)作为备份。巡航期间,TWTA 或 SSPA 在功能上互为备份。尽管在巡航期间通过两个大约持续 30min 的通电/断电测试,验证了巡视器上的 SDST 和 SSPA 依然"活着",但事实证明这种冗余手段不是必需的。巡航段主用的 SDST 和 TWTA 在有效性测试期间持续提供 RF 信号。

巡航段和 EDL 第一阶段使用的 X 频段 MGA 和 PLGA 天线如图 8-30 顶部两部分所示,MGA 增益较大、波束较窄;PLGA 波束较宽,但增益较小。在任意给定时段,选择使用一副天线;天线接收 DSN 上行数据,同时向 DSN 发送下行数据。

EDL 开始时,EDL 主序列就从 CSS 顺序开始;首先弹射出携带 MGA 的最上面部分(巡航级)。序列继续进行,按序选择 PLGA、TLGA 和 DLGA,此时仅有下行通信需求。在大气进入点,按序在下降级中旁路双工器,以避免临界电压下大功率冠状放电。激活此旁路的附带好处是在某种程度上降低发射馈线损耗。

倾斜机动时(图 8-18),TLGA 提供最佳的对地下行链路。最初的计划是,在降落伞即将展开前即所谓的"竖直和直立"机动后,当航天器$-Z$轴与其速度矢量的反方向几乎重合时切换回 PLGA,但由于降落伞展开时膛片可能会对 PLGA 造成冲击,所以最终决定在降落伞下降期间仍然使用 TLGA,以最大限度地保持 DTE 链路。

当后壳分离时,第二部分(降落伞锥体)已脱离,TLGA 也随之舍弃。剩余的动力下降段利用 DLGA 保持下行链路。DLGA 是降落伞锥体中波导的一部分,从而无须切换,当后壳分离时 DLGA 就开始向外发送信号。

动力下降段结束时,巡视器分离、空中起重机启动。巡视器着陆时,绳索被切断,下降级飞离。由于 DSDST、TWTA 和 DLGA 位于下降级,我们无法利用这些设备,此刻已经在地面可见弧段外,SDST 和 TWTA 继续通过 DLGA 发送数据,直到"飞离"阶段结束,下降级在火星表面坠毁。按照计划,直到 EDL 结束后才会首次使用巡视器上的 X 频段系统(RSDST 和 SSPA)。

UHF 结构框图如图 8-31 所示,表 8-10 给出了图中使用的术语。两个有源器件是功能备份的无线电低耗应答机(ELT),可选用 ELT-A 或 ELT-B。

MSL 上的 ELT 源自 MRO 上使用的无线电 UHF 应答机(EUT)。除在巡航期间进行过两次非辐射"活动"检测外,UHF 在巡航级分离后的 EDL 阶段首次使用。

EDL 期间,使用了所有的三幅 UHF 天线:CSS 到后壳展开期间使用了

PUHF,动力下降期间使用了 DUHF,空中起重机工作期间及其后(从着陆后 1min 至火星表面任务结束)使用了 RUHF。

通过下降级上的 UHF 同轴转换开关(D-UCTS),在 DUHF 和 PUHF 天线之间进行切换;通过巡视器上的 UHF 同轴转换开关(R-UCTS),在巡视器 UHF 天线(RUHF)和下降级天线之间进行选择。

火星表面工作期间,主用 UHF 向地面(通过轨道器中继)发送了大量数据,此时也仅有 RUHF 可用。

8.2.2　火星表面工作

火星表面通信系统使用三副天线:两副 X 频段 DTE/DFE 天线,一副与轨道器中继的 UHF 天线。图 8-29 显示了巡视器上安装的 X 频段和 UHF 天线。

X 频段天线包括巡视器低增益天线(RLGA)和高增益天线(HGA)。HGA 用于 DFE 遥控、DTE 遥测和 HGA 蜂鸣。RLGA 用于低速(应急)DFE 遥控和 RLGA 蜂鸣。使用 RLGA 传输 DTE 遥测时信号太弱。

HGA 位于有两自由度的转台上,口径为 0.28m。要求高增益天线的指向精度为 5°,其中包含巡视器的姿态误差。相比视轴上的峰值增益,偏离视轴 5°时的下行链路增益减小约 4dB,上行链路增益减小约 3dB。

8.2.2.1　X 频段

8.2.2.1.1　下行链路(DTE)

作为 RF 放大器,SSPA 接收 RSDST 的 X 频段 RF 输入信号,并产生 15W 的射频输出信号。火星表面工作期间,对 HGA 的基本通信需求是:34m 地面站具备 176b/s 下行数据接收能力。

8.2.2.1.2　上行(DFE)

通常每个火星日利用 HGA 接收 DFE 遥控数据。根据地球-火星距离,上行速率设置为 1kb/s 或 2kb/s。包括地面站发射机延迟和遥控数据组包时间在内的遥控过程持续 15min。

安全模式下,通过 RLGA 接收地面站发送的遥控数据,最初使用故障模式下的速率——7.8125b/s。RLGA 固定在巡视器上,波束较宽,遥控使用故障模式速率还是更高速率取决于地球-火星距离。

8.2.2.2　UHF

火星表面工作期间主要通过火星轨道器(MRO 或“奥德赛”[①])的 UHF 中继系

---

① 火星探测轨道器(MEX)也与无线电低耗收发信机兼容,可作为中继链路的补充。MEX 由欧洲航天局于 2003 年发射。

统传输数据。主要的中继通信通过 MRO 完成，MRO 每天过境两次，转发火星表面的 MSL 科学数据并回放工程数据。如果 MRO 不可用，DSN 能够从“奥德赛”接收数据，同时“奥德赛”也有足够的能力支持一个火星日内与巡视器的 UHF 通信，通过“奥德赛”就能够提供更多的返回数据。

UHF 子系统包括一对无线电低耗收发信机，它是 MRO 上安装的无线电低耗收发信机的缩小版。MSL/MRO 的无线电低耗收发信机具有数据速率自适应(ADR)功能。ADR 模式下，能够依据天线方向图、角度和整个飞行过程中 MRO 和 MSL 之间距离改变引起的信号强度变化调整返向链路数据速率。ADR 期间，MRO 无线电收发信机基于自身接收到的遥测信号功率，通过前向链路，在轨控制巡视器的收发信机改变中继链路的数据速率。MRO 的前向数据速率在任何弧段均保持不变。8.2.4.1 节给出了 UHF 帧和数据编码选项。

专为 MSL 设计的单四臂螺旋天线 RUHF 固定在巡视器的舱板上，并作为其他链路的冗余。

安全模式下，也可使用 MSL/MRO 中继链路。在接收到 MRO 前向链路的“呼叫”前，[①]无线电低耗收发信机向巡视器电子设备发送一个唤醒信号(通过一个低压差分信号[LVDS])。这种通信方式在安全模式下是最有用的，即在巡视器处于休眠状态时，利用 ELT 仍能随时等待通信。MSL 任务中仅将此功能作为一种故障响应模式。例如，若航天器丢失其时钟信息，无法确定中继过境时间时就会进行故障响应。

“奥德赛”和 MEX 轨道器的 UHF 功能与 MRO 的 UHF 类似，然而“奥德赛”和 MEX 上的无线电收发信机并非自适应系统，不具备数据速率的自适应能力。

某些情况下，由于跟踪站的调度计划冲突或上行指令数量比平常多等原因，致使无法保证足够的 X 频段 DTE/DFE 链路时间。此时，就会使用 UHF 前向链路完成对巡视器的遥控。在 MER 和“凤凰号”任务及最近的 MSL 任务火星表面工作期间，已经验证了通过“奥德赛”和 MRO 遥控的能力。

8.2.3 X 频段飞行子系统描述

8.2.3.1 MSL 控制和数据系统的 X 频段接口

从电子设备子系统向两个 SDST 收发信机发送的数据包括：

- Turbo 码是 DTE 下行链路的基本编码。Turbo 码的码率为 1/2、1/3 和 1/6，帧长最小为 1784b、最大为 8920b。

① 前向和返向链路用于轨道器和着陆器之间的通信。前向链路从轨道器到着陆器，返向链路从着陆器到轨道器。DSN 的 X 频段上/下行链路完成地面与轨道器之间端到端的通信。

- DTE 下行链路(由 SDST 完成与卷积码[7,1/2][①]的级联)使用 RS 编码(交织深度为 1 和 5)。

8.2.3.2 X 频段关键硬件

以下各节的通信组件与图 8-3 所示的航天器各级相对应。X 频段通信框图(图 8-30)显示了 X 频段通信子系统四级("部分")航天器组件,分别为巡航级、后壳或降落伞锥、下降级和巡视器,热防护级上无通信组件。

8.2.3.2.1 巡航级 X 频段通信组件

8.2.3.2.1.1 中增益天线。图 8-2 中标注的 MGA 用于巡航中期至末期的通信。MGA 是 MER MGA 的翻版,通过一个隔板式圆极化器进行圆极化(CP)操作。根据极化器是连接接收机或发射机,MSL MGA 可分别工作于右旋圆极化或左旋圆极化(RCP 或 LCP)[②]。任务期间使用 RCP。

MGA 安装在巡航级上,并在巡航级分离时与 X 频段通信子系统的其他部分分离。在图 8-2 中顶部左边部分,巡航级上部的淡蓝色表面是环状太阳能电池阵,MGA 位于其中心位置。

表 8-11 给出了部分 MGA 的射频特性。

表 8-11 MGA 的射频特性

参　　数	数　　值
接收频率/MHz	7150.8(DSN 通道 4)
发射频率/MHz	8401.4(DSN 通道 4)
增益(视轴方向)/dB	18.1±0.4 接收 19.2±0.4 发射
极化方式	RCP 或 LCP
3dB 波束宽度/(°)	±10.3 接收 ±9.3 发射
轴比(视轴方向)/dB	1.01 接收;0.27 发射
轴比(偏离视轴 20°)/dB	6.29 接收;7.53 发射
设计方案	锥形

① 在通信领域,卷积码是一种纠错编码。其中:①每 m 位信息符号(每 m 位字符串)进行编码转换为 n 位符号,其中 m/n 为码率($n \geqslant m$);②转换是持续 k 个信息符号的函数,其中 k 为编码的约束长度(见维基百科"Convolutional code"词条)。对于 MSL,编码参数值为 $k=7, m=1$ 和 $n=2$;生成的编码缩写为(7,1/2)。

② 右旋圆极化(RCP)是指电磁波从信号源开始沿电场方向传播,传播路径描绘出的是一个顺时针方向的圆。左旋圆极化的方向相反,从信号源沿电场方向看描绘出一个逆时针方向的圆。极化器将沿波导传播的 RF 电波转换为特定极化方式的电磁波。这种情况下,隔板式圆极化器将波导中的线极化波转化为圆极化波,并通过天线发射出去。

图 8-33 和图 8-34 分别显示了上行和下行链路天线增益与偏离 MGA 视轴角度的函数关系，这些曲线是根据 MER 样机的测量数据得到的。天线增益下降 3dB 的位置偏离视轴约 10°，相比之下，巡视器 HGA 为 5°。“波束宽度”通常定义为视轴两边角度的和，是上述数值的两倍。

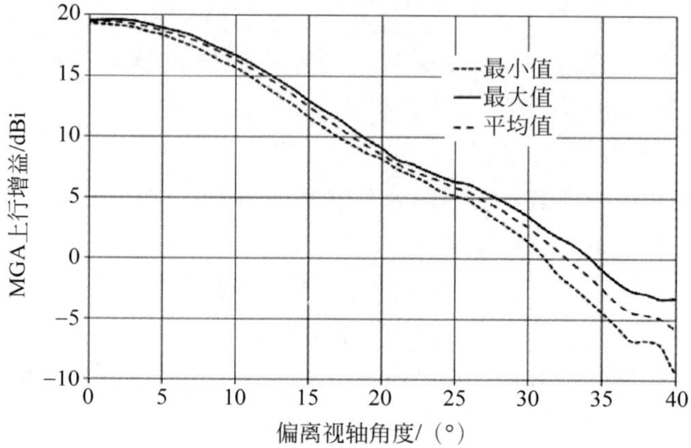

图 8-33 MGA 上行链路增益

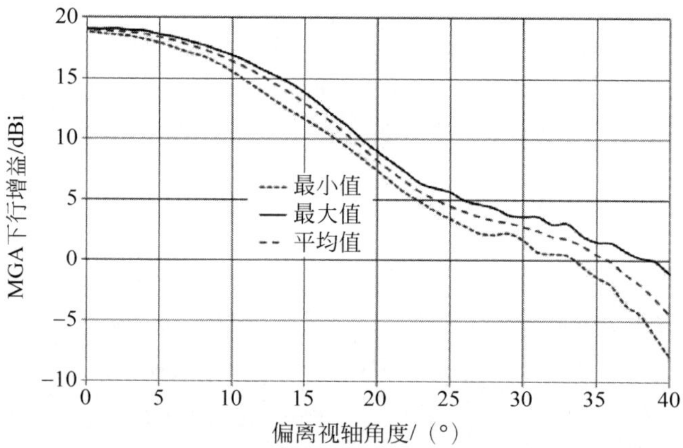

图 8-34 MGA 下行链路增益

8.2.3.2.2 降落伞锥 X 频段通信组件

MSL 的 X 频段通信结构图(图 8-30)显示了降落伞锥上和其他三级的通信组件。注意，字母“P”表示降落伞，“D”表示下降级，“R”表示巡视器。

8.2.3.2.2.1 波导转换开关(P-WTS-1 和 P-WTS-2)。所有的 X 频段应答机、功率放大器和天线之间的切换都通过波导转换开关(WTS)完成，由其将发射和接收信道与合适的天线相连。在降落伞锥上，由 P-WTS-1 选择 TLGA，由 P-WTS-2 选择 PLGA 或 MGA。

8.2.3.2.2.2　降落伞低增益天线。图 8-35 显示了 PLGA 和 TLGA 的安装位置。PLGA 在发射到巡航段初始的 3 个月使用，同时作为巡航段安全模式的默认天线。EDL 期间，PLGA 在较宽的指向角度范围内发送 MFSK 音。PLGA 视轴指向航天器 $-Z$ 轴方向，如图 8-3 所示。

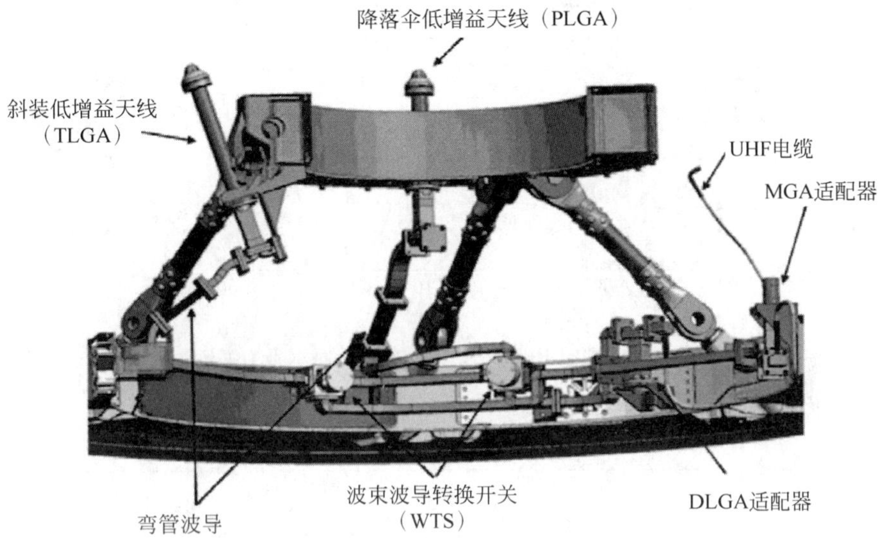

图 8-35　低增益天线位置

MSL 的所有 X 频段低增益天线设计都是相同的(DLGA 除外)：PLGA、TLGA 和 RLGA 都是开路型阻塞寄生偶极子波导。然而，由于受到每个 LGA 附近航天器组件的影响，致使其天线方向图完全不同。

与 MER 相比，寄生偶极子波导会对天线方向图产生展宽效应。图 8-36 和图 8-37 分别给出了 PLGA 上行和下行天线方向图(航天器样机测量值)，显示了所有滚动角下的最大增益(红色曲线)和最小增益(蓝色曲线)。由于巡航期间航天器以 2r/min 的速率自旋，链路性能的峰-峰值变化多达数分贝。

对于Ⅱ型轨道的最早发射日期，天线指向角度范围达到 120°。直至选定Ⅰb 型轨道作为 2011 年发射所使用的轨道前，还不得不在通信系统和任务设计中考虑Ⅱ型轨道的使用情况。幸好原本也是计划在地球-火星转移初期的几小时才进行通信，此时的链路损耗也不是很大。

8.2.3.2.2.3　斜装低增益天线。TLGA 与 PLGA 的设计相同，唯一的区别是 TLGA 视轴相对航天器 $-Z$ 轴“倾斜”了 17.5°，进入后的倾斜机动期间，倾斜安装使天线指向接近航天器平均运行速度矢量的反方向，这样可使地球与视轴之间的角度变化范围最小。因此，在高超音速和倾斜段飞行期间，链路信号电平变化最小。图 8-18 显示了使用 TLGA 时 EDL 机动的几何关系。

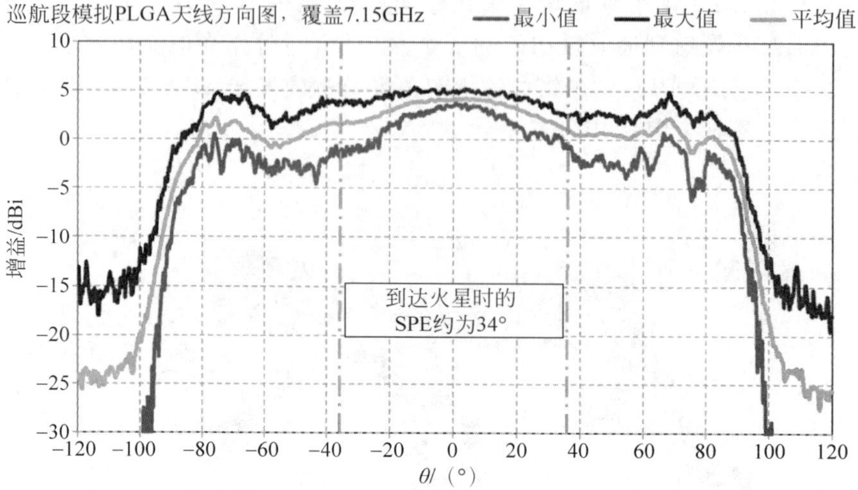

图 8-36　航天器样机的 PLGA X 频段上行链路增益，RCP，2009/4/30

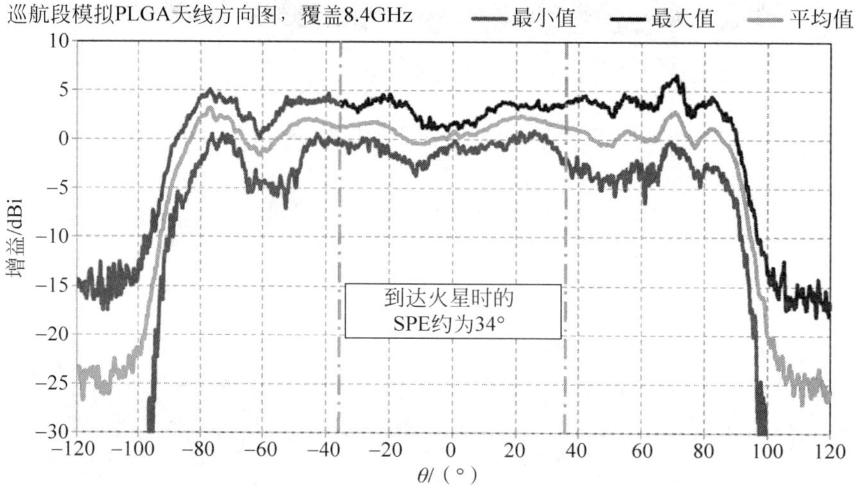

图 8-37　航天器样机的 PLGA X 频段下行链路增益，RCP，2009/4/17

8.2.3.2.3　下降级 X 频段通信组件

MSL X 频段通信结构图(图 8-30)显示了下降级和其他三级的通信组件。注意，“D”开头命名表示“下降级”。

下降级(DS)包括两个有源通信组件，DSDST 和 TWTA，与 DLGA 类似。此外，还有多个组件用于高功率 TWTA RF 输出通道的选择和向 SDST 接收机注入极微弱射频输入信号。

图 8-38 显示了 DS 通信组件的整体布局，大部分位于通信面板上，图 8-39 以不同对比色显示了其细节。

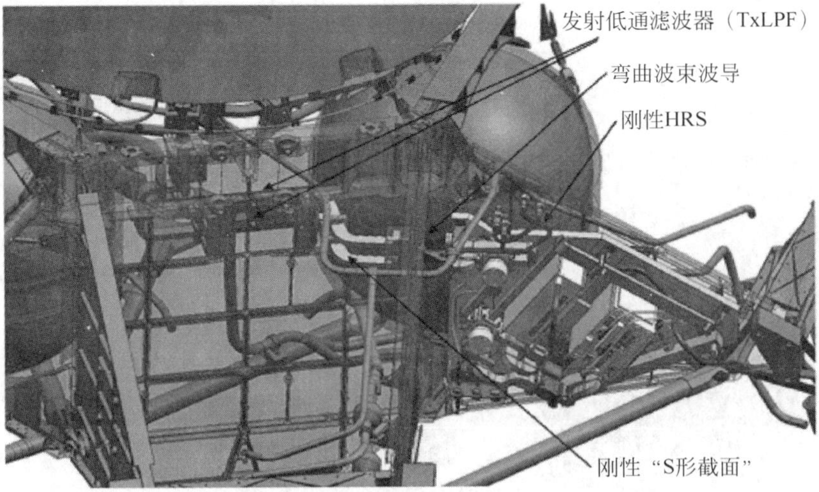

图 8-38　下降级 X 频段布局

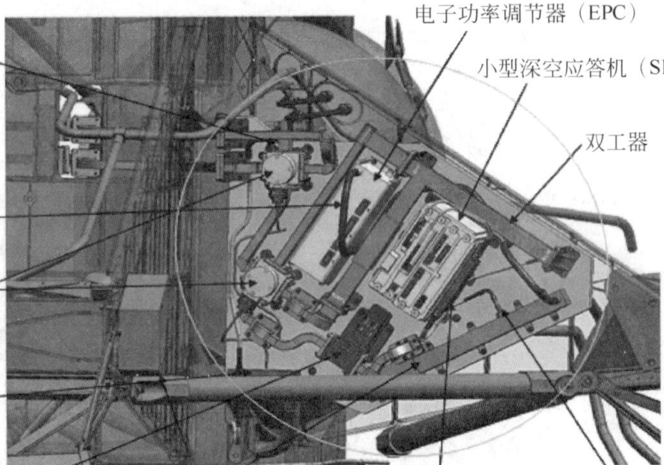

图 8-39　通信面板组装图

TWTA(面板背面)和 TWTA 的电子功率调节器(EPC)在整个巡航期间均处于加电状态，这些器件消耗了航天器很多功率，其通过巡航级热控制系统(散热系统)散热。

8.2.3.2.3.1　下降级低增益天线：下降级低增益天线(DLGA)(图 8-40)是一个包含扼流圈的开路型波导。DLGA 相对较宽的方向图与下降级外形结构相互作用，使信号产生严重失真。DLGA 的增益与偏离视轴角度相关，增益的变化量利用常规反射天线散射程序(GRASP)建模[①]得到。图 8-41 是使用 GRASP 建模生成的模型。

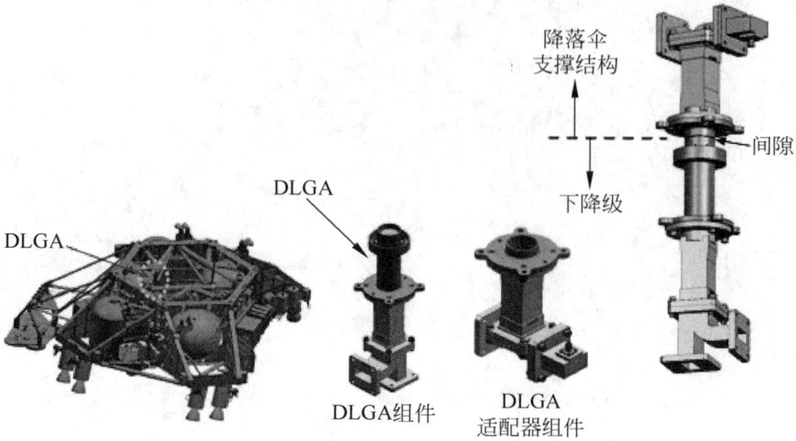

图 8-40　DLGA 和 DLGA 适配器概览

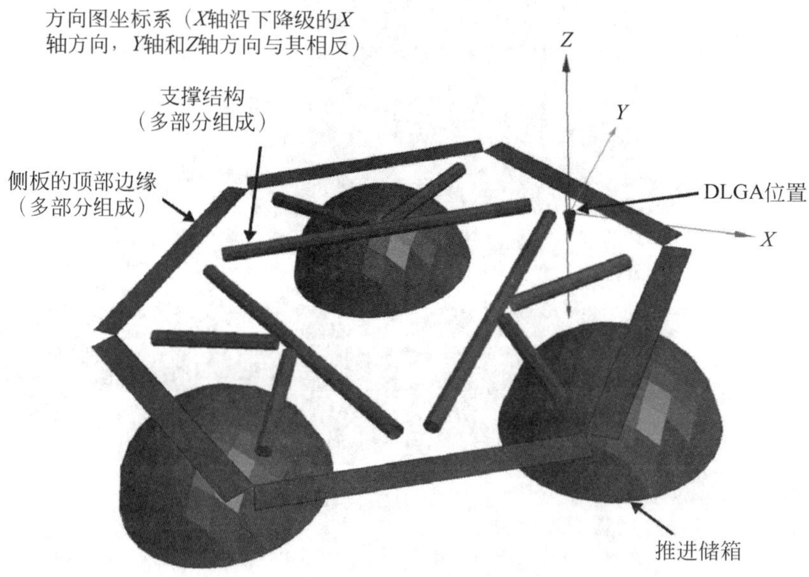

图 8-41　用于 DLGA 散射研究的 GRASP 模型

动力下降期间，DTE 的实际视角变化范围可能很大，变化范围取决于选择的着陆点和下降期间的几何关系(如转向机动期间的大倾斜)。由于直到航天器设计完成后才能选定着陆日期和着陆点，所以天线的设计方案要涵盖所有可能的视角

---

① “下降级上的 DLGA：8.400GHz”，Dan Hoppe，2008 年 4 月 21 日(MSL 工程内部文件)。

范围。对于某些轨道，地球在航天器着陆时可能非常接近地平线方向，因此需要考虑偏离视轴 90°的天线方向图。图 8-42 的合成天线方向图显示了在偏离视轴接近 75°处，天线增益变化最为剧烈。

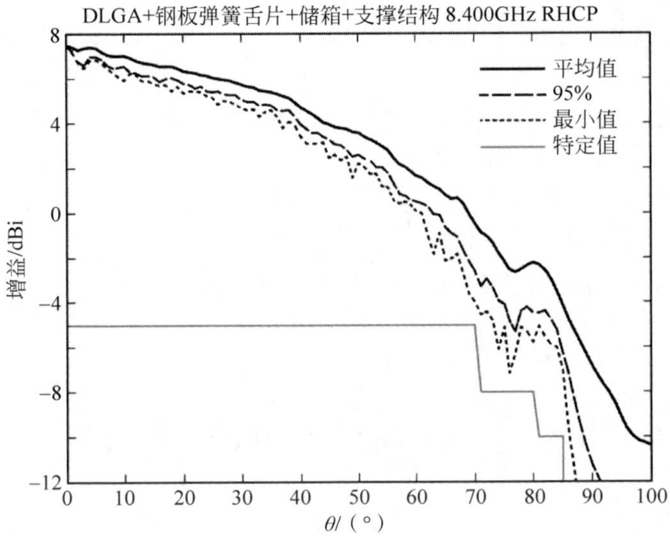

图 8-42　来自 GRASP 模型的 MSL DLGA 下行链路天线方向图

8.2.3.2.3.2　下降级波导转换开关：D-WTS-1 用于选择两个极化信号通道中的一个：RCP 和 LCP。

D-WTS-2 是一个"双工器-旁路"开关，用于 EDL 期间按时序旁路双工器。探测器通过火星大气[①]时，在临界压力下，该开关可避免冠状电流击穿双工器。一旦双工器被旁路，就不再具备 X 频段上行接收能力，但此时也不再需要了。

8.2.3.2.3.3　行波管放大器：TWTA 包括两个组件：行波管(TWT)和为行波管提供所需电压的电子功率调节器(EPC)，TWTA 沿用自 MRO。

巡航和 EDL，直至巡视器分离期间，X 频段通信和无线电测量都需要 TWT 提供至少 100W 的射频输出。MSL 飞行单元的射频输出为 104.7W，即 50.2dBm(分贝数以 1mW 为参照)。

与其他深空 TWTA 一样，航天器总线电压首先输入 EPC，在 EPC 为 TWT 加高压前进行预热延迟(200～240s)。延迟期间，无论模式控制为接通还是待机，TWTA 都禁止产生射频信号。

由于 TWTA 在高电压和高功率下工作，为此设计了三类内部保护措施：

1）总线欠压跳闸：若 EPC 输入端的航天器总线电压低于 20.5V±0.5V，触发

① 经测试发现，EDL 期间临界大气压下的双工器功率不足以驱动 TWTA。测试中，在 85W(低于 100W 的标称输出)时发生击穿，旁路设计避免了此问题。

欠压跳闸。断电期间,TWTA 状态显示为欠压跳闸。当总线输入电压大于 21.5V 时,TWTA 执行一套触发序列。

2）转换器过流跳闸：若高压转换器超过安全电流值,则触发转换器过流跳闸。TWTA 启动自动重启功能(ARF)。ARF 切断 TWT 中的电子束,并在 50ms 内重新恢复电子束,TWTA 恢复到正常工作状态。若在 180s 内再次出现跳闸,TWTA 将进入上述触发序列。[①]

3）螺旋流跳闸：专为 TWT 自身(螺旋)电流超过安全值(由 TWT 厂商设置)设计了螺旋流跳闸；然而,MSL 任务中特意禁用此跳闸。

8.2.3.2.3.4 X 频段双工器：下降级和巡视器的双工器采用相同设计。双工器为天线提供收发频率隔离。

8.2.3.2.3.5 发射低通滤波器：两个发射低通滤波器(Tx LPF 与 D-WTS-1 的分支)各用于一种极化方式。Tx LPF 是一个波导滤波器,有两个用途：

1）近地时,减小 TWTA 的带外辐射。这一功能与 MRO 任务类似,MRO 采用的是相同设计的 100W TWTA。

2）EDL 期间,减小 TWTA 对着陆雷达的辐射干扰,尤其对 16.7～17GHz、25.2～25.5GHz 和 33.4～34GHz 三个频段,雷达中心频率为 35.75GHz。2009 年早期,对 LPF 的测试证实,TWTA 对雷达敏感频带的干扰并未恶化其工作性能。

表 8-12 给出了发射 LPF 的射频特性。

表 8-12 发射低通滤波器射频特性

参 数	数 值
接收通带* 插入损耗	7.1～7.2GHz 为 0.2dB
发射通带插入损耗	8.35～8.5GHz 为 0.2dB
二次谐波发射损耗(16.7～17GHz)	＞50dB
三次谐波发射损耗(25.0～25.4GHz)	＞35dB
四次谐波发射损耗(33.4～34GHz)	＞30dB
群时延变化,接收(7.1～7.2GHz)和发射(8.354～8.5GHz)通带* 内 1MHz 范围	1ns

注：* 通带是限定频率间的一部分频谱。通过滤波设备,使信号通过它时的相对损耗最小或相对增益最大。

8.2.3.2.3.6 振荡器低通滤波器：该滤波器降低了 DSDST 振荡器宽带杂散辐射。它与 Tx LPF 的联合工作,足以消除着陆雷达输入端的整体带外辐射。

8.2.3.2.3.7 接收机低通滤波器：接收机低通滤波器(Rx LPF,表 8-13)滤除了双工器反射(“环回”噪声)的 TWTA 功率,使得 DSDST 能够检测极其微弱的上行信号。与 TWTA 的＋50dBm 射频输出相比,SDST 门限为－155dBm。

① 着陆后的 UHF 遥测数据回放显示,EDL 过程中,TWTA 曾断开,未实时发现射频输出中断,此时不主用 X 频段链路。通过对回放遥测数据的评估发现,曾出现转换器过流跳闸,但受到数据采样率限制不足以证实这一点。动态(震动、冲击)是导致此次跳闸最可能的原因。

表 8-13　接收机低通滤波器射频特性

参　数	数　值
插入损耗	7.1GHz 时，<0.2dB
发射损耗	>70dB

通过设计，双工器能够使接收频带内的所有信号进入接收机，同时衰减其他频率的 TWTA 输出信号。为了完成此工作，Rx LPF 衰减了频率低于发射频段的 TWTA 输出功率。

8.2.3.2.3.8　波导：对 TWTA 隔离器输出端和 D-WTS-2 之间的波导进行了重新设计，以切断接收频带内"潜回"SDST 的 TWTA 辐射。由于增加了双工器旁路开关 D-WTS-2，也就必须要重新设计波导。附加的旁路开关引入了一个新的潜行通路，使接收频带内的 TWTA 噪声进入了双工器接收支路。

8.2.3.2.3.9　下降级 SDST：下降级和巡视器中的 SDST 采用同样设计。DSDST 和 RSDST 应答机将在之后一并讨论。

8.2.3.2.4　巡视器 X 频段通信组件

X 频段通信系统结构图（图 8-30）显示了巡视器在火星表面工作期间使用的通信组件。注意，字母"R"开头表示巡视器上的组件。

如图 8-30 所示，巡视器有两个有源器件（RSDST 和 SSPA）、两副天线（RLGA 和 HGA）、HGA 指向控制万向节和多个微波组件（滤波器等）。图 8-43 显示了巡视器 X 频段和 UHF 组件的整体布局，图 8-44 提供了关于各组件的详细信息。

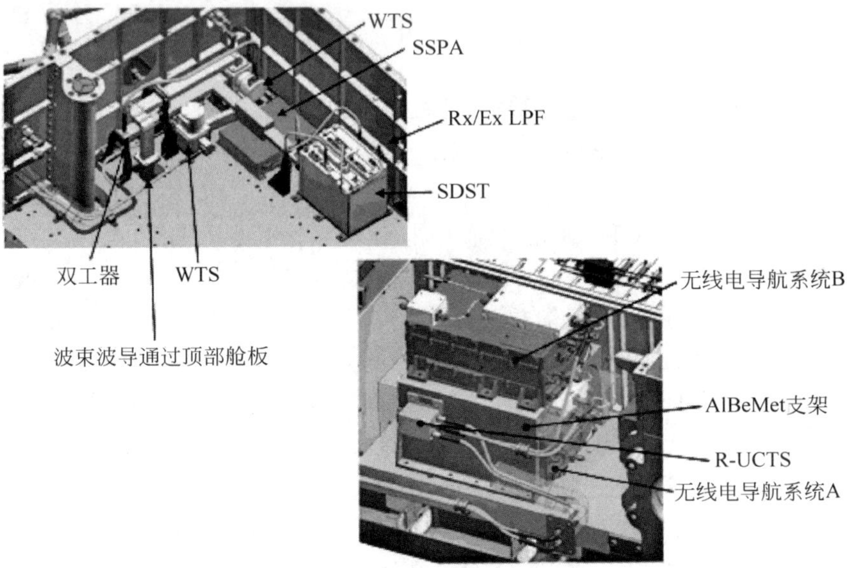

图 8-43　巡视器通信系统内部布局显示的 X 频段和 UHF 组件的总体布置

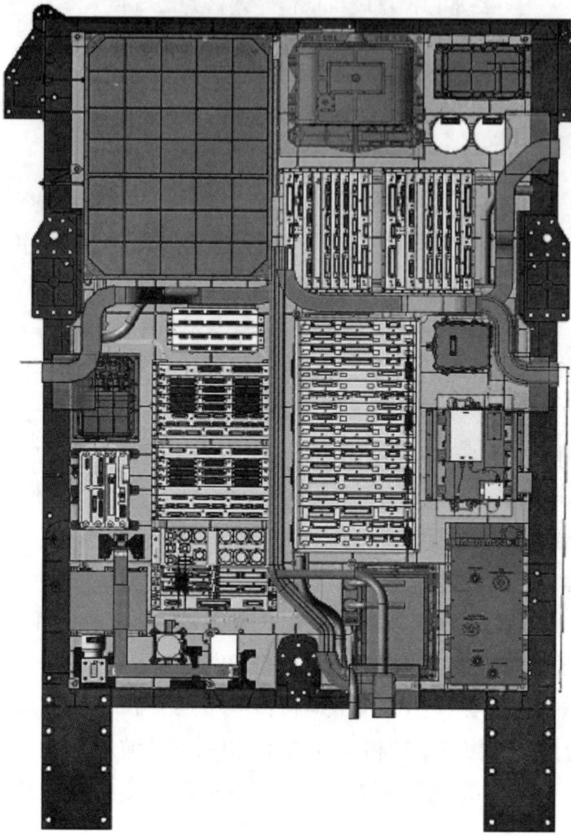

图 8-44 巡视器内部布局细节

8.2.3.2.4.1 巡视器波导转换开关：巡视器波导转换开关有两个选择器 R-WTS-1 和 R-WTS-2。在 X 频段通信系统结构框图中(图 8-30)，R-WTS-1 在位置 1 为选择 RLGA。

R-WTS-2 在 HGA 和“通路”之间选择，“通路”连接 RSDST 与巡航级或降落伞锥上的天线。WTS 在第一个火星日首次切换，选择 HGA，以后未再切换。

8.2.3.2.4.2 巡视器低增益天线：巡视器 RLGA 采用与 PLGA 和 TLGA 相同的设计。火星表面工作期间，故障保护时的安全通信模式选择 RLGA。根据地球-火星距离，一旦 HGA 不可用，或 DFE 期间巡视器与地球的视线被地形遮挡或被巡视器上的物体遮蔽，通过地面 34m 或 70m 天线发射 18kW 功率，RLGA 也能支持低速上行数据发送。

在关键段设计评审(CDR)前，利用 WIPL-D 商业高频电磁模型软件包[19](WI 为电线，PL 为板材，D 为电介质)进行了简单分析[18]，以评估 RLGA 的天线方向图。由于与波长相比，天线结构(图 8-45)较大，因此模型中仅包含了少数关键部件。CDR 之前的天线方向图分析结果如图 8-46 所示(含地面影响)。该方向图相对平滑；然而，在最恶劣情况下，其变化非常大，在覆盖范围的很小区域内出现了 10dB 量级的变化。图 8-47 给出了 MSL RLGA 天线 CDR 之前的天线方向图与其设计值以及与 MER RLGA 最小增益的比较。

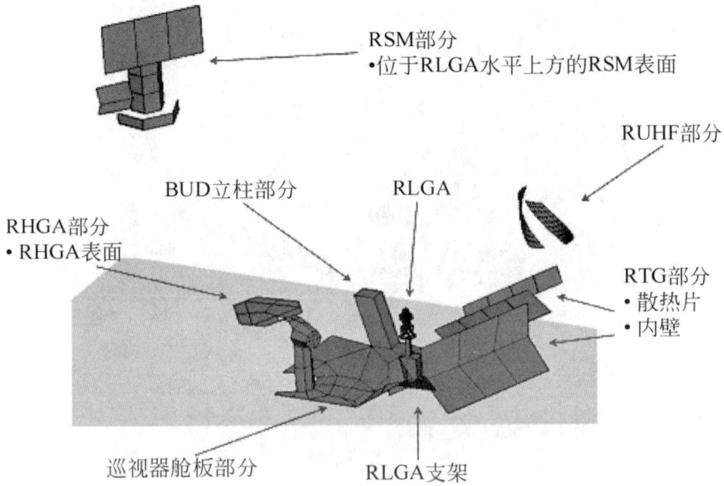

图 8-45　巡视器舱板上 RLGA 的 WIPL-D 模型

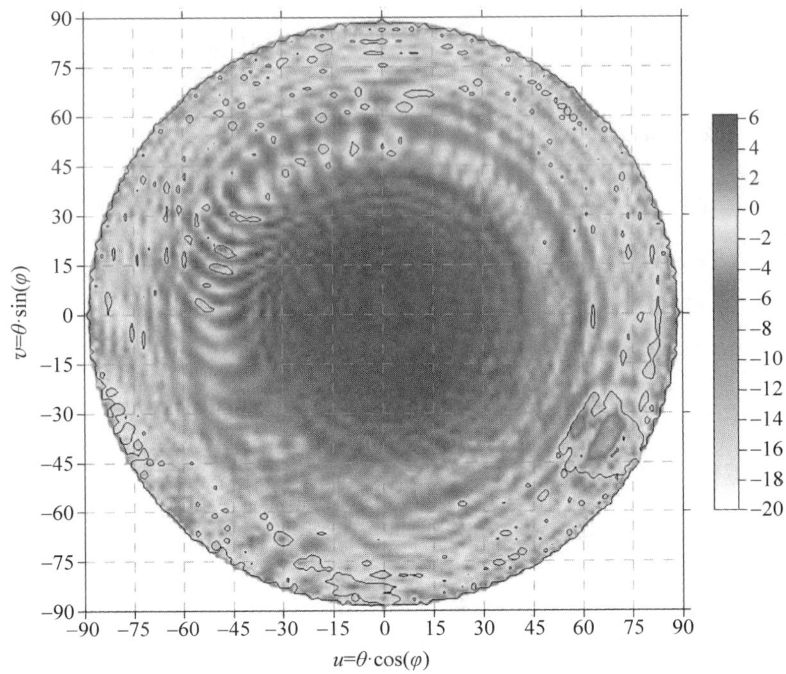

图 8-46　通过 WIPL-D 得到的 RLGA 天线方向图模型(包含地面影响)

(a) 存在地面影响时的 RLGA 接收天线方向图，RCP，7.15GHz；

(b) 存在地面影响时的 RLGA 发射天线方向图，RCP，8.4GHz

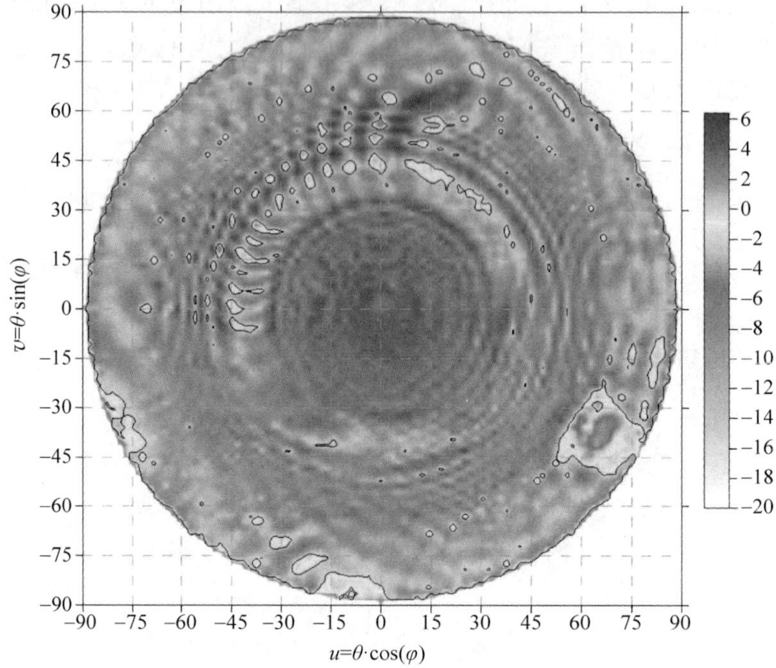

(b)

图 8-46 （续）

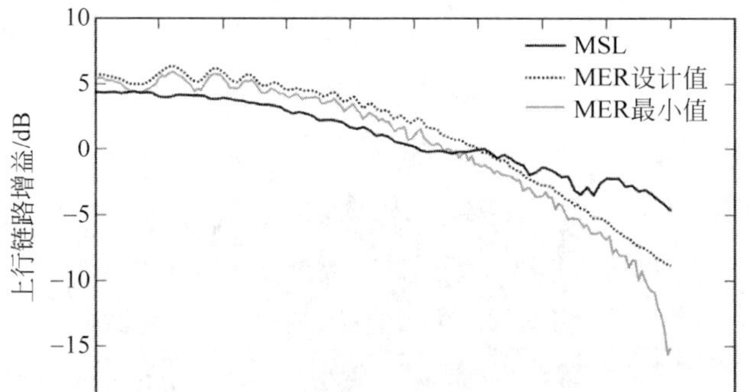

图 8-47 MER RLGA 与 MSL RLGA 在自由空间的上行链路增益对比

8.2.3.2.4.3 高增益天线：HGA 固定在巡视器舱板顶部的双轴平衡架上（图 8-48）。48 个微带贴片 HGA 辐射单元位于左边的扁平六面体结构上。天线由欧洲航空防务和航天公司（EADS CASA ESPACIO）研制。

HGA 在巡视器着陆后展开。表 8-14 给出了巡视器的 HGA 射频特性。注意，在表 8-14 中，平衡架的“电路损耗”与天线增益是分开的。

图 8-48　HGA 和平衡架装配图

表 8-14　巡视器 HGA RF 特性

参　数	单　位	数　值	条　件
外形尺寸	cm	25.5×29.4	
发射增益	dBi	25.5	偏离视轴 0°
		24.1	偏离视轴 2°
		20.4	偏离视轴 5°
接收增益	dBi	20.2	偏离视轴 0°
		19.7	偏离视轴 2°
		17.3	偏离视轴 5°
平衡架损耗	dB	1.2	
极化方式		RCP	
发射轴比	dB	3.0	偏离视轴 5°范围内
接收轴比	dB	2.4	偏离视轴 5°范围内

图 8-49 和图 8-50 显示了频率为 7145MHz 的实测上行链路方向性(相对于视轴方向的增益)。同样,图 8-51 和图 8-52 显示了频率为 8395MHz 的实测下行链路方向性。实测频率为 MSL 使用的 X 频段频率。

天线方向图中,θ 为偏离视轴的角度,视轴规划指向地球。方向图的旁瓣中多条明显的曲线表示沿 0°、45°、90°和 135°剖面切割,切割轴垂直 θ。

图 8-50 和图 8-52 放大显示了主瓣,每个主瓣的方向图都类似。图中显示,HGA 主瓣在整个波束范围内具有良好的对称性,其增益满足要求(如主瓣下方矩形区域所示)。

8.2.3.2.4.4　巡视器双工器:下降级双工器与巡视器双工器的设计相同。双工器为进入天线的接收信号和天线的发射信号间提供频率隔离。

8.2.3.2.4.5　巡视器小型深空应答机:本节描述巡视器的 SDST(一些图中显示为 RSDST)和相同的下降级 SDST(DSDST)。巡航期间,DSDST 提供 X 频段

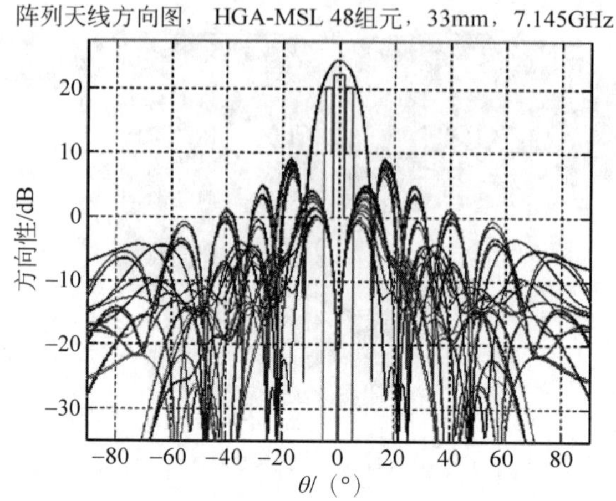

图 8-49 HGA 上行链路方向性图，显示前几个旁瓣

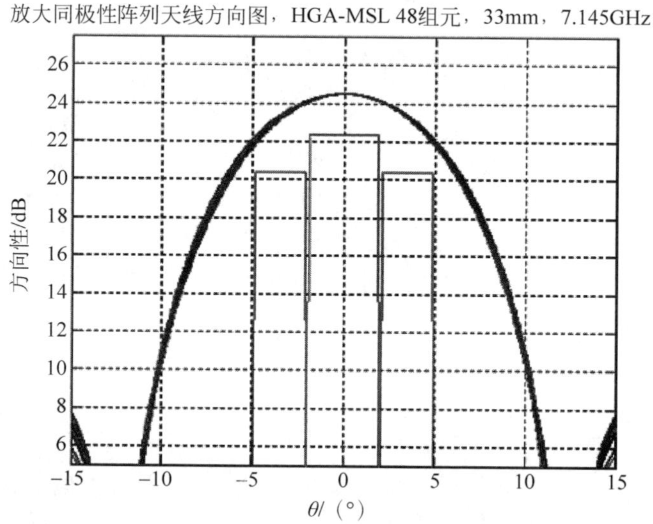

图 8-50 HGA 上行链路主瓣方向性放大图

链路，RSDST 除了两次短暂的“生存”测试，均处于关机状态。在火星表面工作期间，RSDST 提供 X 频段链路。

有别于早期的 SDST 设计，MSL 的 SDST 为“第Ⅲ批批量生产”。相对早期的 MER 和 MEO 设计，第Ⅲ批的应答机主要有两个重要改进。首先是解决了接收机跟踪环路中数-模转换器（“DAC 短时脉冲波形干扰”）问题，[1]使接收机能够在任意温度下比以往产品更易于捕获上行载波扫描信号；其次是第Ⅲ批应答机相比 MER-A

[1] 当接收频率的数字化表示从 1 和 0 混合状态变化为接近全 0 时，会造成早期设计中模拟输出端的电压达到峰值。在低温时更突出的峰值信号会导致已锁定上行信号的 SDST 接收机失锁，尤其是在正向扫描时。

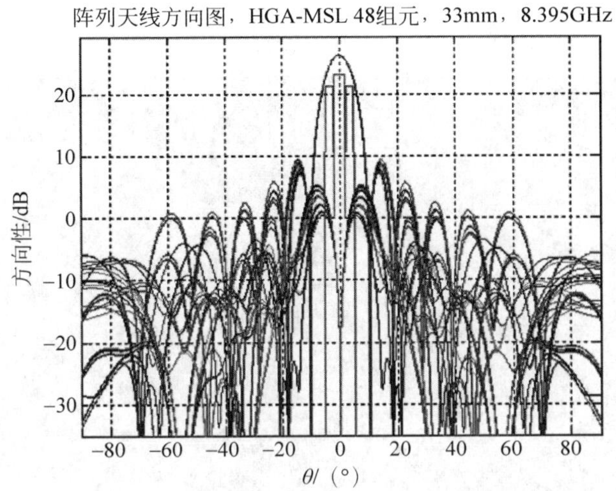

图 8-51　HGA 下行链路方向性图，显示前几个旁瓣

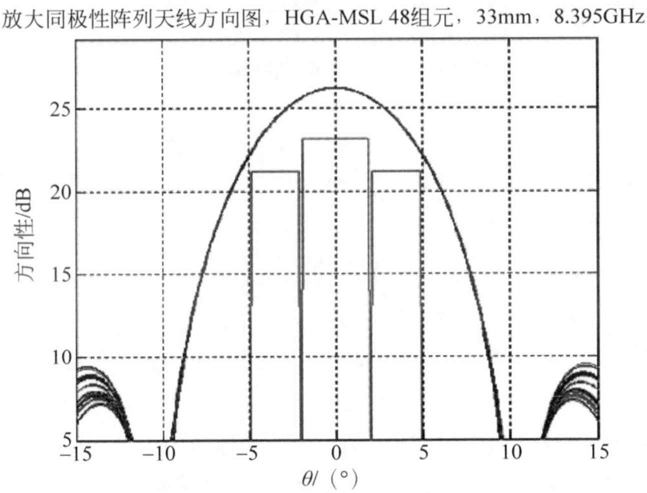

图 8-52　HGA 下行链路主瓣方向性放大图

(“勇气号”)上使用的应答机，其相干泄漏要小得多，因此，当接收机未锁定时，接收机静态相位误差(SPE)不再漂移，这使上行链路扫描频率比 MER 更易于规划。

图 8-53 所示为第Ⅲ批 SDST。

SDST 由四个不同模块组成：数字处理模块(DPM)、下变频器模块[①]、电源模块和主控振荡器模块。

DPM 有三个主要功能：

① 接收机中，下变频器用于将通带信号转换为基带信号，为进一步处理做准备。基带信号是指调制或上变频前的原始信号。

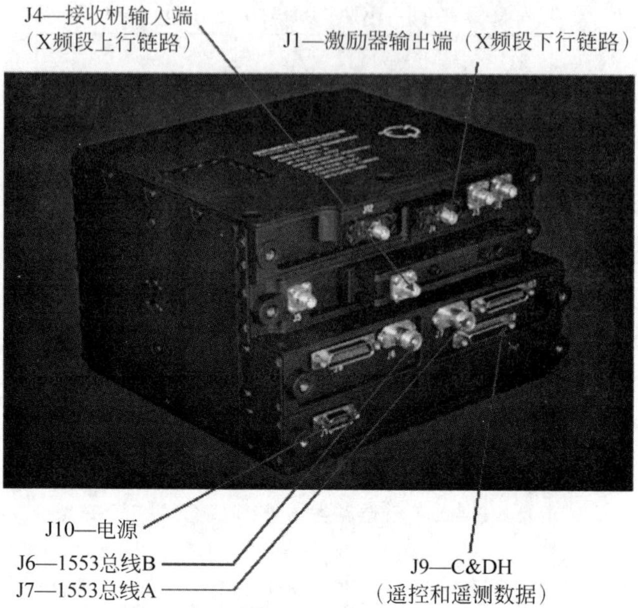

图 8-53 第Ⅲ批小型深空应答机

1）将数据卷积编码(若 1553 总线能够对其“译码”)。

2）向主控振荡器模块提供 X 频段基带遥测和测距信号。

3）将下变频器模块的模拟输出信号转换为二进制数据。

每个 SDST 都有两个驱动下行链路的振荡器：一个是利用环路误差电压控制频率的压控晶体振荡器(VCXO)，它与发送至巡视器的上行频率有关；一个是产生航天器上频率的辅助振荡器(aux osc)，它会随温度发生变化(程度较轻，受大气压力影响)。

电源转换模块为其他 SDST 模块提供整套稳定的电压。

下变频器模块将接收到的 7.150GHz 上行信号转换为 4/3 F1[20]① 的中频(IF)信号。调制有遥控和测距波形的上行信号，通过数字处理器模块输入端的模-数转换器(ADC)采样。这些采样点分别提供给三个传统的“通道”：

1）载波通道(用于上行载波跟踪)。

2）遥控通道(用于解调遥控信号)。

3）测距通道。

遥控通道有一个以 2kHz 为中心的 ±2kHz 带通滤波器。

上行基带信号的测距采样点通过 DAC 生成模拟信号(生成一个“转发”测距波

① 在 SDST 的命名规则中，F1 为产生上行和下行频率的基准频率。例如，X 频段下行频率为 880 倍 F1，X 频段上行频率为 749 倍 F1。对于 MSL，工作在 X 频段的通道 4，F1 约为 9.59MHz。VCXO 输出频率为 F1 的 2 倍。

形)，并将其调制在下行载波上。

表 8-15 给出了部分与上行(接收)通信链路性能相关的对 SDST 的需求。SDST 功能说明书[17]提供了更完整的说明。

表 8-15　SDST 接收功能性能

SDST 接收参数	数　　值
接收信号最大功率	−70dBm(满足其他性能的最大值) +10dBm(不导致损坏的最大值)
载波环路门限带宽	双边带宽(BW)设置： 接收机门限 20±2Hz(随载波环路信噪比(SNR)变化；强信号时最大带宽≈120Hz，信噪比为 100dB) 接收机门限 50±5Hz(发射段使用 DSDST，火星表面工作期间未规划使用 RSDST)
噪声系数	<3.2dB，考虑温度、老化和辐射影响，寿命初期(BoL)时的典型值为 2.1dB，室温
在 BLF 时的载波跟踪门限和 0dB 环路信噪比	−157.7dBm(标称值) −155.0dBm(最差值)
数据速率	7.8125～4000b/s

主控振荡器射频输出至 SSPA 或 TWTA 的信号是一个未调制或已调制的载波信号。在火星表面工作期间，RSDST 下行链路既可以是未调制信号(蜂鸣)，也可以是仅调制了遥测(DTE)的信号。巡航期间，DSDST 主控振荡器使用遥测和用于导航的两个波形中的一个对下行载波调相。

1) 遥测(来自 DPM；二进制相移键控[BPSK]调制方波副载波)。

2) 转发测距(模拟信号，来自 DPM，经过 D/A 转换器)。

3) 差分单向测距(DOR)(模拟信号，一个 2 F1[≈19MHz]的正弦连续波[CW]信号，在主控振荡器中产生)。这种情况下，CW 是指模拟信号而不是离散信号。

表 8-16 列举了一些与下行链路(发射)通信性能有关的对 SDST 的需求，更多内容参见文献[17]。

表 8-16　SDST 主控振荡器在 880 F1 处的特性

X 频段 880 F1 发射参数	数　　值
X 频段主控振荡器输出功率	13.0+3/−2dBm，考虑温度、公差影响、寿命末期、辐射
相位噪声	<−20dBc/Hz@1Hz(辅助振荡器模式)
辅助振荡器短期频率稳定度	在 10～40℃的任意恒定温度下为 0.06ppm(30min 时间范围内以 5min 间隔测量，积分时间为 1s)
NCO 副载波频率短期稳定度	1ppm(截至 2009 年 7 月)
NCO 副载波频率长期稳定度	50ppm(截至 2009 年 7 月)
谐波	<−50dBc
带内和带外杂散	<−50dBc

续表

X 频段 880 F1 发射参数	数 值
最低符号速率	对于副载波，0 符号每秒(sps)；直接调制时为 2000sps
最高符号速率	过滤模式：4.4Msps；宽带(未过滤)模式：>4.4Msps
调制度精度	±10%
测距调制度(峰值)	4.375°，8.75°，17.5°，35°，70°
测距调制度精度	±10%
测距调制度稳定度限值(考虑温度、辐射和 EOL)	<±20%
在飞行任务可接受(FA)温度范围内的测距延迟变化	<20ns，标准
DOR 调制度(峰值)	70°，标称
DOR 调制度精度	±10%
DOR 调制度稳定度限值(考虑温度、辐射和 EOL)	<±25%
遥测调制度	0～138°(128 挡，每挡约 1.1°)

8.2.3.2.4.6 巡视器接收机低通滤波器：巡视器 Rx LPF 与下降级 Rx LPF 设计相同。滤波器能够抑制 SSPA 的"环回"噪声(来自双工器的反射功率)，使 RSDST 能够检测极其微弱的上行信号。

8.2.3.2.4.7 固态功率放大器：MSL SSPA 采用与 MER 相同的设计。图 8-54 为 SSPA 结构图(© 2005 IEEE)。X 频段 SSPA 由一个固态射频放大器、一个电子

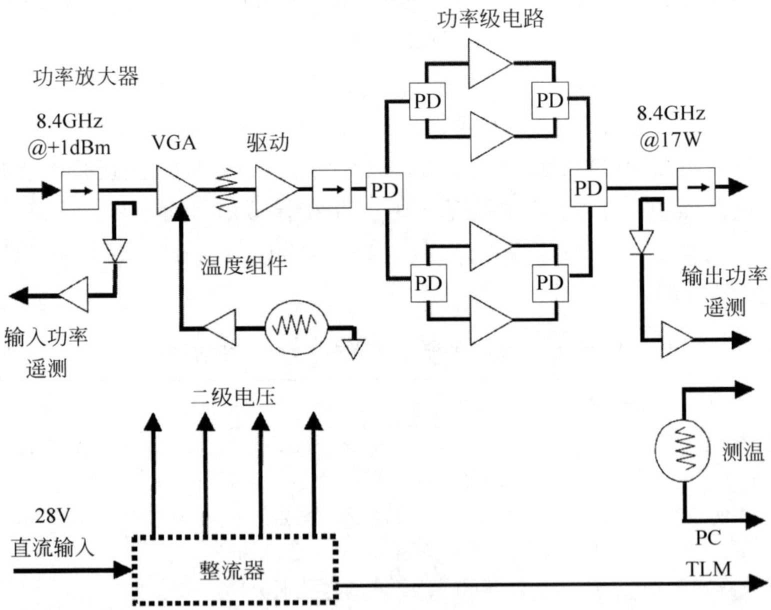

图 8-54 MSL SSPA 结构框图(PD 为功率放大器中的无源器件，VGA 为可变增益放大器)来自 W. Boger 等，微波专题文献，"X-band，17 Watt，Solid-State Power Amplifier for Space Applications"，2005 IEEE MTT-S International(© 2005 IEEE)。

功率转换器(EPC)、模式控制和遥测电路,以及输入和输出隔离器组成。表 8-17 显示了其主要特性。关于 MER SSPA 的更多详细信息、图表和图片参见文献[21]。

表 8-17　SSPA 主要特性

参　数	数　值
频率范围	8.395～8.455GHz
输出功率(RF)	15W
DC 输入功率	标称值 55W,最大值 64W
输出电压驻波比(VSWR)	最大 1.5∶1

8.2.3.3　功能冗余(巡视器作为下降级的备份)

巡航期间,MSL 射频开关能够使 RSDST 作为 DSDST 的备份。缺点是巡视器的发射能力较弱(15W 的 SSPA,而不是 100W 的 TWTA),并且电路损耗较大。

巡视器和下降级的下行链路性能在有效全向辐射功率(EIRP)上相差约 9dB。除了发射功率不同外,下行链路的所有功能都可以通过任何一条通路完成。请注意,在巡视器中没有配备旁路双工器。双工器在 EDL 期间控制了处于临界电压下 SSPA 的射频功率输出,并且确实在火星表面工作期间进行了这项工作。

8.2.3.4　编码方式/帧长

X 频段下行链路使用三种 Turbo 码(1/2、1/3、1/6);数据速率从 10b/s 到 62500b/s。受到射频频谱带宽管理的限制,为防止任务间干扰,限定 62500b/s 的数据比特速率与 1/6 Turbo 码组合,此组合会产生更高的符号速率;对于火星任务,符号速率被限制在 300000sps 以下。

在保持编码效率的同时,应尽可能缩短低速率遥测的帧长(1784b)。MSL 使用的 Turbo 码的交织深度为 1,而 MER 的交织深度仅为 5。对于这些交织深度,MER 的有效信息速率(数据帧中信息比特数与总比特数之比)为 1760/3040＝0.58,MSL 为 1784/2072＝0.86,提高了 1.7dB。效率的提高,意味着遥测速率为 10b/s 和 40b/s 时,MSL 比 MER 明显减少了数据帧的开销。

8.2.4　UHF 飞行子系统描述

8.2.4.1　MSL 控制和数据系统的 UHF 接口

无线电低耗收发信机(ELT,用于 UHF 中继)与 SDST(用于 X 频段 DTE/DFE)不同,其数据速率由无线电控制,而不是由多任务系统体系平台(MSAP)通信接口板(MTIF)控制。MTIF 将数据记录在 ELT 内部缓存区中,当超过缓存门限(可设置参数)时,ELT 强制提高数据溢出控制线,MTIF 停止记录数据,直到控制线再次降低。MSL 选择三个 ELT 缓存溢出速率作为基线:

- 8250Hz 用于低数据率传输,尽量减少时延(EDL 期间主用),遥测数据帧长为 1784b。
- 33000Hz 用于 2～32kb/s 的数据传输(主要用于安全模式下的低时延传输),遥测帧长为 1784b。
- 正常操作时使用 2062500Hz,遥测帧长为 8920b。这一溢出速率甚至能够支持最高 2Mb/s 的传输速率。

UHF 链路会使用两种数据编码:

1) 对于不可靠(比特流或非 Prox-1)的 MSL 至轨道器间的通信,使用 RS 编码(交织深度为 1 和 5)。

2) 对于正常的可靠(Prox-1)模式 UHF 返向链路(EDL 和火星表面工作期间),使用校验和帧。

ELT 具有备份的上行(遥控)和下行(遥测)链路 LVDS 接口,它与 MTIF 卡交叉绑定(每个 MTIF 有四个遥控/遥测端口)。必须通过 1553 指令选择有效的下行通信链路端口,ELT 中的两个上行链路端口一直处于有效工作状态。

MTIF 上的巡视器总线控制器(BC)控制 1553 总线,ELT 通过远程终端(RT)连接,MTIF 驻留在巡视器计算机元件(RCE)中。

8.2.4.2 UHF 关键硬件

降落伞锥、下降级和巡视器上的 UHF 组件如图 8-31 所示,后续小节将详细讨论。

8.2.4.2.1 降落伞锥 UHF 通信组件

8.2.4.2.1.1 降落伞 UHF 天线(PUHF):PUHF 仅在 EDL 期间,从 CSS 到背板展开时使用,参见图 8-16 所示 EDL 部分。UHF 天线能够与中继轨道器在大范围视角内通信。如果主航天器出现(曾出现过)姿态翻转导致故障,天线将重新接收数据,但姿态出现极端情况时除外。

PUHF(图 8-55)是一种以前在运载火箭和“凤凰号”着陆器 EDL 期间使用过的环绕型天线。它由与 JPL 密切合作的新罕布什尔州黑格-法尔公司设计和制造。

天线包括四部分,分别安装在降落伞锥上,并通过一个一分四的功分器连接。每部分都有两个辐射贴片天线单元,组成一个完整的八辐射贴片天线圆锥阵。

天线由下降级开关 D-UCTS 与固定在降落伞锥内部的一个一分四功分器之间的同轴电缆完成激励。天线方向图为半全向,沿航天器的 $-Z$ 轴方向基本对称。天线方向图是在 θ 角(红色标记)上由 0°～360°的剖面,覆盖不同的 φ 角(绕 $-Z$ 轴旋转),如图 8-56 所示。

图 8-55　固定在降落伞锥上的 PUHF 天线

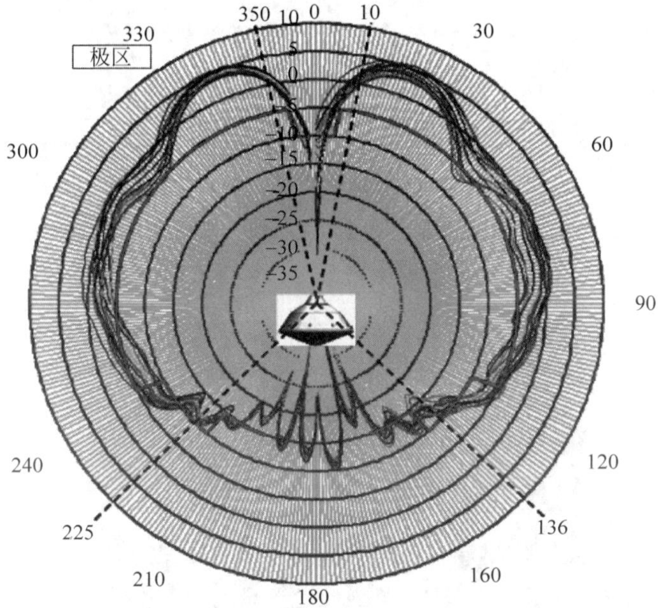

图 8-56　PUHF 天线要求和测得的辐射方向图(文中给出了角度和曲线定义)

图 8-56 为从参考方向环绕一周的极坐标图,增益向外辐射增大。参考方向为 $-Z$ 轴($\theta=0°$),位于插图顶端。θ 角沿顺时针方向从 0°到 360°以红色符号显示。增益值以从接近曲线中心的 -35dBi 到外部边缘的 $+10$dBi 表示。

图中使用多种颜色曲线表示增益与 θ 角的关系,它们与图 8-49～图 8-52 所示的 HGA 曲线类似。然而,HGA 天线方向图是以直角坐标绘制,X 轴为 θ 角,Y 轴为增益值。

- 增益需求:以粗红曲线表示。
- PUHF 天线测量增益:由剩余的六条曲线表示。每条曲线显示固定 φ 范围内(0°、30°、60°、90°、120°或 150°)增益与 θ 角之间的关系。

图中显示的 PUHF 增益总体上满足指定 θ 角范围内的要求(测量增益大于需

求增益)。对于大部分 θ 角,六条曲线之间的差异最大不超过 6dB。PUHF 天线增益存在凹点,沿 $-Z$ 轴方向凹点最深,沿 $+Z$ 轴约 20°范围内的微小指向变化会引起增益的剧烈变化。

8.2.4.2.2 下降级 UHF 通信组件

下降级上的 UHF 组件包括 D-UTS 开关和 DUHF 天线(及连接电缆)。DUHF(图 8-57)采用一副偶极子天线,天线方向图在方位上是对称的。

如图 8-58 所示,DUHF 发射方向图明显受到下降级结构影响[22]。下降级引起的信号散射使偶极子零位沿 $-Z$ 轴方向扭曲和移动。然而,在动力下降和空中起重机动作的关键几分钟内,天线方向图足以覆盖中继链路。

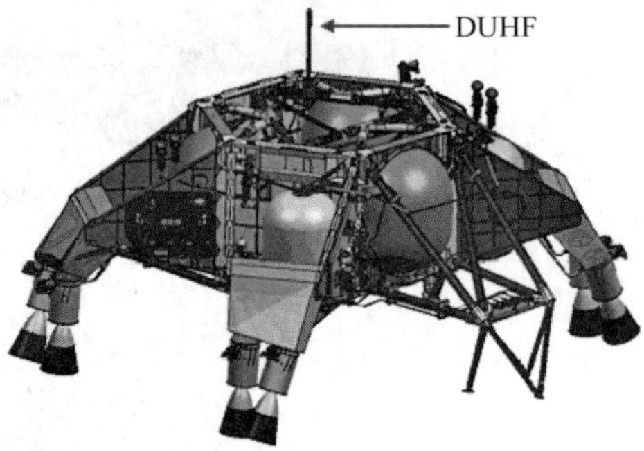

图 8-57 固定在下降级上的 DUHF 天线

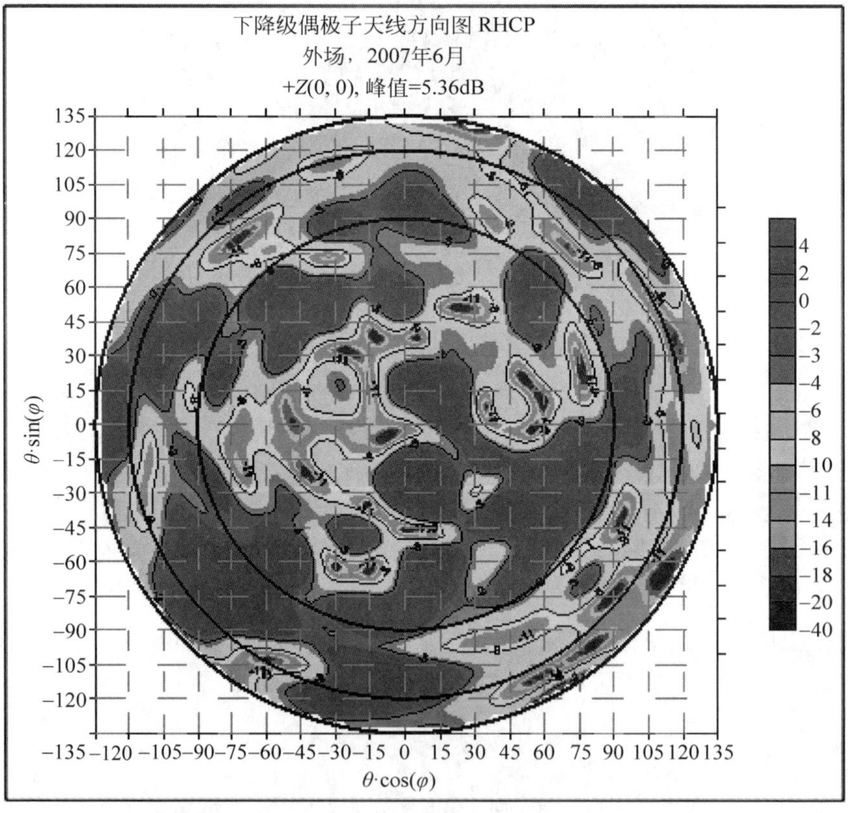

图 8-58 安装在下降级上的 DUHF 天线发射方向图

D-UCTS 用于在背板展开时从 PUHF 切换至 DUHF。为了避免 D-UCTS 的“热切换”，在切换期间，UHF 发射信号会短暂中断。

降落伞锥（固定 PUHF 的地方）至下降级（DUHF）间的天线电缆和下降级至巡视器（RUHF）间的天线电缆穿过两个巨型切割器。背板分离和巡视器展开时，切割器分别切断两根电缆。

8.2.4.2.3　巡视器 UHF 通信器件

无线电低耗收发信机固定在巡视器的 WEB 内部，如图 8-59 所示，ELT-A 和 ELT-B 互为备份。自 EDL 开始一直使用 ELT-A，除非出现故障。ELT-B 收发信机固定在 ELT-A 收发信机上方的支架（由 AlBeMet① 研制）上。R-UCTS 固定在背板一侧。由于支架对 ELT-B 有额外的隔热作用，因此发射返向链路信号时，ELT-B 比 ELT-A 要热，但也仅是在长时间中继过境和 WEB 热环境恶劣时，才需要考虑 ELT-B 的热控问题。

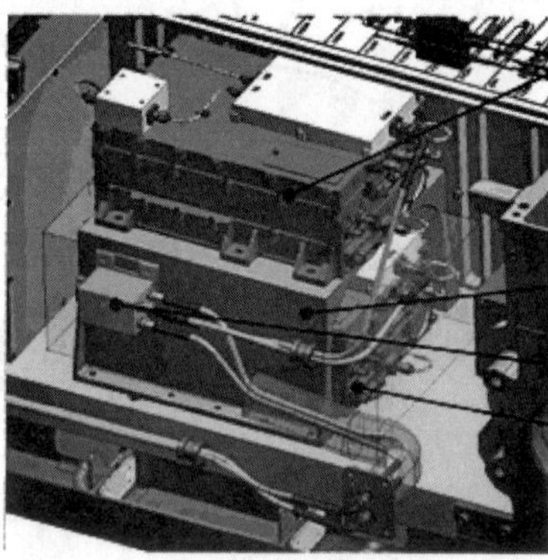

图 8-59　巡视器 WEB 中的 UHF 硬件设备

RUHF 是一个专为 MSL 任务设计的四臂螺旋天线，任务中它在所有的火星表面活动和 EDL 的最后阶段使用。图 8-60 显示了安装在巡视器上的 RUHF，图 8-61 显示了天线的详细视图。

为使空中起重机工作（图 8-62），EDL 指令序列控制 R-UCTS 将 UHF 链路从 DUHF 切换至 RUHF。在此期间，RUHF 部分或不同程度地被其上方的下降级遮挡。图 8-62 中，BUD 是指伞绳、脐带、下降速率控制器。

为研究遮挡对方向图的影响，我们使用 WIPL-D 在下降阶段（图 8-62）的三个代表性高度（距离）上进行了分析。图 8-63 显示了返向链路频率为 401MHz 时的三个分析结果。从图中上部可以很明显地看出，正如预期的那样，RHUF 天线方向图在最初阶段（巡视器仍接近下降级[1m 远]）有巨大变形。在空中起重机接近

① AlBeMet 为布鲁士威尔曼公司生产的通过粉末冶金处理提取的铍铝复合材料商品名。AlBeMet 是通过高压加热精炼铍和铝粉形成的均匀材料。这些合金材料密度明显低于铝（http://en.wikipedia.org/wiki/AlBeMet）。

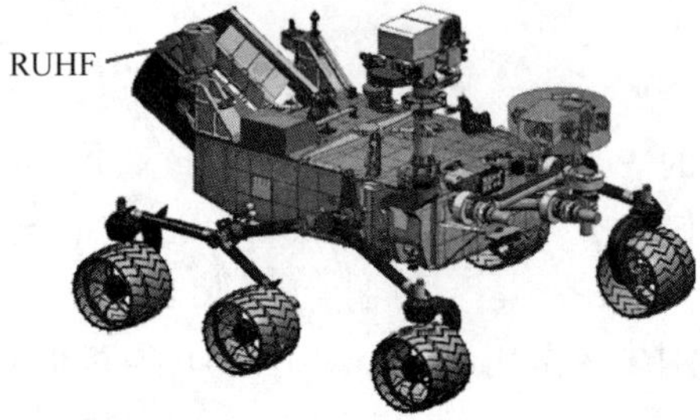

图 8-60 安装在巡视器上的 RUHF 天线

图 8-61 MSL RUHF 四臂螺旋天线

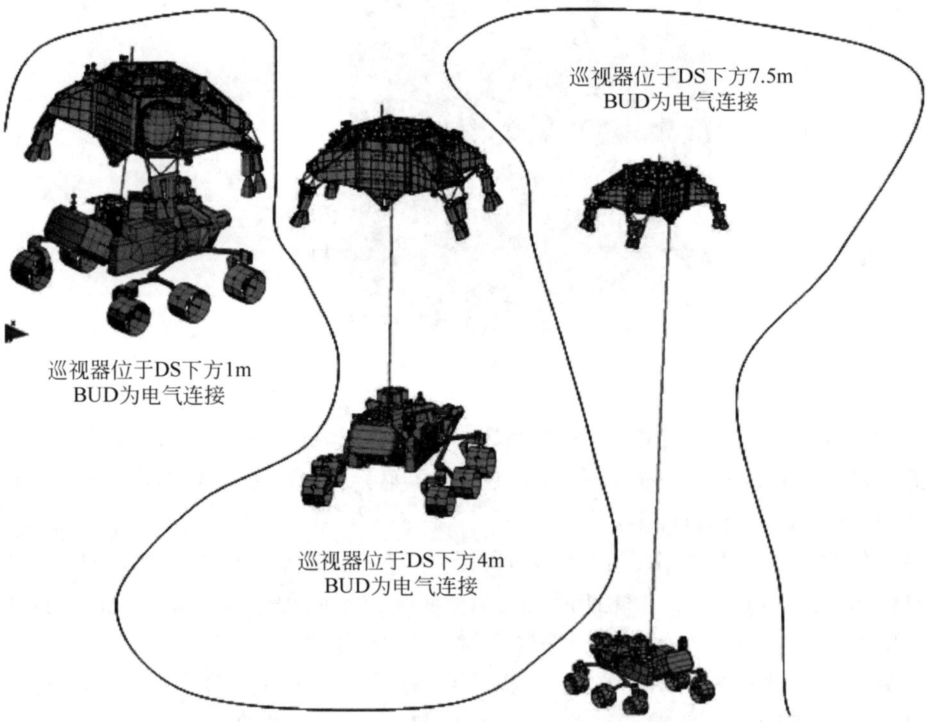

图 8-62 空中起重机的 RUHF 方向图研究

展开时(距下降级 7.5m),图中底部显示天线方向图与火星表面工作期间相似(图 8-66 为火星表面工作时 401MHz 的天线方向图)。

着陆后,RUHF 的宽范围方向图在 RCP 状态下为接近地平线的绝大部分空间提供覆盖。

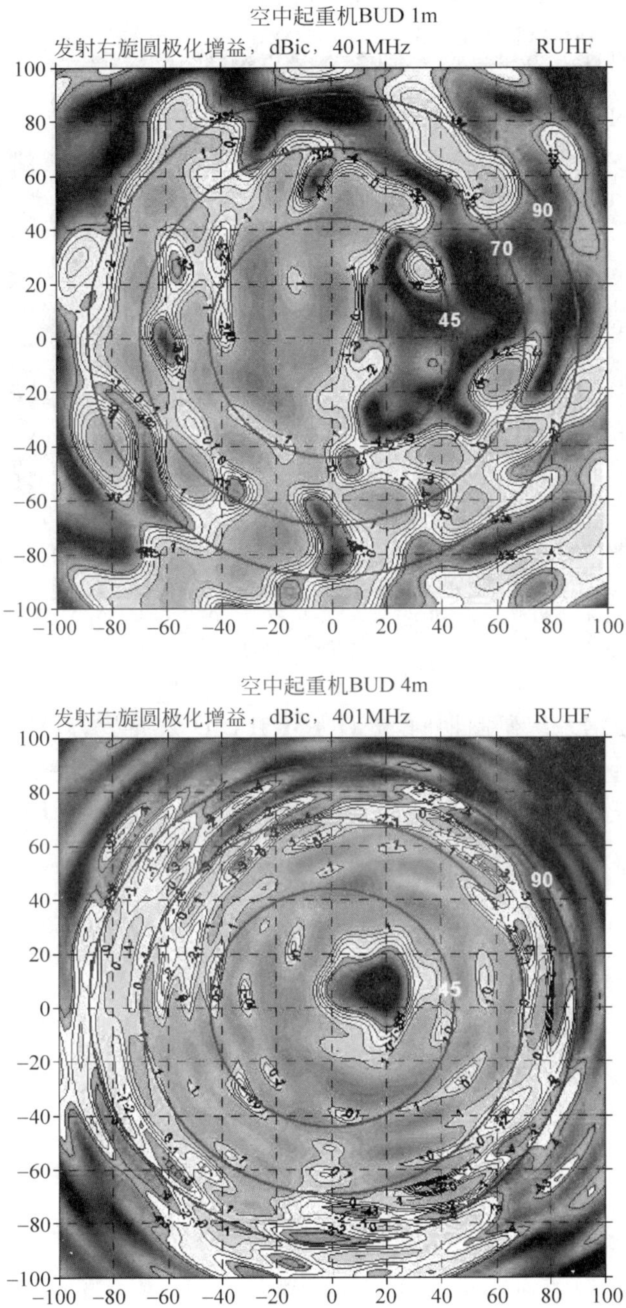

图 8-63　空中起重机 BUD 为 1m、4m 和 7.5m 的 RUHF 方向图分析结果

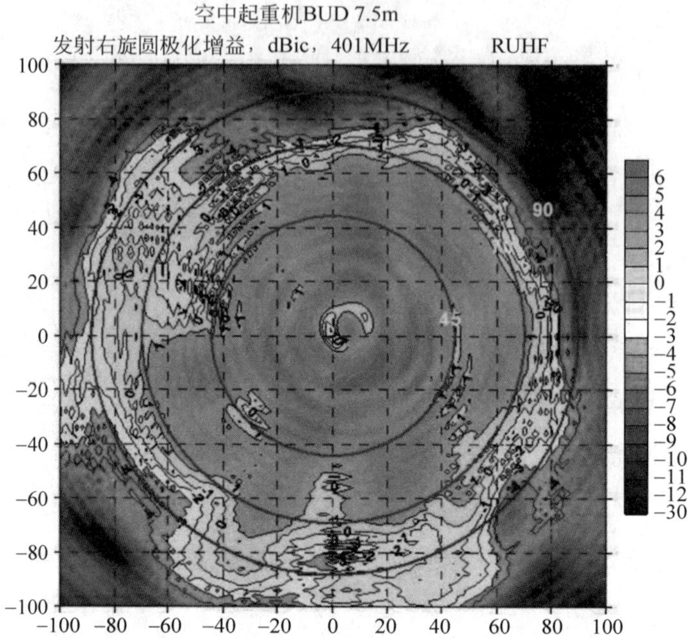

图 8-63 （续）

在早期的通信系统研制期间，进行了 WIPL-D 分析[19]，以评估火星表面工作段由于巡视器舱面、RTG 和接近天线的其他物体引起的天线方向图变形。在 UHF 频段，大多数舱板和载荷都靠近天线。图 8-64 显示了 WIPL-D 模型。

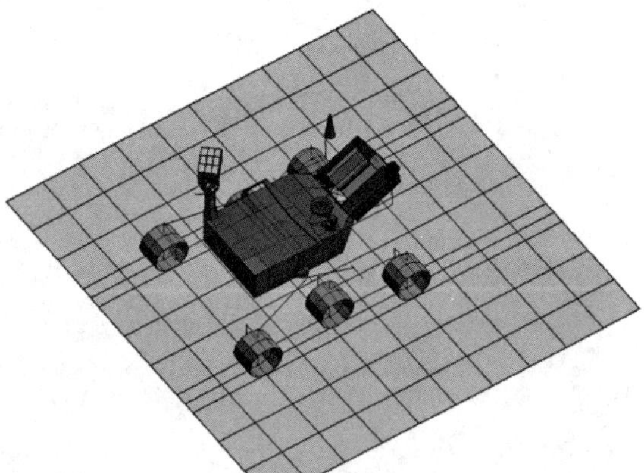

图 8-64 用于 RUHF 方向图分析的 WIPL-D 模型

了解 RUHF 在火星表面的性能对任务至关重要。与"凤凰号"着陆器[23]天线方向图的测量方法类似，利用 MSL 样机测量了 RHUF 437MHz 前向链路和 401MHz 返向链路的天线方向图。这些测量数据保存在预测工具的数据库中，用于飞行团队规划每个火星日巡视器的活动。

图 8-65 和图 8-66 显示了分析结果，返向和前向链路均包含地面影响[24]。其天线方向图明显优于相应的 MER UHF 单极性模式，除了在地平线附近的低仰角处外，方向图无零点。

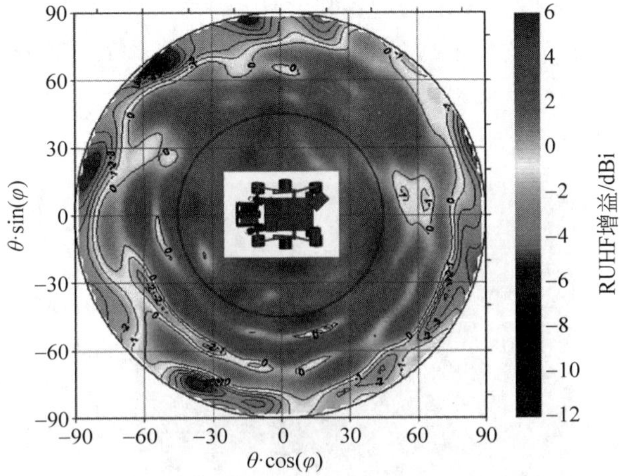

图 8-65　火星表面工作的 RUHF 天线方向图(接收)

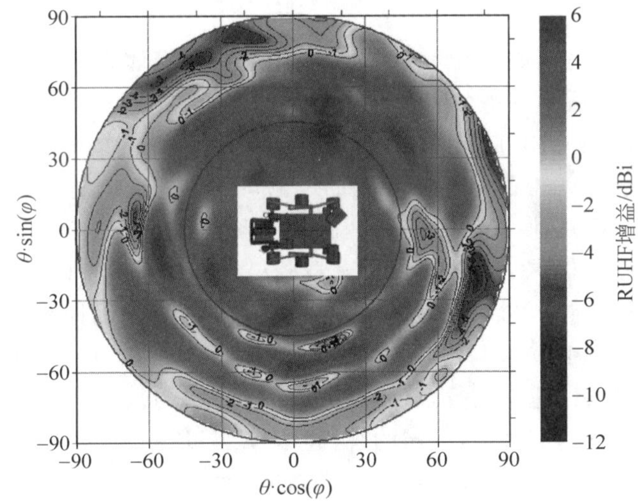

图 8-66　火星表面工作的 RUHF 天线方向图(发射)

8.2.4.2.3.1　无线电低耗收发信机：由双冗余无线电低耗收发信机(ELT-A 和 ELT-B)完成与“奥德赛”和 MRO 轨道器(以及其他能够使用的轨道器，如 MEX)的中继通信。截至目前，ELT-A 已为巡视器 EDL 和所有火星表面操作提供 UHF 通信，虽然巡航期间 ELT-B 进行了“生存”测试，但目前仍在备用状态。

ELT 由 JPL 导航类软件定义无线电(SDR，用于着陆器)演变而来。“无线电低耗”的名称主要是相对于标准的多区无线电导航系统，它质量轻且功耗低。ELT

仅缺少了半双工模式信号通道的功能。ELT提供了其他标准多区无线电导航系统的所有功能,参考文献[25]给出了多区无线电导航系统和无线电低耗收发信机的详细介绍。

有别于MSL X频段子系统的应答机、独立的功率放大器(TWTA或SSPA)以及双工器,每个ELT都集成了应答机、功率放大器和双工器。从双工器传输至天线的UHF射频功率大于8.5W。

飞行任务中使用的FM-002(ELT-A)收发信机如图8-67所示。

图8-67　无线电低耗收发信机FM-002

下行链路和上行链路工作参数,以及Prox-1参数、缓存数据管理和其他ELT功能等信息将在之后小节中介绍。

8.2.4.2.3.1.1　ELT下行链路

下行链路是从MSL至轨道器之间的链路,也称为“返向链路”。

- 下行链路可用速率为2～2048kb/s。“奥德赛”上安装的CE505收发信机支持的速率仅有8kb/s、32kb/s、128kb/s和256kb/s四挡。中继过境(轨道器飞越)期间,与MRO之间的标称返向链路使用抑制载波调制自适应数据速率(ADR)。与“奥德赛”之间的中继链路在每次中继过境期间只能使用一种数据速率进行残留载波调制。使用的数据速率或ADR模式(允许多种数据速率)由轨道器的“沟通信号”决定。
- 与MRO或MSL之间,或两者均有的数据收发效率限制了最大速率约为1.35Mb/s,具体取决于MRO是否发送了大量的前向数据。
- 旁路和卷积编码(7,1/2)。
- 根据空间数据系统咨询委员会(CCSDS)定义的Prox-1标准[26],可用三个频道:通道0:401.585625MHz、通道1:404.4MHz或通道2:397.5MHz。ELT使用哪个通道由轨道器的沟通信号决定。
  - 通道0是着陆时使用的基本通道,并且是唯一兼容“奥德赛”的通道(因此使用“奥德赛”)。
  - 然而,在火星日早期与MRO的中继操作中,确认了返向链路与MRO科学仪器的操作模式(首选)存在电磁干扰/电磁兼容性(EMI/EMC)问题。通过飞行期间 MSL 和 MRO 之间的链路特性和性能评估,我们发现 MSL 与 MRO 之间的最佳返向链路频率为 391MHz,该评估还包括天线方向图和增益测试。

- 调制:固定调制度(双相-L 码基带调制)的残留载波调制,以及抑制载波调制(非归零码,NRZ)。
- 启用/禁用相干。

8.2.4.2.3.1.2　ELT 上行链路

上行链路是从轨道器至 MSL 之间的链路,也称为"前向链路"。规划的与 MRO 之间的标称前向链路为码速率 32kb/s 残留载波调制数据,与"奥德赛"之间的前向链路必须使用残留载波调制。

- 上行数据速率范围为 2～256kb/s。
  - MSL 能够使用的 UHF 上行链路速率包括 2kb/s、8kb/s、16kb/s、32kb/s、64kb/s、128kb/s、256kb/s。
  - "奥德赛"仅支持 8kb/s 和 32kb/s。
- 旁路和卷积编码(7,1/2)。
- 三个 CCSDS 标准[26]的频道有:0:437.1MHz、1:435.6MHz、2:439.2MHz。
  - 通道 0 为基本通道,用于至"奥德赛"和 MRO 的前向链路。
  - 已确认与 MRO 之间使用通道 0 的前向链路不存在 EMI/EMC 问题。
- 调制:固定调制度的残留载波调制(双相-L 码),抑制载波调制(NRZ 码)。

8.2.4.2.3.1.3　Prox-1 参数(前向和返向链路)

- 序列控制(可靠)链路使用标准协议。
- 旁路 Prox-1 的比特流(非可靠)模式用于 EDL,并可用于火星表面操作中的非标称状态。
- 自适应数据速率模式(ADR),当 MRO 与 MSL 之间中继可用时,利用 Prox-1 能够在飞行过程中使用不同数据速率。(ADR 仅可用于 MRO,不可用于"奥德赛"。而且 MSL 也仅能通过这种方式改变返向链路的数据速率;MRO 和 MSL 之间的前向链路标准数据速率为固定值 32kb/s。)
- MSL 数据交互的速率从 8kb/s 开始。

8.2.4.2.3.1.4　缓存数据管理(前向和返向链路)

- ELT 利用一个附加的 LVDS 线("数据准备")向 MTIF 提供发射(下行)流量控制信号,避免 ELT 发射缓存区溢出。飞行软件(FSW)还可以设置不同的缓存区参数(缓存区深度和双水印)来控制发射链路中的时延。
- 在 MSL 接收(前向链路)端,无流量控制。一旦数据帧有效,LVDS 线就发送 Prox-1 传输帧数据域中的内容。

8.2.4.2.3.1.5　其他 ELT 功能

- 对于每个正常规划的中继弧段,通过 1553B 接口接收 Prox-1 时间包数据。

- 通常仅在故障排查情况下，通过 1553B 接口接收辐射测量数据。
- 仅在故障保护状态时使用唤醒信号。向 LVDS 发送“航天器苏醒”信号，从轨道器接收 Prox-1 沟通信号。

8.2.4.2.3.1.6 UHF 同轴发射开关(D-UCTS 和 R-UCTS)

同轴发射开关(位于图 8-31 的 UHF 框图中)用于在 EDL 期间切换各天线。巡视器上的开关用于选择无线电信号进入下降级开关或 RUHF 天线。火星表面工作期间，该开关用于选择 ELT-A 或 ELT-B。

这些同轴开关采用双刀双掷(位置 1 和位置 2)，由 Sector Microwave 研制。开关的端口隔离度大于 60dB，最大插入损耗 0.2dB，切换时间小于 50ms。它能够处理的额定 RF 功率高达 15W，回波损耗最大为−20dB。

8.2.5 末端下降传感器(着陆雷达)概述

MSL 末端下降传感器(TDS)仅在 EDL 的最后阶段使用，它是一个六波束 Ka 频段脉冲-多普勒雷达，从航天器速度约 100m/s、高度约 4km 至着陆期间测量其三轴速度和高程[27]。具体而言，每个雷达波束向航天器导航滤波器提供视线方向的速度和距离，用于计算下降级的三轴速度和高程。

图 8-68 为 TDS 系统的概要图。表 8-18 详细介绍了 TDS 的高级性能和物理特性。Chapin(2011)[27]提供了高级传感器的技术参数和 TDS 的物理特性。

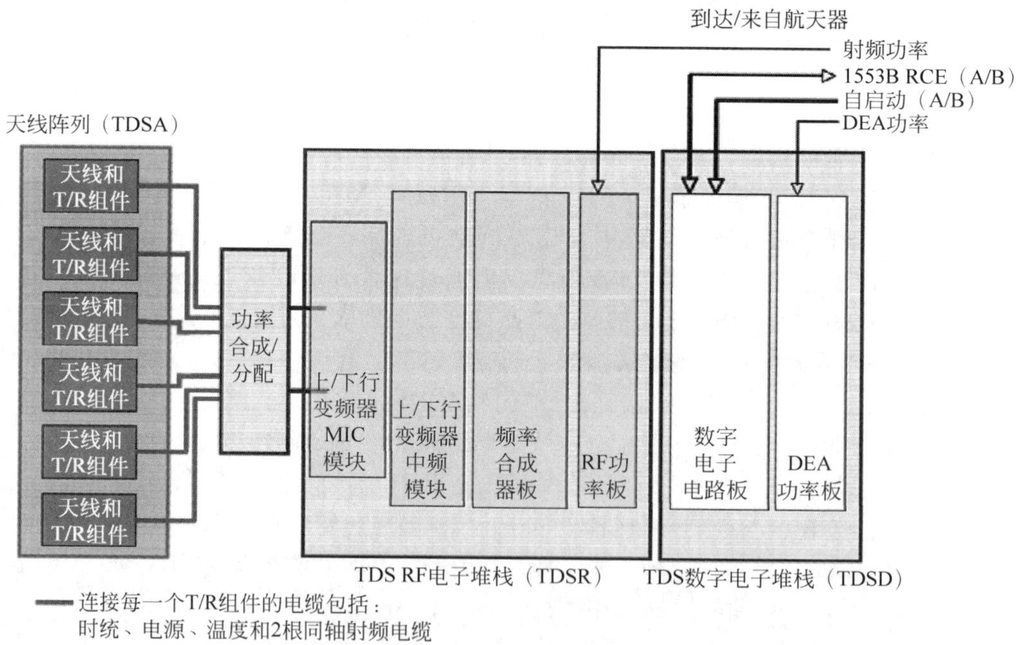

图 8-68 TDS 系统的概要图(T/R 为发射/接收，TRM 为发射/接收模块)

表 8-18　TDS 高级特性

参数或条件	数　值
中心频率	36GHz
天线波束宽度	3°
发射功率(每个波束)	2W
脉冲宽度	4～16ns
距离火星表面高度	6～3500m
下降级速度	最大 200m/s
航天器总线功率	30W
发射功率	120W
质量	25kg
尺寸	1.3m×0.5m×0.4m

虽然在系统开发期间未将 TDS 作为通信子系统的一部分,但它确实发射和接收射频功率。MSL X 频段通信子系统为 EDL 配置的设备包括励磁低通滤波器和发射机低通滤波器,以确保在动力下降期间和下降过程的空中起重机工作期间,雷达性能不会因为 X 频段 SDST 和 TWTA 同时工作而下降。

TDS 硬件由 TDS 数字板(TDSD)、TDS RF 板(TDSR)、RF 功率合成器和分配器,以及天线(TDSA)组成。图 8-68 显示了 TDSD、TDSR 和 TDSA 之间的电气接口。

TDSA 由 6 副独立的天线组成,每副天线都有各自的前端滤波组件(FFA)和发射/接收模块(TRM)。图 8-69 显示了 TDS 的机械配置、电气组件和天线位置。

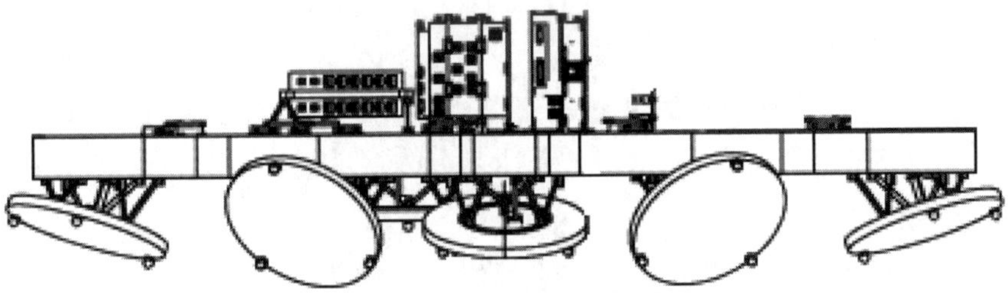

图 8-69　TDS 天线位置和指向

TDSD 是两个电子组件“切片”板:数字电气组件(DEA)切片和数字功率分配单元(DPDU)切片。

TDSR 由四个“切片”电子组件组成堆栈:射频功率分配单元(RPDU)切片、频率合成切片、上/下变频器中频(IF)模块(UDIM)切片,以及上/下变频器微波集成电路(MIC)模块(UDMM)切片。

电源切片为电子器件提供合适的直流电压(DC)。频率合成切片主要由压控振荡器及为 DEA 切片和 RF 电子器件生成参考频率的支持电路组成。上变频器生成 Ka 频段发射脉冲,下变频器将接收的下行信号转换为数字视频信号。

DEA 是 TDS 的控制器和数字信号处理器。简称为“雷达处理器”(RP)的 DEA 由一个支持 1553B 指令和遥测转换的 1553 收发机及大型(约含 1 兆门电路)可重复编程的现场可编程门阵列(FPGA)组成,用于生成 TDS 定时信号,并处理所有雷达的数字信号。其利用 12 位的 ADC 在高达 240MHz 的带宽内将雷达视频信号数字化。一个抗辐射加固的可扩展中央处理器结构(SPARC)处理器作为雷达控制器(RC);该单元具有处理航天器遥控、时间标签、后处理、遥测信息打包和其他功能。

TDS 循环使用各天线波束,同一时刻利用六个天线波束中的一个进行间隔频率为 20Hz(50ms 间隔)的测量。为数有限的波束扫描序列预先存储在 TDS 存储器中,通过波束序列表 ID 指令调取。使用波束序列能够避免波束异常或波束遮挡。

正常模式下,TDS 根据特定的循环波束,通过循环的雷达波束以 20Hz 频次测量视线方向的速度和距离。TDS 的正常工作模式包括捕获、闭锁 Dop1 和 Dop2。闭锁由一组相同雷达参数的雷达脉冲组成。闭锁 Dop1 和 Dop2 仅在捕获闭锁时间内检测(有效距离)到目标时才执行。在 Dop1 模式下,TDS 使用双脉冲多普勒技术确定多普勒速度;在 Dop2 模式下,TDS 使用不同的脉间周期(IPP)解算多普勒速度模糊。我们还利用 Dop2 模式确定斜距。

8.2.6 MSL 通信硬件质量和功率

8.2.6.1 X 频段质量

表 8-19 给出了 MSL 主要 X 频段通信组件质量,定义见 MSL 质量设备列表(MEL)[28]。按照前文定义,航天器的各级划分为巡航级、EDL(降落伞锥和下降级组合体)和巡视器。

表 8-19 X 频段通信系统质量汇总

航天器级	X 频段子系统元件	数量	单位质量/kg	总质量/kg
巡航级	MGA 和适配器	1		0.65
EDL 背板	PLGA	1		0.4
	TLGA	1		0.4
	WTS	2	0.45	0.9
	微波器件			2.8
EDL 下降级	DLGA	1		0.35
	微波器件			2.5

续表

航天器级	X 频段子系统元件	数量	单位质量/kg	总质量/kg
EDL 下降级通信板	TWTA	1		2.5
	WTS	2	0.45	0.9
	SDST	1		3.0
	通信板	1		6.6
	微波器件			2.5
巡视器 X 频段	SDST	1		3.0
	SSPA	1		1.4
	WTS	2	0.45	0.9
	RLGA	1		0.4
	HGA	1		1.4
	HGA 万向节	1		6.6
	微波器件			3.7
合计				40.9

8.2.6.2　航天器 X 频段设备功耗

表 8-20 汇总了标称 28V 总线上有源子系统器件（SDST 和功率放大器）的功耗。

表 8-20　航天器 X 频段通信系统功率消耗

部　件	下降级通信子系统工作模式	额定总线电压（28.0V）时功率/W
DSDST	RX	11.4
	RX+非相干 TX（仅 TLM：安全模式）	14.7
	RX+相干 TX（仅 TLM：巡航模式）	14.4
TWTA	待机模式（无 RF 驱动）（主控振荡器关）	62.4
	工作（RF 驱动）（主控振荡器开）	175.2
RSDST	RX	11.3
	RX+非相干 TX（仅 TLM：安全模式）	14.8
	RX+相干 TX（仅 TLM：巡航模式）	14.2
SSPA	主控振荡器关（无 RF 驱动）	45.1
	主控振荡器开	62.9

SDST 的数值表示仅接收机工作、接收机和主控振荡器处于非相干模式、接收机和主控振荡器处于相干模式。下行链路需要主控振荡器工作，非相干模式需要辅助振荡器也加电。巡航段和 EDL 期间 DSDST 加电，火星表面工作时 RSDST 加电，用于 X 频段操作。

当 TWTA 打开时，有两种模式：待机（设备无 RF 输出）和工作。当 TWTA 关闭时，无功率消耗。

整个巡航段和 EDL 期间，DSDST(接收机和主控振荡器)和 TWTA 保持加电状态。大部分时间内，TWTA 处于工作状态，仅在天线切换期间通过遥控短暂切换至待机模式。

火星表面工作期间，在背景模式或 DFE 工作时，仅 RSDST 接收机加电。当 DTE 或蜂鸣工作时，RSDST 主控振荡器和 SSPA 也加电工作。

8.2.6.3 UHF 质量和功耗

TDS 有四种加电状态[①]：

- 关闭——连接至 28V 航天器总线的两个电源开关处于打开状态(无功率输出至 TDS)。
- 低功率——连接至数字功率分配单元(DPDU)的电源开关闭合，同时连接至 RF 功率分配单元(RPDU)的电源开关依然开通。在这种较低功率状态下，仅 DEA 加电。由于 FPGA 无 1GHz 时钟信号，RP(赛灵思[②]现场可编程门阵列[FPGA])不工作，这种状态下的功耗约为 30W。
- 休眠——两个电源开关闭合，实际是 DEA 和 RF 电子设备加电。TDS 处于待机模式，此时 TRM 中的高功率放大器适当偏置但不发射功率。
- 全状态工作——RP 中雷达定时信号工作，脉冲调节 TRM 发送 RF 功率。功耗约 120W。

8.3 地面系统 EDL 操作：EDL 数据分析(EDA)

EDL 是关键且最令人期待的通信任务阶段。很明显，为了系统冗余和信号的多样性，在此阶段应尽量使用所有可以使用的通信手段。X 频段和 UHF 信号在有可能被接收时均开机；DSN 有多个天线工作；MSL 向 MRO 和“奥德赛”发送 UHF 返向链路信息(MEX 备份)；此外，澳大利亚 Parkes 天文台也用于跟踪 UHF 载波信号。[③]

除了标准的闭环接收机，DSN 天线还与一个定制的 EDL 分析(EDA[④])系统连

① TDS 在巡航段断电，其他电源模式下其短期处于工作的自检过程除外。EDL 期间，TDS 模式由航天器自主遥控。

② 赛灵思公司是现场可编程门阵列(FPGA)的发明者。FPGA 是一种半导体器件，它可以在生产后由客户或设计者自行配置，因此命名为“现场-可编程”。FPGA 包含称为“逻辑块”的可编程逻辑组件和可重构互连的层次结构，允许块“连接在一起”——有点像单片可编程电路板。(维基百科：Xilinx 和 FPGA)

③ 在预定的 2012 年 8 月 6 日 5：16 UTC 发现信号，信号略强于预期。Parkes 天文台对巡视器下降过程进行了跟踪，直到降落伞展开、热防护罩分离后。在预定着陆时间前不足 2min，MSL 落入火星地平线，超出地球视线。参见 http://www.parkes.atnf.csiro.au/people/sar049/msl_tracks/edl/获取更多细节。

④ 为 MER 任务首次开发了 EDA，第 7 章中有相关描述。为 MSL 任务更新的 EDA 是用于 EDL 期间检测载波和测音、跟踪高动态多普勒和低信噪比信号的系统。

接，对开环无线电科学记录（RSR）接收机获取的信号进行快速傅里叶变换（FFT）信号处理。

一份 NASA 的技术摘要[29]记载了 MER EDA 过程，航天器在遥远行星表面降落期间发送 M-FSK 音信号，MER EDA 是一套对 M-FSK 音进行处理以获取航天器状态信息的信号处理软件和计算机硬件系统。

MSL 利用现代化的计算机硬件和 Linux 操作系统实现了对 EDA 的重建。

8.4　通信子系统链路性能

8.4.1　X 频段

8.4.1.1　巡航段链路性能

通信性能预测和分析在巡航和接近火星期间发挥了重要作用。尤其是在此期间安排的检测和子系统维护项目，都要求较高的遥测码速率，导致链路余量较低。

巡航期间，X 频段主要有五大功能：下行载波跟踪、上行遥控、下行遥测、差分单向测距（delta-DOR）和转发测距。由于巡航段末期转发测距信号电平低于门限值（尤其是下行链路），致使测距成为最难以实现的功能。

火星表面操作期间，X 频段的主要功能是上行遥控、下行单载波蜂鸣和下行遥测。由于能够较好地确定着陆点位置，因此在火星表面不再需要转发测距和 delta-DOR 导航信息，双向多普勒信息也很少使用。

伪码序列测距是双向测量，三个热噪声源会引起测距信号的衰减：

1）上行链路噪声（来自上行链路的有限信噪比）。

2）应答机测距通道噪声。

3）地面站接收机噪声。

其中，受到通道带宽影响，测距通道的噪声影响最大。测距通道双边带宽为 3MHz，足以通过具有 1MHz 基频时钟分量的测距波形。地面接收机噪声由航天器相对较小的发射功率引起，致使地面接收的 SNR 较低。

图 8-70 显示了巡航期间多种配置下的测距 P_r/N_0。曲线包含巡航段早期 34m 站与航天器 TWTA 或 SSPA 的 PLGA 配合、巡航段后期 34m 站与航天器利用这些放大器之一时的 MGA 配合，以及巡航段后期 70m 站与航天器 MGA 和 TWTA 配合使用时的测距 P_r/N_0。

根据需要，MSL 可单独或联合采用三项“改进测距”的技术，包括：

- 设置 SDST 下行测距调制度为 35°；
- 设置地面站上行测距调制度的最大载波抑制为 5dB；
- 遥测调制度减小至 45°。

由于 X 频段系统工作正常，所以仅需进行第一项改进，这会非常略微地降低遥

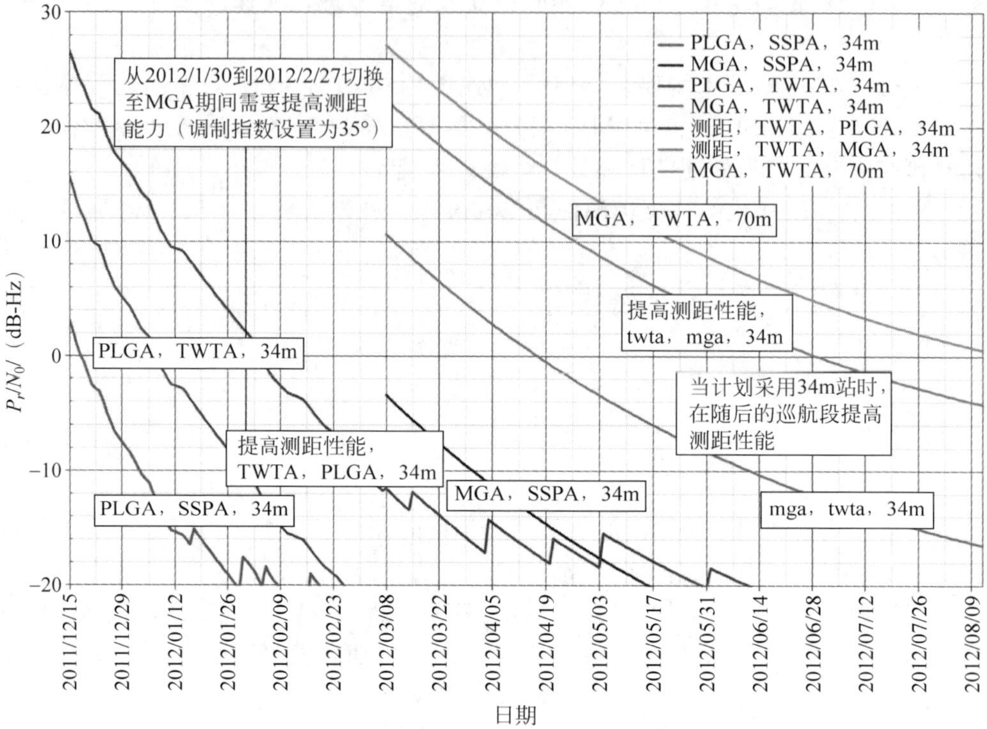

图 8-70　Ic 型轨道巡航段转发测距 P_r/N_0

测性能(比特率)；第二项改进会降低遥控性能(比特率)；第三项会显著降低遥测性能(比特率)。

一种更激进的增强测距性能的方式称为"测距最大化"，所幸并不需要采用此方式。"测距最大化"包括：

- 设置 SDST 测距调制度至其最大值 70°，并关闭遥测调制；
- 关闭地面站遥控调制，并将地面站测距调制度设置为载波抑制 5dB。

DSN 能够处理的测距采样信号电平 P_r/N_0 最低为 -20dB-Hz，尽管降低 P_r/N_0 是以增大积分时间为代价的。图 8-71 显示了每个测距点的采样周期与 P_r/N_0 之间的函数关系，该图描述的测距最小捕获概率为 99%，测距精度(1σ)为 3m。由于当 P_r/N_0 低至 -10dB-Hz 时，测距周期将变得很长，从而将 -10dB 作为测距的门限。DNS 通信链路设计手册[30]的测距模块中，给出了测距周期的定义：

$$\text{周期时间} = T_1 + 3 + (L - C) \times (T_2 + 1)\text{，单位为秒}$$

这里：T_1 为时钟单元的积分时间；

T_2 为每个其他单元的积分时间；

L 为最后(最低频率)解模糊器件的数量；

C 为测距器件的数量。

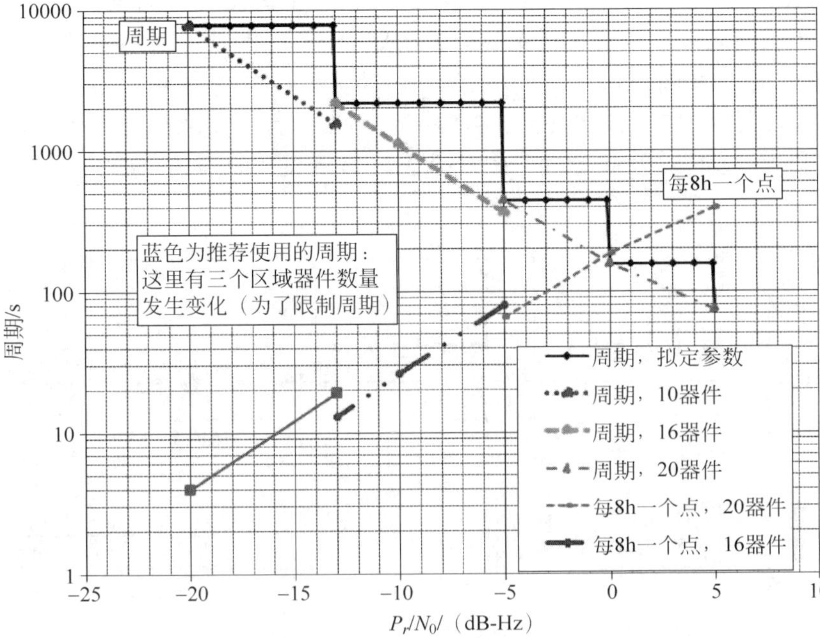

图 8-71　要求的测距周期时间与 P_r/N_0 之间的函数关系

巡航段，航天器团队通信主管与导航团队主管和 DSN 多次协调，确定了后续一系列跟踪弧段中使用的积分时间 T_1 和 T_2。这些积分时间不仅是时变参数 P_r/N_0 的函数，也与诸如地面站最大跟踪弧段和解模糊过程中双向光行时（RTLT）变化等因素有关。

在给定时刻、给定地面站/航天器几何关系和配置的情况下，增大 P_r/N_0 的途径有：

- 增大上行测距调制度；
- 通过降低上行数据速率（或关闭遥控调制）来减小遥控调制度；
- 增大下行测距调制度；
- 减小遥测调制度（或关闭下行遥测）；
- 地面站天线口径从 34m 增大至 70m。

巡航段早期，航天器使用 PLGA 为提供通信覆盖，航天器 $-Z$ 轴指向地球的范围必须在 80°以内，如 8.1.3 节所述和图 8-15 所示。超过 80°时，偏离航天器的显著散射将使天线方向图预测模型的可信度变得难以接受。

发射后 3 个月，由于地球至 MSL 间距离的不断增大，测距性能的恶化迫使通信系统由 PLGA 改为 MGA。从 PLGA 切换至 MGA 后，地球必须立即落在 $-Z$ 轴的 15°范围内（巡航段后期要在 9°范围内），因此 MGA 的指向要求比 PLGA 严格得多。巡航段实际的指向控制精度优于 4°。

巡航段航天器关键事件需要 70m 天线覆盖,以满足实时数据传输需求,或增加 34m 天线覆盖以获取更多的数据,因此通信子系统的性能对地面站覆盖范围的规划产生了巨大影响。

图 8-72 是从发射至达到火星前,34m 地面站上行链路数据速率预测曲线。图中对应 Ⅰc 型轨道发射起始窗口(第一天),显示的 2kb/s 是 SDST 支持的最高速率。

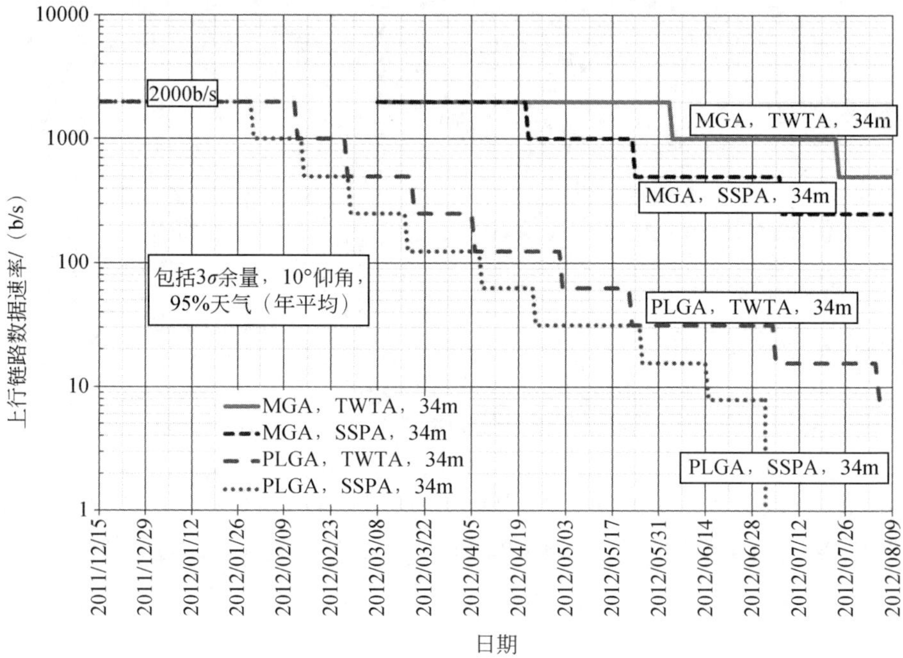

图 8-72 巡航段期间 MSL X 频段上行链路数据速率(TCM-1 后,Ⅰc 型轨道)

图 8-73 显示了对应的下行链路数据速率预测曲线。MSL 能够生成的最大遥测数据速率为 62.5kb/s,但巡航期间使用的最高速率为 25kb/s。

各图中均标明了每副天线的指向条件。给定条件下,由于随地球至航天器间距离不断变化,其间要经历多个码速率门限,因此性能为阶梯下降状态。

8.4.1.2 EDL(X 频段)性能

按照 EDL 期间的时间规划,SDST 遥测模式设置为"遥测-关",即常规的工程管理和分析(EH&A)遥测数据流不再调制发射信号,此后 X 频段子系统以一系列离散频率(称为"MFSK 音"或"信号标")形式向地面发送航天器状态信息。每个音实际是常规 SDST 发射信号中的一个未调制的遥测副载波(一个特定频率),序列中的每个音表示发生的事件或状态。EDL 时间线上,每段都安排有其特定的事件(如降落伞展开),且每段都有一套独特的正常或异常音。256 个音的集合组成了

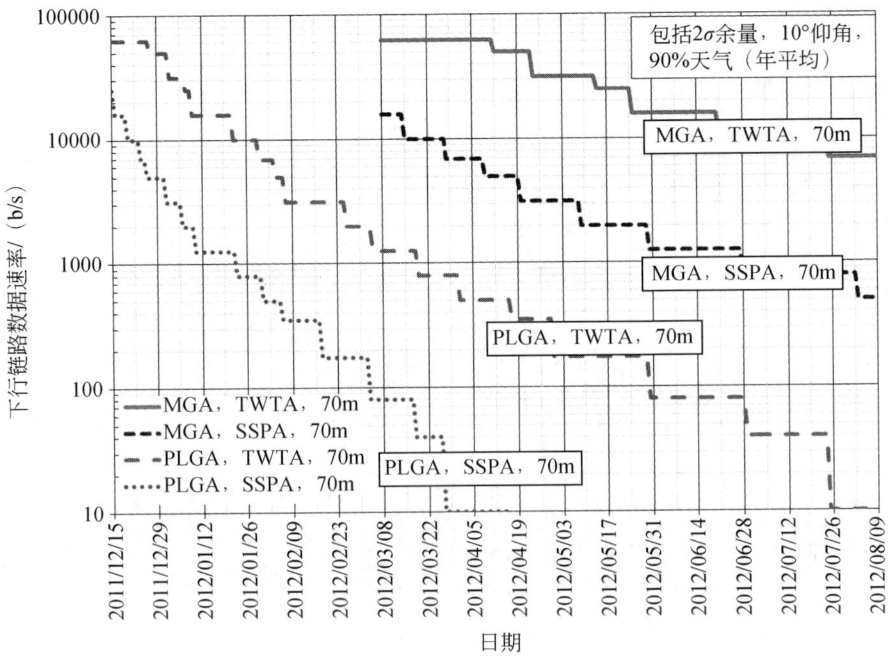

图 8-73　巡航段期间 MSL X 频段通过 TWTA 的下行链路数据速率，Ⅰc 型轨道第一天（TCM-1 后）

MFSK 字典。[①]

EDL 期间的几何关系导致对地视角在大范围内变化，这对 DTE 链路提出了巨大挑战。图 8-22 中展示了 DTE 过程中的各种角度变化。由于 RTLT 明显比 EDL 的持续时间长，因此 EDL 过程必须完全以预编程实现。一旦完成最后一条遥控指令的发送，地面的监视者只能一路跟随，观测航天器在火星上完成所有动作后发回的无线电信号。因此，EDL 通信（除了公众需求）的真正价值和目的在于重现故障发生时的状态。

为了地面在不同视角下监视 EDL 过程，我们依靠一系列的航天器低增益宽波束天线：PLGA、TLGA 和 DLGA。每个 LGA 实际上都是开口波导天线，PLGA 和 TLGA 还增加了寄生偶极子，进一步展宽波束，使其能够覆盖偏离视轴的更大范围。

EDL 的地面监测系统由 DSN 天线和无线电科学接收机组成，它们记录并向 EDA 计算机传送收到的原始信号，EDA 对信号进行谱分析，并从噪声中提取 MFSK 音。图 8-74 给出了地面站综合设施（如戈尔德斯通站）的 EDA 配置图：

---

① 多频移键控（MFSK）是使用两个以上频率的频移键控（FSK）的变化形式。MFSK 是 M 进制正交调制的一种形式，其中每个符号都由正交波形字母表中的一个元素组成，字母表的大小 M 通常为 2 的幂，所以每一个符号表示 $\log_2 M$ 比特数。像其他 M 进制正交调制方案一样，对于给定误码率，所需的 E_b/N_0 随 M 增大而减小，无须多符号相干检测。实际上，当 M 接近无限大时，所需的 E_b/N_0 将渐近减小至 −1.6dB 的香农极限。（详见维基百科：MFSK）

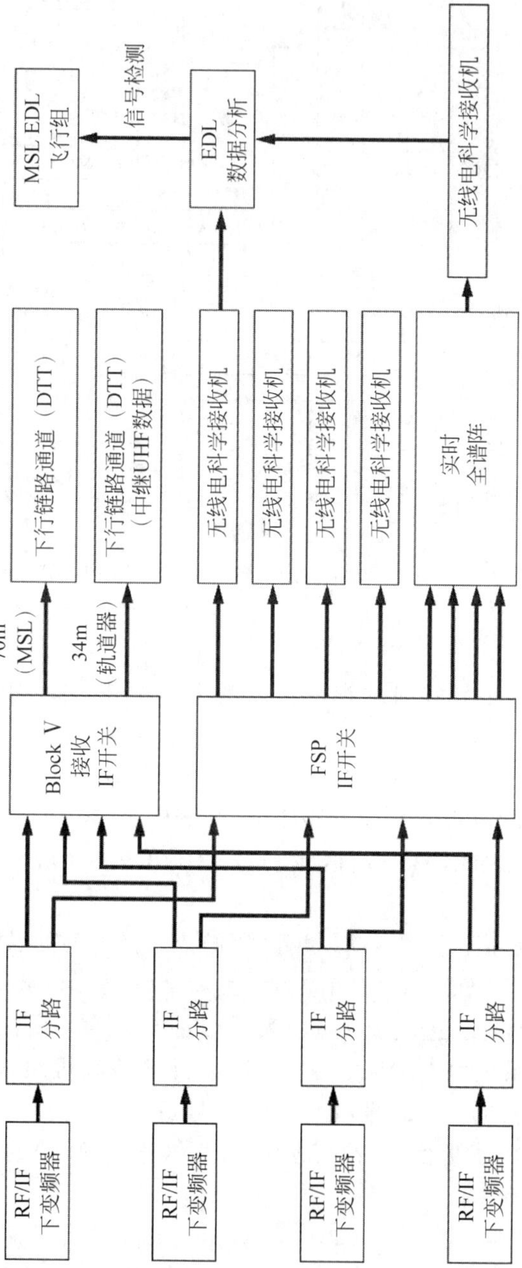

图 8-74 支持 EDL 的 EDA 配置

多路 RSR 记录多个天线的数据，并将其提供给 EDA。如框图所示，由全频谱处理(FSP)子系统在中频向 RSR 分发信号。[①]

MSL 任务中，我们不需要像 MER 任务那样，将 DSN 综合设施中的各个 EDA 放置在一起，而是通过 JPL 网络将地面站连接到各 EDA。

为了使可靠检测的信号音数量最大化，我们尽可能多地规划了非常规覆盖，即尽可能使用远离视轴的覆盖。在两个 MER 巡视器 EDL 前(2004 年 1 月发射)，以及在 MSL 的早期研究中，已经进行了分析，以量化产生可接受的信号音检测概率的 SNR 水平。图 8-75 显示了一个仿真分析示例，其中具有挑战性的高多普勒事件会导致信号音丢失。(给出的载波频率跟踪结果使用 5Hz FFT 和 1.0s 更新，积分时间 $T=1\text{s}$，选用合适的多普勒插值，标称搜索速率为 $\pm 40\text{Hz/s}$。)对于 MSL EDL，类似的事件包括降落伞展开和转移机动等，会出现大的多普勒变化率和远离视轴的状态。

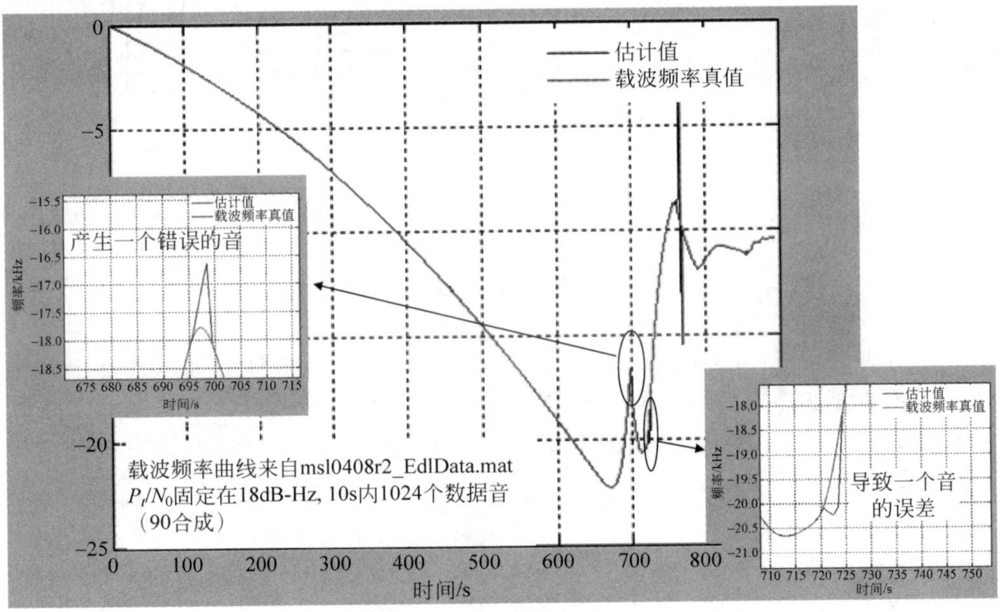

图 8-75 信号音漏检情况下的 MER EDA 分析示例(漏检音 70(690～700s)和 73(720～730s))

当 SNR 很强时，检测工作易于完成。当角度远离视轴或多普勒环境非常恶劣时(如多普勒变化率及其高阶导数很大时)，就难以检测，或在某些情况下无法检测。EDL 期间，当我们预期检测困难时，DSN 天线组阵会提高信号音的检测概率。团队曾研究过在 MSL 任务期间使用 DSN 天线组阵的必要性，但最终确认不必要。

① 通过单独的 IF 开关切换到下行遥测与跟踪子系统(DTT)，完成遥测和多普勒信号数据分发。

然而在某些情况下，假设进入过程正常，预计 DTE 信号会很强。图 8-76 展示了着陆点 Gale 的情况。

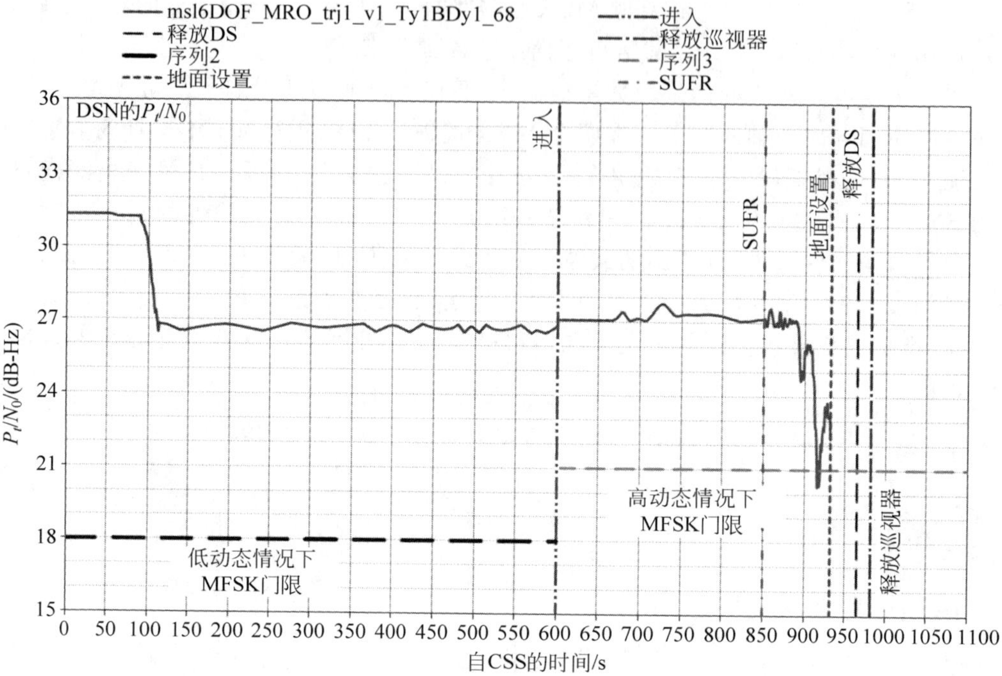

图 8-76　2011 年发射，着陆点为 Gale，DSN 的 DTE 通信 P_t/N_0

本例中，我们看到进入前的 DTE 信号很强，接近 30dB-Hz 量级，远高于大概率无误检测的低动态门限。在此期间的多普勒变化率很小，可以精确地对多普勒进行预测。图 8-76、图 8-77 和图 8-78 左半部分分别显示了该“低动态”期间的信号电平、多普勒频率和多普勒变化率。在这种相对有利的环境中，预计会轻松实现 DTE。

在后续的“高动态”期间，如上述图片中右半边所示，通过轨道器的 UHF 中继返向链路会更可靠。

进入后，高超音速进入期间的大幅减速会产生大的多普勒变化率和加速度(见图 8-77 和图 8-78)，且视角也变得极具挑战。大幅减速期间，会出现 UHF 等离子体黑障，可靠的 X 频段 DTE 为 EDL 事件提供了唯一的通信链路。然而，DTE 的可靠性在很大程度上取决于配置文件的预报精度，因为接收机必须能够对多普勒的变化进行补偿。

着陆后实时的 DTE 覆盖最终会受到着陆时地球相对火星地平线位置的限制，其与发射日期有关。规划的覆盖区间是直到着陆时刻＋1min。

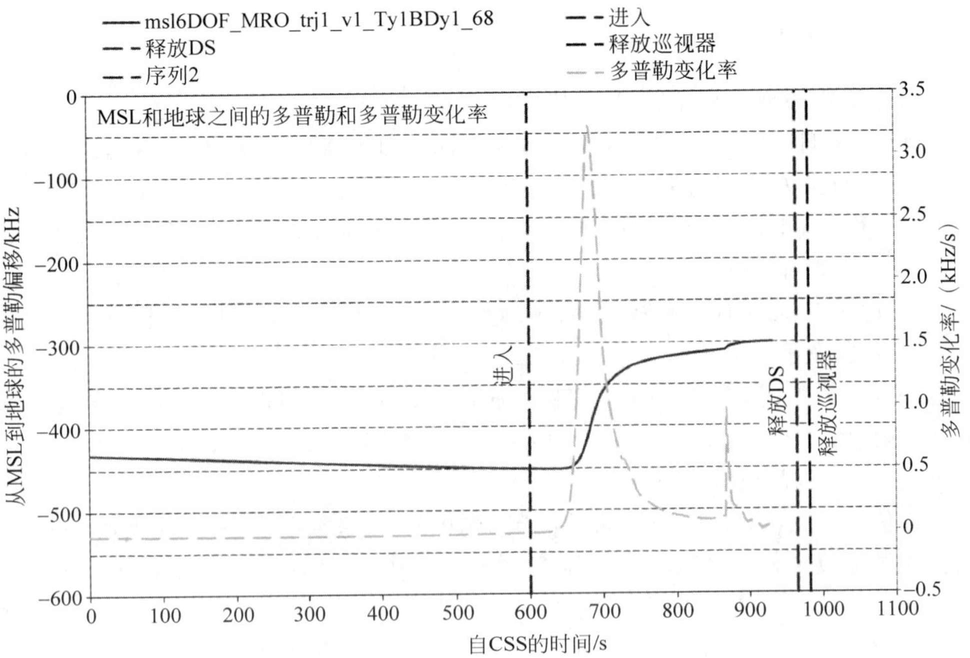

图 8-77　2011 年发射，着陆点为 Gale，DSN DTE 通信的多普勒频率偏移和多普勒变化率

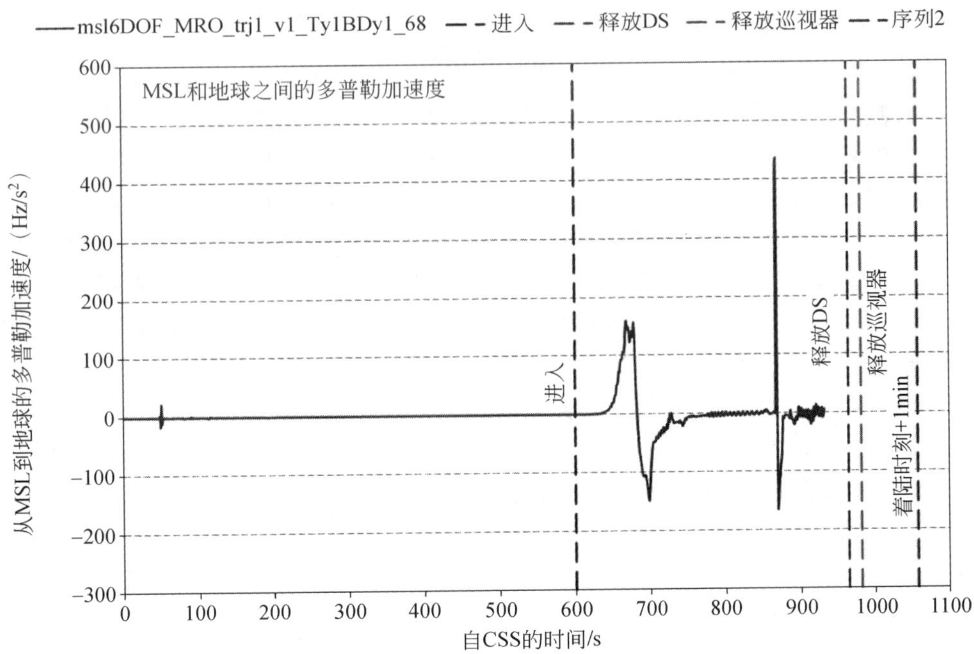

图 8-78　2011 年发射，着陆点为 Gale，DSN DTE 通信的多普勒加速度

8.4.1.3 火星表面性能(X 频段)

整个火星表面工作期间,X 频段的需求是:

- 通过 HGA 发回数据(34m BWG 地面站、HGA 指向误差 5°、最远距离处速率至少为 160b/s)。
- 通过 HGA 遥控(20min 内 225kb/s,等效于通过 34m 地面站、HGA 指向误差 5°时上行速率为 190b/s)。
- 通过 RLGA 应急遥控(假定地球偏离 RLGA 视轴 70°时,通过 70m 天线支持安全模式的上行速率为 7.8125b/s)。

与巡航段不同,火星表面的 X 频段通信不需要转发测距信号。我们知道火星在哪里,此时我们有比测距更准确的方法来确定巡视器在火星表面的位置。因此,DFE 上行链路假定仅调制遥控。

通信预报预测(TFP)工具自首次用于 1998 年"深空 1 号"任务航天器-DSN 链路性能预测以来,在后续任务中不断更新(包括 MSL 任务)。火星表面工作的第一年包含了地球-火星最大距离位置和 2013 年 4 月的太阳会合。除太阳-地球-探测器间夹角小于 3°的日合期外,其余时期均满足 HGA 下行速率 176b/s、上行速率 1kb/s 及 RLGA 上行速率 7.8125b/s 的需求。

几乎每个火星日上午都使用 X 频段 DFE 链路向巡视器发送指令序列。X 频段 DFE 通信期包括预留 7min 来建立通信窗口的准备时间和巡视器活动完成后 10min 的过境后处理时间。

X 频段 DTE 下行链路用于向地面发送有限的工程数据,它与中继轨道器无关。虽然巡视器可独立接收 DFE 或发射 DTE,但实际上在几乎每个火星日都会开启一个单独的通信窗口,用于仅 DFE 或 DFE/DTE 联合通信。

每个火星日的 X 频段通信一般整合在地面站的一个弧段,该弧段有足够的时间确认 DFE 遥控指令的执行情况。考虑 RTLT 的影响,可以通过后续的 DTE 遥测进行验证。更多时候,是通过随后的 DFE 窗口中地面站收到的单载波蜂鸣音[①]来验证。火星表面工作 400 个火星日后,对于那些 DTE 链路仅有蜂鸣音的火星日,约每周进行一次 DFE/DTE 联合通信。

后面三幅图(图 8-79～图 8-81)展示的是采用 Ic 型巡航段转移轨道在 2011 年的火星表面操作,图 8-79 显示了 HGA 上行链路性能随时间的变化曲线,还显示了 RLGA 偏离地球角度变化时,上行链路性能随时间的变化曲线。34m 地面站和 HGA 天线对应的 DFE 遥控数据速率性能不低于 500b/s;相比之下,当地球-火星距离较大、偏离视轴 40°时,34m 地面站/RLGA 性能骤降至 15.625b/s;偏离视轴

---

① "蜂鸣"音是 X 频段下行链路发送离散消息(如"工作正常"或"需要帮助")的最简单形式,等效于极低码率数据。此概念与 EDL 类型信号方案类似,但相比 EDL 期间信号音之间最小 10s 间隔会有更长的积分时间。

70°时,遥控速率低至 7.8125b/s。对于计划使用的 70m 地面站,不考虑 70m 天线的光行差[①]影响,RLGA DFE 性能总能不小于 31.25b/s。注意,"40°"和"70°"曲线对应不同的 RLGA 视轴偏离角度。

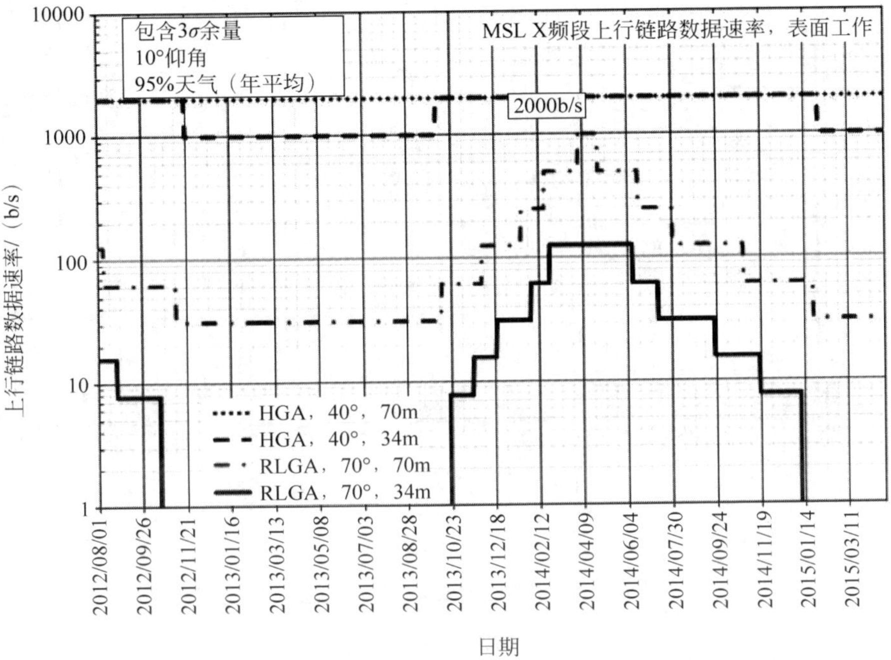

图 8-79　火星表面工作段可支持的 X 频段上行链路数据速率

图 8-80 显示了 X 频段 DTE 有限的下行链路性能(火星表面工作段利用 SSPA 替代巡航段使用的 TWTA)。X 频段下行链路遥测仅可通过 HGA 发送。

图 8-81 显示通过 RLGA 时的下行链路 P_t/N_0 太低,甚至无法支持高仰角条件下在地球-火星范围内大部分情况下满足最小 10b/s 的下行速率。受到下行遥测能力的限制,MSL(类似之前的 MER)只能发送单载波序列的蜂鸣音。对于 34m 地面站,在整个地球-火星距离范围内,通过 RLGA 发送的未调制 DTE"蜂鸣"载波信号能量都高于门限值。[②]

---

① 光行差是地球-火星几何关系造成的影响。于确定时间指向火星的地面站天线最有利于接收下行信号。当火星坐标(赤纬和赤经)变化时,早于往返光行时发射上行链路信号时天线指向会出现微小偏差。70m 天线波束足够窄,光行差引起的上行链路指向偏差会使接收链路性能相比无指向偏差下降几个分贝,由于光行差,31.25b/s 的上行能力可能变为 7.8125b/s。MSL 任务中,通过优化上行遥控期间天线指向或降低遥控码速率来降低光行差的影响。光行差对于上行和下行链路都会产生影响。对于所有任务,优化上行链路指向将使发射信号的地面站在接收来自火星的下行链路时性能下降。

② RLGA 蜂鸣声包括两类:一类是表示未接收新火星日序列而发出的跳动蜂鸣信号;另一类是检测到问题需要进入安全模式而发出的异常蜂鸣信号。工程中为了确保接收可能出现的异常蜂鸣信号,无线电科学的支持要持续到火星表面工作的第二年。同时,各地面站闭环接收机中使用的 RSR 可在 P_t/N_0 闭环门限(10dB)下几分贝工作。无线电科学的事后处理能够用于在扩展频率范围内搜索可疑的蜂鸣信号和事后追寻。

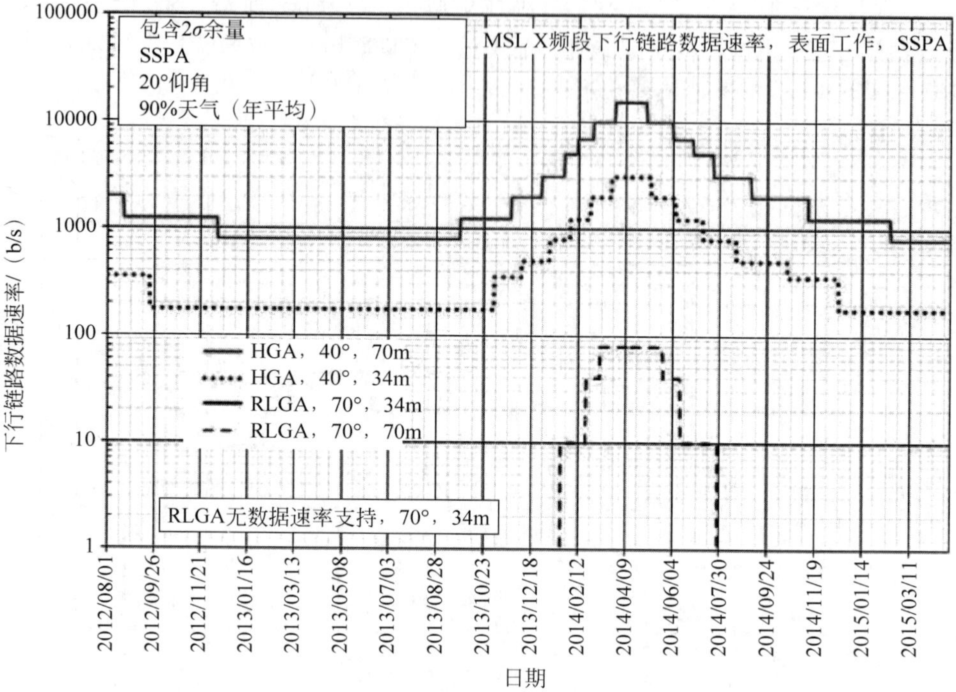

图 8-80 火星表面工作期间通过 SSPA 的 X 频段下行链路数据速率

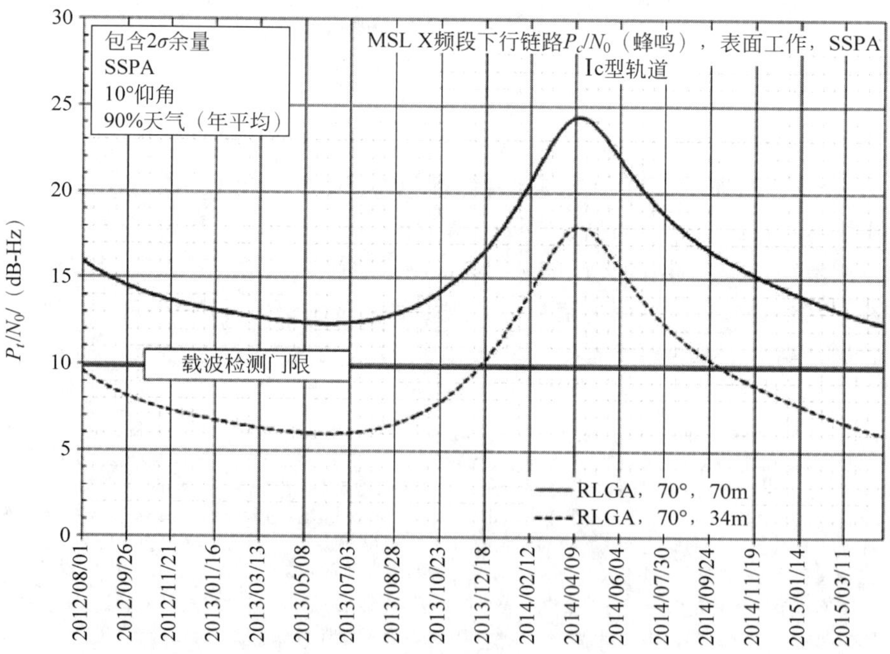

图 8-81 火星表面工作期间通过 SSPA 的单载波“蜂鸣”X 频段下行链路 P_t/N_0，Ic 型轨道

8.4.2 UHF

UHF 子系统的两个主要功能是支持 EDL 期间的中继通信和火星表面科学数据的中继通信。

8.4.2.1 EDL(UHF)

深空任务的顶层(级别 1)需求之一是为航天器整个任务的所有关键事件提供对地数据通信链路,数据速率应满足航天器状态确定和故障重构需求。以往的火星着陆任务在 EDL(1997 年“火星探路者号”[MPF]和 2004 年 MER)的关键事件期间,利用表示航天器状态的 DTE 信号音提供数据通信。与 MPF 任务相比,两个 MER 航天器使用 X 频段链路和信号音增加了 EDL 期间的信息量。

与 MER 相比,MSL 上使用的 EDL 引导进入和动力下降过程要求各子系统的状态变化比 MER 更快。这些子系统中包含更多的运动状态,且比 MER 的运动速度更快。相比 EDL 期间单音可提供的信息速率,更快速的状态变化就需要更高的信息速率。[①]

MSL 任务中,EDL 期间使用与火星轨道器之间的 UHF 中继链路传输航天器遥测数据,极大地提高了通信能力。MER 任务成功验证了 EDL 末期与 MGS 轨道器之间的 UHF 链路性能。然而,由于 UHF 天线放置在背板上时具有重大的研制风险,因此在 MER 任务中对着陆器/后壳分离前 UHF 的性能并不过分期待。

与为“凤凰号”EDL 阶段提供的通信支持类似,MRO 和“奥德赛”轨道器都用于 MSL 着陆器的对地数据中继。[②] 经过对发射至到达火星(主要过程和紧急情况下)全程中继设施(以及备份)对 MSL 可见性的大量研究,可以得出以下结论:在 45°S 到 45°N 范围内,从巡航级分离到进入(至少),使用 DTE 链路的 MFSK 音作为主要信息源;最晚从进入到巡视器着陆,将 MRO 和“奥德赛”的 UHF 中继链路作为主用通信手段;重叠时段是两种链路都可用的时间段,使用哪种链路取决于选定的着陆点。

即使 UHF 遥测链路无法对所有故障进行检测(尤其是当故障影响到航天器保持对地通信链路时),X 频段信号音也可在 EDL 期间对主要事件和异常状态提供信息。EDL 期间的 X 频段和 UHF 链路是相互备份的,且在火星表面工作期间一直保持这种备份关系。

MRO 无法提供无延时(弯管)中继,MRO 飞越期间接收下降级数据时,先记

---

① 通过 MFSK 音发送的信息量与真正的航天器遥测信息相比受到极大限制。对于 MSL,每 10s 发送 256 个字母表中的一个 MFSK 音,提供的信息速率为 8/10=0.8b/s。MSL 能够提供的 X 频段遥测速率仅为 10b/s,与 X 频段 DTE 有效速率 0.8b/s 相比,EDL 期间 MSL UHF 能够提供的速率为 8000b/s。

② 除了主用 MRO 或“奥德赛”提供中继服务,MEX 轨道器也作为备份为 EDL 期间的中继提供支持。

录返向中继数据，随后将数据转发至DSN。解调的遥测中继（也称作“不可靠返向链路比特流接收”）和已调制的UHF载波开环记录数据（在CE505射电术语中也称作“滤罐模式”）都被轨道器在轨通过中继链路接收，“凤凰号”EDL期间已成功实施了开环记录。开环记录的一个优点是：即使载波信号能量降至锁定门限以下，仍能够记录信号。因此，利用非实时分析技术，有可能恢复丢失的数据。相比之下，对于比特流模式，将会丢失载波失锁期间发送的遥测数据。

基于预测的信号强度和变化范围，MSL选择比特流模式与所有三个轨道器进行EDL期间的数据中继。

为了获得足够的返向链路信号强度，有必要进行中继轨道器机动，使其转向MSL的各UHF天线，以获得最佳链路性能。EDL期间的基本方案是：中继轨道器指向下降期间的MSL各UHF天线视轴方向30°范围内。

EDL下降段与轨道器之间的链路特点是：距离剧烈变化、天线视角大范围变化、多普勒变化率巨大，以及由此导致的信噪比剧烈变化。以下三幅图描述了2011年发射、着陆点在Gale Crater时的距离（图8-82）、视角（图8-83）、多普勒与接收功率（图8-84）随时间的变化曲线。每幅图中的(a)为MRO的链路性能，(b)为“奥德赛”链路性能。图8-84(a)和图8-84(b)表明进入后期大部分时间内，MSL与MRO和“奥德赛”之间的通信链路余量充足。

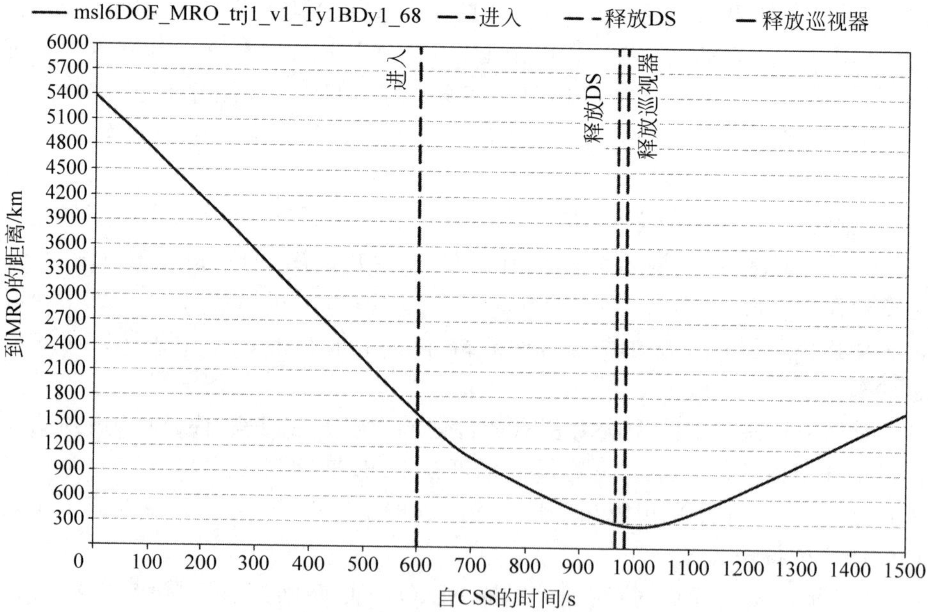

(a)

图8-82 EDL期间距离变化曲线

(a) 巡视器至MRO；(b) 巡视器至“奥德赛”

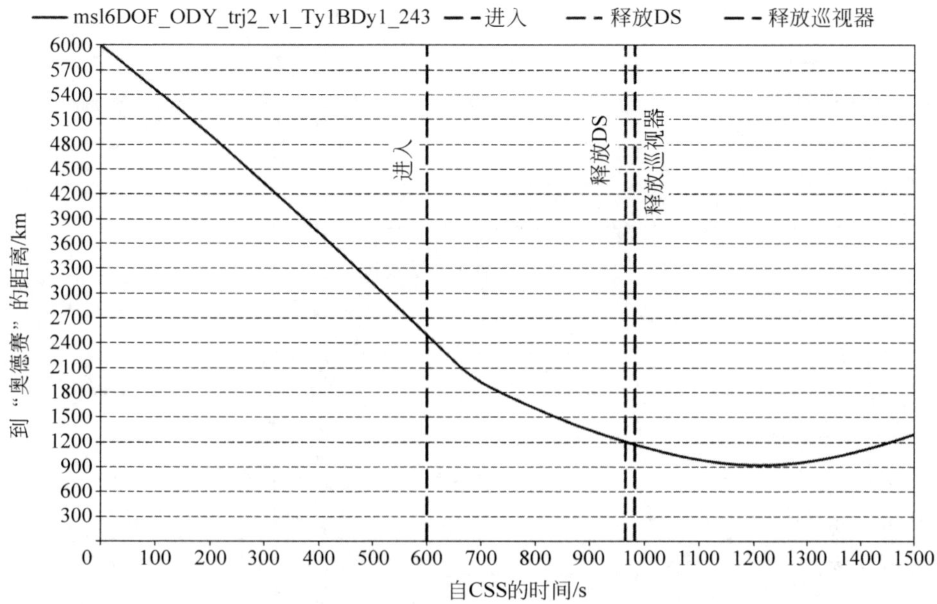

（b）

图 8-82 （续）

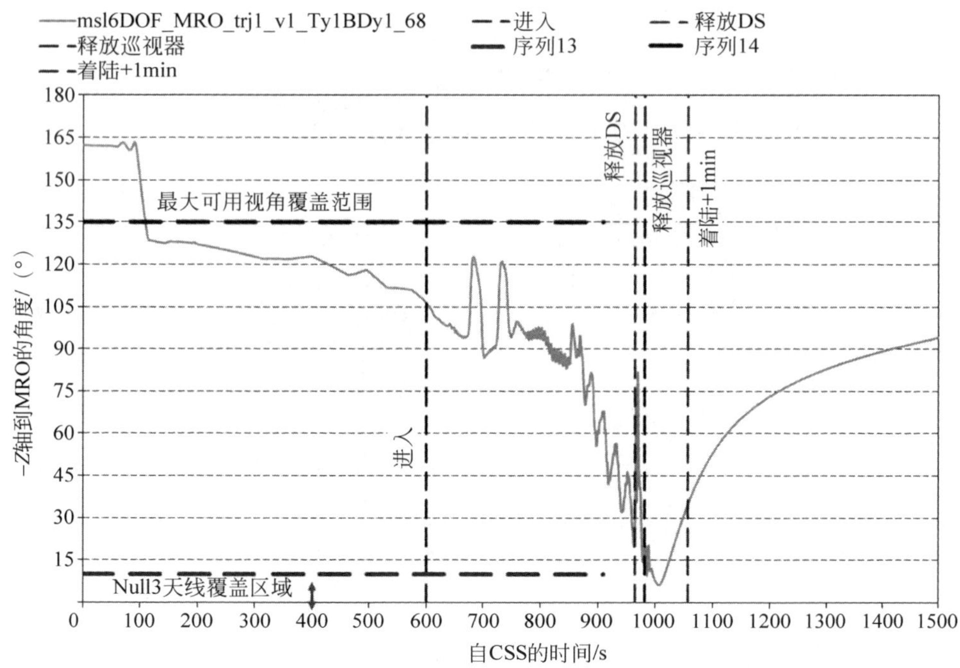

（a）

图 8-83　EDL 期间视角变化曲线

（a）巡视器至 MRO（序列 13 为覆盖的最小角度；序列 14 为覆盖的最大角度）；（b）巡视器至"奥德赛"

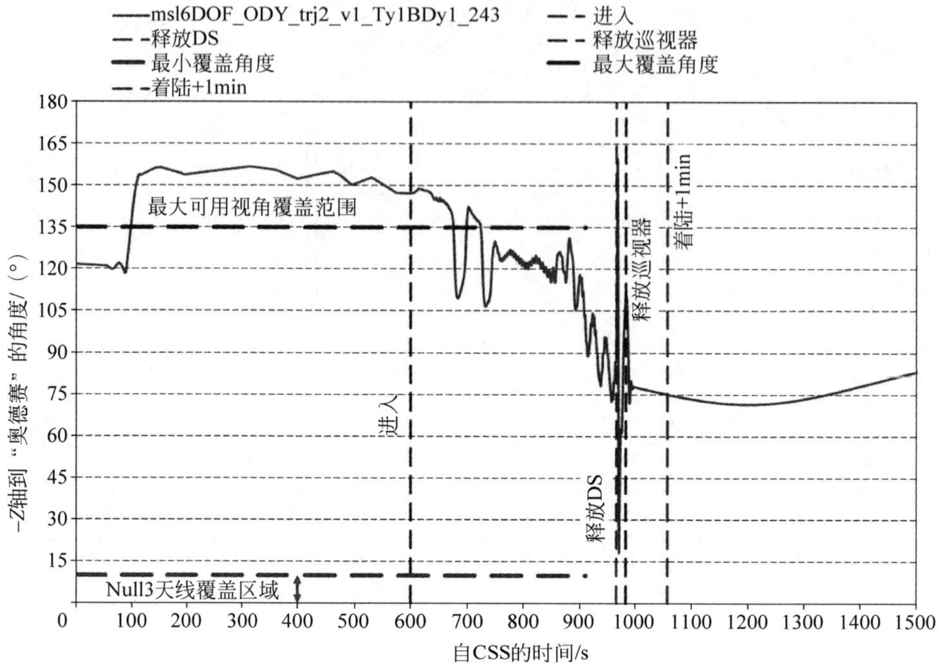

(b)

图 8-83 (续)

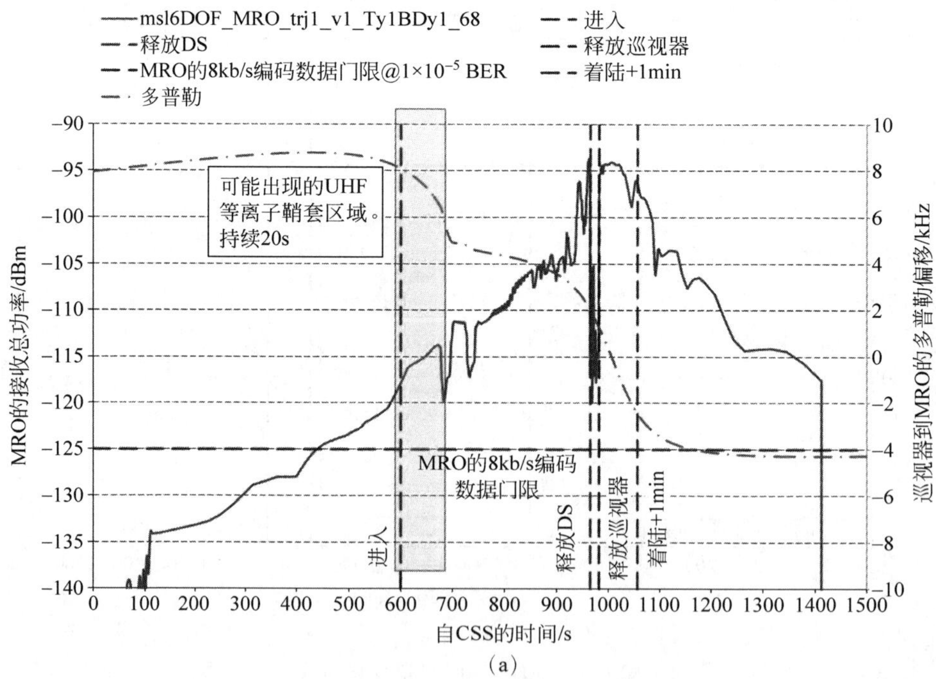

(a)

图 8-84 EDL 期间多普勒和返向链路接收性能

(a) 巡视器至 MRO;(b) 巡视器至"奥德赛"

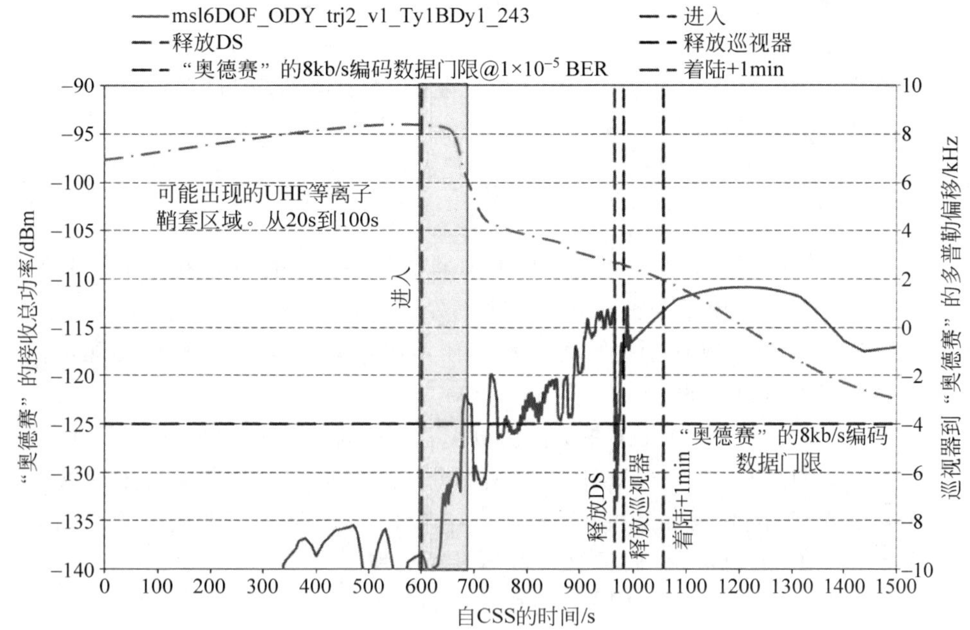

(b)

图 8-84　(续)

如高亮部分所示，UHF 黑障区可能出现在 CSS 后的 600～700s，其间，宜使用可靠的 X 频段 DTE 通信。CSS 后约 965s 和 982s 出现链路中断，表示在 UHF 链路从 PUHF 切换至 DUHF，而后切换至 RUHF 时的预测链路性能变化(图 8-19)。

接收功率图表分析不包括每秒数十赫兹的大多普勒变化率产生的“信号模糊”。模糊源自信号散布在多个频点导致的信噪比(SNR)下降，最恶劣情况下，信噪比会下降 10dB 量级(如最大减速期间)，对于特定的发射日期和着陆位置，都要进行信号电平和多普勒预测。若进入期间航天器出现严重故障，分析 MRO 获取的开环记录数据就显得非常重要，可以用其确认实际的 X 频段多普勒变化率与设计值是否相差甚远。特定情况下，若能够对实际的多普勒特性进行重建，利用后处理技术就可恢复遥测数据。幸运的是，在 MSL 任务中并未出现必须使用该技术的应急情况。

着陆后，巡视器自主 EDL 软件仍会保留短暂的控制权。EDL 软件控制航天器模式管理器(SMM)从 EDL 模式转换为火星表面工作模式。

着陆后，航天器至 MRO 的 EDL UHF 返向链路还会持续数分钟。按计划，火星表面工作相关的数据(如前部避险相机成像数据)会优先送入此初始数据流中。时间管控(以某比特率传输所需较高优先级的数据)意味着较低优先级的数据(如来自 MEDLI 或 MARDI 的数据)应在航天器着陆后的中继轨道器过境时传输。飞行团队已预先定义了数据的优先级。

EDL 期间采集的工程数据(约 100Mb)无须立即下传,但被列为巡视器和轨道器上优先下传的数据,会在着陆后 10 个火星日内回传至 DSN,不存在被覆盖的风险。传输优先级的排序使 EDL 工程组人员能够对 EDL 性能进行深入分析,为未来的探测任务提供支持。

8.4.2.2 火星表面工作(UHF 中继)

火星表面工作期间,MSL 以 UHF 中继通信作为向地面发送科学和工程数据的主要手段。偶尔也使用中继链路向巡视器发送上行遥控指令和大数据量飞行软件类文件;然而,这些操作常规上都是按照使用巡视器 HGA 的 DFE X 频段链路作为主要上行手段设计的。

UHF 中继通过 MRO 在下午 3 点升轨状态的太阳同步轨道实现。MRO 过境期间的天线方向图每 17 个火星日重复一次,每次过境时都能在任意位置提供 30～600Mb 的中继数据量(每个火星日 100～1150Mb)。预期每个火星日的平均数据量远大于 250Mb 的总需求,而且这一目标已经实现。

中继数据规划策略包括使用哪些相邻的过境圈次(使用一个高数据量过境圈次而不是使用两个低数据量过境圈次)。

MSL 也利用"奥德赛"航天器进行中继,以弥补与 MRO 之间 UHF 中继弧段的不足。只要 MRO 可用,MSL 火星表面规划的基本任务就不依靠"奥德赛"提供支持。

每日中继数据量的精确预测对火星表面操作策略的制定至关重要。从 MER 和"凤凰号"继承的几个工具都已经更新为 MSL 的专用工具(如 RUHF 天线方向图)。通用通信预测器(GTP)是通信预报预测器(TFP)的改进型,作为主要工具被大部分人员使用,其用于在火星表面工作的最初几个月进行 UHF 预测,预测考虑了巡视器的方位(偏航、俯仰和滚动)影响。改进的预测模型以最新获取的中继链路经验为基础,考虑了当地地形"遮挡"、轨道器和巡视器不对称的天线方向图等因素。轨道器从巡视器左边或右边飞越时,使用天线方向图的不同部分进行预测,即轨道器的"左舷"或"右舷"。

8.5 火星表面操作(规划)

本节大部分内容源自 MSL 的任务规划[15]。

8.5.1 任务操作系统方法

飞行团队为为期 669 个火星日(约 687 个地球日)的火星表面操作提供支持。其中一部分人以火星时间(指定工作人员每天的最后 40min 报告)完成每周 7 天的操作，使一个火星日接收数据与下一火星日上行控制之间的端到端时间最短。随着经验的不断丰富，工作人员首先将时间恢复到地球时(但要通过调整开始和结束模式将时间提前 2h 或推后 4h，以实现特定火星时/地球时的同步规划)。随后，工作人员进一步恢复到每周工作 5 天，将周末和假日的火星日规划为一个指令包，第二或第三个火星日按“失效”状态处置。

为了支持长期的火星表面任务，MSL 任务操作系统(MOS)使用了与 MER 任务(见第 7 章)类似的分布式操作概念，即火星表面操作，尤其是对数据处理和后续的数据分析与规划，能够在多个地点分别完成，即 JPL 和科学团队成员所在地(通常为大学)。JPL 是最重要的数据分布处理中心，在此选定的数据产品按需提供给远程科学工作站。JPL 同时也是上行处理的中心节点，参与者分布在各自所在地。

上行处理由一个战术级上行链路过程完成。“战术”是指每个火星日(或一组失效火星日)所需生成的一系列遥控指令，并发送至巡视器执行；对前一天下行数据的分析用于确定和规划当天巡视器活动的地点和工作内容。航天器上行通信既可使用 DSN 的 X 频段 DFE 链路，也可使用经由 MRO 的 UHF 链路。由数据量需求决定的下行链路数据仅通过 UHF 中继发送，如图 8-85 所示。中继链路是否确定为“决定因素”，取决于这些信息对战术规划是否必不可少。

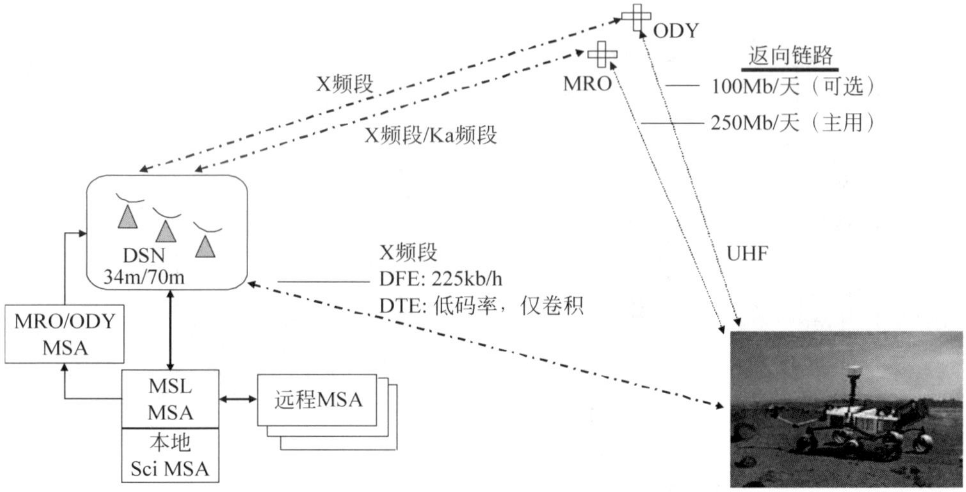

图 8-85　MSL 火星表面工作 MOS 概况

图 8-86 为操作功能体系结构和其支持的主要上行(遥控)与下行链路(数据)处理框图。图中左边是科学分析与规划；中间部分按先后顺序，包括数据采集及工程化、导航分析；右边是多任务数据处理。位于 JPL 的行星际网络委员会(IND)的多任务地面数据系统(MGDS)与 DSN 连接。每个要素(流程框)都包含一系列与之相关的软件、设备、人员和本地处理过程。

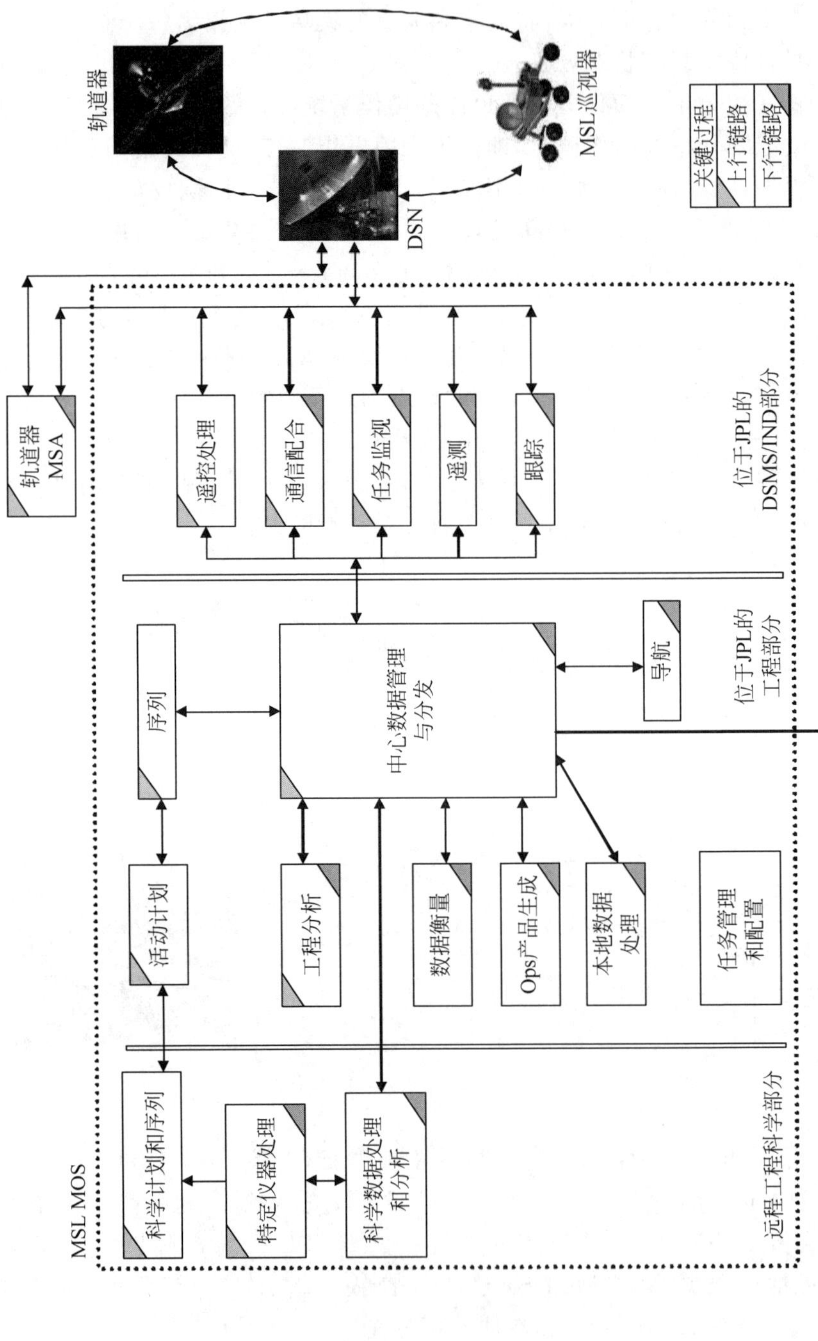

图 8-86 MSL MOS 的功能体系框架

8.5.2　火星表面工作初始段的地面操作

最初的 60～90 个火星日(包括巡视器在火星表面工作的初始状态配置、自检和着陆点初始操作),所有团队都位于 JPL。战术操作按照火星时间完成,使每天对一个火星日的规划持续 18h。在 JPL 的操作能够进行面对面协调和研究。一旦巡视器进入稳定工作状态,同时操作团队对时间调整进行验证后,飞行组就转换为按照地球时进行战术操作。此后不久,团队转为分布式模式,科学团队在其各自的场所工作。

战术飞行团队从一开始就是一个虚拟团队,成员来自科学、航天器、任务规划和深空网等小组。虚拟团队是一个重点突出的多学科群体,其成员不仅限于 MSL 任务或工作于某个特定的专题(在此情况下,实施战术性上行操作)。在某些特定领域,MSL 飞行团队以 MER 飞行团队为基础进行组织和部署。另外,MSL 团队内部的组织和活动分工原则是:加强融合、减小独立团队总数和团队间接口。

8.5.3　最初 90 个火星日后的战术操作

为 MSL 任务量身定做的火星表面战术操作策略是基于当日对前一天返回数据的科学评估,以满足巡视器约一天的遥控需求。

图 8-87 显示了遥控和数据流,以及战术操作过程的顶层时间线。

在火星表面主任务的最初一个月,每星期固定工作 7 天。根据 MER 任务期间火星表面工作团队的经验,战术团队的核心每周轮班工作 4 个 10h,起始时间在上午 6 点到下午 1 点之间“滑动”。起始时间滑动的原因在 JPL 的主班次“可调”,这样更有益于员工在长期工作的同时维持家庭生活,也有助于保持其正常的睡眠周期。起始时间尽可能接近上午 8 点,正常的上行周期是 8h,即从 MSL MSA 接收遥测数据到批准上行指令之间的 8h,这样就能够以 1 天为周期开展工作。为了快速转换,还研发了少量战术规划模板。一些状态已在巡视器移动点确认,如目标接近、样本采集和处理、科学仪器对获取样品的分析等,并延伸至下一科学探测点,最初开发这些模板是为了适应预先界定(“预先录制”)的任务场景。巡视器着陆后,特别是在最初的 30 个火星日后,操作过程转变为由科学探索活动驱动。MOS 法和 GDS 工具提供可再次使用的指令序列,并将唯一特定的动作指令序列转换成具体的动作,以供将来使用。

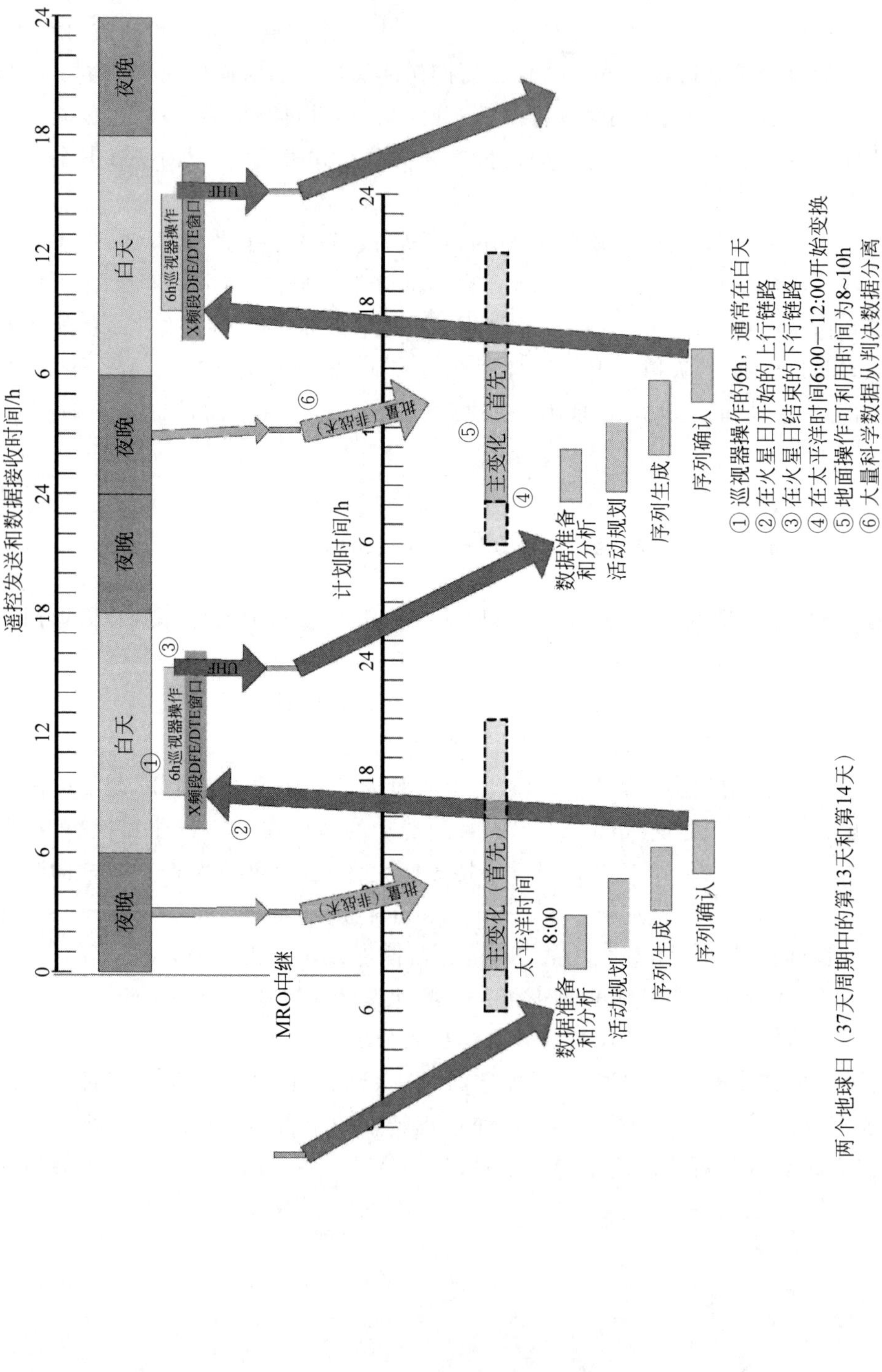

图 8-87　火星表面操作期间 MSL 战术操作过程

8.5.4 UHF 通信约束

虽然 X 频段上行链路仍然是主用链路，但中继轨道器也能向巡视器发送上行序列、注入飞行软件以及需要的任何其他数据。

按照目前确定的地面和火星表面操作周期，必要时可利用 MRO 在早上 3 点过境时的 50%以上的时间发送上行序列。数据清除指令在很大程度上没有严格的时间限制，因此该类指令若不通过 X 频段发送，则可以在早上 3 点过境时按时通过中继发送至巡视器。

MSL 通过与中继轨道器之间的 UHF 通信链路发送火星表面操作期间生成的下行数据。规划的目标是巡视器在 MRO 和“奥德赛”轨道器每次过境期间，下行中继链路的平均带宽为 125Mb、每个火星日的全部数据量为 250Mb、每个火星日采集的用于决策的数据量不超过 100Mb。

图 8-88 显示了通过 MRO 中继轨道器返向链路预期将获得的数据量。中继性能按照其能力遵循 5～6 个火星日为周期的模式估计，即先是 2 个低数据量圈次，紧接着是 3～4 个高数据量圈次。

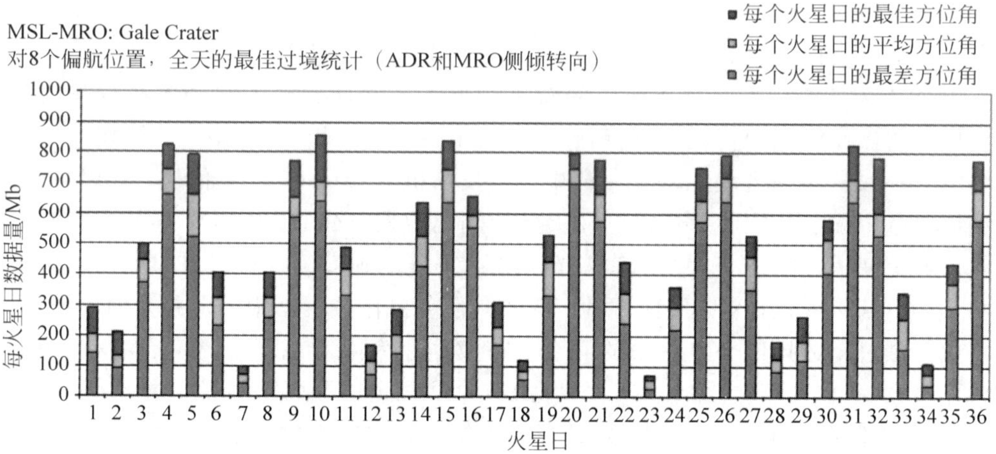

图 8-88　通过 MRO 获取的每个火星日返向数据量估计

图 8-88 基于以下对 MRO 性能的假设：

- 每次过境，MRO 实施一次高达 30°的滚动机动，使其 UHF 天线尽可能指向 MSL。
- 巡视器位于火星赤道(对 Gale Crater 的合理假设)。
- 为了与 MSL 通信，MRO 必须至少提升至地平线以上 10°。
- 中继返向链路使用合适的数据速率。
- 性能基于最优的早上和晚上过境圈次。

• 返向链路使用 2σ 余量。

基于以上假设，数据量性能最差的情况是每个火星日不低于 125Mb，平均性能为每个火星日 687Mb。返向链路数据量预计低于 100Mb 的那几天，将根据科学操作工作组(SOWG)分配的优先级发送用于决策的下行数据。返向链路数据量预计较大时的那几天，任何积压的决策数据都将利用高于 125Mb 的额外下行链路发送。

除了数据量，中继过境的开始时间也对火星表面操作产生重要约束。在典型的火星日中，通过 DFE(目前开始时间为当地平均太阳时 9:30，LMST)上行发送的遥控序列，以及巡视器生成的需要为下一个地面处理周期提供决策支持的任何数据，都必须在下午的 MRO 过境之前完成发送。

巡视器位于赤道时，实际的 MRO 过境开始时间都在 LMST 时间 15:00±1h 的范围内变化；巡视器位于 30°N 和 30°S 时，MRO 过境开始时间在 LMST 时间 1:45—4:00，以及 14:00—16:15 变化。

8.6 火星表面操作(飞行特性)

本节描述的 MSL 和 MRO 无线电收发信机、中继链路操作和性能特性主要源自参考文献[31]，且截至 2014 年年初已用于 MSL 的主任务。

MSL 和 MRO 航天器上使用的新一代无线电软件和硬件驱动的收发信机已启用新的操作模式，与其他当前和过去的火星中继链路相比，链路性能提高 3 倍。

NASA 火星任务使用的上一代中继收发信机为 CE-505 收发信机(已在第 6 章和第 7 章中描述)，该收发信机已在火星探测巡视器(MER)和 2001 年的“奥德赛”轨道器上使用。CE-505 收发信机有四挡返向链路速率：8kb/s、32kb/s、128kb/s 和 256kb/s。对于中继链路两端的 CE-505，任务操作员根据中继链路几何模型，为每次中继过境选择四个速率中的一个。在数据速率限制范围内，该收发信机及其操作模式一直运行得非常成功。“奥德赛”中继轨道器在每次过境时能够为 MER“机遇号”巡视器和 MSL“好奇号”巡视器提供相同的固定数据速率中继服务。

对于 MSL/MRO 链路，可使用相对 MSL-“奥德赛”链路来说一种新的中继模式。数据速率从 1kb/s 到 2048kb/s，以 2 次方步进(1、2、4、8 等)变化。或许最重要的功能改进是包含了自适应数据率(ADR)。使用 ADR 期间，MRO 持续检测 MSL 返向链路信噪比，以这种在线测量为基础，MRO 的无线电系统控制 MSL 的无线电系统增大或减小其返向链路数据速率，以尽可能匹配瞬时链路能力。作为 ADR 的补充，无线电系统也可以进行全抑制载波调制，相对残留载波调制模式，该模式提供给数据的功率可增大 1.2dB。

ADR 模式下，无须在中继轨道器过境之前就保守地选择单一的数据速率。它能够根据过境期间的斜距和天线视角变化，使数据速率匹配链路性能，增大传送数据量。综合目前可用的较高数据速率，相比 MSL 与“奥德赛”之间的中继链路，MRO 每次过境时与 MSL 之间的实际数据传输量平均增大了 3 倍。

8.6.1　减小电磁干扰的影响

MRO 上安装了两种新型仪器——火星小型勘察成像分光计（CRISM）和火星气候探测器（MCS），每种仪器都是集电源、数字处理和扫描硬件于一体的电子设备。这些设备的扫描螺旋舱在电子箱中留有一个缺口，打破了法拉第笼模型，使数字切换和电源谐波泄漏高功率电磁干扰（EMI）进入到 UHF 的接收带宽内。其对无线电系统的影响是，当这些仪器在 UHF 中继通信期间工作时，在标准的 401.6MHz 返向链路频率下，接收机灵敏度降低了 10dB 或更多。

考虑到无线电频率使用的灵活性，MRO 着手寻找标称 390～405MHz 返向链路频带上产生 EMI 较少的新频率，识别出以 391MHz 为中心的返向频率受 EMI 影响最小，特别是在支持 MSL 任务的新的更高数据速率下。即便如此，也有必要在工程上进行权衡，令一些 MRO 科学仪器不工作以得到一个干净的 EMI 环境，以便从 MSL 传回所需的科学数据。这一策略会使轨道器在飞越巡视器期间，MRO 的科学仪器无法最大程度上获取科学数据。

MSL 着陆前，MSL 和 MRO 通信团队建议将火星表面操作的返向链路中心频率移至 391MHz，通过 ADR 采用抑制载波调制模式，同时在 MSL 返向数据量规划中涵盖 EMI 环境中的性能损失（余量）6dB±1.0dB。飞行基准误码率（BER）与 391MHz 接收信号电平的余量随后减小至 3.1～3.4dB。

“奥德赛”和 MRO 支持 MER 任务时采用的“传统的”固定数据速率和残留载波调制模式，成为了 MSL-MRO 着陆后的初始操作。为了控制其他不确定性，MSL 和 MRO 的通信与操作团队形成了一套着陆后的中继链路规划，该规划包含一个低风险策略，并导入和估计 MSL-MRO 链路上每一项新功能；同时定量评估 EMI 的影响及其对 MRO 科学仪器工作模式的影响。

8.6.2　MRO 和“奥德赛”链路获得的数据量

经过最初 62 个火星日以及后续 200 个火星日的验证，评定了飞行期间的 EMI 特性，建立了令人满意的“静默模型”。在 EMI 特性评定期间，MRO 科学仪器基于事前的测试结果，按照 EMI 最小到最大的顺序加电。最开始是单 HiRISE 工作，因为发射前该相机没有出现任何的 EMI 问题；CRISM 是最后一个开机的科学仪器，作为第二个扫描仪器，也处于平静模式，也就是说处于不采集数据的状态。即使在平静模式时，CRISM 在天线处产生的 UHF EMI 音功率也可能比来自 MSL 或后续着陆器的 UHF 上行信号要大。MRO 的科学“静默模式”配置与 MCS 和

CRISM 的平静模式，成为为 MSL 提供支持的基本配置。相对单 HiRISE 模式，在“静默模式”下，EMI 衰减 3.1～3.4dB，这表明在任意给定瞬间，仪器的 EMI 会使 MSL 本可实现的数据速率减小一半，也就是缩减 3dB。在该模式下我们仍可在每次过境时平均接收 240Mb 的返向数据。

图 8-89 显示了中继“静默模式”和 ADR 下，从第 40 个火星日到第 67 个火星日期间，每天 MRO 转发的数据量变化。每个数据量的变化周期为 5.2 个火星日，这是由于轨道器飞越期间的几何关系和最大仰角对数据量影响存在 10 天左右的变化周期。曲线中出现缝隙的地方是仅有单次过境的火星日，其不作为每个火星日数据量统计的有效值。基于成功实现的中继链路性能，返向数据量远超过“好奇号”每日 250Mb 的要求，因此在第 65 个火星日，决定在中继工作时仍将 MRO 设置为中继“静默模式”。

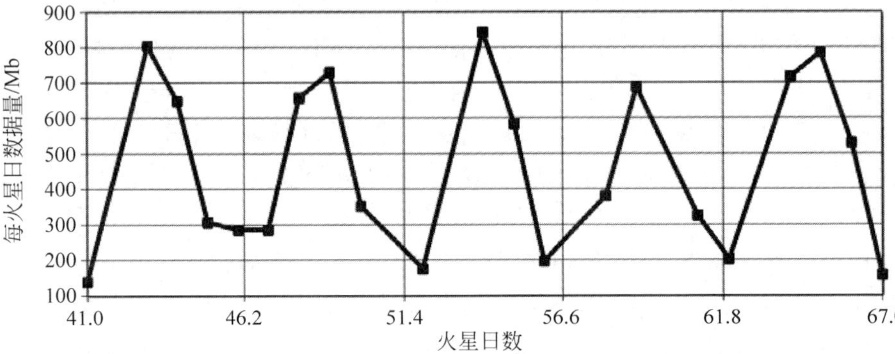

图 8-89 中继“静默模式”时每个火星日的 MSL-MRO ADR 数据量

“奥德赛”轨道器每个火星日持续提供大约 130Mb 的 MSL 中继支持，该内容不在本书的讨论范围。为了在“好奇号”火星表面中继规划中进一步增加可靠性，在无法使用“奥德赛”和/或 MRO 的一些时段，MEX 作为备份在此期间提供中继支持。“好奇号”火星表面工作的第一年，它和 MEX 之间进行了十次中继性能验证，确认了返向链路速率(达 128kb/s)和利用 MEX 前向链路控制 MSL 的能力。

8.6.3 中继链路模式

MSL 已经完成了一个完整火星年内火星表面预定任务。MRO 中继“静默模式”的标准使用允许 MSL 任务采集中继链路性能数据。

8.6.3.1 仰角

通过对比中继过境期间的最大仰角与从第 76 个火星日到第 103 个火星日之间每日的返向数据量，显示出 5.4 天的短周期特性。图 8-90 显示了 27 个火星日内的 5 个周期,图中 X 轴的间隔为 5.4 个火星日。

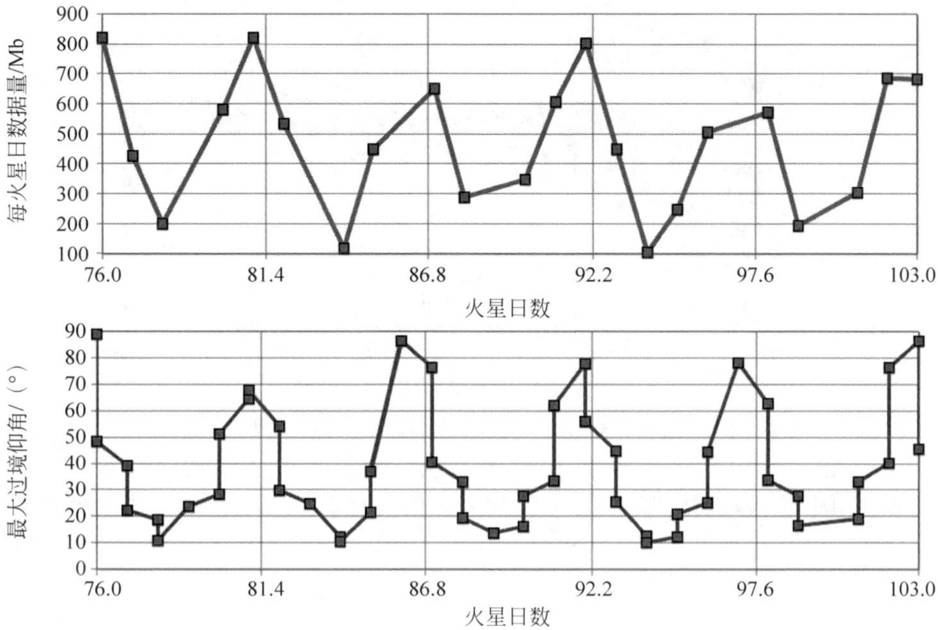

图 8-90　MSL-MRO 几何关系重复周期和数据量周期

MSL 实际中继弧段的最高仰角最低为 10°,与具有较低最大仰角的弧段相比,具有较高最大仰角的弧段的持续时间较长,且距离 MSL 着陆器的斜距较短。

为便于操作,MRO 计划每次中继弧段起始时间从 MRO 相对 MSL 当地地平线升起后的约 120s 开始,该措施避开了初始过境低仰角情况下信号恶劣的时段。相反,弧段结束没有时间约束,但它由低仰角时射频信号电平决定,其位于 MRO 设置的当地地平线以下的时间附近。Gale Crater 边缘的地形遮挡或低仰角时的多径效应将使中继链路在 MRO 仰角到 0°前中断。实际的中继链路持续时间通常会比地平线到地平线之间的几何可见时间少 200～300s。

会话时间(定义为 Prox-1 链路建立时间)的最大跨度在较低仰角范围。图 8-91 对比了从地平线到地平线的几何过境持续时间和最高仰角从 10°～90°的 Prox-1 会话时间之间的关系。

较低仰角过境期间,由于多径效应使链路难以跟踪较快的信号波动,从而使链路出现短时衰落。这会导致过境持续时长变化较大,同时使低仰角过境时实际转发的数据量存在较大的不确定性。这点在返向科学数据规划中尤为重要。

8.6.3.2　从东到西

当 MRO 经过 MSL 西边时,平均返向数据量比 MRO 经过 MSL 东边时要多。

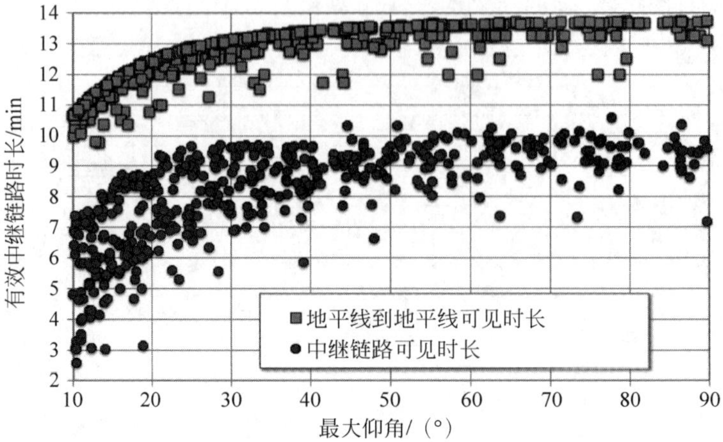

图 8-91　MSL 至 MRO 过境持续时间与仰角之间的关系

采集 MRO 中继"静默模式"下 120 个火星日的性能数据后，生成了从东到西过境时的性能预测改进曲线，如图 8-92 所示。

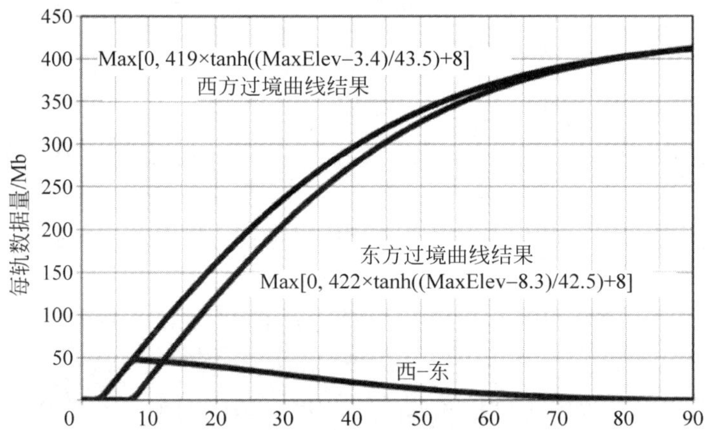

图 8-92　MRO-MSL 过境性能最佳拟合预测曲线

8.6.3.3　其他变量评估

MRO 左舷和右舷：因为所有下午的弧段都是由南向北经过火星光照面一侧，所有上午的弧段都是由北向南经过火星夜晚一侧，所以 MRO 从 MSL 西边经过时对应 MRO 的左舷（下午）和 MRO 右舷（上午）。反之，MRO 从 MSL 东边经过时对应 MRO 左舷（上午）和 MRO 右舷（下午）。对比 MRO 的左舷和右舷数据，没有明显的统计特性，表示 MRO 的天线方向图也没有显著的不对称性。

MSL 方位：在任务早期阶段，MSL 很少移动，仅有有限的统计数据用于监测和量化 MSL 所处方位的影响。经过一年的火星表面操作，有些迹象表明 MSL 的偏航会对数据量产生影响，但统计数据尚不足以给出任何结论或提高数据量的预测精度。

MRO 滚动转向：缓解 EMI 引起数据丢失的措施之一是朝 MSL 巡视器方向对 MRO 实施 30°滚转。该方法能够在巡视器方向提供更大的天线增益，与正常的天顶指向策略相比，预计会增大转发数据量。火星表面工作一年后，更多数据表明，对东边和西边过境两种情况，MRO 的滚转能够使每次过境期间的数据量增大 40～70Mb，该操作在低仰角过境时能够进一步减小 MRO 天线指向最低点的增益变化，并进一步提升链路性能。这一结果在预料之中，目前正在进行定量研究。

参考文献

[1] L. D'Amario, *Mars Science Laboratory Interplanetary Baseline* 2011 *Interplanetary Trajectory Characteristics Document*, JPL D-27210(internal document), Jet Propulsion Laboratory, California Institute of Technology, Pasadena, California, July 15, 2009.

[2] F. Abilleira, *Mars Science Laboratory DSN Initial Acquisition Geometry Report*, Rev. A, D-27213, also MSL-377-0317(internal document), Jet Propulsion Laboratory, California Institute of Technology, Pasadena, California, November 1, 2010.

[3] "Interplanetary Trajectories", *Basics of Space Flight*, web site, Jet Propulsion Laboratory, California Institute of Technology, Pasadena, California. http://solarsystem. nasa. gov/basics/bsf4-1. php(accessed October 30, 2014).

[4] B. Florow, K. Breitenbach, and S. Udomkesmalee, *Positioning, Phasing & Coordinate Systems(3PCS), Volume* 1, *MSL Coordinate Systems*, D-34642(JPL internal document), Jet Propulsion Laboratory, California Institute of Technology, Pasadena, California, May 29, 2007.

[5] L. D'Amario, T. Martin-Mur, *Launch/Cruise/Approach Design, in Launch/Cruise/approach Technical Interface Meeting*, D-64186(internal document), Jet Propulsion Laboratory, California Institute of Technology, Pasadena, California, May 19, 2009.

[6] A. Makovsky and M. Danos, *Mars Science Laboratory X-Band Surface and Cruise Data Rate Analysis*, D-68027(internal document)(project number MSL-566-3346, also internal document), Jet Propulsion Laboratory, California Institute of Technology, Pasadena, California, February 23, 2011.

[7] "Lockheed Martin's Atlas V Selected to Launch Mars Science Laboratory in 2009"(press release), Lockheed Martin website, June 7, 2006. http://www. spaceref. com/news/viewpr. html? pid=20031(accessed April 27, 2011).

[8] *Mars Science Laboratory Curiosity Rover*, public website, News Room section, Jet Propulsion Laboratory, California Institute of Technology, Pasadena, California. http://mars. jpl. nasa. gov/msl/news/newsroom/(accessed October 16, 2014).

[9] J. Taylor, A. Makovsky, A. Barbieri, R. Tung, P. Estabrook, and A. G. Thomas, *Mars Exploration Rover Telecommunications*, *DESCANSO Design and Performance Summary*

Series, Article 10, Jet Propulsion Laboratory, California Institute of Technology, Pasadena, California, October 2005. http://descanso.jpl.nasa.gov/DPSummary/summary.html(accessed October 30, 2014).

[10] E. Chapin, *MSL Terminal Descent Sensor User's Guide*, Ver. 4.0.3, D-37174(internal document), Jet Propulsion Laboratory, California, Institute of Technology, Pasadena, California, July 9, 2012. https://charlie-lib.jpl.nasa.gov/docushare/dsweb/View/Collection-47120(accessed October 30, 2014).

[11] B. Schratz, M. Soriano, P Ilott, J. Shidner, A. Chen, and K. Bruvold, "Telecommunications Performance During the Entry, Descent and Landing of the Mars Science Laboratory", *Journal of Spacecraft and Rockets*, vol. 51, no. 4, pp. 1237-1250, July-August, 2014.

[12] "Mars24, Technical Notes on Mars Solar Time", Goddard Institute for Space Studies, Greenbelt, Maryland. http://www.giss.nasa.gov/tools/mars24/help/index.html(accessed October 30, 2014).

[13] J. Herath, "Project Overview: System Design Review(SDR)", [MSL EDL instrumentation (MEDLI) website], MEDLI-SDR-0210, University of Idaho, Moscow, Idaho, May 1, 2007. http://www.mrc.uidaho.edu/~atkinson/SeniorDesign/ThermEx/MEDLI/MEDLI_SDR_Project_Overview.pdf(accessed October 30, 2014).

[14] "Mars Pathfinder", fact sheet, Jet Propulsion Laboratory, California Institute of Technology, Pasadena, California, http://www.jpl.nasa.gov/news/fact_sheets/mpf.pdf.

[15] *Mars Science Laboratory Mission Plan*, JPL D-27162, Rev. B(internal document), Jet Propulsion Laboratory, California Institute of Technology, Pasadena, California, July 31, 2010.

[16] *Digital Time Division Command/Response Multiplex Data Bus*, MILSTD-1553B, United States Department of Defense, continual updates.

[17] *Small Deep Space Transponder(SDST), Functional Specification and Interface Control Document for MSL and Juno Projects*, D-33672(internal document), Jet Propulsion Laboratory, California Institute of Technology, Pasadena, California, May 15, 2007.

[18] N. Blyznyuk, *Mars Science Laboratory Telecom System Engineering Pre-CDR Peer Review*, "Telecom Antennas Pattern Analysis", JPL D-64361(internal document), Jet Propulsion Laboratory, California Institute of Technology, Pasadena, California, April 24, 2007.

[19] B. M. Kolundzija and A. R. Djordjevic, "Theoretical Background of-WIPL-D", *Electromagnetic Modeling of Composite Metallic and Dielectric Structures*, WIPL-D d.o.o. http://www.wipl-d.com/resources.php?cont=theoretical-background(accessed Oct. 30, 2014).

[20] P. Illot, *Mars Science Laboratory Telecommunications Functional Design Description*, Rev. B, D-34199(internal document), Jet Propulsion Laboratory, Pasadena, California, October 27, 2008.

[21] W. Boger, D. Burgess, R. Honda, C. Nuckolls, "X-Band, 17 Watt, Solid-State Power Amplifier for Space Applications", *IEEE MTT-S International Microwave Symposium Digest*, vol. 3, pp. 1379-1382, 2005. http://ieeexplore.ieee.org/xpls/abs_all.jsp?arnumber=1516940(accessed October 30, 2014).

[22] N. Blyznyuk, *DUHF Accommodation Study*, JPL D-64238(internal document), Jet

Propulsion Laboratory, Pasadena, California, June 14, 2006.

[23] P. Ilott, J. Harrel, B. Arnold, N. Bliznyuk, R. Nielsen, D. Dawson, and J. McGee, "UHF Relay Antenna Measurements on Phoenix Mars Lander Mockup", *Antenna Measurements and Techniques Association (AMTA)*, Austin, Texas, October 22-27, 2006.

[24] N. Blyznyuk, *RUHF Accommodation Study*, JPL D-64394 (internal document), Jet Propulsion Laboratory, California Institute of Technology, Pasadena, California, June 14, 2006.

[25] C. D. Edwards, Jr., T. C. Jedrey, E. Schwarzbaum, A. S. Devereaux, R. DePaula, M. Dapore, and T. W. Fischer, "The Electra Proximity Link Payload for Mars Relay for Telecommunications and Navigation", IAC-03-Q. 3. A. 06, 54*th International Astronautical Congress*, Bremen, Germany, 29 September 29-October 3, 2003. http://trs-new.jpl.nasa.gov/dspace/bitstream/2014/7832/1/03-2150.pdf (accessed April 27, 2011).

[26] *Proximity-1 Space Link Protocol—Physical Layer, Recommendation for Space Data System Standards*, CCSDS 211. 1-B-4 (Blue Book), Consultative Committee for Space Data Systems Secretariat, National Aeronautics and Space Administration, Washington, District of Columbia, December 2013. http://public.ccsds.org/publications/archive/211x1b4.pdf (accessed October 30, 2014).

[27] E. Chapin, *MSL Terminal Descent Sensor User's Guide*, Ver. 4. 0. 1, D 37174, MSL-576-1520 (internal document), Jet propulsion Laboratory, California Institute of Technology, Pasadena, California, June 6, 2011.

[28] A. Chen, *Unified Mass Equipment List*, JPL D-38142, MSL-386-1731 (internal document), Jet Propulsion Laboratory, California Institute of Technology, Pasadena, California, June 30, 2011.

[29] T. Pham, C. Chang, E. Satorius, S. Finley, L. White, P. Estabrook, and D. Fort, *Entry Descent Landing Data Analysis (EDA)*, NASA Tech Brief NPO-41220 BR, National Aeronautics and Space Administration, Washington, District of Columbia, October 13, 2004.

[30] *DSN Telecommunications Link Design Handbook*, Rev. E, 810-005 also labeled JPL D-19379, Jet Propulsion Laboratory, California Institute of Technology, Pasadena, California. http://deepspace.jpl.nasa.gov/dsndocs/810-005/. Note: Turnaround ranging is in module 203c of 810-5, at the specific link http://deepspace.jpl.nasa.gov/dsndocs/810-005/203/203C.pdf (both accessed October 30, 2014).

[31] D. J. Bell, S. Allen, N. Chamberlain, M. Danos, C. Edwards, R. Gladden, D. Herman, S. Huh, P. Ilott, T. Jedrey, T. Khanampornpan, A. Kwok, R. Mendoza, K. Peters, S. Sburlan, M. Shihabi, and R. Thomas, "MRO Relay Telecom Support of Mars Science Laboratory Surface Operations". 2014 *Aerospace Conference*, Big Sky, Montana, March 1-8, 2014.

缩 略 语

AACS	attitude and articulation control subsystem	姿态和转动控制子系统
ABM	aerobraking maneuvers	气动减速机动
ABX	aerobraking exit	气动减速结束
Ac	acquisition(ACQ)	捕获
ACE	advanced composition explorer(spacecraft)	多功能高级探测器(航天器)
ACE	call sign for project real-time mission controller	实时任务呼叫控制器
ACIS	antenna control and interface subsystem	天线控制与接口子系统
ACK	acknowledgment	确认
ACQ	acquisition(Ac)	捕获
ACS	attitude control subsystem	姿态控制子系统
A/D	analog to digital	模拟转数字
ADC	analog to digital converter	模-数转换器
ADR	adaptive data rates	自适应数据速率
AGC	automatic gain control(received carrier power)	自动增益控制(接收载波能量)
AGL	above ground level	距离地面高度
Ahr	ampere hour	安培小时
AIS	ancillary information subsystem	辅助信息子系统
AlBeMet	trade name of aluminum beryllium composite produced by Brush Wellman Inc	Brush Wellman 公司生产的铍铝复合材料
ALC	automatic level control	自动水平控制
AM	ante meridian	前子午圈
AMMOS	advanced multimission operations system	高级多任务操作系统
AOA,AoA	angle of attack	攻角
AOS	advanced orbiting system	高级在轨系统
APID	application process identifier	应用过程标识符
APXS	alpha particle X-ray spectrometer	alpha 粒子 X 射线谱仪

译者注：为兼顾正文的连贯性与可读性，部分缩略语在正文中的翻译与此处给出的翻译无法一一对应，特此说明。

ARC	Ames Research Center	艾姆斯研究中心
ARF	automatic restart function	自动重启功能
ARQ	automatic repeat queuing	自动重复排队
ARQ	automatic repeat request	自动重发请求
ASCII	American Standard Code for Information Interchange	美国信息交换标准代码
ASIC	application-specific integrated circuit	特种应用集成电路
Assy	assembly	集成
ATCM	auto trajectory correction maneuver	自动轨道修正控制
ATDF	archived tracking and data file	存档跟踪数据文件
ATLO	assembly,test,and launch operations	组装、测试和发射操作
ATN	attenuator	衰减器
ATS	aft transition structure	火箭尾翼传导结构
AU	astronomical unit($\approx 1.496\times 10^8$ km)	天文单位
AutoNav	autonomous navigation	自主星载导航
aux osc	auxiliary oscillator	辅助振荡器
AWGN	additive white Gaussian noise	加性高斯白噪声
b	bit	比特
BBPP	base-band patch panel	基带插接板
BC	buss controller	总线控制器
BECO	booster engine cutoff	助推器关机
BER	bit-error rate	误码率
BIP	backshell interface plate	后壳接口板
BLF	best-lock frequency	最佳锁定频率
BLGA	backshell low gain antenna on MER	MER 后壳低增益天线
B_{LO}	one-sided loop threshold noise bandwidth	单边环路噪声阈值带宽
BML	backup mission load	备份任务加载
BMOX	beacon-monitor operations experiment(on DS1)	信标监视操作试验(DS1)
BODA	burnout detection algorithm	燃料耗尽检测算法
BoL	beginning of life	寿命初期
BPF	bandpass filters	带通滤波器
BPM	baseband processor module	基带处理模块
BPSK	binary phase-shift keying	二进制相移键控
BS	bachelor of science	理学学士
BSS	backshell separation	后壳分离
BTD	buffered telemetry demodulator	缓存遥测解调器
BTU	British thermal unit	英国热单位(1.06 千焦耳)
BUD	bridle,umbilical,descent-rate-limiter device	下降速率控制器
BVR	Block Ⅴ receiver	Block Ⅴ 接收机
BW	bandwidth	带宽
BWG	beam waveguide	波束波导

C3	launch-specific energy	火箭发射能量
CAN	Canberra(deep space communication complex)	堪培拉(深空通信设备)
CAS	Cassini Project	“卡西尼”项目
CBE	current best estimate	当前最优估计
CBM	communication behavior manager	通信操作管理器
CBM	cruise balance mass	巡航平衡配重
C&C	command and control	遥控与控制
CCAFS	Cape Canaveral Air Force Station	卡纳维拉尔角空军基地
CCAM	collision and contamination avoidance maneuver	碰撞和污染规避机动
CCB	common core booster	通用芯级发动机
CCS	computer command subsystem	计算机遥控子系统
CCSDS	Consultative Committee for Space Data Systems	国际空间数据系统咨询委员会
CD	cumulative distribution	累积分布
C&DH	command and data handling	指令及数据处理端
CDR	central data recorder	数据记录中心
CDR	critical design review	关键设计评审
CDS	command data subsystem	遥控数据分系统
CDSCC	Canberra deep space communication complex(DSCC)	堪培拉深空通信设备
CDU	command detector unit	遥控检测单元
CEP	circular error probability	圆形误差概率
C. E.	convolutional encoding	卷积编码
CFDP	CCSDS file delivery protocol	CCSDS 文件传输协议
CG	center of gravity	重心
CLBW	carrier-loop bandwidth	载波环路带宽
ChemCam	chemistry and mineralogy camera(MSL)	化学与矿物质相机(MSL)
CheMin	chemistry and mineralogy (makes X-ray diffraction analyses of rock and soil samples, MSL)	化学与矿物学(对岩石和土壤样本进行 X 射线衍射分析,MSL)
C-ISA	Centaur interstage adapter	“半人马座”级间适配器
CLA	carrier-lock accumulator	载波锁定采集器
CLGA	cruise low-gain antenna on MER	MER 巡航级低增益天线
Clk	clock	时钟
CLK GEN	clock generator	时钟生成器
CLTU	command link transmission unit	遥控链路传输单元
cm	centimeter	厘米
CMA	command modulator assembly	遥控指令调制器单元
Cmd	command	遥控
CMDRAD	command radiation	遥控辐射

CME	coronal-mass ejections	日冕物质抛射
CNR	carrier-to-noise ratio	载波信噪比
comm	communication, common port	通信，公共端口
conscan	conical scanning	圆锥扫描
CP	coupler	耦合器
cPCI	compact peripheral component interconnect	紧凑型周边元件扩展接口
CPA	command processor assembly	遥控指令处理器单元
CRC	cyclic redundancy check	循环冗余校验
CRISM	compact reconnaissance imaging spectrometer for Mars(MRO)	火星小型勘察成像分光计(MRO)
CRS	cosmic ray system(VGR)	宇宙射线系统(VGR)
CS	checksum	校验和
CSIRO	Commonwealth Scientific and Industrial Research Organization(Australia)	联邦科学与工业研究组织(澳大利亚)
CSS	cruise stage separation	巡航级分离
CSS	channel select synthesizer	信道选择合成器
CTS	coaxial transfer switch(also referred to as CXS)	同轴开关(也称"CXS")
CTT	compatibility test trailer	兼容性测试车
CTX	context camera	背景相机
CW	continuous wave	连续波
CXS	coaxial switch(also referred to as CTS)	同轴开关(也称"CTS")
D-	descent	下降
D/A	digital to analog	数字转模拟
DAC	digital-to-analog converter	数-模转换器
DACS	data acquisition and command subsystem	数据捕获及遥控子系统
DAN	dynamic albedo of neutrons(MSL)	动态中子反照率探测器(MSL)
dB	decibel	分贝
dBc	dB below carrier	低于载波分贝数
dB-Hz	decibel-hertz	分贝赫兹
dBi	decibel with respect to isotropic gain	各向同性增益
dBic	decibel with respect to isotropic gain antenna	各向同性天线增益
dBm	decibels referenced to milliwatts	分贝毫瓦
DC	direct current; steady-state bias	直流；稳态偏置
DCC	downlink channel controller	下行信道控制器
DCD	data capture and display	数据捕获及显示
DCO	digital control oscillator	数据控制振荡器
DCPC	downlink channel processing cabinets	下行信道处理单元
DCT	design control table	设计控制表
DCT	discrete cosine transform	离散余弦变换
DDUT	drop-dead uplink time	上行链路结束时刻

DEA	digital electronics assembly	数字电气组件
DEA	descent engine assembly	动力下降发动机组件
DEC	dual-engine Centaur	双引擎"半人马座"
deg	degree	度
delta-DOR	delta differential one-way ranging	双差分单向测距(ΔDOR)
DESCANSO	Deep Space Communications and Navigation Systems Center of Excellence	深空通信与导航系统卓越中心
DFE	direct-from Earth	直接来自地球
DGT	deep space communications complex Galileo telemetry(system)	深空通信组合体伽利略遥测系统
DI	Deep Impact(Project,spacecraft)	深度撞击(项目,航天器)
DIXI	Deep Impact extended investigation	深度撞击扩展调查
DKF	Deep Space Network keywords file	DSN 关键字文件
DL,D/L	downlink	下行链路
DLGA	descent LGA(MSL)	MSL 下降级低增益天线
DM	data mover	数据移动器
DMC	DSCC meteorological computer	DSCC 气象计算机
DMD	data monitor and display	数据监视与显示
DN	data number	数据编号
DOE	department of energy	能源部门
DOFF	degrees off(boresight)	视轴偏差
DOM	distributed object manager	分布目标管理器
DOR	differential one-way ranging	差分单向测距
DOY	day of year	一年中第几天
DPDU	digital power distribution unit	数字功率分配单元
DPM	digital processing module (in small deep space transponder)	数字处理模块(SDST)
DPT	data priority table	数据优先表格
DR	discrepancy report	差异报告
DRCF	data-rate capability file	数据速率性能文件
Drv	drive	航天器驾驶
DS	descent stage	下降级
DS1	Deep Space 1	"深空 1 号"
DSCC	deep space communications complex	深空通信综合设施
DSDST	descent stage small deep space transponder	下降级小型深空应答机
DSMS	deep space mission system	深空任务系统
DSN	Deep Space Network	深空网
DSS	Deep Space Station	深空站
DSS-14	70-m Deep Space Station at Goldstone, California	70m 深空站,戈尔德斯通,加利福尼亚

DSS-15	34-m Deep Space Station at Goldstone, California	34m 深空站，戈尔德斯通，加利福尼亚
DSS-19	Very Large Array(San Agustin, near Socorro, New Mexico)	大型天线阵(圣阿古斯丁，靠近索科罗，新墨西哥州)
DSS-25	34-m Deep Space Station at Goldstone, California	34m 深空站，戈尔德斯通，加利福尼亚
DSS-26	34-m Deep Space Station at Goldstone, California	34m 深空站，戈尔德斯通，加利福尼亚
DSS-34	34-m Deep Space Station at Canberra, Australia	34m 深空站，堪培拉，澳大利亚
DSS-42	26-m Deep Space Station at Canberra, Australia	26m 深空站，堪培拉，澳大利亚
DSS-43	70-m Deep Space Station at Canberra, Australia	70m 深空站，堪培拉，澳大利亚
DSS-45	34-m Deep Space Station at Canberra, Australia	34m 深空站，堪培拉，澳大利亚
DSS-49	Parkes 64-m radio telescope(Parkes, Australia)	Parkes 64m 射电望远镜(Parkes，澳大利亚)
DSS-55	34-m Deep Space Station at Madrid, Spain	34m 深空站，马德里，西班牙
DSS-63	70-m Deep Space Station at Madrid, Spain	70m 深空站，马德里，西班牙
DSS-65	34-m Deep Space Station at Madrid, Spain	34m 深空站，马德里，西班牙
DTE	direct-to Earth	直接去向地球
DTF	DSN test facility	深空网测试设备
DTR	digital tape recorder(on GLL)	数字磁带记录器(GLL)
DTT	downlink telemetry and tracking subsystem	下行遥测与跟踪子系统
DTTL	data transition tracking loop	数据转换跟踪环路
DTV	digital television	数字电视
D-UCTS	descent UHF (ultrahigh frequency) coaxial transfer switch(on MSL spacecraft)	MSL 下降级 UHF 同轴转换开关
DUHF	descent UHF(ultrahigh frequency)antenna	下降级 UHF 天线
DVCF	data-volume capability file	数据量性能文件
DX	diplexer	双工器
EADS	Casa Espacio, European Aeronautic Defense and Space Company(MSL HGA vendor)	欧洲航空防务和航天公司(MSL HGA 生产厂家)
EAS	engineering analysis subsystem	工程分析子系统
EBM	entry balance mass	进入平衡配重
E_b	energy per command bit	每遥控比特信号能量
E_b/N_0	bit-energy-to-noise spectral-density ratio	每比特信号信噪谱密度比
EDA	entry, descent, and landing(EDL) data analysis	进入、下降和着陆数据分析
EDL	entry, descent, and landing	进入、下降和着陆

EFPA	entry flight path angle	进入角
EH&A	engineering health (or housekeeping) and accountability(rate)	工程参数健康(星务)和可记录参数(速率)
EH&A	engineering, housekeeping, and analysis	工程参数、星务管理数据、分析
EIRP	effective isotropic radiated power	有效全向辐射功率
ELT	Electra lite transponders (on MSL and on future rovers and landers)	无线电低耗应答机(于 MSL 及未来的巡视器与着陆器)
EM	electromagnetic	电磁
EMC	electromagnetic compatibility	电磁兼容性
EMI	electromagnetic interference	电磁干扰
Eng/HK	engineering/housekeeping	工程/星务
EOL	end of life	寿命末期
EOM	end of mission	任务结束
EPC	electronic power conditioner	电子功率调节器
EPOCh	extrasolar planet observations and characterization	太阳系外行星特征观测
EPOXI	(combination of two DI project mission names) extrasolar planet observations and characterization(EPOCh), and Deep Impact extended investigation(DIXI)	(结合两个任务名称)太阳系外行星特征观测及深度撞击拓展调查
EPS	electrical power system	电力能源系统
ERT	Earth-received time	地面接收时间
E_s	energy per telemetry symbol	遥测符号能量
E_s/N_0	symbol energy-to-noise spectral-density ratio	符号与噪声谱密度比
ESA	European Space Agency	欧洲航天局
EST	Eastern Standard Time	东部标准时间
ESTEC	European Space Administration Research and Technology Centre	欧空局科学研究与技术中心
ETX	exciter transmitter	激励发射机
EU	engineering units	工程单位
EUT	Electra UHF transponder	无线电 UHF 应答机
eV	electron volt	电子伏特
EVR	event report	事件报告
Ex	exciter(provides the radio frequency drive to the transmitter)	激励器(为发射器提供射频驱动)
EXC	exciter	激励器
F1	fundamental frequency of the small deep space transponder(SDST)	基础频率小型深空应答机
F66	frequency input to the sequential ranging assembly	测距组件的频率序列输入
FA	flight acceptance	飞行允许度

FA	flight allowable	飞行容忍度
FCD	feedback concatenated decoder	反馈级联译码器
FDS	flight data subsystem	飞行数据子系统
FET	field effect transistor	场效能晶体管
FEM	flight-engineering model	飞行工程模型
FFA	front-end filter assembly	前端滤波组件
FFT	fast Fourier transform	快速傅里叶变换
FPA	fault-protection algorithms	故障保护算法
FPGA	field programmable gate array	可编程门阵列
FRO	frequency reference offset	频率参考偏置
FS	flight system	飞行系统
FSC	full-spectrum combiner	全频谱合成仪
FSK	frequency-shift keying	频移键控
FSP	full-spectrum processing subsystem	全频谱处理子系统
FSR	full-spectrum recorder	全频谱记录器
FSS	frame synchronizer system (subsystem in Voyager)	帧同步系统("旅行者号"子系统)
FSS	frequency selective surface(on Voyager S-/X-band antenna, SXA)	频率选择面("旅行者号"S/X 频段天线)
FSU	filtering and switch unit	滤波及切换单元
FSW	flight software	飞行软件
ft	transmitted frequency from sequential ranging assembly	测距序列组件发送频率
FTE	full-time equivalent	全职投入时间
FTS	frequency and timing system	频率和时间系统
FY	fiscal year	财年
G	ground	地面
GaAs	gallium arsenide	砷化钾
Gb	gigabit	吉比特
GB	gigabyte	吉字节
GCN	Ground Communications Network	地面通信网
GDS	ground data system	地面数据系统
GEM	Galileo Europa Mission	"伽利略"木卫二任务
GDS	Goldstone(deep space communications complex)	戈尔德斯通(深空通信设备)
GDSCC	Goldstone deep space communications complex(DSCC)	戈尔德斯通深空通信设备
GFE	government furnished equipment	政府供应设备
GHz	gigahertz	吉赫兹
GLL	Galileo(project, spacecraft)	"伽利略"(项目,航天器)
GMM	Galileo Millennium Mission	"伽利略"千禧年任务

GMSK	Gaussian-filtered minimum-shift keying	高斯滤波最小移位键控
GNC	guidance, navigation, and control	制导、导航与控制
GRACE	gravity recovery and climate experiment	重力恢复与气候试验
GRASP	general reflector antenna scatter program	常规反射天线散射程序
GSE	ground support equipment	地面支持设备
GS&E	general science and engineering	一般科学与工程
GSFC	Goddard Space Flight Center	戈达德空间飞行中心
GSOC	German Space Operations Center	德国空间操作中心
G/T	ratio of antenna gain to noise temperature	地面天线噪声温度
GTP	generalized telecom predictor	综合通信预报器
GUI	graphical user interface	图像用户界面
GWU	George Washington University	乔治·华盛顿大学
H	hydrogen	氢
Hazcam	hazard camera(on MER rover)	危险监视相机(MER 巡视器)
HCD	hardware command decoder	硬件指令译码器
HDO	half-duplex overlay	半双工覆盖
HDTV	high definition television	高清电视
HEF	high efficiency(antenna)	高效率(天线)
HEMT	high electron mobility transistor	高电子迁移场效应晶体管
HGA	high-gain antenna	高增益天线
HGAG	high-gain antenna gimbal	高增益天线万向节
HGAS	high-gain antenna system	高增益天线系统
hi-fi	high fidelity	高保真
HiRISE	high resolution imaging science experiment (instrument on MRO)	高分辨率成像科学实验设备(安装于 MRO)
HK	housekeeping telemetry	星务遥测
HLAN	high-speed LAN(local area network)	高速局域网
HP	high power	高功率
HPCW	high-priority comm window	高优先级通信窗口
HRS	heat-rejection system (on MER and MSL spacecraft)	散热子系统(于 MER 和 MSL 航天器)
HSD	high-speed data	高速数据
HVPS	high-voltage power supply	高压功率电源
Hz	hertz	赫兹
IBEX	Interstellar Boundary Explorer(spacecraft)	星际边界探索者(航天器)
ICA	IF(interface) channel assembly	信道接口组件
ICD	interface control document	接口控制文件
ICT	integer cosine transform	整数余弦变换
ID	identification	身份信息
IDC	image data compression	图像数据压缩
IDC	intermediate frequency to digital converter	中频数字信号转换器

IDD	(MER)instrument deployment device	(MER)仪器展开机构
IDS	IPS(ion-propulsionsystem) diagnostic sensors	离子推进诊断传感器
IEM	integrated-electronics module	电子集成模块
IF	intermediate frequency	中频
IMP	Interplanetary Monitoring Platform(spacecraft)	行星际监视平台(航天器)
IMU	inertial-measurement unit	惯性测量单元
IND	Interplanetary Network Directorate (now IPN-ISD)	行星际网络委员会(现为 IPN-ISD)
IPN-ISD	Inter Planetary Network and Information Systems Directorate(formerly TDA,TMOD,and IND)	行星际网络信息系统委员会(曾为 TDA、TMOD 和 IND)
IPP	inter pulse period	脉间周期
IPS	ion-propulsion system	离子推进系统
IR	improved ranging	改进测距
IR	infrared	红外
IRIS	infrared interferometer spectrometer	红外干涉分光计
IS	isolator	隔离器
ISA	incident,surprise,anomaly(report)	意外突发事件报告
ISA	interstage adapter	级间适配器
ISO	isolator (at traveling wave tube amplifier output)	隔离器(在行波管放大器输出端)
ISS	imaging science subsystem	成像科学子系统
ITE	impact through egress	发动机喷口影响
IUS	inertial upper stage	惯性上面级
JOI	Jupiter orbit insertion	木星轨道进入
JPL	Jet Propulsion Laboratory	喷气推进实验室
JSX	Jupiter Saturn Explorer(previous name for Voyager 2 spacecraft)	木星土星探测器(之前的“旅行者 2 号”)
K	kelvin	开尔文
Ka-band	frequencies in the range 26.5-40GHz	Ka 频段,26.5～40GHz
KaPA	Ka-band power amplifier	Ka 频段功率放大器
KaTS	Ka-band translator system	Ka 频段发射系统
kb	kilobit	千比特
kg	kilogram	千克
KHA	Ka-band horn antenna	Ka 频段喇叭天线
km	kilometer	千米
km^2/s^2	kilometers squared per second squared	平方千米每平方秒
kN	kilonewton	千牛
kW	kilowatt	千瓦
LAN	local-area network	局域网
L-band	frequency range between 390 and 1550MHz	L 频段,390～1550MHz
LC	inductance capacitance filter	自感应电容滤波器

LCCD	level clock conversion distribution(interface)	电平时钟转换分布(接口)
LCP	left-circular polarization	左旋圆极化
LECP	low-energy charged particle	低能带电粒子
LEM	lander electronics module(MER lander)	着陆器电子模块(MER 着陆器)
LGA	low-gain antenna	低增益天线
LGAX	LGA(low-gain antenna) directed along the $+X$-axis	低增益天线$+X$ 轴指向
LGAZ	LGA(low-gain antenna) directed along the $+Z$-axis	低增益天线$+Z$ 轴指向
LGAZ−	LGA(low-gain antenna) directed along the $-Z$-axis	低增益天线$-Z$ 轴指向
LH_2	liquid hydrogen	液氢
LH	left hand	左旋
LHCP	left-hand circular polarized(or polarization)	左旋圆极化
LMA	Lockheed Martin Aerospace	洛克希德·马丁航空航天公司
LO_2	liquid oxygen	液氧
lg	logarithm base ten	10 为底的自然对数
LOS	loss of signal	信号丢失
Lox	liquid oxygen	液氧
LP	low power	低功率
LMC	link monitor and control	链路监视与控制
LNA	low-noise amplifier	低噪声放大器
LPA	lander petal actuators(MER)	着陆器瓣传动器(MER)
LPE	low-power electronics	低功耗电子设备
LPF	low-pass filter	低通滤波器
LPSA	lander pyro switching assembly	着陆器点火开关组件
LST	local solar time	当地太阳时
LTST	local true solar time	当地真太阳时
LV	launch vehicle	运载火箭
LVDS	low-voltage differential signaling	低压差分信号
m	meter	米
MAD	Madrid DSCC (deep space communication complex)	马德里深空通信设备
MAG	magnetometer	三轴磁通门磁强计
MAHLI	Mars hand lens imager(on MSL)	火星机械臂透镜成像仪(MSL)
MAQ	Magellan acquisition	"麦哲伦"捕获
MARCI	Mars color imager(on MRO)	火星彩色成像仪(MRO)
MARDI	Mars descent imager(on MSL)	火星下降级成像仪(MSL)
Mastcam	multi-spectral,stereo imaging and video camera on MSL	MSL 多光谱立体成像视频相机

Mb	megabit(note: telecommunications use bits [b]; data storage uses bytes[B], which are 8 bits per byte)	兆比特(注：传输速率采用比特[b]，数据存储采用字节[B]，1字节为8比特)
MBR	Mars Balloon Relay(protocol used on MGS)	火星气球中继(MGS上使用的协议)
MCD	maximum-likelihood convolutional decoder	极大似然卷积解码器
MCD/FS	maximum-likelihood convolutional decoder frame synchronizer(subsystem)	极大似然卷积解码帧同步子系统
MCIC	motor controller interface card	发动机控制器接口卡
MCIF	motor controller interface	发动机控制器接口
MCS	Mars climate sounder(on MRO)	火星气候探测器(MRO)
MDA	metric data assembly	测量数据集成处理单元
mdeg	millidegree	毫度
MDNS	mission design and navigation subsystem	任务设计与导航子系统
MDS	modulation-demodulation subsystem	调制解调子系统
MDSCC	Madrid deep space control center(DSCC)	马德里深空控制中心
MECO	main engine cutoff	主发动机关机
MEDLI	MSL EDL instrumentation	MSL的EDL设备
MEP	Mars Exploration Program	火星探测计划
MER	Mars Exploration Rover(project, spacecraft, or rover)	火星探测巡视器(项目，航天器或巡视器)
MER-A	Mars Exploration Rover "Spirit"	火星探测巡视器"勇气号"
MER-B	Mars Exploration Rover "Opportunity"	火星探测巡视器"机遇号"
MES	main engine start	主发动机开机
MEX	Mars Express(project, spacecraft)	火星快车(项目，航天器)
MFS	multi-functional structure(experiment)	多功能结构(实验)
MFSK, M-FSK	multiple frequency shift keying(tones)	多级频移键控(音)
MGA	medium-gain antenna	中增益天线
Mgate	million gates	百万门
MGDS	multi-mission ground data system	多任务地面数据系统
MGS	Mars Global Surveyor(spacecraft)	火星全球勘测者(航天器)
MHz	megahertz	兆赫兹
MIC	microwave integrated circuit	微波集成电路
MICAS	miniature integrated-camera spectrometer	微型集成成像分光计
MIL-71	name of Deep Space Network station at Cape Canaveral(not an acronym)	卡纳维拉尔角深空网设备名称(非简写)
MIL-STD	military standard [usually followed by a document number]	军用标准[通常有标准号]
MIT	Massachusetts Institute of Technology	麻省理工学院
MLE	Mars landing engine(on MSL rover)	火星着陆发动机(于MSL巡视器)

MM	multi mission	多任务
MOC	Mars orbiter camera(on MGS)	火星轨道器相机(MGS)
MMO	(JPL)Mission Management Office	JPL 任务管理办公室
MMRTG	multi mission radioisotope thermoelectric generator	多任务放射性同位素热电发生器
MOD	modulation	调制
MOI	Mars orbit insertion	火星轨道插入
MOLA	Mars observer laser altimeter(on MGS)	火星观测激光高度计(MGS)
MON	monitor system	监视系统
MOS	mission operations system	任务操作系统
MP	modem processor	调制解调处理器
MPa	megapascal	兆帕
MPCS	mission data processing and control subsystem	任务数据处理和控制子系统
MPF	Mars Pathfinder(spacecraft,rover)	火星探路者(航天器,巡视器)
MPST	mission planning and sequencing team	任务规划和程序化团队
mrad	milliradian	毫弧度
MREU	MSL remote electronics unit(also called REU)	火星科学实验室远程电子单元(也称 REU)
MRO	Mars Reconnaissance Orbiter(project,spacecraft)	火星勘察轨道器(项目,航天器)
MRO	memory readout	存储读出器
ms	millisecond	毫秒
m/s	meter(s) per second	米每秒
MS	master of science	理学硕士
MSA	mission-support area	任务支持区
MSAP	multi mission system architectural platform	多任务系统体系平台
MSAT	Mobile Satellite	移动卫星
MSL	Mars Science Laboratory(project,spacecraft,or rover)	火星科学实验室(项目,航天器,巡视器)
MSLICE	MSL InterfaCE(a surface operations visualization and planning tool)	火星科学实验室接口(火星表面操作可视化计划工具)
MSPA	multiple spacecraft per aperture	单天线跟踪多航天器
MSR	Mars Sample Return(project)	火星采样返回(项目)
Msps	megasymbols per second	兆符号每秒
MSSS	Malin Space Science System	马林空间科学系统
MST	monitor sample time	监测采样时间
MTC	Mars time coordinated	火星协调时
MTIF	MSAP telecommunications interface board	多任务系统体系平台通信接口板
MUKOW	MRO uplink keep out window	MRO 上行链路避让窗口
mW	milliwatt	毫瓦
N	newton	牛顿
Na	sodium	钠
NAIF	navigation and ancillary information facility	导航辅助信息设施

NASA	National Aeronautics and Space Administration	美国国家航空航天局
NAV	navigation	导航
NCO	numerically controlled oscillator	数控振荡器
NEAR	Near Earth Asteroid Rendezvous(spacecraft)	近地小行星交会(航天器)
NEN	Near Earth Network	近地网络
net	network	网络
NISN	NASA Integrated Services Network	NASA 综合服务网
NMC	network monitor and control	网络监视与控制
NMP	New Millennium Program	新千年计划
NOCC RT	network operations control center real time (system)	网络控制中心实时操作(系统)
NOP	network operations plan	网络操控计划
NPO	NPO Energomash(Russian manufacturer)	动力机械科研生产联合体(俄罗斯公司)
NPP	network planning and preparation system	网络规划及准备系统
nrad	nanoradians	纳弧度
NRAO	National Radio Astronomy Observatory	国家射电天文台
NRZ	non-return to zero	非归零
ns	nanosecond	纳秒
NSP	network simplification project	网络简化方案
NVM	nonvolatile memory	非易失性存储
NVM	nonvolatile memory/camera	非易失性存储/相机
NVM/CAM	nonvolatile memory/camera	非易失性存储/相机
OCM	organic check material	有机测试材料
OD	orbit determination	定轨
ODB	operational database	操作数据库
ODF	orbit data file	轨道数据文件
ODY	Odyssey(project,spacecraft)	"奥德赛"(项目,航天器)
ONC	optical navigation camera experiment(MRO)	光学导航：相机试验(MRO)
ORSC	orbiter relay state change	轨道器中继状态变化
Osc	oscillator	振荡器
OWLT	one-way light time	单向光行时
p	parachute(on MER spacecraft)	降落伞(MER 航天器)
P-	parachute(cone)(on MSL spacecraft)	降落伞(圆锥)(MSL 航天器)
PASM	power actuation and switching module	高度集成智能电子开关
P_c	carrier power	载波功率
PCM	pulse code modulation	脉冲编码调制
P_c/N_0	carrier power to noise-spectral-density ratio	载波信噪谱密度比
PD	passive device(in solid state power amplifier, a microwave coupler or combiner)	无源器件(在固态功率放大器中,一种微波耦合器或组成器)
PDF	portable document format	可移植文档格式

pdf	probability density function	概率密度函数
P_d/N_0	data power-to-noise spectral-density ratio	数据功率谱密度比
PDS	planetary data system(label)	行星数据系统(表格)
PDS	parachute deceleration system (on MER aeroshell)	降落伞减速系统(MER 减速伞)
PDU	protocol data units	协议数据单元
PEDL	pre-EDL	EDL 准备段
PEPE	plasma experiment for planetary exploration (on DS1)	星际探测等离子试验(DS1)
P-file	prediction file	预报文件
P/FR	problem/failure report	问题/错误报告
PhD	doctor of philosophy	哲学博士
PI	principal investigator	项目负责人
PLAR	post-launch assessment review	发射后评估审查
PLF	payload fairing	载荷整流罩
PLGA	parachute low-gain antenna(MSL, chapter 8)	降落伞低增益天线(MSL,第 8 章)
PLGA	petal low-gain antenna(MER, chapter 7)	瓣低增益天线(MER,第 7 章)
PLL	phase-locked loop	锁相环
PLS	plasma science	等离子科学
PM	post meridian	下午
PMA	pancam mast assembly(on MER)	全景相机桅杆组件(MER)
PMP	payload mounting module	有效载荷固定模块
PN	pseudonoise	伪噪声
Pol	polarizer	极化器
POR	power-on reset	通电复位
PPI	planetary plasma interactions(part of planetary data system)	行星等离子体相互作用(行星数据系统的一部分)
ppm	parts per million	百万分之几
PPS	photopolarimeter system	偏振光测量仪系统
P_r	downlink ranging power	下行测距功率
PRA	planetary radio astronomy	行星射电天文学
P_r/N_0	ranging power-to-noise spectral-density ratio	测距信噪谱密度比
Prox-1	Proximity-1 protocol	Prox-1 协议
PR/TSA	project requirements/TMOD [Telecommunications and Mission Operations Directorate (now called IPN-ISD)] support agreement	项目需求/通信与任务操作部门支持协议
psf	pounds per square foot	磅每平方英尺
PSM	power supply module(MRO)	电源模块(MRO)
PSS	parachute support structure(on MSL spacecraft)	降落伞支撑结构(MSL 航天器)
P_t/N_0	total power-to-noise spectral-density ratio	总信噪谱密度比

P_{tone}	power in differential one-way ranging(DOR)tone	单向差分测距音中的功率
PUHF	parachute UHF(ultrahigh frequency)antenna (on MSL spacecraft)	降落伞 UHF 天线(MSL 航天器)
PWS	plasma wave spectrometer(Galileo)	等离子波谱仪("伽利略号")
PWS	plasma wave system(on voyager)	等离子波系统("旅行者号")
QPSK	quadrature phase-shift keying	正交相移键控
R-	rover	巡视器
RA	radar altimeter(on MER lander)	雷达高度计(MER 着陆器)
RAAR	relay antenna assembly receive	中继天线接收组件
RAAT	relay antenna assembly transmit	中继天线发射组件
rad	radian(57.3 degree)	弧度(57.3 度)
RAD	radiation assessment detector(instrument on MSL rover)	辐射评估探测器(MSL 巡视器)
RAD	rocket-assisted deceleration(system in MER)	火箭助力减速(MER)
RAMP	rover avionics mounting plate	巡视器电子固定面板
RAT	rock abrasion tool(on MER)	岩石研磨工具(MER)
RAX	remote-agent experiment(of DS1 project)	远程代理设备(DS1 项目)
RC	radar controller	雷达控制器
RC	request commands	请求命令
RCC	receiver control computer	接收机控制计算机
RCE	rover compute elements(on MSL)	巡视器计算单元(MSL)
RCP	receiver channel processor	接收机信道处理器
RCP	right-circular polarization	右旋圆极化
RCS	reaction control system	反作用控制系统
RCVR	receiver	接收机
RED	rover equipment deck(MER)	巡视器设备平台(MER)
Reff	effective information rate	有效信息率
REM	rover electronics module(on MER)	巡视器电子模块(MER)
REMS	rover environmental monitoring station (instrument on MSL)	巡视器环境监控站(MSL)
REU	remote electronics unit(on MSL rover)	远程电子单元(MSL 巡视器)
RF	radio frequency	射频
RFM	radio frequency module(MRO)	射频模块(MRO)
RFPDU	radio frequency power distribution unit (in terminal descent sensor of MSL spacecraft)	射频配电装置(MSL 航天器终端下降传感器)
RFS	radio frequency subsystem	射频子系统
RFSTLC	radio frequency subsystem tracking-loop capacitor	射频子系统跟踪环路电容器
RH	right hand	右旋
RHCP	right-hand circular polarized(or polarization)	右旋圆极化
RID	RF to intermediate-frequency downconverter	RF 到中频下变频器

R_J	Jupiter radii	木星半径
RLAN	receiver local area network(LAN)	接收机局域网
RLGA	rover low-gain antenna (on MER and on MSL rover)	巡视器低增益天线(MER与MSL巡视器)
RM	ranging maximum	测距最大值
rng	ranging	测距
RNS	reliable network service	可靠网络服务
RP	radar processor(on MSL spacecraft)	雷达处理器(MSL航天器)
RP	rocket propellant or refined petroleum(kerosene)	火箭推进剂或精炼石油(煤油)
RPAM	rover power and analog modules	巡视器功率和分析模块
RPDU	RF power distribution unit(in TDS)	射频功率分配单元(TDS)
RPFA	rover pyro fire assembly(on MSL)	巡视器点火组件(MSL)
RRA	relay radio antenna(on GLL orbiter)	中继无线电天线(GLL轨道器)
RRH	relay radio hardware (on GLL orbiter or probe)	中继无线电硬件(GLL轨道器或探测器)
RRH	relay receiving hardware(on GLL orbiter)	中继接收硬件(GLL轨道器)
RRP	receiver and ranging processor	接收和测距处理器
RS	Reed-Solomon(code)	里德-所罗门(码)
RSDL	RS(Reed-Solomon) downlink	RS下行链路
RSDS	raw science data server	原始科学数据服务器
RSDST	rover small deep space transponder (on MSL)	巡视器小型深空应答器(MSL)
RSM	remote sensing mast(on MSL rover)	遥感桅杆(MSL巡视器)
RSR	radio science receiver	无线电科学接收机
RT	remote terminal	远程终端
R/T	receive/transmit	接收/发射
RTG	radioisotope thermoelectric generator	同位素热电发生器
RTLT	round-trip light time	双向光行时
RTN	return	返回
ru	range unit	距离单位
R-UCTS	rover UHF(ultrahigh frequency) coax transfer switch(on MSL)	巡视器UHF同轴转换开关(MSL)
R-WTS	rover waveguide transfer switch(on MSL)	巡视器波导转换开关(MSL)
Rx	receive	接收
SA	sample acquisition	样本采集
SAF	station allocation file	测站配置文件
SAIC	Science Applications International Corporation	科学应用国际公司
S&L	standards and limits	标准和限制
SAM	sample analysis at Mars(instrument on MSL rovers)	火星样品分析(安装于MSL巡视器)

SAMPEX	solar anomalous and magnetospheric particle explorer(spacecraft)	磁层和太阳异常粒子探测器(航天器)
SA-SPaH	sample acquisition-sample preparation and handling	样本采集、制备和处理
S-band	radio frequencies between 2 and 4GHz(2～2.5 in deep space communications)	S频段(频率为2～4GHz,深空通信中为2～2.5GHz)
S/C	spacecraft	航天器
SCaN	Space Communications and Navigation(Office)	空间通信和导航(办公室)
SCARLET	solar concentrator arrays using refractive linear element technology(Deep Space 1)	基于折射线性单元技术的太阳能帆板设计(DS1)
SCET	spacecraft event time	航天器事件发生时间
SCID	spacecraft identifier	航天器标识符
SCMF	spacecraft command message file	航天器遥控信息文件
SDR	software defined radio	软件定义无线电
SDST	small deep-space transponder	小型深空应答机
SEC	single-engine Centaur	单引擎"半人马座"
SEC	Sun-Earth-Craft(angle)	太阳-地球-航天器(角)
S-E-C	Sun-Earth-Craft(angle)	太阳-地球-航天器(角)
SEP	separation	分离
SEP	solar-electric propulsion(technology)	太阳能电池推进(技术)
S-E-P	Sun-Earth-Probe(angle)	太阳-地球-探测器(角)
SeqGen	sequence generation(spacecraft activity planning software)	序列生成(航天器活动规划软件)
S-EXC	S-band exciter	S频段激励器
SFOC	Space Flight Operations Center	航天飞行控制中心
SFOS	spaceflight operations schedule	航天器操作时间表
SHARAD	shallow(Subsurface) radar(MRO)	浅表(地下)雷达(MRO)
sigma	spelled out form of Greek character, σ(for 1 standard deviation)	标准差σ
SIM	Space Interferometry Mission(proposed space radio telescope; the program was cancelled in 2010)	空间干涉测量任务(计划中的空间射电望远镜,该项目于2010年被取消)
SIT	select in test	选择输入测试
SLC-17A	Space Launch Complex 17A	太空发射综合设备17A
SLE	space link extension	空间链路拓展
SMAP	Soil Moisture Active & Passive Mapping (satellite)	土壤湿度主动和被动测绘(卫星)
SMM	spacecraft mode manager	航天器模式管理
SNR	signal-to-noise ratio	信噪比
SNT	system-noise temperature	系统噪声温度
SOAS	science operations analysis subsystem	科学运行分析子系统

SOC	state of charge	充电状态
SOE	sequence of events	事件发生序列
sol	Martian day	火星日
SOWG	Science Operations Working Group	科学操作工作组
SP	service package	服务程序包
SPARC	scalable processor architecture	可扩展中央处理器结构
SPC	signal processing center	信号处理中心
SPD	S-band polarization diversity	S 频段极化分集
SPE	static phase error	静态相位误差
SPE	Sun-Probe-Earth(angle)	太阳-探测器-地球(角)
SPIE	Society of Photo-Optical Instrumentation Engineers	光电仪器工程师协会
sps	symbols per second	每秒符号数
SR	sweep range	扫描范围
SRA	sequential ranging assembly	连续测距数据集成处理单元
SRB	solid rocket booster	固体火箭助推器
SRBJ	solid rocket booster jettison	固体火箭助推器分离
S-RCVR	S-band receiver	S 频段接收机
SRM	solid rocket motor	固体火箭发动机
SRU	stellar-reference unit(on DS1)	恒星基准单元(DS1)
SSA	solid state amplifier(on VGR)	固态放大器(VGR)
SSA	Sun-sensor assembly(on DS1)	太阳敏感器(DS1)
SSD	symbol stream distribution	符号流分布
SSI	solid state imaging(on GLL)	固态成像(GLL)
SSK	soft symbol controller	软符号控制器
SSNR	symbol signal-to-noise ratio	符号信噪比
SSPA	solid state power amplifier	固态功率放大器
SSR	solid-state recorder(on GLL)	固态存储器(GLL)
STDN	NASA Spaceflight Tracking and Data Network	NASA 航天飞行跟踪与数据网
STE	system test equipment	系统测试设备
ST/N_0	ratio to product of power in data sidebands (S) and bit duration (T) to noise spectral density; equivalent to E_b/N_0	数据带宽功率和比特持续时间的乘积与噪声谱密度之比，与 E_b/N_0 相等
STS	space transportation system	空间运输系统
STS-34	space transpiration system 34(Shuttle Atlantis)	空间运输系统 34(“亚特兰蒂斯号”航天飞机)
S-TWTA	S-band traveling-wave tube amplifier	S 频段行波管放大器
SUFR	straighten up and fly right(MSL EDL phase)	直立向右飞(MSL EDL 段)
SUPAERO	École nationale supérieure de l'aéronautique et de l'espace	法国国立航空航天学院

SXA	S/X-band antenna (on VGR)	S/X 频段天线(VGR)
sync	synchronization	同步
TBOT	telecom at beginning of tracks	测控开始时刻
TC	transmit command	发送命令
TCA	telemetry channel assembly(Voyager)	遥测信道单元("旅行者号")
TCM	trajectory correction maneuvers	轨道修正机动
T_{cyc}	cycle time	周期时间
TDA	Telecommunications and Data Acquisition (previous name for Deep Space Network)	通信与数据采集(深空网前身)
TDDS	tracking data delivery subsystem	跟踪数据分发子系统
TDL	telecom development lab	通信研发实验室
TDM	time-division multiplexing	时分多址
TDRS	Tracking and Data Relay Satellite	跟踪与数据中继卫星
TDRSS	Tracking and Data Relay Satellite System	跟踪与数据中继卫星系统
TDS	terminal descent sensor (landing radar on MSL spacecraft)	末端下降传感器(MSL 航天器着陆雷达)
TDSA	TDS antenna array	TDS 天线阵列
TDSD	TDS digital stack	TDS 数字板
TDSR	TDS RF stack	TDS 射频板
TEMIC	TEMIC Telefunken(decoder vendor)	TEMIC Telefunken(解码器供应商)
TEOT	telecom at end of tracks	测控结束时刻
TFP	telecom forecaster predictor	测控通信预测器
TFREQ	transmit frequency(Deep Space Network)	发射频率(深空网)
TIP	target interface point	目标入口点
TIRS	transverse impulse rocket system(in MER)	横向脉冲火箭系统(MER)
TLGA	tilted low-gain antenna(on MSL spacecraft)	斜装低增益天线(MSL 航天器)
tlm	telemetry	遥测
TLM	telemetry system	遥测系统
TLMGEN	telemetry-rate generator	遥测速率生成器
TLP	telemetry processor	遥测处理器
TMOD	Telecommunications and Mission Operations Directorate(now called IPN-ISD)	测控与任务操作控制部门(现为IPN-ISD)
TMU	telemetry modulation unit	遥测调制单元
TOAST	telecom orbit analysis and simulation tool	通信轨道分析与仿真工具
TPAP	telecom prediction and analysis program	通信预测与分析程序
T/R	transmit/receive; transmitter/receiver	发射/接收,发射机/接收机
TRK	tracking system	跟踪系统
TRM	transmit/receive module	发射/接收模块
TSB	telecom support board(on MER)	通信支持面板(MER)
TTE	turn to entry	转入进入段

TTS	test and telemetry system	测试和遥测系统
TW	truth window	真实窗口
T/W	ratio of thrust and weight on pad	推重比
TWNC	two-way noncoherent(mode, TWNC-on and TWNC-off)	双向非相干(开、关模式)
TWT	traveling-wave tube	行波管
TWTA	traveling-wave tube amplifier	行波管放大器
Tx	transmit(or transmitter)	发送
UA	University of Arizona	亚利桑那大学
UCTS	UHF (ultrahigh frequency) coax transfer switch(on MSL, rover and spacecraft)	UHF 同轴转换开关(MSL 巡视器与航天器)
UDIM	up/down intermediate frequency module	上/下行中频模块
UDMM	up/down microwave integrated circuit module (on terminal descent sensor of MSL)	上/下行微波集成电路模块(于 MSL 下降传感器终端)
UHF	ultra-high frequency; radio frequencies between 0.3GHz and 3GHz(about 0.4GHz for Mars relay communications)	甚高频,频率为 0.3～3GHz(火星中继通信时约为 0.4GHz)
UL, U/L	uplink	上行
ULDL	uplink-downlink	上行下行
UPA	uplink processor assembly	上行集成处理器
UPL	uplink subsystem	上行子系统
URA	uplink ranging assembly	上行测距组件
USA	United States of America	美利坚合众国
USN	Universal Space Network	通用空间网
USO	ultrastable oscillator	超稳振荡器
UTC	Universal Time Coordinated(also known as Greenwich Mean Time)	协调世界时(格林尼治标准时)
UV	ultraviolet	紫外线
UVS	ultraviolet spectrometer(on VGR)	紫外分光计(VGR)
VCO	voltage-controlled oscillator	压控振荡器
VCXO	voltage-controlled crystal oscillator	压控晶体振荡器
VDC	volts direct current	直流电
VEEGA	Venus-Earth-Earth gravity assist	金星-地球-地球引力辅助
VGA	variable gain amplifier	可变增益放大器
VGR	Voyager	“旅行者号”
VIM	Voyager Interstellar Mission	“旅行者号”星际任务
VLA	Very Large Array	甚大天线阵
VLBI	very long baseline interferometry	甚长基线干涉测量
VSR	very long baseline interferometry (VLBI) science receiver	VLBI 科学接收机
VSWR	voltage standing wave ratio	电压驻波比

W	watt	瓦特
W2CX	waveguide to coaxial	波导同轴电缆
WEB	warm electronics box(MER rover)	保温电子箱(MER巡视器)
WG	waveguides	波导
W·h	watt-hour	瓦特小时
WIND	full name(not an acronym) of a spacecraft studying near-Earth solar wind	WIND探测器(研究近地太阳风影响)
WIPL-D	wires, plates, dielectrics(a commercial high frequency electromagnetic modeling software package)	电线、板材、电介质(商用高频电磁建模软件包)
WTS	waveguide transfer switch	波导转换开关
X-Band	radio frequencies between 7GHz and 11GHz (7～9GHz in deep space communications)	X频段,频率为7～11GHz(深空通信中为7～9GHz)
X-EXC	X-band exciter	X频段激励器
XFMR	transformer	变压器
XPA	X-band power amplifier	X频段功率放大器
XSDC	X- to S-band downconverter(GLL)	X频段至S频段下变频器(GLL)
X-TWTA	X-band traveling wave tube amplifier	X频段行波管放大器
XTR	X-band transmit receive	X频段收发

合作网站

本书的合作网站为

www.wiley.com/go/deepspacecommunications

合作网站包含了如下高清彩色图片：

第2章
图 2-6
图 2-7
第3章
图 3-6
第4章
图 4-1
图 4-2
图 4-5
图 4-6
图 4-7
第5章
图 5-1
图 5-3
图 5-4
图 5-5
图 5-8
图 5-14
图 5-15
图 5-16
第6章
图 6-2
图 6-7
图 6-13
图 6-14
图 6-15
图 6-19
图 6-20
图 6-22
图 6-23
第7章
图 7-2
图 7-3
图 7-4
图 7-5
图 7-6
图 7-7
图 7-8
图 7-9
图 7-10
图 7-11
图 7-13
图 7-16
图 7-19
图 7-23
图 7-24
图 7-25
图 7-45
图 7-48
图 7-49
图 7-50
图 7-51
图 7-52
第8章
图 8-3
图 8-4
图 8-5
图 8-6
图 8-8
图 8-9
图 8-10
图 8-11
图 8-12
图 8-16
图 8-17
图 8-18
图 8-20
图 8-29
图 8-31
图 8-40
图 8-41
图 8-45
图 8-49
图 8-50
图 8-51
图 8-52
图 8-53
图 8-55
图 8-56
图 8-57
图 8-58
图 8-59
图 8-60
图 8-62
图 8-63
图 8-67
图 8-69
图 8-74

索　　引

译者注：为与正文内容保持一致,对部分索引条目进行了调整,特此说明。

MM	multi-mission	多任务
MOC	Mars orbiter camera (on MGS)	[illegible]
MMO	(JPL) Mission Management Office	[illegible]
MMRTG	multi-mission radioisotope thermoelectric generator	[illegible]
MOD	modulation	调制
MOI	Mars orbit insertion	火星轨道进入
MOLA	Mars Orbiter Laser Altimeter (on MGS)	[illegible]
MON	[illegible]	[illegible]
MOS	mission operations system	[illegible]
MP	[illegible]	[illegible]
MPa	megapascal	兆帕
[illegible]	[illegible]	[illegible]
MPF	Mars Pathfinder (spacecraft, rover)	[illegible]
[illegible]	[illegible]	[illegible]
[illegible]	[illegible]	[illegible]
[illegible]	[illegible]	[illegible]
MRO	Mars Reconnaissance Orbiter	[illegible]
[illegible]	[illegible]	[illegible]
[illegible]	[illegible]	[illegible]
[illegible]	[illegible]	[illegible]
[illegible]	[illegible]	[illegible]
[illegible]	[illegible]	[illegible]
MSL/SAM	[illegible]	[illegible]
MSPA	multiple spacecraft per aperture	[illegible]
MSR	Mars Sample Return (project)	火星采样返回(项目)
Msps	[illegible] per second	[illegible]
MSS	[illegible]	[illegible]
MST	[illegible]	[illegible]
MTC	Mars time coordinated	[illegible]
MTIF	(MSA) telecommunications interface board	[illegible]
MUROW	MRO uplink lock-out window	MRO[illegible]
mW	milliwatt	毫瓦
N	newton	牛顿
Na	sodium	钠
NAIF	navigation and ancillary information facility	导航辅助信息设施